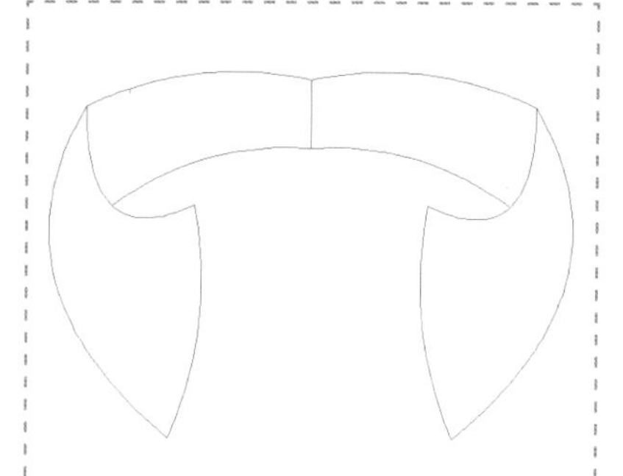

实例名称 4.4.1 对称工具

视频位置 视频>第4章>课堂案例——对称工具.mp4

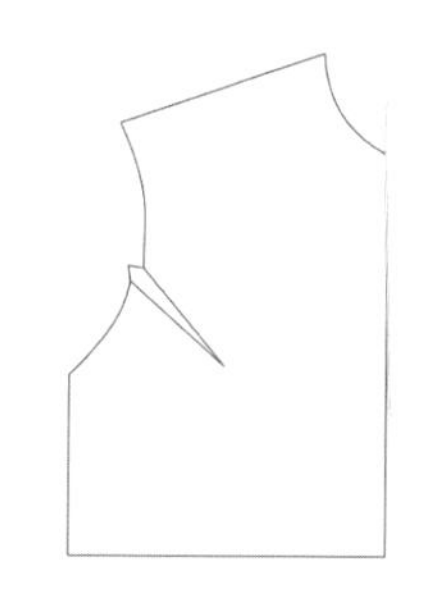

实例名称 4.4.2 收省工具

视频位置 视频>第4章>课堂案例——收省工具.mp4

实例名称 4.4.3 加省山工具

视频位置 视频>第4章>课堂案例——加省山工具.mp4

实例名称 4.4.4 插入省褶工具

视频位置 视频>第4章>课堂案例——插入省褶工具.mp4

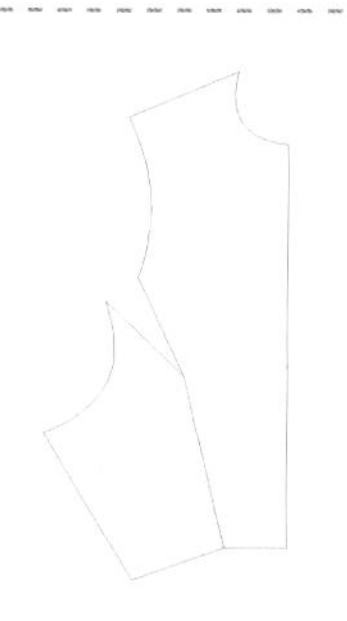

实例名称 4.4.5 转省工具

视频位置 视频>第4章>课堂案例——转省工具.mp4

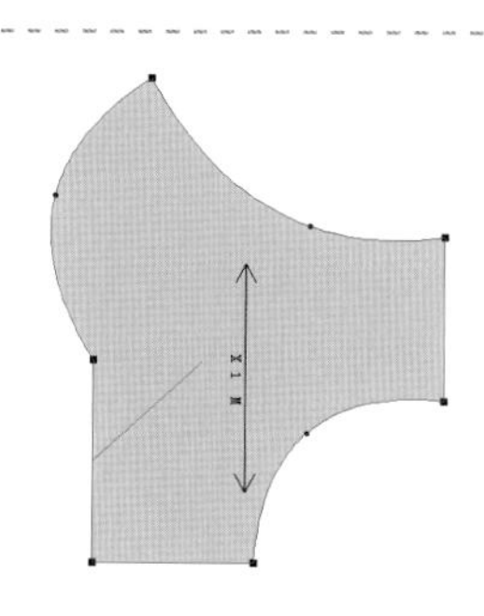

实例名称 4.4.6 剪刀工具

视频位置 视频>第4章>课堂案例——剪刀工具.mp4

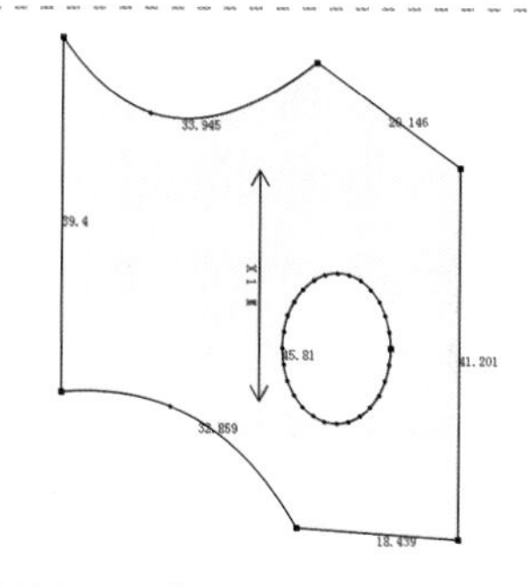

实例名称 4.4.7 拾取内轮廓工具

视频位置 视频>第4章>课堂案例——拾取内轮廓工具.mp4、

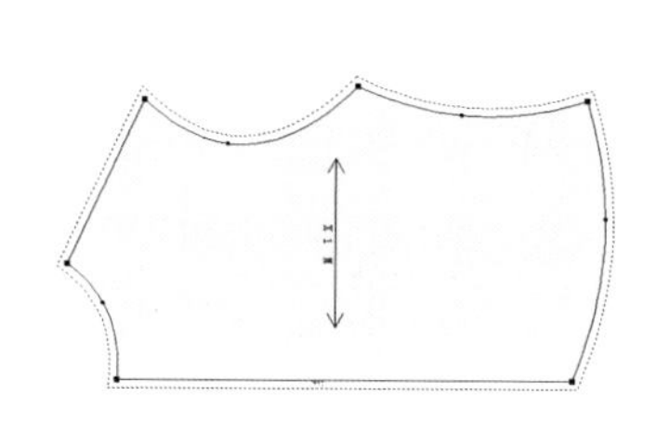

实例名称 4.4.9 加缝份工具

视频位置 视频>第4章>课堂案例——加缝份工具.mp4

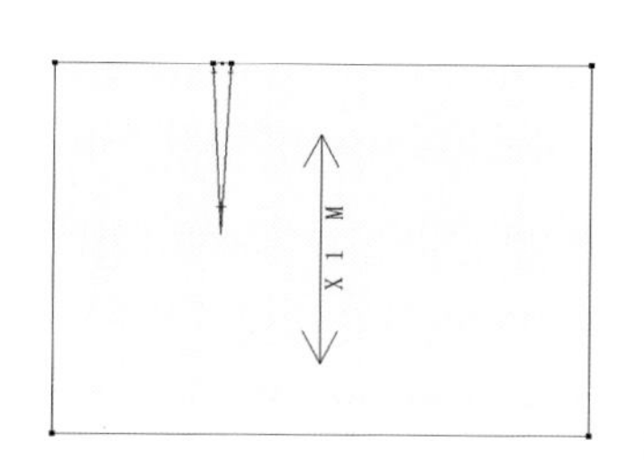

实例名称 4.4.11 V型省工具

视频位置 视频>第4章>课堂案例——V型省工具.mp4

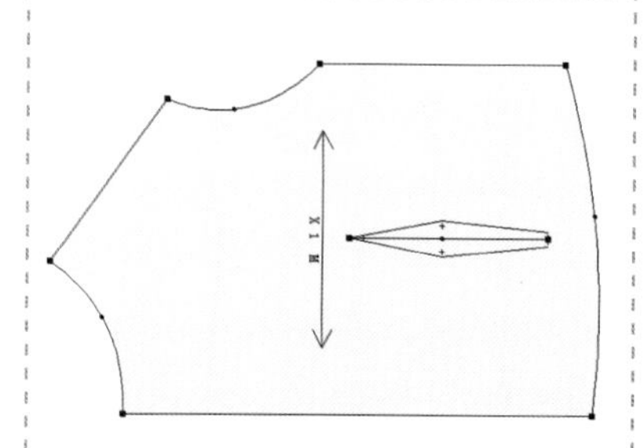

实例名称 4.4.12 锥型省工具

视频位置 视频>第4章>课堂案例——锥型省工具.mp4

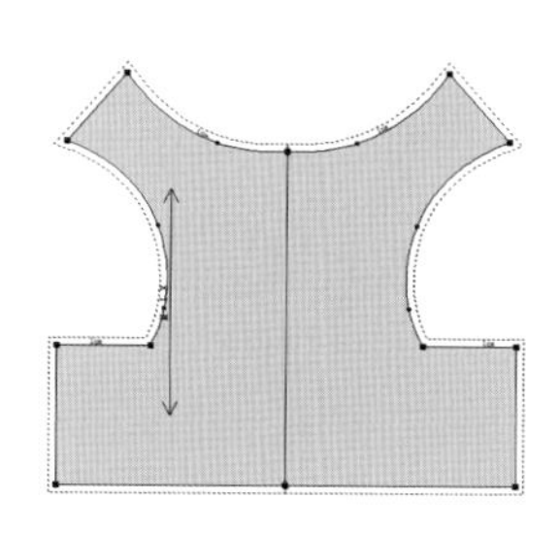

实例名称 4.4.13 纸样对称工具

视频位置 视频>第4章>课堂案例——纸样对称工具.mp4

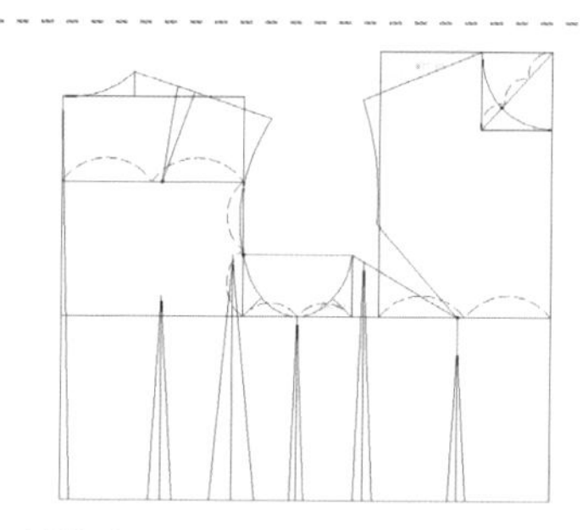

实例名称 7.1 女装上衣原型CAD制板

视频位置 视频>第7章>课堂案例——女上装原型主体制作.mp4、课堂案例——女上装原型细节处理.mp4、课堂案例——女上装原型局部刻画.mp4

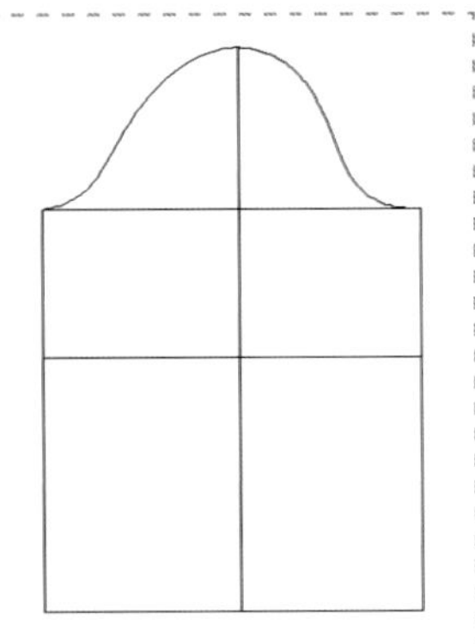

- **实例名称** 7.2 女装袖子原型CAD制板
- **视频位置** 视频>第7章>课堂案例——女上装袖子细节绘制.mp4、课堂案例——女上装袖子细节完善.mp4

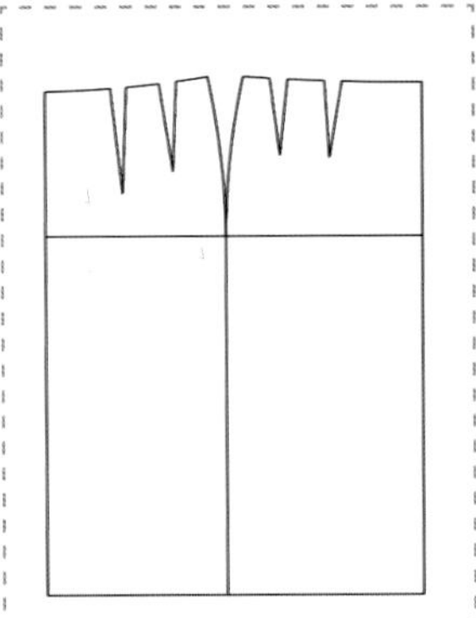

- **实例名称** 7.3 女士裙装原型CAD制板
- **视频位置** 视频>第7章>课堂案例——裙装原型后片绘制.mp4、课堂案例——裙装原型前片绘制.mp4

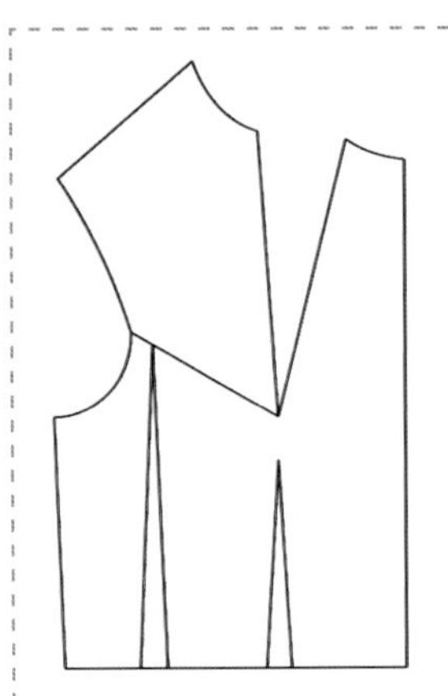

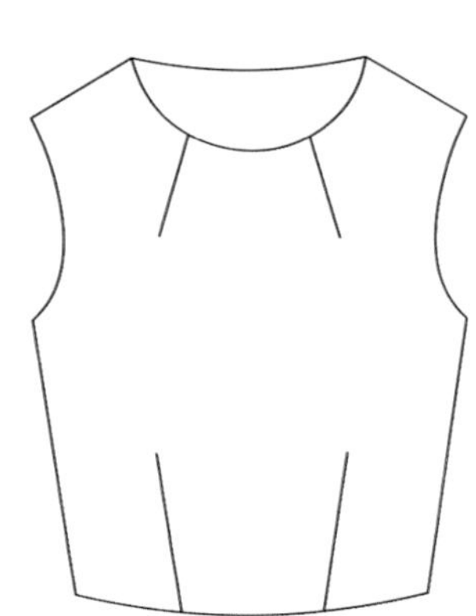

- **实例名称** 8.1.1 领省设计
- **视频位置** 视频>第8章>课堂案例——领省设计.mp4

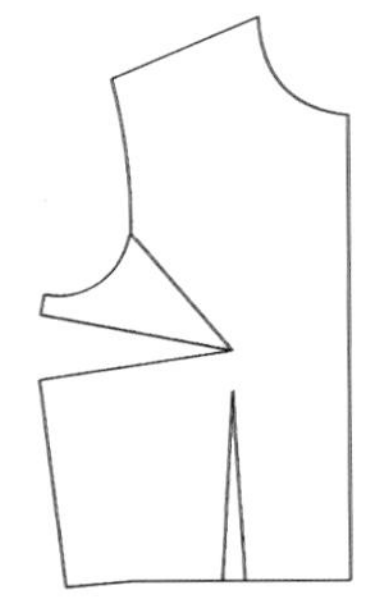

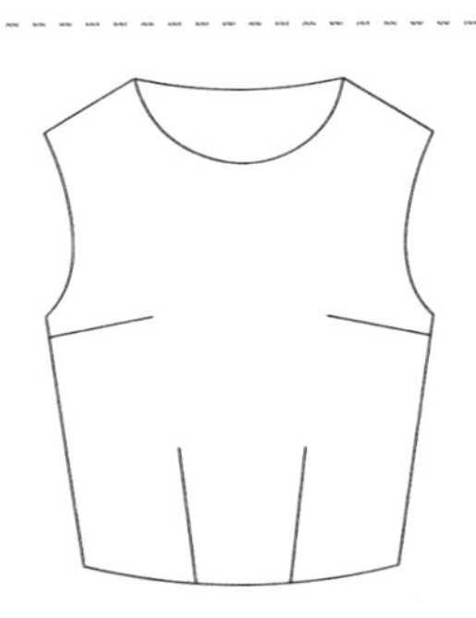

- **实例名称** 8.1.2 腋下省设计
- **视频位置** 视频>第8章>课堂案例——腋下省设计.mp4

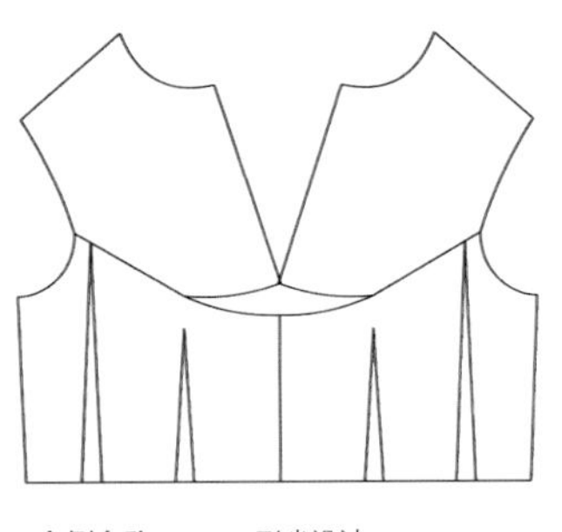

- **实例名称** 8.1.3 T形省设计
- **视频位置** 视频>第8章>课堂案例——T形省设计.mp4

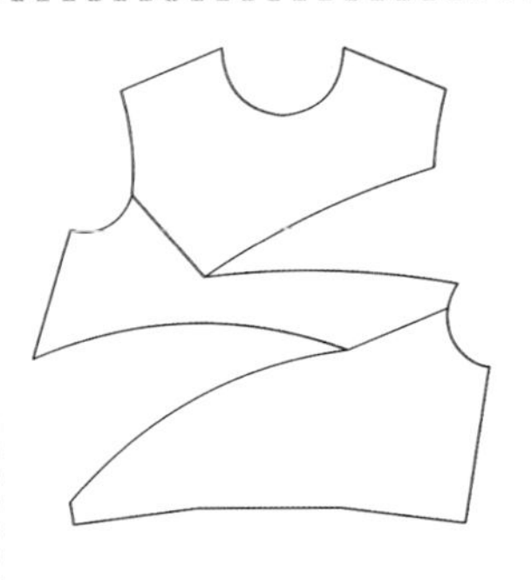

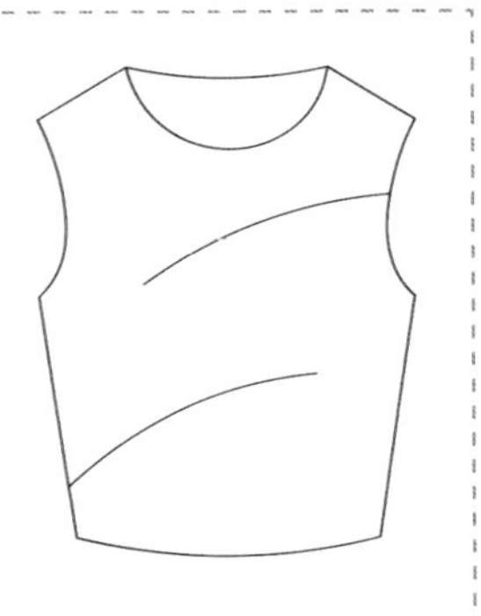

- **实例名称** 8.1.4 特殊省形状设计
- **视频位置** 视频>第8章>课堂案例——特殊省形状设计.mp4

- **实例名称** 8.2.1 U形分割线设计
- **视频位置** 视频>第8章>课堂案例——U形分割线设计.mp4

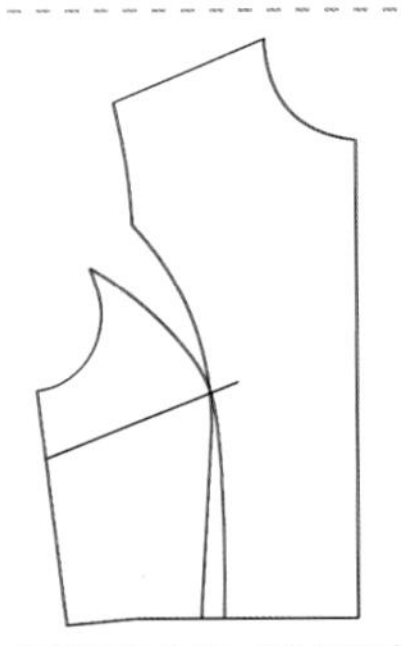

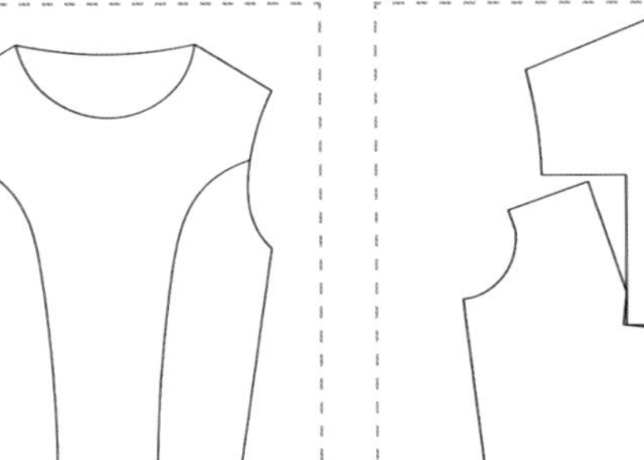

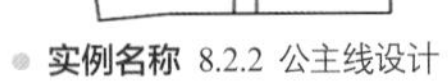

- **实例名称** 8.2.2 公主线设计
- **视频位置** 视频>第8章>课堂案例——公主线设计.mp4

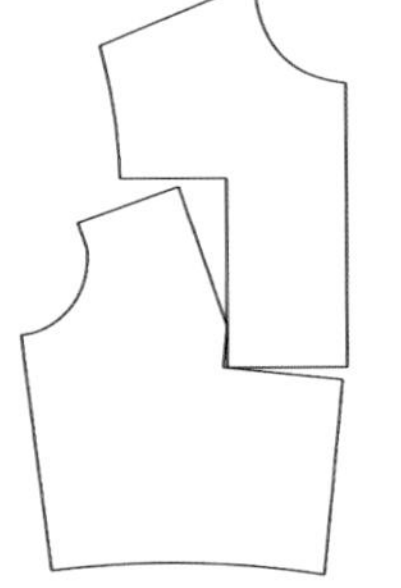

- **实例名称** 8.2.3 直线分割线设计
- **视频位置** 视频>第8章>课堂案例——直线分割线设计.mp4

- 实例名称 8.3.1 褶裥一
- 视频位置 视频>第8章>课堂案例——褶裥一.mp4

- 实例名称 8.3.2 褶裥二
- 视频位置 视频>第8章>课堂案例——褶裥二.mp4

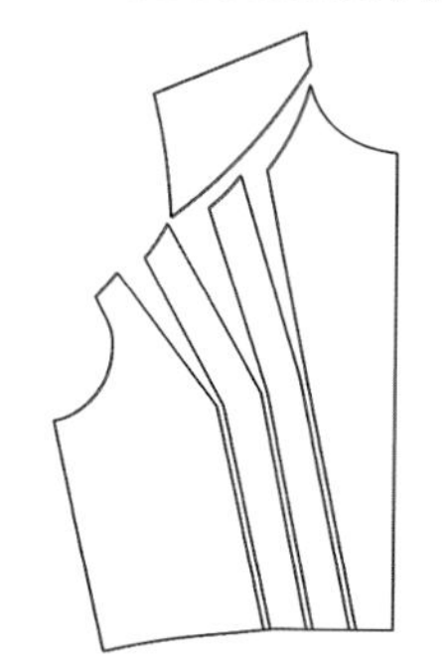

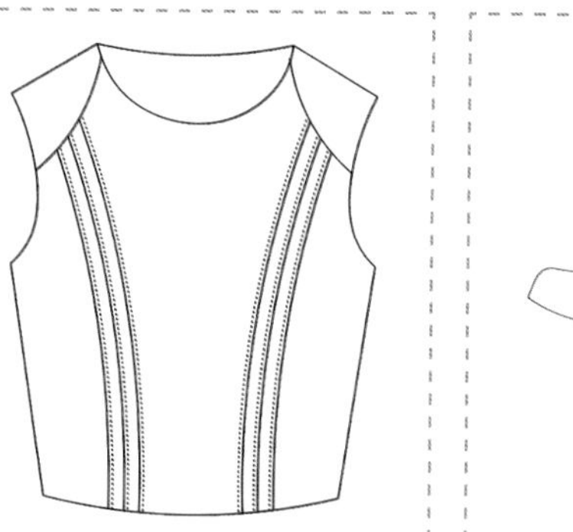

- 实例名称 8.3.3 褶裥三
- 视频位置 视频>第8章>课堂案例——褶裥三.mp4

- 实例名称 9.1.1 立领设计
- 视频位置 视频>第9章>课堂案例——立领设计.mp4

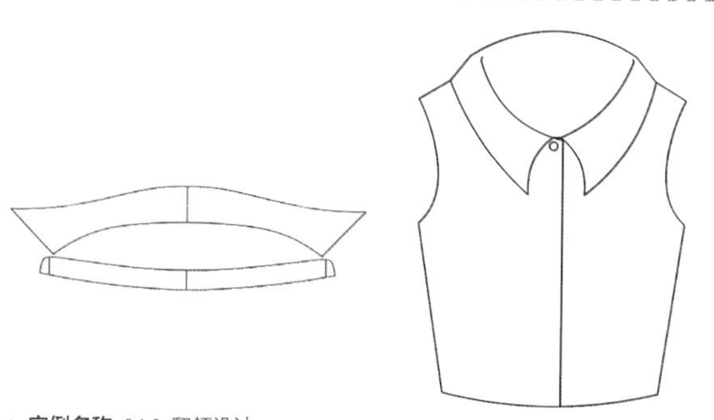

- 实例名称 9.1.2 翻领设计
- 视频位置 视频>第9章>课堂案例——翻领设计.mp4

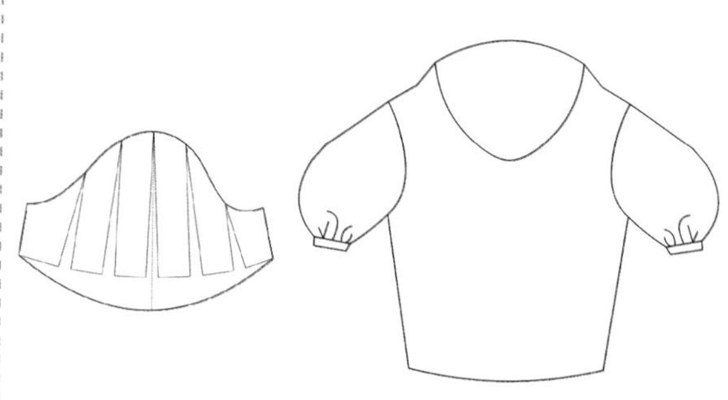

- 实例名称 9.2.1 灯笼袖设计
- 视频位置 视频>第9章>课堂案例——灯笼袖设计.mp4

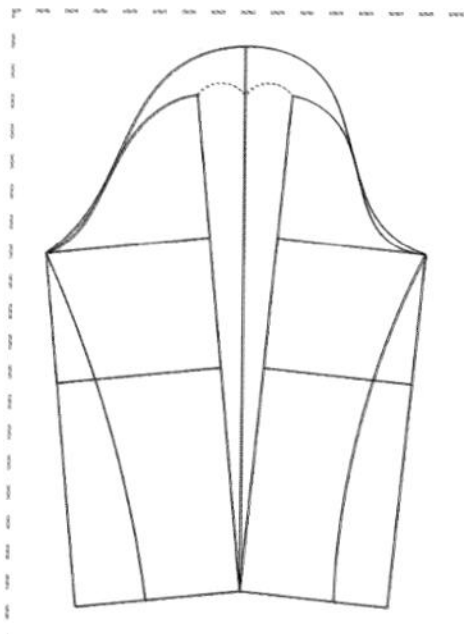

- 实例名称 9.2.2 火腿袖设计
- 视频位置 视频>第9章>课堂案例——火腿袖设计.mp4

- 实例名称 9.2.3 插肩袖设计
- 视频位置 视频>第9章>课堂案例——插肩袖设计.mp4

本书实例展示

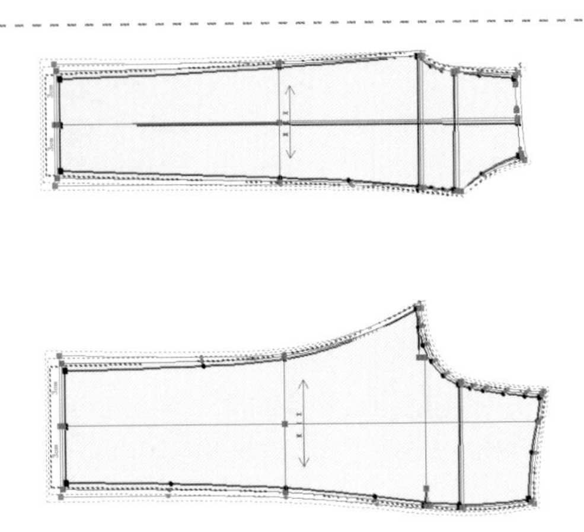

- **实例名称** 10.1.1 休闲裤的放码
- **视频位置** 视频>第10章>课堂案例——休闲裤的放码.mp4

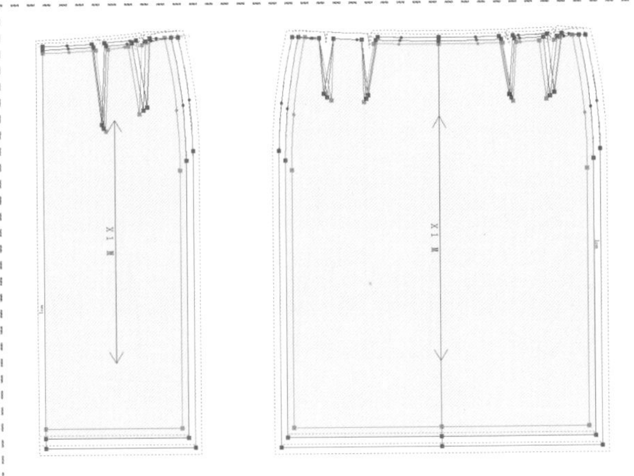

- **实例名称** 10.1.2 裙子的放码
- **视频位置** 视频>第10章>课堂案例——裙子的放码.mp4

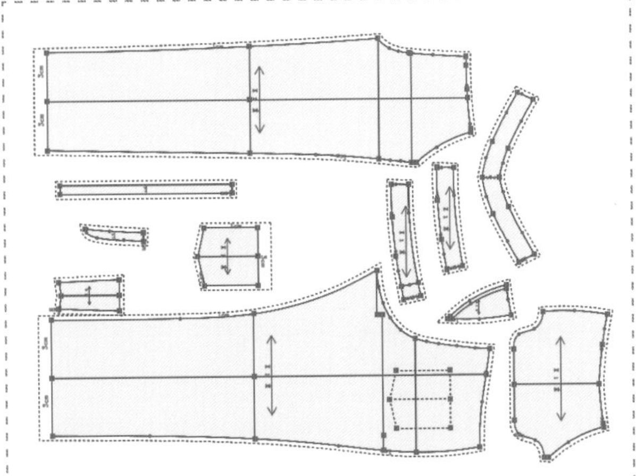

- **实例名称** 11.1 男式休闲裤制板
- **视频位置** 视频>第11章>课堂案例——休闲裤前片制作.mp4、课堂案例——休闲裤后片制作.mp4、课堂案例——休闲裤细节制作.mp4、课堂案例——休闲裤纸样的制作.mp4

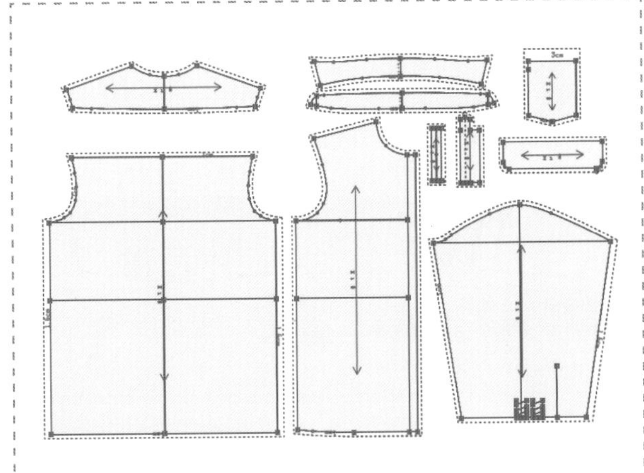

- **实例名称** 11.2 男式衬衣制板
- **视频位置** 视频>第11章>课堂案例——男式衬衣前片制作.mp4、课堂案例——男式衬衣后片制作.mp4、课堂案例——男式衬衣部件制作.mp4、课堂案例——男式衬衣纸样制作.mp4

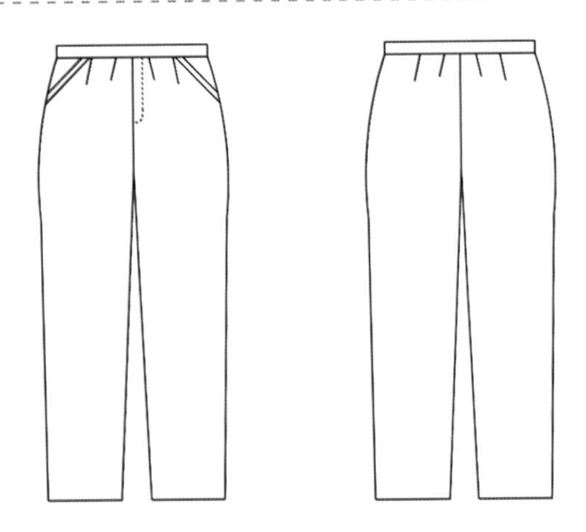

- **实例名称** 12.1 女士西裤制板
- **视频位置** 视频>第12章>课堂案例——女西裤前片制作.mp4、课堂案例——女西裤后片制作.mp4、课堂案例——女西裤部件制作.mp4、课堂案例——女西裤纸样制作.mp4

- **实例名称** 12.2 夏装连衣裙制板
- **视频位置** 视频>第12章>课堂案例——夏装连衣裙前片制作.mp4、课堂案例——夏装连衣裙后片制作.mp4、课堂案例——夏装连衣裙部件制作.mp4、课堂案例——夏装连衣裙纸样制作.mp4

服装CAD制板
实用教程

华天印象　编著

人民邮电出版社
北京

图书在版编目（CIP）数据

服装CAD制板实用教程 / 华天印象编著. -- 北京 ：
人民邮电出版社，2017.10
ISBN 978-7-115-46091-2

Ⅰ. ①服… Ⅱ. ①华… Ⅲ. ①服装设计－计算机辅助
设计－AutoCAD软件－教材 Ⅳ. ①TS941.26

中国版本图书馆CIP数据核字(2017)第190568号

内 容 提 要

这是一本全面介绍服装 CAD 制板基础与实际应用的教程。本书针对零基础读者开发，讲解了服装 CAD 制板的各项核心技术与精髓内容，以富怡 CAD 软件为主线，对服装设计的制板、放码、排料等知识进行了详细的分析与介绍，并安排了大量课堂案例，让读者可以快速熟悉软件的功能和制作思路。另外，在部分章节的结尾安排了习题测试，通过练习，既达到了强化训练的目的，又可以让读者了解实际工作中的具体需要。

本书附带教学资源，内容包括书中所有案例的源文件、素材文件和多媒体教学录像。同时，为方便老师教学，还配备了 PPT 教学课件，以供参考。另外，还为读者准备了富怡 CAD 常用快捷键索引、课堂案例和习题测试索引，以方便读者学习。

本书结构清晰，语言简洁，实例丰富，适合学习服装设计的初、中级读者阅读，同时也可以作为各类计算机培训中心、中等职业学校、中等专业学校、职业高中和技工学校的辅导教材。

◆ 编　　著　华天印象
　责任编辑　张丹阳
　责任印制　陈　犇

◆ 人民邮电出版社出版发行　　北京市丰台区成寿寺路 11 号
　邮编　100164　　电子邮件　315@ptpress.com.cn
　网址　http://www.ptpress.com.cn
　大厂聚鑫印刷有限责任公司印刷

◆ 开本：787×1092　1/16
　印张：21　　　　彩插：2
　字数：592 千字　　2017 年 10 月第 1 版
　印数：1－2 600 册　　2017 年 10 月河北第 1 次印刷

定价：49.00 元

读者服务热线：(010)81055410　印装质量热线：(010)81055316
反盗版热线：(010)81055315
广告经营许可证：京东工商广登字 20170147 号

前言

这是一本全面介绍服装CAD制板基础与实例教程的书，既可以用于软件教学，也是服装CAD设计的实用宝典。本书结合笔者多年的实战经验，从实用的角度出发，通过富怡CAD软件与服装设计相结合的实例操作演示，帮助读者从零开始，到精通软件，从新手快速成为服装设计高手。

本书的资源中包含了书中所有课堂案例和习题测试的源文件、素材文件，以及所有案例的多媒体有声视频教学录像。这些录像均由专业人士录制，视频详细记录了案例的操作步骤，使读者一目了然。同时，为了方便老师教学，本书还配备了PPT课件。读者扫描“资源下载”二维码，即可获得下载方式。

资源下载

本书的参考学时为120课时，其中讲授环节为70课时，实训环节为50课时，各章的参考学时如下表所示。

章节	课程内容	学时分配	
		讲授	实训
第1章	服装结构设计基础知识	3	0
第2章	服装CAD制板新手入门	4	0
第3章	富怡服装CAD基本操作	4	3
第4章	掌握设计放码软件功能	5	3
第5章	掌握排料系统工作界面	5	3
第6章	工业纸样概念解析	5	4
第7章	服装原型CAD制板技术	6	4
第8章	省褶与分割线的设计方法	6	6
第9章	领型与袖型的设计方法	8	6
第10章	服装CAD放码与排料	8	7
第11章	男装制板商业案例实训	8	7
第12章	女装制板商业案例实训	8	7
课时总计		70	50

为了使读者轻松自学并深入了解如何使用富怡CAD进行服装设计，本书在版面结构上尽量做到清晰明了，如下图所示。

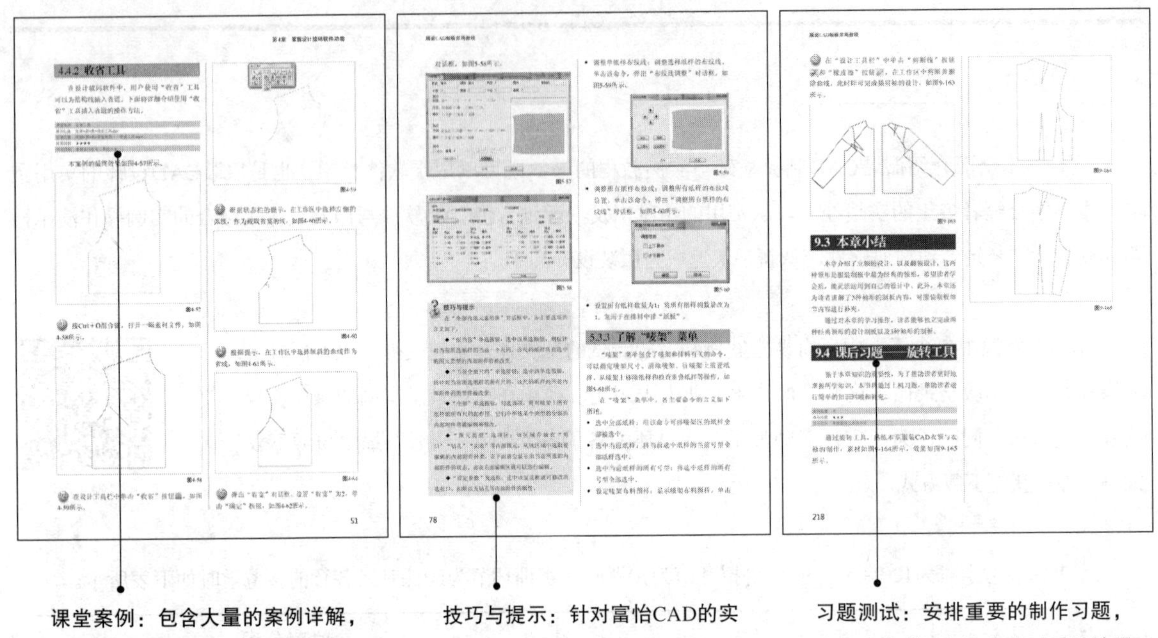

本书由华天印象编著，参与编写的人员有王碧清、刘胜璋、刘向东、刘松异、刘伟、卢博、周旭阳、袁淑敏、谭中阳、杨端阳、李四华、王力建、柏承能、刘桂花、柏松、谭贤、谭俊杰、徐茜、刘嫔、苏高、柏慧等人。由于作者知识水平有限，书中难免有错误和疏漏之处，恳请广大读者批评、指正，联系微信：157075539。

编者

2017年7月

目 录 CONTENTS

目 录 CONTENTS

目录 CONTENTS

目录 CONTENTS

第1章

服装结构设计基础知识

内容摘要

服装结构设计就是服装制板。随着服装产业的不断发展，服装样板越来越多。样板占据空间，且查询时也很不方便，因此服装产业数字化是未来发展的必然趋势。

在学习富怡CAD制板前，本章先为读者讲述服装结构设计的一些基础知识，其中包括的内容有服装结构设计概况、服装与人体以及测体注意事项等内容。

课堂学习目标

- 服装结构设计概况
- 服装与人体的关系
- 测体事项与术语

1.1 服装结构设计概况

服装制板属于现代服装工程，现代服装工程分为以下3个方面。

- 造型设计的内容包括对服装的款式和面料甄别以及对服装色彩的运用等，图1-1所示为服装造型设计样图。

图1-1

- 结构设计就是服装制板，传统工艺大多是手工制板。服装制板是服装设计中最重要的一环，起到承上启下的作用，本书也将详细讲解，运用富怡CAD这款软件对服装进行制板设计，图1-2所示为传统手工打版图纸。

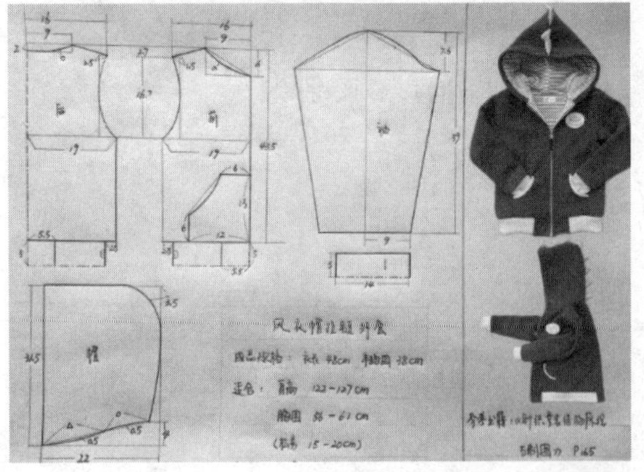

图1-2

- 工艺设计也就是制作成品的过程，手工缝制做出板型，图1-3所示为成品制作过程。

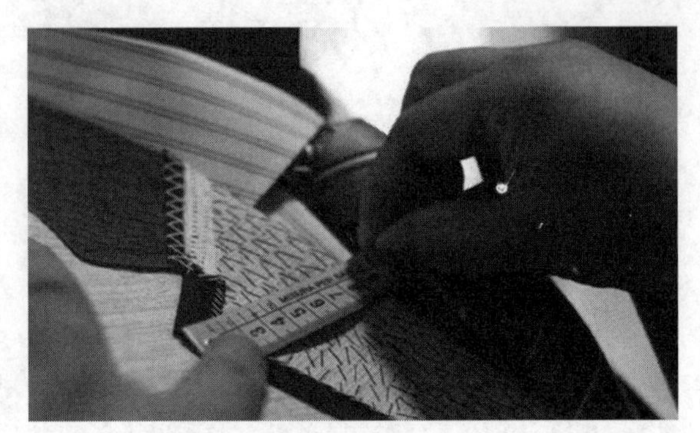

图1-3

服装结构设计是服装设计专业中一门独立的重要学科，在服装生产过程中起着承上启下的重要作用。

一件衣服上身是否好看和服装的板式设计有很大的关系，因此服装的设计要先考虑造型设计，根据人体的基本构造对各种动态进行推测考究，进行设计，图1-4所示为人体动态图。在完成结构设计后，再考虑工艺设计。

图1-4

服装结构设计中深入运用了立体构成规律学科和服装结构平面分解科学，除此之外，还涉及了多个科学领域，其中包括服装工艺学、人体解剖学、服装造型设计学、人体测量学、服装卫生学、美学及数学等。因此服装设计是一项集合了艺术与科技且具有较高实践性的学科。

服装设计是与实践高度结合的一项实用科学，因此学习者需要通过大量的实践来掌握一些数据，在通过本书了解服装结构设计技法后就能化繁为简，随心所欲地进行设计了。

服装制板能为后续的服装缝制以及成品加工提供一套完整的样板，为后续各项的深入加工提供一套完整的数据依据，因此，服装制板能够帮助设计者系统地掌握服装的结构内涵，从而实现服装制板功能性与整体结构的平衡，也更能便利地实现工业制板运用计算机辅助设计这一条件。

本书就是讲述运用富怡CAD进行服装制板。图1-5所示为富怡CAD制板绘图界面。

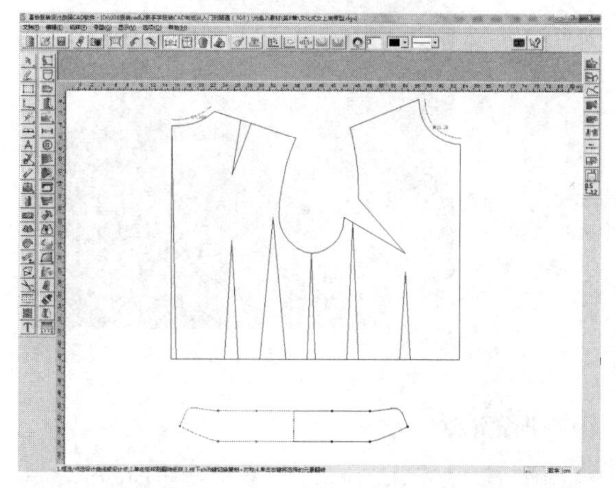

图1-5

1.2 了解服装与人体的关系

服装制板与人身体有着很大的关系，每个人的身体特征都有一定区别。

显然，服装制板不是一对一的“量体裁衣”。上文提及，服装制板是一项实践性极强的实用科学，学习者需要大量的积累数据。因此了解人体的共同特征，能够给服装制板带来便利。

网购是现在大多数年轻人都会选择的购物方式，图1-6所示为淘宝购物网站的首页。

图1-6

通常在网上购买服饰时大多数人都会面临一个问题，那就是服装是否合身，一般买家都会选择看看宝贝详情介绍，在宝贝详情介绍里有店家对宝贝款式的介绍以及尺寸的介绍，如图1-7所示。

产品型号：				面料成分：	暗纹涤纶			
宝贝细节：	撞色线，两口袋，排扣，手工车织带							
厚度指数：	薄	偏薄	[illegible]	厚	弹力指数：	弹力	微弹	[illegible]	无
衣长指数：	短款	[illegible]	中长	长款	修身指数：	超修身	[illegible]	适中	宽松

Size

S码：衣长:58cm 胸围:94cm 肩宽:37cm 袖长:60cm 下摆围:100cm

M码：衣长:59cm 胸围:98cm 肩宽:38cm 袖长:61cm 下摆围:104cm

L码：衣长:60cm 胸围:102cm 肩宽:39cm 袖长:62cm 下摆围:108cm

*温馨提示：因手工测量方式不同，可能存在误差属正常现象

身高	体重	胸围-腰围-臀围	试穿尺码	体形	试穿感受
155	42	80/64/82	S	身材娇小，溜肩	合身，面料舒适，袖长肩宽合适
163	45	84/66/84	S	身材匀称型~	合身，显肤色，修身百搭
164	49	82/69/90	M	高瘦型~	合身，舒适，修身百搭
162	53	86/70/92	M	上身微胖，下身瘦~	合身，上身效果好看，百搭
162	56	86/73/97	L	上身瘦，下身微胖~	合身，衣长合适，袖长胸围合适
169	60	92/74/97	L	骨骼较大，匀称型~	合身，衣长合适，显瘦

试穿表仅供参考，个人体型都不一样，购买时请按照自身需要选择尺码哦

图1-7

由此可以看出，人体影响布料裁剪的两个因素是长度和围度，因此一个人高矮胖瘦是影响布料收省以及制板工艺走向的重要因素。

最明显的一个对比例子，就是西装和运动服的尺寸量取，两种服饰因为功能不同，因此对尺寸的量取也有很大的分别。

因此，在学习制板前，需要了解服装结构的知识，了解人体与服装的结构，掌握测量的基准点与基准线。

1.2.1 熟悉基准点的测量

根据人体测量的需要，将人体外表明显且易定的骨骼点、突出点设置为基准点，为服装主要结构点的定位提供可靠的依据，如图1-8所示。

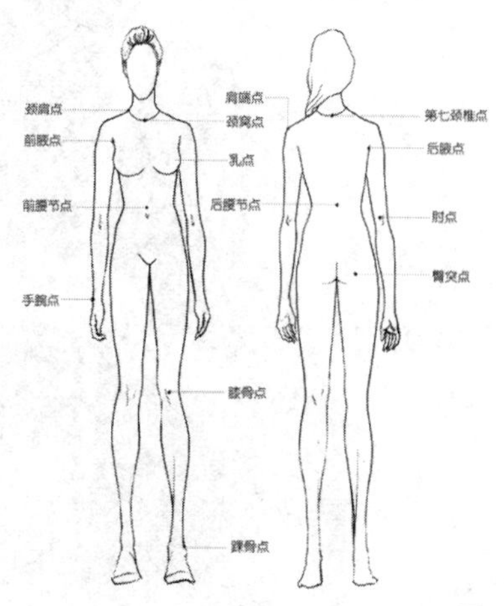

图1-8

1. 颈窝点

颈窝点位于人体前颈中央靠下位置，颈窝点是两锁骨的空隙，是服装制板和衣领口深度定位的参考依据。

2. 颈椎点

颈椎点位于颈部的中后方位与背部相交的地方，颈椎点是服装制板中测量背长和衣长的起点，图1-9所示为背长测量示意图。

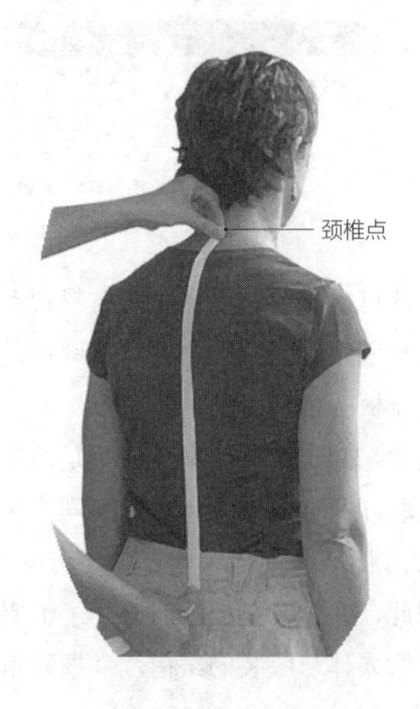

图1-9

3. 颈肩点

颈肩点位于颈部至肩部的转折处，颈肩点的确定可以确认服装制板中的领宽，图1-10所示为颈肩点的测量示意图。

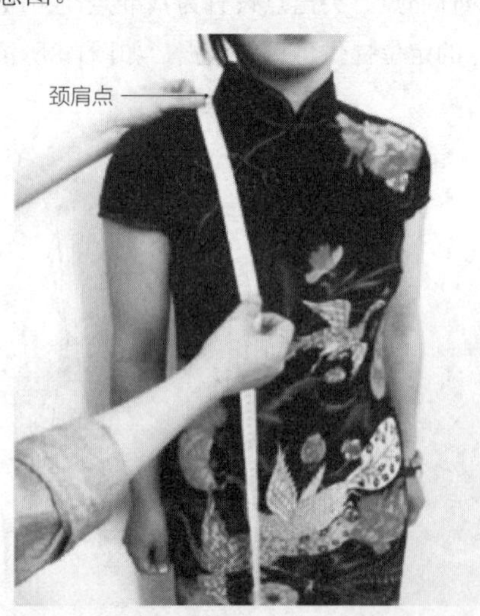

图1-10

4. 肩端点

肩端点位于人体的肩关节处，是肩的最外端与袖山定点的相交处。在服装制板中可以用来参考人体的肩宽测量与袖长测量，图1-11所示为肩端点示意图。

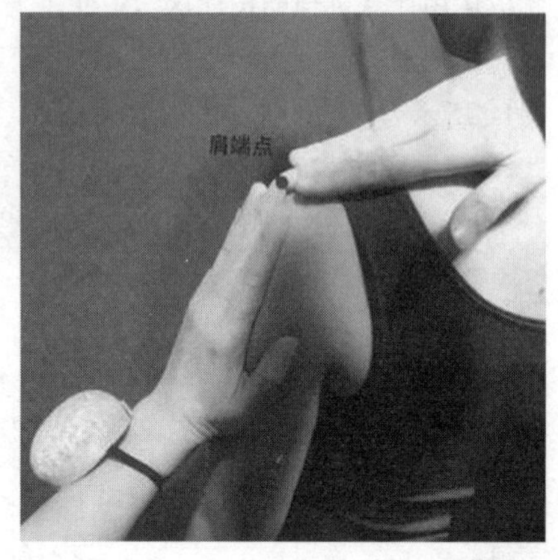

图1-11

5. 胸高点

胸高点位于胸部的最高点，胸高点的确定可以确认上半身的围度。

6. 背高点

背高点的位置是人体常态下，蝴蝶骨拱起的最高点位置。背高点的测量，可以为服装制板过程中后肩省省尖的方向提供一个参考点。

7. 前腋点

前腋点是胸宽测量的参考点，它的位置在人体的手臂臂根和人体胸部的交界位置，图1-12所示为手臂臂根测量示意图。

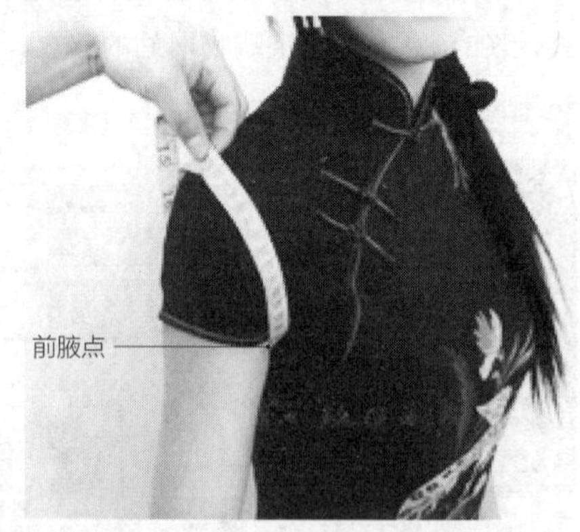

图1-12

8. 后腋点

后腋点位于人体手臂臂根和人体背部的交界位置，后腋点是测量背宽的参考点。

9. 肘点

肘点位于人体手臂上，当手臂弯曲时，肘部凸显，肘部的突出点即是肘点，肘点的测量是制定肘省省尖方向的参考点。

10. 手腕点

手腕点位于手臂尺骨最下端的一点，骨质突出，手腕点的测量是袖长的参考点，图1-13所示为手袖长的测量示意图。

图1-13

11. 前腰节点

前腰点的位置在人体腰部，与后腰点的位置对应，前腰点在人体直立正面的腰部正中位置，作为前腰节长的参考点。

12. 后腰节点

后腰点的位置在人体腰部，背面的腰部正中位置，用于作为后腰节长的参考点。

13. 臀突点

臀突点的位置在人体自然直立，后臀部的最凸点，用于参考臀省省尖的方向，确定臀围线，图1-14所示为臀围测量示意图。

14. 踝骨点

踝骨点的位置在人体的踝关节处，呈现外突出骨质形状，是作为裤长和裙长的参考依据，图1-15所示为裤长测量示意图。

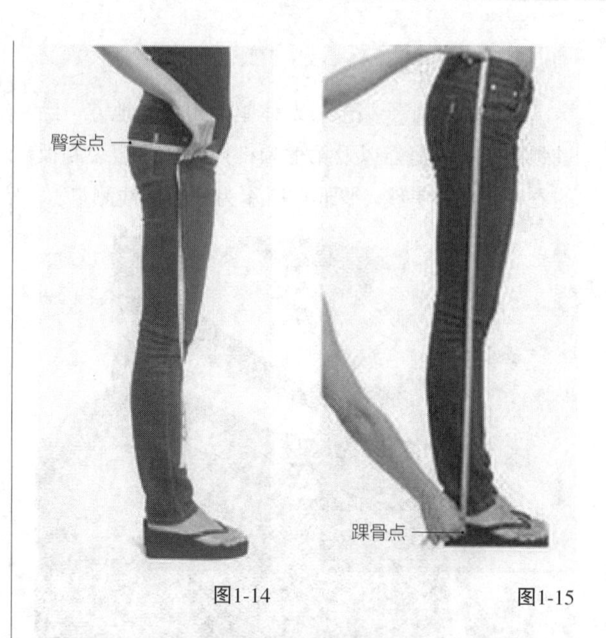

图1-14　图1-15

1.2.2 熟悉基准线的分布

基准线是服装结构定位线的一个重要依据，所以除了对基准点的了解，还需要了解人体的基准线的分布，图1-16所示为人体基准线构成图。

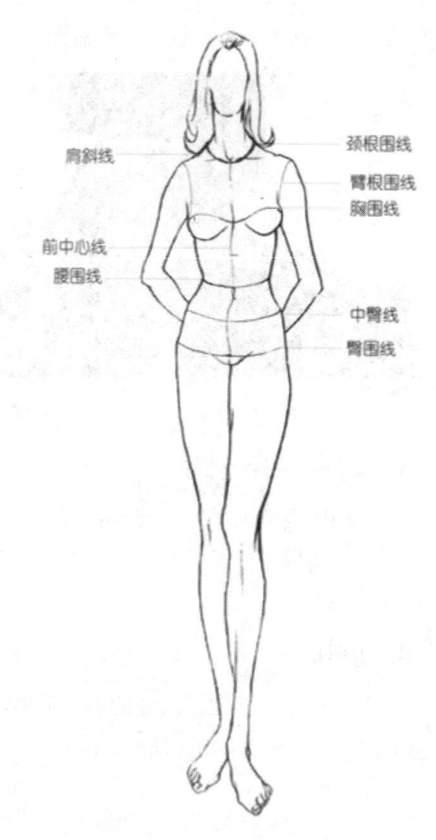

图1-16

1. 颈根围线

颈根围线处于头部与人体躯干相接的地方，经过颈窝点、颈肩点以及第七颈椎点，作为服装制板的衣领围度参考线，图1-17所示为颈根围线测量。

图1-17

2. 肩斜线

肩斜线连接了肩端点与颈肩点，是小肩宽的参考线，图1-18所示为肩宽测量示意图。

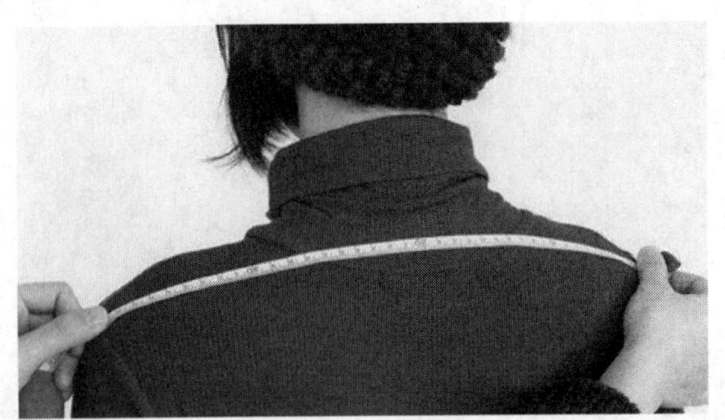

图1-18

3. 臂根围线

臂根围线位于手臂上肢与躯体的交界处，穿过前腋点、肩端点以及后腋点，用于测量手臂根部的尺度。

4. 胸围线

胸围线是人体上围尺寸的参考依据，通过胸高点，图1-19所示为胸围测量。

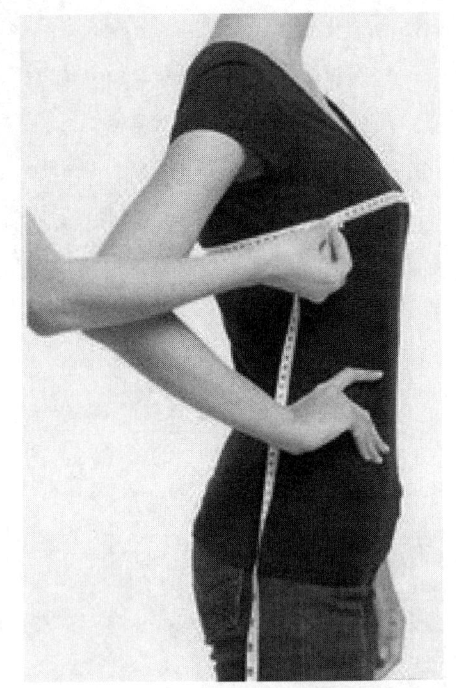

图1-19

5. 腰围线

腰围线是连接腰节点的水平围线，所以是腰部最细的位置，通过对腰围线的测量，能够得出服装制板腰围尺寸的参考数据，图1-20所示为腰围测量的示意图。

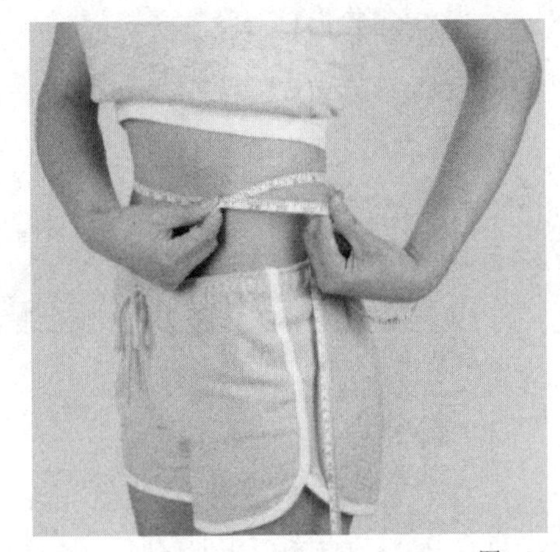

图1-20

6. 臀围线

臀围线是连接臀突点的水平围线，通过对臀围线的测量，能够得到服装制板人体臀围的参考数据。

7. 中臀围线

中臀围线又称腹臀围线，通过对中臀围线的测量，能够得到服装制板人体中臀围的参考数据。

8. 股上线

股上线连接臀下线以及腰节点，通过对股上线的测量，能够得到服装制板人体上档尺寸的参考数据。

9. 前中心线

前中心线连接颈窝点与前腰点，是躯干正面的轴对称线，通过对前中心线的测量，能够得到服装制板人体前中心线定位的参考数据。

10. 后中心线

后中心线与前中心线相互对应，连接第七颈椎和后腰节点，是人体躯干后半身的轴对称线，通过对后中心线的测量，能够得到服装制板人体后中心线定位的参考数据。

1.3 测体事项与术语

服装制板需要设计者有数据的支撑，因此体型观测是必不可少的准备工作。本小节主要讲述测量注意事项以及服装制板中常用术语的解释。

1.3.1 服装制板注意事项

服装制板在做准备工作前，需要注意一些事项，以下分几点进行讲述。

1. 体型观测

在制板前，要先了解人体体型的结构。以女性为例，日常生活中常见的体型分为5种，用几何形体来命名分别是H型、X型、A型、V型和O型，如图1-21所示。

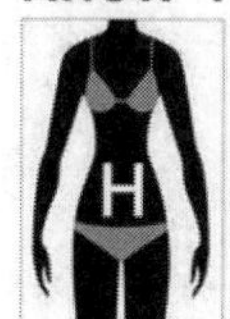

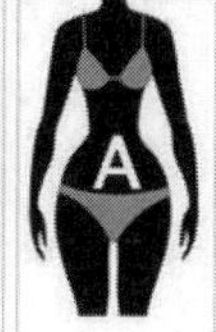

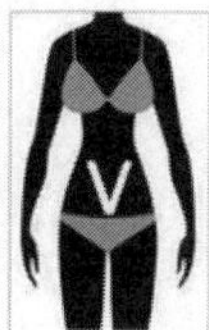

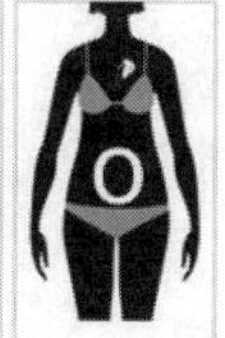

图1-21

不同体型会有不同的特征，在这5种体型中，女性大多数都希望自己是X型身材，因为X型身材穿衣服有较强的曲线美感，如图1-22所示。

图1-22

当然不同的体型除了有不同的缺陷外，也会带给人不同的穿衣风格，像近段时间兴起的森女风，就不太适合X型体型的女生，反而比较适合H型体型的女生，如图1-23所示。

图1-23

2. 区分服装品种

在制作服饰前，要先了解制作服饰的种类，拿运动服和西装的尺寸测量做对比，就能发现区别，测体的部位都会发生改变。

如上衣与马夹的测量，两者都为上装，测量

都涉及的区域是躯干，不同的区域是上肢部分，图1-24所示为马夹测量区域示意图。

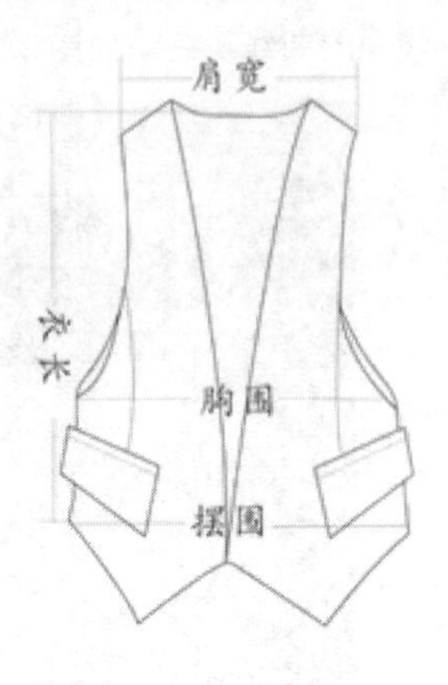

图1-24

3. 分析测量对象

分析测量者的性别、年龄、爱好以及职业。男性的服饰一般都偏宽松，而女性的服饰，往往是紧凑贴身且合体。从年龄阶层来分，需要特殊对待的是老人和儿童，儿童的服饰需要宽大且方便活动。老人的服饰要求宽松且舒适。

4. 测量标记

不同的测量对象会有不同的体型特征，在测量后可以用特殊的符号帮助记忆，图1-25所示为特殊标记。

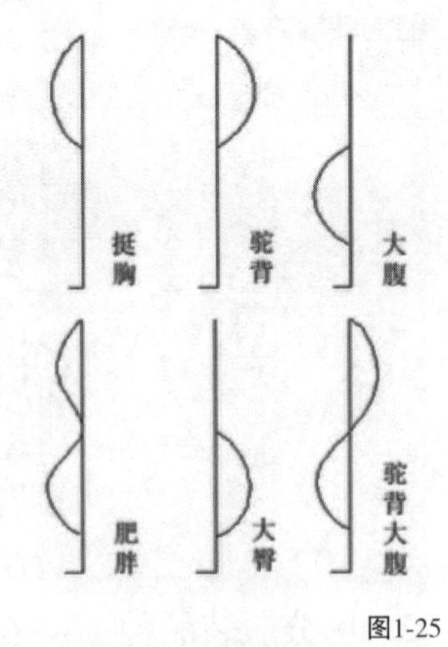

图1-25

1.3.2 服装制板术语解说

服装制板有一套规范的术语，这套术语用于规范服装制板中的零部件、裁片、线条、部位的名称。术语的形成主要源于以下几个方面。

- 约定俗成；
- 零部件的作用；
- 本身的形状；
- 零部件的安放位置；
- 外来语的译音等。

下面，为读者介绍一些制板常用的简单术语。

- 净样：净样是指服装的实际尺寸，其中不包含贴边以及缝份等。
- 毛样：毛样是指净样加缝份和贴边后的尺寸。
- 劈势：劈势是指直线的偏进量。
- 翘势：翘势是指水平线的上翘量，如裤子后翘。
- 门襟：门襟是指衣片的锁眼边。
- 里襟：里襟是指衣片的钉扣边。
- 止口：指衣片边缘应做光洁的部位，如叠门与挂面的连接线。
- 省：省又被称为省缝，它的含义是根据人体曲线对服装板型进行的调整，去掉多余的部分。
- 褶：褶又被称为裥，与省一样，是根据人体曲线对板型进行调整，不同的是，它的收拢部分需要进行有规律的折叠。
- 克夫：克夫又被称袖头，一般直接缝合在袖子的底端。
- 分割：分割是为了人体曲线需要或者设计需要，在衣片上增加的结构缝。
- 缝份：缝份又被称为缝头，在制图的轮廓线以外，后期添加的缝份部分。

1.4 本章小结

本章主要为读者讲述服装结构设计基础知识。其中主要向读者讲述的内容有服装结构设计概况、服装与人体的关系以及测体注意事项与术语的解说。

通过对本章知识的学习，希望读者能够对服装结构设计有初步的认识，为后续的深入学习打下良好的基础。

第2章

服装CAD制板新手入门

内容摘要

对服装产业来说，服装CAD的应用已经成为历史性变革的标志。

本章为读者讲述服装CAD制板的一些基础知识，其中包括的内容有服装CAD新手入门、服装号型的定义与分类、服装制图的符号与代号等内容。

课堂学习目标

服装CAD新手入门

服装号型的定义与分类

服装制图的符号与代号

2.1 服装CAD新手入门

随着社会经济的发展，人们生活水平和文化修养的提高，人们的衣着消费也发生了变化，由最初的盲目从众变为追求品牌和个性，款式上既显示个性又具有时代特色。服装穿着品位的提高促使服装业向多品种、小批量、短周期、高质量方向发展，而服装CAD（服装计算机辅助设计）正应服装业的发展特点，具有对市场的快速反应能力，成为服装企业面对市场竞争的有效工具。

2.1.1 计算机辅助设计硬件分析

服装CAD就是计算机辅助服装设计的简称，一般有创作设计（款式、色彩、服饰配件等）、出样、放码和排料等。它是利用计算机图形技术，在计算机软硬件系统的基础上开发出来实用系统，让设计师在屏幕上设计服装款式和衣片。计算机中可存储大量地款式和花样供设计师选择和修改，设计过程可大为简化。由于可参照的资料多了，设计师的想象力和创造力也就丰富了。

服装CAD是在20世纪70年代起步发展的，服装CAD系统由硬件和软件两部分组成。服装CAD硬件系统是软件的载体，一般包括以下3种。

- 计算机：对计算机的配置要求不是很高，不低于P4、30GB~40GB硬盘、256MB内存。显示器要求应该好些，最好为17英寸以上的纯平显示器，保证图样效果又善待自己的眼睛，图2-1所示为CAD制板工具电脑。

图2-1

- 数字化读入设备：相当于扫描仪。专用扫描仪用来扫描款式效果图或面料，数字化纸样读入仪用来读取手工绘制的纸样，图2-2所示为读入设备扫描仪。

图2-2

- 输出设备：打印机、绘图仪或自动拖铺裁床。打印款式效果图一般彩色打印机就可满足，绘制纸样则需要90cm以上幅宽的纸样打印机。绘图仪的价格与输出幅宽有关，图2-3所示为输出设备打印机。

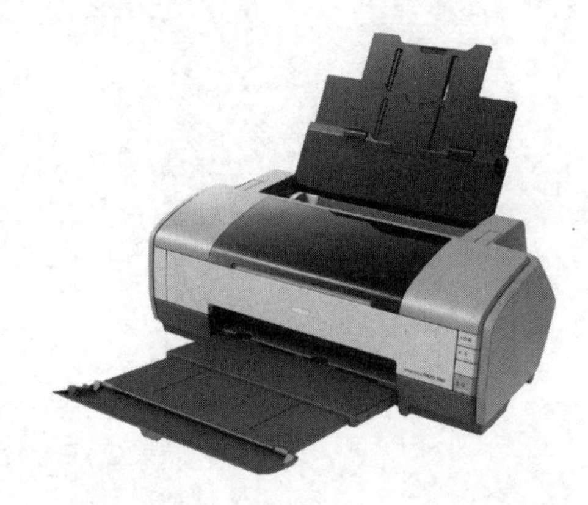

图2-3

服装CAD的软件是硬件的灵魂，从功能上来分一般包括以下4种。

- 服装款式设计系统：包括服装面料的设计以及服装款式的设计。
- 服装纸样设计系统：包括结构图的绘制功能，纸样的生成，缝份的加放，标注标记等功能。
- 服装样片推码系统：由单号型纸样生成系统多号型纸样。
- 服装样片排料系统：设置门幅、缩水率等面料信息、进行样片的模拟排料，确定排料方案。

目前服装CAD的使用已渗透到了服装生产过程的各个阶段。服装CAD系统可用来进行服装款式图的绘制（有时可以进行面料的设计和通过试穿系统检验款式效果并进行调整）；服装样板的制作；对基础样板进行放码；对完成的衣片进行排料；对完成的排料方案直接通过服装裁剪CAM系统进裁剪。

2.1.2 融合科技优化产业升级

服装CAD是将人和计算机有机结合起来，最大限度地提高服装企业的“快速反应”能力，在服装工业生产及现代化进程中起到至关重要的作用。服装CAD在工业生产中的应用主要体现以下两个方面。

1. 提高品质、高效生产

首先服装产品的生产周期主要取决于技术准备工作的周期，对于小批量生产更是如此。采用服装CAD后，由于其技术准备工作周期壳缩短到原来的几分之一至几十分之一，产品加工周期便可大大缩短，企业便有余力进行产品的更新换代，从而提高企业自身的活力。

随着经济的发展，人们生活水平的提高，对高档产品的需求也不断增加，因而提高产品的质量，即提高产品的档次乃是增加企业效益的有效措施。由于在传统手工业生产中，人为因素对产品质量影响严重，从设计阶段就存在着精度低等先天不足，产品质量难以提升。近年来，由于采用服装CAD，不仅使得产品的设计精度得以提高，而且使后续加工工序采用新技术（CAM、CAPP、FMS等）得以实现，为产品质量提供了可靠的保障，这就意味着增加产值和生产效益。

2. 降低成本、优化管理

服装业属于加工产业，因此产品的生产成本是决定生产效益的重要因素。在生产成本中，原材料的消耗和人工费用占相当比例，采用服装CAD后，一般可节省2/3的人力；面料的利用率可提高2%～3%，这对于批量生产，尤其对高档产品而言，其创造的效益更是相当的可观。

如何提高企业的现代化管理水平同样是服装企业，特别是中小型服装企业所面临的突出问题之一，常常使企业的经营者焦头烂额。企业的现代化水平的提高取决于理念、体制以及措施手段的更新。纸样是服装企业重要的技术资源，采用服装计算机辅助设计技术来制作纸样以及提高效率、改善质量、降低成本的作用是显而易见的，它不仅改善了企业的管理手段，而且也更新了企业的理念。

2.1.3 服装CAD科技引进的影响

我国从20世纪80年代中期，在引进、消化和吸收国外软件基础上开始服装CAD的研制。随着各行业研究开发人员的迅速投入，我国服装CAD系统较快地从研究开发阶段进入实用化、商品化和产业化阶段。目前性能较好、功能较完善、市场推广力强、商业化运作较成功的国内服装CAD系统主要有：航天工业总公司710所研制的ARISA系统、杭州爱科电脑技术公司的ECHO系统、北京日升天辰电子有限责任公司的NAC- 700系统（现已经升级到NAC- 2000系统）、深圳富怡电脑机械有限责任公司的RICIIPEACE系统，并形成以北京为中心，以北京、杭州、深圳为一轴线的CAD产业大发展的格局。

目前，我国服装CAD在二维CAD的各功能模块的开发和配置上的技术水平已接近国外同类系统地水平，而在三维CAD及二维CAD网络通信应用上与国外相比还有一定距离。国内服装CAD系统近年来有了长足的进步，起步虽晚，但也颇具特色，虽然与国外先进水平有所差距，但却能够抓住国内生产的特点，制作出更符合国情的软件系统。而且造价相对国外产品更为便宜，因此在性价比上有一定优势。

国产的服装CAD系统是在结合我国服装企业的生产方式与特点的基础上开发出来的，常用的款式设计、打版、放码、排料等二维CAD模块在功能和实用性方面已不逊色于国外同类软件。系统提供了全汉化的操作界面和提示信息，使得软件操作便捷，简单易学。

虽然中国服装CAD市场上的开发商很多，如法国力克、美国格柏、PGM、德国艾斯特、加拿大派特、北京Nissyo、深圳富怡、杭州爱科等，但由于受到从业人员素质和行业整体生产水平等因素的制约，就目前的服装CAD市场而言，CAD并未达到普及化的程度。业内目前比较一致地认可这样一组数据：我国目前约有服装生产企业5万家，而使用服装CAD的企业仅在3000家左右，也就是说我国服装CAD的市场普及率仅在6%左右。而在发达国家，服装CAD已基本普及。法国、美国等国80%左右的服装企业都普及了CAD，服装CAD的应用已经历了3个阶段，而中国的服装CAD普及还处于第一阶段，虽然CAD生产商积极努力地参加各种展会，进行产品推广，但是众多服装企业却是持币观望的态度。

目前我国服装CAD应用推广存在以下几个问题。

1. 引进存在盲目性

我国有些服装企业在引进服装CAD系统时存在盲目性，引进后不能使服装CAD系统很好地发挥其应有的作用，不少服装企业引进的CAD系统还处于闲置状态。有些服装企业对CAD系统知之甚少，了解得并不全面，购买的产品不适合本企业的生产特点，造成财力、物力上的浪费。

2. 技术力量支撑不足

由于服装行业在我国发展起步较晚，只有十几年的历史，服装行业的技术力量还很薄弱。服装企业中拥有大专以上学历的技术人员很少，人员素质不高，对服装CAD系统地消化吸收能力不足，因而造成企业引进的CAD系统未能发挥其应有的作用。目前，CAD存在包括性价比、软件抗干扰能力、兼容性和精度等问题，更重要的是软件要尽量人性化，便于操作，这也是适应中国企业特色的重点之一。国内公司所研发的系统已经基本上解决了语言、习惯等问题，目前市场普及率还不高的原因在于与服装CAD系统相配套的硬件和服务还跟不上。

3. 用户与厂商的契合度

服装CAD系统地研究开发商与用户之间缺乏有效的沟通，因此造成一方面服装CAD系统地实用性有所欠缺，另一方面用户不能很好地开发应用系统。目前国内所研究开发的服装CAD系统，在软件的实用性和硬件的配套性等方面还存在一些问题，有待于进一步改进和研制开发。

使用服装CAD是趋势，服装企业要选择适合本企业产品的系统，要清醒地认识服装CAD系统在企业生产中的定位和真实作用，最好的系统不一定是对自己最适用的。适合的，才是最好的。服装CAD系统作为服装企业的一个长线产品，不能只了解产品，更应该重视了解产品开发商的真实状况，全面了解产品，尤其要关注产品的成熟度和客户的长期满意度，综合考虑性能价格比，特别是购买后的折旧率和耗材费用。一个能适应各种计算机硬件配置环境、生产环境、设计师习惯的产品，要能经得起市场的磨练，我国的企业要学会透过产品的“新”看其背后的价值。

2.1.4 服装CAD技术发展趋势

服装CAD作为一种与计算机技术密切相关的产物，其发展经历过初期、成长、成熟等阶段。据研究，今后的服装CAD将呈现如下的发展趋势。

1. 智能化与自动化

早期的服装CAD系统本身缺乏灵活的判断、推理和分析能力，使用者仅限于具有较高专业知识和丰富经验的服装专业人员，并且只是简单地用鼠标、键盘和显示器等现代工具代替了传统的纸和笔。随着CAD用户群的扩大和计算机技术的迅速发展，开发智能化专家系统成为CAD新的发展方向。服装款式千变万化，但是万变不离其宗。利用人工智能技术开发服装智能化系统，可以帮助服装设计师构思和设计新颖的服装款式，完成款式到服装样片的自动生成设计，从而提高设计与工艺的水平，缩短生产周期，降低成本。

2. 集成化

由于计算机网络通信技术飞速发展，服装CAD的领域不断扩大，原来自成一体的系统正向CIMS（计算机集成制造系统）趋近。CIMS指在信息技术、工艺理论、计算机技术和现代化管理科学的基础上，通过新的生产管理模式、计算机风格和数据库把信息、计划、设计、制造、管理经营等各个环节有机集成起来，根据多变的市场需求，使产品从设计、加工、管理到投放市场等各方面所需的工作量降到最低限度。进而充分发挥企业综合优势，提高企业对市场的快速反应能力和运营效率。CIMS正成为未来服装企业的模式，是服装CAD系统发展的一个必然趋势。

3. 信息接收网络化

服装的流行周期越来越短，服装企业能否建立高效的快速反应机制是当今企业在激烈竞争中能否胜出的一大关键。而服装厂在订单、原料、设计、工艺到生产订货过程中的网络化已成为企业在市场运作中必不可少的快速反应手段。

近几年来随着互联网的高速发展，一个现代服装企业的CIMS已成为国际信息高速公路上的一个网络结点，其产品信息可以在几秒之内传输到世界各地。随着专业化、全球化生产经营模式的发展，企业对异地协同设计的制造需求也将越来越明显。

21世纪是网络的时代，基于Web的辅助设计系统可以充分利用网络的强大功能保证数据的集中、统一和共享，实现产品的异地设计和并行工程。建立开放式、分布式的工作站。网络环境下的CAD系统将成为网络时代服装CAD发展的重要趋势。

2.2 服装号型的定义与分类

服装号型的定义是根据正常人体的规律和使用需要，选出最有代表性的部位，经合理归并设置的。“号”指高度，以厘米表示人体的身高，是设计服装长度的依据；“型”指围度，以厘米表示人体胸围或腰围，是设计服装围度的依据。人体体形也属于“型”的范围，以胸腰落差为依据把人体划分成Y、A、B、C4种体形。

服装号型国家标准由国家质量监督检验检疫总局、国家标准化管理委员会批准发布。GB/T1335.1-2008《服装号型 男子》和GB/T 1335.2—2008《服装号型 女子》于2009年8月1日起实施。GB/ T1335.3—2009《服装号型 儿童》于2010年1月1日起实施。

服装号型国家标准自实施以来对规范和指导我国服装生产和销售都起到了良好的作用，我国批量性生产的服装的适体性有了明显改善。

但是，由于我国现有的服装号型国家标准的人体数据是基于1987年人体数据调查的基础上建立的，与近年来的情况有较大的出入。20年来，随着我国经济的快速发展，社会的不断进步，人民的生活水平有了很大的提高，我国人口的社会结构、年龄结构在不断变化，消费者的平均身高、体重、体态都与过去有了很大区别，人们的消费行为和穿着观念也在发生转变，原有的服装号型已不能完全满足服装工业生产和广大消费者对服装适体性的要求，必须加以改进和完善。

此外，我国加入WTO后，服装市场竞争进一步加剧，欧、美、日本等国家和地区纷纷利用技术壁垒，对我国的纺织服装出口设置技术障碍，而我国在建立保护自己的贸易技术壁垒方面却显得束手无策，处于被动地位。修订服装号型国家标准并完善相关应用技术将对我国的服装贸易起到积极的推动和保护作用。因此，服装号型国家标准的修订和相关技术研究工作势在必行。但采集我国人体数据是一项较庞大的工程，我国人体数据采集和建立人体尺寸数据库的项目已于2003年在国家科技部立项。但由于国家目前只测量了儿童的人体数据，成人男子的人体数据还没有采集，因此，标准起草小组在本次对服装号型国家标准先主要进行了编辑性修改，对标准中的主要技术内容没有进行大的修改。

2.2.1 男装号型

号型所标志的数据有时与人体规格相吻合，有时近似，因此具体对号时可以参照就近靠拢的方法。男装可参考表2-1和表2-2。

表2-1 男衣

上衣尺码	S	M	L	XL	XXL	XXXL
服装尺码	46	48	50	52	54	56
中国号型	165/80A	170/84A	175/88A	180/92A	185/96A	185/100A
胸围	82～85	86～89	90～93	94～97	98～102	103～107
腰围	72～75	76～79	80～84	85～88	89～92	93～96
肩宽	42	44	46	48	50	52
适合身高	163/167	168/172	173/177	178/182	182/187	187/190

表2-2 男裤

裤子尺码	29	30	31	32	33	34	35	36
对应臀围（市尺）	2尺9	3尺	3尺1	3尺2	3尺3	3尺4	3尺5	3尺6
对应臀围（厘米）	97	100	103	107	110	113	117	120
对应腰围（市尺）	2尺2	2尺3	2尺4	2尺5	2尺6	2尺7	2尺8	2尺9
对应腰围（厘米）	73	77	80	83	87	90	93	97

2.2.2 女装号型

由于女装与男装相比较小，所以女装的号型与男装也不相同，可参考表2-3和表2-4。

表2-3 女衣

上衣尺码	S	M	L	XL	XXL	XXXL
服装尺码	38	40	42	44	46	48
中国号型	165/80A	170/84A	175/88A	180/92A	185/96A	185/100A
胸围	78～81	82～85	86～89	90～93	94～97	98～102
腰围	62～66	67～70	71～74	75～79	80～84	85～89
肩宽	36	38	40	42	44	46
适合身高	153/157	158/162	163/167	168/172	172/177	177/180

表2-4 女裤

裤子尺码	24	26	27	28	29	30	31
对应臀围（市尺）	2尺4	2尺6	2尺7	2尺8	2尺9	3尺	3尺1
对应臀围（厘米）	81～84	84～87	87～90	90～93	93～96	96～99	99～102
对应腰围（市尺）	1尺8	1尺9	2尺	2尺1	2尺2	2尺3	2尺4
对应腰围（厘米）	60	63	67	70	73	77	80

2.3 服装制图的符号与代号

在进行服装结构制图时，制图中所使用的各种线条、符号、代号是服装专业中必须遵循的共同语言，每一种制图符号或代号都表示了某一种用途以及相关的内容含义。

2.3.1 熟悉制图符号

在进行服装制图时，为了表达的方便和统一，于是就有了服装制图符号，见表2-5。要想成为一名优秀的服装设计师，服装制图符号的掌握是至关重要的。

表2-5 服装制图符号

符号形式	名称	说明
	特殊放缝	与一般缝量不同的缝份量
	拉链	装拉链的部位
	斜料	用有箭头的直线表示布料的经纱方向
	阴裥	裥底在下的折裥
	明裥	裥底在上的折裥
	等量号	两者相等量
	等分线	将线段等比例划分
	直角	两者成垂直状态
	重叠	两者相互重叠
	经向	有箭头直线表示布料的经纱方向
	顺向	表示褶裥、省道、覆势等折倒方向（线尾的布料在线头的布料之上）
	缩缝	用于布料缝合时的收缩
	归拢	将某部位归拢变形
	拨开	将某部位拉展变形
	按扣	两者成凹凸状且用弹簧加以固定
	钩扣	两者成钩合固定

（续表）

符号形式	名称	说明
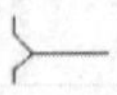	开省	省道的部位需减去
	拼合	表示相关布料拼合一致
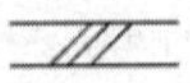	衬布	表示衬布
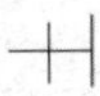	合位	表示缝合时应对准的部位
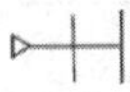	拉链装止点	拉链的止点部位
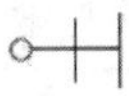	缝合止点	除缝合止点外，还表示缝合开始的位置，附加物安装的位置
	拉伸	将某部位长度方向拉长
	收缩	将某部位长度缩短
	钮眼	两短线间距离表示钮眼大小
	钉扣	表示钉扣的位置
	省道	将某部位缝去
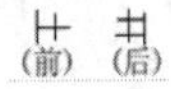 (前) (后)	对位记号	表示相关衣片两侧的对位
 或	部件安装的部位	部件安装的所在部位
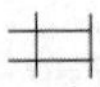	部环安装的部位	装布环的位置
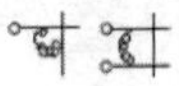	线袢安装位置	表示线袢安装的位置及方向
	钻眼位置	表示裁剪时需钻眼的位置
	单向折裥	表示顺向折裥自高向低的折倒方向
	对合折裥	表示对合折裥自高向低的折倒方向
	折裥的省道	斜向表示省道的折倒方向
	缉双止口	表示布边缉缝双道止口线

2.3.2 国际通用代号

服装部位代号是为了方便制图标注，在制图过程中表达以及总体规格设计。部位代号是用来表示人体各主要测量部位，国际上以该部位的英文单词的第一个字母为代号，以便于统一规范，见表2-6。

表2-6 服装制图中基本部位的代号

部位	代号	部位	代号
衣长	DL	臀围线	HL
裙长	SKL	腰围线	WL
袖长	SL	胸围线	BL
袖窿	AH	领围线	NL
前腰节长	FWL	膝围线	KL
后腰节长	BWL	肘线	EL
胸围	B	胸点	BP
头围	HS	肩宽	SW
腰围	W	肩点	SP
臀围	H	肘点	EP
领围	N	前颈点	FNP
肩宽	S	后颈点	BNP
前胸宽	FBL	颈侧点	SNP
后背宽	BBW	前片	F
袖口	CW	后片	B
总体高	G	袖口	C
袖山高	SCH	帽高	HH
裙子	S	帽宽	HW
长度（外长）	L	反面	WS
长度（内长）	I	裤子	P

2.4 本章小结

本章为读者分析了服装CAD软件安装所需要的硬件，以及服装CAD科技引进对产业的影响，此外还讲述了服装CAD技术的未来发展趋势。其中详细内容包括有服装CAD新手入门、服装号型的定义与分类、服装制图的符号与代号等。通过本章的学习，读者能够掌握服装CAD制板的一些基础入门知识。

第3章

富怡服装CAD基本操作

内容摘要

服装CAD是计算机辅助设计系统，对于服装产业来说，服装CAD的应用已经成为历史性变革的标志。本章主要向读者介绍富怡服装CAD的基础知识、该系统地配置和软件的安装等内容。

课堂学习目标

富怡服装CAD软件功能简介
富怡服装CAD软件优势的介绍
软件安装、启动与退出
富怡CAD软件特色功能详解
服装CAD硬件系统的配置

3.1 富怡服装CAD软件功能简介

富怡服装CAD系统是一套应用于纺织、服装行业生产的专业计算机软件，它是集纸样设计、放码、排料于一体的专业系统。它可以开纸样、放码、排料及打印各种比例纸样图、排料图等，为纺织、服装行业提供了一个方便快捷、灵活高效的生产环境

3.2 富怡CAD软件特色功能详解

富怡服装CAD系统具有多个系统，而不同的系统，其特色也不相同。

3.2.1 纸样输入系统

富怡服装CAD系统中的样纸输入系统有以下功能。

- 具备参数法制板和自由法制板双重制板模式。
- 人性化的界面设计，使传统手工制板习惯通过计算机完美体现。
- 自由设计法、原型法、公式法、比例法等，多种打版方式，能满足每位设计师的要求。
- 迅速完成量身定制（包括特体的样板自动生成）。
- 特有的自动存储功能，避免了文件的遗失。
- 多种服装制作工艺符号及缝纫标志，可辅助完成工艺单。
- 多种省处理、褶处理功能和15种缝边拐角类型。
- 精确的测量、方便的纸样文字注解、高效的改版和逼真的1:1显示功能。
- 计算机自动放码，并可按需修改各部位尺寸。
- 强大的联动调整功能，使缝合的部位更合理。

3.2.2 放码系统

富怡CAD软件中的放码系统具备点放码、线放码等多种放码方式；放码系统具备修改样板的功能。

- 多种放码方式：点放码、规则放码、切开线放码和量体放码。
- 多种档差测量及拷贝功能。
- 多种样板校对及检查功能。
- 强大、便捷的随意改版功能。
- 可以用重复的比例放缩和纸样缩水处理。
- 任意样片的读图输入，它的数据准确无误。
- 能够提供多种国际标准CAD格式文档（如*.DXF或*.AAMA），兼容其他CAD系统。

3.2.3 排料系统

富怡服装CAD系统中的排料系统有以下功能。

- 具备自动算料功能、自动分床功能、号型替换功能。
- 全自动排料、人机交互排料和手动排料。
- 独有的算料功能，快速自动计算用料率，为采购面料和粗算成本提供科学的数字依据。
- 多种定位方式：随意翻转、定量重叠、限制重叠、多片紧靠以及先排大片再排小片等。
- 根据面辅料、同颜色、不同号型，不同颜色、不同号型的特点，自动分床，择优排料。
- 随意设定条格尺寸，进行对条格的排料处理。
- 在不影响已排样片的情况下，实现纸样号型和单独纸样的关联替换。
- 样板可重叠或制作丝缕倾斜，并可任意分割样片。同时，排料图可作180°旋转复制或复制倒插。
- 可输入1:1或任意比例之排料图（迷你唛架）。

3.3 富怡服装CAD软件优势的介绍

富怡服装CAD V9系统相对于其他版本来说，具有以下优势。

3.3.1 自动打版功能

软件中存储了大量的纸样库，能轻松修改部位尺寸为订单尺寸，自动放码并生成新的文件，为快

速估算用料提供了确切的数据。用户也可自行建立纸样库。

3.3.2 便捷的自由设计

富怡服装CAD V9系统有多项辅助工具能够帮助设计者快速地利用软件自由完成设计，下面为读者进行介绍。

- 智能笔的多功能一支笔中包含了二十多种功能，一般款式在不切换工具的情况下可一气呵成。
- 在不弹出对话框的情况下定尺寸制作结构图时，可以直接输数据定尺寸，提高了工作效率。
- 就近定位（F9切换）在线条不剪断的情况下，能就近定尺寸。
- 自动匹配线段等份点，在线上定位时能自动抓取线段等份点。
- 鼠标的滑轮及空格键随时对结构线、纸样放缩显示或移动纸样。
- 曲线与直线间的顺滑连接一段线上有一部分直线一部分曲线，连接处能顺滑对接，不会起尖角。
- 调整时可有弦高显示。
- 合并调整：能把多组结构线或多个纸样上的线拼合起来调整。
- 对称调整的联动性：调整对称的一边，另一边也在关联调整。
- 测量：测量的数据能自动刷新。
- 转省：能同心转省、不同心转省、等份转省、一省转多省、可全省转移也可按比例转移。转省后，省尖可以移动，也可以不动。
- 加褶：有刀褶、工字褶、明褶、暗褶，可平均加褶，可以是全褶也可以是半褶，能在指定线上加直线褶或曲线褶。在线上也可插入一个省褶或多个省褶。
- 去除余量：对指定线加长或缩短，在指定的位置插入省褶。
- 螺旋荷叶边：可做头尾等宽螺旋荷叶边，也可头尾不等宽荷叶边。
- 圆角处理：能做等距离圆角与不等距圆角。
- 剪纸样：提供填色成样、选线成样、框剪成样的多种成样方式，以及成空心纸样功能。形成纸样时缝份可自动生成。
- 缝份：缝份与纸样边线是关联的，调整边线时缝份自动更新。等量缝份或切角相同的部位可同时设定或修改，特定位置的缝份也是关联的。
- 剪口的定位或修改：同时在多段线上加距离相等的剪口、在一段线上等份加剪口，剪口的形式多样；在袖子与大身的缝合位置可一次性对剪口位。
- 自动生成朴、贴：在已有的纸样上自动生成新的朴样、贴样。
- 工艺图库：软件提供了上百种缝制工艺图。可对其修改尺寸，并可自由移动或旋转放置于适合的部位。
- 缝迹线、绗缝线：提供了多种直线类型、曲线类型，可自由组合不同线型。绗缝线可以在单向线与交叉线间选择，夹角能自行设定。
- 缩水、局部缩水：对相同面料的纸样统一缩水，也可对个别的纸样局部进行缩水处理。
- 文件的安全恢复：每一个文件都设有自动备份，若因突发情况文件没有保存，系统也会帮我们找回数据。
- 文件的保密功能：软件能对客户的文件进行保护，即使文件被拷贝也不会发生被盗用的情况。
- ASTM、TIIP：软件可输入ASTM、TIIP文件及输出ASTM，与其他CAD进行资源共享。
- 自定义工具条：界面上显示工具可以自行组合，并且右键菜单显示工具也可自行设置。

3.3.3 手工纸样导入

通过数码相机或数字化仪把手工纸样变成电脑中纸样，可以是单码输入，也可是齐码输入。

3.3.4 放码

富怡CAD软件在使用放码系统进行放码时，能够使用以下命令辅助设计。

- 自动判断正负：用点放码表放码时，软件能自动判断各码放码量的正负。
- 同时能对放码量相同的部位放码：可框选放码点进行同时放码。

- 纸样边线及辅助线各码之间可平行放码。
- 纸样上的辅助线或可随边线放码也可自行单独放码。
- 定尺寸放码：可按线的长度或直度放码。
- 分组放码：可在组间放码也可在组内放码。
- 文字放码：文字的内容在各码上显示可以不同，及位置也能放码。
- 扣位、扣眼：可以在指定线上平均加扣位、扣眼，也可按照指定间距加扣位、扣眼。放码时在各码上的数量可以等同，也可不同。
- 放码量拷贝：可一对一地拷贝，也可一对多地拷贝。

3.3.5 绘图

在使用富怡CAD软件绘图时，能够使用以下命令辅助设计。

- 输出风格：有绘图、全切、半刀切割的形式。
- 绘图线型：净样线、毛样线、辅助线绘制线类型可分开设置。
- 选页绘图：能够指定绘制其中的部分唛架。
- 唛架头：绘图时可在唛架头或尾绘制唛架的详细说明。
- 绘图前自检：如果唛架上有漏排或同边或非同种面料的纸样，系统能够自动检测到。

3.3.6 改版

使用富怡CAD软件对服装进行改版时，软件的以下功能能够辅助操作。

- 影子：改版时下方可以有影子显示，是否对纸样进行了修改一目了然。多次改版后纸样也能返回影子原形。
- 整体移动及只对线偏移：多部位调整相同的数据时，可同时调整。
- 调整基码及基码之外的码（点或线）：调整纸样时，可同时调整所有码或只调整单个码，可按比例调整也可平行调整。
- 显示线段的长度：可自动显示各线段的长度。
- 省褶的合并调整：在基码上或放了码的省褶上，能把省褶收起来查看并调整省褶底线的顺滑。
- 行走功能：用一个纸样在另一个样上行走并调整对接线是否流畅。

3.3.7 排料

在使用富怡CAD软件排料时，能够使用以下命令辅助设计。

- 超级排料：在短时间内排图利用率高过手工长时间的排料，并有避色差、捆绑、固定纸样的功能。
- 算料（估料）功能：可以精确地算出每一定单的用料（包括用布的长度和重量），并可自动分床（或手工分床），大大降低工厂成本损耗。
- 系统根据不同的布料，能够自动分离纸样。
- 手动排料操作简单：用鼠标或快捷键就可完成翻转、吃位、倾斜。
- 对条格：可跟随先排纸样对条格，也能指定位置对条格，手动、自动排料都可能对条格。
- 检查重叠量：能检查出纸样间的重叠量。
- 双唛架：可以用主辅双层唛架排料。
- 参考唛架：可以参考已排好的唛架排新的唛架。
- 复制、倒插唛架：在排了部分唛架的基础上可复制、倒插唛架。
- 刀模排版：针对用刀模裁剪的排料模式，刀模间可倒插排、交错排、反倒插排、反交错排。
- 关联：在排好的唛架后，纸样有改动时唛架能联动。
- 分段排料：针对切割机分段切割可分段排料。

3.3.8 术语解说

在使用富怡服装CAD V9系统时，读者经常会见到以下的专业术语，它们的含义分别如下。

- 单击鼠标左键：指按下鼠标左键并且在还没有移动鼠标的情况下释放鼠标左键。
- 单击鼠标右键：指按下鼠标右键并且在还没有移动鼠标的情况下释放鼠标右键，其还表示某一命令的操作结束。
- 双击鼠标右键：指在同一位置快速单击鼠标右键两次。
- 单击鼠标左键并拖曳：指将鼠标移动到点、线图元上后，单击鼠标左键的同时并拖曳光标。

- 单击鼠标右键并拖曳：是指将鼠标移动到点、线图元上后，单击鼠标右键的同时并拖曳光标。
- 左键框选：指在没有将鼠标移动到点、线图元之前，单击鼠标左键的同时拖曳光标至合适位置。如果距离线比较近，为了避免变成单击鼠标左键并拖曳，可以通过在单击鼠标左键前按Ctrl键。
- 右键框选：指在没有将鼠标移动到点、线图元之前，单击鼠标右键的同时拖曳光标至合适位置。如果距离线比较近，为了避免变成单击鼠标右键并拖曳，可以通过在单击鼠标右键前按Ctrl键。
- 单击：没有特意说明右键时，都是指左键。
- 框选：没有特意说明右键时，都是指左键。
- F1～F12：指键盘最上方的12个按键。
- Ctrl＋Z：按住Ctrl键的同时，按住Z键。
- Ctrl＋F12：按住Ctrl键的同时，按住F12键。
- Esc键：指键盘左上角的Esc键。

3.4 服装CAD硬件系统的配置

服装CAD系统是以计算机为核心，由软件和硬件两部分组成。硬件包括计算机、数字化仪、扫描仪、摄像机、手写板、数码相机、绘图仪、打印机、计算机裁床等设备。其中由计算机里的服装CAD软件其核心控制作用，其他的统称为计算机外部设备，分别执行输入、输出等特定功能。

1. 计算机

包括主机、显示器、键盘和鼠标，操作系统要求是Windows 98/Me/XP/2000。显示器最好使用17英寸以上的纯平显示器，显示器的分辨率最好在1024像素×768像素以上。硬盘空间需30~40GB，内存容量需128MB以上，图3-1所示为台式计算机。

图3-1

2. 数码相机、摄像机、扫描仪

随着科技的发展，更多的设备可以方便地输入图像，图3-2所示为数码相机。

图3-2

拍摄顾客、模特的外形，或者拍摄服装、布料、图案以及零部件，完成拍摄后，将图像资料输入计算机，方便准备款式设计。

3. 手写板

与鼠标的用途很相似，主要用于屏幕光标的快速定位。手写板的分辨率很高，十分精确，可用于结构设计中的数据输入等，图3-3所示为手写板。

图3-3

4. 数字化仪

是一种图形输入设备，在服装CAD系统中，往往采用大型数字化仪作为服装样板的输入工具，它可以迅速将企业纸样或成衣输入到计算机中，并可修改、测量及添加各种工艺标识，读取方便、定位准确，如图3-4所示。

图3-4

5. 打印机

可以打印彩色效果图、款式图，或者打印缩小比例的结构图、放码图、排料图，图3-5所示为打印机。

图3-5

6. 绘图仪

是一种输出1:1纸样和排料图的必备设施。大型的绘图仪有笔式、喷墨式、平板式和滚筒式。绘图仪可以根据不同的需要使用90~220cm不同宽幅的纸张。图3-6所示为喷墨式绘图仪。

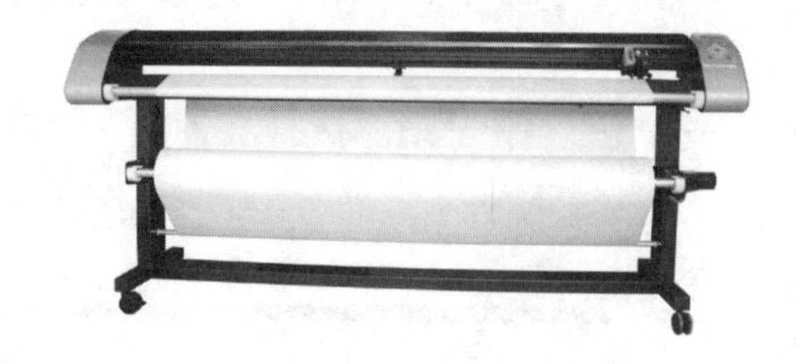

图3-6

7. 电脑裁床

按照服装CAD排料系统地文件对布料进行自动裁切。可以最大限度地使用服装CAD的资料，实现高速度、高精度、高效率的自动切割，如图3-7所示。

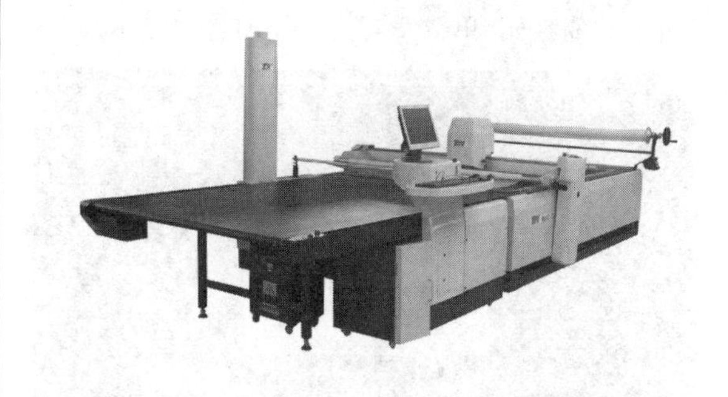

图3-7

3.5 软件安装、启动与退出

富怡服装CAD V9是Windows操作系统环境下最新的服装制板软件，在使用富怡服装CAD V9程序之前，需要先安装富怡服装CAD V9，并正确启动和退出富怡服装CAD V9。本节主要向读者介绍富怡服装CAD V9的安装、启动与退出。

3.5.1 安装富怡服装CAD V9

在使用富怡服装CAD V9之前，首先需要对软件进行安装。

课堂案例：安装富怡CAD V9
案例位置：效果>无
视频位置：视频>第3章>课堂案例——安装富怡CAD V9.mp4
难易指数：★★★★★
学习目标：掌握安装富怡CAD V9的方法

01 双击软件安装目录下的安装程序，弹出相应的对话框，选择“中文（简体）”选项，单击“下一步”按钮，如图3-8所示。

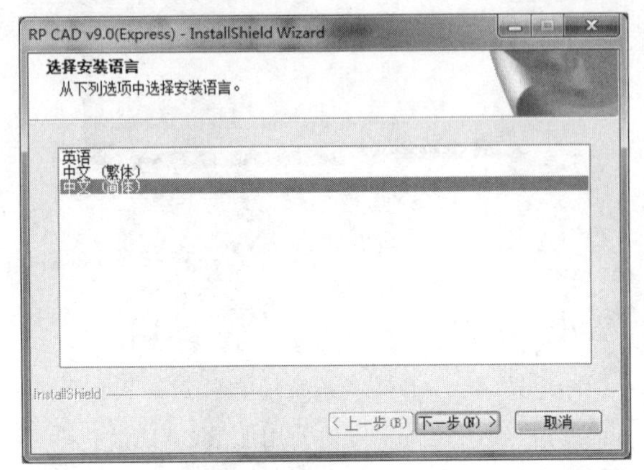

图3-8

02 稍等片刻，弹出“安装程序”对话框，进入“许可证协议”界面，单击“是”按钮，如图3-9所示。

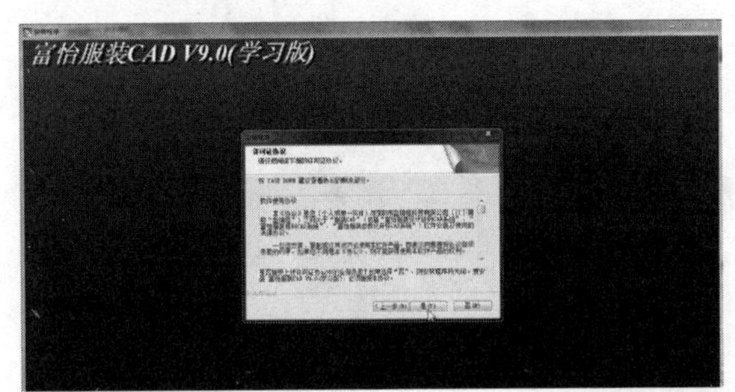

图3-9

03 执行上述操作后进入“安装目录”界面，如图3-10所示。

图3-10

04 单击“浏览”按钮，弹出“选择文件夹”对话框，更改路径，单击“确定”按钮，如图3-11所示。

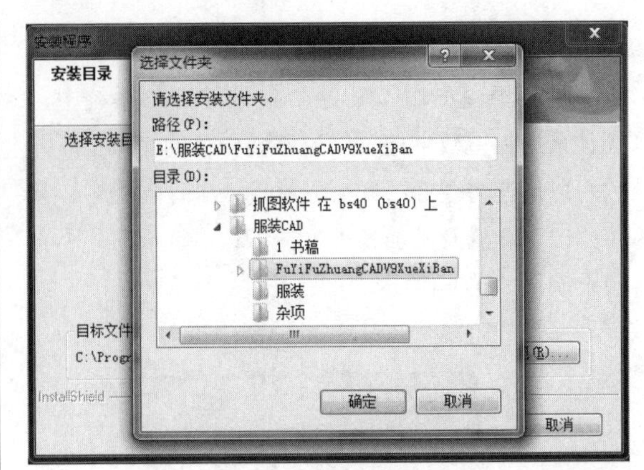

图3-11

05 执行操作后，返回“安装目录”对话框，单击“下一步”按钮，如图3-12所示。

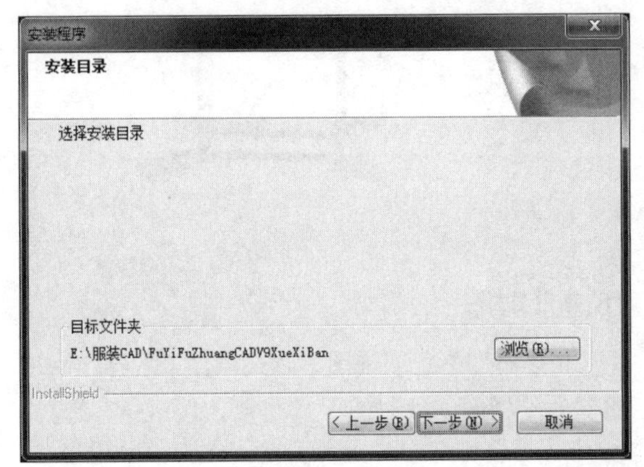

图3-12

06 执行操作后，出现进度条，提示安装进度，如图3-13所示。

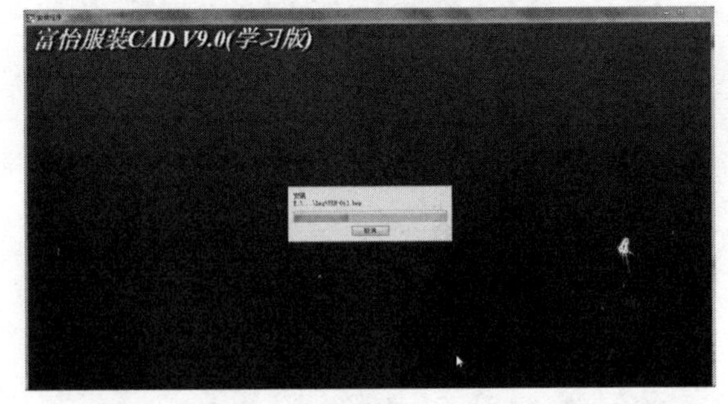

图3-13

07 稍等片刻后，弹出提示框，单击“完成”按钮，完成软件安装，如图3-14所示。

图3-14

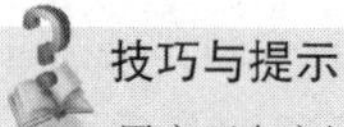

技巧与提示

用户可在富怡官网http://www.richforever.cn下载免费的富怡服装CAD V9（学习板）软件。

3.5.2 启动富怡服装CAD V9

在安装好富怡服装CAD V9后，如果要使用富怡服装CAD V9进行绘制和编辑首饰，首先需要启动软件。其中，富怡服装CAD系统包含两个软件，即可富怡服装设计CAD放码软件和富怡服装排料CAD系统。

课堂案例：启动富怡服装CAD V9
案例位置：效果>无
视频位置：视频>第3章>课堂案例——启动富怡服装CAD V9.mp4
难易指数：★★★
学习目标：掌握安装富怡CAD V9的方法

01 在计算机桌面上单击RP-DGS图标，如图3-15所示。

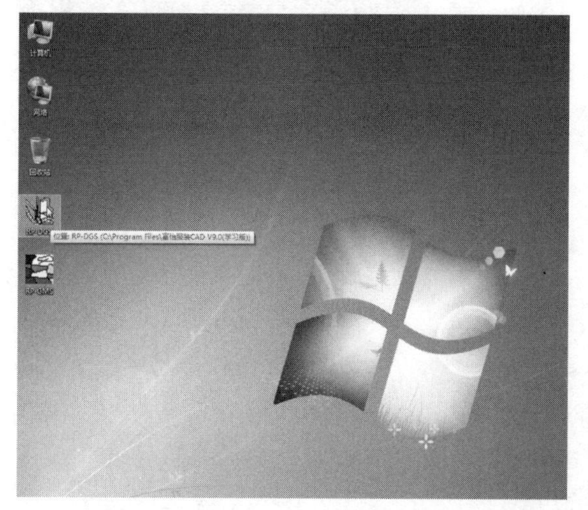

图3-15

02 双击鼠标左键，出现欢迎界面，如图3-16所示。

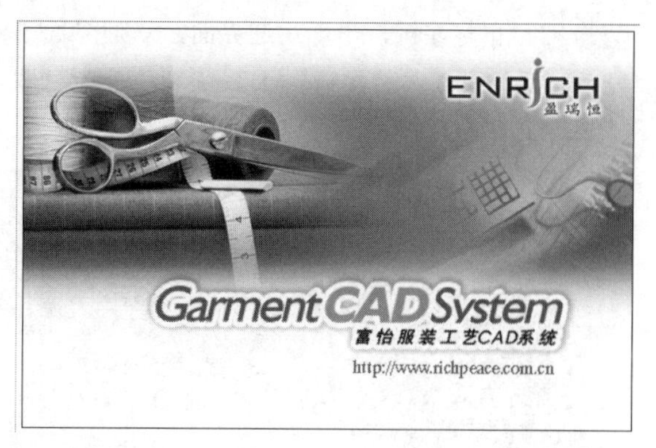

图3-16

03 欢迎界面消失后，系统进入服装设计放码CAD软件环境，此时即可启动富怡服装CAD放码软件，如图3-17所示。

图3-17

04 在计算机桌面上单击RP-DGS图标，如图3-18所示。

图3-18

05 双击鼠标左键，出现欢迎界面，欢迎界面消失后，系统进入服装排料CAD系统环境，此时即可启动富怡服装排料CAD系统，如图3-19所示。

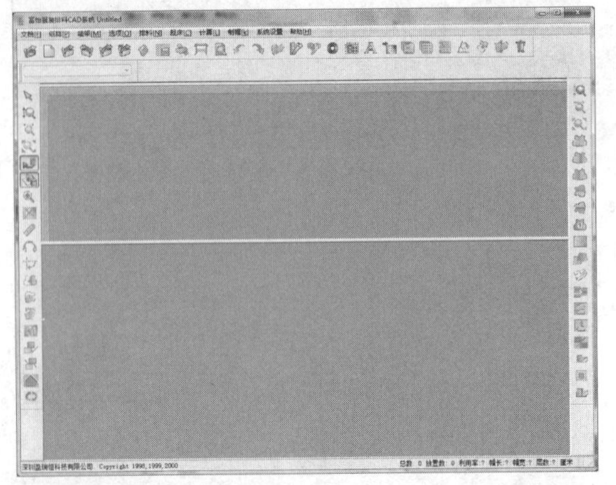

图3-19

技巧与提示

其中，还有以下3种方法可以启动富怡服装CAD V9。

◆选择桌面上的应用程序图标，然后单击鼠标右键，在弹出的快捷菜单中选择“打开”选项。

◆单击“开始”|“所有程序”|“富怡服装CAD V9.0（学习板）”|RP-DGS（或RP-GMS）命令。

◆双击格式为.dgs或.mkr的文件。

3.5.3 退出富怡服装CAD

如果用户完成了工作，可以退出富怡服装CAD应用程序。富怡服装CAD与退出其他大多数应用程序的方法大致相同，单击“标题栏”右上角的“关闭”按钮 x 即可。

若在绘图区中进行了部分操作，之前也未保存，在退出富怡服装设计放码CAD软件时，将弹出“富怡服装设计放码CAD软件”对话框，在退出富怡服装排料CAD系统时，将弹出“富怡服装排料CAD系统”对话框，提示用户保存文件。

3.6 本章小结

本章主要向读者介绍了富怡服装CAD这款服装设计软件的基本操作。读者可以分章节学习了解该软件系统地配置要求，以及软件的安装要求等内容。

通过对本章的学习，读者能够了解富怡服装CAD的基本知识，并且对该系统地配置和软件的安装等基础内容有一个深入的认识，方便软件零基础的读者学习。

3.7 课后习题——打开软件

鉴于本章知识的重要性，为了帮助读者更好地掌握所学知识，本节将通过上机习题，帮助读者进行简单的知识回顾和补充。

案例位置：无
难易指数：★★★
学习目标：掌握打开软件的方法

学习打开软件的另一种方法，初始界面如图3-20所示；打开界面如图3-21所示。

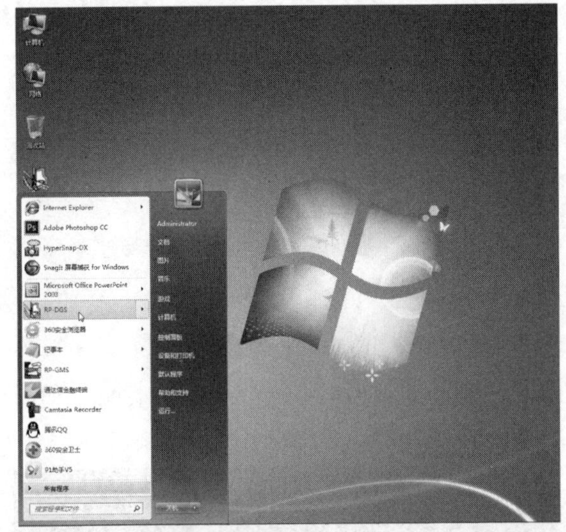

图3-20

图3-21

第4章

掌握设计放码软件功能

内容摘要

设计放码CAD软件是富怡服装CAD软件的一部分，其主要用于纸样的设计与放码。本章主要向读者介绍设计放码软件的基本知识，主要包括设计放码软件的简介、工作界面介绍、放码软件基本操作以及放码软件入门操作等内容。

课堂学习目标

放码软件简介

放码软件工作界面介绍

放码软件基本操作

放码软件入门操作

4.1 放码软件简介

富怡服装CAD系统是用于服装、内衣、帽、箱包、沙发、帐篷等行业的专用出版、放码及排版的软件。该系统功能强大，操作简单，好学易用，可有效地提高工作效率及产品质量，是现在服装企业必不可少的工具。

4.2 放码软件工作界面介绍

设计放码CAD软件的工作界面包括标题栏、菜单栏、快捷工具栏、衣片列表框、设计工具栏、纸样工具栏、标尺、放码工具栏、工作区和状态栏，如图4-1所示。

图4-1

4.2.1 标题栏

标题栏位于工作界面的最上方，用于显示当前打开文件的存盘路径，标题栏右侧是Windows标准应用程序的控制按钮，分别是“最小化”按钮、“向下还原”/“最大化”按钮和“关闭”按钮。

4.2.2 菜单栏

菜单栏位于标题栏的下方，该区是放置菜单命令的地方，每个菜单的下拉菜单中又有各种子命令。单击菜单命令时，将会弹出下拉菜单，在下拉菜单中可以单击菜单命令。用户也可以按住Alt键的同时按住菜单后对应的字母键，启用菜单，再用方向键或鼠标选中需要的命令。

1. “文档”菜单

“文档”菜单主要负责文件的管理工作，其中包含新建、打开、保存、输出和打印等基本文件操作命令，如图4-2所示。

新建(N)	Ctrl+N
打开(O)...	Ctrl+O
保存(S)	Ctrl+S
另存为(A)...	Ctrl+A
保存到图库(B)	
安全恢复...	
档案合并(U)...	
自动打板...	
取消文件加密	
打开AAMA/ASTM格式文件	
打开TIIP格式文件	
打开AutoCAD DXF文件	
打开格柏(GGT)款式	
输出AAMA/ASTM文件	
输出AutoCAD文件	
打印号型规格表(T)	▸
打印纸样信息单(I)...	
打印总体资料单(G)...	
打印纸样(P)...	
打印机设置(R)...	
输出纸样清单到Excel	
数化板设置(E)...	
1 文化式女上装原型.dgs	
2 D:\cad(3)\...\第3章\3-125.dgs	
3 D:\cad(3)\...\第3章\3-66.dgs	
4 D:\cad(3)\...\第3章\3-56.dgs	
5 D:\cad(3)\...\第3章\3-52.dgs	
退出(X)	

图4-2

在“文档”菜单中，各主要命令的含义如下所述。

- 另存为：给当前文件做备份，可以更改存储路径与名称。
- 保存到图库：与“加入/调整工艺图片”工具配合制作工艺图库。
- 安全恢复：因断电没来得及保存的文件，用该命令可以将其找回。
- 档案合并：能把文件名不同的档案合并到一起。
- 自动打版：调用公式法打版文件，可以在尺寸规格表中修改需要的尺寸。
- 打开AAMA/ASTM格式文件：可打开AAMA/ASTM格式文件，该格式是国际通用格式。
- 打开TIIP格式文件：用于打开日本的*.dxf纸样

文件，TIIP是日本文件格式。

- 输出AAMA/ASTM文件：把本软件文件转成ASTM格式文件。
- 打印号型规格表：该命令用于打印号型规格表。
- 打印纸样信息单：用于打印纸样的详细资料，如纸样的名称、说明、面料以及数量等。
- 打印总体资料单：用于打印所有纸样的信息资料，并集中显示在一起。
- 打印纸样：用于在打印机上打印纸样或者草图。
- 打印机设置：用于设置打印机号型和纸张大小及方向。
- 数化板设置：能够对数化板指令信息进行设置。

2. “编辑”菜单

“编辑”菜单主要用于对选中的纸样进行复制、剪切、粘贴等操作，其中包含剪切纸样、复制纸样、粘贴纸样等基本编辑操作命令，如图4-3所示。

剪切纸样(X)　Ctrl+X
复制纸样(C)　Ctrl+C
粘贴纸样(V)　Ctrl+V
辅助线点都变放码点(G)
辅助线点都变非放码点(N)
自动排列绘图区(A)
记忆工作区纸样位置(S)
恢复工作区纸样位置(R)
复制位图(B)
纸样生成图片
清除多余点
按号型分开选中纸样

图4-3

在“编辑”菜单中，各主要命令的含义如下所述。

- 剪切纸样：与粘贴纸样配合使用，把选中的纸样剪切到粘贴板上。
- 复制纸样：与粘贴纸样配合使用，把选中的纸样复制到粘贴板上。
- 粘贴纸样：该命令与复制纸样配合使用，使复制在剪贴板上的纸样粘贴在目前打开的文件中。
- 辅助线点都变放码点：将纸样中的辅助线点都变成放码点。
- 辅助线点都变非放码点：将纸样中的辅助线点都变成非放码点。
- 自动排列绘图区：将工作区中的纸样按照绘图纸张的宽度排列，省去了手动排列的麻烦。
- 记忆工作区纸样位置：再次应用。
- 恢复工作区纸样位置：对已经执行“记忆工作区纸样位置”命令的文件，再次打开该文件时，用本命令可以恢复上次纸样在工作区中的摆放位置。
- 复制位图：该命令与“加入/调整工艺图片”工具配合使用，将选择的结构图以图片的形式复制在剪贴板上。

3. “纸样”菜单

“纸样”菜单主要用于对款式的名称、客户名、订单号、布料、布纹等资料进行设定；对款式中的某一个纸样名称、说明、布料、布纹、号型、剪裁方法等资料进行设定；对纸样栏中的某一个纸样进行删除和复制；对纸样的布纹线重新定义等，图4-4所示为“纸样”菜单。

款式资料(S)
纸样资料(P)
总体数据(G)
删除当前选中纸样(D)　Ctrl+D
删除工作区所有纸样
清除当前选中纸样(M)
清除纸样放码量(C)　Ctrl+G
清除纸样的辅助线放码量(F)
清除纸样拐角处的剪口(N)...
清除纸样中文字(T)
删除纸样所有辅助线
删除纸样所有临时辅助线
移出工作区全部纸样(U)　F12
全部纸样进入工作区(Q)　Ctrl+F12
重新生成布纹线(B)...
辅助线随边线自动放码(H)
边线和辅助线分离
做规则纸样　Ctrl+T
生成影子　Ctrl+Q
删除影子
显示/掩藏影子
移动纸样到结构线位置
纸样生成打板草图
角度基准线

图4-4

在“纸样”菜单中，各主要命令的含义如下所述。

- 款式资料：用于输入同一文件中的所有纸样的共同信息。在款式资料中输入的信息可以在布纹线上下显示，并可传送到排料。
- 纸样资料：编辑当前选中纸样的详细信息。
- 总体数据：查看文件不同布料的总面积或周长，以及单个纸样的面积、周长。
- 删除当前选中纸样：将工作区中选中纸样从衣片列表框中删除。
- 删除工作区所有纸样：将工作区中的全部纸样从衣片列表框中删除。
- 清除当前选中纸样：清除当前选中纸样的修改操作，并把纸样放回衣片列表框中。用于多次修改后再回到修改前的情况。
- 清除纸样放码量：用于清除纸样的放码量。
- 清除纸样的辅助线放码量：用于删除纸样辅助线的放码量。
- 清除纸样拐角处的剪口：用于删除纸样拐角处的剪口。
- 清除纸样中的文字：清除纸样中用T工具写上的文字。
- 删除纸样所有辅助线：用于删除纸样的辅助线。
- 删除纸样所有临时辅助线：用于删除纸样的临时辅助线。
- 移除工作区全部纸样：将工作区全部纸样移出工作区。
- 全部纸样进入工作区：将纸样列表框的全部纸样放入工作区。
- 重新生成布纹线：恢复编辑过的布纹线至原始状态。
- 辅助线随边线自动放码：将与边线相接的辅助线随边线自动放码。
- 边线与辅助线分离：使边线与辅助线不关联。使用该命令后选中边线点入码时，辅助线上的放码量保持不变。
- 做规则纸样：做圆或矩形纸样。
- 生成影子：将选中纸样的所有点线生成影子，方便在改版后可看到改版前的影子。
- 删除影子：删除纸样上的影子。
- 显示/掩藏影子：用于显示或者掩藏影子。
- 移动纸样到结构线位置：将移动过的纸样再移动到结构线位置。
- 纸样生成打版草图：将纸样生成新的打版草图。
- 角度基准线：在纸样上定位，如在纸样上定位袋位、腰位。

4. “号型”菜单

“号型”菜单主要用于设定纸样的各个部位的尺寸规格、纸样的大小号型变化以及记录和修改在制图中出现的变量，图4-5所示为“号型”菜单。

号型编辑(E)　Ctrl+E
尺寸变量(V)

图4-5

在号型菜单中，各命令的含义如下。

- 号型编辑：编辑号型尺码及颜色，以便放码。可以输入服装的规格尺寸、方便打版、自动放码时采用数据，同时也备份了详细的尺寸资料。
- 尺寸变量：用于存放线段测量的记录信息。

5. “显示”菜单

“显示”菜单主要用来设定工作界面中某些工具栏的显示与隐藏，当选项前打✔时，表示该工具栏呈显示状态；如果没有标记，则表示该工具栏隐藏，图4-6所示为“显示”菜单。

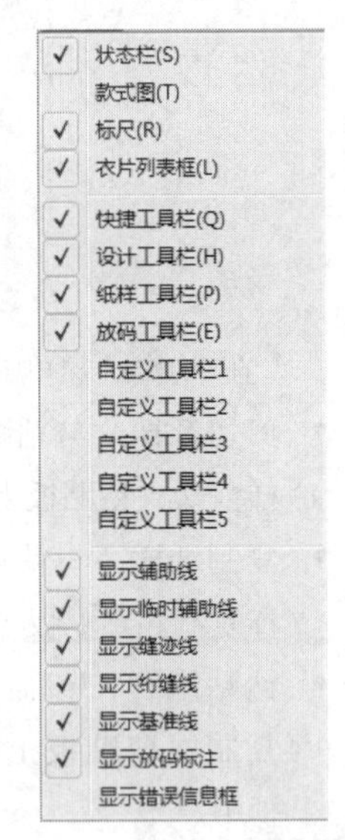

图4-6

6. “选项”菜单

“选项”菜单主要用于对操作系统地多种参数进行设置，对纸样、视窗的颜色进行设置，对纸样上的字体进行设置，图4-7所示为“选项”菜单。

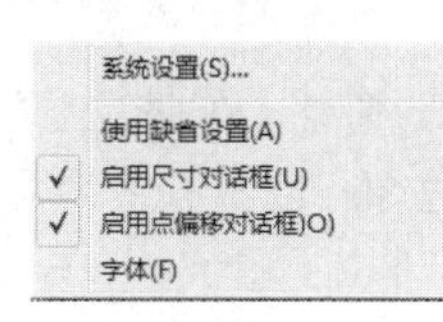

图4-7

在“选项”菜单中，各命令的含义如下。

- 系统设置：系统设置中有多个选项卡，可对系统各项进行设置。
- 使用缺省设置：采用的是系统地默认设置。
- 启用尺寸对话框：该命令前有✔时，绘制指定长度线、定位或定数调整时有对话框显示，反之则无。
- 启用点偏移对话框：该命令前有✔时，用调整工具调整放码点时有对话框，反之则无。
- 字体：用来设置工具信息提示、T文字、布纹线上的字体、尺寸变量的字体等的字形和大小，也可以把原来设置过的字体再返回到系统默认的字体。

7. “帮助”菜单

“帮助”菜单主要用来显示当前使用软件的版本，图4-8所示为“帮助”菜单。

图4-8

4.2.3 快捷工具栏

快捷工具栏用于放置常用命令的快捷图标，为快速完成设计与放码工作提供了极大的方便，如图4-9所示。

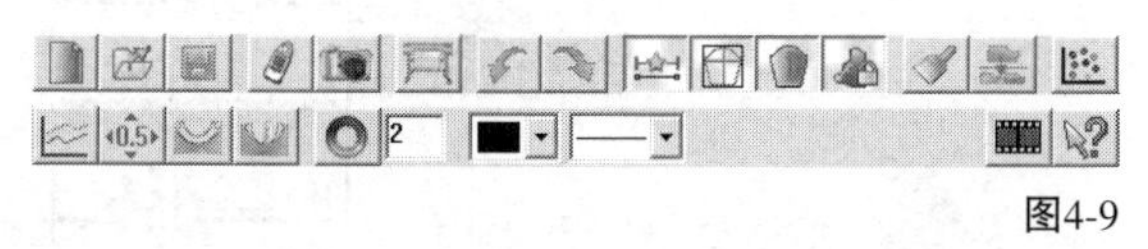

图4-9

在快捷工具栏中，各主要按钮的含义如下所述。

- “新建”按钮：新建一个空白文档。
- “打开”按钮：打开一个文件。
- “保存”按钮：保存文件。
- “读纸样”按钮：借助数化板和鼠标，将手工做的纸样输入计算机。
- “数码输入”按钮：打开用数码相机拍摄的纸样图片文件
- “绘图”按钮：按比例绘制纸样或结构图。
- “撤销”按钮：该工具用于按顺序撤销做过的操作，每单击一次该按钮就可撤销一步操作。
- “重新执行”按钮：恢复撤销的操作。
- “显示/隐藏变量标注”按钮：单击该按钮，可显示或隐藏纸样的变量标注。
- “显示结构线”按钮：可显示或隐藏设计线。
- “显示样片”按钮：可显示或隐藏纸样。
- “点放码表”按钮：对纸样进行点放码。单击该按钮，弹出“点放码表”对话框，如图4-10所示。

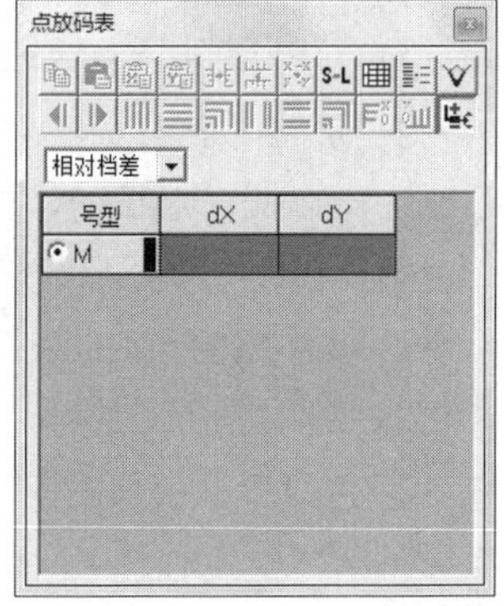

图4-10

- “线放码表”：对纸样进行线放码。单击该按钮，弹出“线放码表”对话框，如图4-11所示。

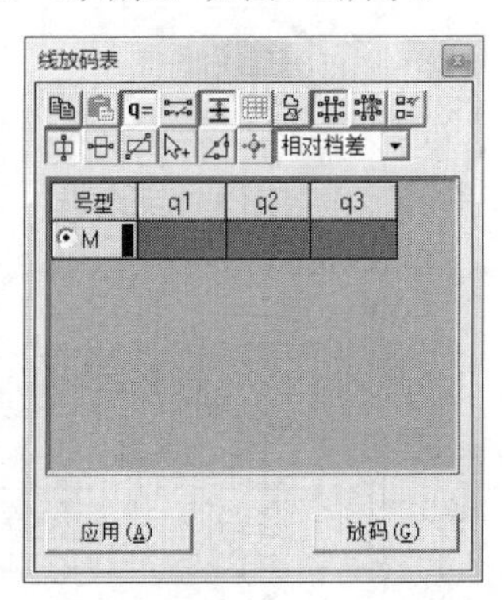

图4-11

- “按方向键放码”按钮：按键盘上的方向键进行放码。单击该按钮，弹出“按方向键放码”对话框，如图4-12所示。

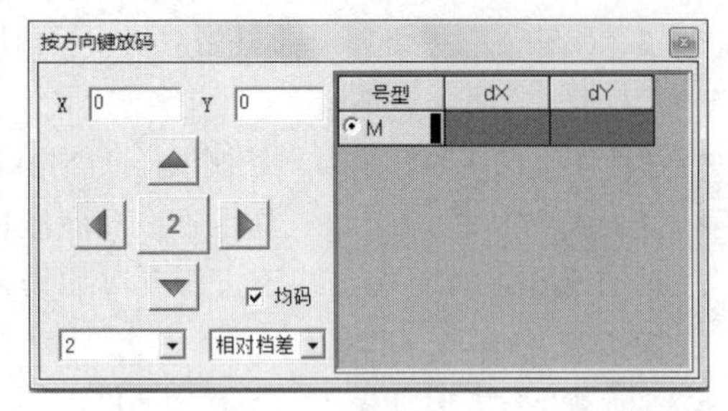

图4-12

- “仅显示一个纸样”按钮：单击该按钮，工作区只有一个纸样并且以全屏方式显示，即当前纸样被锁定。纸样被锁定后，只能对该纸样操作，可以防止对其他纸样的误操作。没有单击该按钮时，可以显示多个纸样。
- “将工作窗的纸样收起”按钮：将选中的纸样从工作区收起。
- “纸样按查找方式显示”按钮：按照布料名称把纸样窗的纸样放置在工作区中。
- “定型放码”按钮：采用定型放码可以让其他码的曲线的弯曲程度与基码的一样。
- “等幅高放码”按钮：两个放码点之间的弧线按照等高的方式放码。
- “颜色设置”按钮：单击该按钮，将弹出“设置颜色”对话框，在其中可以修改视窗中的各种颜色设置，如图4-13所示。
- “等份数”数值框2：结合“等份规”使用，显示的数字为等份数。

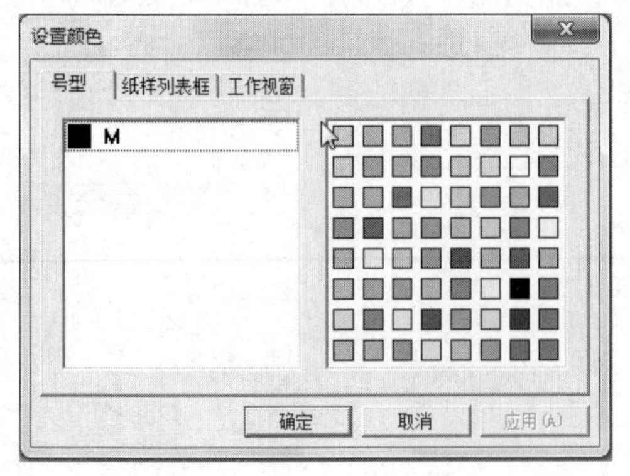

图4-13

- “线颜色”下拉列表框：用于设置线条的颜色，如图4-14所示。单击“线颜色”下拉列表框，选择相应的颜色，则绘制的图形的颜色为选择的颜色。如果要改变已画曲线的颜色，只需选择颜色，单击“设置线的颜色类型”按钮，在曲线上单击鼠标右键或右键框选曲线即可。

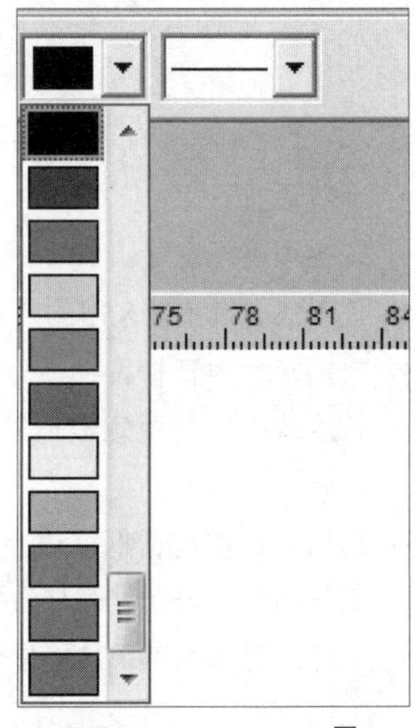

图4-14

- “线类型”下拉列表框：用于设置不同类型的线条，如图4-15所示。单击“线类型”下拉列表框，选择相应的类型，则绘制的图形的类型为选择的类型。如果要改变已画曲线的类型，只需选择类型，单击“设置线的颜色类型”按钮，然后选择曲线即可。

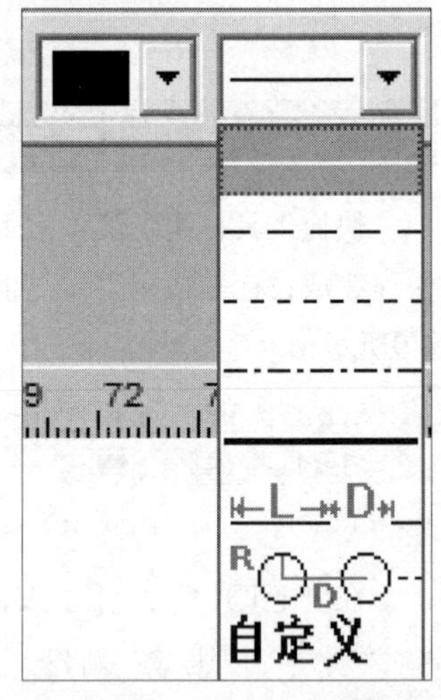

图4-15

- “播放演示”按钮：播放工具操作的录像。
- “帮助”按钮：工具使用帮助的快捷方式。

4.2.4 设计工具栏

设计工具栏用于放置绘制及修改结构线的工具，如图4-16所示。

图4-16

在设计工具栏中，各主要按钮的含义如下所述。

- “调整工具”按钮：用于调整曲线的形状，修改曲线上控制点的个数，曲线点与转折点的转换，改变钻孔、扣眼、省、褶的属性。
- “合并调整”按钮：将线段移动旋转后调整，常用于调整前后袖笼、下摆、省道、前后领口及肩点拼接处等位置的调整。适用于纸样、结构线。
- “对称调整”按钮：对纸样或结构线对称调整，常用于对领的调整。
- “省褶合起调整”按钮：把纸样上的省、褶合并起来调整，只适用于纸样。
- “曲线定长调整”按钮：在曲线长度保持不变的情况下，调整期形状。对结构线、纸样皆可操作。
- “线调整”按钮：当光标为时，可检查或调整两点间曲线的长度、两点间直度，也可以对端点偏移调整。单击该按钮，并且在曲线上单击鼠标左键，即可弹出“线调整”对话框，如图4-17所示，在其中可以对曲线进行调整。

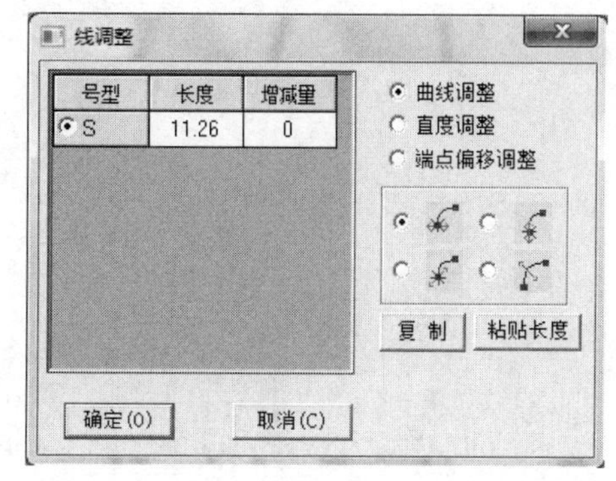

图4-17

- “智能笔”按钮：原来实现绘制曲线、作矩形、调整、调整线的长度、连角、加省山、删除、单向靠边、双向靠边、移动（复制）点线、转省、剪断（连接线）、收省、不相交等距线、相交等距线、圆规、三角板、偏移点（线）、水平垂直线、偏移等。
- “矩形”按钮：用于绘制矩形结构线、纸样内的矩形辅助线。单击该按钮，在工作区中单击鼠标左键，然后拖曳光标，至另一点单击鼠标左键，弹出“矩形”对话框在其中输入矩形的长和宽，即可绘制矩形，如图4-18所示。
- “圆角”按钮：在两条不平行的曲线上绘制圆角，用于制作西服前片底摆、圆角口袋，适用于纸样、结构线。在工作区中依次选择要圆角的两条曲线，并在合适位置单击鼠标左键，弹出“顺滑连角”对话框，在其中输入相应的参数，即可圆角曲线，如图4-19所示。

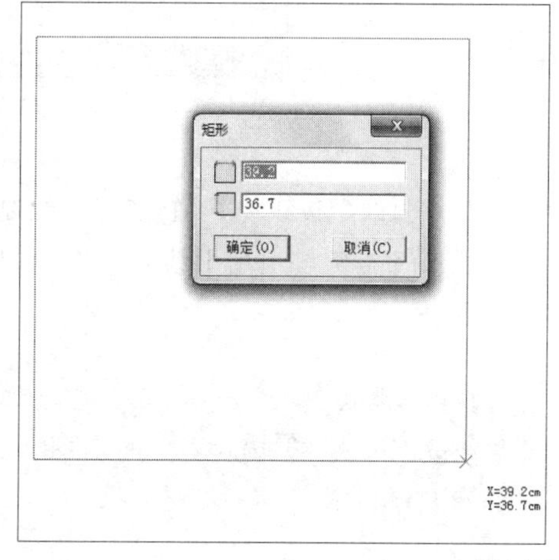

图4-18

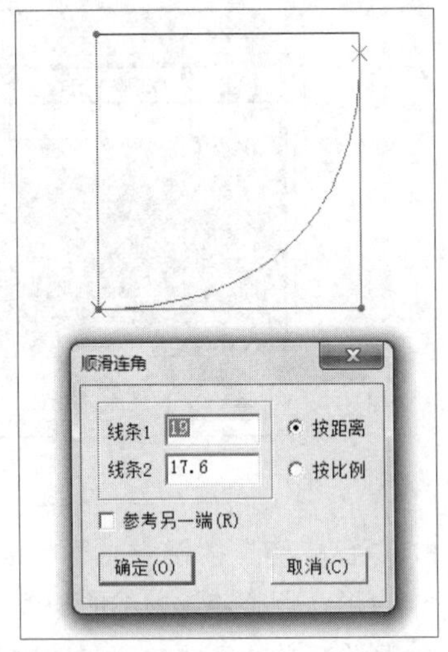

图4-19

- “CR圆弧”按钮：用于绘制圆弧或圆，适用于绘制结构线和纸样辅助线。单击该按钮，指针变成，在工作区中任取3点，确定圆心、半径、圆边线，弹出“弧长”对话框，在其中输入相应的参数，即可绘制一段圆弧，如图4-20所示。

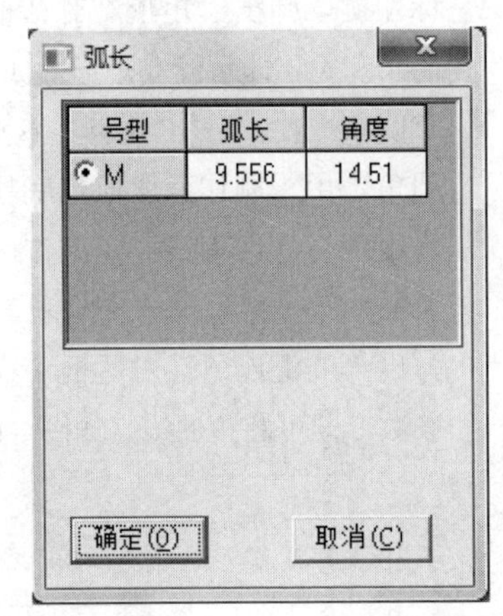

图4-20

- “三点弧线”按钮：通过3点可绘制一段圆弧线或三点圆，适用于绘制结构线和纸样辅助线。

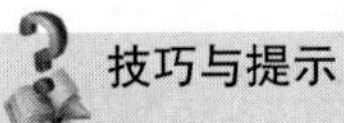
技巧与提示

单击“三点弧线”按钮，按住Shift键的同时，在工作区中任取3点，即可绘制圆。

- “椭圆”按钮：在草图或纸样上绘制椭圆。单击该按钮，指针变为*⊕，在工作区中任取两点，弹出“椭圆”对话框，在其中输入相应的参数，即可绘制椭圆，如图4-21所示。

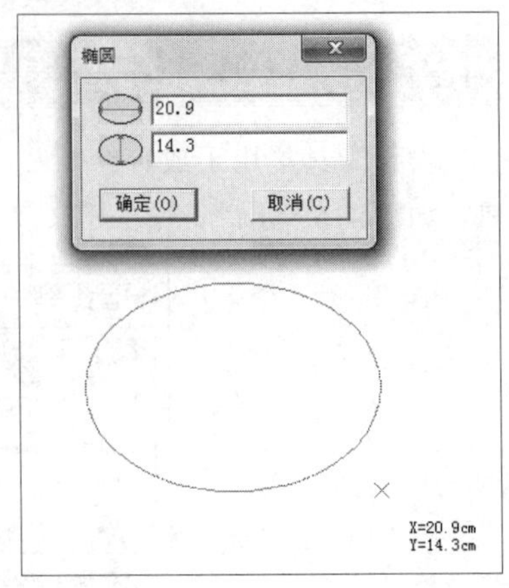

图4-21

- “角度线”按钮：用于绘制角度线、切线。单击该按钮，在工作区中的曲线上单击鼠标左键，然后在曲线上选择一点，确定角度线的起点，此时工作区中出现两条互相垂直的坐标线（绿色），如图4-22所示。按Shift键，可以切换两种不同角度的坐标线，如图4-23所示。在工作区中单击鼠标右键，可以切换不同的角度起始边，如图4-24所示。确定好起始边后，在工作区中确定终点，此时将弹出“角度线”对话框，在其中输入相应的参数值，即可绘制角度线，如图4-25所示。单击该按钮后，如果按Shift键，指针将变成，此时将切换到绘制切线状态，在工作区中的圆弧上单击鼠标左键，然后在圆弧上选择一点，确定切线的起点，并确定切线的终点，此时将弹出“长度”对话框，在其中输入相应的参数值，即可绘制切线，如图4-26所示。

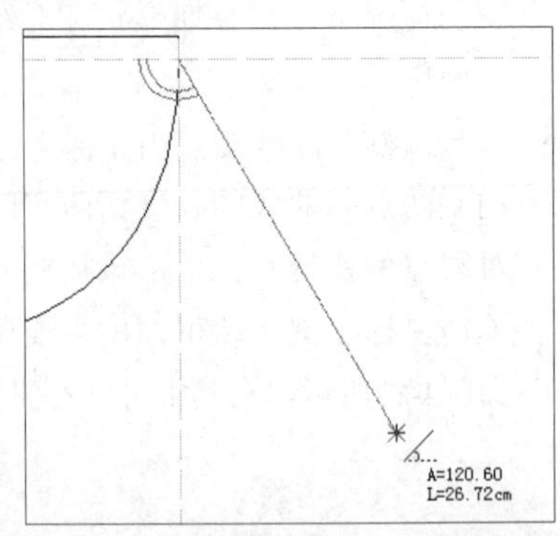

图4-22

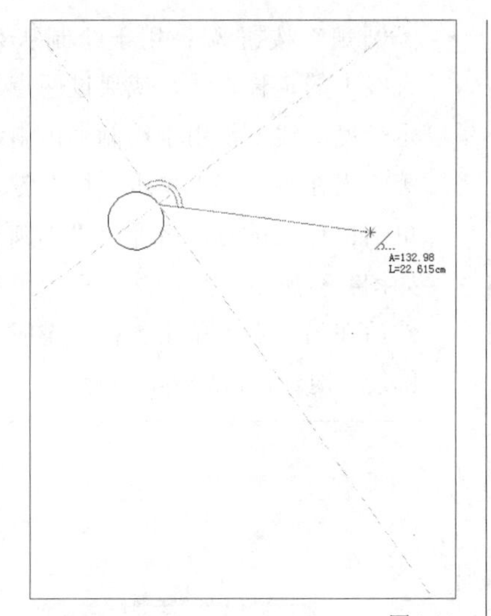

图4-23

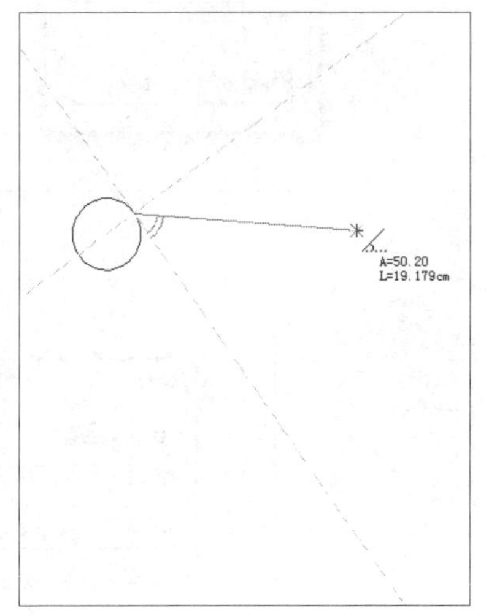

图4-24

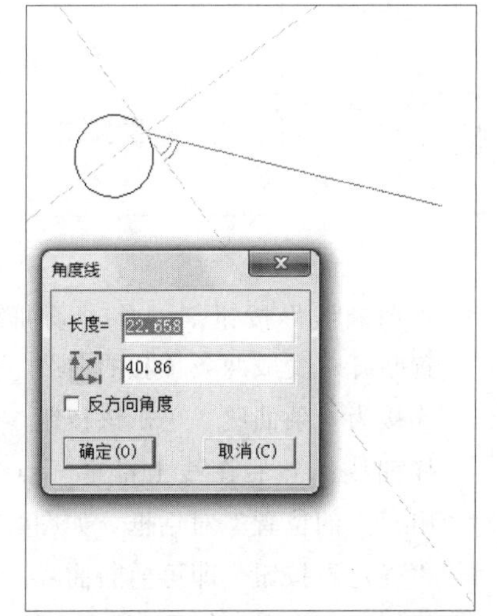

图4-25

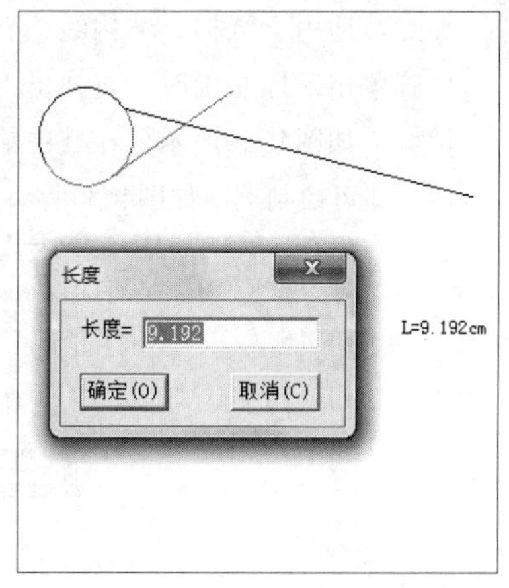

图4-26

- “点到圆或两圆之间的切线”按钮：绘制点到圆或两圆之间的切线，可在结构线上操作也可以在纸样的辅助线上操作。单击该按钮，在工作区中的点或圆上单击鼠标左键，然后在另一个圆上单击鼠标左键，即可绘制切线，图4-27所示为绘制切线前后效果对比。

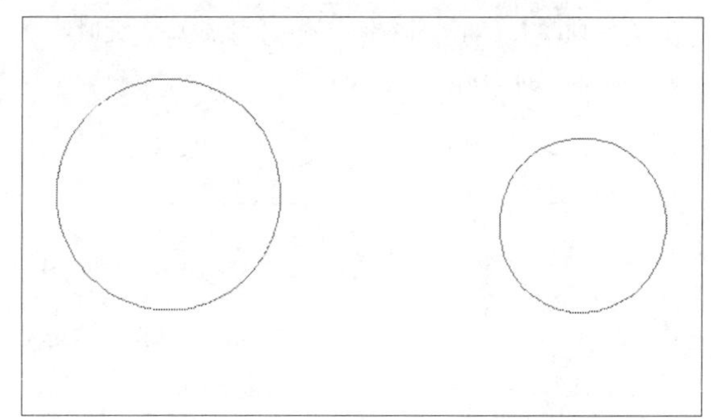

图4-27

- “等份规”按钮：用于绘制等分直线或曲线。在执行该命令前，必须先在快捷工具栏中输入等份数，然后选择曲线。任意绘制一水平直线，设置等份数为3，则执行“等份规”命令后，曲线如图4-28所示。

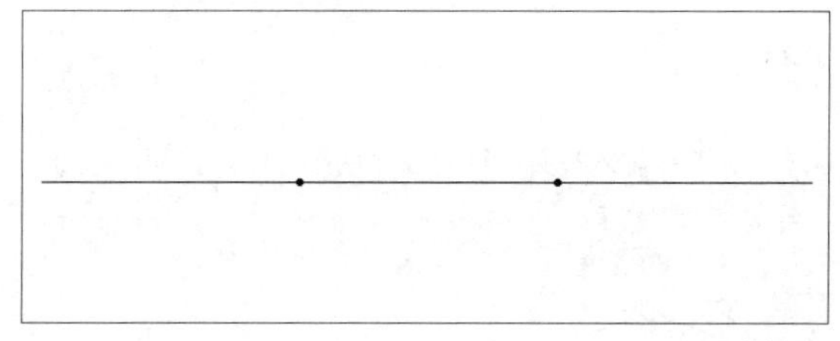

图4-28

- “点”按钮：用于在线上加点或在空白处

加点，适用于纸样、结构线。当在线上的合适位置单击鼠标左键时，将弹出“点的位置”对话框，如图4-29所示，在其中输入相应的参数值，即可绘制点，如图4-30所示。

图4-29

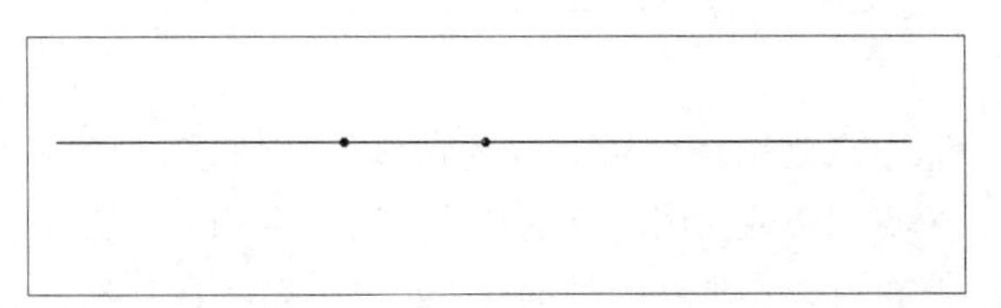

图4-30

技巧与提示

执行“等份规”命令后，默认情况下的鼠标指针为+⌓，在曲线上单击鼠标右键，则指针变成+⌓，此时绘制的曲线如图4-31所示。

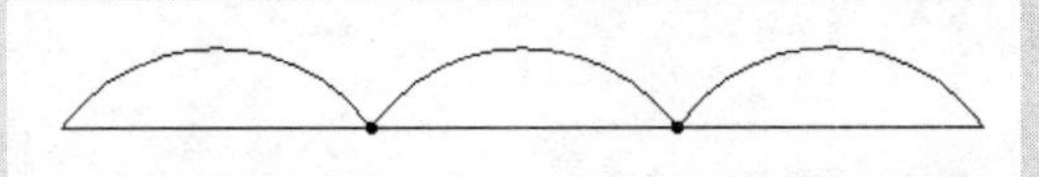

图4-31

若执行“等份规”命令后，按Shift键，则指针将变成+⌓，此时在线上的某个点上单击鼠标左键，移动鼠标时将出现两个对称点，单击鼠标左键后，将弹出“线上反向等分点”对话框，如图4-32所示。

图4-32

在其中输入参数，即可绘制两个等距点，如图4-33所示。

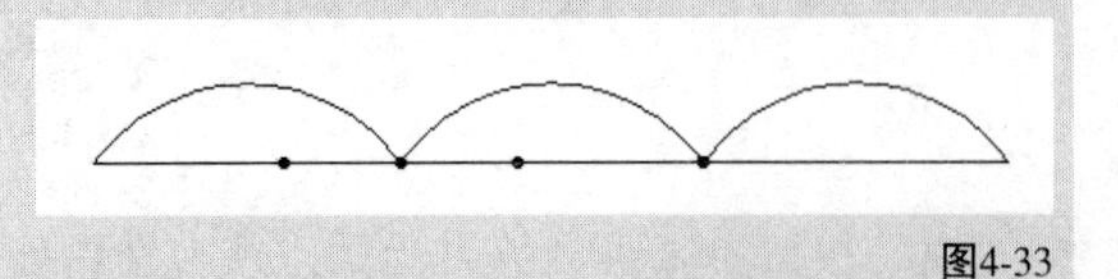

图4-33

- “圆规”按钮：用于绘制从某一点到一条直线上的定长直线，或通过两点绘制出两条指定长度的线。常用于绘制袖山斜线、西装驳头等。当在某一点上单击鼠标左键，然后在线上单击鼠标左键时，将弹出“单圆规”对话框，如图4-34所示；当在某一点上单击鼠标左键，然后在另一点上单击鼠标左键时，将弹出“双圆规”对话框，如图4-35所示。

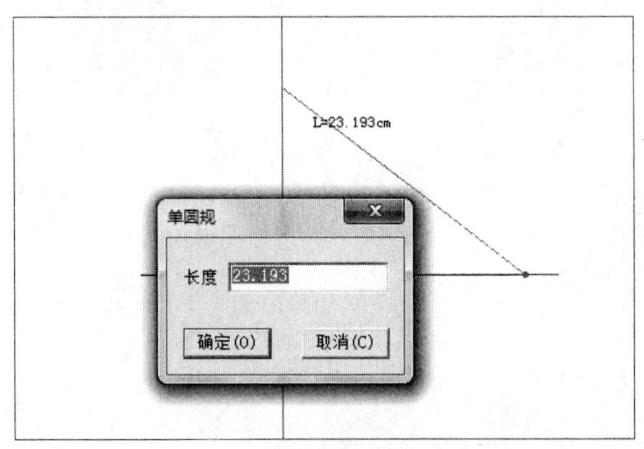

图4-34

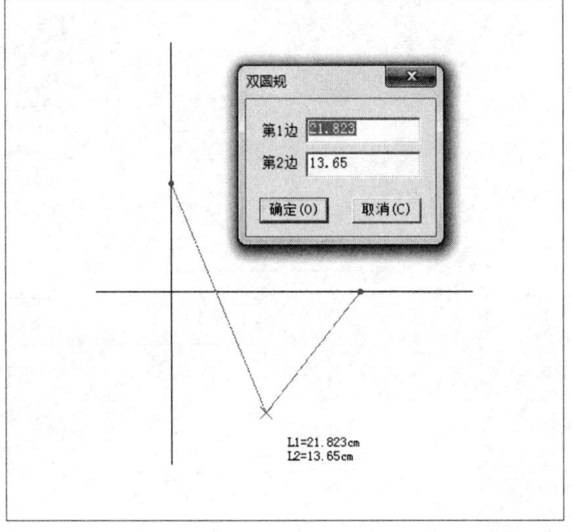

图4-35

- “剪断线”按钮：将一条曲线从指定的位置断开，变成两条单独的曲线，或把多条曲线连接为一条曲线。单击该按钮，在工作区中选择曲线，然后在线上指定一点为剪断点，弹出“点的位置”对话框，如图4-36所示。单击“确定”按钮，即可剪断曲线，在工作区中选择相应的曲线，查看效果，如图4-37所示。

- “关联/不关联”按钮：端点相交的曲线在调整时，使用过关联的两端点会一起调整，使用过不关联的两端点不会一起调整。端点相交的线默认为关联。
- “橡皮擦”按钮：用于删除结构图上的点、线，纸样上的辅助线、剪口、钻孔、省褶等。
- “收省”按钮：用于在结构线上插入省道，只适用于结构线。
- “加省山”按钮：给省道上加省山，适用于在结构线上操作。

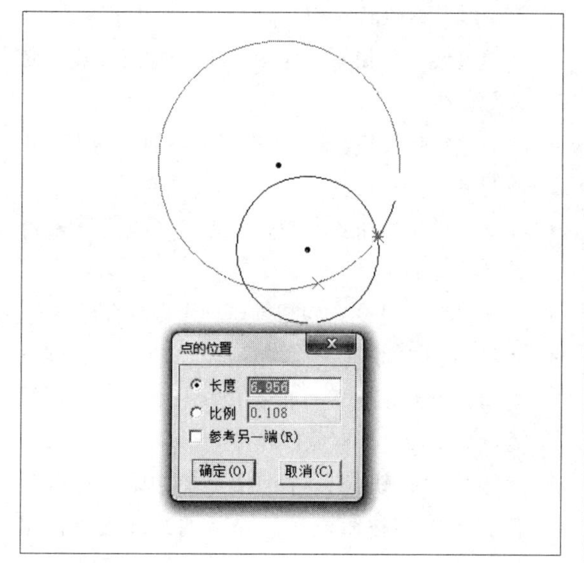

图4-36

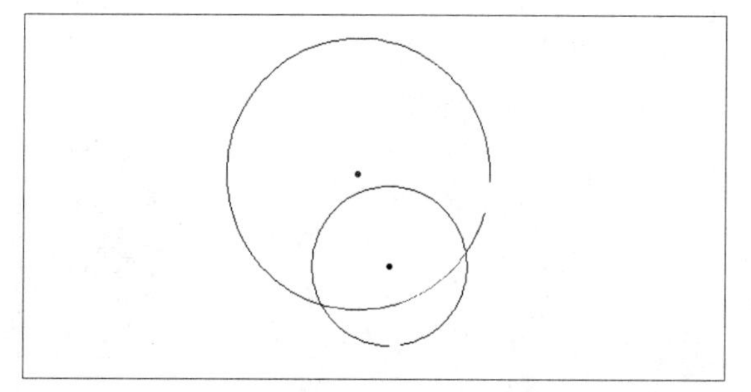

图4-37

- “比较长度”按钮：用于测量一段曲线的长度、多段线相加所得总长、比较多段线的差值，也可以测量剪口到点的长度。在纸样、结构线上均可操作。单击该按钮后，鼠标指针为，在工作区中选择曲线，将弹出“长度比较”对话框，如图4-38所示；按Shift键，指针变成，在工作区中选择曲线，将弹出“测量”对话框，如图4-39所示。

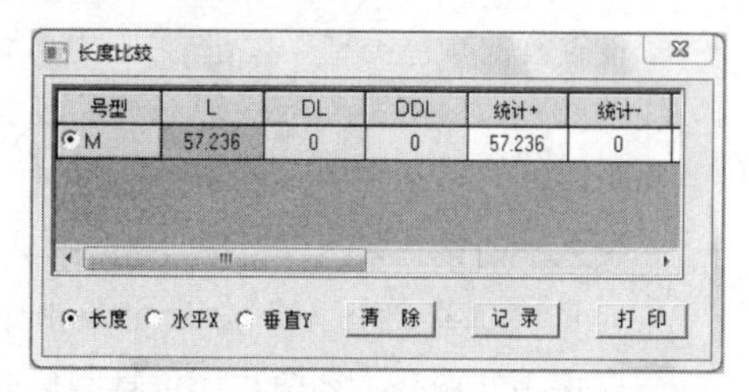

图4-38

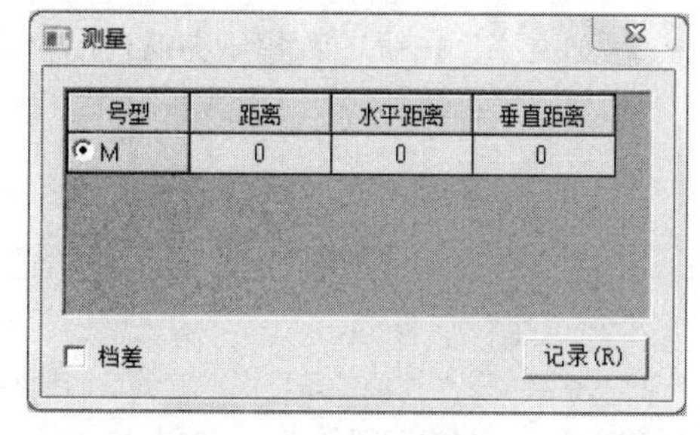

图4-39

- “插入省褶”按钮：在选择的曲线上插入省褶，该命令在纸样、结构图上均可操作，常用于制作泡泡袖、立体口袋等。
- “转省”按钮：在结构线上转省。
- “褶展开”按钮：在结构线上增加工字褶或刀褶。
- “分割、展开、去除余量”按钮：对一组曲线展开或去除余量，适用于在结构线上操作，常用于对领、荷叶边、大摆裙等的处理。
- “荷叶边”按钮：用于绘制螺旋形荷叶边。
- “量角器”按钮：测量角度，在纸样、结构线上均可操作。
- “旋转”按钮：用于旋转复制或旋转一组点或曲线，适用于结构线和纸样辅助线。
- “对称”按钮：用于对称复制或对称一组点或曲线，适用于结构线和纸样的辅助线。
- “移动”按钮：用于复制移动或移动一组点或曲线，适用于结构线和纸样辅助线。
- “对接”按钮：用于把一组曲线和另一组曲线对接上，适用于结构线与纸样辅助线，常用于肩斜线等位置的对接。
- “剪刀”按钮：用于从结构线或辅助线上拾取纸样。

- “拾取内轮廓”按钮：将纸样内某区域挖空。
- “设置线的颜色类型”按钮：用于修改结构线的颜色、线类型、纸样辅助线的线类型、输出类型。
- “加入、调整工艺图片”按钮：与“文档”菜单的“保存到图库”命令配合制作工艺图片；调出并调整工艺图片；可复制位图应用与办公软件中。
- “加文字”按钮：用于在结构图上或纸样上加文字、移动文字、修改或删除文字。

技巧与提示

在使用“量角器”测量角度时，不同情况下的测量方法也不同。

◆测量一条曲线的角度：在要测量的曲线上单击鼠标左键，然后单击鼠标右键，弹出“角度测量”对话框，显示测量数据，如图4-40所示。

角度测量

号型	水平夹角	垂直夹角
M	53.09	36.91

确定(O)

图4-40

◆测量两条曲线的夹角：在要测量的两条曲线上单击鼠标左键，然后在工作区空白位置单击鼠标右键，弹出“角度测量”对话框，显示测量数据，如图4-41所示。

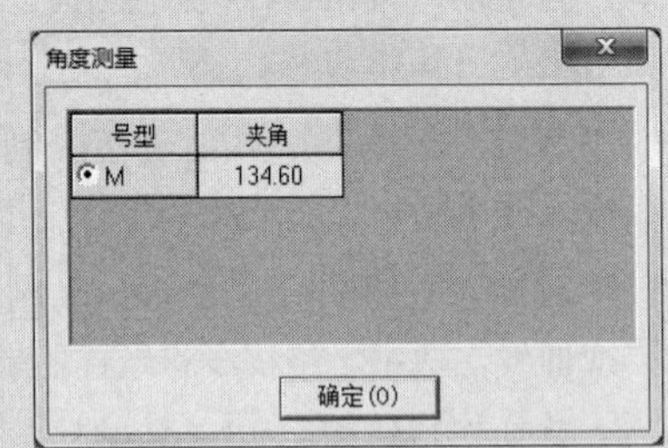

图4-41

◆测量3个点形成的角度：在工作区中依次单击省尖点、两省边线点，弹出“角度测量”对话框，显示测量数据。

◆测量两个点形成的角度：按住Shift键的同时，分别在两个点上单击鼠标左键，弹出“角度测量”对话框，显示测量数据。

4.2.5 纸样工具栏

当用剪刀工具剪下纸样后，用纸样工具栏工具将其进行细部加工，如加剪口、加钻孔、加缝份。加缝迹线、加缩水等。图4-42所示为纸样工具栏。

图4-42

在纸样工具栏中，各主要按钮的含义如下。

- “选择纸样控制点”按钮：在纸样上选择点、线并修改其属性。
- “缝迹线”按钮：在纸样边上加缝迹线、修改缝迹线。
- “绗缝线”按钮：在纸样上添加绗缝线、修改绗缝线。
- “加缝份”按钮：给纸样加缝份或修改缝份量及缝份形状。
- “做衬”按钮：可以在纸样上做黏合衬。
- “袖对刀”按钮：在袖笼和袖山上分别打剪口，并且前袖笼、前袖山是打单剪口，后袖笼、后袖山是打双剪口。
- “眼位”按钮：在纸样上加扣眼、修改眼位。单击该按钮，在工作区的纸样上单击鼠标左键，弹出“加扣眼”对话框，如图4-43所示，设置相应的参数，单击“确定”按钮，即可添加扣眼。如果要修改扣眼，在已经画好的眼位上单击鼠标右键。

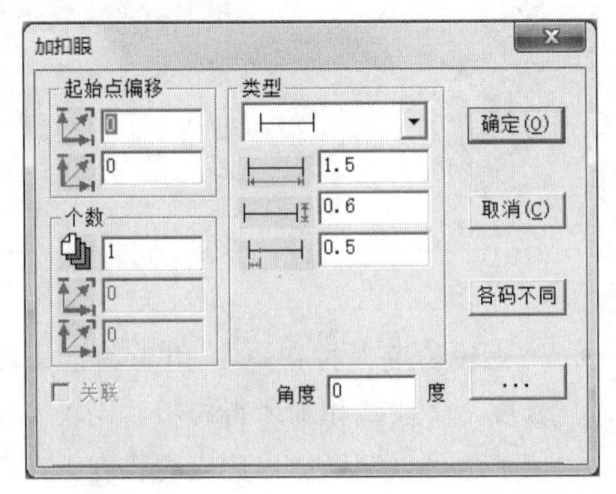

图4-43

- “钻孔”按钮：在纸样上加钻孔、修改钻孔。单击该按钮，在工作区的纸样上单击鼠标左键，弹出“钻孔”对话框，如图4-44所示，设置相应的参数，单击“确定”按钮，即可添加钻孔。如果要修改钻孔，在已经画好的钻孔上单击鼠标右键。

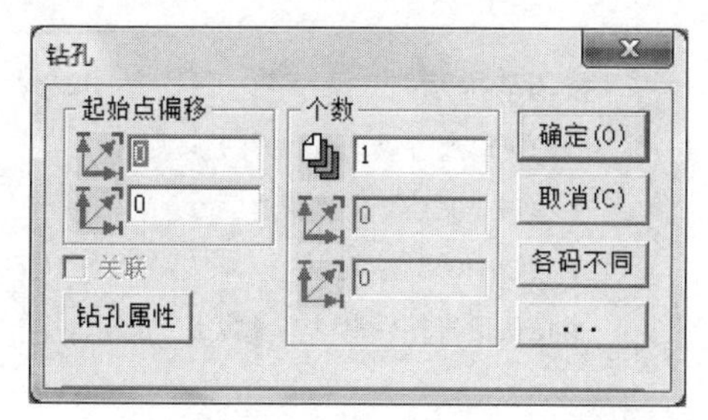

图4-44

- “剪口”按钮：在纸样边上加剪口、拐角处加剪口以及辅助线指向边线的位置加剪口，调整剪口的方向，对剪口放码、修改剪口的定位尺寸及属性。
- “褶”按钮：在纸样边线上增加或修改刀褶、工字褶，也可以把在结构线上加的褶用该工具变成纸样上的褶图元。做通褶时在原纸样上会把褶量加进去，纸样大小会发生变化，如果加的是半褶，只是加了褶符号，纸样大小不改变。
- “V型省”按钮：在纸样边线上增加或修改V型省。
- “锥形省”按钮：在纸样边线上增加或修改锥型省。
- “比拼行走”按钮：一个纸样的边线在另一个纸样的边线上行走，可调整内部线对接是否准确或圆顺，也可以加剪口。
- “布纹线”按钮：用于调整布纹线的方向、位置、长度以及布纹线上的文字信息。
- “旋转衣片”按钮：旋转纸样。
- “水平垂直翻转”按钮：水平翻转纸样。
- “水平/垂直校正”按钮：将一段曲线校正成水平或垂直状态，常用于校正读图纸样，只适合微调。
- “重新顺滑曲线”按钮：用于调整曲线并且关键点的位置不变，常用于处理读图纸样。
- “曲线替换”按钮：纸样间的曲线替换，或者将结构线变成纸样边线，也可以将纸样上的辅助线变成边线。
- “纸样变闭合辅助线”按钮：使用后能够将一个纸样的边线变为另一个纸样的闭合辅助线。
- “分割纸样”按钮：单击该按钮，可以分割纸样。
- “合并纸样”按钮：将两个纸样合并成一个纸样，新的纸样可包含原来的省量或消除省量。
- “纸样对称”按钮：对称复制原来纸样。
- “缩水”按钮：预留纸样缩水率。

4.2.6 放码工具栏

该栏存放着放码所要用到的一些工具，还可以对全部或部分号型进行调整修改。图4-45所示为放码工具栏。

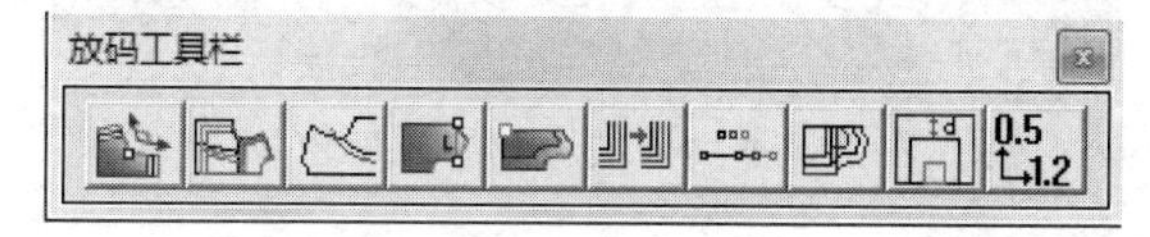

图4-45

在放码工具栏中，各主要选项按钮的含义如下。

- “平行交点”按钮：用于纸样边线的放码，使放码点与其相交的两边分别平行放码，常用于西服领口的放码。
- “辅助线平行放码”按钮：纸样内部线放码，单击该按钮后，内部辅助线会平行放码且与边线相交。
- “辅助线放码”按钮：纸样边线上的辅助线端点按照边线指定点的长度来放码。
- “肩斜线放码”按钮：将一片的肩点按照总肩宽的一半进行放码，放码后的肩线是平行的。
- “各码对齐”按钮：将各码按点或剪口（扣位、眼位）线对齐或恢复原状。
- “拷贝点放码量”按钮：复制某一点的放码量，粘贴到另一点。
- “点随线段放码”按钮：根据两点的放码比例对指定点放码。

- “设定/取消辅助线随边线放码”按钮：辅助线随便放码，或者辅助线不随边线放码。
- “平行放码”按钮：对纸样边线、纸样辅助线平行放码，常用于文胸放码。
- “档差标注”按钮：给放码纸样加档差标注。

4.2.7 衣片列表框

该栏用于放置当前款式中纸样的裁片。每一个单独的纸样放置在一小格的纸样框中，纸样框的布局可以通过单击“选项”｜“系统设置”｜“界面设置”｜“纸样列表框布局”命令来改变其位置，并可通过单击拖动进行纸样顺序的调整，还可以在这里选择衣片来用菜单命令对其进行复制、删除操作。

4.2.8 标尺

标尺用于显示当前使用的度量单位。

4.2.9 工作区

工作区就如一张带有坐标的无限大的纸，可以在此进行打版放码，工作区的下边缘及右边缘各有一个滑块和两个箭头，用于水平或垂直移动窗口中的内容。

4.2.10 状态栏

状态栏位于工作界面的最底部，显示当前所选择工具的名称，还有一些工具有操作步骤提示。

4.3 放码软件基本操作

在设计放码软件中，用户可以进行一系列的基本操作，如新建文件、打开文件、另存文件、导入文件等。

4.3.1 新建文件

在设计放码软件中，用户可以根据实际需要新建一个文件。若在软件中进行了操作，且操作未进行保存，新建文件时将弹出“富怡服装设计放码CAD软件”对话框，提示用户存储档案。

技巧与提示

用户可以通过以下两种方法新建文件。

◆单击“文档”｜“新建”命令。

◆按Ctrl＋N组合键。

◆在快捷工具栏中单击“新建”按钮。

4.3.2 打开内容文件

在使用设计放码软件进行服装设计时，常常需要对纸样进行编辑或者重新设计，这时就需要打开相应的文件以进行相应操作。

课堂案例：打开内容文件
案例位置：无
视频位置：视频>第4章>课堂案例——打开内容文件.mp4
难易指数：★★★
学习目标：掌握打开内容文件的方法

01 单击“文档”｜“打开”命令，如图4-46所示。

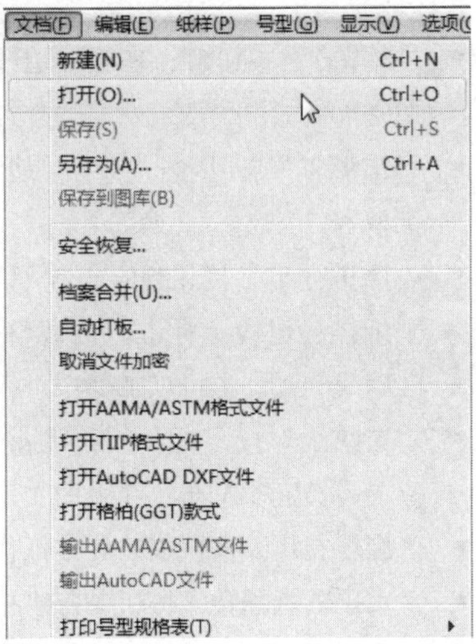

图4-46

技巧与提示

用户还可以通过以下3种方法打开文件。

◆单击快捷工具栏中的“打开”按钮 。

◆按Ctrl＋O组合键。

◆在格式为.dgs的文件上双击鼠标左键。

02 弹出“打开”对话框，选择合适的文件，单击“打开”按钮，如图4-47所示。

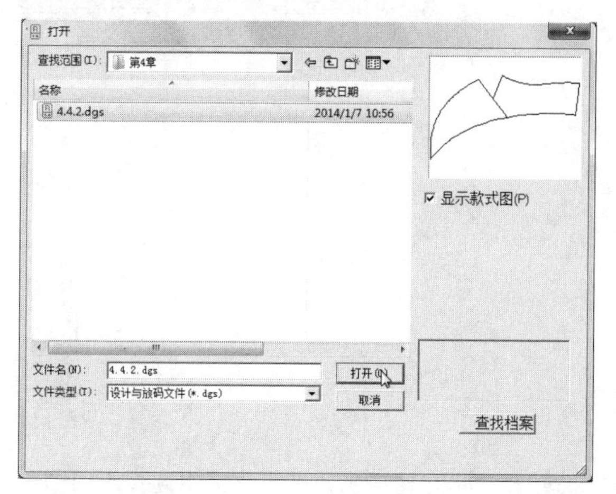

图4-47

03 执行操作后，即可打开文件，如图4-48所示。

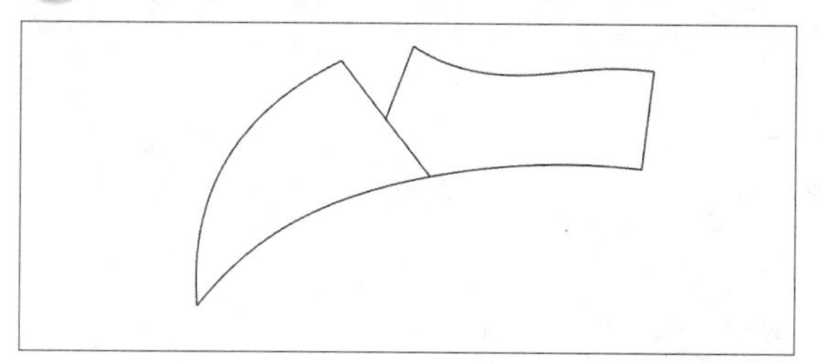

图4-48

4.3.3 文件另存为

在设计放码软件中，用户可以根据需要将文件保存至别的磁盘中。

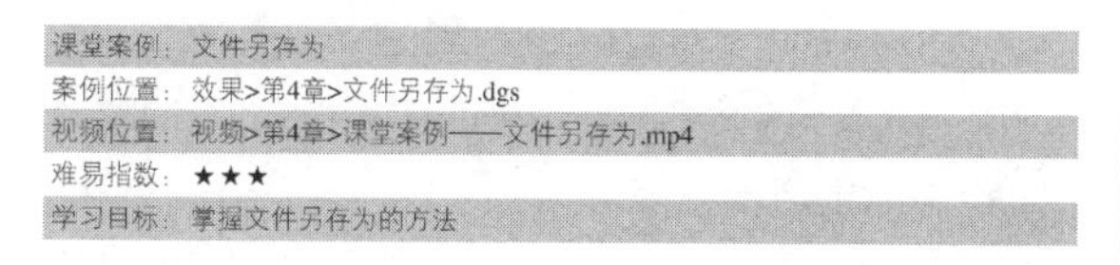

课堂案例：文件另存为
案例位置：效果>第4章>文件另存为.dgs
视频位置：视频>第4章>课堂案例——文件另存为.mp4
难易指数：★★★
学习目标：掌握文件另存为的方法

01 按Ctrl＋O组合键，打开一幅素材文件，如图4-49所示。

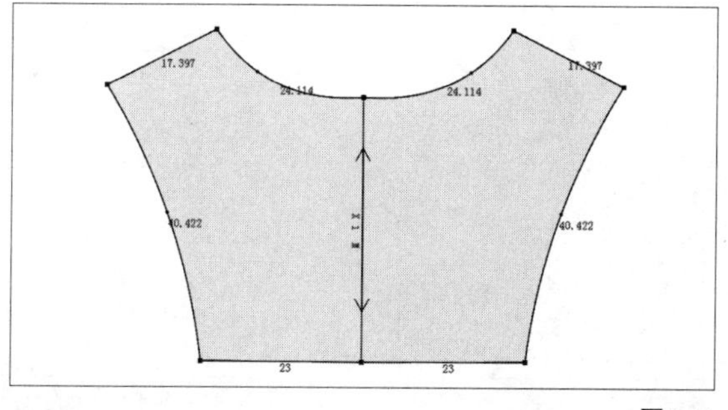

图4-49

02 在菜单栏中，单击“文档”|“另存为”命令，如图4-50所示。

图4-50

03 执行操作后，弹出“文档另存为”对话框，设置文件名和保存路径，单击“保存”按钮，如图4-51所示。

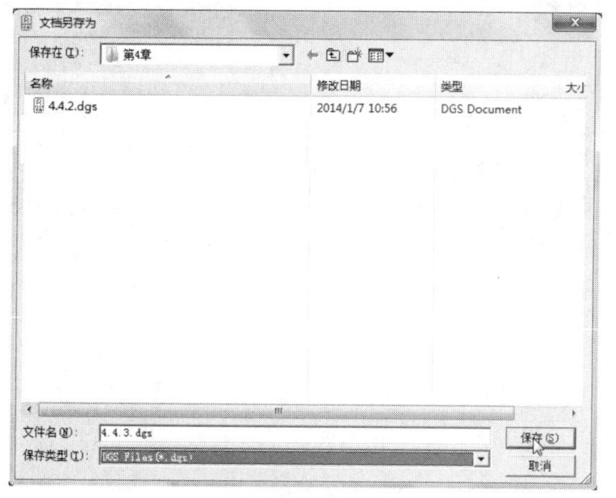

图4-51

04 执行操作后，即可另存文件。

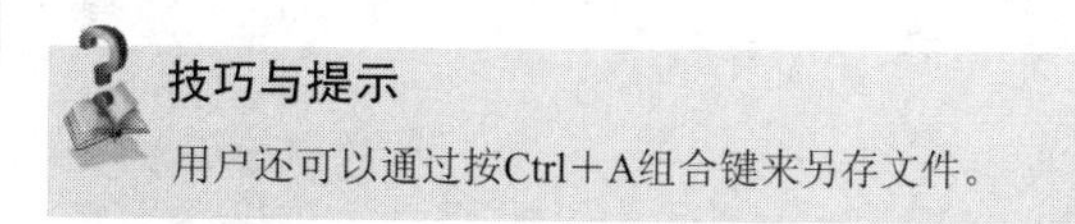

技巧与提示

用户还可以通过按Ctrl＋A组合键来另存文件。

4.4 放码软件入门操作

为了方便读者快速掌握设计放码软件的操作方法，本节将对设计放码软件的一些常用工具进行详细的讲解。

4.4.1 对称工具

在设计放码软件中，用户使用“对称调整”工具可以将图形沿对称轴进行对称复制。下面将详细介绍使用“对称调整”工具对称复制曲线的操作方法。

课堂案例：对称工具
案例位置：效果>第4章>对称工具.dgs
视频位置：视频>第4章>课堂案例——对称工具.mp4
难易指数：★★★
学习目标：掌握运用对称工具的方法

本案例的最终效果如图4-52所示。

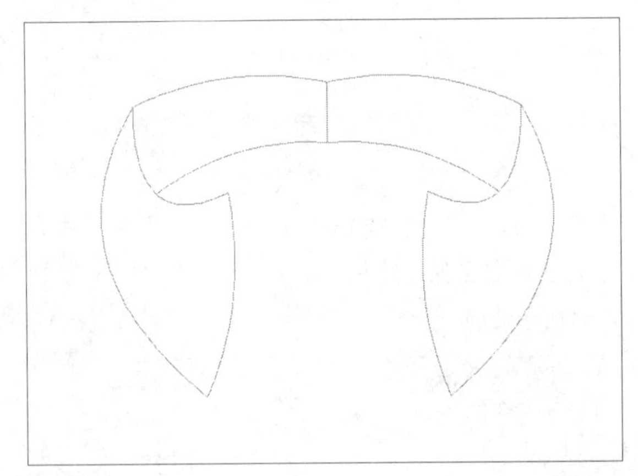

图4-52

01 按Ctrl＋O组合键，打开一幅素材文件，如图4-53所示。

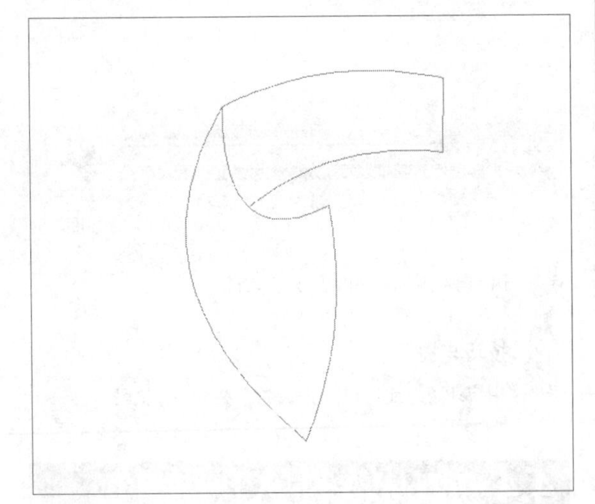

图4-53

02 在设计工具栏中单击“对称调整”按钮，如图4-54所示。

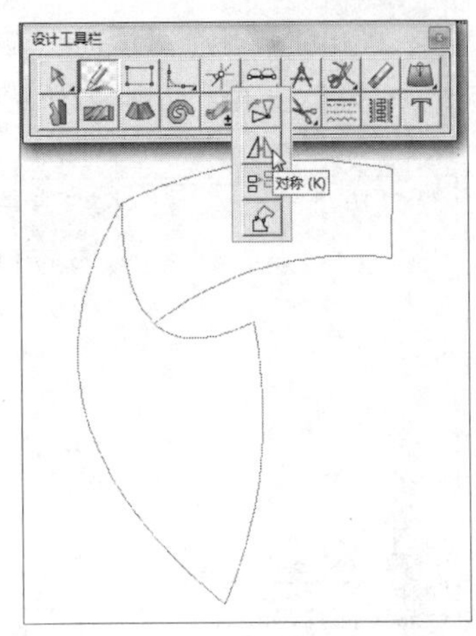

图4-54

03 根据状态栏提示，在工作区中选择中间的竖直直线作为对称轴，然后按Shift键，并在工作区中框选左侧的曲线作为要对称调整的曲线，如图4-55所示。

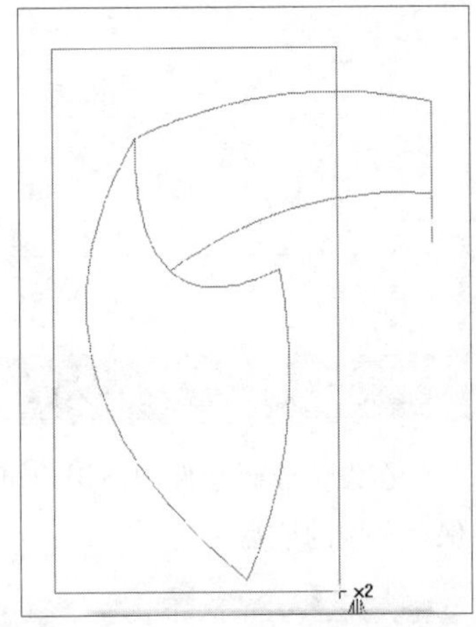

图4-55

04 执行操作后，在工作区的空白位置连续两次单击鼠标右键，此时即可对称调整曲线，如图4-56所示。

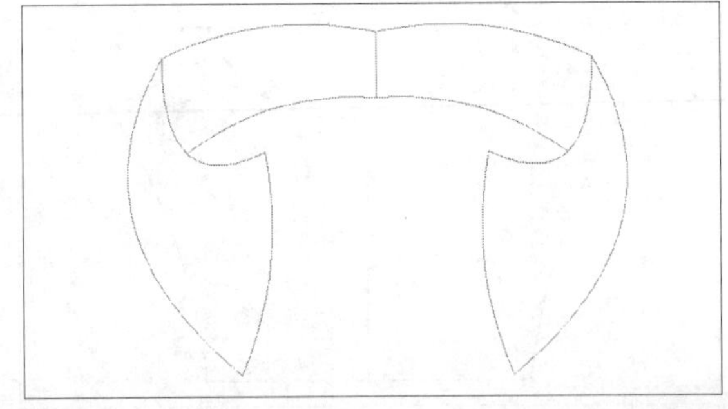

图4-56

4.4.2 收省工具

在设计放码软件中，用户使用“收省”工具可以为结构线插入省道。下面将详细介绍使用“收省”工具插入省道的操作方法。

课堂案例：收省工具
案例位置：效果>第4章>收省工具.dgs
视频位置：视频>第4章>课堂案例——收省工具.mp4
难易指数：★★★★
学习目标：掌握运用收省工具的方法

本案例的最终效果如图4-57所示。

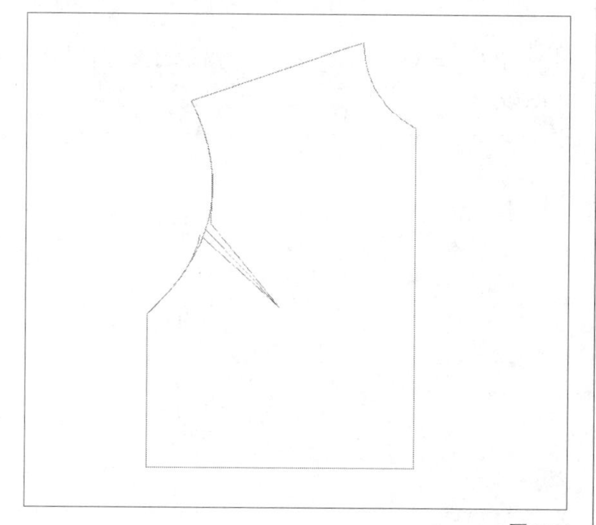

图4-57

01 按Ctrl+O组合键，打开一幅素材文件，如图4-58所示。

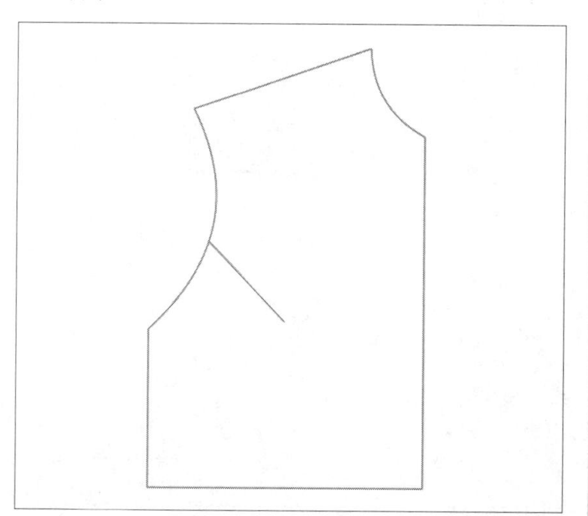

图4-58

02 在设计工具栏中单击“收省”按钮，如图4-59所示。

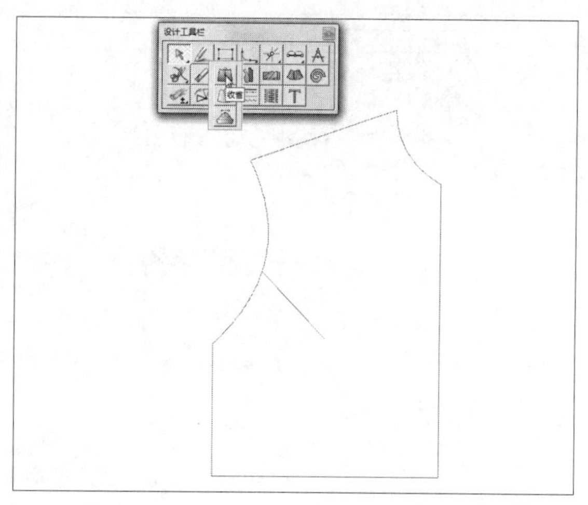

图4-59

03 根据状态栏的提示，在工作区中选择左侧的弧线，作为截取省宽的线，如图4-60所示。

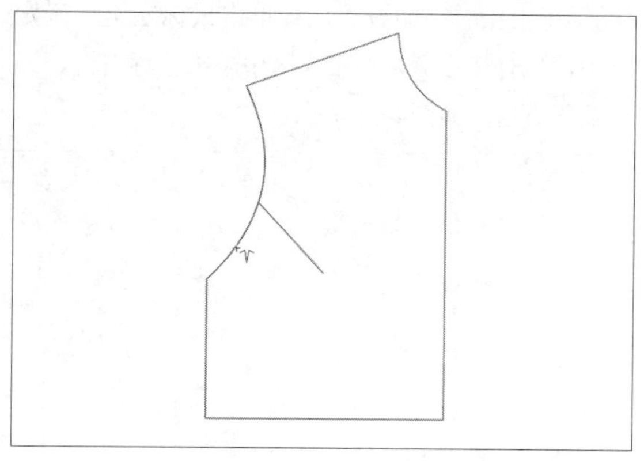

图4-60

04 根据提示，在工作区中选择倾斜的曲线作为省线，如图4-61所示。

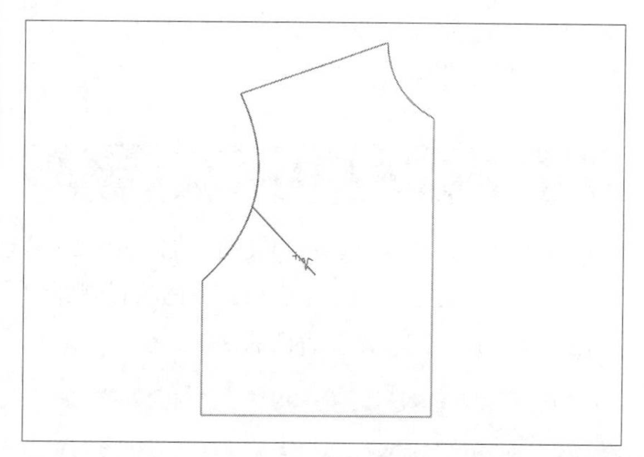

图4-61

05 弹出“省宽”对话框，设置“省宽”为2，单击“确定”按钮，如图4-62所示。

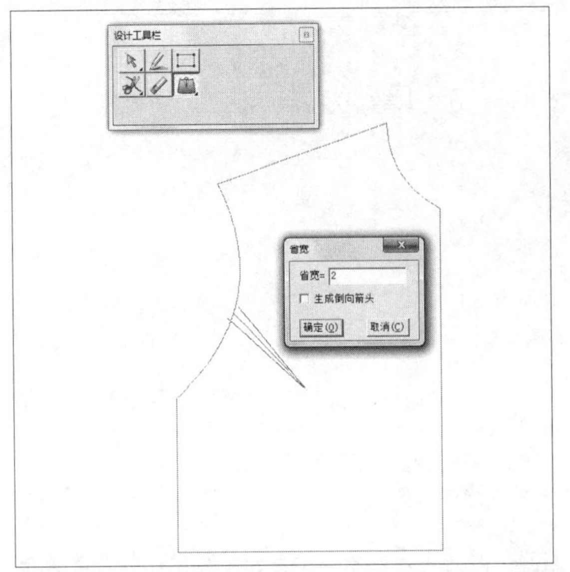

图4-62

06 在工作区中的合适位置单击鼠标左键，确定省山，执行操作后，在工作区中单击鼠标右键，即可插入省道，如图4-63所示。

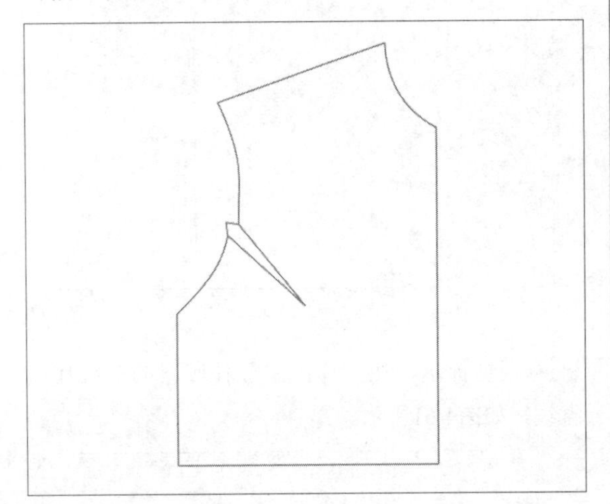

图4-63

4.4.3 加省山工具

在设计放码软件中，用户使用“加省山”工具可以为已有的省道添加一个省山。下面将详细介绍使用“加省山”工具添加省山的操作方法。

课堂案例：加省山工具
案例位置：效果>第4章>加省山工具.dgs
视频位置：视频>第4章>课堂案例——加省山工具.mp4
难易指数：★★★
学习目标：掌握运用加省山工具的方法

本案例的最终效果如图4-64所示。

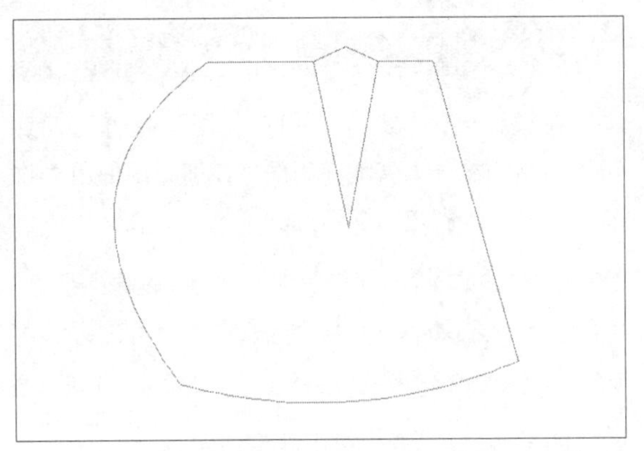

图4-64

01 按Ctrl+O组合键，打开一幅素材文件，如图4-65所示。

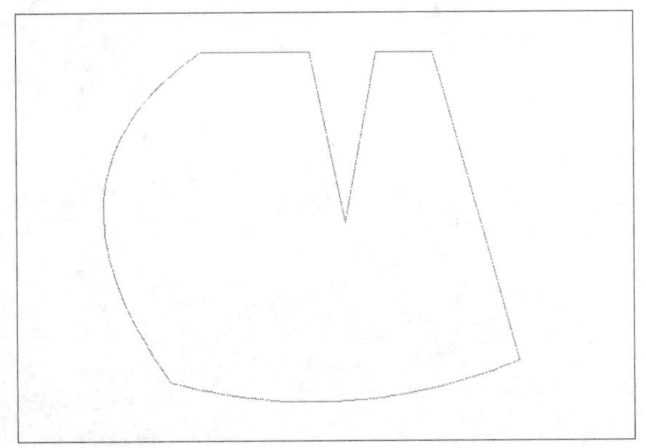

图4-65

02 在设计工具栏中单击“加省山”按钮，如图4-66所示。

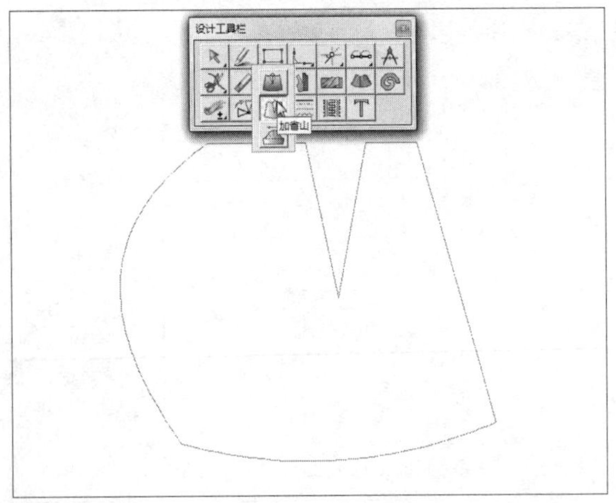

图4-66

03 根据状态栏提示，在工作区中依次选择倒向一侧的曲线和折线，如图4-67所示。

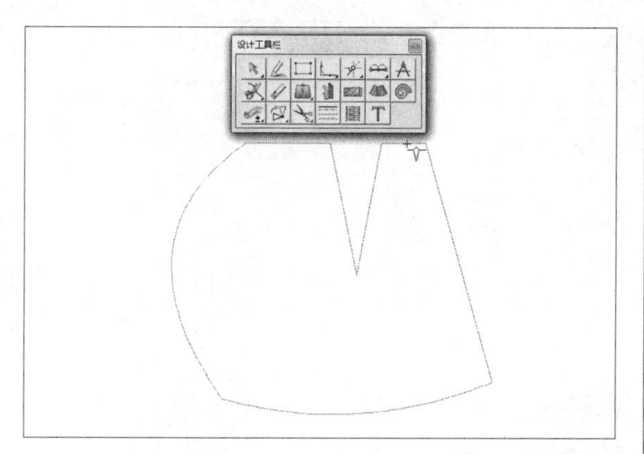

图4-67

04 执行操作后，即可为省道添加省山，如图4-68所示。

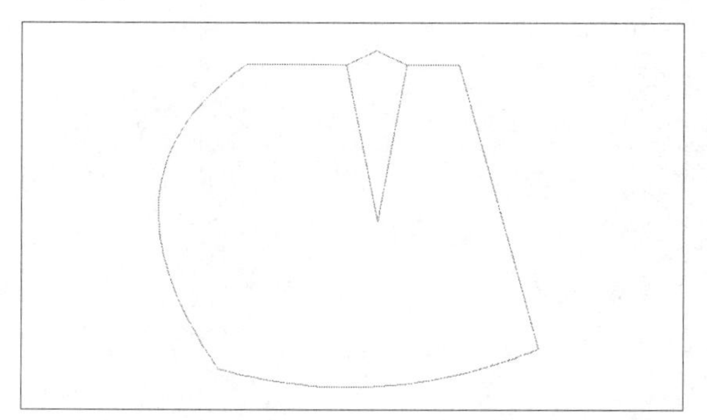

图4-68

4.4.4 插入省褶工具

在设计放码软件中，用户使用“插入省褶”工具可以为纸样或结构线插入省或褶。下面将详细介绍插入省褶的操作方法。

课堂案例：插入省褶工具
案例位置：效果>第4章>插入省褶工具.dgs
视频位置：视频>第4章>课堂案例——插入省褶工具.mp4
难易指数：★★★★
学习目标：掌握运用插入省褶工具的方法

本案例的最终效果如图4-69所示。

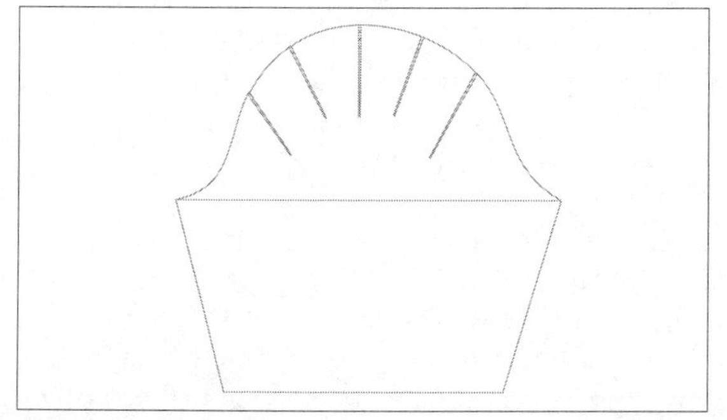

图4-69

01 按Ctrl＋O组合键，打开一幅素材文件，如图4-70所示。

图4-70

02 在设计工具栏中单击“插入省褶”按钮，如图4-71所示。

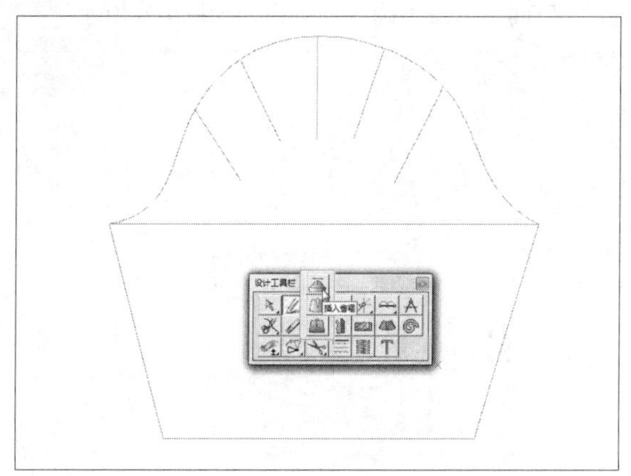

图4-71

技巧与提示

若在“指定线的插入省”对话框中选中“省”单选按钮，则效果如图4-72所示。

图4-72

03 根据状态栏提示，在工作区中选择上方的袖山弧线，然后框选下方的展开线，如图4-73所示。

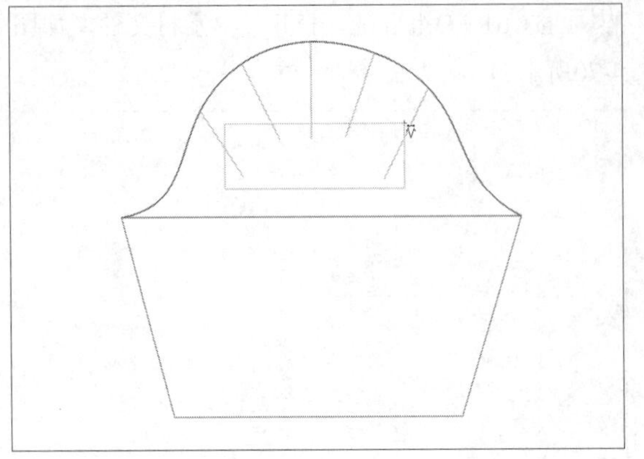

图4-73

04 在工作区中单击鼠标右键，弹出“指定线的插入省”对话框，在“处理方式”选项区中选中“褶”单选按钮，然后设置“总量”为2、“均量”为0.4，单击“确定”按钮，如图4-74所示。

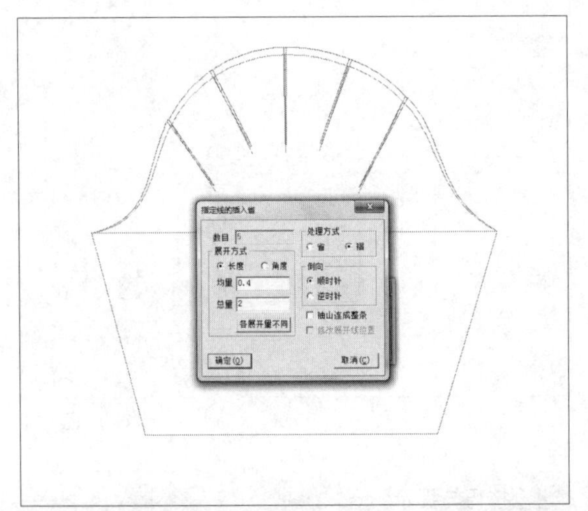

图4-74

4.4.5 转省工具

在设计放码软件中，用户使用“转省”工具可以将结构线上的省转移。可同心转省，也可以不同心转，可全部转移也可以部分转移，也可以等份转省，转省后新省尖可在原位置也可以不在原位置。

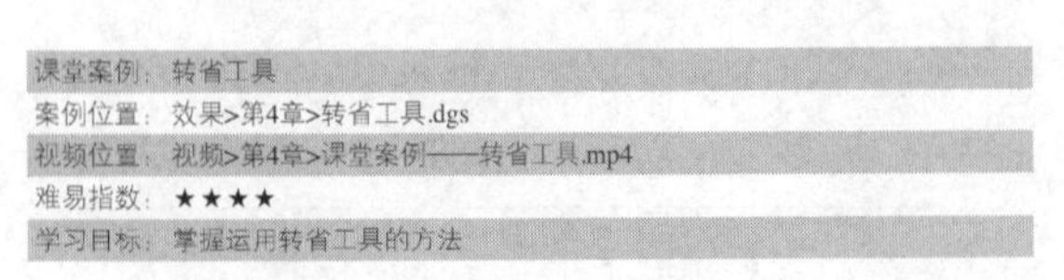
课堂案例：转省工具
案例位置：效果>第4章>转省工具.dgs
视频位置：视频>第4章>课堂案例——转省工具.mp4
难易指数：★★★★
学习目标：掌握运用转省工具的方法

本案例的最终效果如图4-75所示。

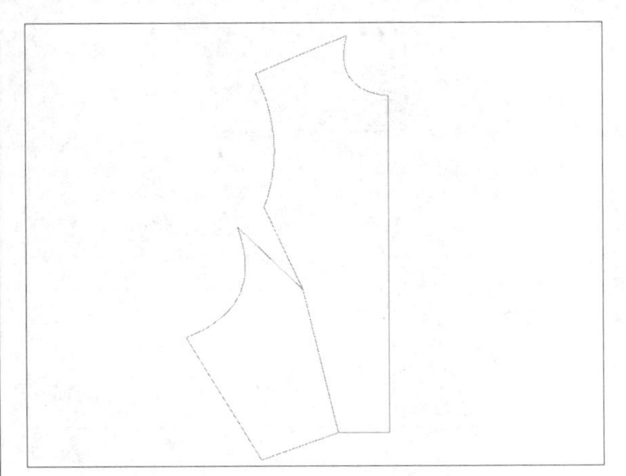

图4-75

01 按Ctrl＋O组合键，打开一幅素材文件，如图4-76所示。

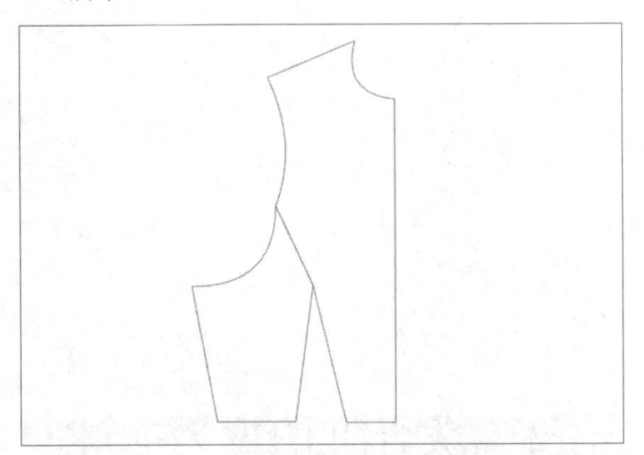

图4-76

02 在设计工具栏中单击“转省”按钮，如图4-77所示。

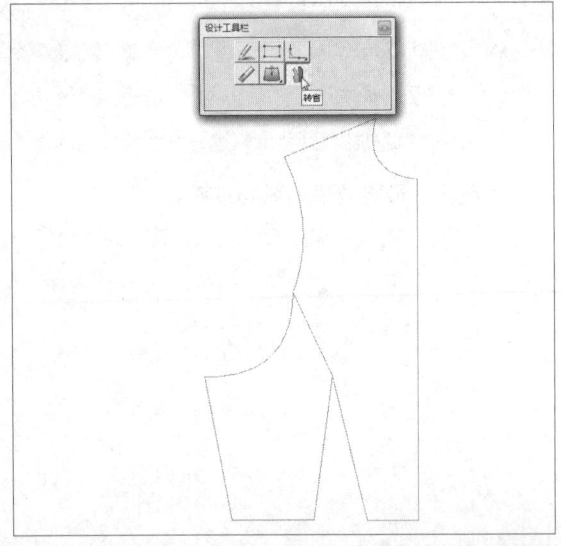

图4-77

技巧与提示

若要进行等份转省，用户可以在选择合并省的起始边后，直接输入等份数（此处输入2），然后选择终止边，如图4-78所示，执行操作后，即可实行等份转省，效果如图4-79所示。

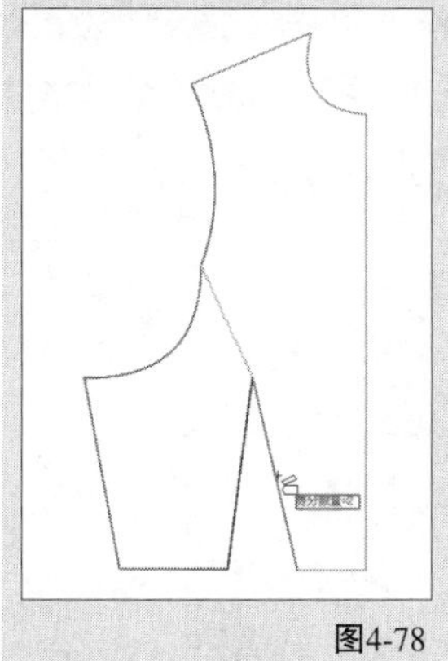

图4-78

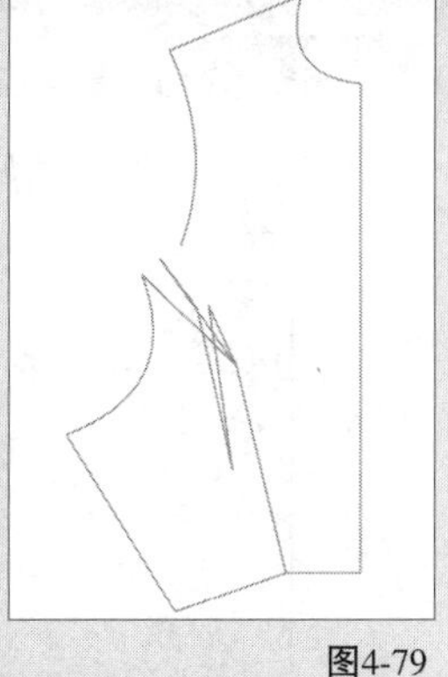

图4-79

03 根据状态栏提示，在工作区中框选转移线，单击鼠标右键结束选择，然后选择新省线，如图4-80所示。

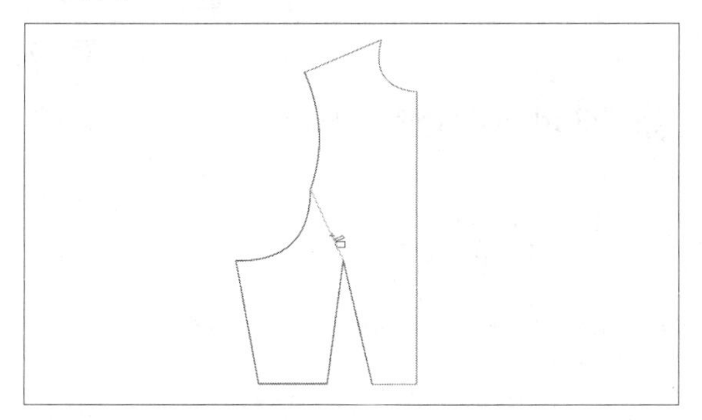

图4-80

04 在工作区中单击鼠标右键，然后在工作区中依次选择相应的曲线以确定合并省的起始边和终止边，如图4-81所示。

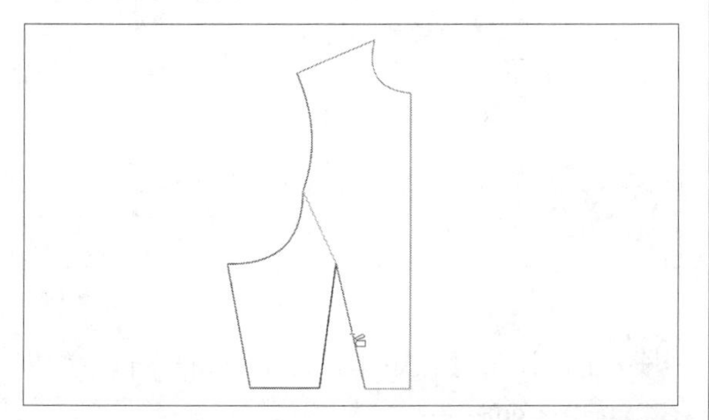

图4-81

4.4.6 剪刀工具

在设计放码软件中，用户使用“剪刀”工具可以用褶将结构线展开，同时加入褶的标识及褶底的修正量。只适用于在结构线上操作。

课堂案例：剪刀工具
案例位置：效果>第4章>剪刀工具.dgs
视频位置：视频>第4章>课堂案例——剪刀工具.mp4
难易指数：★★★
学习目标：掌握运用剪刀工具的方法

本案例的最终效果如图4-82所示。

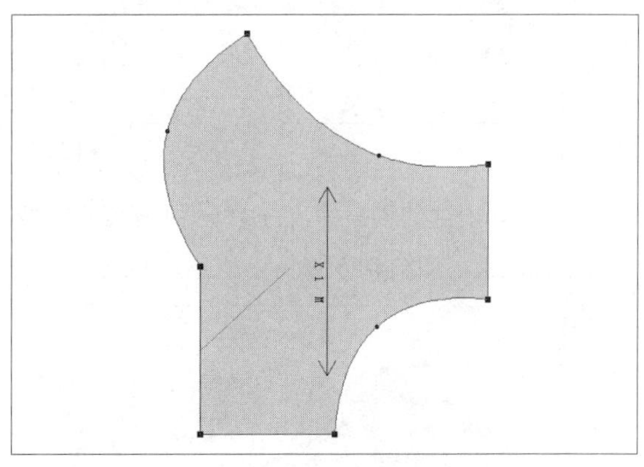

图4-82

01 按Ctrl＋O组合键，打开一幅素材文件，如图4-83所示。

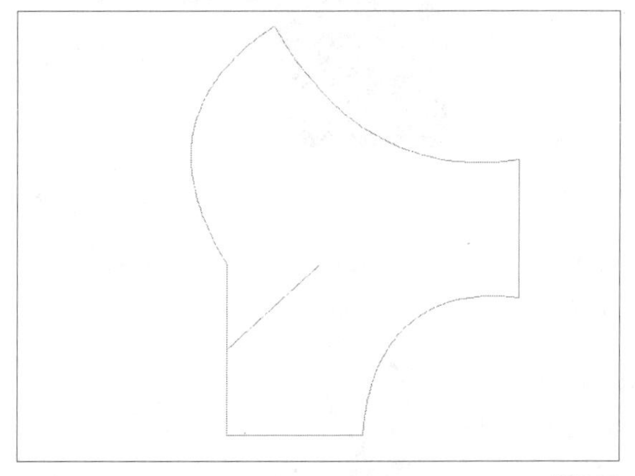

图4-83

技巧与提示

用户还可以通过以下的两种方法，拾取纸样。

◆在工作区框选围成纸样的曲线，然后单击鼠标右键。

◆在工作区中曲线的端点上依次单击鼠标左键（如果是圆弧，还需在弧上取一点），然后单击鼠标右键。

02 在设计工具栏中单击“剪刀”按钮，如图4-84所示。

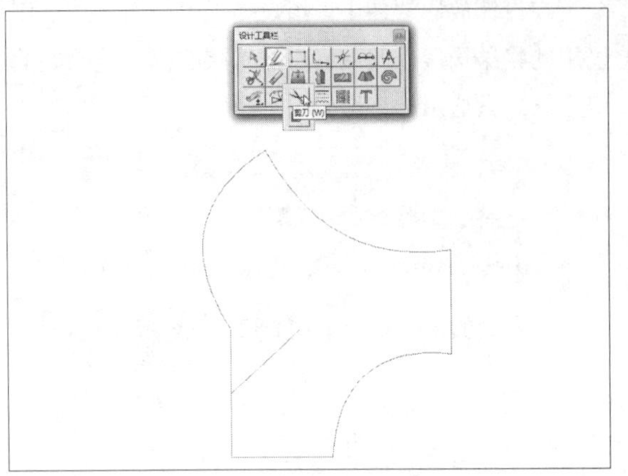

图4-84

03 按住Shift键的同时，在工作区中核实的区域单击鼠标左键，如图4-85所示。

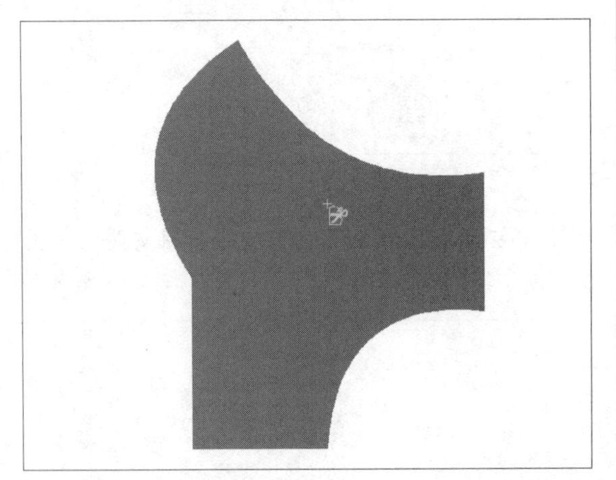

图4-85

04 执行操作后，单击鼠标右键，即可通过剪刀拾取纸样，如图4-86所示。

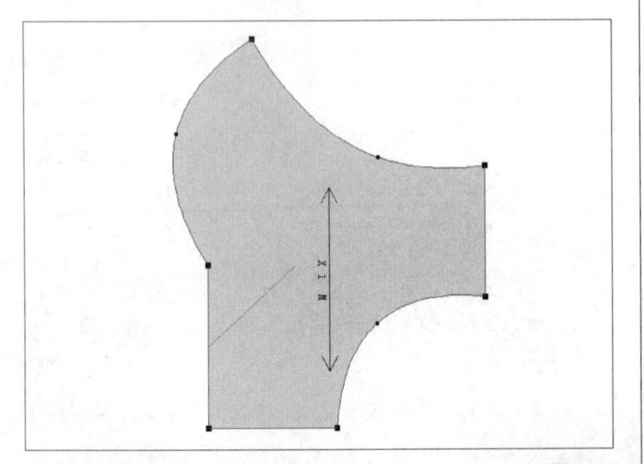

图4-86

4.4.7 拾取内轮廓工具

在设计放码软件中，用户使用“拾取内轮廓”工具可以在纸样内挖空心图。

课堂案例：拾取内轮廓工具
案例位置：效果>第4章>拾取内轮廓工具.dgs
视频位置：视频>第4章>课堂案例——拾取内轮廓工具.mp4
难易指数：★★★
学习目标：掌握运用拾取内轮廓工具的方法

本案例的最终效果如图4-87所示。

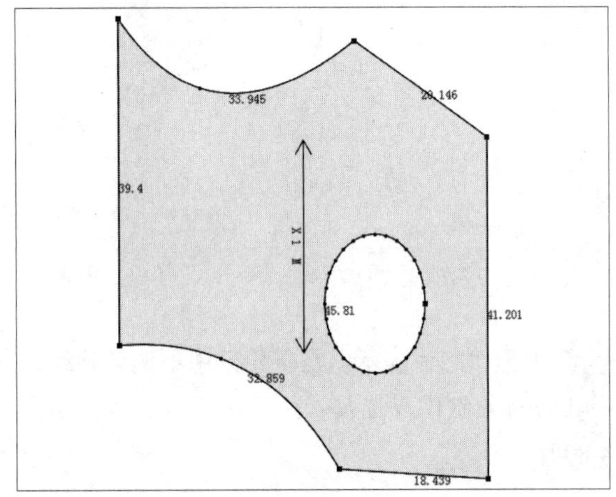

图4-87

01 按Ctrl＋O组合键，打开一幅素材文件，如图4-88所示。

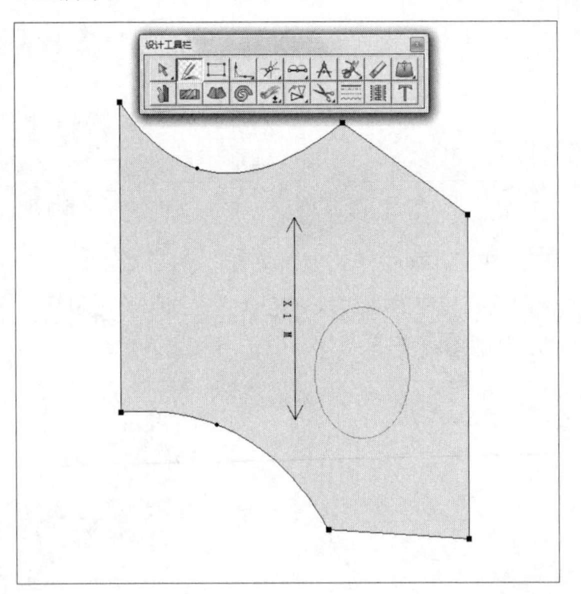

图4-88

02 在设计工具栏中单击“拾取内轮廓”按钮，如图4-89所示。

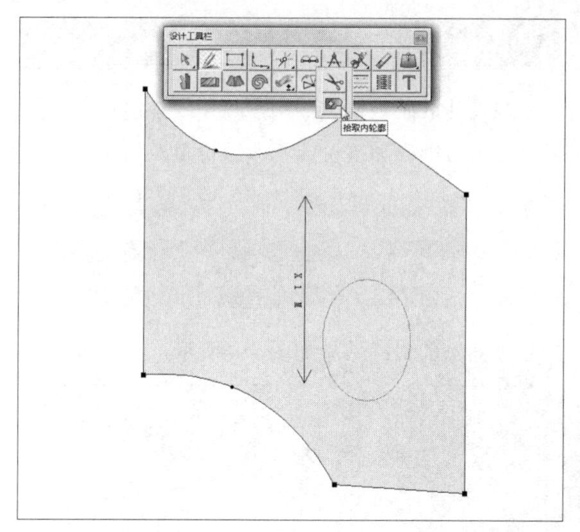

图4-89

03 在纸样上单击鼠标右键，然后选择辅助线，如图4-90所示。

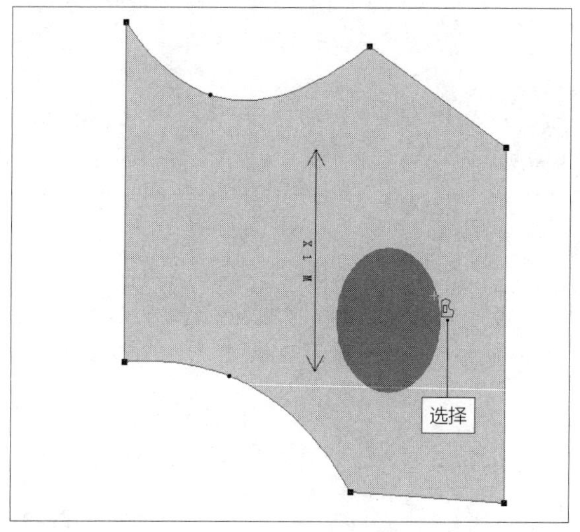

图4-90

04 执行操作后，单击鼠标右键，即可通过拾取内轮廓挖空纸样。

4.4.8 加文字工具

在设计放码软件中，用户使用“拾取内轮廓”工具可以在纸样内挖空心图。

课堂案例：加文字工具
案例位置：效果>第4章>加文字工具.dgs
视频位置：视频>第4章>课堂案例——加文字工具.mp4
难易指数：★★★★
学习目标：掌握运用加文字工具的方法

本案例的最终效果如图4-91所示。

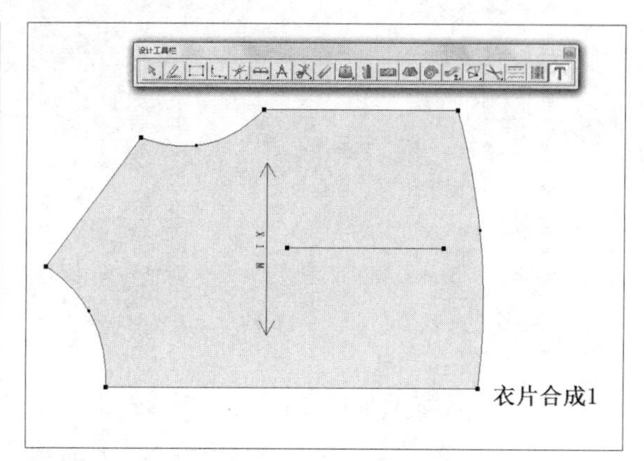

图4-91

01 按Ctrl＋O组合键，打开一幅素材文件，如图4-92所示。

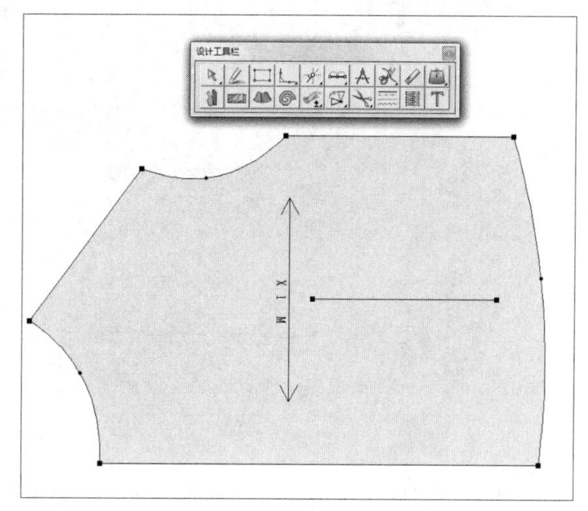

图4-92

02 在设计工具栏中单击“加文字”按钮T，如图4-93所示。

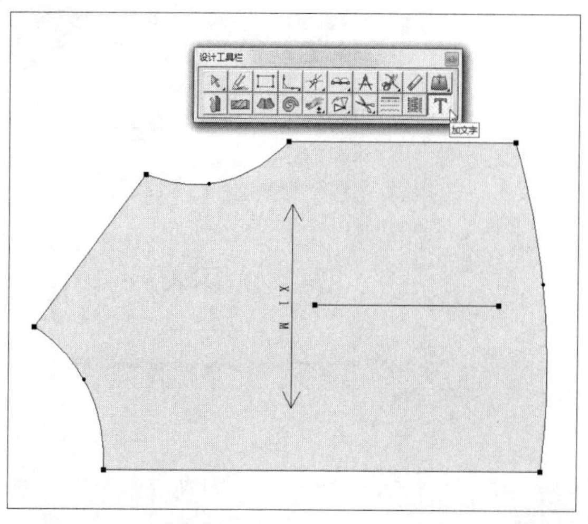

图4-93

技巧与提示

在“字体”对话框中，各主要选项的含义如下。

◆文字：用于输入需要的文字。

◆角度：用于设置文字排列的角度。

◆高度：用于设置文字的大小。

◆字体：单击该按钮，弹出“字体”对话框，其中可以设置文字的效果、颜色等更多的有关字体的内容。

03 在工作区右下角单击鼠标左键，弹出“文字”对话框，在“文字”文本框中输入衣片合成1，并设置“高度”为3，单击“字体”按钮，如图4-94所示。

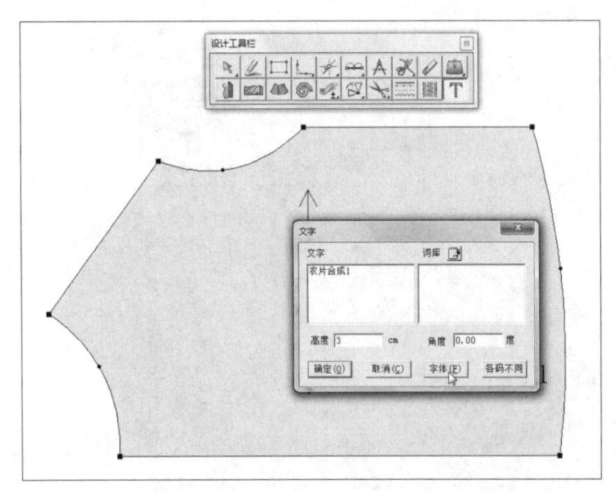

图4-94

04 弹出“字体”对话框，设置“字体”为“宋体”“字形”为“粗体”，单击“确定”按钮，如图4-95所示。

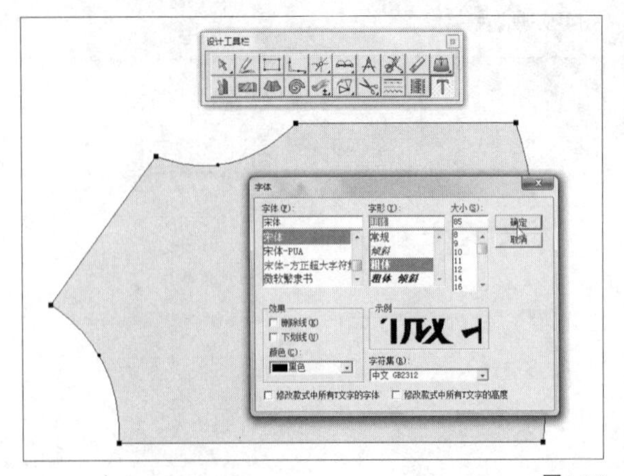

图4-95

05 执行操作后，在“文字”对话框中单击“确定”按钮，即可加文字。

4.4.9 加缝份工具

在设计放码软件中，用户使用“加缝份”工具可以用于给纸样加缝份或修改缝份量及切角。

课堂案例：加缝份工具
案例位置：效果>第4章>加缝份工具.dgs
视频位置：视频>第4章>课堂案例——加缝份工具.mp4
难易指数：★★★
学习目标：掌握运用加缝份工具的方法

本案例的最终效果如图4-96所示。

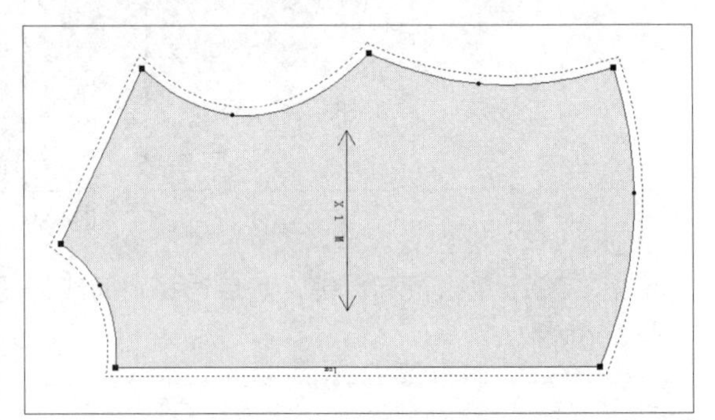

图4-96

01 按Ctrl＋O组合键，打开一幅素材文件，如图4-97所示。

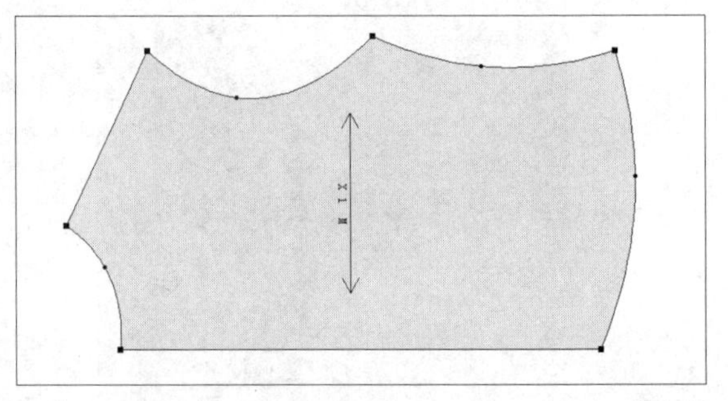

图4-97

02 在纸样工具栏中单击“加缝份”按钮，如图4-98所示。

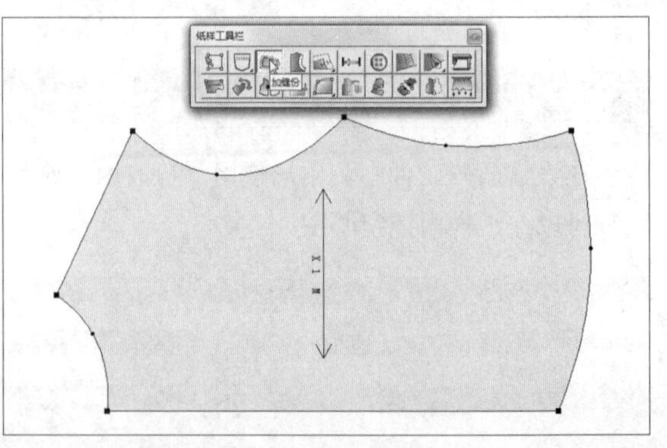

图4-98

03 在工作区纸样的边线点上单击鼠标左键，弹出“衣片缝份”对话框，设置“缝份量”为1，选中“工作区中的所有纸样”单选按钮，单击“确定”按钮如图4-99所示。

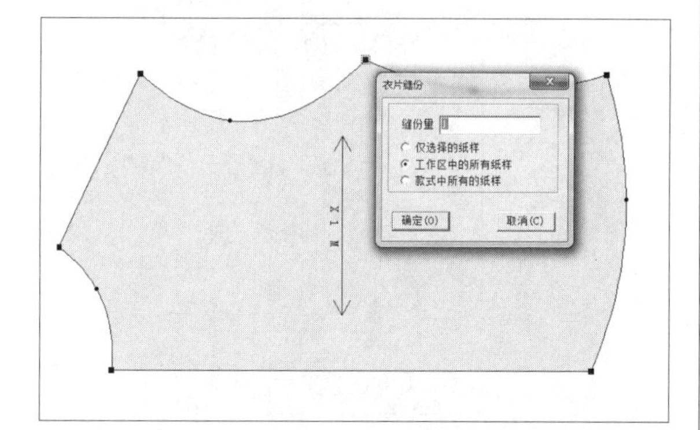

图4-99

04 执行操作后，即可为纸样加缝份。

在设计放码软件中，缝份线是系统默认隐藏的，若要其在工作区中显示出来，可以单击“选项”｜“系统设置”命令，弹出“系统设置”对话框，在“开关设置”选项卡中选中“显示缝份线”复选框，然后单击“确定”按钮，如图4-100所示。用户也可以通过按F7键来显示或隐藏缝份线。在设计放码软件中，用户还可以对其进行以下的操作。

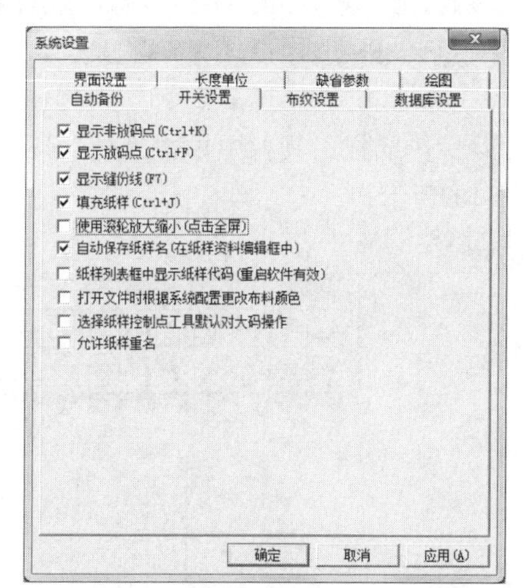

图4-100

- 边线上加（修改）相同缝份量：单击该按钮，在工作区中框选加相同缝量的边线，单击鼠标右键，弹出“加缝份”对话框，输入缝份量，选择合适的切角，单击“确定”按钮即可，如图4-101所示。

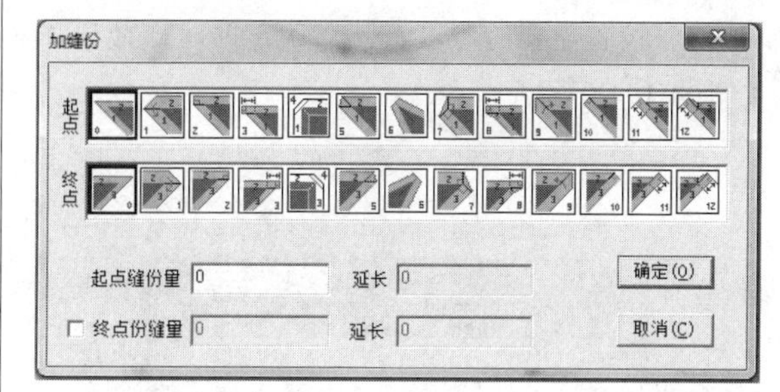

图4-101

- 修改缝份量：单击该按钮，按数字键，然后按回车键，再在纸样边线上单击鼠标左键，缝份量即可被更改。
- 加缝份量：单击该按钮，在纸样的边线上单击鼠标左键，弹出“加缝份”对话框，设置缝份量，单击“确定”按钮即可。
- 选择边线点加（修改）缝份量：单击该按钮，在点1上单击鼠标左键的同时，并拖曳光标至点3上，然后释放鼠标，弹出“加缝份”对话框，设置缝份量，单击“确定”按钮即可，图4-102所示为修改缝份量的前后效果对比。

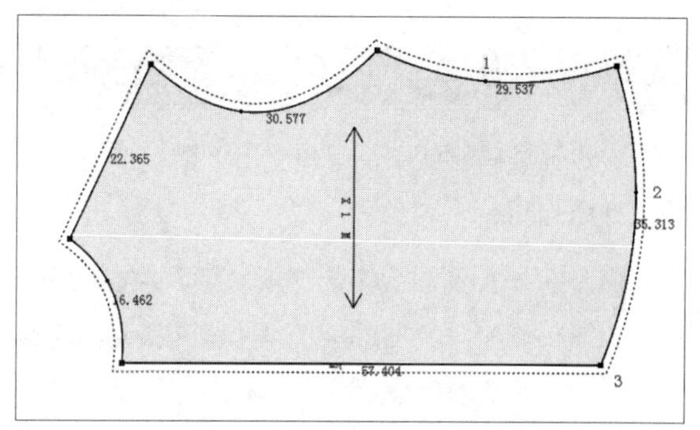

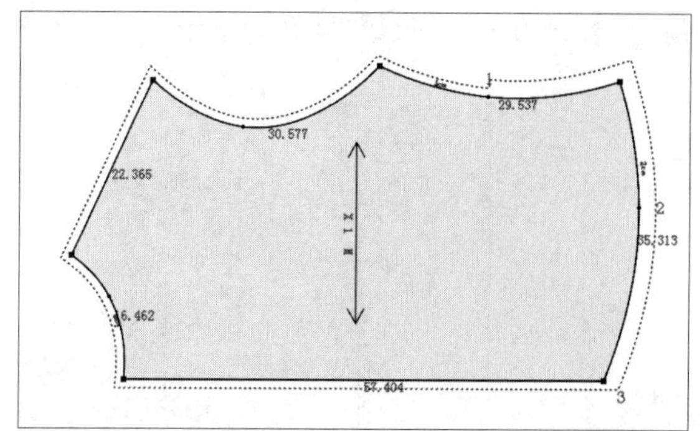

图4-102

- 修改单个角的缝份边角：单击该按钮，在需要修改的点上单击鼠标右键，弹出“拐角缝份类型”对话框，如图4-103所示，选择合适的切角，设置需要的参数，然后确定即可，效果如图4-104所示。

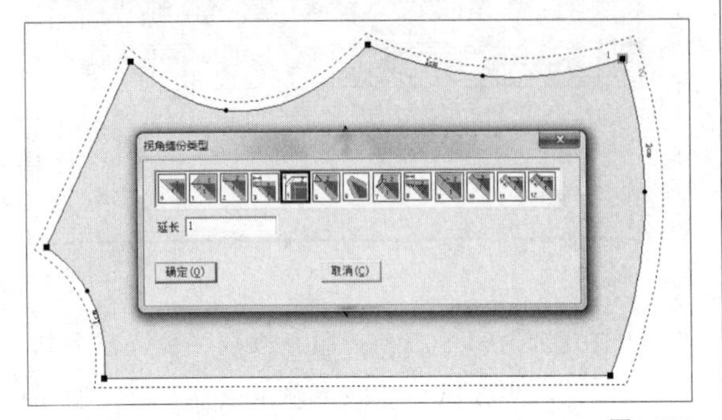

图4-103

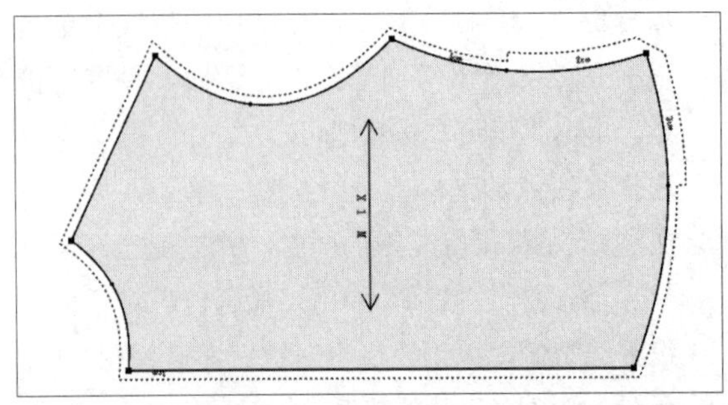

图4-104

4.4.10 褶工具

在设计放码软件中，用户使用“褶”工具可以给纸样添加褶。

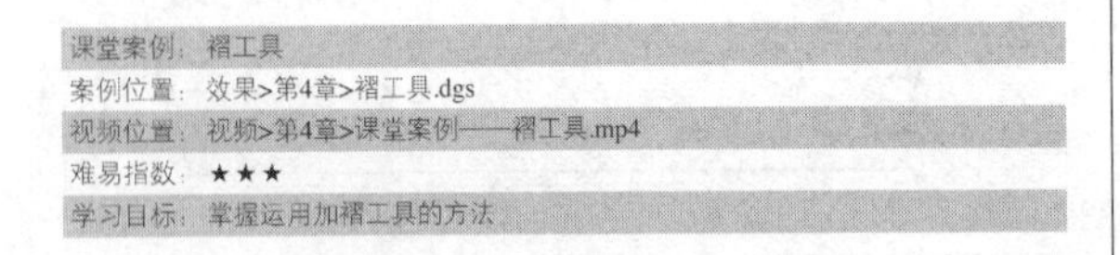
课堂案例：褶工具
案例位置：效果>第4章>褶工具.dgs
视频位置：视频>第4章>课堂案例——褶工具.mp4
难易指数：★★★
学习目标：掌握运用加褶工具的方法

本案例的最终效果如图4-105所示。

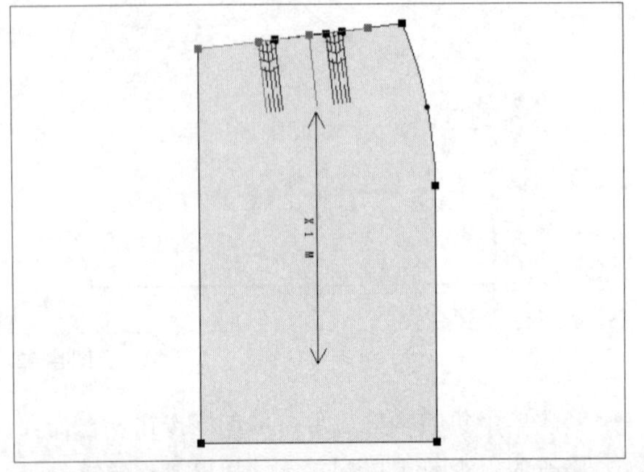

图4-105

01 按Ctrl＋O组合键，打开一幅素材文件，如图4-106所示。

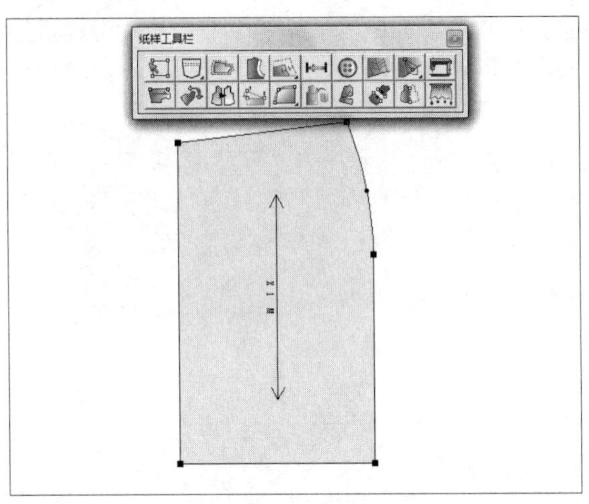

图4-106

技巧与提示

在“褶”对话框中，各主要选项的含义如下。

◆上褶宽：当各码褶量相等时，单击“上褶宽”的表格，这一列的表格全选中，可一次性输入褶量。“下褶宽”褶长也同理。

◆剪口属性：设置剪口的类型、宽度以及大小等。

◆斜线属性：设置褶上标识的斜线条线及间隔等。

◆各码相等：对实际值起效，以当前选中的表格项数值为准，将该组中其他号型变成相等的数值。

◆均码：设置相邻号型的差量相等。

02 在纸样工具栏中单击“褶”按钮，如图4-107所示。

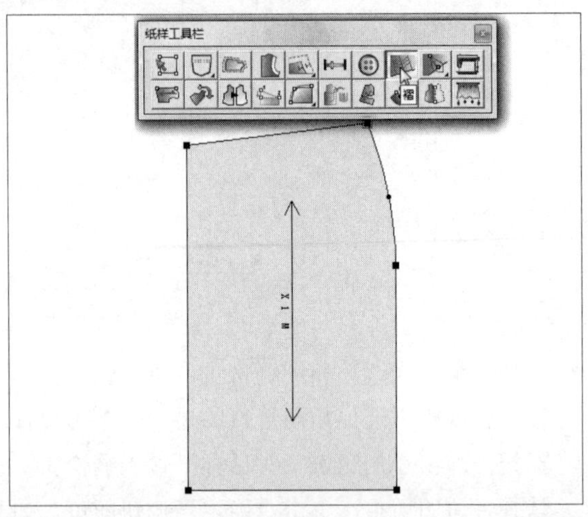

图4-107

03 在工作区中纸样的AB线上单击鼠标左键，然后在纸样的右侧，单击鼠标右键，弹出“褶”对话框，设置“上褶宽”和“下褶宽”分别为2，执行上述操作后，单击“确定”按钮，如图4-108所示。

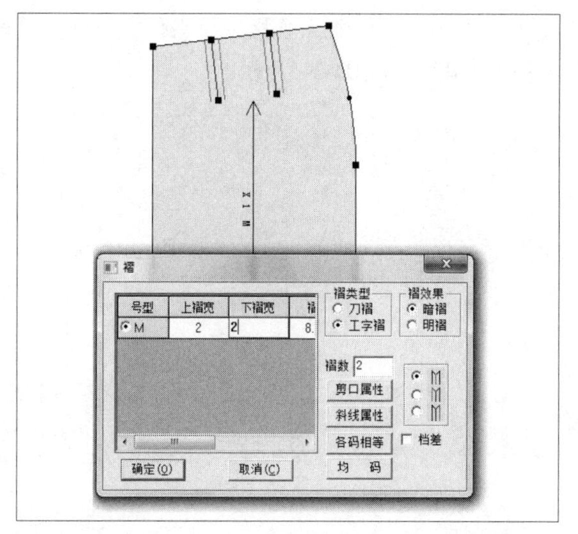

图4-108

技巧与提示

当纸样上有褶线时，单击该按钮，然后分别单击纸样上的褶线，并单击鼠标右键，弹出“褶”对话框，设置需要的参数，然后确定即可添加褶。

04 执行操作后，在工作区中单击鼠标右键，即可给纸样添加褶。

技巧与提示

若要制作通褶，用户可以在工作区中依次选择AB、CD两边线，然后单击鼠标右键，弹出“褶”对话框，然后设置相应的参数，单击“确定”按钮，并在工作区中单击鼠标右键，即可制作通褶，如图4-109所示。

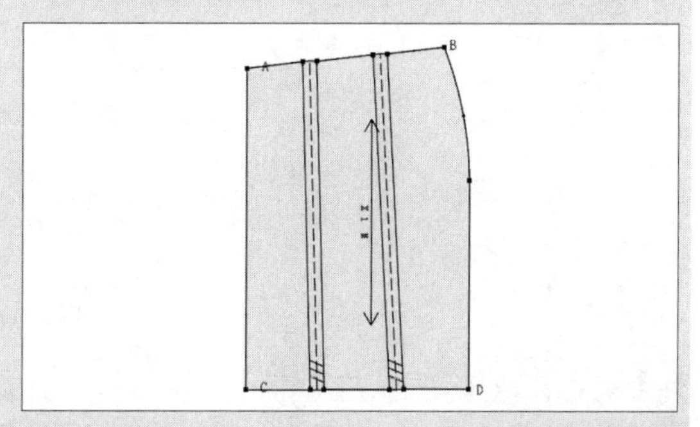

图4-109

4.4.11 V型省工具

在设计放码软件中，用户使用“V型省”工具可以给纸样添加V型省或修改纸样原有的V型省，也可以把在结构线上加的省用该工具变成省图元。

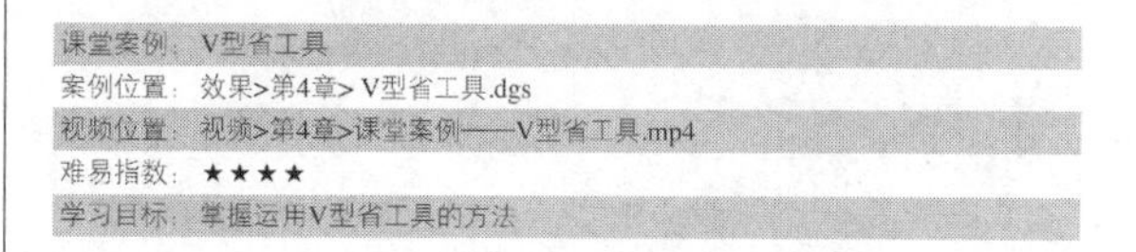

课堂案例：V型省工具
案例位置：效果>第4章>V型省工具.dgs
视频位置：视频>第4章>课堂案例——V型省工具.mp4
难易指数：★★★★
学习目标：掌握运用V型省工具的方法

本案例的最终效果如图4-110所示。

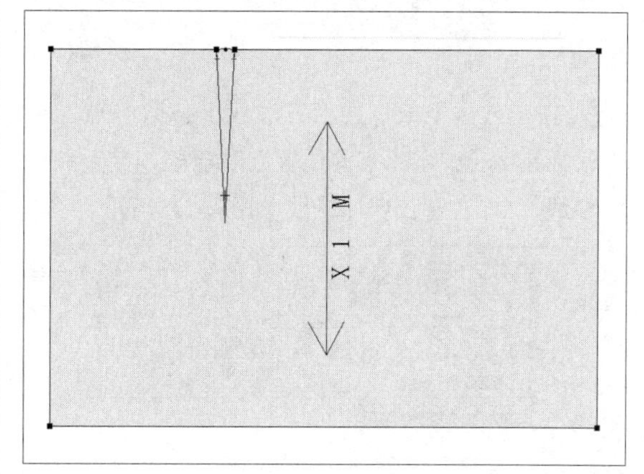

图4-110

01 按Ctrl＋O组合键，打开一幅素材文件，如图4-111所示。

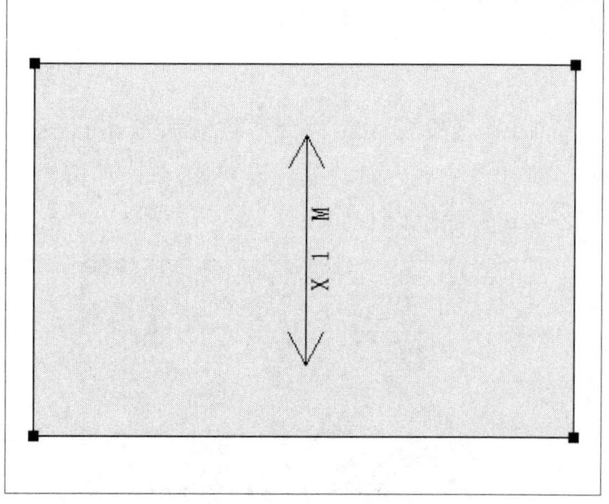

图4-111

02 在纸样工具栏中单击“V型省”按钮，如图4-112所示。

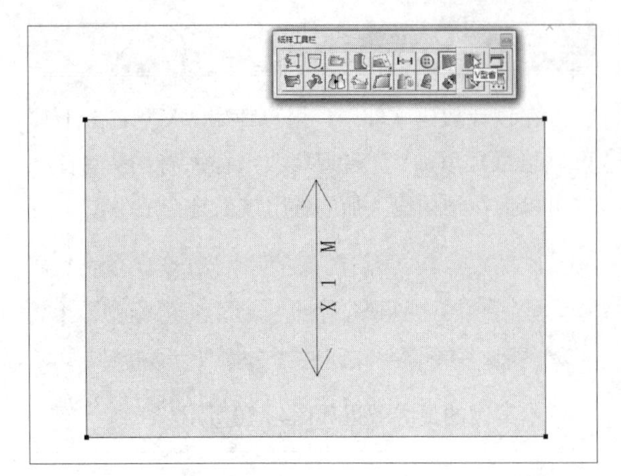

图4-112

03 在工作区中纸样的上方边线上任取一点，单击鼠标左键，弹出“点的位置”对话框，接受默认的参数，单击“确定”按钮，如图4-113所示。

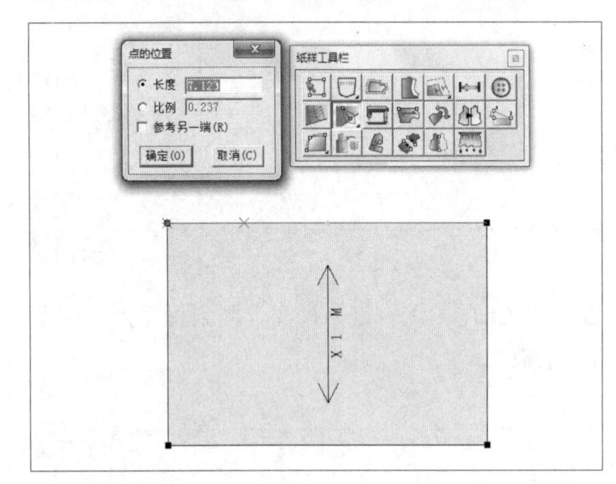

图4-113

04 向下拖曳光标，至合适位置后单击鼠标左键，弹出“尖省”对话框，设置W为1，单击“确定”按钮，如图4-114所示。

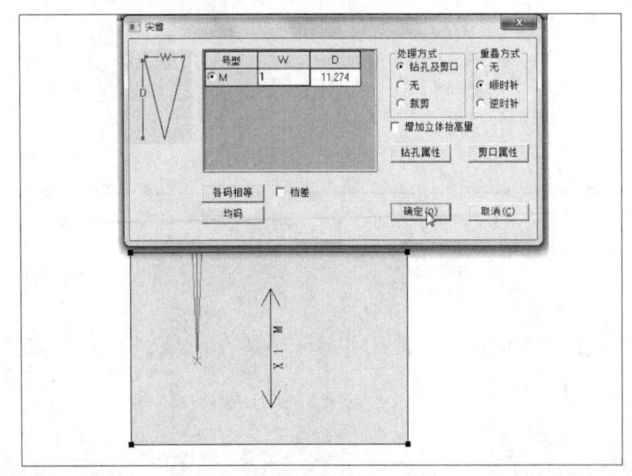

图4-114

技巧与提示

如果纸样上有省线，用户可以直接选择省线，此时将弹出“尖省”对话框，输入相应的参数并确认，即可添加V型省。

05 执行操作后，在工作区中单击鼠标右键，即可添加V型省，如图4-115所示。

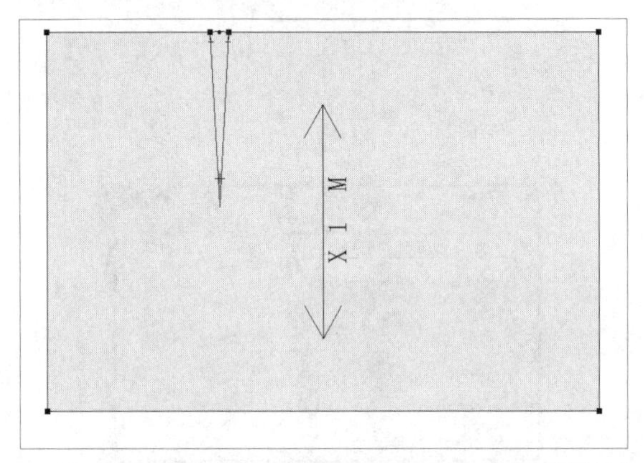

图4-115

4.4.12 锥型省工具

在设计放码软件中，用户使用“锥型省”工具可以给纸样添加锥型省或菱形省，也可以对已有的省进行修改。

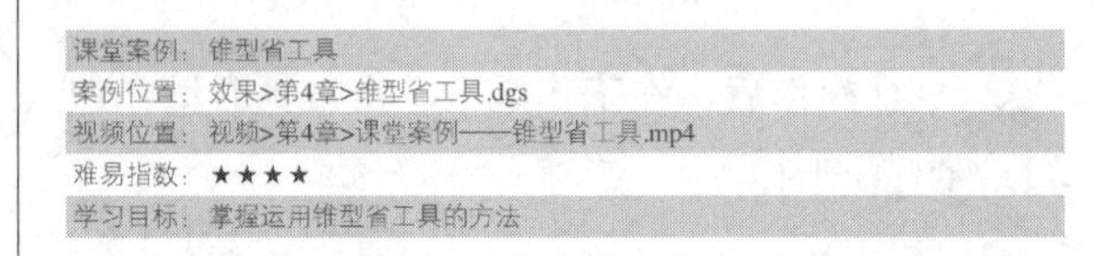
课堂案例：锥型省工具
案例位置：效果>第4章>锥型省工具.dgs
视频位置：视频>第4章>课堂案例——锥型省工具.mp4
难易指数：★★★★
学习目标：掌握运用锥型省工具的方法

本案例的最终效果如图4-116所示。

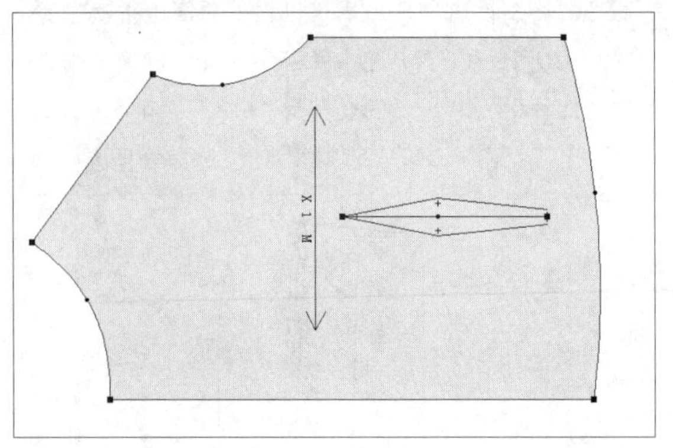

图4-116

01 按Ctrl＋O组合键，打开一幅素材文件，如图4-117所示。

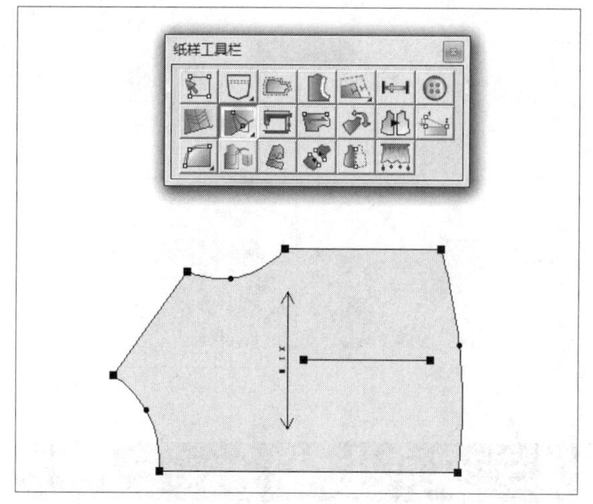

图4-117

02 在纸样工具栏中单击“锥型省”按钮，如图4-118所示。

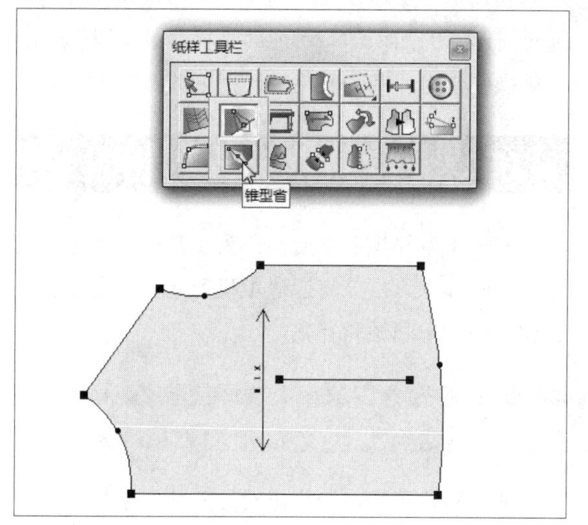

图4-118

03 在工作区中纸样的合适位置依次选择3点，如图4-119所示。

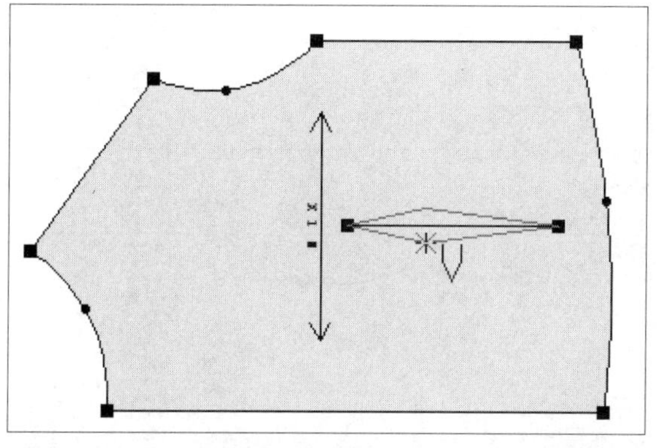

图4-119

04 弹出“锥型省”对话框，设置W1为1.5，单击“确定”按钮，如图4-120所示。

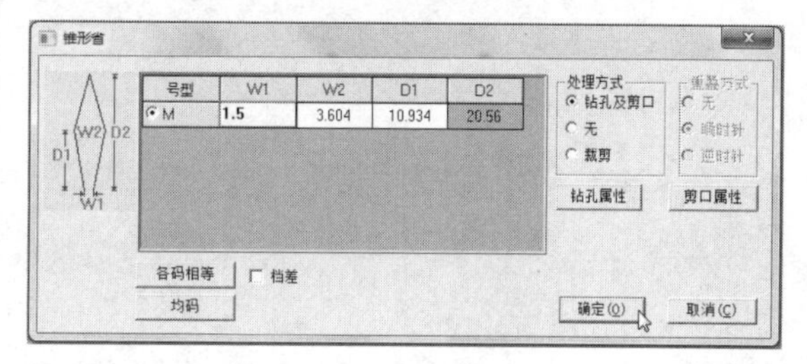

图4-120

05 执行操作后，即可给纸样添加锥型省。

技巧与提示

在“锥型省”对话框中，W1、W2、D1、D2分别指省底宽度、省腰宽度、省腰到省底的长度、全省长。

4.4.13 纸样对称工具

在设计放码软件中，用户使用“锥型省”工具可以给纸样添加锥型省或菱形省，也可以对已有的省进行修改。

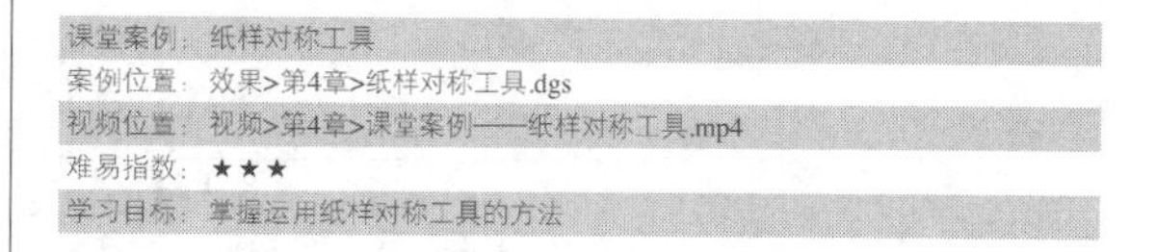
课堂案例：纸样对称工具
案例位置：效果>第4章>纸样对称工具.dgs
视频位置：视频>第4章>课堂案例——纸样对称工具.mp4
难易指数：★★★
学习目标：掌握运用纸样对称工具的方法

本案例的最终效果如图4-121所示。

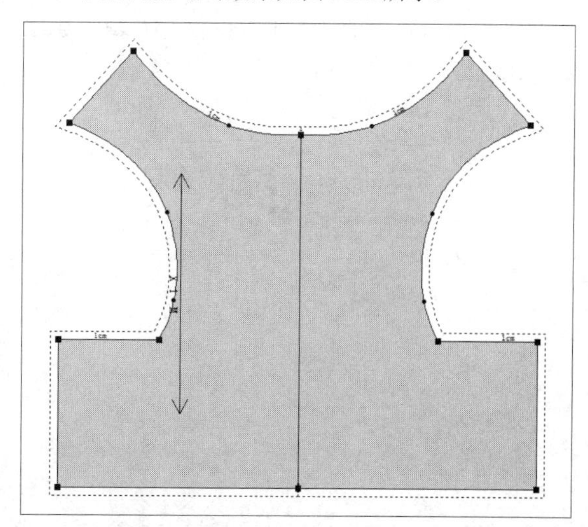

图4-121

01 按Ctrl+O组合键，打开一幅素材文件，如图4-122所示。

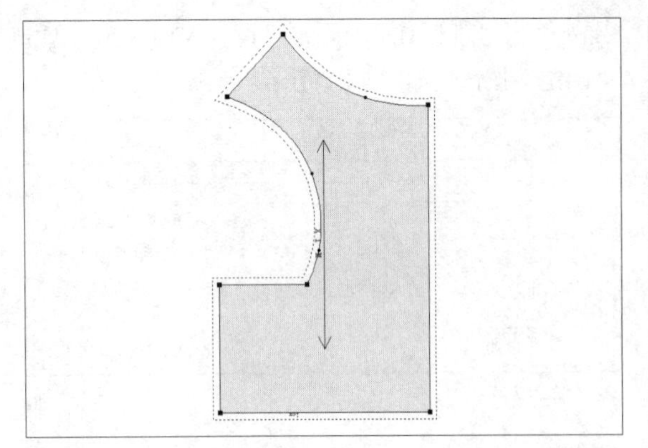

图4-122

02 在纸样工具栏中单击“纸样对称”按钮，如图4-123所示。

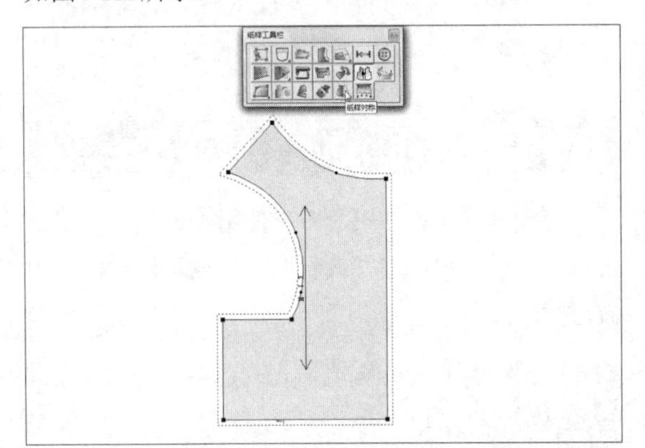

图4-123

03 弹出“对称纸样”对话框，选中相应的单选按钮，然后对称轴的两点上单击鼠标左键，如图4-124所示。

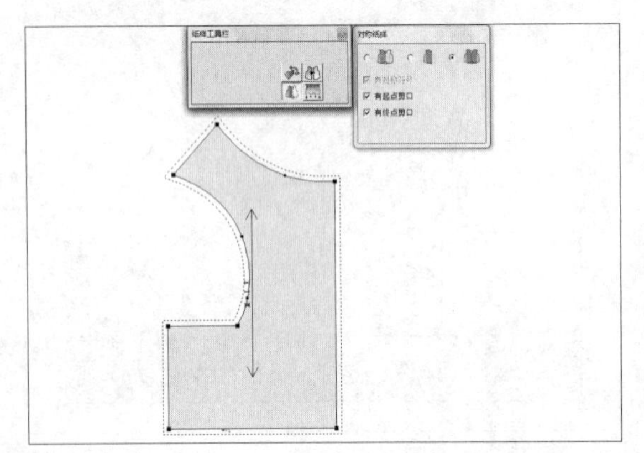

图4-124

04 执行操作后，即可完成纸样的对称，如图4-125所示。

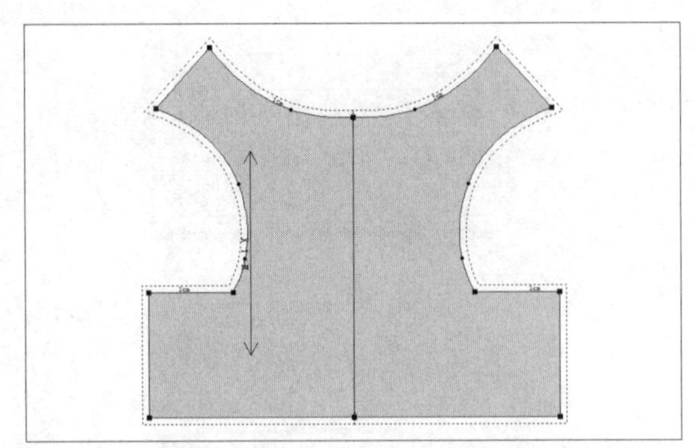

图4-125

4.5 本章小结

本章主要为读者讲述放码软件的基础功能，主要内容包括设计放码软件的简介、工作界面介绍、放码软件基本操作以及放码软件入门操作等。读者通过对本章的知识学习，能够掌握服装放码软件的基础操作，为后期的服装设计打下基础。

4.6 课后习题——对称工具

鉴于本章知识的重要性，为了帮助读者更好地掌握所学知识，本节将通过上机习题，帮助读者进行简单的知识回顾和补充。

课堂案例：无
难易指数：★★★★
学习目标：掌握运用对称工具的方法

通过对称工具，制作出对称衣片，素材图像如图4-126所示；最终完成效果，如图4-127所示。

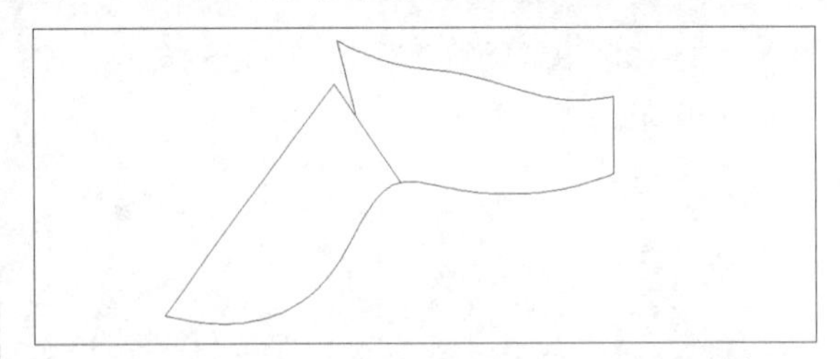

图4-126

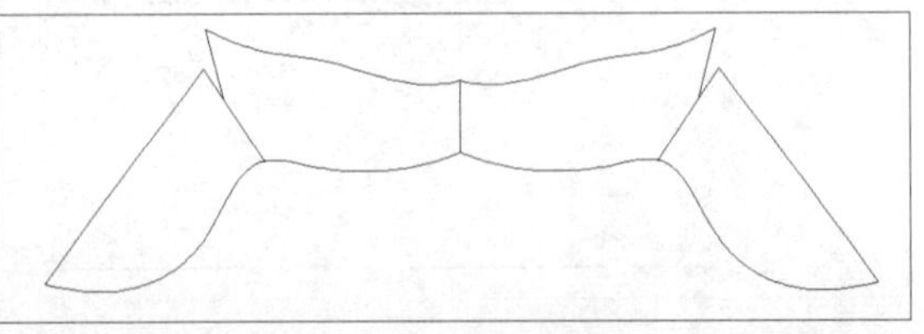

图4-127

第5章

掌握排料系统工作界面

内容摘要

设计放码CAD软件是富怡服装CAD软件的一部分，其主要用于纸样的设计与放码。本章主要向读者介绍设计放码软件的基本知识，主要包括学习排料系统基础知识、掌握排料系统工作界面、“菜单栏”命令详解以及打开与输入文件的方法等内容。

课堂学习目标

学习排料系统基础知识

掌握排料系统工作界面

“菜单栏”命令详解

打开与输出文件的方法

5.1 学习排料系统基础知识

排料系统的工作界面比较简洁，排料工具的功能十分强大，使用起来非常方便。本章将介绍富怡服装系统的排料系统，打开的工作界面如图5-1所示。

图5-1

5.1.1 计算机辅助排料的优点

计算机辅助排料与手工排料相比，具有以下几点优点。

（1）大大提高制造精度和生产效率。

（2）比手工更节约成本。

（3）减少误差，提高品质。

（4）节省原材料，降低生产成本。

（5）方便管理与存档。

（6）降低劳动强度，改善工作环境。

（7）实现远程打版和资料传送。

（8）提升企业形象。

5.1.2 掌握排料系统的使用原则

1. 保证设计质量，符合工艺要求

- 丝缕正直：在排料时要严格按照技术科的要求，认真注意丝缕的正直。绝不允许为了省料而自行改变丝缕方向，当然在规定的技术标准内允许有事实上的误差，但决不能把直丝变成横丝或斜丝，这些都要经过技术部门确定后，才能改变。因为丝缕是否正直，直接关系到成形后的衣服是否平整挺括，不走样，穿着是否舒适美观，即质量问题，为挺括优质大衣，如图5-2所示。

图5-2

- 正反面正确：服装面料有正反面之分，且服装上许多衣片具有对称性，左右对称。因此排料要结合铺料方式（单向、双向），既要保证面料正反一致，又要保证衣片的对称，图5-3所示为同一件衣服面料正反面对比。

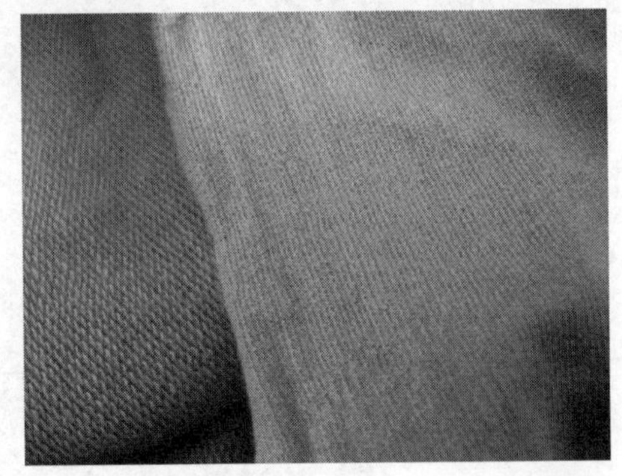

图5-3

- 对条对格，有倒顺毛、花、倒顺图案面料的排料。

（1）对条对格处理：即条格面料的排料问题，服装款式设计时，对于条格面料，为使成衣后服装达到外形美观，都会提出一定的要求，如两片衣片相接后，条格连贯衔接，如同一片完整面料；有的要求两片衣片相接后条格对称；也有的要求两片衣片相接后条格相互成一定角度（喇叭裙、连衣裙），图5-4所示为处理后的服装细节图。

图5-4

（2）倒顺毛面料：表面起毛或起绒的面料，沿经向毛绒的排列就具有方向性。如灯芯绒面料一般应倒毛做，使成衣颜色偏深。粗纺类毛呢面料，如大衣呢、花呢、绒类面料，为防止明暗光线反光不一致，并且不易粘灰尘、起球，一般应顺毛做，因此排料时都要顺排，图5-5所示为灯芯绒面料展示。

图5-5

（3）倒顺花、倒顺图案：这些面料的图案有方向性，如花草树木、建筑物、动物等，不是四方连续，则面料方向放错了，就会头脚倒置，图5-6所示为四方连续示意图。

图5-6

- 避免色差：布料在印、染、整理过程中，可能存在有色差，进口面料质量较好，色差很少，而国产面料色差往往较严重。有段色差的面料，排料时应将相组合的部件尽可能排在同一纬向上，同件衣服的各片，排列时不应前后间隔太大，距离越大，色差程度就会越大。
- 核对样板块数，不准遗漏：要严格按照技术科给的样板及面辅料清单对样板进行检查。

2. 节约用料

在保证设计和制作工艺要求的前提下，尽量减少面料的用量是排料时应遵循的重要原则，也是工业化批量生产用料省的最大特点。

服装的成本，很大程度上在于面料的用量多少，而决定面料用量多少的关键又是排料方法。如何通过排料找出一种用料最省的样板排放形式，很大程度要靠经验和技巧。根据经验，以下一些方法对提高面料利用率，节约用料是引之有效的。

- 先大后小：排料时，先将主要部件较大的样板排好，然后再把零部件较小的样板在大片样板的间隙中及剩余部分进行排列。即小样板填排。
- 套排紧密：要讲究排料艺术，注意排料布局，根据衣片和零部件的不同形状和角度，采用平对平、斜对斜、凹对凸的方法进行合理套排，并使两头排齐，减少空隙，充分提高原料的利用率。
- 缺口合并：像前后衣片的袖笼合在一起，就可以裁一只口袋，如分开，则变成较小的两块，可能毫无用处。缺口合并的目的是将碎料合并在一起，可以用来裁零料等小片样板，提高原料的利用率。

- 大小搭配：当同一床上要排几件时，应将大小不同规格的样板相互搭配，如有S、M、L、XL、XXL5种规格，一般采用以L码为中间码，M与XL搭配排料，S与XXL搭配。当然件数要相同。

5.2 掌握排料系统工作界面

排料系统地工作界面包括标题栏、菜单栏、主工具匣、布料工具匣、纸样窗、尺码列表框、标尺、唛架工具匣1、唛架工具匣2、主唛架区、辅唛架区和状态栏。

5.2.1 了解标题栏

标题栏位于工作界面的最上方，用于显示文件的名称、类型及存盘的路径，图5-7所示为标题栏。

图5-7

5.2.2 了解主工具匣

主工具匣用于放置常用的命令，可以完成文档的建立、打开、存储、打印等操作，如图5-8所示。

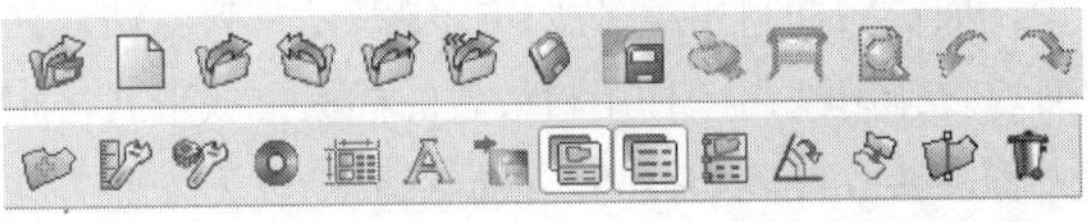

图5-8

在快捷工具栏中，各主要按钮的含义如下所述。

- “打开款式文件”按钮：用该命令可以产生一个新的唛架，也可以向当前的唛架文档中添加一个或几个款式。单击该按钮，将弹出“选取款式”对话框，如图5-9所示，单击“载入”按钮，弹出“选取款式文档”对话框，选择合适的文档，如图5-10所示，单击“打开”按钮，将弹出“纸样制单”对话框，如图5-11所示，确定后，即可打开款式文件。

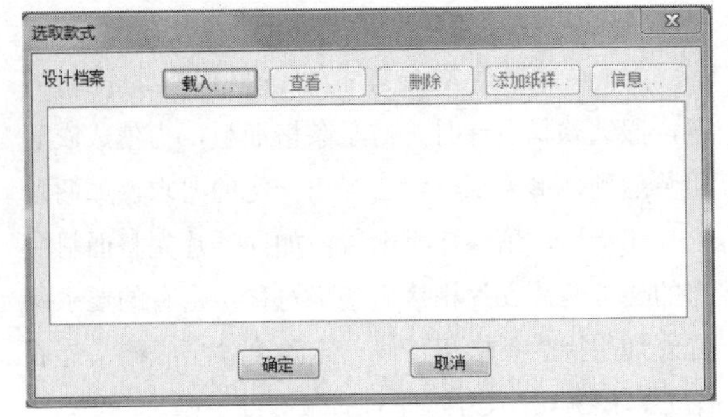

图5-9

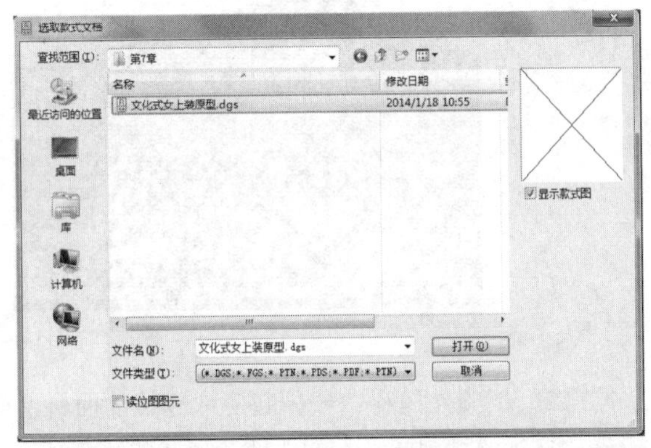

图5-10

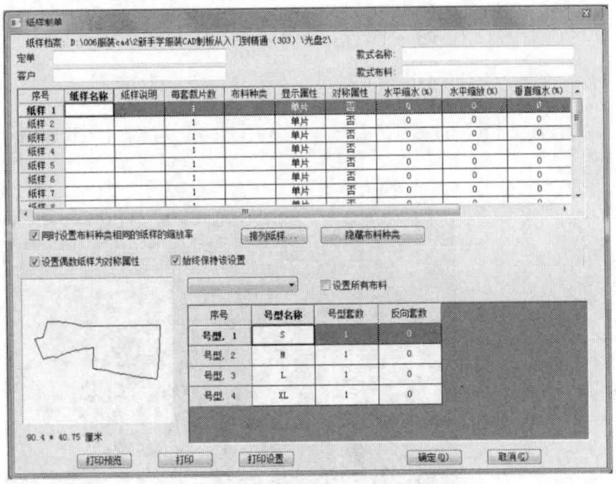

图5-11

- “新建”按钮：打开一个文件。单击该按钮，弹出“唛架设定”对话框，如图5-12所示。
- “打开”按钮：弹出“开启唛架文档”对话框，能打开一个已保存好的唛架文档，如图5-13所示。

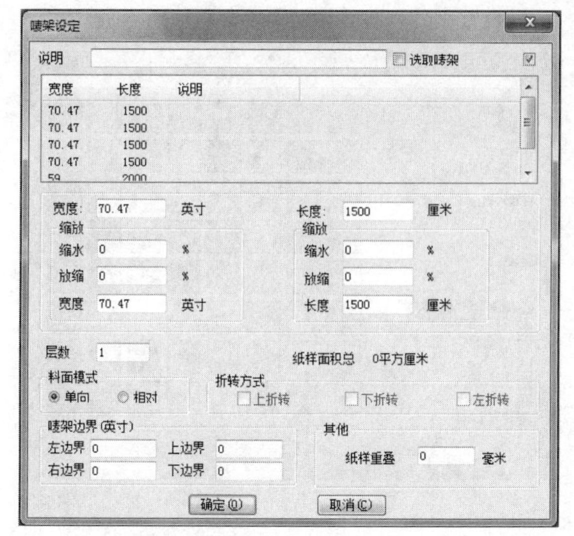

图5-12

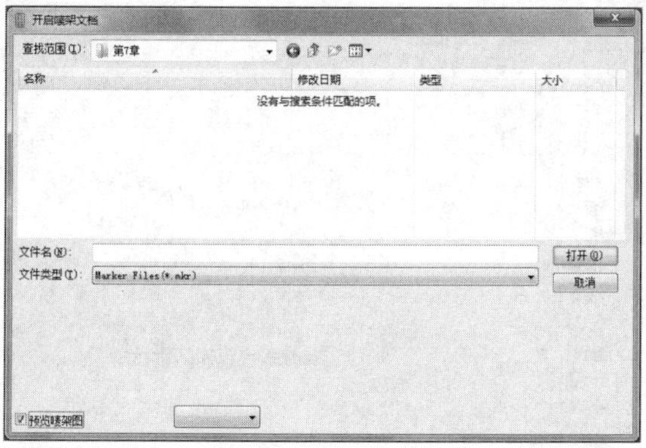

图5-13

- “保存”按钮：单击该按钮，弹出“另存唛架文档为”对话框，如图5-14所示。执行该命令可将唛架保存在指定的目录下，方便以后使用。

图5-14

- “存本床唛架”按钮：当存本床唛架时，给新唛架取一个与初始唛架相类似的档案名，只是最后两个字母被改成破折号（-）和一个数字。单击该按钮，弹出“储存现有排样”对话框，如图5-15所示。

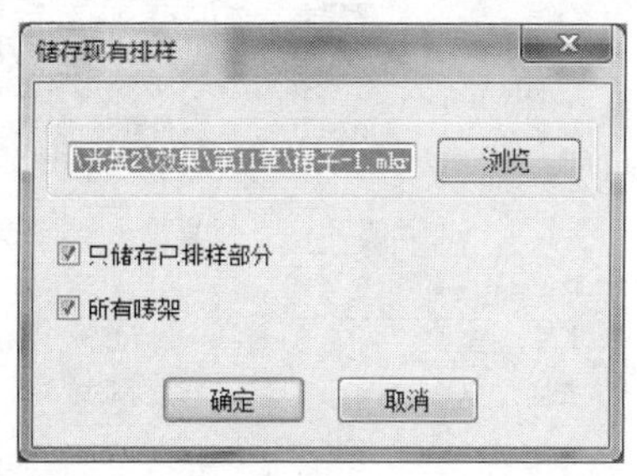

图5-15

技巧与提示

在“储存现有排样”对话框中，各主要选项的含义如下。

◆“浏览”按钮：用该按钮为本床唛架指定路径及文件名。

◆“只储存已排样部分”复选框：选中该复选框，只储存当前唛架上已排部分，不储存未排部分。

◆“所有唛架”复选框：选中该复选框，储存所有唛架。不选中该复选框，只储存当前唛架。

- “增加纸样”按钮：单击该按钮，弹出“增加纸样”对话框，如图5-16所示。增加纸样可以增加或减少选中纸样的数量，可以只增加或减少一个码纸样的数量，也可以增加或减少所有码纸样的数量。

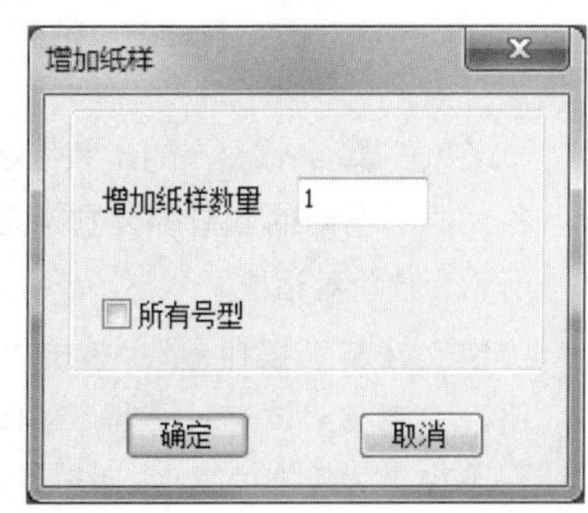

图5-16

- “打印”按钮：该命令可配合打印机来打印唛架图或唛架说明。
- “单位选择”按钮：单击“单位选择”按钮，弹出“度量单位”对话框，可以用来设定唛架的单位，如图5-17所示。

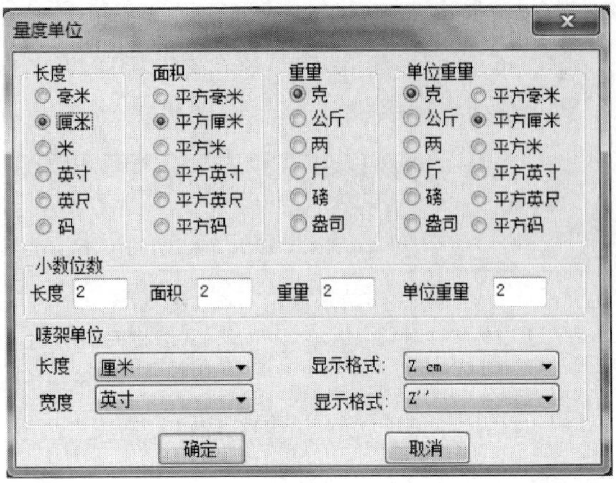

图5-17

- “参数设定”按钮：该命令包括系统一些命令的默认设置，它由“排料参数”“纸样参数”“显示参数”“绘图打印”及“档案目录”5个选项卡组成，如图5-18所示。

图5-18

- “颜色”：该命令为本系统地界面、纸样的各尺码和不同的套数等分别指定颜色，图5-19所示为选色对话框。
- “定义唛架”按钮：单击“定义唛架”按钮，弹出唛架设定对话框，如图5-20所示。该命令可设置唛架的宽度、长、层数、面料模式及布边。
- “字体”按钮：单击“字体”按钮，弹出“选择字体”对话框，执行该命令可为唛架显示字体、打印、绘图等分别指定字体。单击该按钮，将弹出“设定字体”对话框，在其中可以设置字体，如图5-21所示。

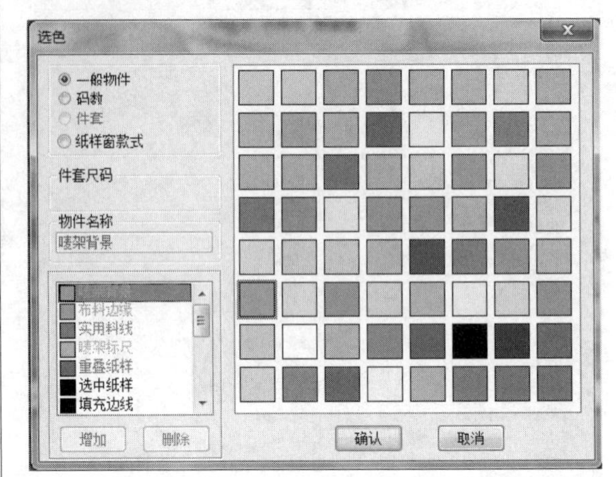

图5-19

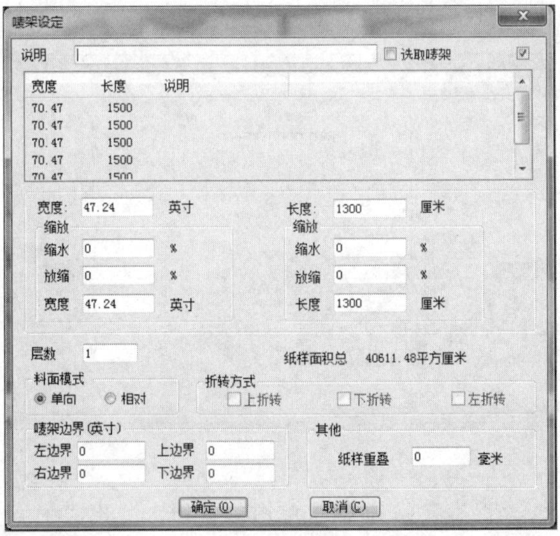

图5-20

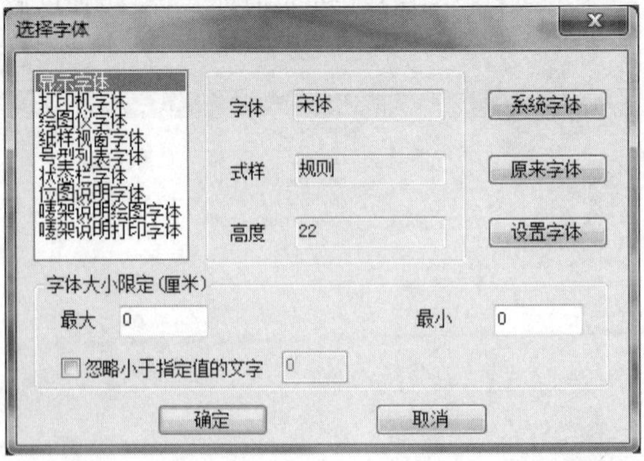

图5-21

- “绘图”按钮：用该命令可绘制1:1唛架。只有直接与计算机串行口或并行口相连的绘图机或在网络上选择带有绘图机的计算机才能绘制文件。

- “后退”按钮：撤销上一步对唛架纸样的操作。
- “前进”按钮：返回到撤销前的操作。
- “参考唛架”按钮：两个放码点之间的弧线按照等高的方式放码。
- “纸样资料”按钮：放置着当前纸样当前尺码的纸样信息，也可以对其做出修改。单击该按钮，将弹出“富怡服装排料CAD系统”对话框，其中包含了“纸样资料”“全部尺码资料”和“纸样总体资料”对话框等3个选项卡，如图5-22所示。

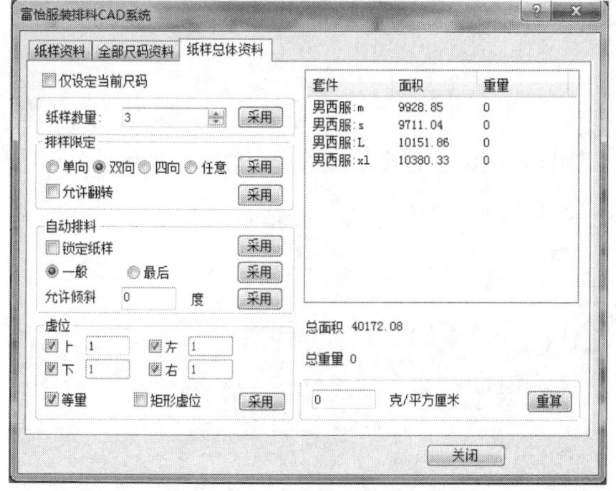

图5-22

- “旋转（复制）纸样”按钮：单击该按钮，可对所选纸样进行任意角度旋转，还可复制其旋转纸样，生成一新纸样，添加到纸样窗内，为“旋转唛架纸样”对话框，在其中可设置旋转角度等参数，如图5-23所示。

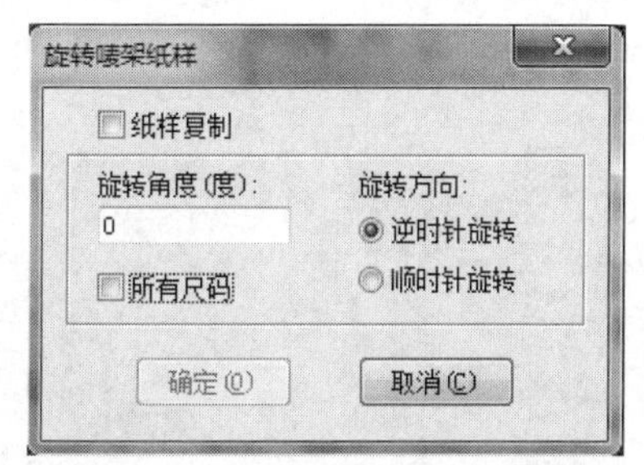

图5-23

- “翻转纸样”按钮：单击“翻转纸样”按钮，弹出“翻转纸样”对话框，如图5-24所示。“翻转纸样”按钮用于将所选中纸样进行翻转。若所选纸样尚未排放到唛架上，则可对该纸样进行直接翻转，可以不复制该纸样；若所选纸样已排放到唛架上，则只能对其进行翻转复制，生成相应新纸样，并将其添加到纸样窗内。

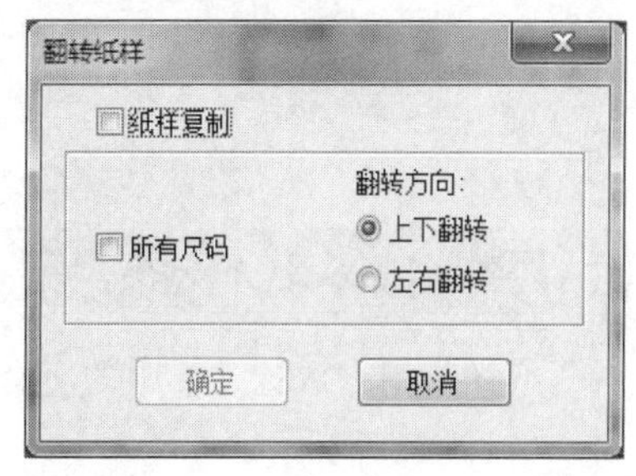

图5-24

- “分割纸样”按钮：单击“分割纸样”按钮，弹出“剪开复制纸样”对话框，如图5-25所示。该功能能将所选纸样按需要进行水平或垂直分割。在排料时，为了节约布料，在不影响款式式样的情况下，可将纸样剪开，分开排放在唛架。

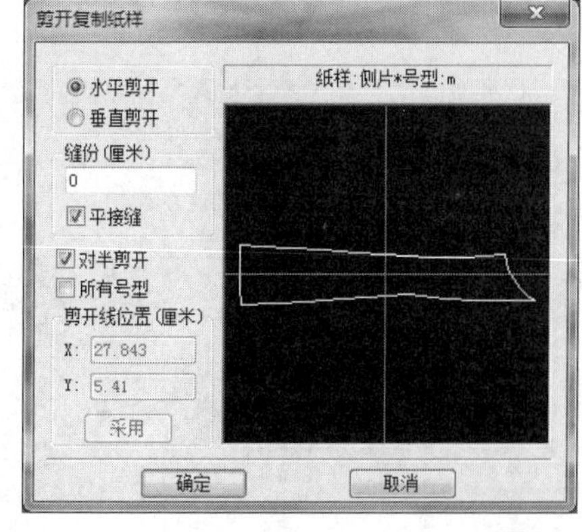

图5-25

- “删除纸样”按钮：单击“删除纸样”按钮，弹出提示框，如图5-26所示；单击是按钮，即可删除一个纸样中的一个码或所有的码。

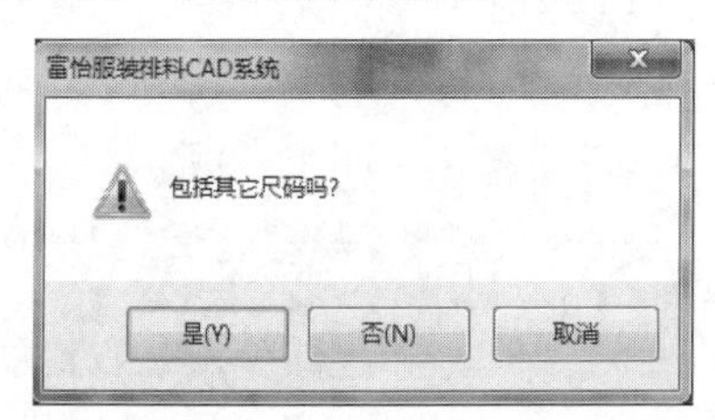

图5-26

5.2.3 了解布料工具匣

布料工具匣用于显示当前排料文件中使用不同布料的纸样，为布料工具匣显示的布料纸样，如图5-27所示。

图5-27

5.2.4 了解纸样窗

纸样窗用于放置文件中的所有纸样，为纸样窗，如图5-28所示。

图5-28

5.2.5 了解尺码列表框

尺码列表框中显示着纸样的所有号型和每个号型对应的纸样数量，如图5-29所示。

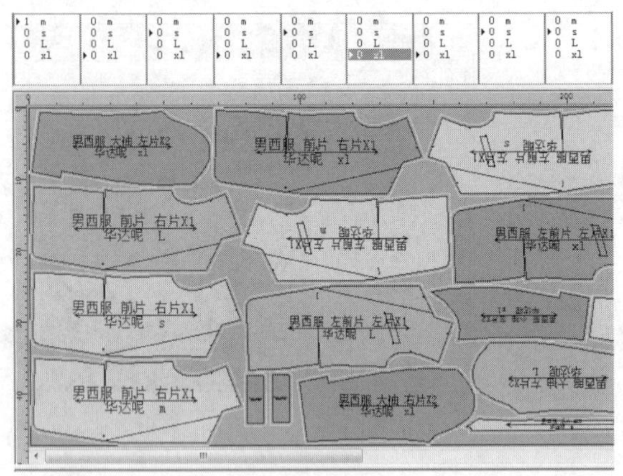

图5-29

5.2.6 了解唛架工具匣1

唛架工具匣1主要用于对主唛架的纸样进行选择、移动、旋转、翻转、放大、缩小、测量以及添加文字等操作，如图5-30所示。

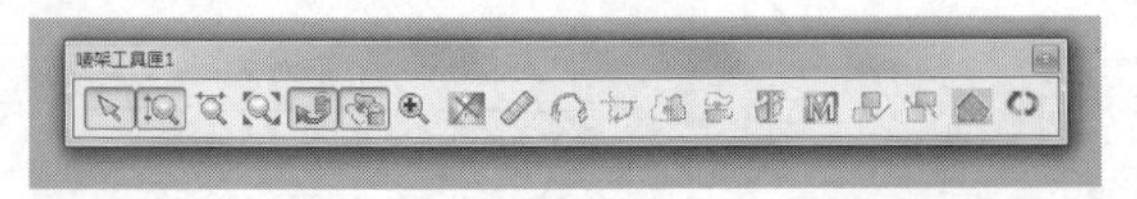

图5-30

在唛架工具匣1中，各主要按钮的含义如下。

- “纸样选择”按钮：用于选择及移动纸样，图5-31所示为框选纸样。

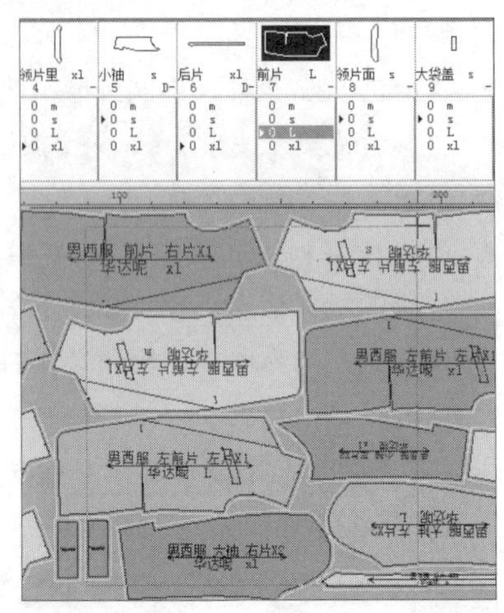

图5-31

- “唛架宽度显示”按钮：该按钮呈选中状态时，主唛架就以宽度显示在可视界面，如图5-32所示。

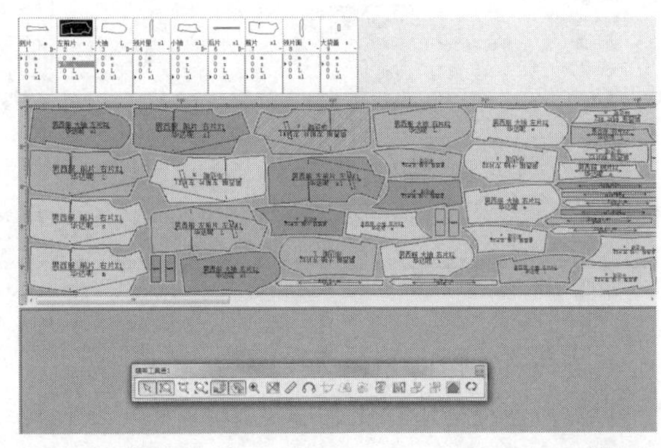

图5-32

- “显示唛架上的全部纸样”按钮：主唛架的全部纸样都显示在可视界面，如图5-33所示。

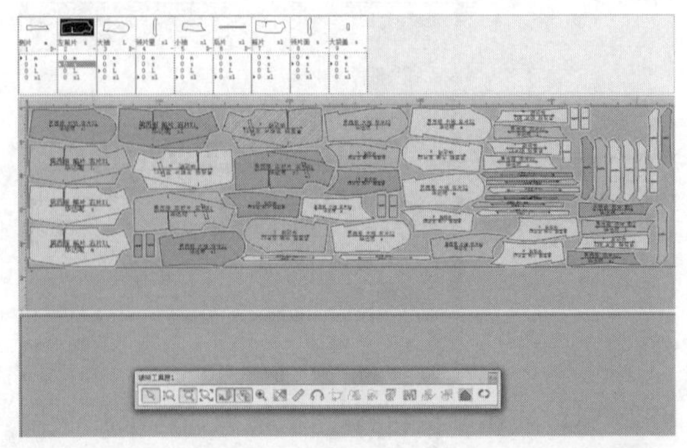

图5-33

- “显示整张唛架”按钮：主唛架的整张唛架都显示在可视界面，如图5-34所示。

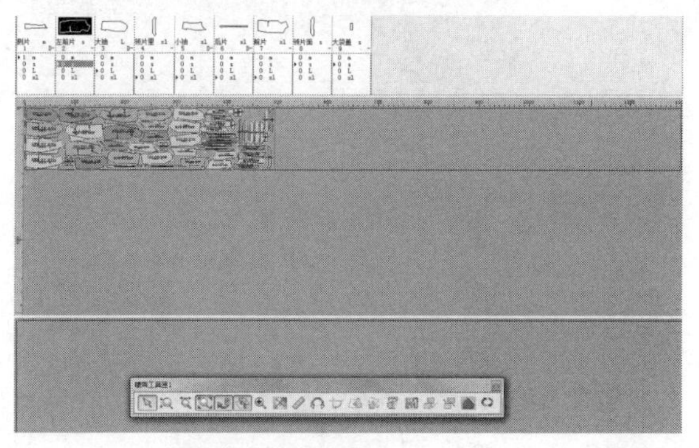

图5-34

- “旋转限定”按钮：该命令是限制唛架工具匣1中的“旋转唛架纸样”工具、“顺时针90°旋转”工具及键盘微调旋转的开关命令。
- “翻转限定”按钮：该命令是用于控制系统是否读取“纸样资料”对话框中的有关是否“允许翻转”的设定。
- “放大显示”按钮：该命令可对唛架的指定区域进行放大、对整体唛架缩小以及对唛架的移动。原图与区域放大图的对比，如图5-35所示。

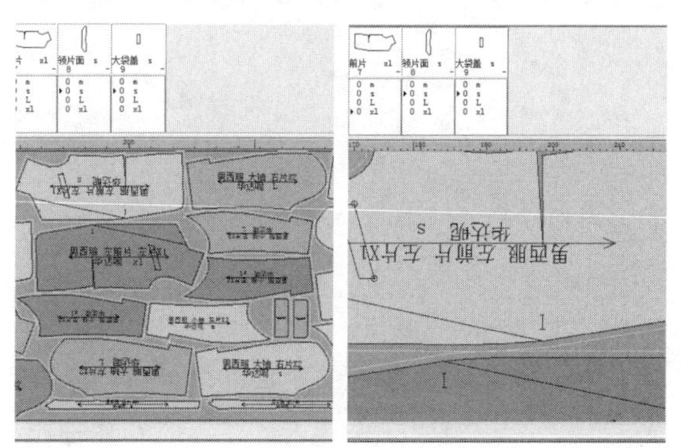

图5-35

- “清除唛架”按钮：用该命令可将唛架上所有纸样从唛架上清除，并将它们返回到纸样窗，单击“清除唛架”按钮，弹出提示框，如图5-36所示。

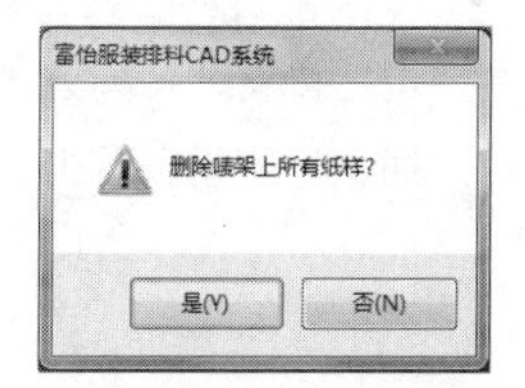

图5-36

- “尺寸测量”按钮：该命令可测量唛架上任意两点的距离。
- “旋转唛架纸样”按钮：单击“旋转唛架纸样”按钮，弹出对话框，使用该工具对选中纸样设置旋转的度数和方向，如图5-37所示。

图5-37

- “顺时针90度旋转”按钮：用该工具对唛架上选中纸样进行90度旋转。
- “水平翻转”按钮：对唛架上选中纸样进行水平翻转。
- “垂直翻转”按钮：对唛架上选中纸样进行垂直翻转。
- “纸样文字”按钮：用来为唛架上的纸样添加文字。单击该按钮，在唛架纸样上单击鼠标左键，将弹出“文字编辑”对话框，在对话框中可以输入文字，如图5-38所示。

图5-38

- “唛架文字”按钮：用于在唛架的未排放纸样的位置加文字。
- “成组”按钮：将两个或两个以上的纸样组成一个整体。
- “拆组”按钮：是与成组工具对应的工具，起到拆组作用。
- “设置选中纸样虚位”按钮：在唛架区给选中纸样加虚位。单击该按钮，将弹出“设置选中纸样的虚位”对话框，如图5-39所示。

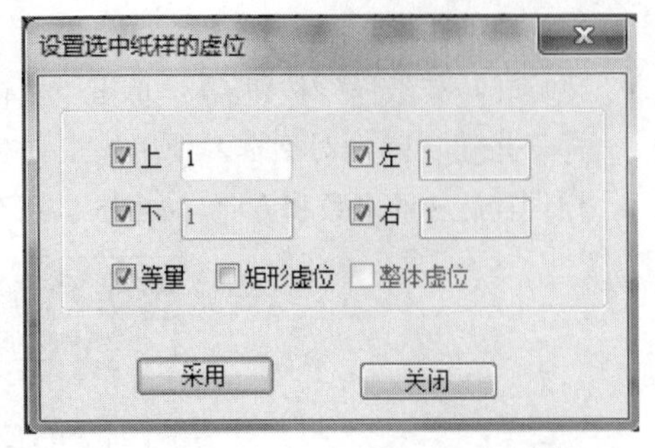

图5-39

5.2.7 了解唛架工具匣2

当用剪刀工具剪下纸样后，用纸样工具栏工具将其进行细部加工，如加剪口、加钻孔、加缝份。加缝迹线、加缩水等。图5-40所示为纸样工具栏。

图5-40

在唛架工具匣2中，各主要按钮的含义如下。

- “显示辅唛架宽度”按钮：当该按钮呈选中状态时，辅唛架就以宽度显示在可视界面。
- “显示辅唛架所有纸样”按钮：辅唛架的全部纸样都显示在可视界面。
- “显示整个辅唛架”按钮：使整个辅唛架显示在可视界面。
- “展开折叠纸样”按钮：将折叠的纸样展开。
- “纸样右折”按钮、纸样左折”按钮、“纸样下折”按钮、“纸样上折”按钮：当对圆桶唛架进行排料时，可将上下对称的纸样向上折叠、向下折叠，将左右对称的纸样向左折叠、向右折叠。
- “裁剪次序设定”按钮：用于设定自动裁床裁剪纸样时的顺序。
- “画矩形”按钮：用于画出矩形参考线，如图5-41所示，并可随排料图一起打印或绘图。

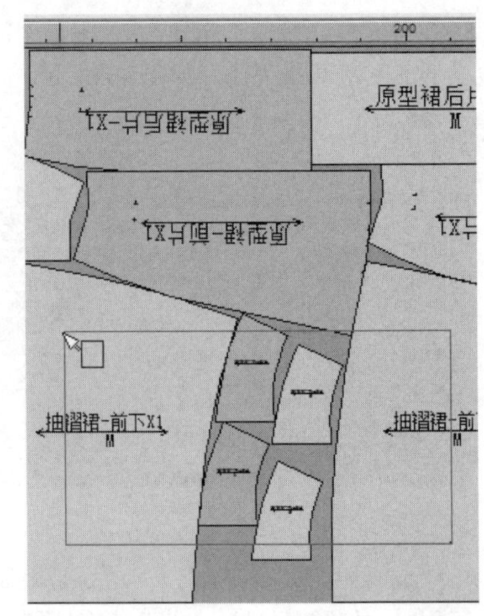

图5-41

- “切割辅唛架纸样”按钮：将唛架上纸样的重叠部分进行切割，单击“切割辅唛架纸样”按钮，弹出“剪开纸样”对话框，如图5-42所示。

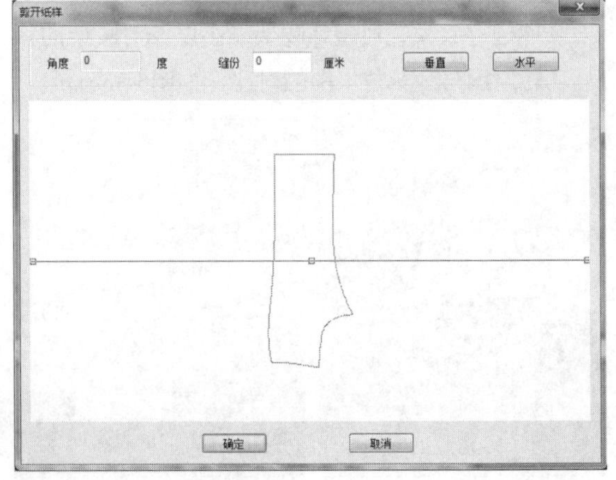

图5-42

- “重叠检查”按钮：用于检查重叠纸样的重叠量。
- “设定层”按钮：纸样的部分重叠时可对重叠部分进行取舍设置。
- “制帽材料”按钮：对选中纸样的单个号型进行排料，排列方式有正常、倒插、交错、@倒插、@交错，单击“制帽材料”按钮，“弹出制帽单纸样排料”对话框，如图5-43所示。

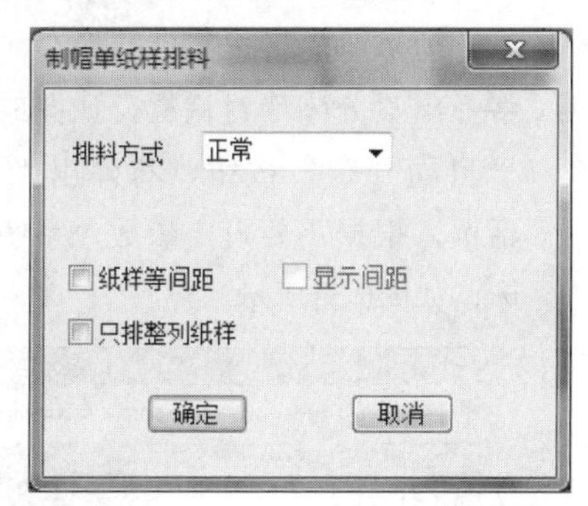

图5-43

- “主辅唛架等比例显示纸样”按钮：将辅唛架上的“纸样”与主唛架“纸样”以相同比例显示出来。
- “放置纸样到辅唛架”按钮：将纸样列表框中的纸样放置到辅唛架上。
- “清除辅唛架纸样”按钮：将辅唛架上的纸样清除，并放回纸样窗。
- “裁床对格设置”按钮：用于裁床上对格设置。
- “缩放纸样”按钮：对整体纸样放大或缩小。

5.2.8 了解主唛架区

工作区内放置唛架，在唛架上可以任意排料纸样，以取得最节省布料的排料方式，图5-44所示为主唛架区。

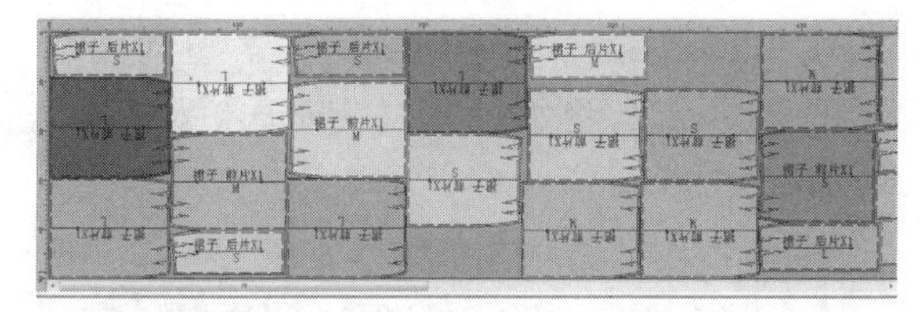

图5-44

5.2.9 了解辅唛架区

将纸样按码数分开排列在辅唛架上，按需将纸样调入主唛架工作区排料，图5-45所示为辅唛架区。

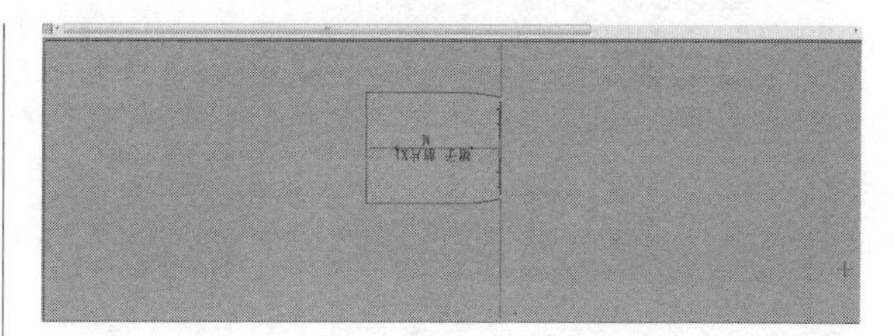

图5-45

5.2.10 了解状态栏

状态栏位于工作界面的最底部，用于显示一些重要的信息，从左至右依次显示为纸样总数、已排纸样数量、布料利用率、排料总长度和已使用长度、排料宽度、排料层数、计算单位，图5-46所示为工作状态下的状态栏。

图5-46

5.3 “菜单栏”命令详解

菜单栏位于标题栏的下方，该区是放置菜单命令的地方，如图5-47所示，其中每个菜单的下拉菜单中又有各种子命令。单击菜单命令时，将会弹出下拉菜单，在下拉菜单中可以单击菜单命令。用户也可以按住Alt键的同时按住菜单后对应的字母键，启用菜单，再用方向键或鼠标选中需要的命令。

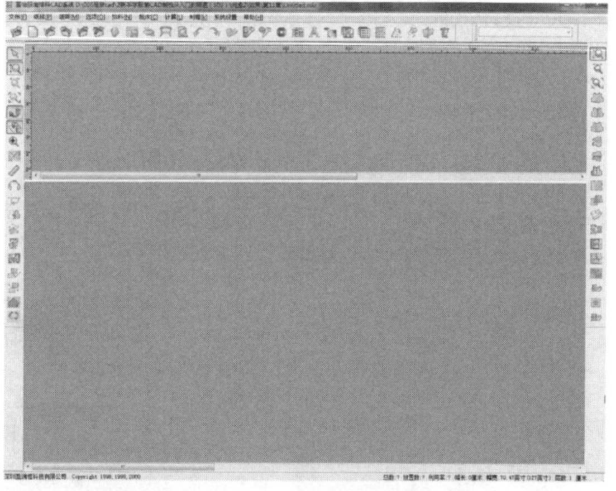

图5-47

5.3.1 了解“文档”菜单

“文档”菜单主要用于执行新建、打开、合并、保存、绘图和打印等操作，如图5-48所示。

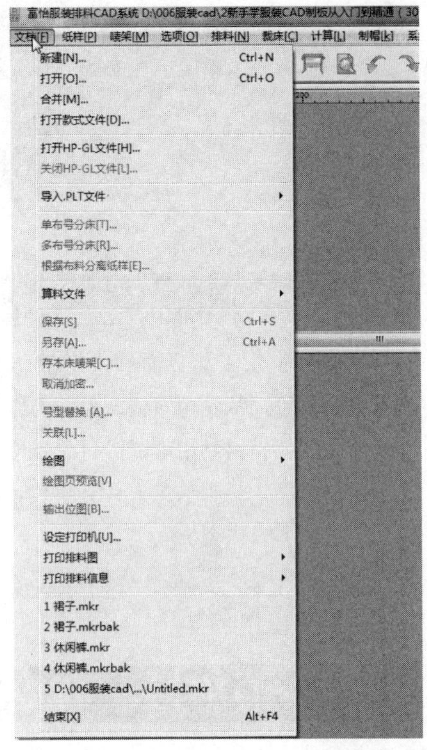

图5-48

有些命令在主工具匣有对应的快捷图标，下面主要向读者介绍没有快捷图标的菜单命令，其含义如下。

- 打开HP-GL文件：用于打开HP-GL（*.plt）文件，可查看也可以绘图。
- 关闭HP-GL文件：用于关闭已打开的HP-GL（*.plt）文件。
- 导入.PLT文件：导入格式为PLT的文件，鼠标悬在选项上，会弹出子菜单，如图5-49所示。

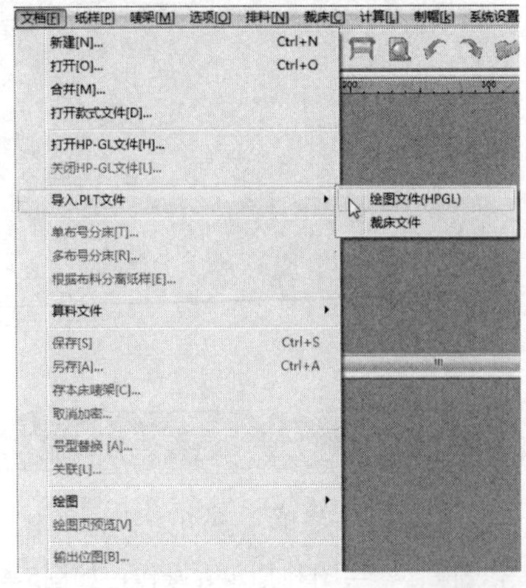

图5-49

- 单布号分床：将当前已经打开的唛架，根据码号分为多床的唛架文件并保存。单击该命令，将弹出“分床”对话框，如图5-50所示；单击“自动分床”按钮，将弹出“自动分床”对话框，根据需要设定参数，系统就可自动分好床，如图5-51所示。

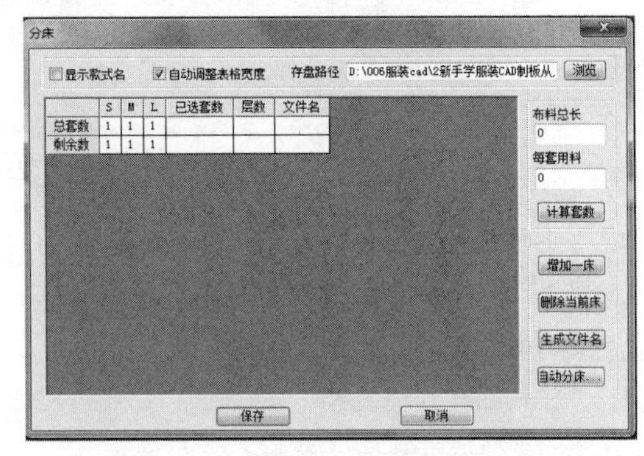

图5-50

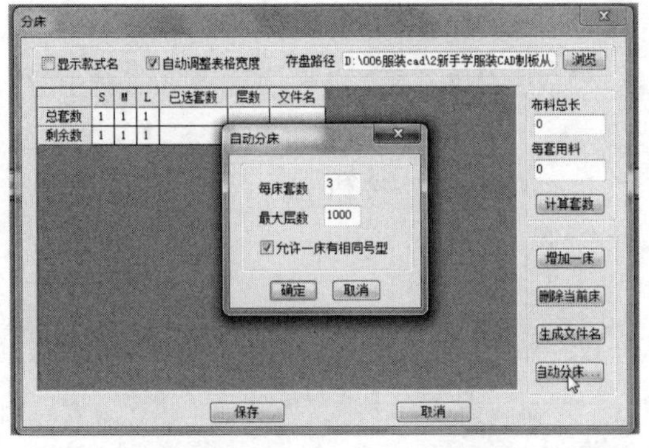

图5-51

- 多布号分床：将当前已经打开的唛架根据布号，以套为单位，分为多床的唛架文件保存。单击该按钮，将弹出“多布号分床”对话框，如图5-52所示。

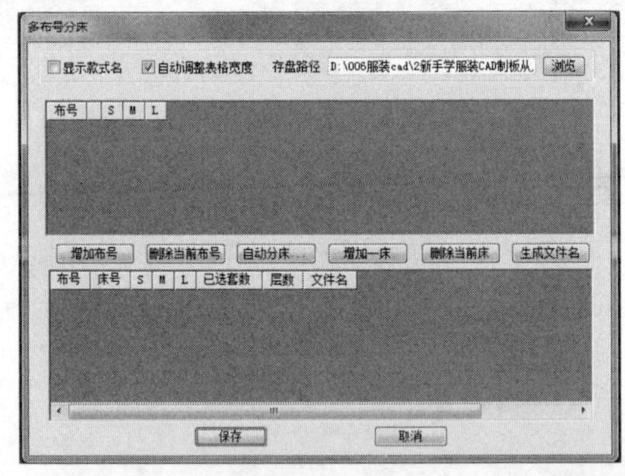

图5-52

- 根据布料分离纸样：将唛架文件根据布料类型自动分开纸样。
- 算料文件：该命令包含4个子命令，如图5-53所示。

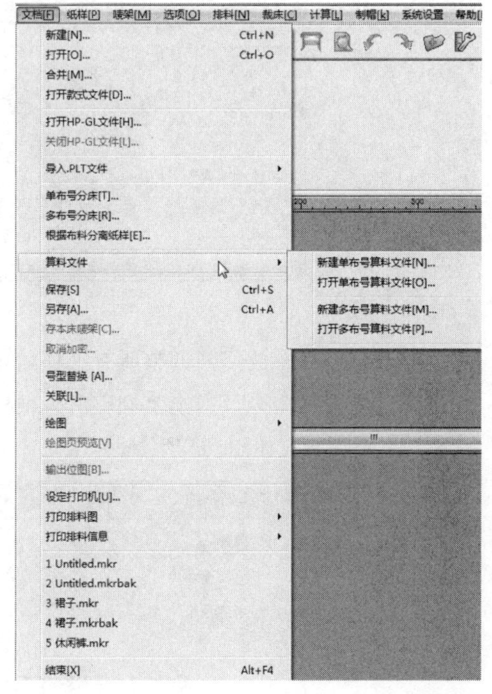

图5-53

- 号型替换：为了提高排料效率，在已排好唛架上替换号型中的一套或多套。单击该按钮，将弹出“号型替换”对话框，如图5-54所示。

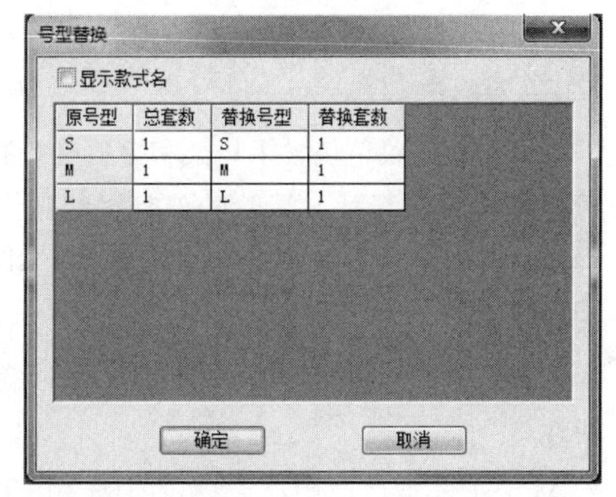

图5-54

- 关联：对已经排好的唛架，纸样又需要修改时，在设计放码CAD软件中修改保存后，应用关联可对之前已排好的唛架自动更新，不需要重新排料。
- 输出位图：用于将整张唛架输出为.bmp格式文件，并在唛架下面输出一些唛架信息。可用来在没有装CAD软件的计算机上查看唛架。单击该命令，将弹出“输出位图”对话框，如图5-55所示。

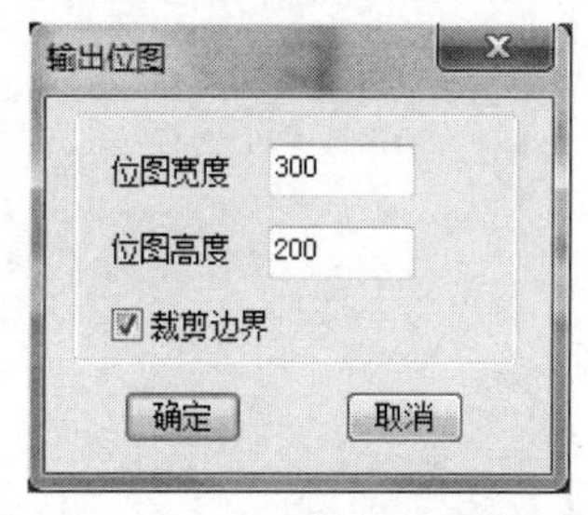

图5-55

5.3.2 了解“纸样”菜单

“纸样”菜单放置与纸样操作有直接关系的一些命令，如图5-56所示。

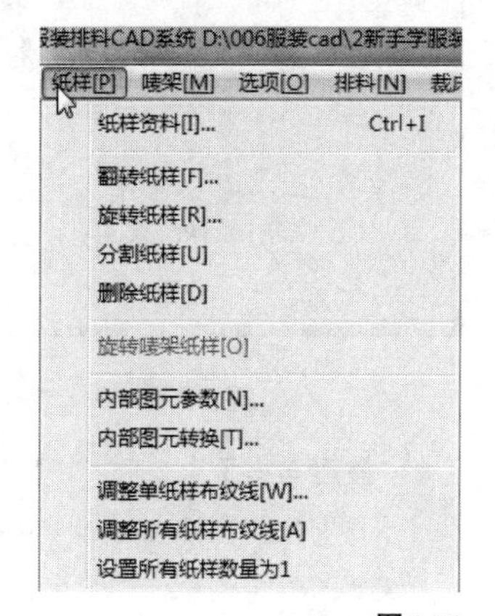

图5-56

在“纸样”菜单中，各主要命令的含义如下所述。

- 内部图元参数：内部图元命令是用来修改或删除所选纸样内部的剪口、钻孔等服装附件的属性。图元即指剪口、钻孔等服装附件。用户可改变这些服装附件的大小、类型等选项的特性。单击该按钮，将弹出“内部图元”对话框，如图5-57所示。
- 内部图元转换：用该命令可改变当前纸样，或当前纸样所有尺码内部的所有附件的属性。它常用于同时改变唛架上所有纸样中的某一种内部附件的属性，而“内部图元参数”命令则只用于改变某一个纸样中的某一个附件的属性。单击该按钮，弹出“全部内部元素转换”对话框，如图5-58所示。

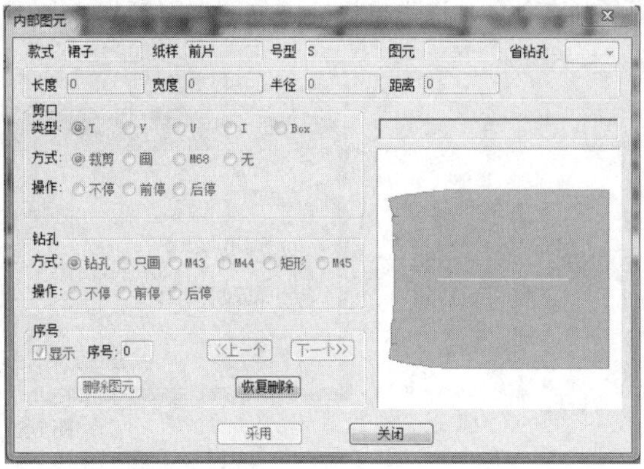

图5-57

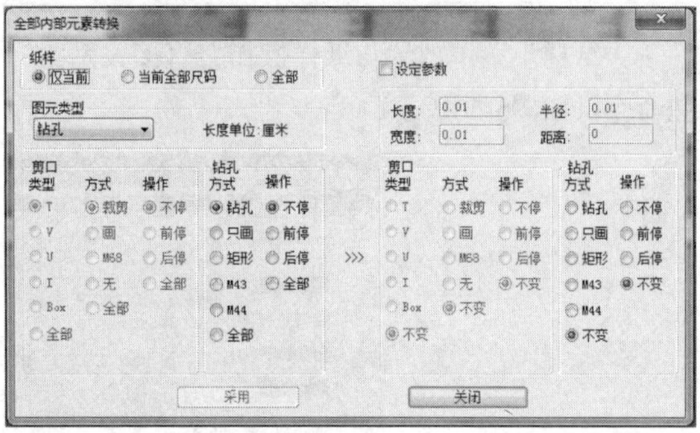

图5-58

技巧与提示

在“全部内部元素转换”对话框中，各主要选项的含义如下。

◆“仅当前”单选按钮：选中该单选按钮，则仅针对当前所选纸样的当前一个尺码，该尺码纸样所有选中的图元类型的内部附件将被改变。

◆“当前全部尺码”单选按钮：选中该单选按钮，将针对当前所选纸样的所有尺码，该尺码纸样的所选内部附件的类型将被改变；

◆“全部”单选按钮：勾选该项，将对唛架上所有纸样的所有尺码起作用，它们中所选某个类型的全部的内部附件将被编辑和修改。

◆“图元类型”选项区：该区域存放有“剪口”“钻孔”“尖省”等内部图元。从该区域中选取要编辑的内部附件种类，在下面就会显示出当前所选的内部附件的状态，而在右面编辑区就可以进行编辑。

◆“设定参数”复选框：选中该复选框就可修改所选剪口、扣眼以及钻孔等内部附件的属性。

- 调整单纸样布纹线：调整选择纸样的布纹线。单击该命令，弹出“布纹线调整”对话框，如图5-59所示。

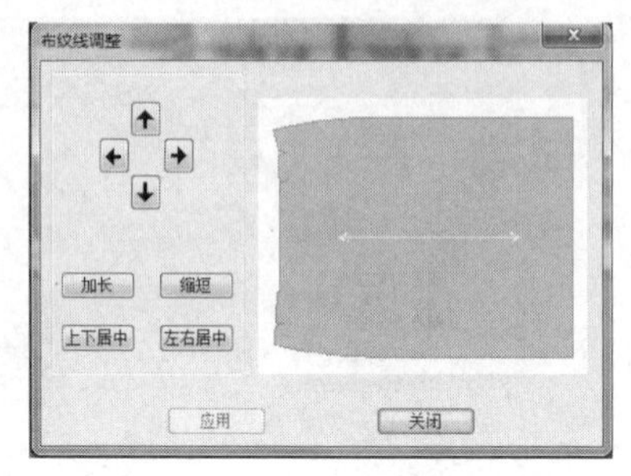

图5-59

- 调整所有纸样布纹线：调整所有纸样的布纹线位置。单击该命令，弹出“调整所有纸样的布纹线”对话框，如图5-60所示。

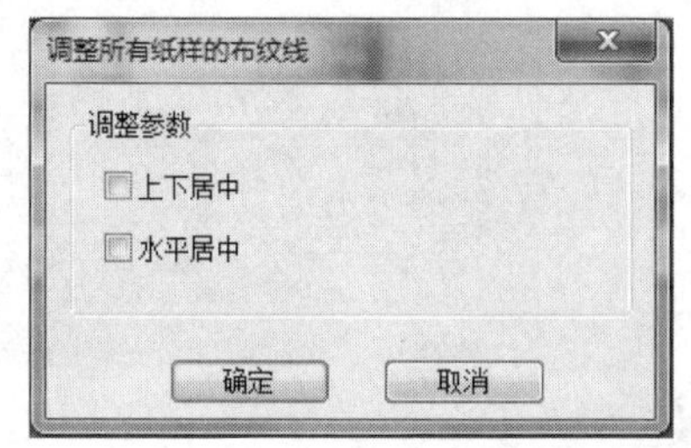

图5-60

- 设置所有纸样数量为1：将所有纸样的数量改为1，常用于在排料中排“纸板”。

5.3.3 了解“唛架”菜单

“唛架”菜单包含了唛架和排料有关的命令，可以指定唛架尺寸、清除唛架、往唛架上放置纸样、从唛架上移除纸样和检查重叠纸样等操作，如图5-61所示。

在“唛架”菜单中，各主要命令的含义如下所述。

- 选中全部纸样：用该命令可将唛架区的纸样全部被选中。
- 选中当前纸样：将当前选中纸样的当前号型全部纸样选中。
- 选中当前纸样的所有号型：将选中纸样的所有号型全部选中。
- 设定唛架布料图样：显示唛架布料图样。单击该按钮，弹出“唛架布料图案”对话框，如图5-62所示。

- 固定唛架长度：固定唛架的长度。
- 定义基准线：用于在唛架上做标记线，可做排料时的参考线，也可使纸样以该线对齐。单击该按钮，弹出“编辑基准线”对话框，如图5-63所示。

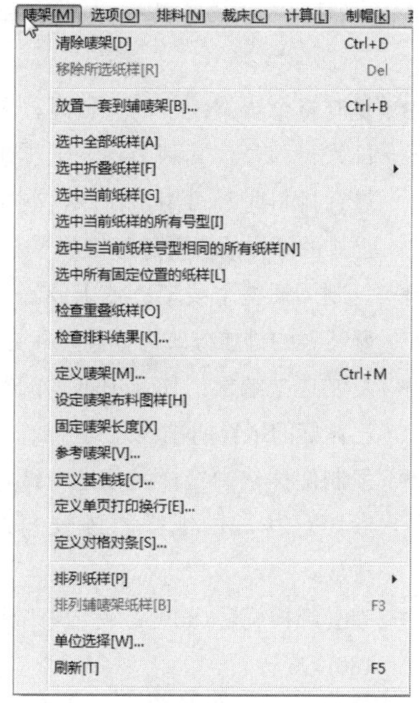

图5-61

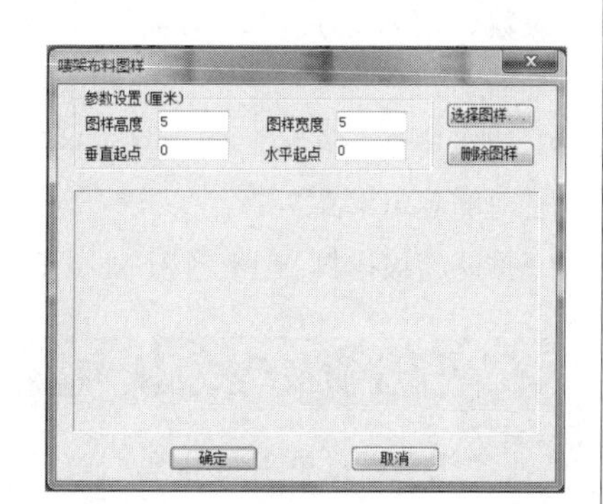

图5-62

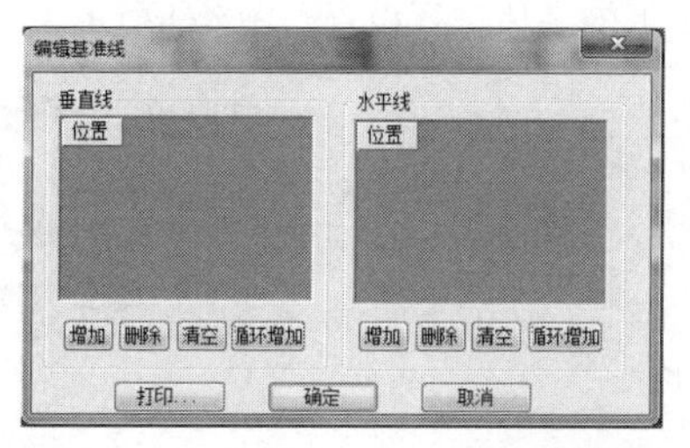

图5-63

- 排列纸样：可以将唛架上的纸样以各种形式对齐。
- 排列辅唛架纸样：将辅唛架的纸样重新按号型排列。
- 刷新：用于清除在程序运行过程中出现的残留点，这些点会影响显示的整洁，因此，必须及时清除。

5.3.4 了解“选项”菜单

“选项”菜单包含了一些常用的开、关命令，如图5-64所示。

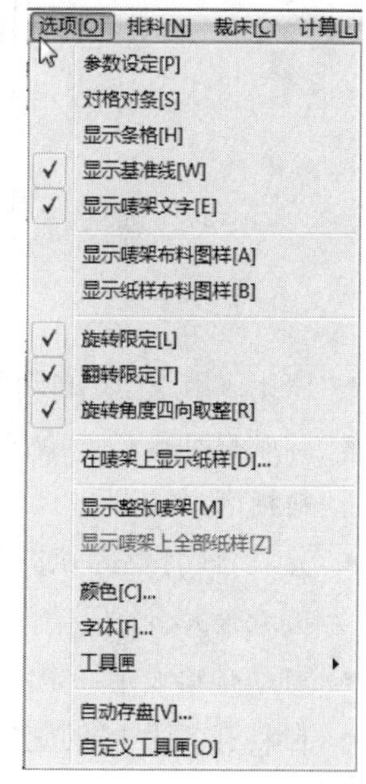

图5-64

在号型菜单中，各命令的含义如下。

- 对格对条：此命令是开关命令，用于条格，印花等图案的布料的对位。
- 显示条格：选中该命令，在工作区显示已经设定的布料条格花纹。
- 显示基准线：选中该命令，在工作区显示已经设定的基准线。
- 显示唛架文字：选中该命令，在工作区显示唛架文字。
- 显示唛架布料图案：选中该命令，在工作区显示已经设定的布料图案。
- 显示纸样布料图案：选中该命令，在工作区的纸样上显示已经设定的布料图案。

5.3.5 了解“排料”菜单

“排料”菜单包含一些与自动排料有关的命令，如图5-65所示。

图5-65

- 停止：用来停止自动排料程序。
- 开始自动排料：单击后，即可开始进行自动排料指令。
- 分段自动排料：用于排切割机唛架图时，自动按纸张大小分段排料。
- 自动排料设定：自动排料设定命令是用来设定自动排料程序的速度的。在自动排料开始之前，根据需要在此对自动排料速度做出选择。单击该命令，将弹出“自动排料设置”对话框，如图5-66所示。

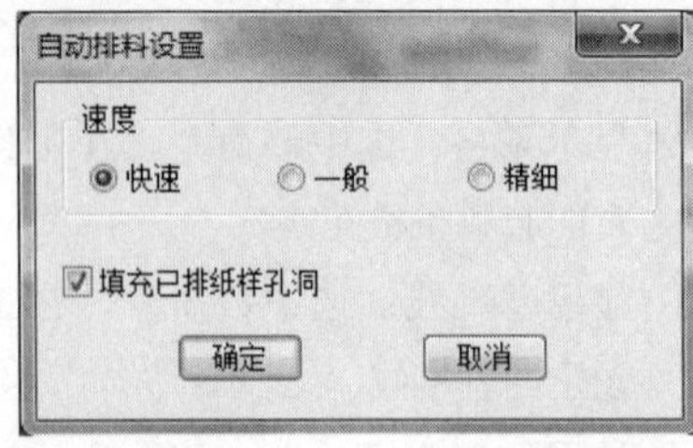

图5-66

- 定时排料：设定排料用时、利用率，系统会在指定时间内自动排出利用率最高的一床唛架，如果排的利用率比设定的高就显示。单击该按钮，将弹出“限时自动排料”对话框，如图5-67所示。

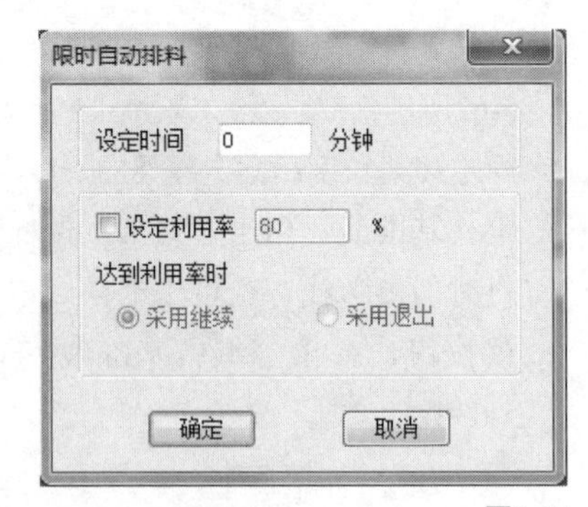

图5-67

- 复制整个唛架：手动排料时，某些纸样已手动排好一部分，其剩余部分纸样想参照已排部分进行排料时，可用该命令，剩余部分就按照其已排的纸样的位置进行排放。
- 复制倒插整个唛架：使未放置的纸样参照已排好唛架的排放方式进行排列并且旋转180度。
- 复制选中纸样：使选中纸样的剩余部分，参照已排好的纸样的排放方式排放。
- 复制倒插选中纸样：使选中纸样剩余的部分，参照已排好的纸样的排放方式，旋转180度排放。
- 整套纸样旋转180度：使选中纸样的整套纸样做180度旋转。
- 排料结果：报告最终的布料利用率、完成套数、层数、尺码、总裁片数以及所在的纸样档案。
- 超级排料：在短时间内排料的利用率比手工排料的利用率高。
- 排队超级排料：在一个排料界面中排队超排。

5.3.6 了解“裁床”菜单

“选项”菜单主要用于对操作系统地多种参数进行设置，对纸样、视窗的颜色进行设置；对纸样上的字体进行设置，图5-68所示为“选项”菜单。

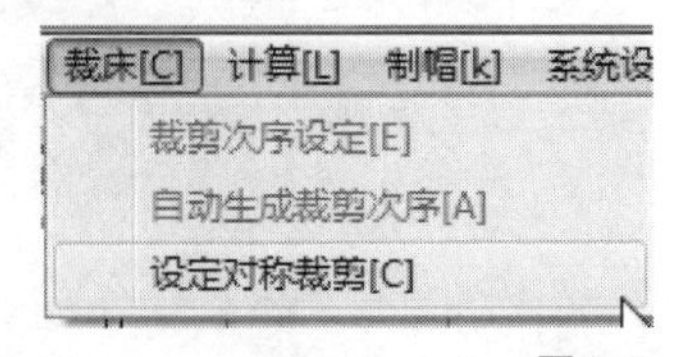

图5-68

在“裁床”菜单中，各命令的含义如下。

- 裁剪次序设定：用于设定自动裁床裁剪纸样时的顺序。
- 自动生成裁剪次序：手动编辑裁剪顺序，用该命令可重新生成裁剪次序。
- 设定对称裁剪：设定纸样对称裁剪，单击命令，弹出对话框，如图5-69所示。

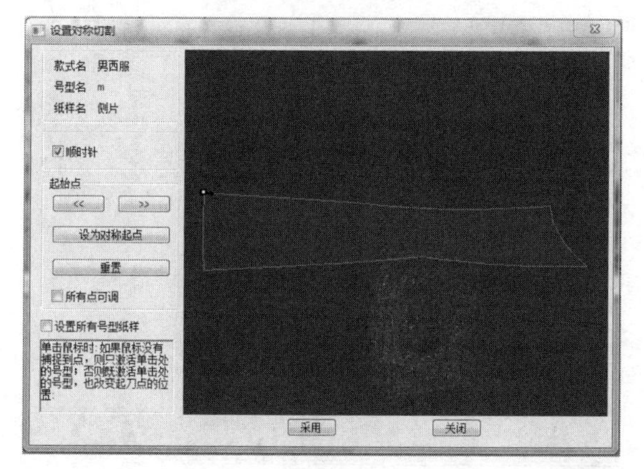

图5-69

5.3.7 了解“计算”菜单

“计算”菜单主要用来放置与排料计算相关的命令，如图5-70所示。

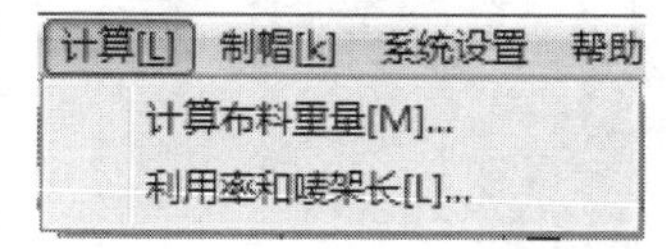

图5-70

在“计算”菜单中，各命令的含义如下。

- 计算布料重量：用于设定自动裁床裁剪纸样时的顺序，单击命令，弹出对话框，如图5-71所示。

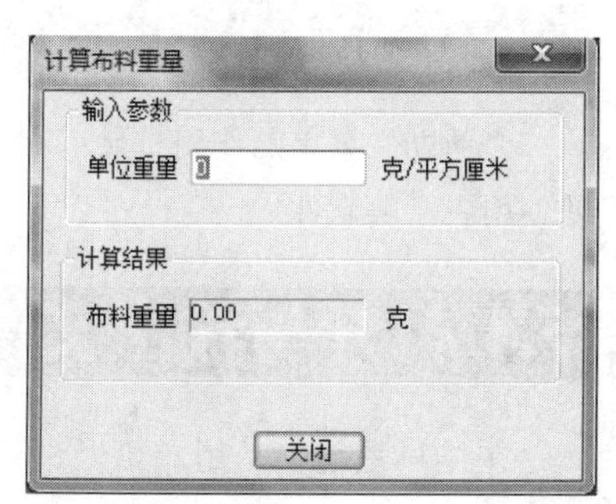

图5-71

- 计算利用率和唛架长：手动编辑裁剪顺序，用该命令可重新生成裁剪次序，单击命令，弹出对话框如图5-72所示。

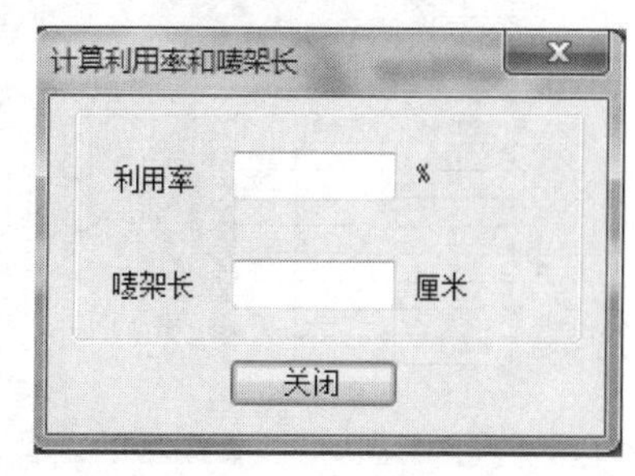

图5-72

5.3.8 了解“制帽”菜单

“制帽”菜单主要用于放置与制帽排料相关的命令，如图5-73所示。

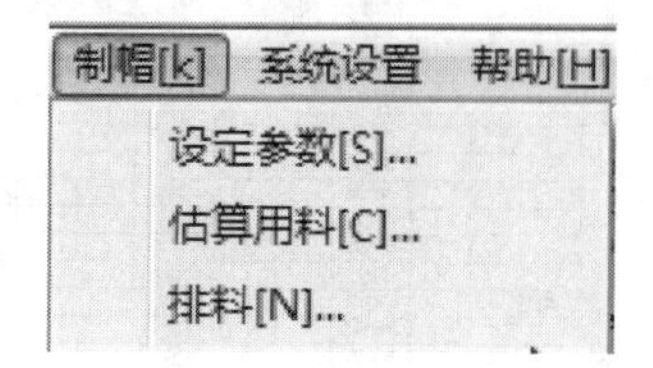

图5-73

技巧与提示

在“参数设置”对话框中，各主要选项的含义如下。

◆每单位数量套数：可自由设定，以多少套数为一个单位。

◆数量：纸样制单中的号型套数除以每单位数量套数所得的整数，如号型套数设为60，每单位数量套数为12，那么此数量为5。

◆部位：显示纸样名称。

◆每套裁片数：显示裁片在一套里的裁片份数。

◆布料种类：可输入所用布料的种类。

◆方式：可在正常、倒插、交错、倒插、交错5种方式中选择其中一种排料方式。

在“制帽”菜单中，各命令的含义如下。

- 设定参数：用于设定刀模排版时刀模的排刀方式及其数量、布种等。单击该命令，弹出“参数设置”对话框，如图5-74所示。

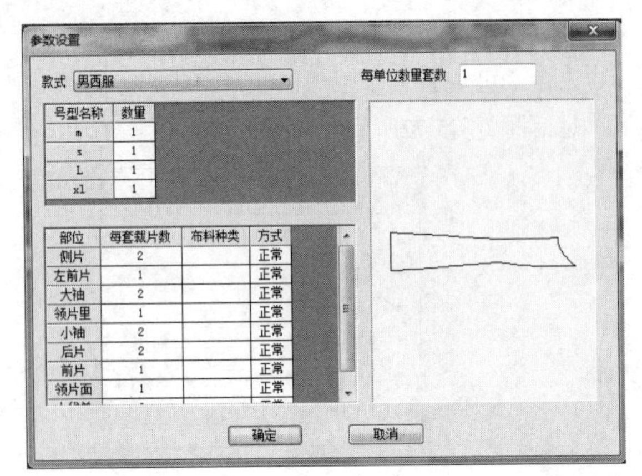

图5-74

- 估算用量：估算用布量。单击该命令，弹出“估料”对话框，如图5-75所示。

估料

说明

款式	数量	布料	幅宽(厘米)	部位	每套裁片数	纸样说明	方式	取刀数	长(厘米)	宽(厘米)
男西服 m	1	华达呢	120							
		华达呢		侧片	2		正常			
		华达呢		左前片	1		正常			
		华达呢		大袖	2		正常			
		华达呢		领片里	1		正常			
		华达呢		小袖	2		正常			
		华达呢		后片	2		正常			
		华达呢		前片	1		正常			
		华达呢		领片面	1		正常			
		华达呢		大袋盖	2		正常			
男西服 s	1	华达呢	120							
		华达呢		侧片	2		正常			
		华达呢		左前片	1		正常			
		华达呢		大袖	2		正常			
		华达呢		领片里	1		正常			
		华达呢		小袖	2		正常			
		华达呢		后片	2		正常			
		华达呢		前片	1		正常			

计算 平均用料 设置 打印设置 打印预览 打印 输出txt 输出xls 关闭

图5-75

- 排料：用刀模裁剪时，对所有纸样的统一排料。单击该命令，将弹出“排料”对话框，如图5-76所示。

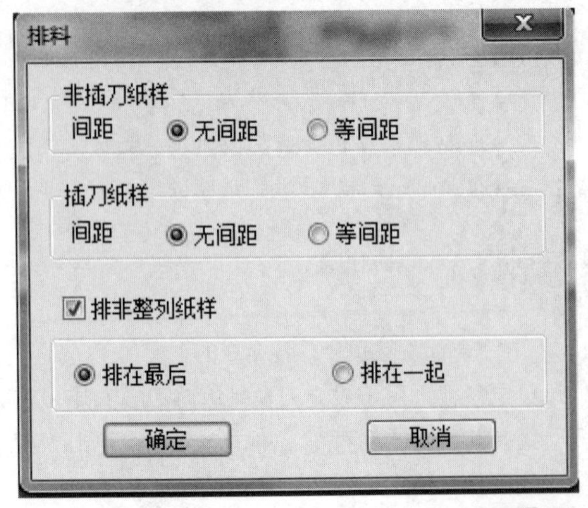

图5-76

技巧与提示

在“估料”对话框中，各主要选项的含义如下所述。

◆款式：显示款式名和号型。

◆数量：显示为“设置参数”中的数量。

◆幅宽：所用布料的布封。

◆部位：显示纸样名称。

◆方式：显示“设置参数”中设置纸样的排料方式。

◆取刀数：纸样在指定幅宽内所排一列的最大纸样数。

◆长：所排列的唛架长减去少排一列的唛架长所得差。

◆宽：所排行的唛架宽减去少排一行的唛架宽所得差。

5.3.9 了解“系统设置”菜单

“系统设置”菜单的作用是显示语言版本，记住对话框的位置，如图5-77所示。

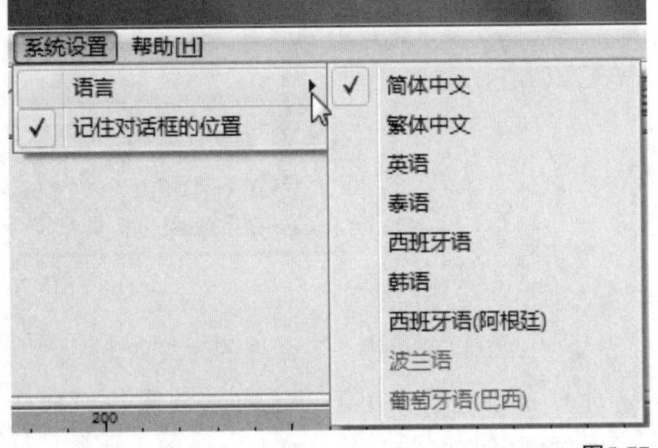

图5-77

5.3.10 了解“帮助”菜单

“帮助”菜单的作用是显示本系统版本信息帮助使用者了解软件。

5.4 打开与输出文件的方法

在排料系统中，用户可以进行一系列的基本操作，如新建文件、打开文件、另存文件、输出位图等。

5.4.1 打开文件

在使用设计放码软件进行服装设计时，常常需要对纸样进行编辑或者重新设计，这时就需要打开相应的文件以进行相应操作。

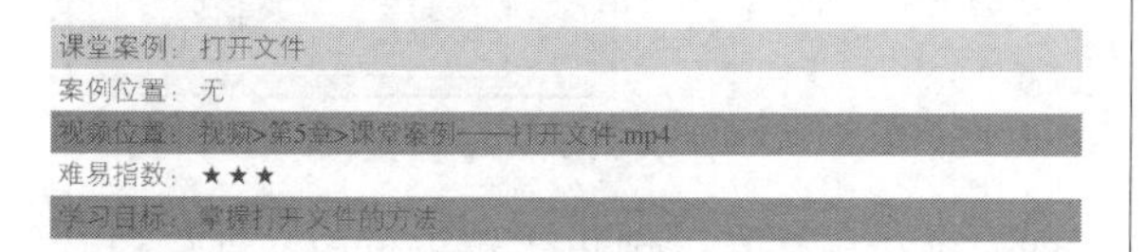
课堂案例：打开文件
案例位置：无
视频位置：视频>第5章>课堂案例——打开文件.mp4
难易指数：★★★
学习目标：掌握打开文件的方法

01 在“主工具匣”中单击“打开”按钮，如图5-78所示。

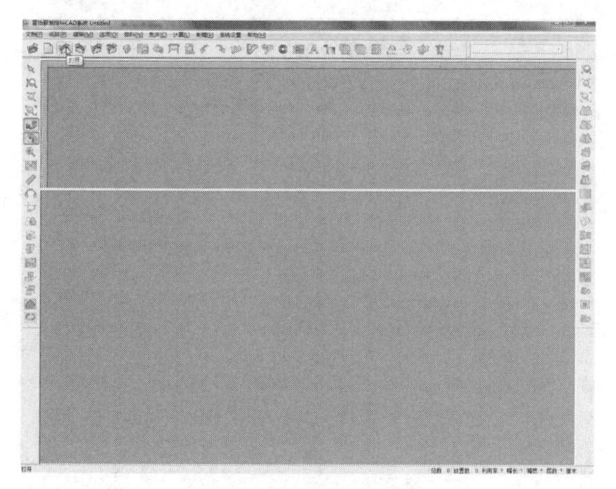

图5-78

02 弹出“开启唛架文档”对话框，选择合适的文件，如图5-79所示。

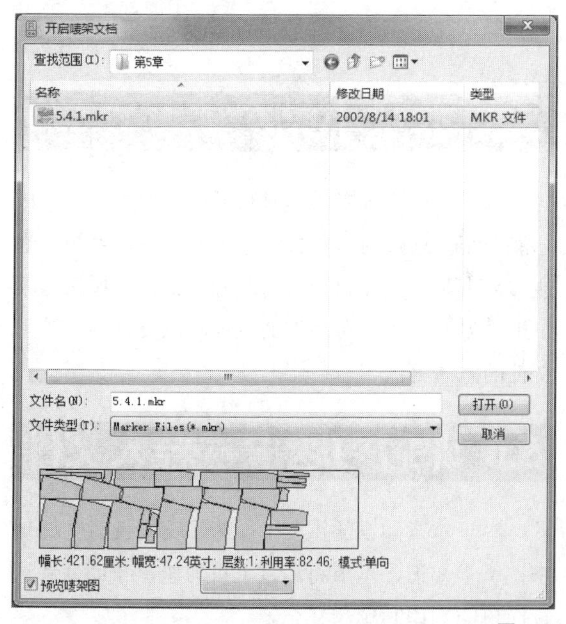

图5-79

03 单击“打开”按钮，执行操作后，即可打开文件，如图5-80所示。

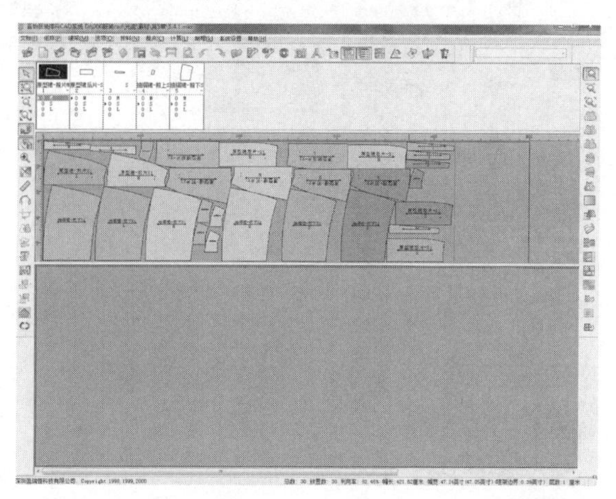

图5-80

技巧与提示

用户还可以通过以下3种方法打开文件。

- ◆单击“文档”|“打开”命令。
- ◆按Ctrl＋O组合键。
- ◆在格式为.mkr的文件上双击鼠标左键。

5.4.2 输出位图

在设计放码软件中，用户可以根据需要将文件保存至别的磁盘中。

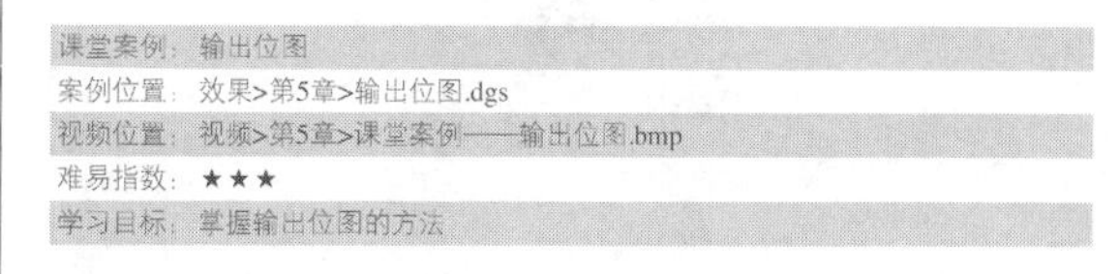
课堂案例：输出位图
案例位置：效果>第5章>输出位图.dgs
视频位置：视频>第5章>课堂案例——输出位图.bmp
难易指数：★★★
学习目标：掌握输出位图的方法

技巧与提示

用户还可以通过按Ctrl＋A组合键来另存文件。

01 单击“文档”|“打开”命令，如图5-81所示。

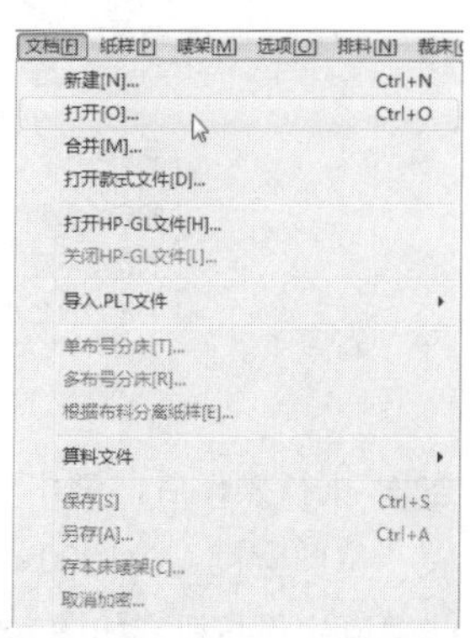

图5-81

02 执行上述操作后，打开一幅素材图像，如图5-82所示。

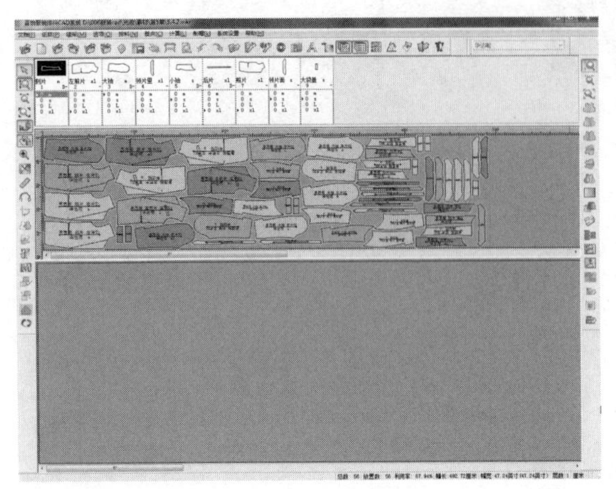

图5-82

03 在菜单栏中，单击“文档”|“输出位图”命令，如图5-83所示。

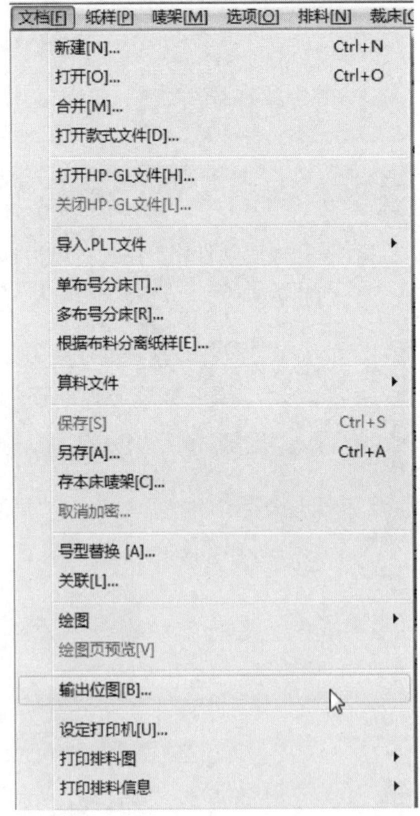

图5-83

04 执行操作后，弹出“输出位图”对话框，设置“位图宽度”为1000、“位图高度”为800，单击“确定”按钮，如图5-84所示。

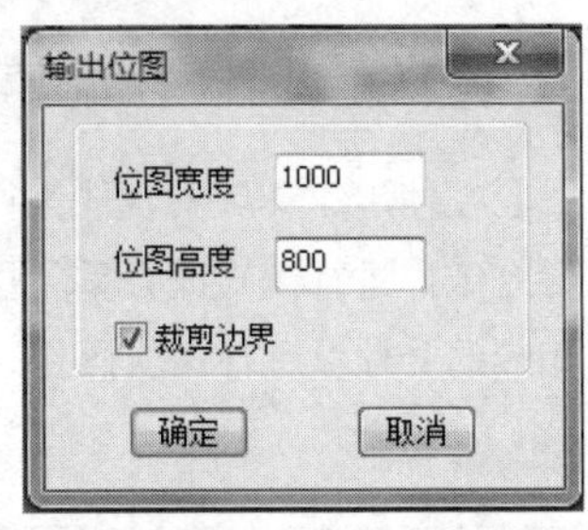

图5-84

05 执行操作后，弹出“输出位图文件”对话框，设置文件名和保存路径，单击“保存”按钮，即可输出位图，如图5-85所示。

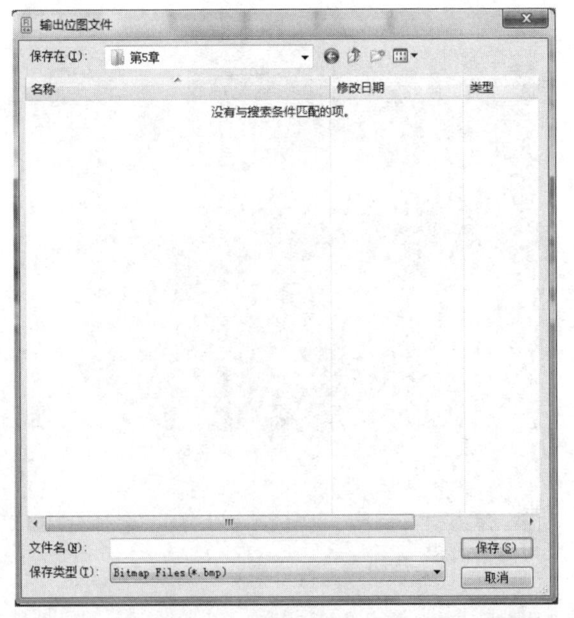

图5-85

5.5 本章小结

本章主要为读者讲述排料系统工作界面的基础功能介绍。通过对软件排料系统地讲解，希望读者能够从中学习到排料系统得基础知识、掌握排料系统工作界面、“菜单栏”命令详解以及打开与输入文件的方法等内容。

5.6 课后习题——导入文件

鉴于本章知识的重要性，为了帮助读者更好地掌握所学知识，本节将通过上机习题，帮助读者进行简单的知识回顾和补充。

案例位置	无
难易指数	★★★
学习目标	掌握导入文件的方法

通过导入文件，熟悉富怡排料软件，软件打开界面如图5-86所示，最终界面，如图5-87所示。

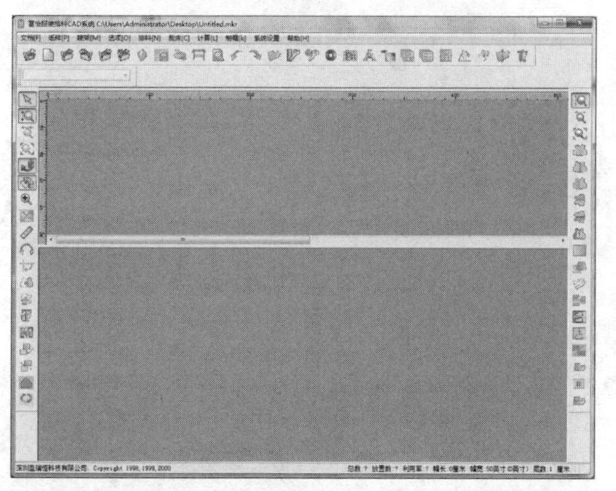

图5-86

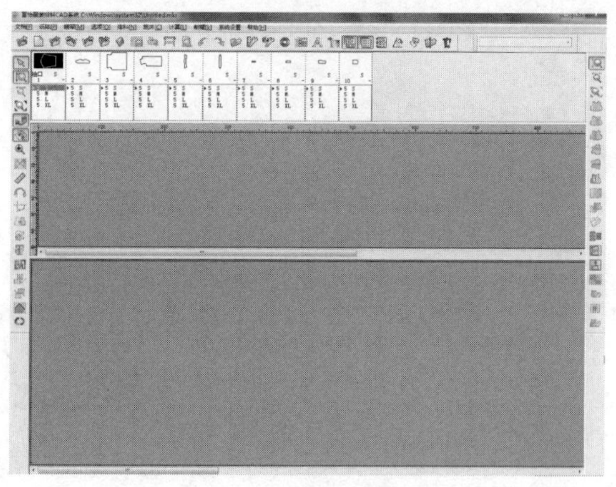

图5-87

第6章

工业纸样概念解析

内容摘要

在服装生产中，纸样具有重要的作用，它既是反映服装款式效果的结构设计图纸，又是进行裁剪和缝制加工的技术依据，还是复核检查裁片、部件规格的实际样模。本章主要内容包括学习工业纸样基础知识入门、工业纸样的制作流程、工业纸样的检查与复合等内容。

课堂学习目标

工业纸样基础知识入门

工业纸样的制作流程

工业纸样的检查与复核

6.1 工业纸样基础知识入门

工业纸样也称样板，是服装结构样板的简称，是服装工业化大生产用于裁剪、缝制与整理服装的重要技术资料。

6.1.1 了解工业纸样基本概念

工业纸样是以平面结构形式表现服装的立体形态，是以服装结构制图为基础制作出来的。它指一整套从小号型到大号型的系列化样板，是服装工业生产中的主要技术依据，是排料、画样以及缝制、检验的标准模具、样板和型板。

6.1.2 了解工业纸样常用术语

在服装设计中，为了设计的方便，应掌握以下的常用术语。

- 缝份：缝制工艺名词，缝份不同其缝份量也不同。常见的缝份形式有分开缝、倒缝、包缝、来去缝、装饰缝、滚边以及绷缝等。
- 样板推档。
- 服装规格：是制作样板、裁剪、缝纫、销售的重要环节，是决定成衣质量和商品性能的重要依据。
- 规格档差：主要包括成品规格档差（如衣长、胸围、领围、肩宽、袖长等）、各具体部位档差和细部档差（袖笼深、口袋位置等）。
- 服装号型国家标准：是净体尺寸。
- 服装号型系列：是确定服装规格和规格档差的科学依据和统一标准。现用 GB1335-1991《服装号型》标准。
- 坐标轴。
- 放码点：又称位移点，是服装样板推档中的关键点、结构线条的拐点或者是交叉点。
- 位移方向：每一个放码点根据规格档差在横向*X*轴和纵向*Y*轴上存在一定值的位移量，位移有8个方向。
- 坐标原点：横向*X*轴和纵向*Y*轴的交叉点。
- 缩水率或热缩率：面料遇水后，在面料的纵向或横向长度上发生的变化率称为缩水率；面料经加温加湿后，在面料的纵向或横向长度上发生的变化率称为热缩率。缩水率和热缩率的大小，是制定裁剪样板加放的依据。

6.1.3 了解工业纸样的种类

工业纸样可分为剪裁纸样和工艺纸样。

剪裁纸样通常是在成衣生产的批量裁剪时运用的，其可分为以下6种。

- 面料纸样：服装结构图中的主件部分，含有缝份、贴边。
- 衬里纸样：与面料样板一样大，在车缝或敷衬前，把它直接放在大身下面，用于遮住有网眼的面料，以防透过薄面料看见里面的结构。通常面料和衬里一起缝合，常使用薄的里子面料，为毛纸样。
- 里子纸样：缝份比面子适当增加，但贴边处相对减少，尽量不分割。
- 衬布纸样：有有纺、无纺，可缝、可粘之分。根据款式所需和具体部位确定毛样和净样。
- 内衬纸样：介于大身和里子之间，主要起保暖作用。毛织物、絮料、起绒布、法兰绒等常做内衬。
- 辅助纸样：起辅助裁剪作用，多数使用毛板，如夹克中常用的橡皮筋。

工艺纸样用于成衣生产的缝制和熨烫过程中，其可分为以下4种。

- 修正纸样：即劈样。用于易变形、多分割、特殊缝制要求、对条对格等。
- 定位纸样：一般用于纽扣、口袋、装饰定位等，大部分为净样。
- 定型纸样：勾画缝缉线、小部件整烫以及门襟翻边等，大部分为净样。
- 辅助纸样：仅在缝制和整烫过程中起辅助作用。如垫在轻薄面料的暗裥下面的窄条，以防正面出现熨烫褶皱。

6.2 工业纸样的制作流程

6.2.1 设计基准纸样

根据设计手稿或客户制单要求，进行纸样绘制。在进行纸样绘制时要充分考虑其工艺处理、面料的性能、款式风格特点等因素。

6.2.2 样衣设计

纸样绘出后，必须通过制作样衣检验前面的服装设计和纸样设计工序是否符合要求以及订货的客户是否满意。

6.2.3 推板

当样衣被认可符合要求之后，便可根据确认的样衣纸样和相应的号型规格系列表推放出所需号型的纸样。基型纸样的尺寸常选用中心号型，如男装170/88A的尺寸。

6.2.4 工艺制定

根据服装款式或订单的要求、国家制定的服装产品标准，以生产企业的实际生产状况，由技术部门确定某产品的生产工艺要求和工艺标准（如剪裁、缝制、整烫等工艺要求）、关键部位的技术要求、辅料的选用等内容。此外，技术部门还应制定出缝纫工艺流程等有关的技术文件，以保证生产有序进行，有据可依。

6.3 工业纸样的检查与复核

纸样的结构设计是否符合款式的造型效果，就是人们常说的“板型”如何。在规格和款式相同的条件下，不同的打版师制板会出现不同的效果。在进行工业纸样设计时，一定要对纸样进行检查与复核。

6.3.1 复核工业纸样流程

虽然纸样在放缝之前已经进行了检查，但为了保证样板准确无误，做完整套样板之后，仍然需要进行多次复核，复核的内容包括以下5点。

- 审查纸样是否符合款式特征。
- 检查规格尺寸是否符合要求。
- 检查整套纸样是否齐全，包括面料、里料衬料等纸样，同时检查修正纸样和定位纸样等是否齐全。
- 检查并合部位是否匹配与圆顺。
- 检查文字标注是否正确，包括衣片名称、纱向、片数、刀口等。

6.3.2 检查对位标记

对位标记是确保服装质量所采取的有效措施，其有两种形式，即缝合线对位标记和用于纸样中间部位的定位（如省位、钮位等）。缝合线对位标记通常设在凹凸点、拐点和打褶范围的两端，主要起吻合点作用。如装袖吻合点、绱袖标点、设在前袖窿拐点和前袖山拐点处，袖山顶点与肩缝对位等。当缝合线较长时，可用对位标记（打三角口或直刀口）分几段处理，以利于缝合线直顺。

6.3.3 检查纸样的纱向

纸样上标注的纱向与裁片纱向是一致的，它是根据服装款式造型效果确定的，不得擅自更改或遗漏，合理利用不同纱向的面、辅料，是实现服装外观与工艺质量的关键因素。

1. 纱向定义

纱向指面料的经纬向。经纱是指裁片的经纱长于纬纱和斜纱，纬纱是指裁片的纬纱长于经纱和斜纱，斜纱指某裁片的斜纱长于经纱和纬纱。

2. 纱向使用原则

要求服装强度大且有挺拔感的前后衣片、裤片、袖片、过肩、腰头、袖克夫、腰带、立领等，均采用经纱，如图6-1所示。

图6-1

要求自然悬垂有动感的斜裙、大翻领以及格、条裁片或滚条、荡条等均采用斜纱，如图6-2所示。

图6-2

对既要求有一定的弹性，又要求有一定强度的袋面、领面均可采用横纱，如图6-3所示。

图6-3

对于有毛向面料（如丝绒、条绒）应注意毛向一致，可避免因折光方向不同产生色差，如图6-4所示。

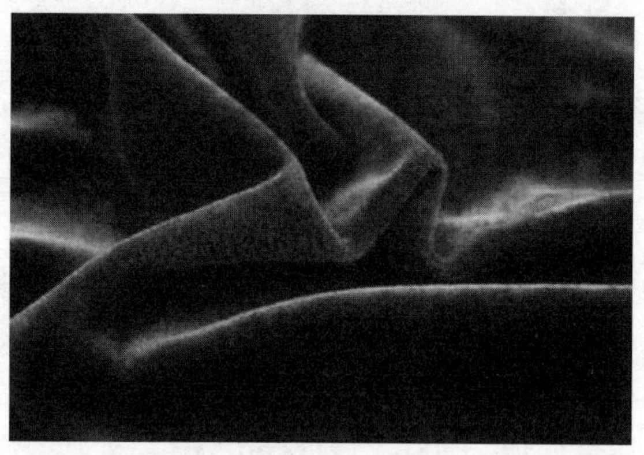

图6-4

6.3.4 复核缝边与折边

缝份大小应根据面料薄厚及质地疏密、服装部位、工艺档次等因素确定。薄、中厚服装可分别取0.8cm、1cm和1.5cm，质地疏松面料可多加0.3cm左右。在缝合线弧度较大的部位缝份可略窄，为0.8cm左右，如袖窿弯、大小裆弯、领口弯等处。在直线缝合处的缝份可适当增大，为1~1.5cm。在批量生产中，为了提高工作效率，大多数款式的服装采取缝份尽量整齐统一做法，一般以1cm为标准，这并不影响产品质量的标准化。在检查缝份时，除了宽窄适度外，还应注意保持某部位的缝份宽窄一致。折边量为2.5~4.5cm，可根据款式需要确定。

6.4 本章小结

本章对工业纸样的概念进行了解析，读者通过对本章的学习，能够学习到关于工业纸样基础知识入门以及工业纸样的总体制作流程。此外，本章还对工业纸样的检查与复合等内能够全方面的对工业纸样的制作有深入的认识和了解。

第7章

服装原型CAD制板技术

内容摘要

服装原型是服装结构设计的基础，服装款式千变万化，都离不开服装原型。服装原型按性别可分为男装原型、女装原型以及童装原型；按部位可分为上衣原型、裙子原型等。本章主要向读者介绍女装上衣原型CAD制板、女装袖子原型CAD制板、女士裙装原型CAD制板等内容。

课堂学习目标

女装上衣原型CAD制板

女装袖子原型CAD制板

女士裙装原型CAD制板

7.1 女装上衣原型CAD制板

本实例介绍的是第八代女装上衣原型，其是日本文化服装学院在第七代服装原型的基础上，推出的更加符合年轻女性体型的新原型。文化式女上装原型结构如图7-1所示。

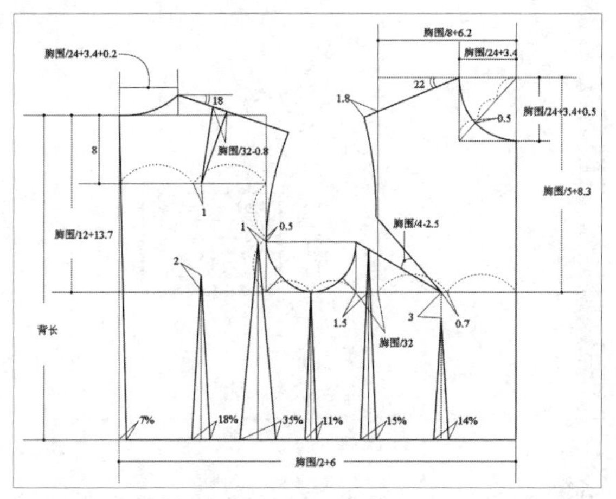

图7-1

课堂案例：女装上衣原型CAD制板
案例位置：效果>第7章>女装上衣原型CAD制板.dgs
视频位置：视频>第7章>课堂案例——女上装原型主体制作.mp4、课堂案例——女上装原型细节处理.mp4、课堂案例——女上装原型局部刻画.mp4
难易指数：★★★★★
学习目标：掌握女装上衣原型CAD制板的方法

本案例的最终效果如图7-2所示。

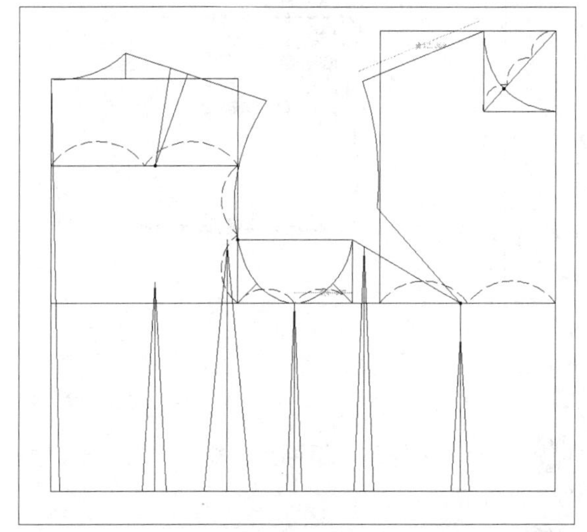

图7-2

7.1.1 制图尺寸表

接下来为读者介绍女装上衣尺寸表。

表7-1 女装上衣尺寸表　　　　单位：cm

部位	胸围	背长	腰围	袖长
尺寸	84	38	64	52

7.1.2 女上装原型主体制作

本小节为读者介绍运用富怡CAD软件制作女上装原型主体的方法。

01 单击“新建”按钮，新建一个空白文件，如图7-3所示。

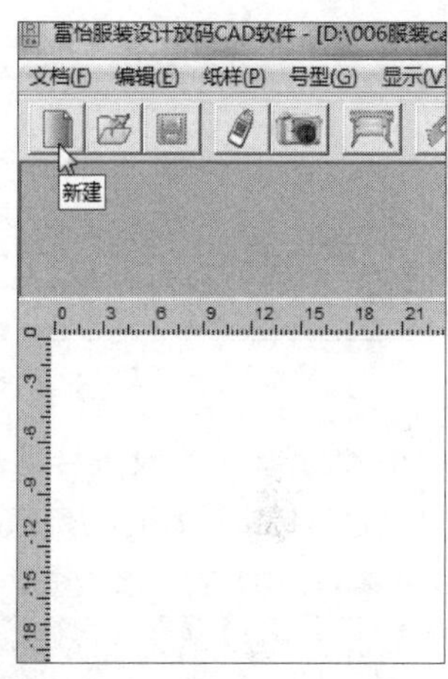

图7-3

02 单击“号型”|“号型编辑”命令，随后弹出“设置号型规格表”对话框，如图7-4所示。

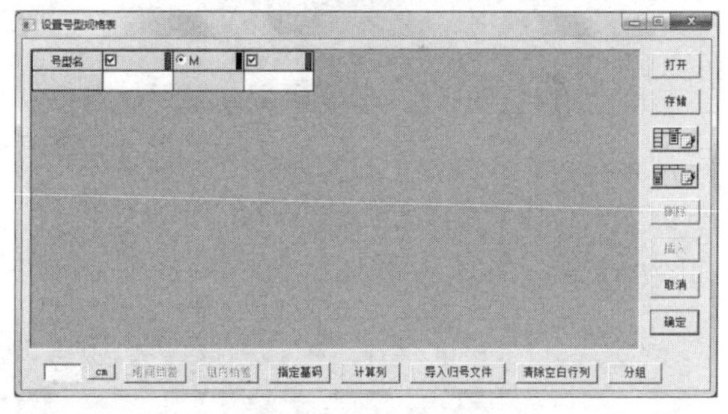

图7-4

03 设置号型为S，胸围为84、衣长为38，单击“存储”按钮，如图7-5所示。

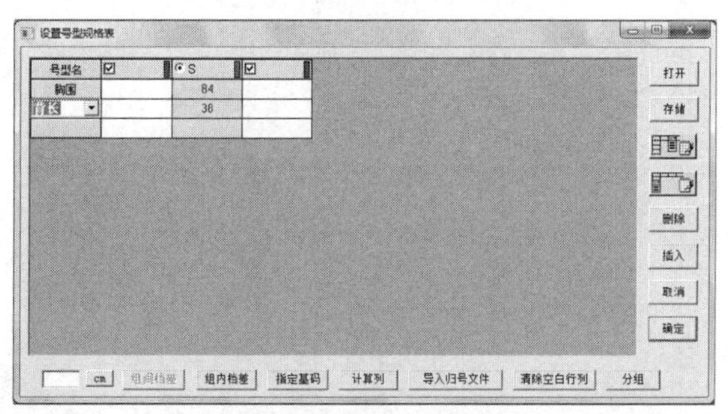

图7-5

04 弹出“另存为”对话框，设置文件名称和保存路径，单击“保存”按钮，如图7-6所示。

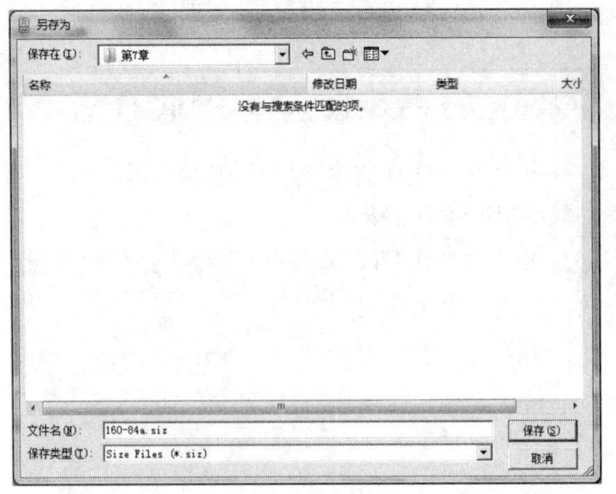

图7-6

05 然后单击“设置号型规格表”对话框中的“确定”按钮，如图7-7所示。

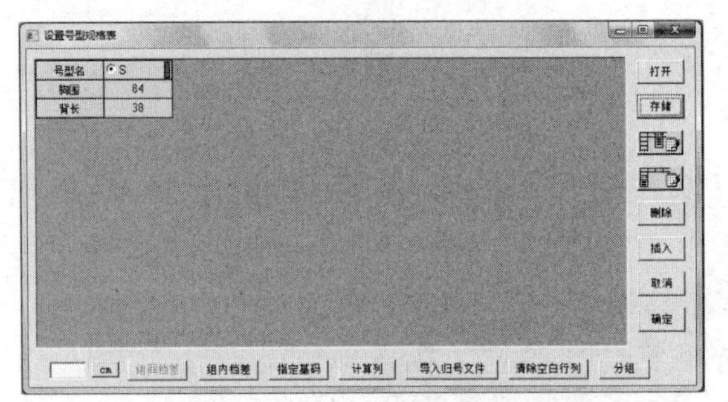

图7-7

06 在“设计工具栏”中单击“矩形”按钮，如图7-8所示。

图7-8

07 在工作区中的空白位置依次单击鼠标左键，弹出“矩形”对话框，设置“背长”为38，如图7-9所示。

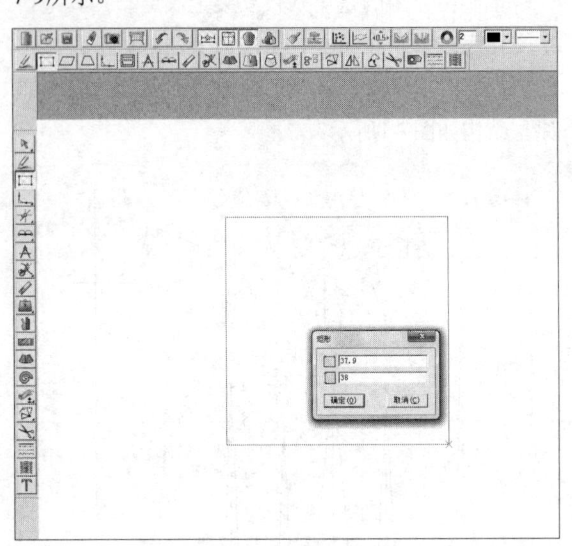

图7-9

08 调出“计算器”，在左侧的列表框中选择“胸围”，双击鼠标左键，然后输入相应的公式，此时系统自动计算出结果，单击“OK”按钮，如图7-10所示。

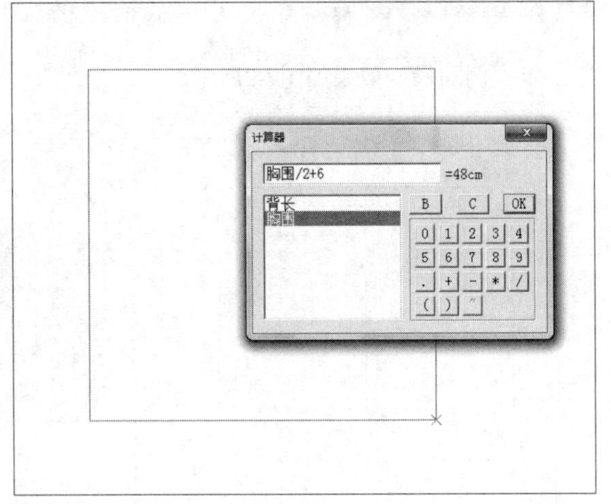

图7-10

09 执行上述操作，返回到“矩形”对话框，如图7-11所示。

10 单击“确定”按钮，即可绘制矩形，如图7-12所示。

11 在“设计工具栏”中单击“智能笔”按钮，如图7-13所示。

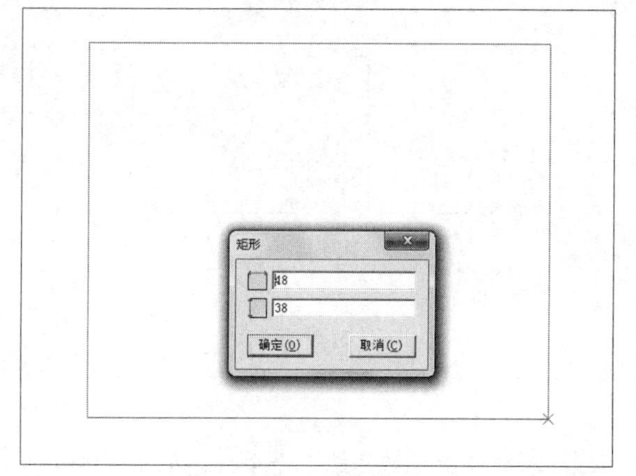

图7-11

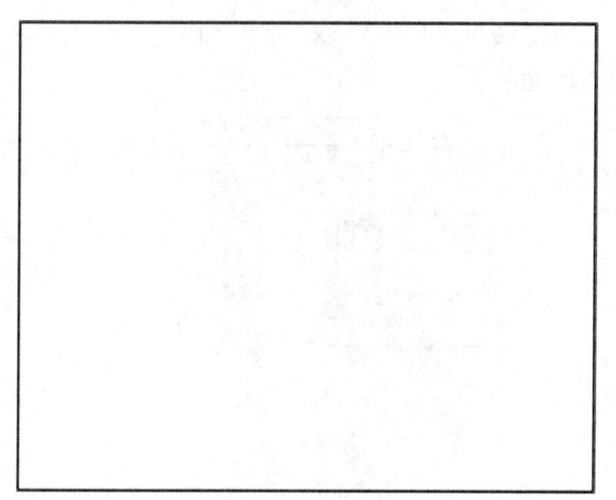

图7-12

图7-13

⑫ 在工作区中最上方的边线上单击鼠标左键的同时并向下拖曳，至合适位置后单击鼠标左键，弹出“平行线”对话框，如图7-14所示。

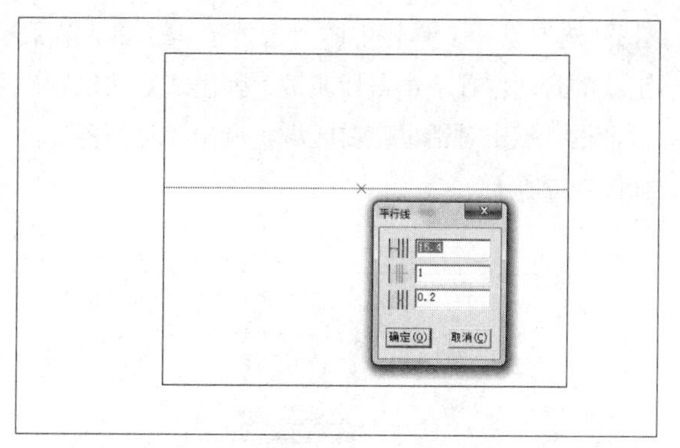

图7-14

⑬ 调出计算器，在左侧的列表框中选择“胸围”，双击鼠标左键，然后输入相应的公式，此时系统自动计算出结果，单击“OK”按钮，如图7-15所示。

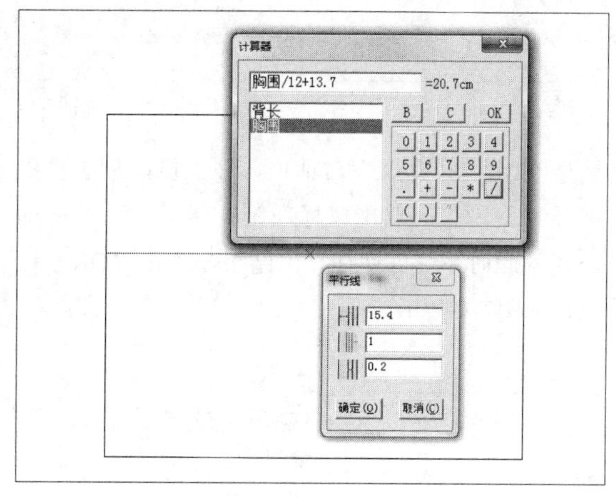

图7-15

⑭ 返回到“平行线”对话框，单击“确定”按钮，即可绘制腰围线，如图7-16所示。

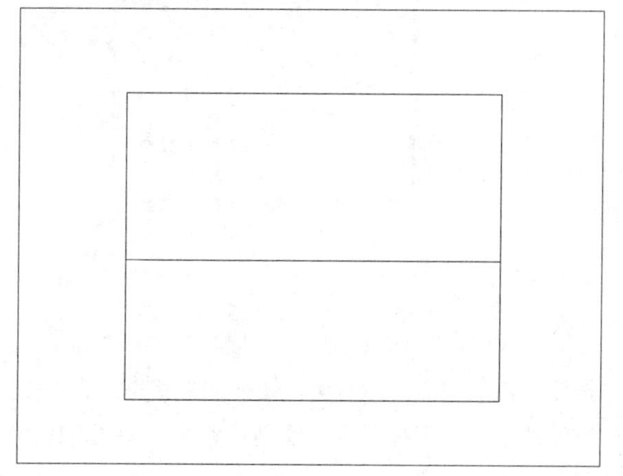

图7-16

15 选取设计工具栏中的“智能笔”工具，在腰围线的合适位置单击鼠标左键，弹出“点的位置”对话框，双击对话框空白区域，调出“计算器”，如图7-17所示。

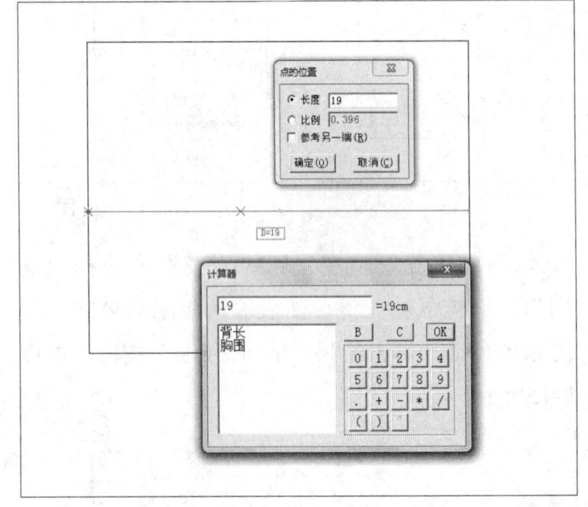

图7-17

16 弹出“计算器”对话框，在左侧的列表框中选择“胸围”，双击鼠标左键，然后输入相应的公式，此时系统自动计算出结果，单击“OK”按钮，如图7-18所示。

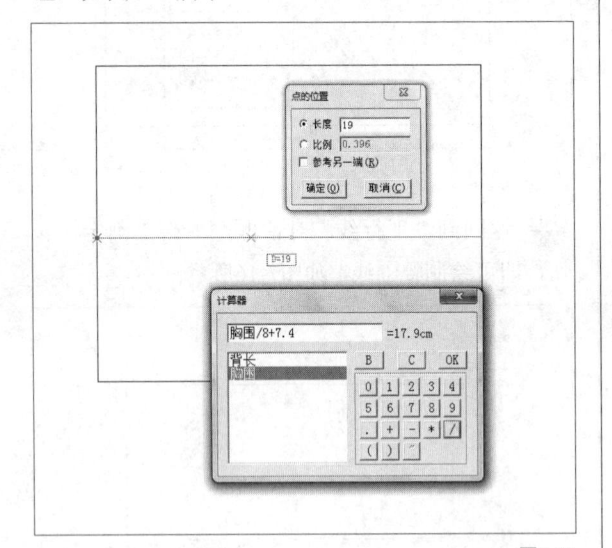

图7-18

17 返回到“点的位置”对话框，单击“确定”按钮，然后单击鼠标右键，切换输入状态，在最上方的线上单击鼠标左键，绘制背宽线，如图7-19所示。

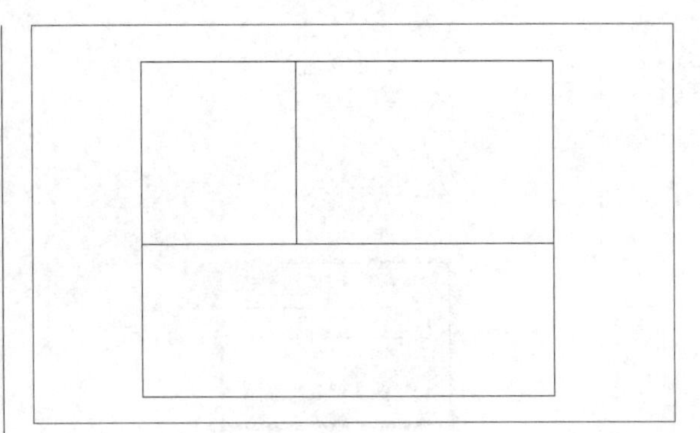

图7-19

18 继续使用“智能笔”命令，在工作区中左侧线的合适位置单击鼠标左键，弹出“点的位置”对话框，设置“长度”为8，单击“确定”按钮，如图7-20所示。

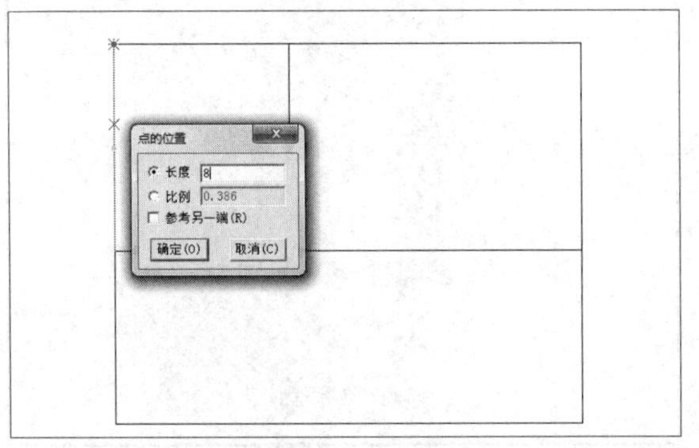

图7-20

技巧与提示

在工作区中绘制线时，单击鼠标右键可以切换输入状态，通过其可以绘制水平或垂直的直线，也可生成45度线。

19 在右侧合适的线上单击鼠标左键，绘制直线，如图7-21所示。

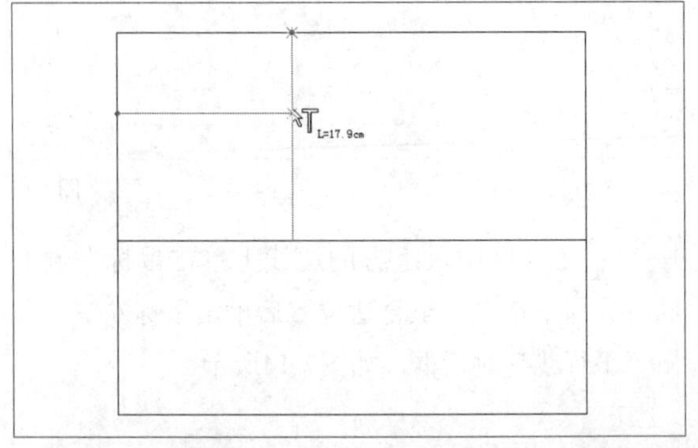

图7-21

20 在“设计工具栏”中单击“剪断线”按钮，如图7-22所示。

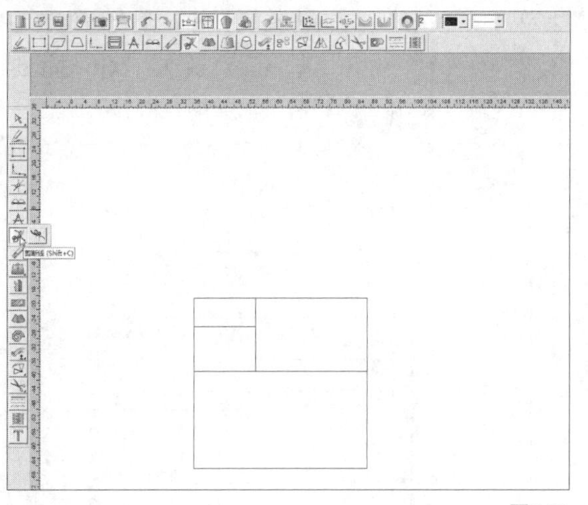

图7-22

技巧与提示

用户还可以通过按Shift＋C组合键来启用“剪断线”工具。

21 在工作区中最上方的线上单击鼠标左键，然后在上方水平线与左键竖直线的交点上单击鼠标左键，剪断线段，然后在右侧的竖直线上单击鼠标左键，然后在右侧竖直线与中间水平线的交点上单击鼠标左键，此时即可完成剪断线的操作，如图7-23所示。

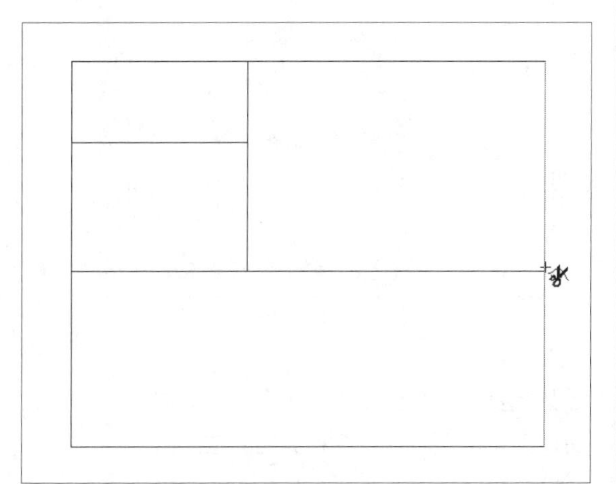

图7-23

22 在“设计工具栏”中单击“橡皮擦”按钮，在工作区中选中右上方剪断的线段，将其删除，如图7-24所示。

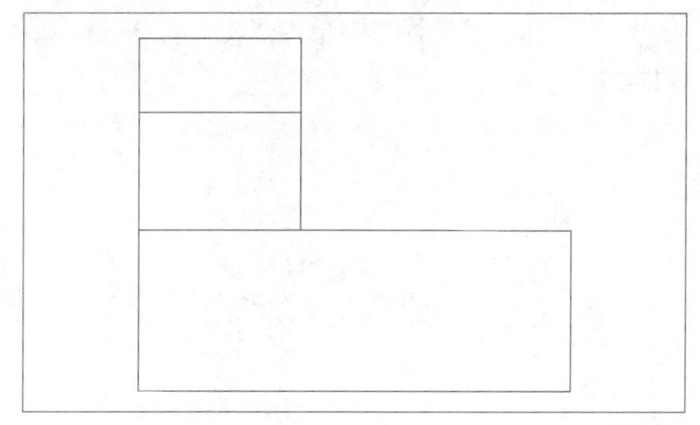

图7-24

技巧与提示

除此之外，用户还可以通过按Delete键来删除剪断的线段。

23 在“设计工具栏”中单击“等份规”按钮，如图7-25所示。

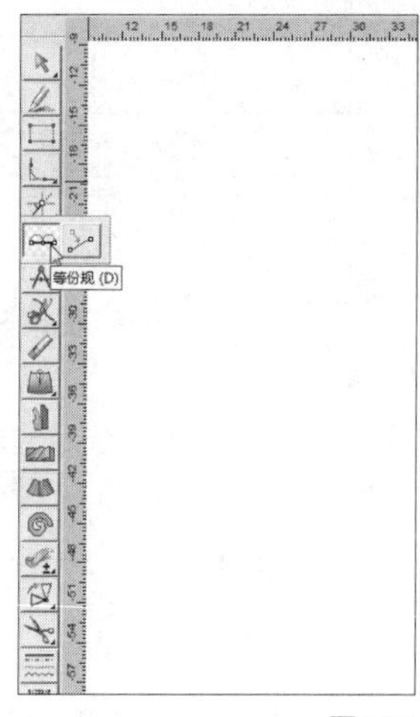

图7-25

24 将线型改为虚线，在工作区中相应的线上单击鼠标右键，然后单击鼠标左键，将线段平分为两等份，如图7-26所示。

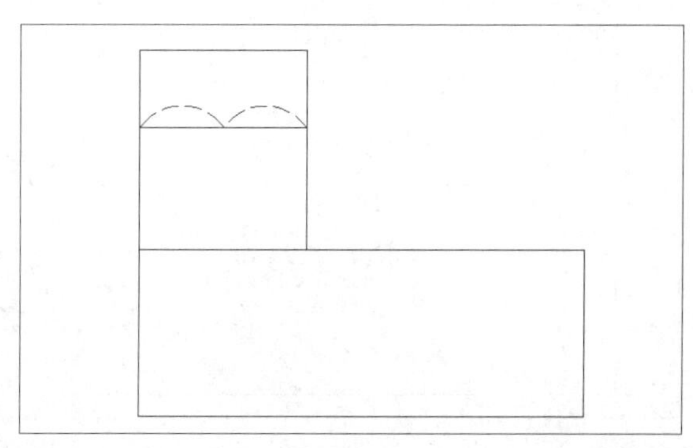

图7-26

25 在“设计工具栏”中单击“点”按钮，如图7-27所示。

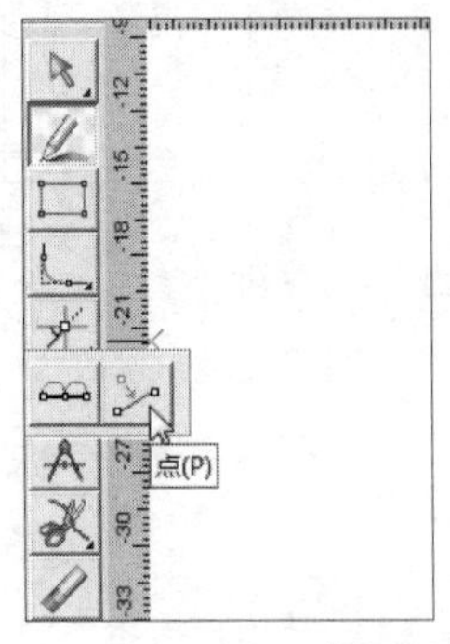

图7-27

26 将鼠标移至工作区中的等分点上，按Enter键，弹出“偏移”对话框，设置横向的偏移量为1，单击“确定”按钮，如图7-28所示。

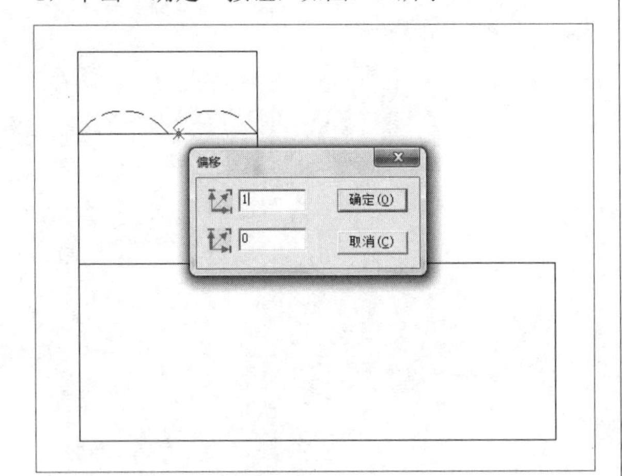

图7-28

27 执行操作后，即可偏移点，确定肩省尖的位置，如图7-29所示。

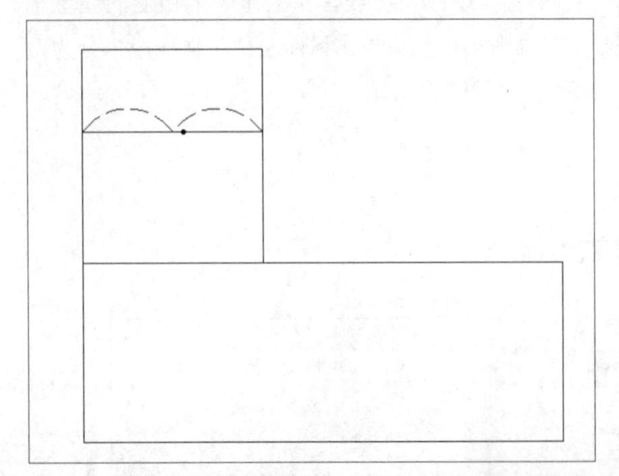

图7-29

28 在“设计工具栏”中单击“智能笔”按钮，将线型改为细实线，在工作区右上方的端点上单击鼠标左键，并向上拖曳光标，至合适位置后单击鼠标左键，弹出“长度”对话框，双击对话框空白区域，调出“计算器”，如图7-30所示。

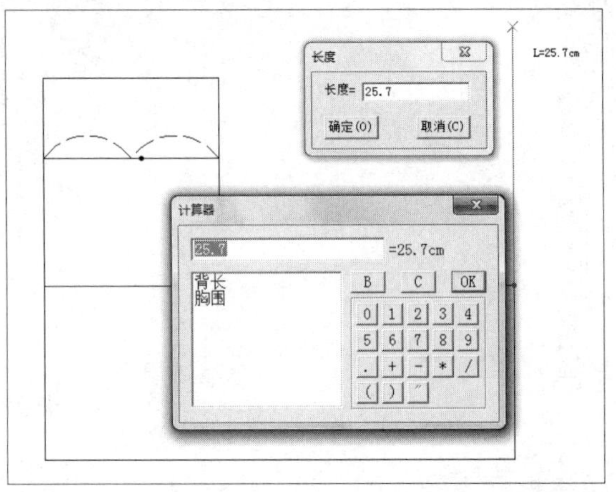

图7-30

29 在“计算器”对话框左侧的列表框中选择“胸围”，双击鼠标左键，然后输入相应的公式，此时系统自动计算出结果，单击“OK”按钮，如图7-31所示。

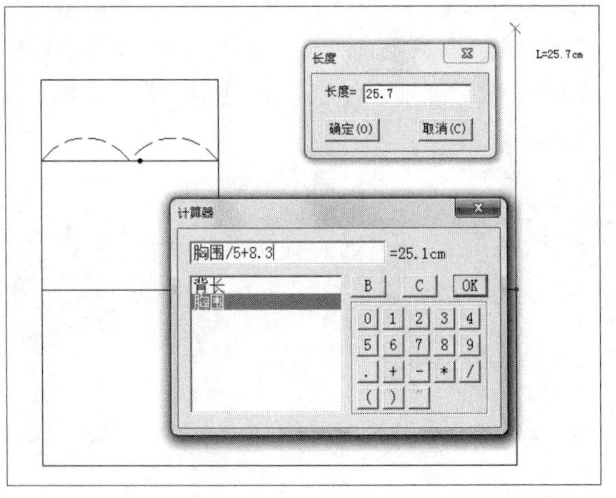

图7-31

30 返回到“长度”对话框，单击“确定”按钮，即可绘制直线，如图7-32所示。

31 继续使用“智能笔”命令，在工作区中右上方的端点上单击鼠标左键，然后向左拖曳光标，至合适位置后单击鼠标左键。弹出长度对话框，双击对话框空白区域，调出“计算器”，如图7-33所示。

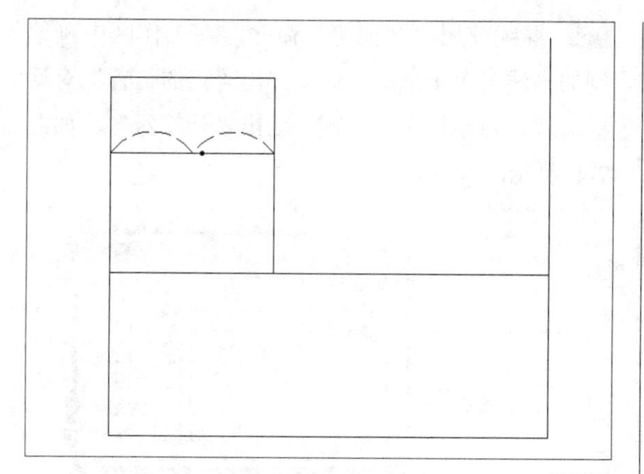

图7-32

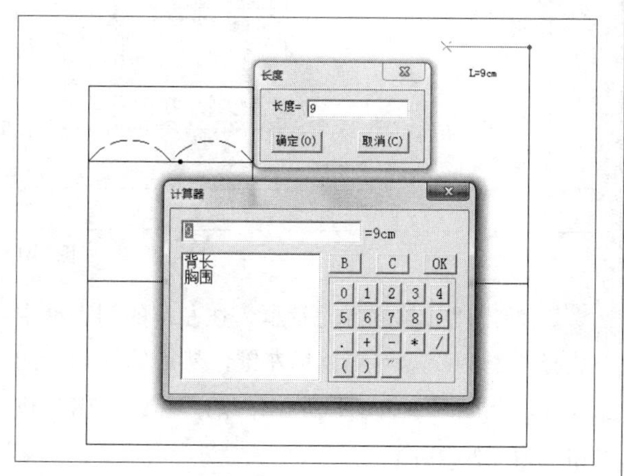

图7-33

32 弹出“计算器”对话框，在左侧的列表框中选择“胸围”，双击鼠标左键，然后输入相应的公式，此时系统自动计算出结果，单击“OK”按钮，如图7-34所示。

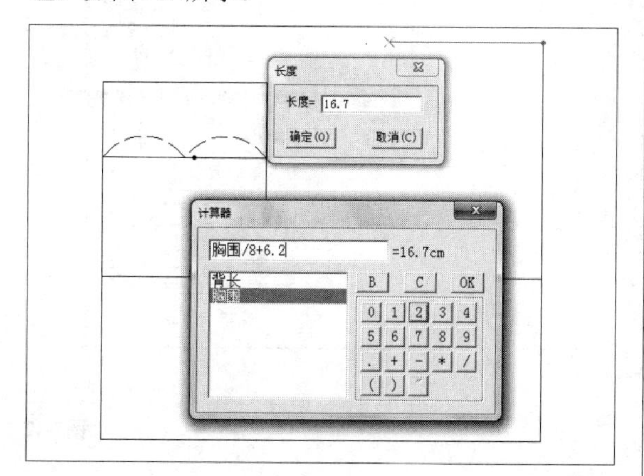

图7-34

33 返回到“长度”对话框，单击“确定”按钮，即可绘制直线，如图7-35所示。

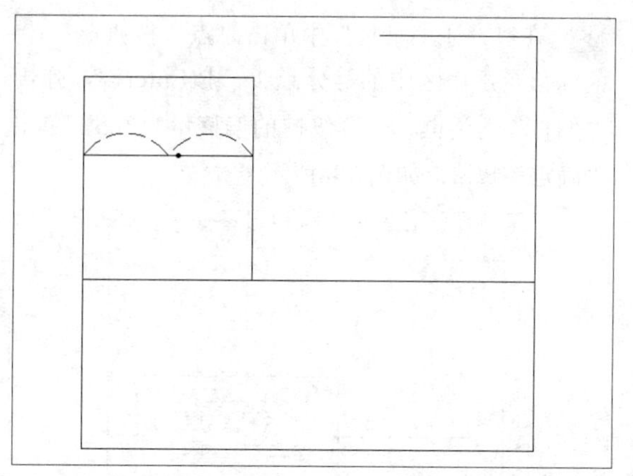

图7-35

34 继续使用“智能笔”命令，在刚绘制直线的左端点上单击鼠标左键，然后向下拖曳光标，至下方的直线上单击鼠标左键，执行操作后，即可绘制胸宽线，如图7-36所示。

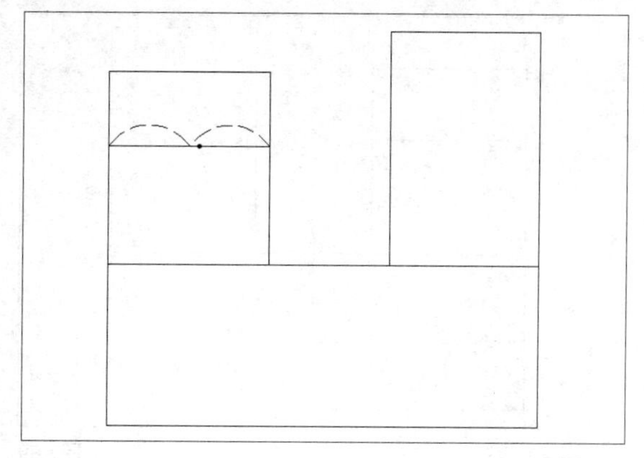

图7-36

35 将线型改为虚线，在“设计工具栏”中单击“等份规”按钮，在工作区中相应的线上单击鼠标右键，然后在合适的端点上单击鼠标左键，将线段平分为两等份，如图7-37所示。

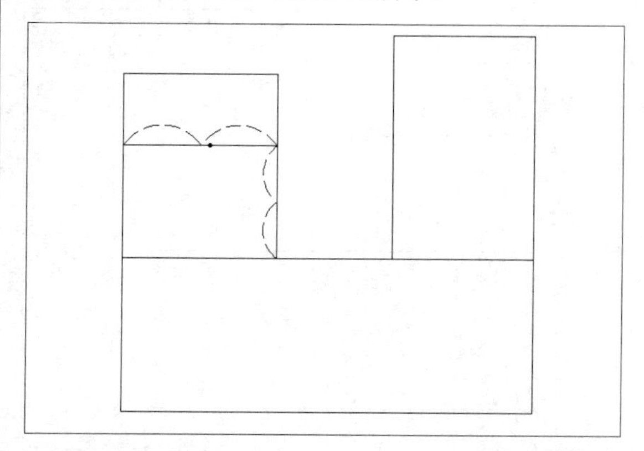

图7-37

36 在“设计工具栏”中单击“点”按钮，将鼠标移至工作区中的等分点上，按Enter键，弹出“偏移”对话框，设置纵向的偏移量为-0.5，单击“确定”按钮，如图7-38所示。

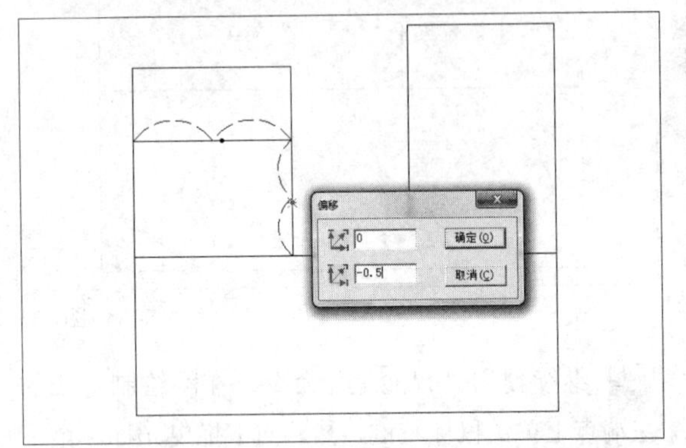

图7-38

37 执行操作后，即可偏移点，如图7-39所示。

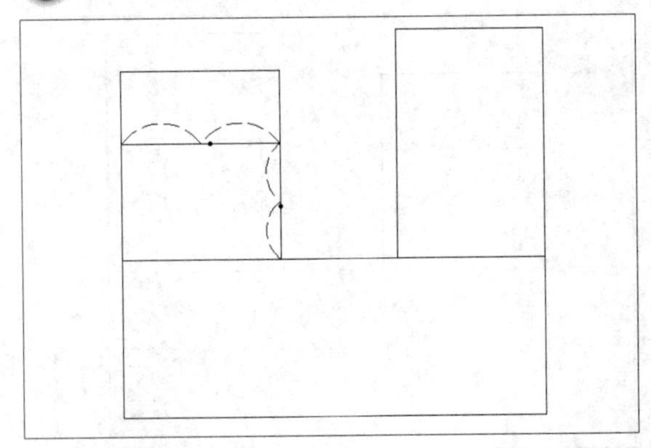

图7-39

38 在“设计工具栏”中单击“智能笔”按钮，将线型改为细实线，在工作区中刚偏移的点上单击鼠标左键，并向右拖曳光标，至合适位置后单击鼠标左键，绘制直线，如图7-40所示。

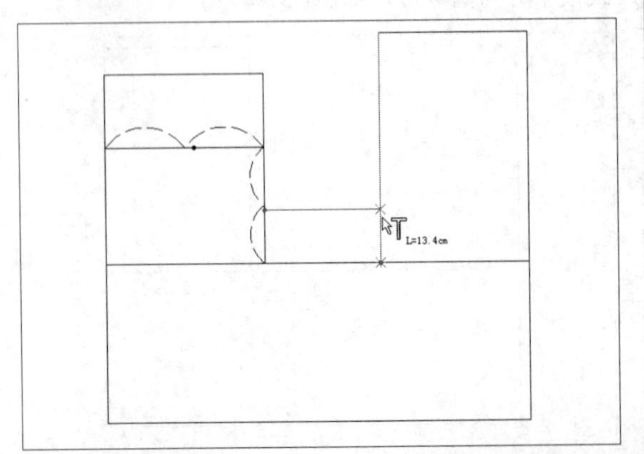

图7-40

39 继续使用“智能笔”命令，在工作区中刚绘制的直线上单击鼠标左键，弹出“点的位置”对话框，双击对话框空白区域，调出“计算器”，如图7-41所示。

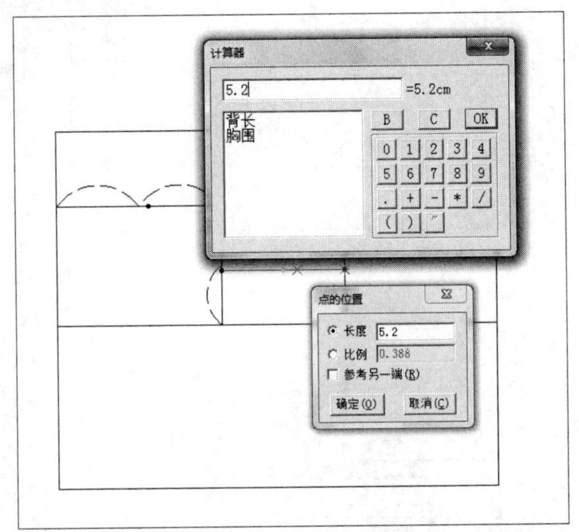

图7-41

40 弹出“计算器”对话框，在左侧的列表框中选择“胸围”，双击鼠标左键，然后输入相应的公式，此时系统自动计算出结果，单击“OK”按钮，如图7-42所示。

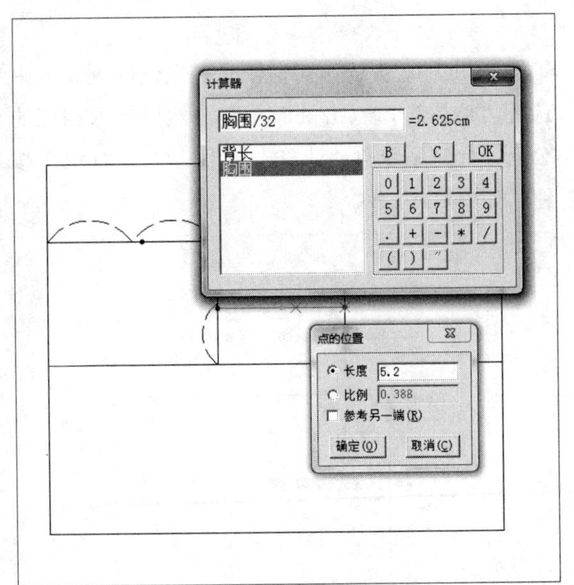

图7-42

41 返回到“点的位置”对话框，单击“确定”按钮，然后向下拖曳光标，至合适的直线上单击鼠标左键，绘制直线，如图7-43所示。

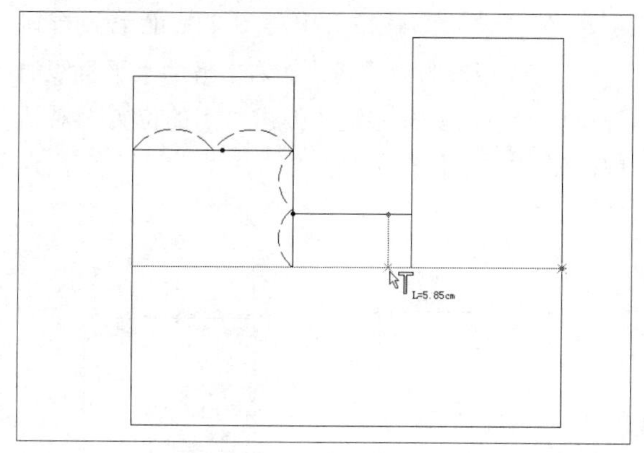

图7-43

42 继续使用“智能笔”命令，在工作区中刚绘制的上端点上单击鼠标左键，并向左拖曳光标，至合适的直线上单击鼠标左键，绘制直线，如图7-44所示。

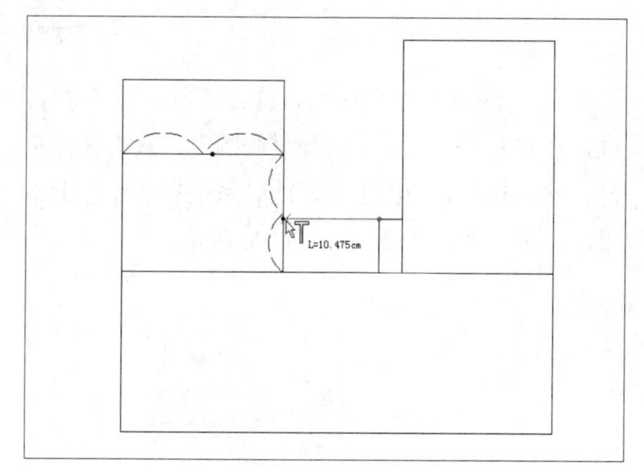

图7-44

43 执行上述操作后，在“设计工具栏”中单击“橡皮擦”按钮，删除相应的直线，如图7-45所示。

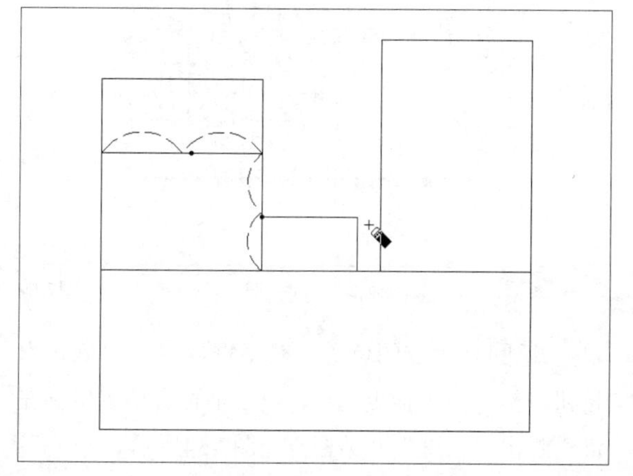

图7-45

44 将线型改为虚线，在“设计工具栏”中单击“等份规”按钮，在工作区中相应的线上单击鼠标右键，然后在合适的端点上单击鼠标左键，将线段平分为两等份，如图7-46所示。

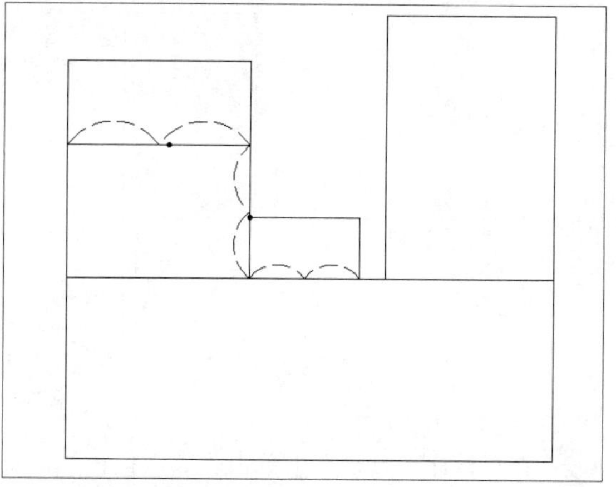

图7-46

45 在“设计工具栏”中单击“智能笔”按钮，将线型改为细实线，如图7-47所示。

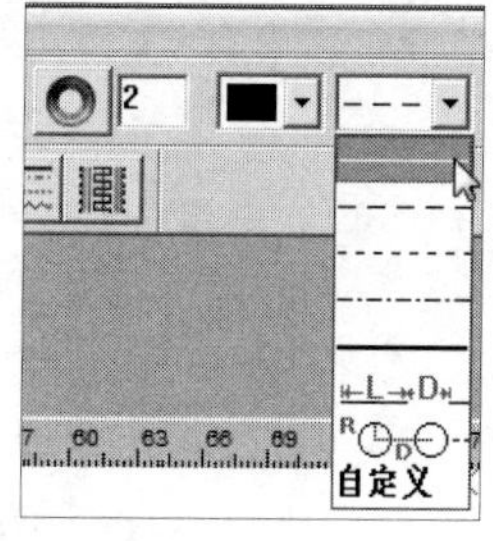

图7-47

46 在工作区中等分的直线的中点上单击鼠标左键，然后向下拖曳光标，至下方直线上单击鼠标左键，绘制一条侧缝竖线，如图7-48所示。

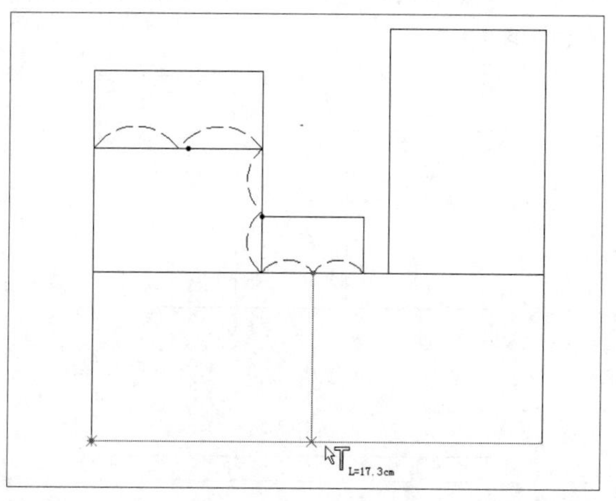

图7-48

47 将线型改为虚线，在“设计工具栏”中单击“等份规”按钮，在工作区中相应的线上单击鼠标右键，然后在合适的端点上单击鼠标左键，将线段平分为两等份，如图7-49所示。

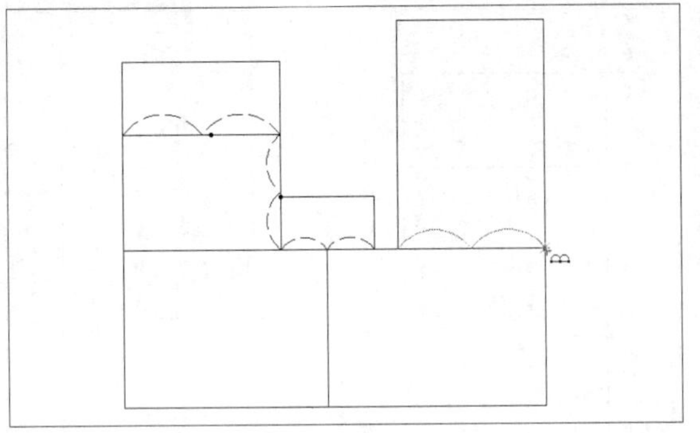

图7-49

48 在“设计工具栏”中单击“点”按钮，将鼠标移至工作区中的等分点上，按Enter键，弹出“偏移”对话框，设置横向的偏移量为-0.7，单击“确定”按钮，如图7-50所示。

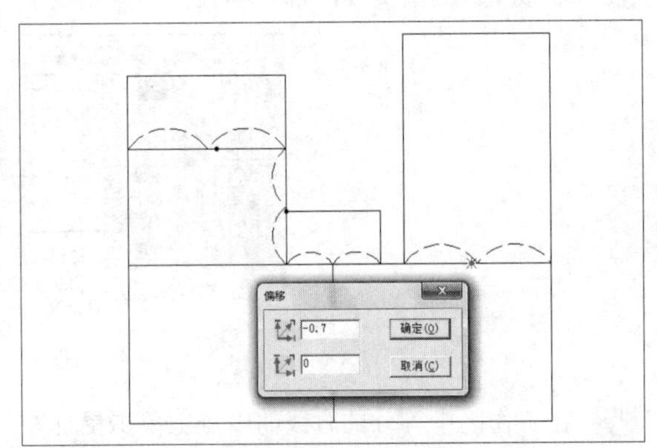

图7-50

49 执行操作后，即可偏移点，确定胸点的位置，如图7-51所示。

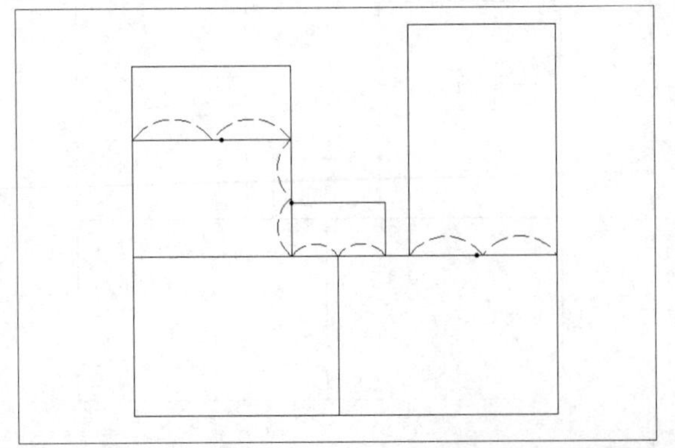

图7-51

50 在“设计工具栏”中单击“智能笔”按钮，将线型改为细实线，在右上方的水平直线的合适位置单击鼠标左键，弹出“点的位置”对话框，如图7-52所示。

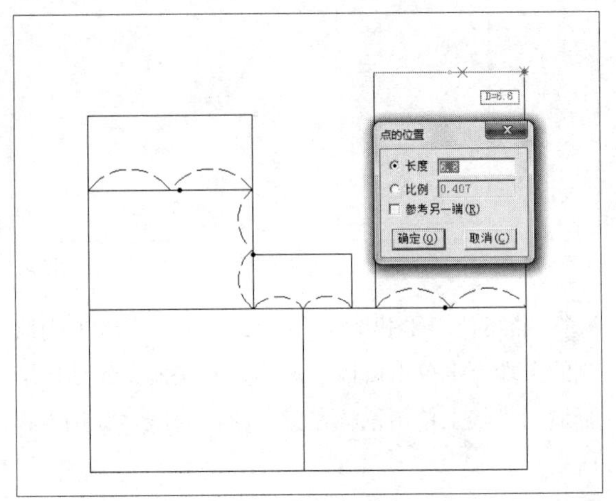

图7-52

51 双击对话框空白区域，弹出“计算器”对话框，在左侧的列表框中选择“胸围”，双击鼠标左键，然后输入相应的公式，此时系统自动计算出结果，单击“OK”按钮，如图7-53所示。

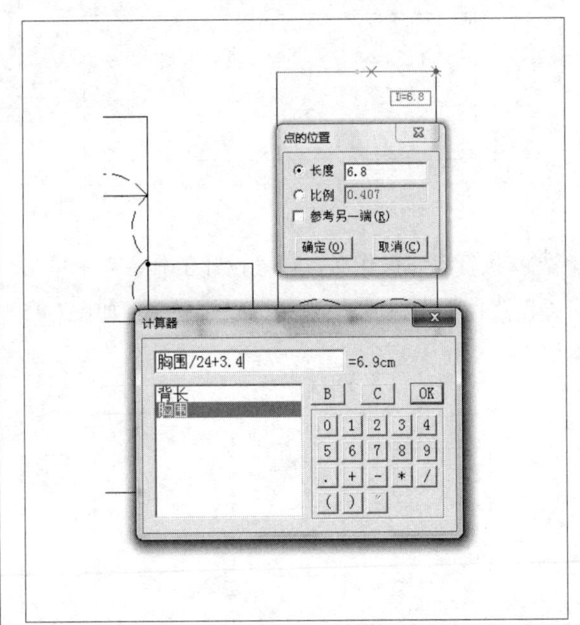

图7-53

52 返回到“点的位置”对话框，单击“确定”按钮，然后向下拖曳光标，至合适位置单击鼠标左键，弹出“长度”对话框，如图7-54所示。

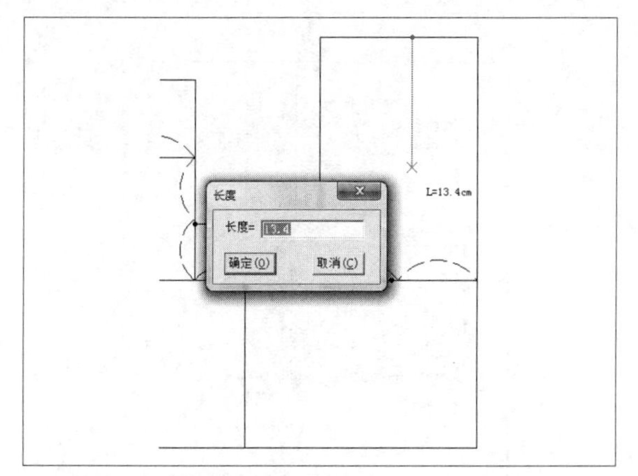

图7-54

53 双击对话框上方空白区域，弹出“计算器”对话框，在左侧的列表框中选择“胸围”，双击鼠标左键，然后输入相应的公式，此时系统自动计算出结果，单击“OK”按钮，如图7-55所示。

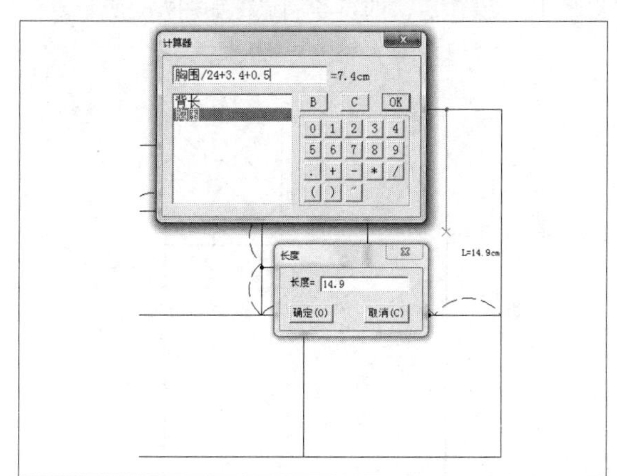

图7-55

54 执行上述操作，返回到“点的位置”对话框，单击“确定”按钮，即可绘制直线，如图7-56所示。

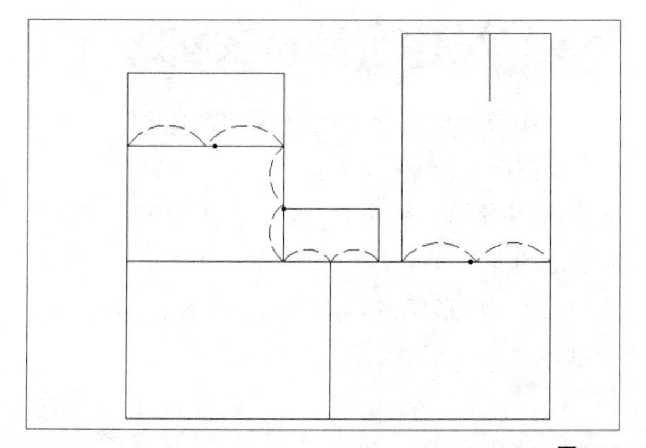

图7-56

55 继续使用“智能笔”命令，在工作区中刚绘制的直线的下端点单击鼠标左键，然后向右拖曳光标，至右侧的直线上单击鼠标左键，绘制直线，如图7-57所示。

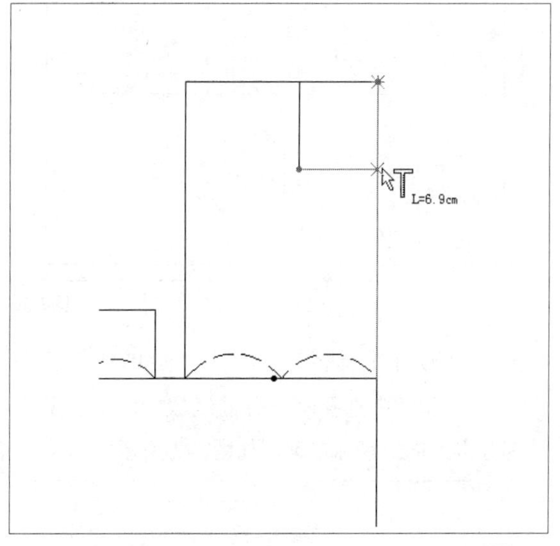

图7-57

56 继续使用“智能笔”命令，单击鼠标右键，切换输入状态，在工作区右上角矩形两对角上依次单击鼠标左键，绘制直线，如图7-58所示。

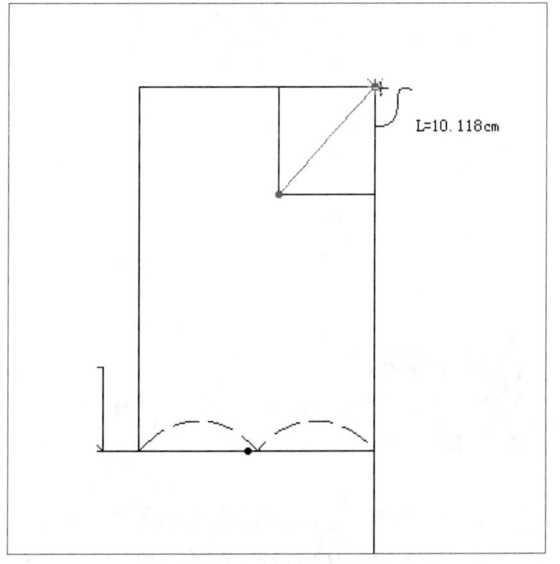

图7-58

57 将线型改为虚线，在“设计工具栏”中单击“等份规”按钮，设置“等份数”为3，在合适的端点上单击鼠标左键，将线段平分为3等份，如图7-59所示。

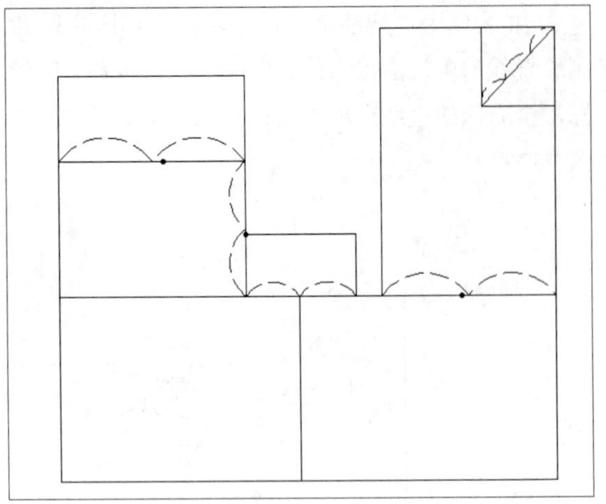

图7-59

58 在“设计工具栏”中单击“剪断线”按钮，在工作区中选择刚平分的线段，然后在其上的等分点上单击鼠标左键，如图7-60所示。

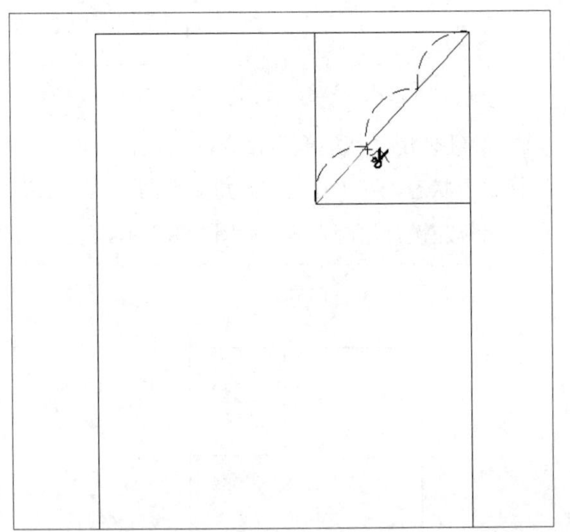

图7-60

技巧与提示

在绘制图7-61的点时，必须先对线段进行剪断，否则不能指定等分点。

59 执行操作后，即可剪断线段，在“设计工具栏”中单击“点”按钮，将鼠标移至工作区中刚剪断的线段上，单击鼠标左键，弹出“点的位置”对话框，设置“长度”为0.5，单击“确定”按钮，如图7-61所示。

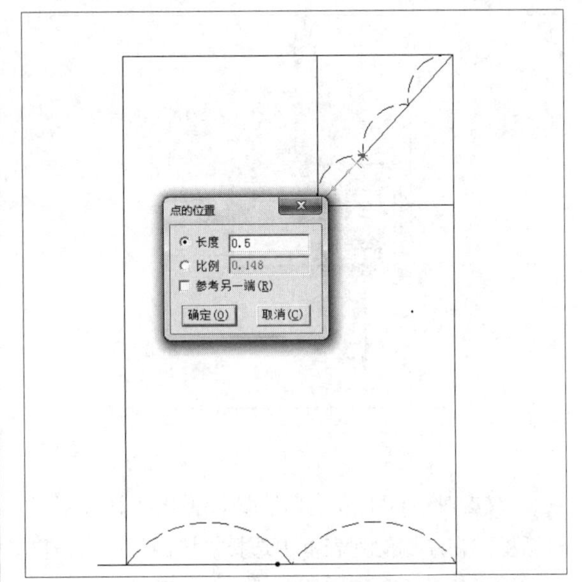

图7-61

60 执行操作后，即可绘制点，如图7-62所示。

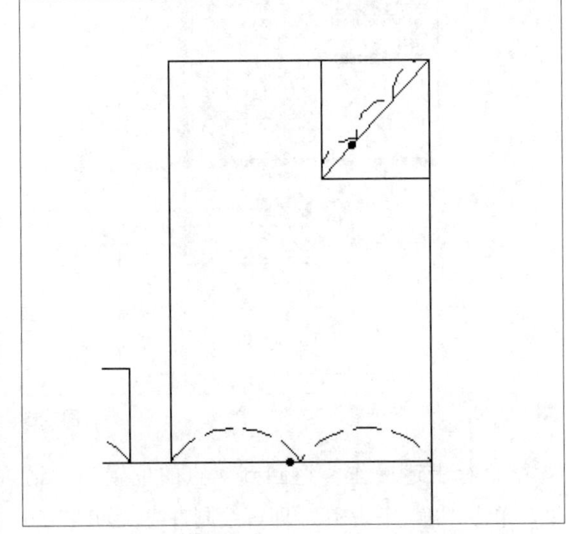

图7-62

7.1.3 女上装原型细节处理

本小节为读者介绍运用富怡CAD软件制作女上装原型细节处理的方法。

01 继续使用“智能笔”命令，在工作区中右上角合适的点上单击鼠标左键，然后单击鼠标右键，当鼠标呈现S形状时，即可绘制曲线，如图7-63所示。

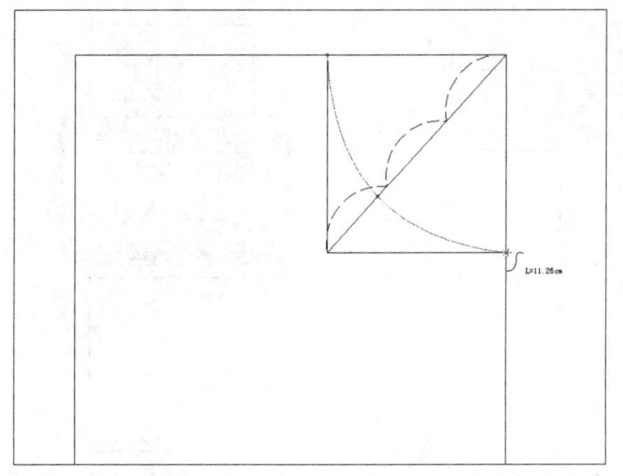

图7-63

02 在“设计工具栏”中单击“角度线”按钮，如图7-64所示。

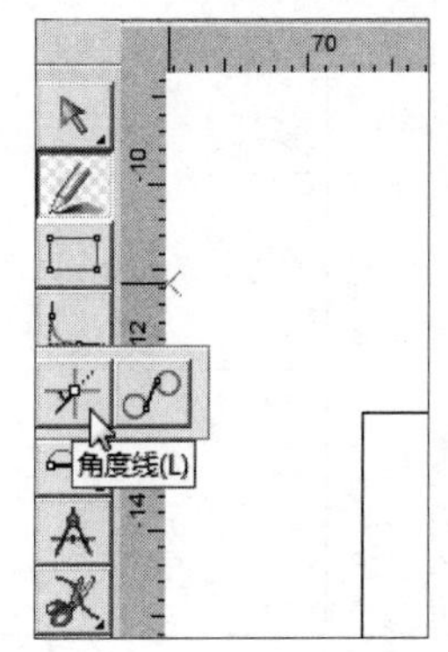

图7-64

03 在工作区中依次选择刚绘制曲线的上端点和上方水平直线的左端点，然后拖曳光标，弹出“角度线”对话框，设置“长度”为14，角度为22，如图7-65所示。

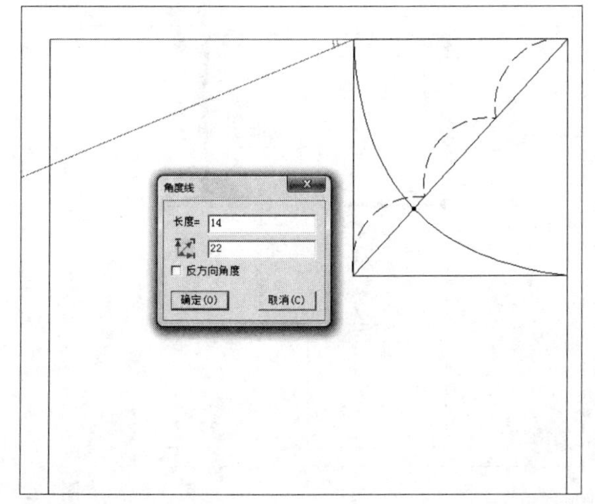

图7-65

04 执行操作后，单击“确定”按钮，即可绘制角度线，如图7-66所示。

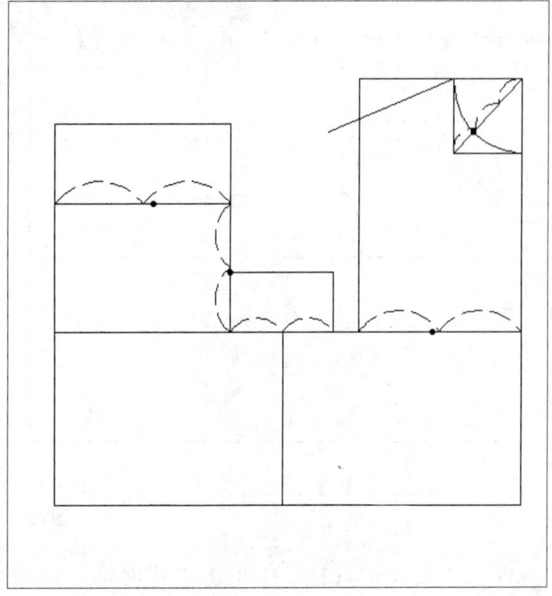

图7-66

05 在“设计工具栏”中单击“剪断线”按钮，在工作区中刚绘制的角度线和竖直线的交点上单击鼠标左键，如图7-67所示。

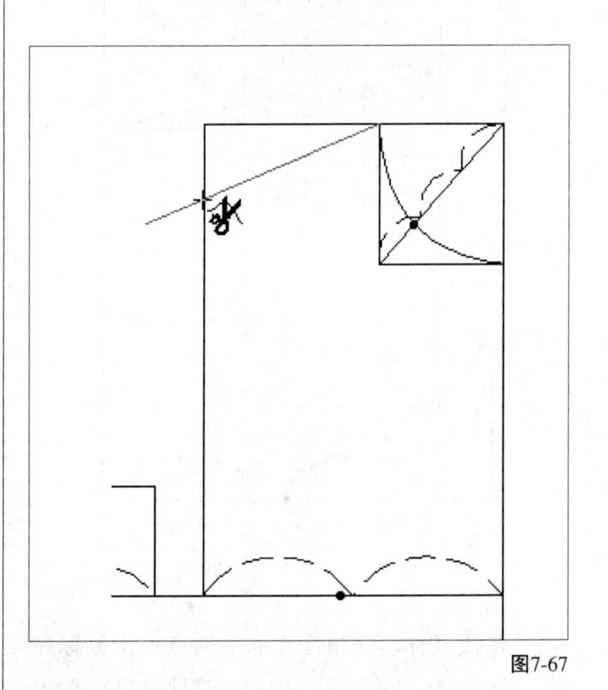

图7-67

06 执行操作后，即可剪断曲线，然后删除角度线左侧的线段，如图7-68所示。

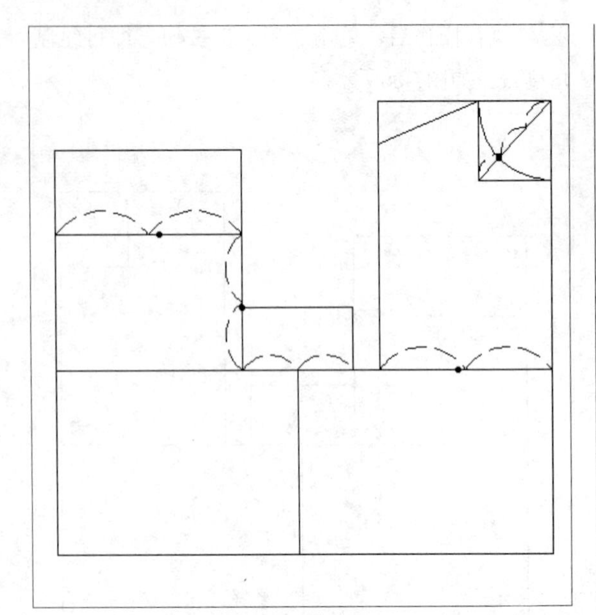

图7-68

07 在“设计工具栏”中单击“智能笔”按钮，按住Shift键，在角度线的上端点单击鼠标左键的同时并拖曳光标至角度线的下端点处，如图7-69所示。

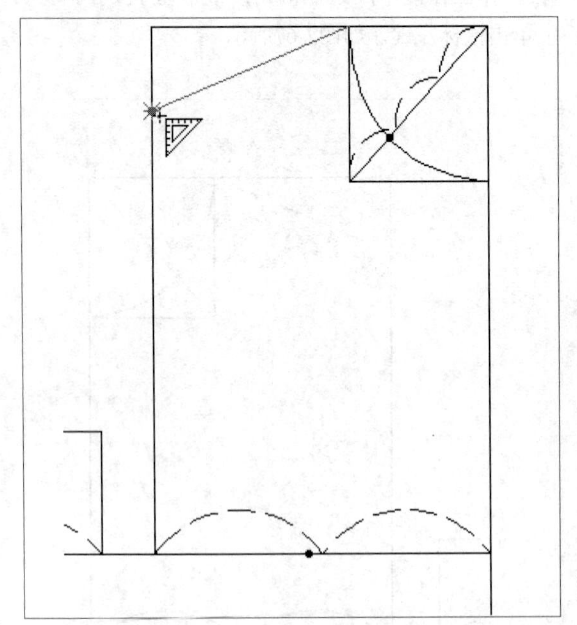

图7-69

08 释放鼠标，在角度线的下端点单击鼠标左键，移动鼠标，至合适位置后单击鼠标左键，弹出“长度”对话框，设置“长度”为1.8，单击“确定”按钮，如图7-70所示。

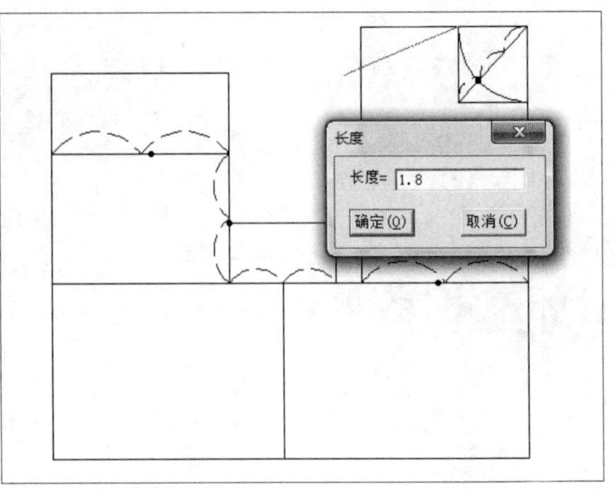

图7-70

09 执行操作后，即可延长线段，如图7-71所示。

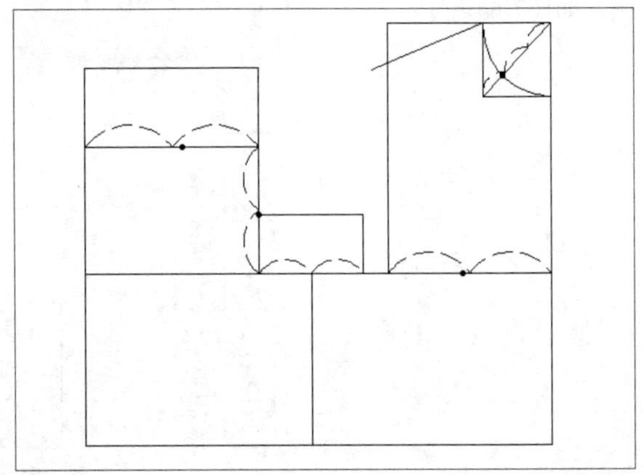

图7-71

10 继续使用“智能笔”命令，在左上方线段合适的位置单击鼠标左键，弹出“点的位置”对话框，双击对话框上方空白区域，调出“计算器”，如图7-72所示。

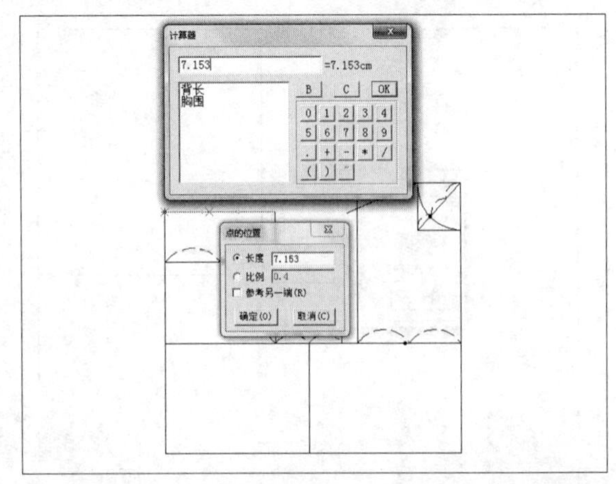

图7-72

11 弹出“计算器”对话框，在左侧的列表框中选择“胸围”，双击鼠标左键，然后输入相应的公式，此时系统自动计算出结果，单击“OK”按钮，如图7-73所示。

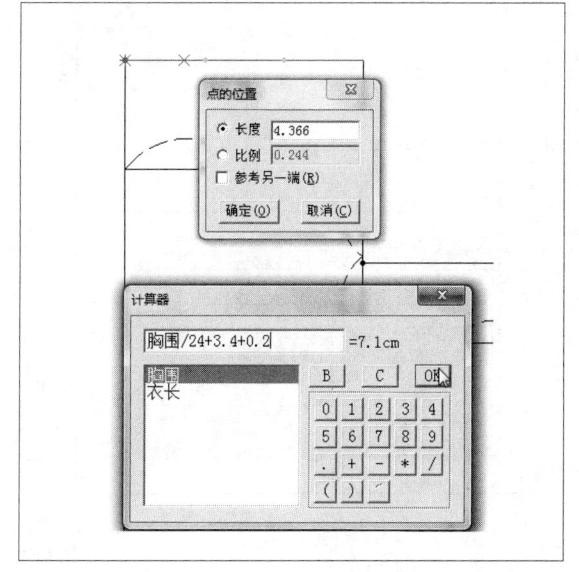

图7-73

12 返回到“点的位置”对话框，单击“确定”按钮，即可确定后片横开领的宽，如图7-74所示。

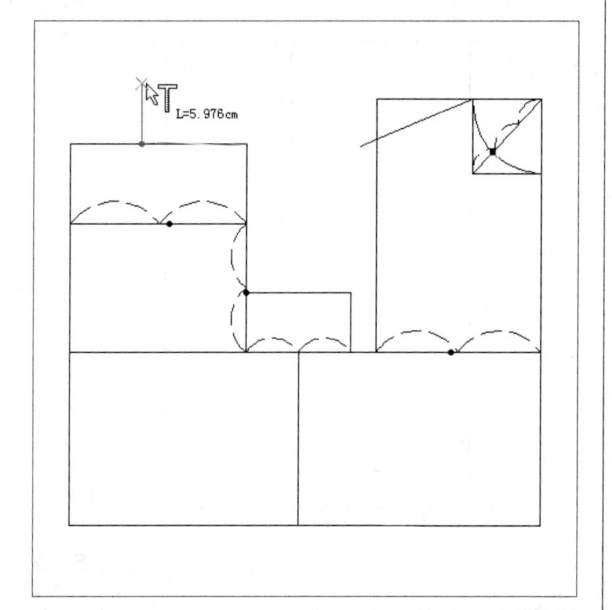

图7-74

13 单击鼠标右键，切换输入状态，在上方的合适位置单击鼠标左键，弹出“长度”对话框，如图7-75所示。

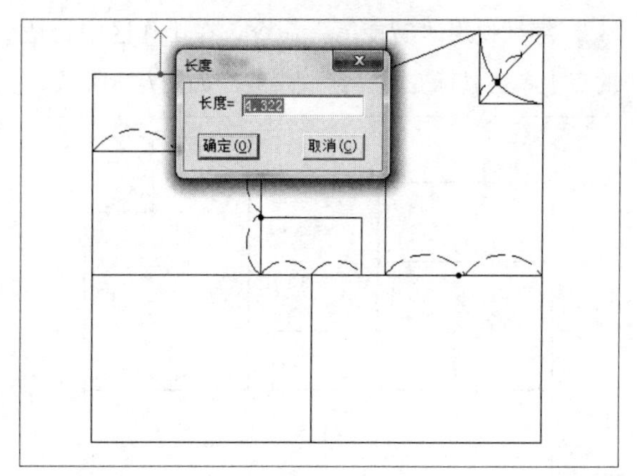

图7-75

14 双击对话框上方空白区域，弹出“计算器”对话框，输入相应的公式，单击“OK”按钮，如图7-76所示。

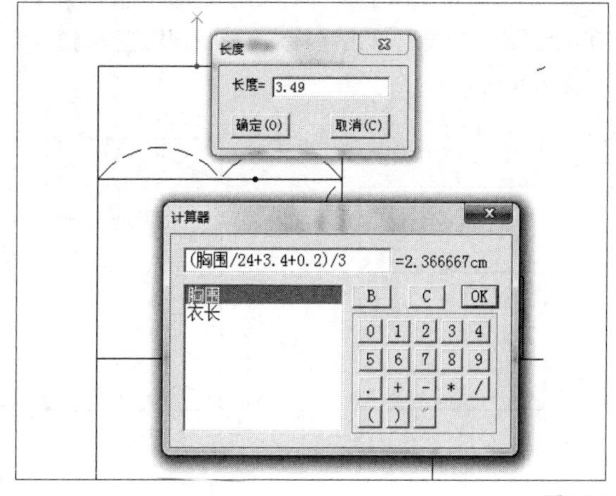

图7-76

15 执行操作后，返回到“长度”电对话框，单击“确定”按钮，即可绘制后片领基础线，如图7-77所示。

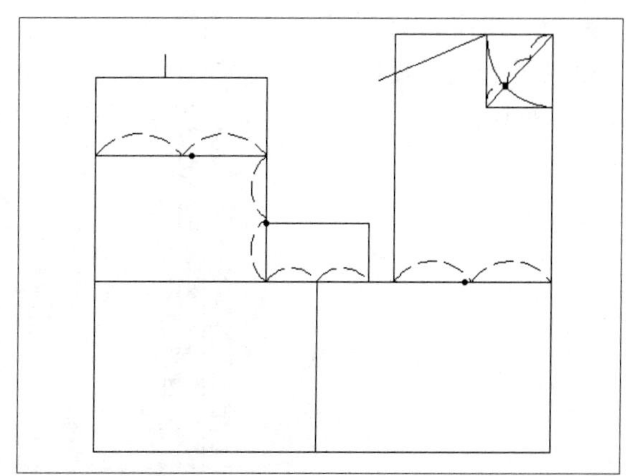

图7-77

⑯ 继续使用“智能笔”命令，在工作区中合适的点上单击鼠标左键，绘制直线，如图7-78所示。

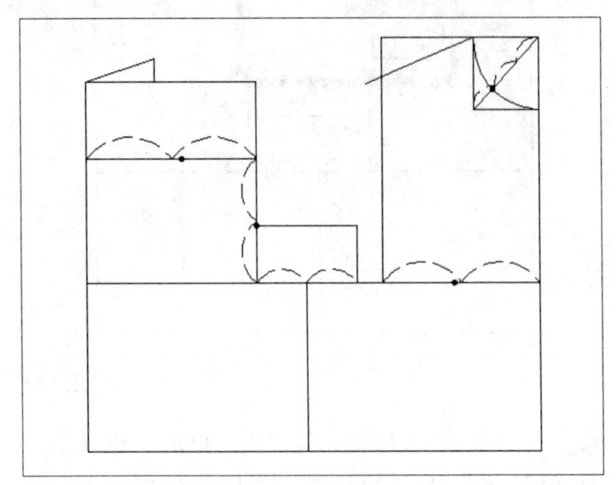

图7-78

⑰ 在“设计工具栏”中单击“调整”按钮，在刚绘制的直线上单击鼠标左键，对其进行调整，如图7-79所示。

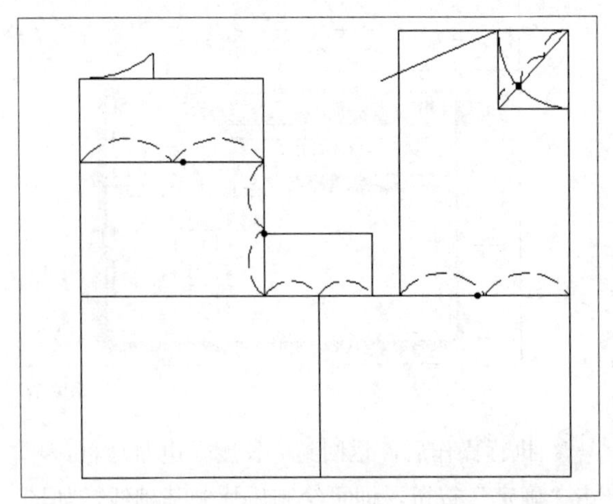

图7-79

⑱ 在“设计工具栏”中单击“比较长度”按钮，如图7-80所示。

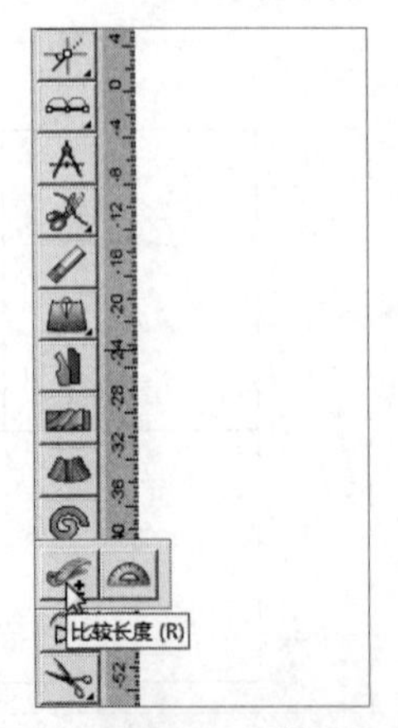

图7-80

⑲ 单击鼠标右键，然后在工作区合适的点上单击鼠标左键，按Shift键切换工具模式，绘制记录起点和终点后单击右键确认操作，在弹出的“测量”对话框中，单击“记录”按钮，如图7-81所示。

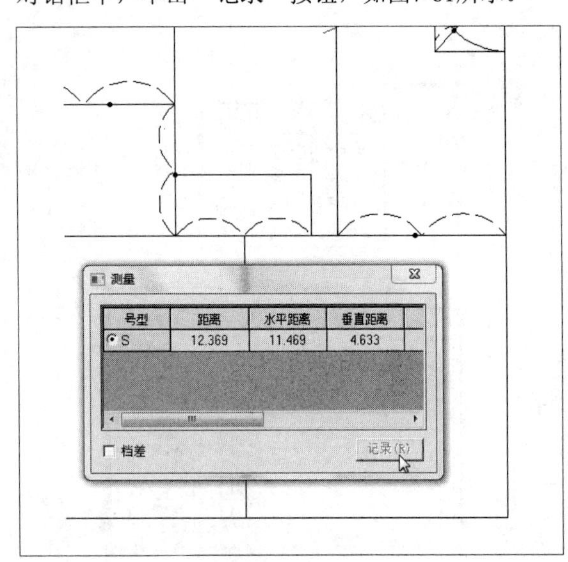

图7-81

⑳ 执行操作后，关闭“测量”对话框，即可测量长度，如图7-82所示。

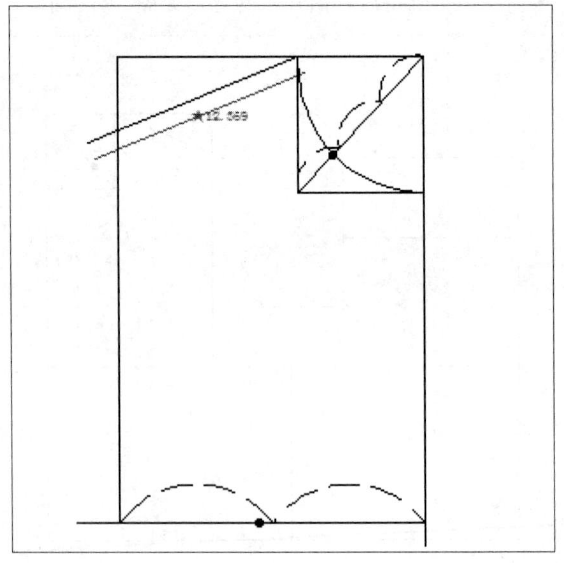

图7-82

㉑ 在“设计工具栏”中单击“角度线”按钮，在后片领基础线的上下端点上依次单击鼠标左键，然后拖曳光标，至合适位置单击鼠标左键，弹出“角度线”对话框，如图7-83所示。

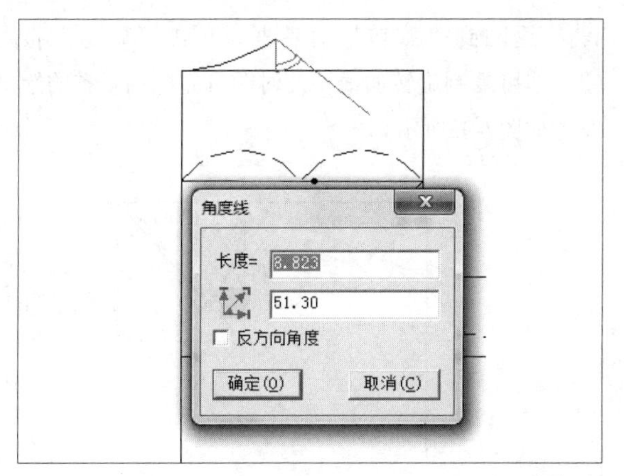

图7-83

22 双击对话框上方空白区域，弹出“计算器”对话框，输入相应的公式，单击“OK”按钮，如图7-84所示。

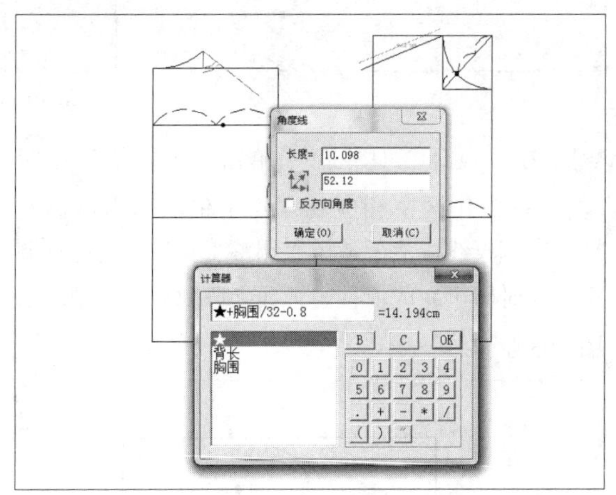

图7-84

23 返回到“角度线”对话框，设置角度为72，单击“确定”按钮，如图7-85所示。

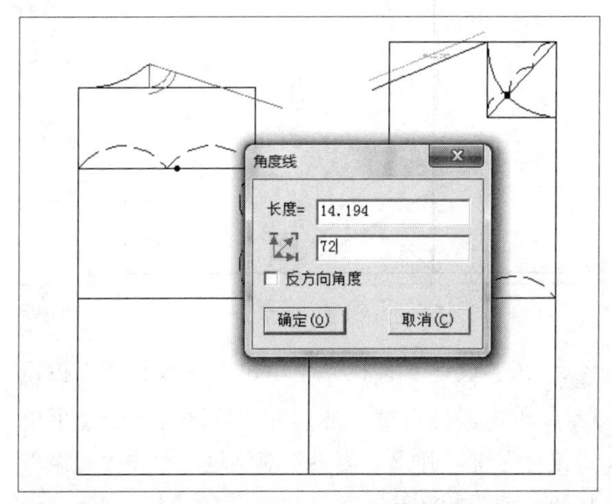

图7-85

24 执行操作后，即可绘制肩缝线，如图7-86所示。

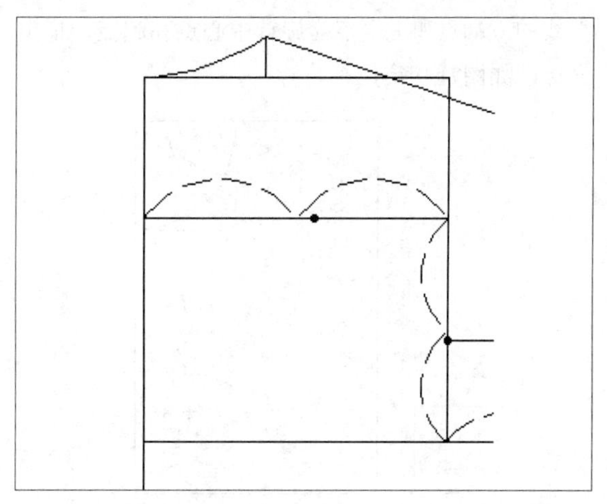
图7-86

25 在“设计工具栏”中单击“智能笔”按钮，在工作区中合适的点上单击鼠标左键，绘制直线，如图7-87所示。

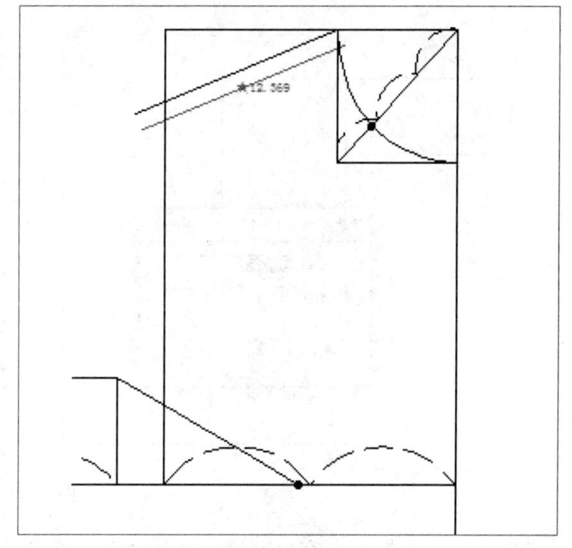

图7-87

26 在“设计工具栏”中单击“旋转”按钮，如图7-88所示。

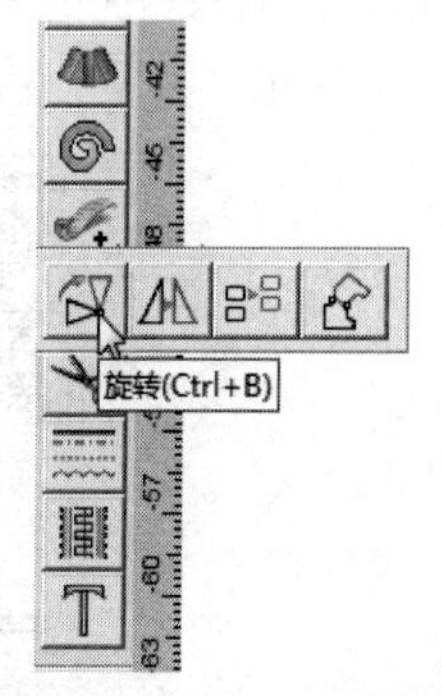

图7-88

㉗ 按Shift键切换至“复制旋转”，在工作区中选择刚绘制的直线，单击鼠标右键，然后依次选择直线的下端点和上端点为旋转中心点和起点，拖曳光标，如图7-89所示。

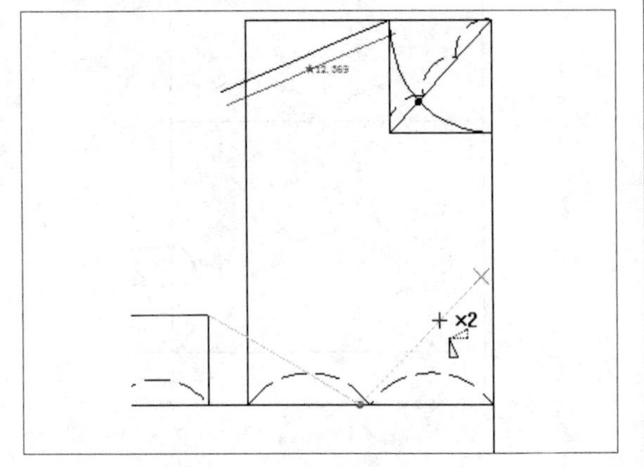

图7-89

㉘ 至合适位置后单击鼠标左键，弹出“旋转”对话框，如图7-90所示。

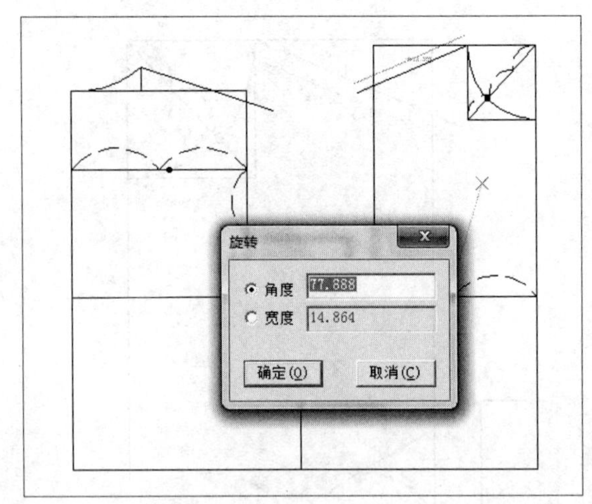

图7-90

㉙ 双击对话框上方空白区域，弹出“计算器”对话框，输入相应的公式，单击“OK”按钮，如图7-91所示。

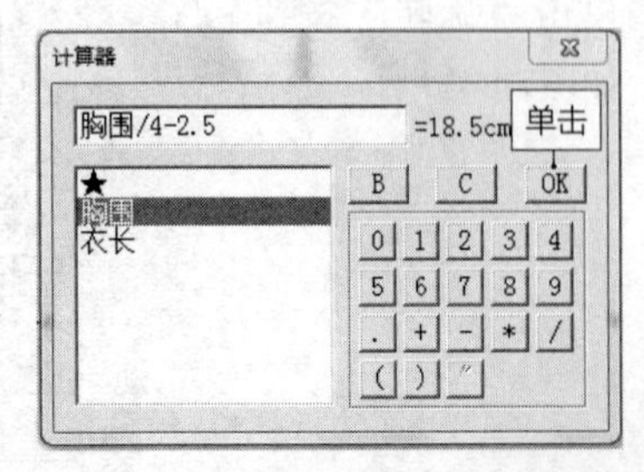

图7-91

㉚ 返回到“旋转”对话框，单击“确定”按钮，即可复制旋转曲线，此时即可完成袖窿省的绘制，如图7-92所示。

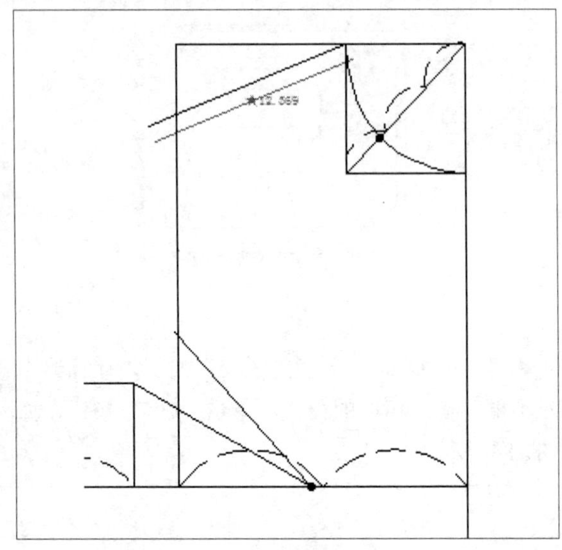

图7-92

㉛ 在“设计工具栏”中单击“智能笔”按钮，在工作区中相应的端点上依次单击鼠标左键，绘制直线，然后使用“调整工具”对其进行调整，此时即可完成前袖窿弧线上段部分的绘制，如图7-93所示。

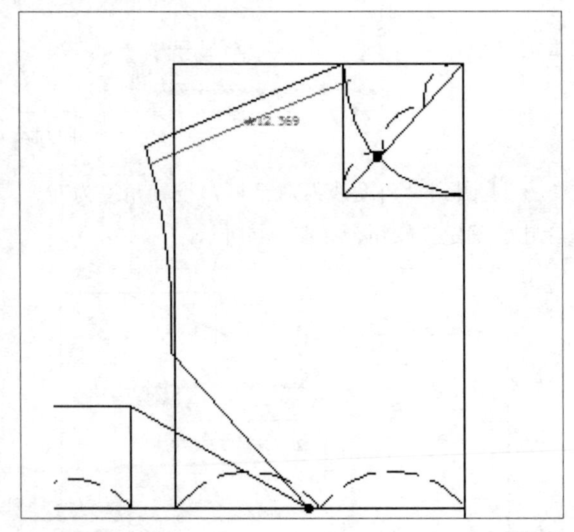

图7-93

㉜ 在“设计工具栏”中单击“比较长度”按钮，单击鼠标右键，然后在工作区合适的点上单击鼠标左键，弹出“测量”对话框，单击“记录”按钮，如图7-94所示。

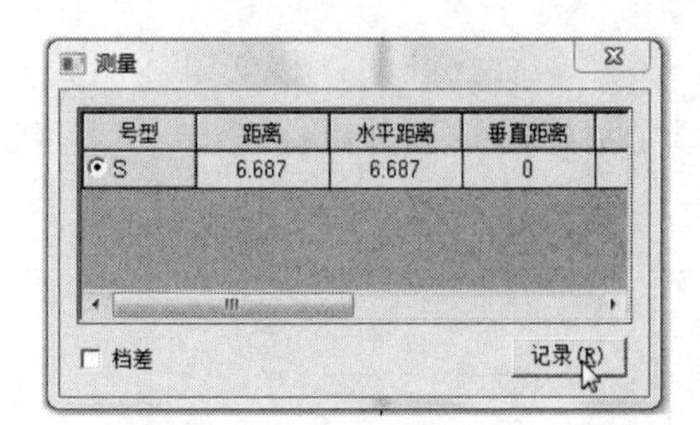

图7-94

33 执行操作后，关闭“测量”对话框，即可测量长度，在“设计工具栏”中单击“智能笔”按钮，在工作区中相应的端点上单击鼠标左键，然后拖曳光标，至合适位置单击鼠标左键，弹出“长度”对话框，如图7-95所示。

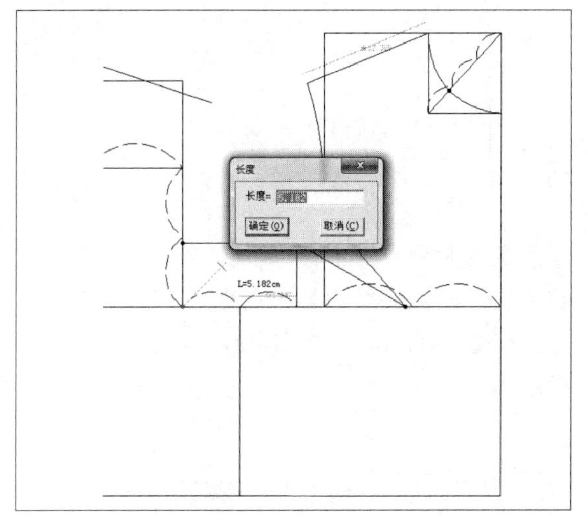

图7-95

34 双击对话框上方空白区域，弹出“计算器”对话框，输入相应的公式，单击“OK”按钮，如图7-96所示。

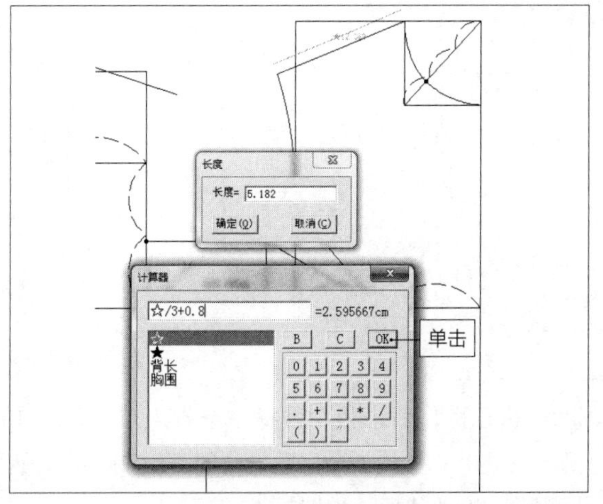

图7-96

35 返回到“长度”对话框，单击“确定”按钮，即可绘制直线，重复上述操作，输入公式绘制直线，如图7-97所示。

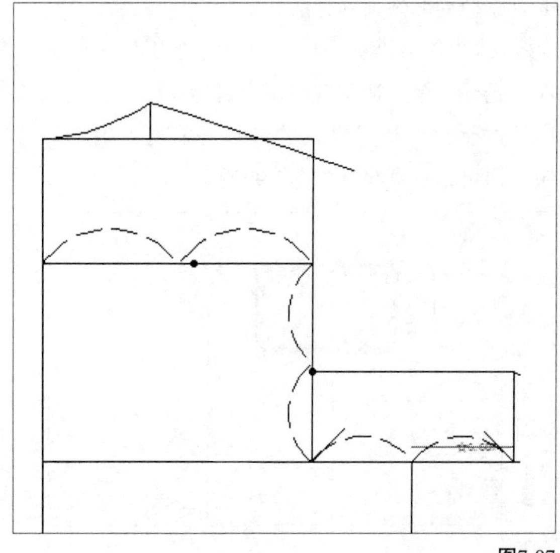

图7-97

36 继续使用“智能笔”命令，在工作区中相应的端点上依次单击鼠标左键，绘制曲线，然后使用“调整工具”对其进行适当调整，此时，即可完成袖窿弧线的绘制，如图7-98所示。

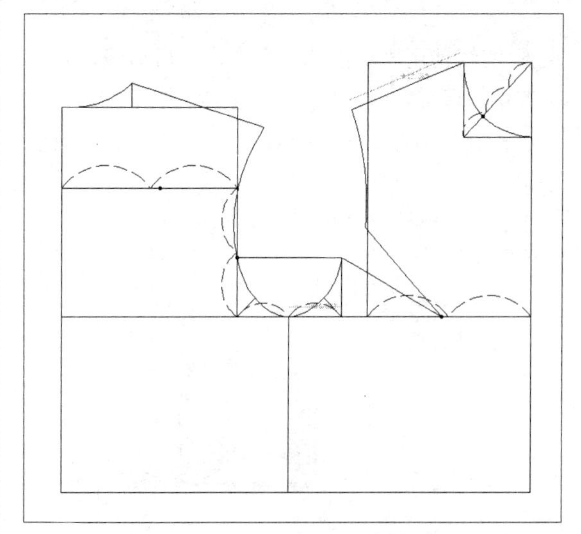

图7-98

技巧与提示

用户还可以通过按Ctrl＋A组合键，来另存文件。

7.1.4 女上装原型局部刻画

本小节为读者介绍运用富怡CAD软件制作女上装原型局部刻画的方法。

01 继续使用“智能笔”命令，在工作区中向上拖曳光标，至合适位置后单击鼠标左键，弹出“长度”对话框，接受默认的参数，单击“确定”按钮，即可绘制直线，如图7-99所示。

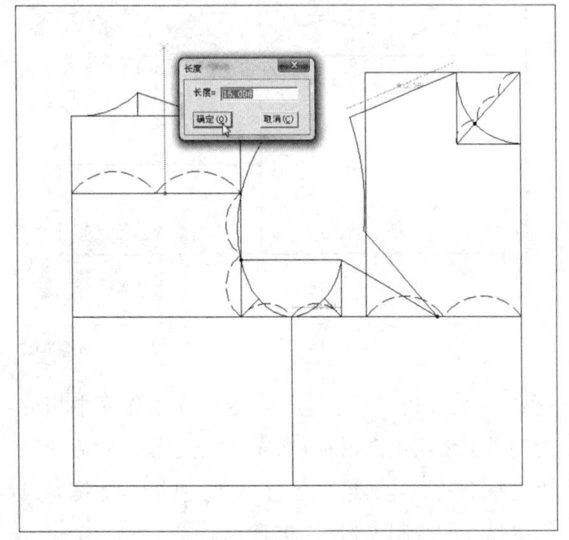

图7-99

02 继续使用“智能笔”命令，在后肩线的合适位置单击鼠标左键，弹出“点的位置”对话框，设置“长度”为1.5，单击“确定”按钮，如图7-100所示。

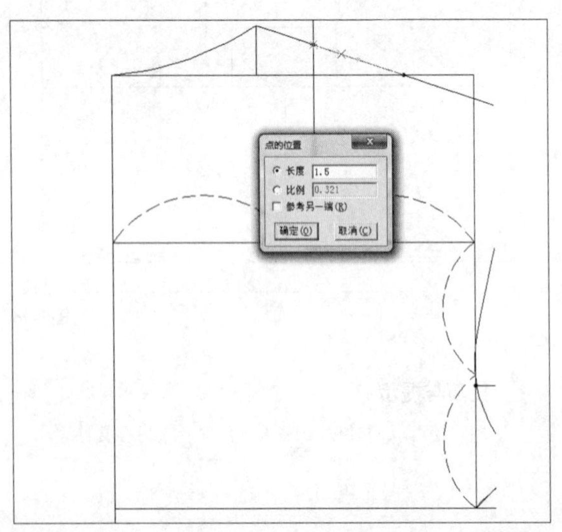

图7-100

03 执行操作后，移动鼠标至省尖点处，单击鼠标左键，并单击鼠标右键，即可绘制省线，如图7-101所示。

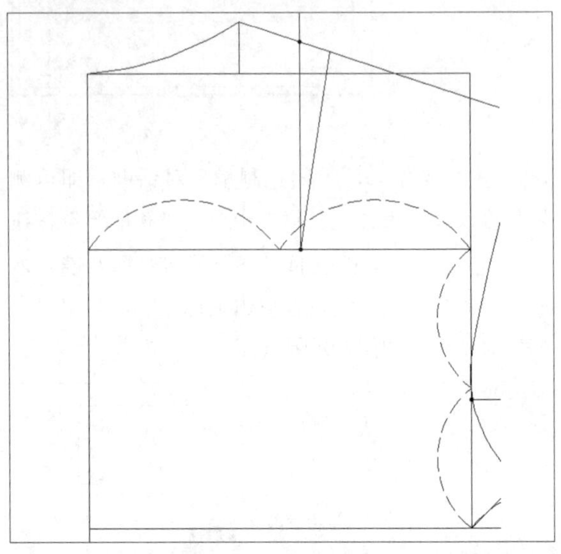

图7-101

04 继续使用“智能笔”命令，在后肩线的合适位置单击鼠标左键，弹出“点的位置”对话框，设置“长度”为1.8，单击“确定”按钮，如图7-102所示。

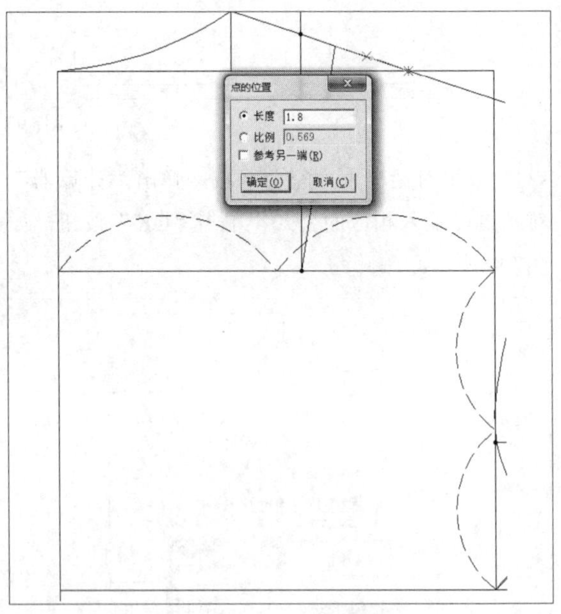

图7-102

05 执行操作后，移动鼠标，至省尖点处，单击鼠标左键，并且单击鼠标右键，即可绘制省线，然后删除相应的线段，如图7-103所示。

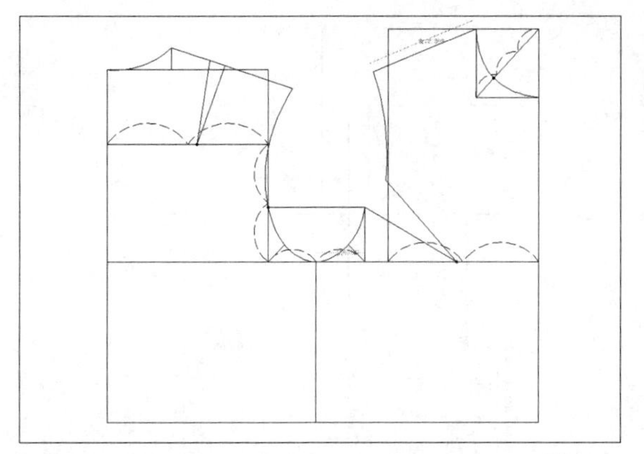

图7-103

06 继续使用“智能笔”命令，在工作区中相应的点上单击鼠标左键，绘制省中线，如图7-104所示。

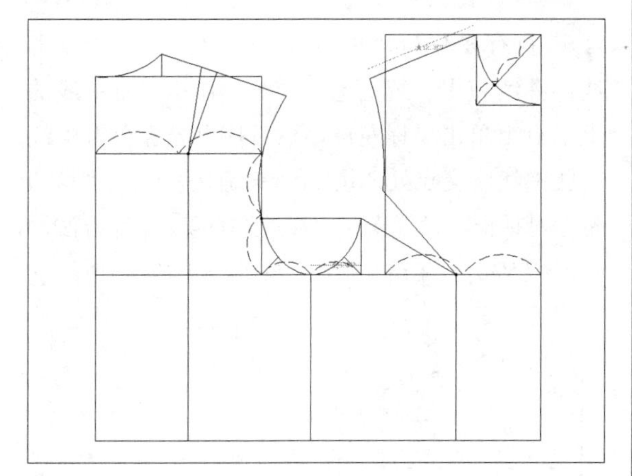

图7-104

07 继续使用“智能笔”命令，在后袖窿线的控制点上按Enter键，弹出“移动量”对话框，设置横向偏移量为-1，单击“确定”按钮，如图7-105所示。

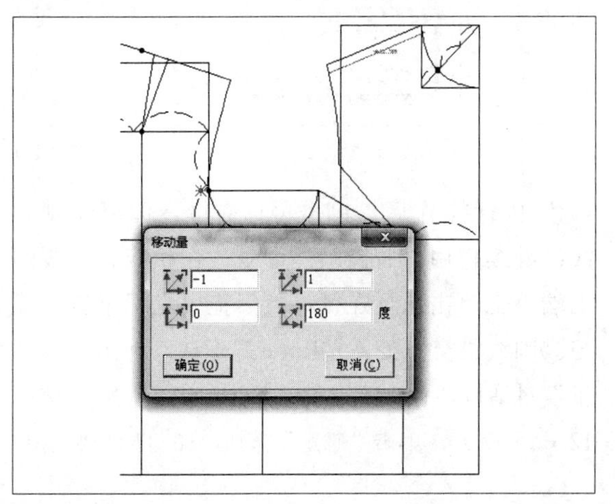

图7-105

08 执行操作后，向下拖曳光标，至腰围线上单击鼠标左键，绘制一条省中线，如图7-106所示。

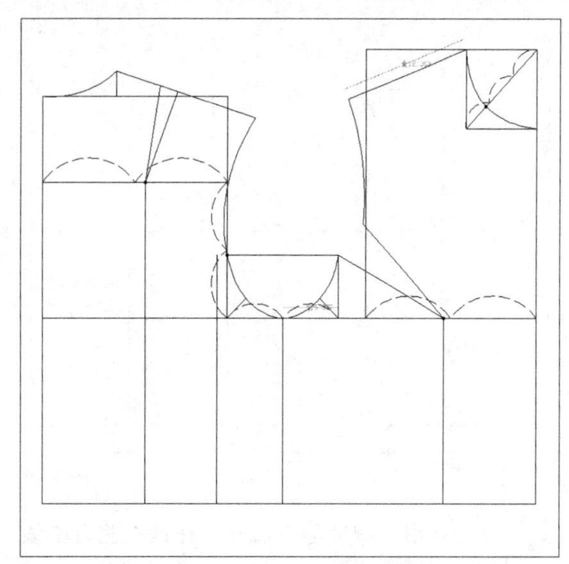

图7-106

09 继续使用“智能笔”命令，在前片胸围线的合适位置单击鼠标左键，弹出“点的位置”对话框，设置“长度”为1.5，单击“确定”按钮，如图7-107所示。

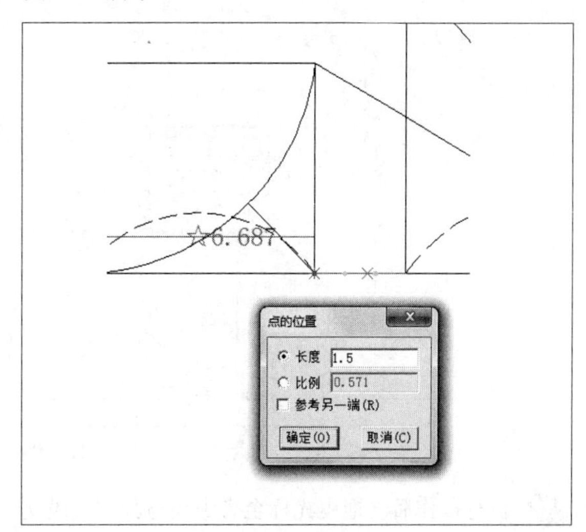

图7-107

10 执行操作后，向下拖曳光标，至腰围线上单击鼠标左键，绘制直线，然后在直线的上端点单击鼠标左键，向上拖曳光标，至省线上单击鼠标左键，此时即可完成省中线的绘制，如图7-108所示。

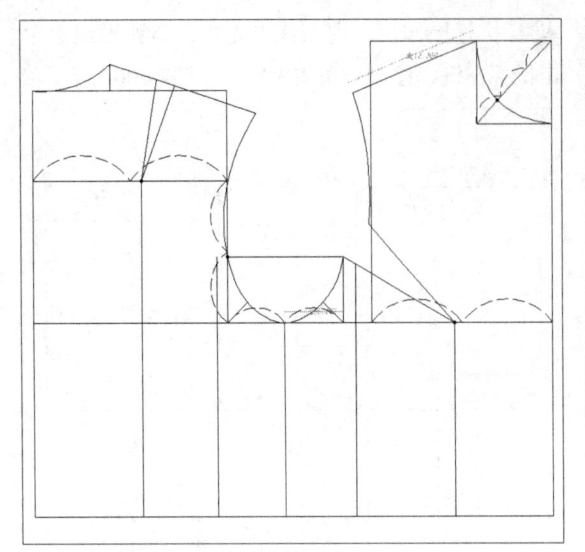

图7-108

11 继续使用“智能笔”命令，在最右侧省中线的合适位置单击鼠标左键，弹出“点的位置”对话框，设置“长度”为3，单击“确定”按钮，如图7-109所示。

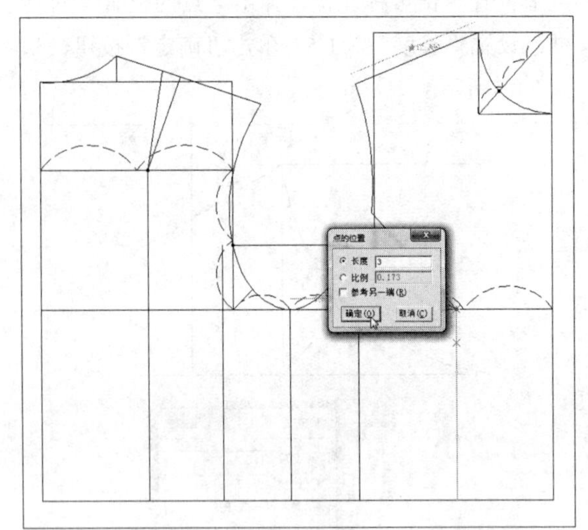

图7-109

12 执行操作后，拖曳光标至省中线与腰围线段交点处，按Enter键确认，弹出“移动量”对话框，设置横向偏移量为0.88（计算方法：12.5×7%），单击“确定”按钮，如图7-110所示。

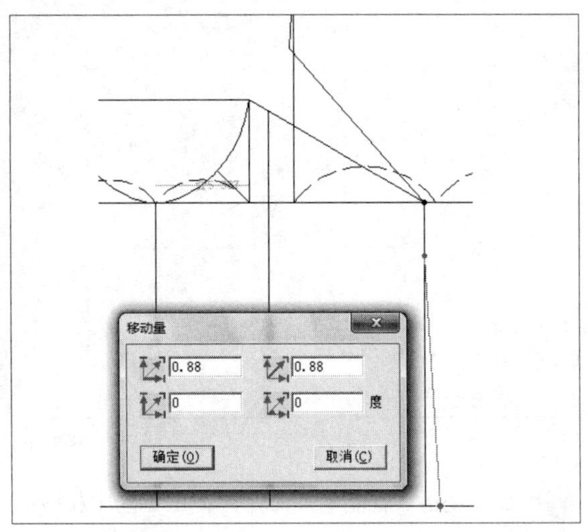

图7-110

13 执行操作后，单击鼠标右键，即可绘制省线；继续使用“智能笔”命令，在相应省中线的上端点上单击鼠标左键，然后拖曳光标至省中线与腰围线段交点处，按Enter键确认，弹出“移动量”对话框，设置横向偏移量为0.94（计算方法：12.5×7.5%），单击“确定”按钮，如图7-111所示。

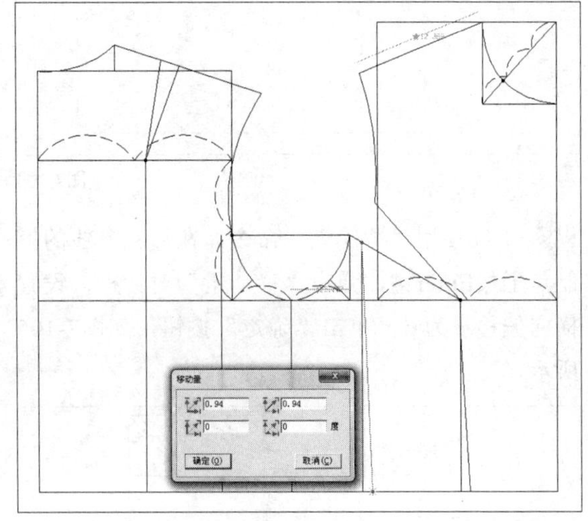

图7-111

14 执行操作后，单击鼠标右键，即可绘制省线；继续使用“智能笔”命令，在相应省中线的上端点上单击鼠标左键，然后拖曳光标至省中线与腰围线段交点处，按Enter键确认，弹出“移动量”对话框，设置横向偏移量为0.69（计算方法：12.5×5.5%），单击“确定”按钮，如图7-112所示。

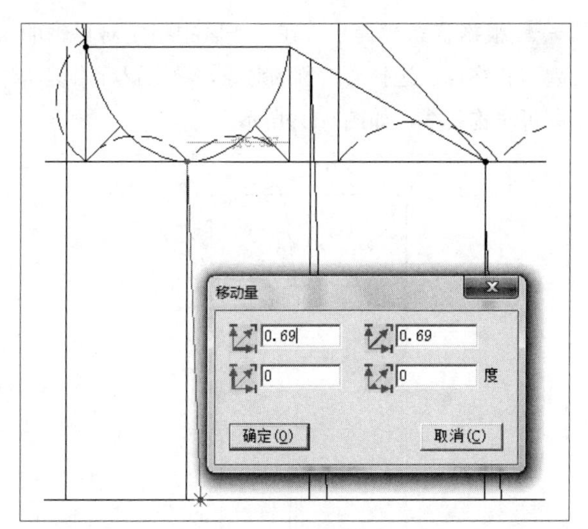

图7-112

⑮ 执行操作后，单击鼠标右键，即可绘制省线；继续使用“智能笔”命令，在相应省中线的上端点上单击鼠标左键，然后拖曳光标至省中线与腰围线段交点处，按Enter键确认，弹出“移动量”对话框，设置横向偏移量为2.19（计算方法：12.5×17.5%），单击“确定”按钮，如图7-113所示。

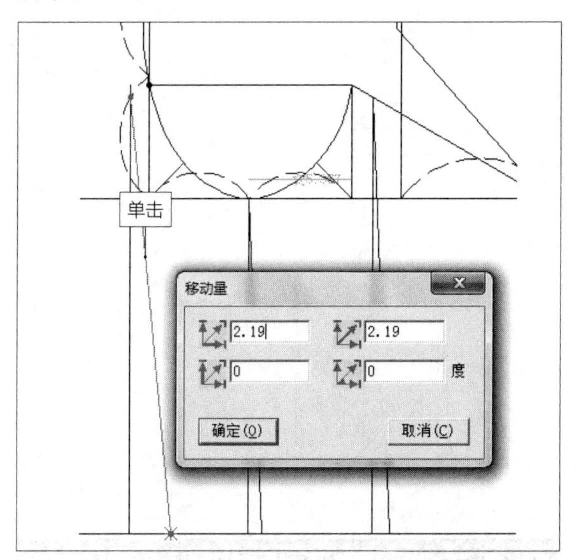

图7-113

⑯ 执行操作后，单击鼠标右键，即可绘制省线；在“设计工具栏”中单击“剪断线”按钮，在工作区中选择相应的省中线，然后在省中线与胸围线的交点上单击鼠标左键，剪断曲线，然后删除相应的剪断曲线，如图7-114所示。

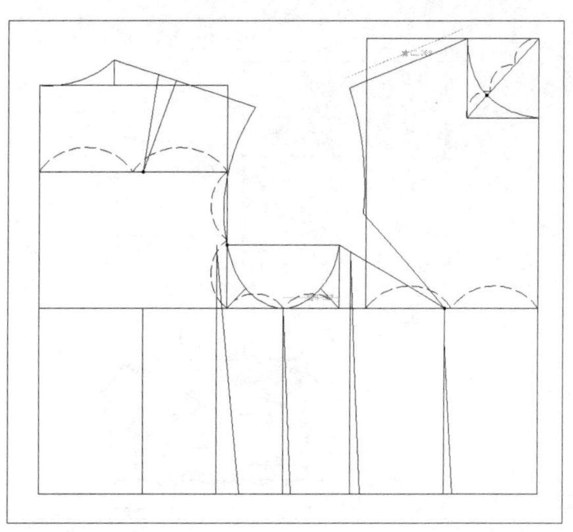

图7-114

⑰ 继续使用“智能笔”命令，按住Shift键，在剪断线的上单击鼠标右键，弹出“调整曲线长度”对话框，设置“新长度”为19.3，设置“长度增减”为2，单击“确定”按钮，如图7-115所示。

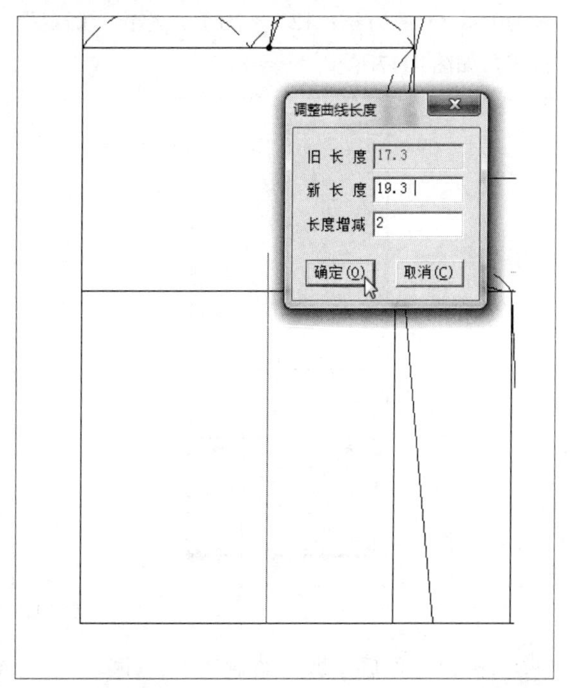

图7-115

⑱ 执行操作后，在省中线的上端点上单击鼠标左键，拖曳光标至省中线与腰围线段交点处，按Enter键确认，弹出“移动量”对话框，设置横向偏移量为1.13（计算方法：12.5×9%），单击“确定”按钮，如图7-116所示。

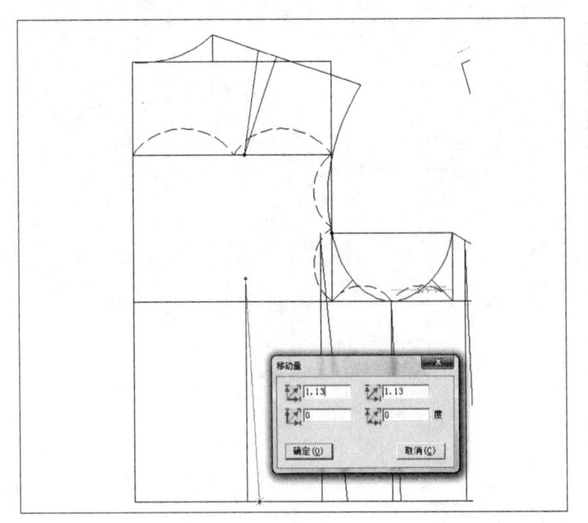

图7-116

⑲ 执行操作后，单击鼠标右键，即可绘制省线；继续使用“智能笔”命令，在后直开领的端点上单击鼠标左键，然后拖曳光标至腰围线上，按Enter键，弹出“移动量”对话框，设置横向偏移量为0.88（计算方法：12.5×7%），单击“确定”按钮，如图7-117所示。

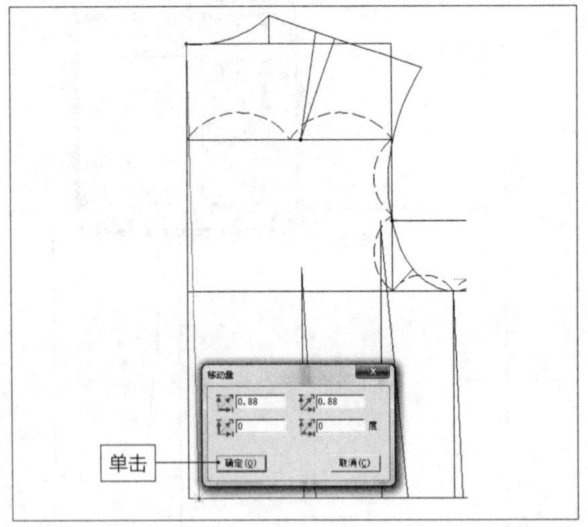

图7-117

⑳ 执行操作后，即可绘制省线；在“设计工具栏”中单击“对称”按钮，如图7-118所示。

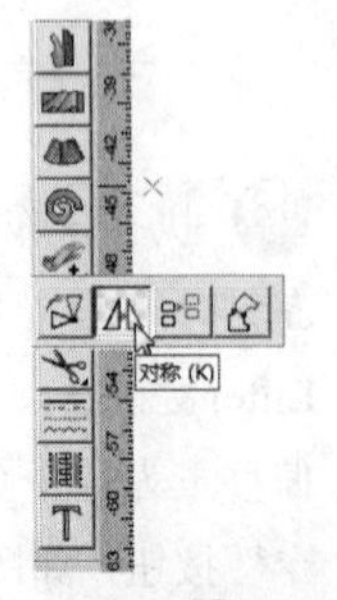

图7-118

㉑ 根据状态栏提示，在工作区中指定对称轴的起点和终点，选择要对称的对象，单击鼠标右键，即可对称省线，如图7-119所示。

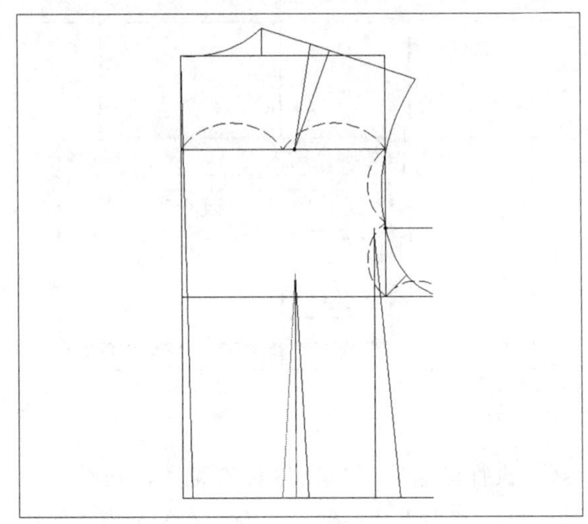

图7-119

㉒ 继续使用“对称”命令，完成其余省线的对称，此时即可完成女上装原型CAD制板，然后将图形另存至相应的文件夹中，如图7-120所示。

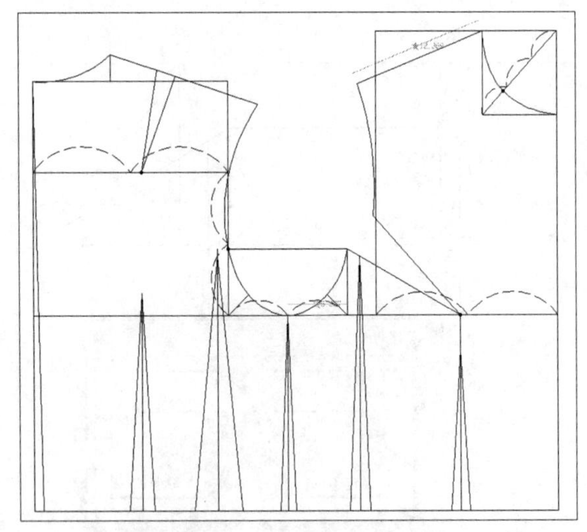

图7-120

7.2 女装袖子原型CAD制板

袖子作为服装的一个重要组成部分，对服装的造型起着至关重要的作用。在文化式女上装改革的同时，也带来了文化式女装袖子原型的改革，使袖片的处理有了很大的改进和提高，文化式女上装袖子结构如图7-121所示。

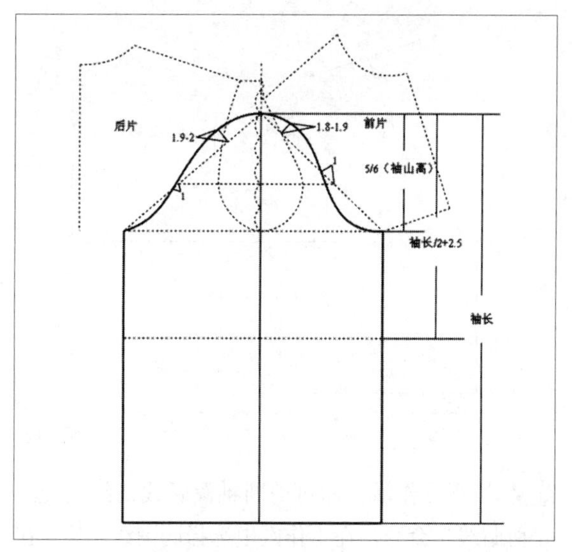

图7-121

课堂案例：	女装袖子原型CAD制板
案例位置：	效果>第7章>女装袖子原型CAD制板.dgs
视频位置：	视频>第7章>课堂案例——女上装袖子细节绘制.mp4、课堂案例——女上装袖子细节完善.mp4
难易指数：	★★★★★
学习目标：	掌握女装袖子原型CAD制板的方法

本案例的最终效果如图7-122所示。

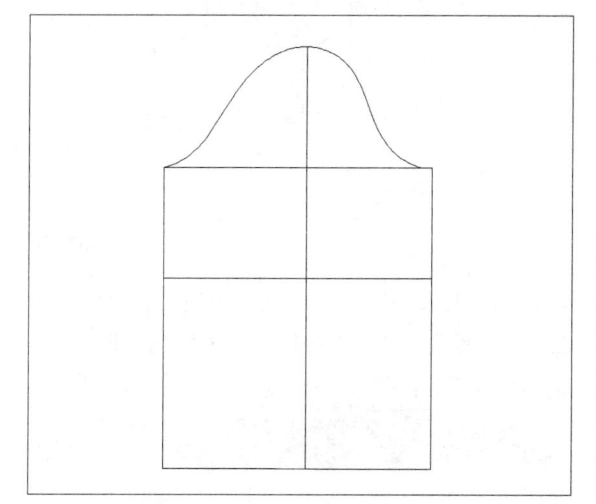

图7-122

7.2.1 女上装袖子细节绘制

本小节为读者介绍运用富怡CAD软件绘制文化式女装袖子细节绘制的方法。

01 以上例效果为例，单击“文档”|“另存为”命令，弹出“文档另存为”对话框，设置文件名和保存路径，单击“保存”按钮，如图7-123所示。

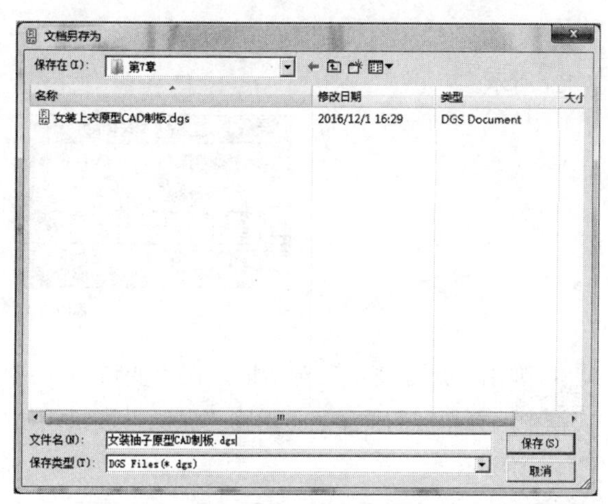

图7-123

02 执行操作后，即可另存文件；在“设计工具栏”中单击“橡皮擦”按钮，在工作区中选择相应的线段，将其删除，如图7-124所示。

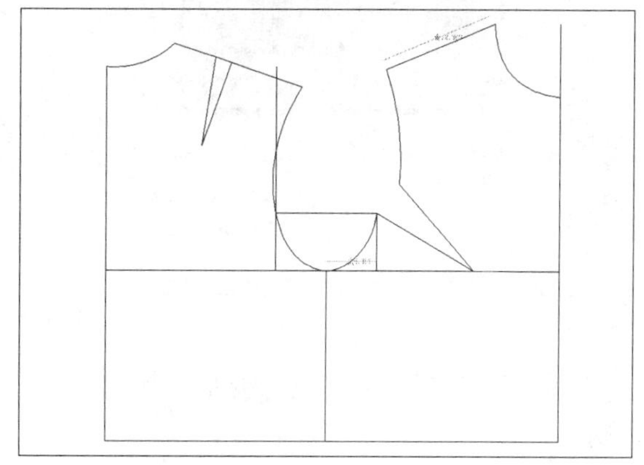

图7-124

03 在“设计工具栏”中单击“调整”按钮，在工作区中选择相应的线段，对其进行调整，如图7-125所示。

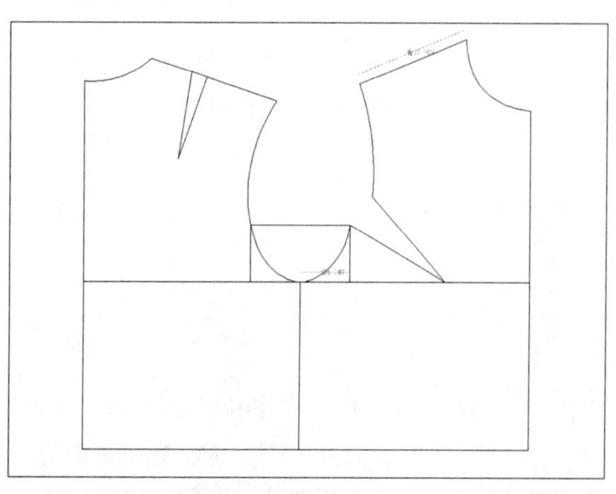

图7-125

04 单击“号型”|“尺寸变量”命令，如图7-126所示。

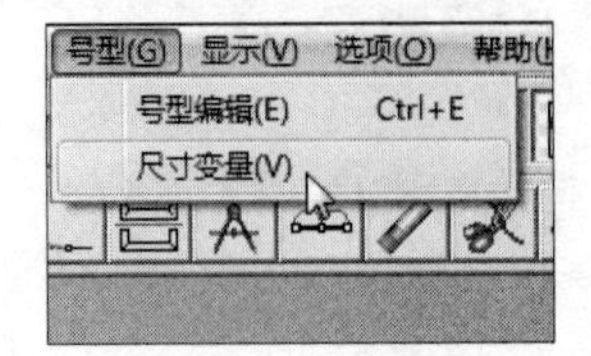

图7-126

05 弹出“尺寸变量”对话框，在“变量名”列表框中选择相应的变量名，单击“删除”按钮，如图7-127所示。

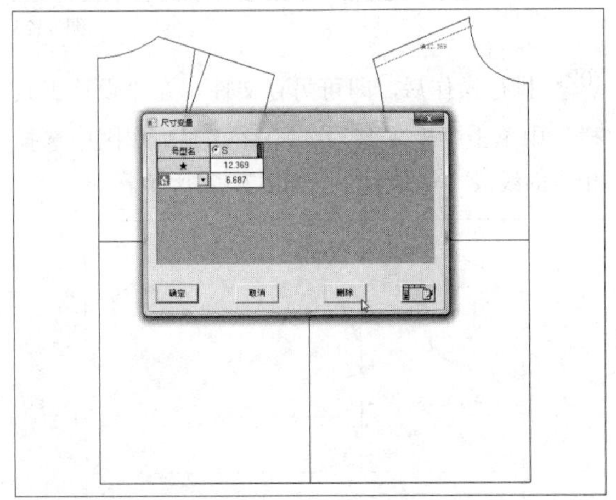

图7-127

06 执行操作后，即可删除变量，如图7-128所示。

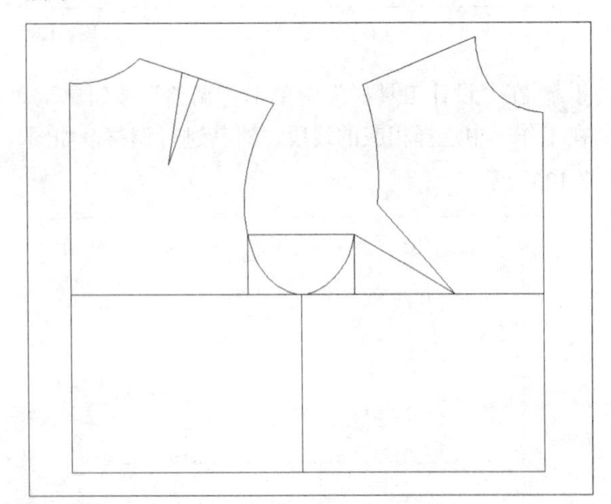

图7-128

07 在“设计工具栏”中单击“剪断线”按钮，在工作区中选择袖窿弧线，然后在袖窿弧线与胸围线的交点上单击鼠标左键，如图7-129所示。

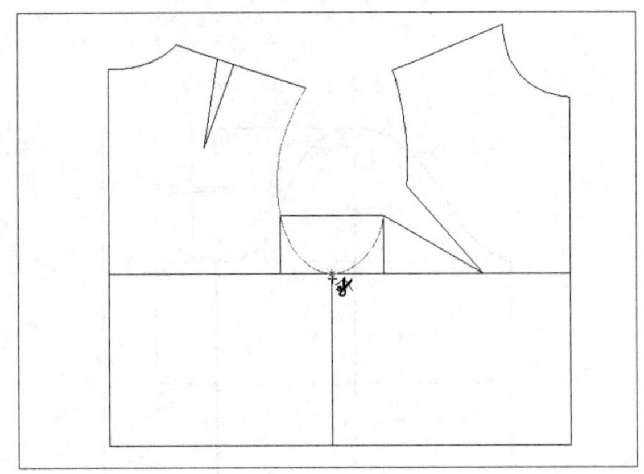

图7-129

08 执行操作后，即可剪断袖窿弧线；继续使用“剪断线”命令，在工作区中选择胸围线，然后在省尖点处单击鼠标左键，如图7-130所示。

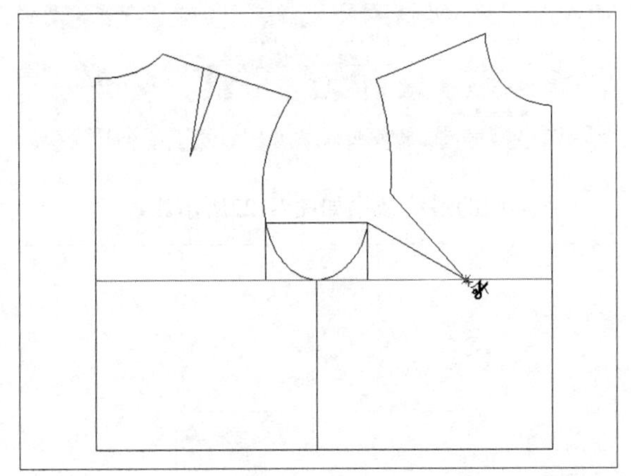

图7-130

09 执行操作后，即可剪断胸围线；在“设计工具栏”中单击“转省”按钮，如图7-131所示。

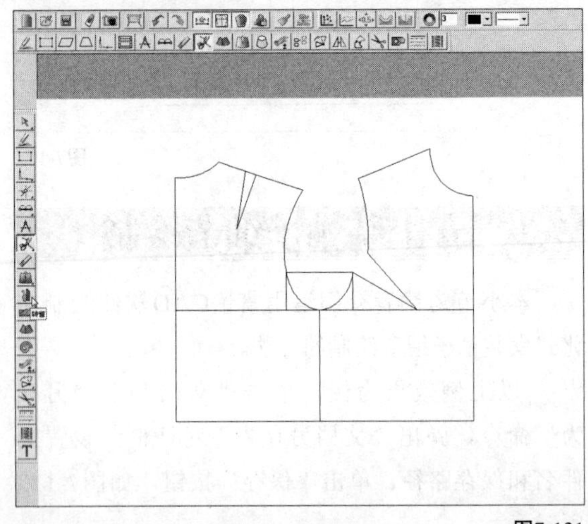

图7-131

⑩ 根据状态栏提示，在工作区中框选转移线，如图7-132所示。

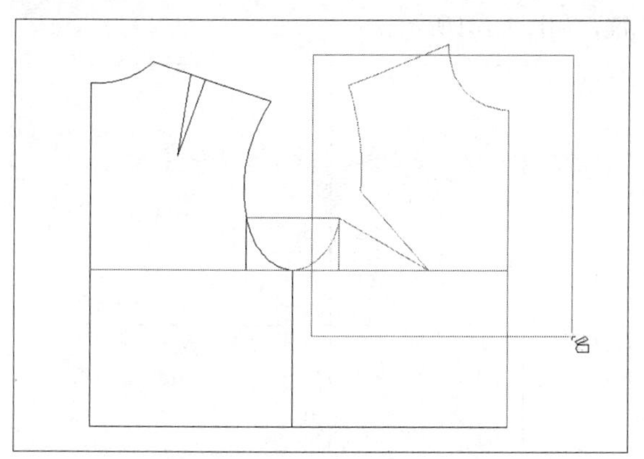

图7-132

⑪ 单击鼠标右键，然后在工作区中选择新省线，如图7-133所示。

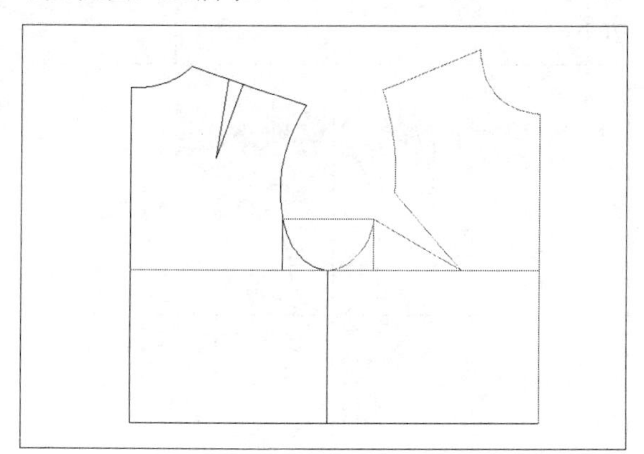

图7-133

⑫ 单击鼠标右键，然后在工作区中选择合并省的起始边和终止边，如图7-134所示。

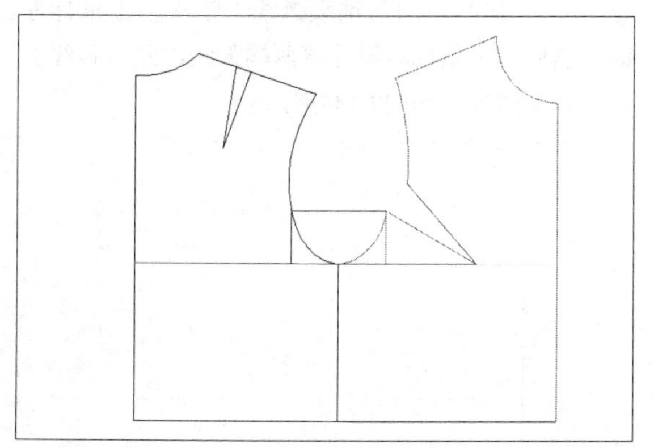

图7-134

⑬ 执行操作后，即可进行转省操作，如图7-135所示。

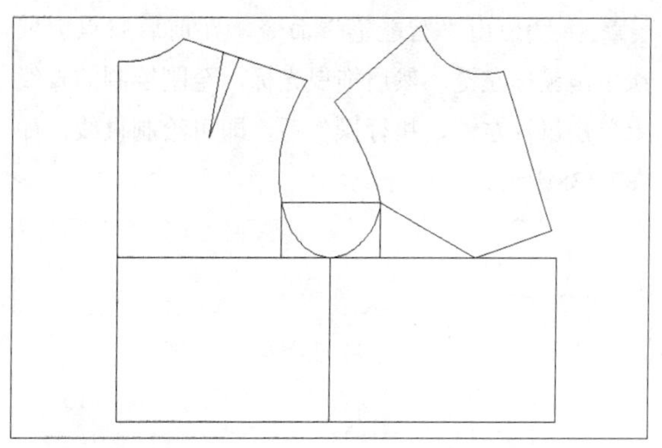

图7-135

⑭ 在“设计工具栏”中单击“智能笔”按钮，如图7-136所示。

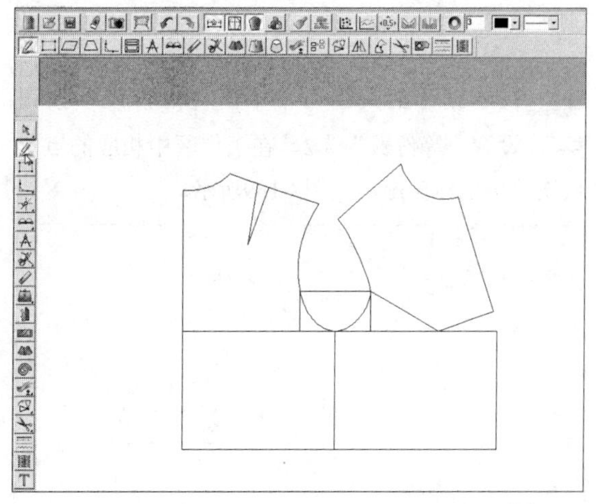

图7-136

⑮ 在袖笼弧线与胸围线的交点处单击鼠标左键，然后单击鼠标右键，切换输入状态，向上拖曳光标，至合适位置后，单击鼠标左键，弹出“长度”对话框，接受默认的参数，单击“确定”按钮，执行上述操作后即可绘制直线，如图7-137所示。

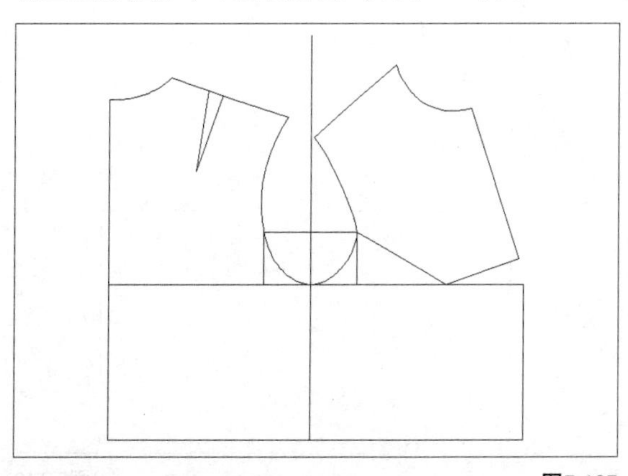

图7-137

⑯ 继续使用“智能笔”命令，在前后肩点上依次单击鼠标左键，然后拖曳光标，至刚绘制的直线上单击鼠标左键，执行操作后，即可绘制直线，如图7-138所示。

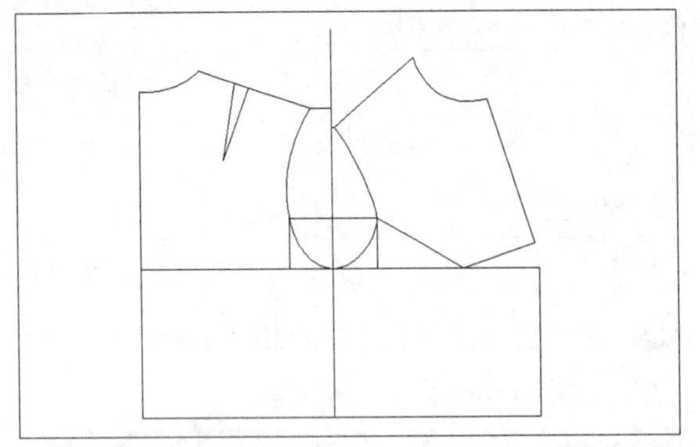

图7-138

⑰ 在“设计工具栏”中单击“等份规”按钮，设置“等份数”为2，在工作区中相应的点上依次单击鼠标左键，如图7-139所示。

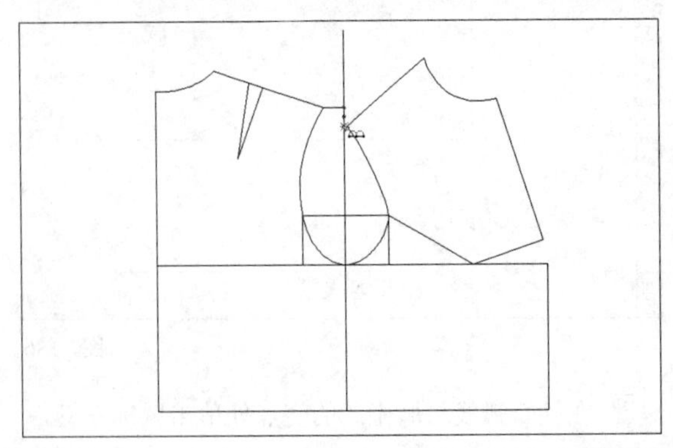

图7-139

⑱ 执行操作后，即可等分线段，如图7-140所示。

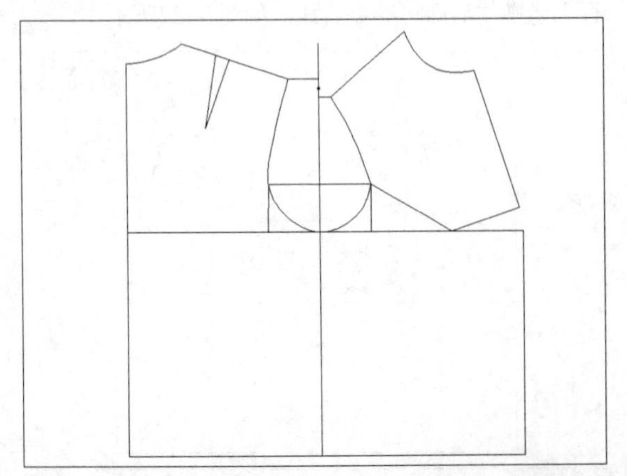

图7-140

⑲ 继续使用“等份规”命令，设置“等份数”为6，在侧缝线的端点和等分点上依次单击鼠标左键，如图7-141所示。

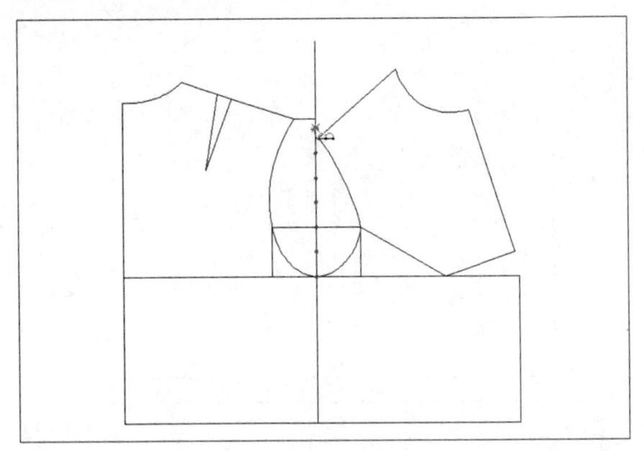

图7-141

⑳ 执行操作后，即可6等分线段，如图7-142所示。

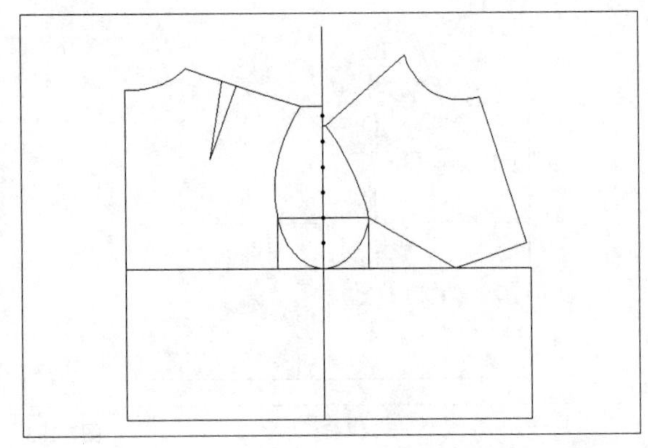

图7-142

㉑ 在“设计工具栏”中单击“剪断线”按钮，在工作区中的前袖窿弧线上依次单击鼠标左键，然后单击鼠标右键连接两端弧线，此时弧线会自动修正圆顺，如图7-143所示。

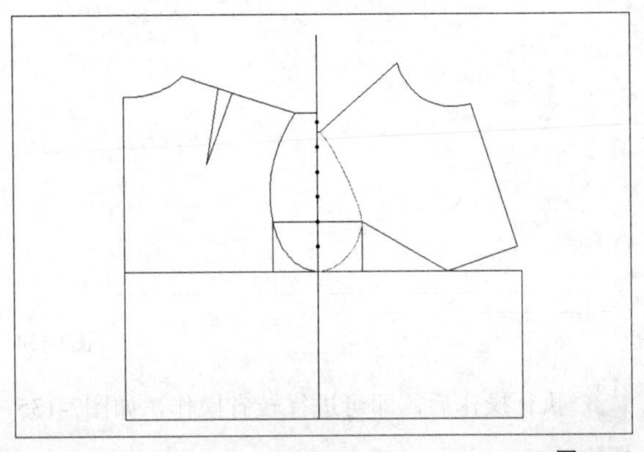

图7-143

㉒ 在“设计工具栏”中单击“比较长度”按钮，在工作区中的后袖窿弧线上单击鼠标左键，弹出“长度比较”对话框，单击“记录”按钮，如图7-144所示。

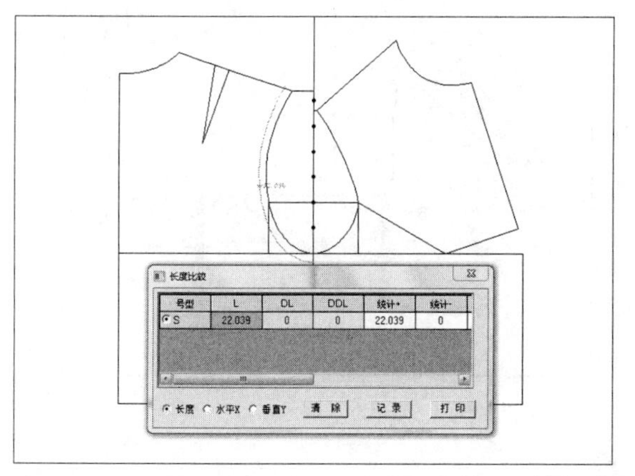

图7-144

㉓ 执行操作后，关闭“比较长度”对话框，即可测量后袖窿弧线的长度，如图7-145所示。

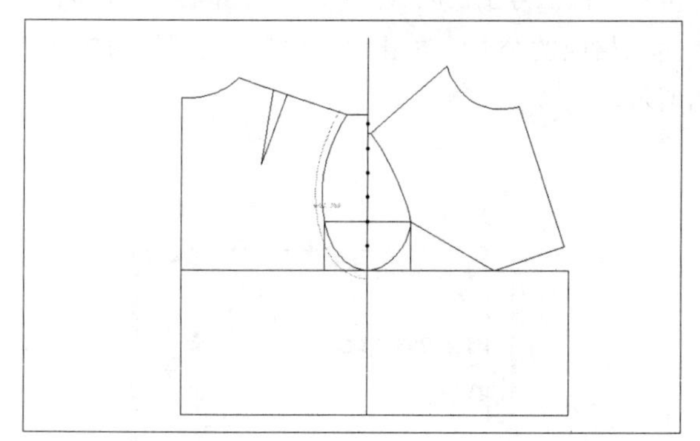

图7-145

㉔ 继续使用“比较长度”命令，在工作区中的前袖窿弧线上单击鼠标左键，弹出“长度比较”对话框，单击“记录”按钮，如图7-146所示。

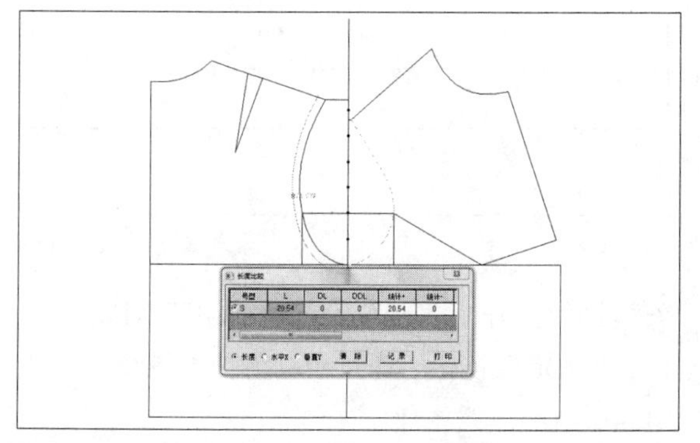

图7-146

㉕ 执行操作后，关闭“比较长度”对话框，即可测量前袖窿弧线的长度，如图7-147所示。

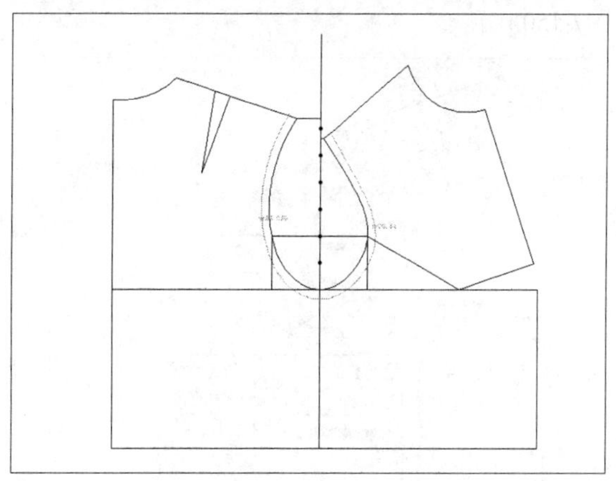

图7-147

㉖ 在“设计工具栏”中单击“圆规”按钮，如图7-148所示。

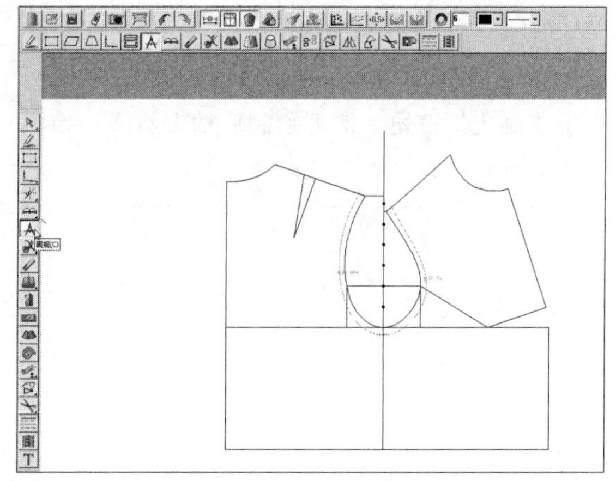

图7-148

㉗ 在工作区中相应的点上单击鼠标左键，然后拖曳光标至胸围线上，单击鼠标左键，弹出“单圆规”对话框，如图7-149所示。

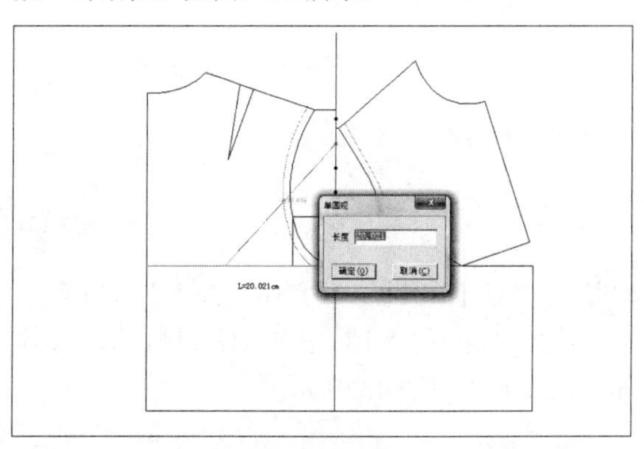

图7-149

28 双击对话框上方空白区域，弹出“计算器”对话框，输入相应的公式，单击“OK”按钮，如图7-150所示。

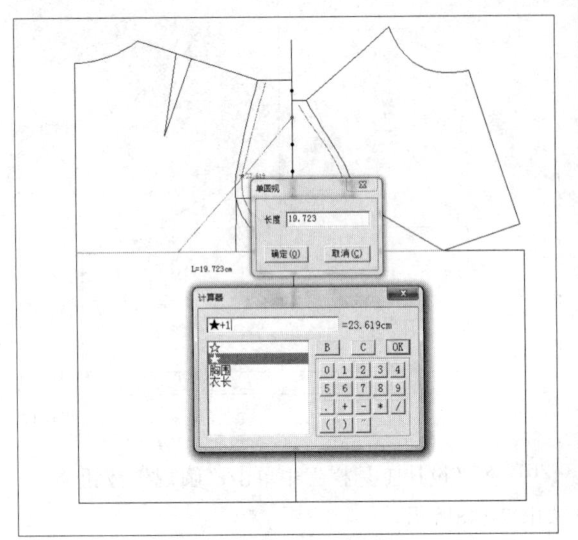

图7-150

29 执行操作后，返回到“单圆规”对话框，单击“确定”按钮，即可绘制后袖山斜线，如图7-151所示。

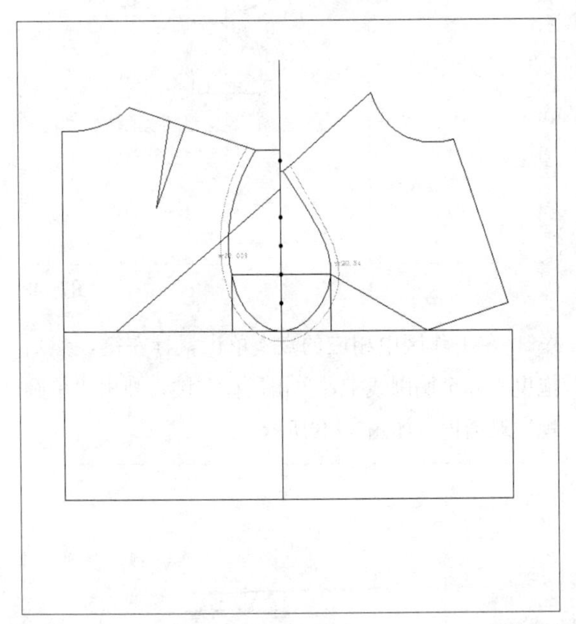

图7-151

30 在“设计工具栏”中单击“圆规”按钮，在工作区中相应的点上，单击鼠标左键，拖曳光标至胸围线上，如图7-152所示。

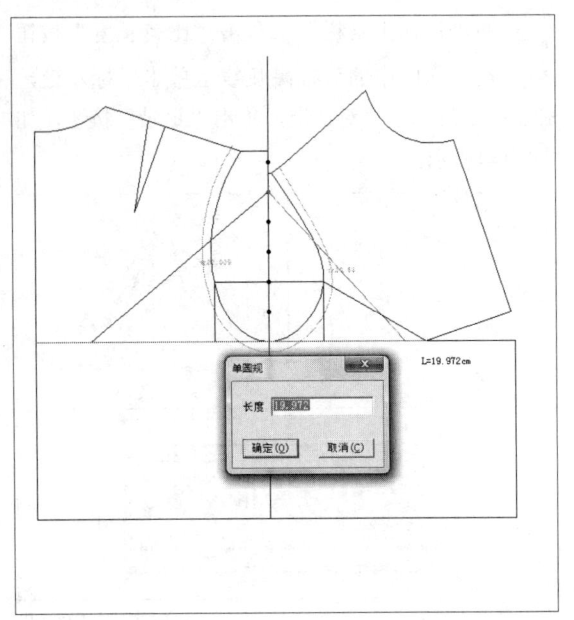

图7-152

31 单击鼠标左键，弹出“单圆规”对话框，双击对话框上方空白区域，弹出“计算器”对话框，输入相应的公式，单击“OK”按钮，如图7-153所示。

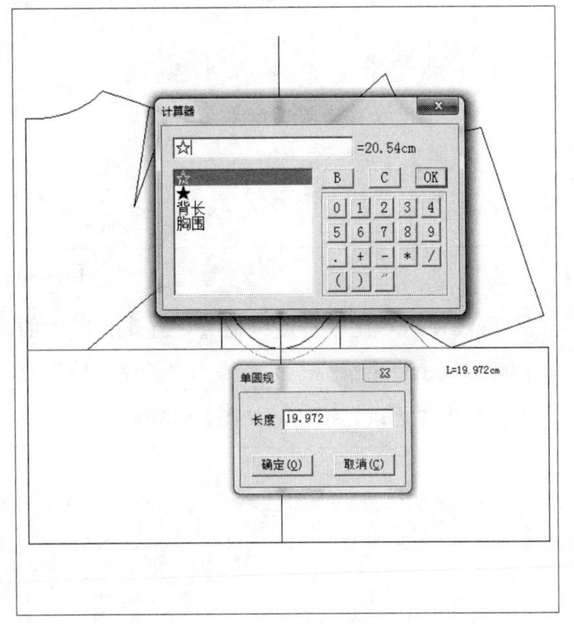

图7-153

32 执行操作后，返回到“单圆规”对话框，单击“确定”按钮，即可绘制前袖山斜线，如图7-154所示。

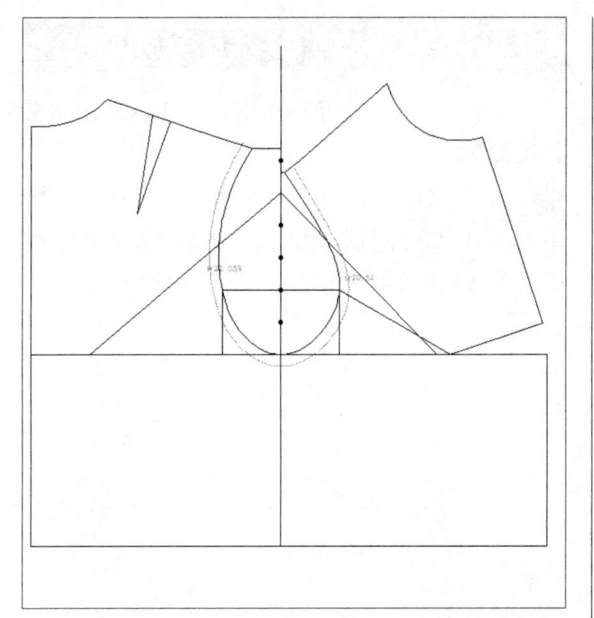

图7-154

33 在“设计工具栏”中单击“等份规”按钮，设置“等份数”为3，在工作区中相应的点上依次单击鼠标左键，如图7-155所示。

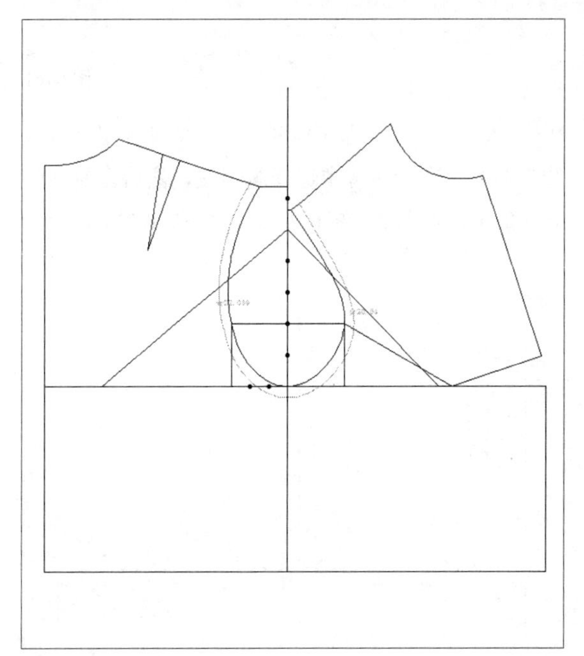

图7-155

34 执行操作后，即可3等分线段；继续使用“等分规”命令，设置“等份数”为3，在工作区中相应的点上依次单击鼠标左键，如图7-156所示。

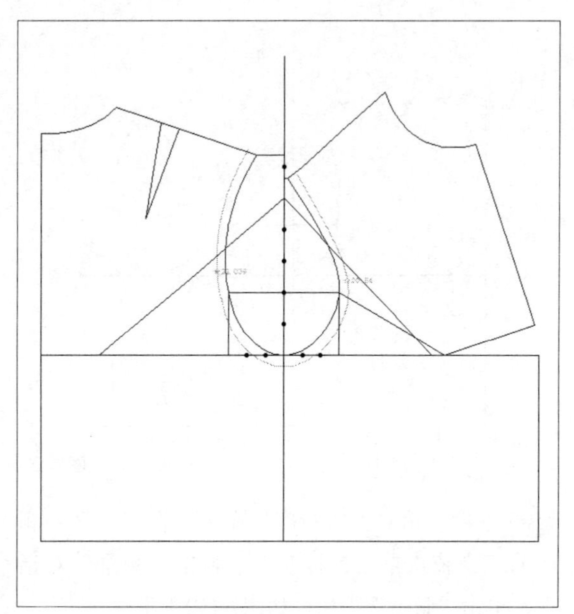

图7-156

35 执行操作后，即可3等分线段；在“设计工具栏”中单击“比较长度”按钮，然后单击鼠标右键，在工作区中相应的点上依次单击鼠标左键，弹出“测量”对话框，单击“记录”按钮，如图7-157所示。

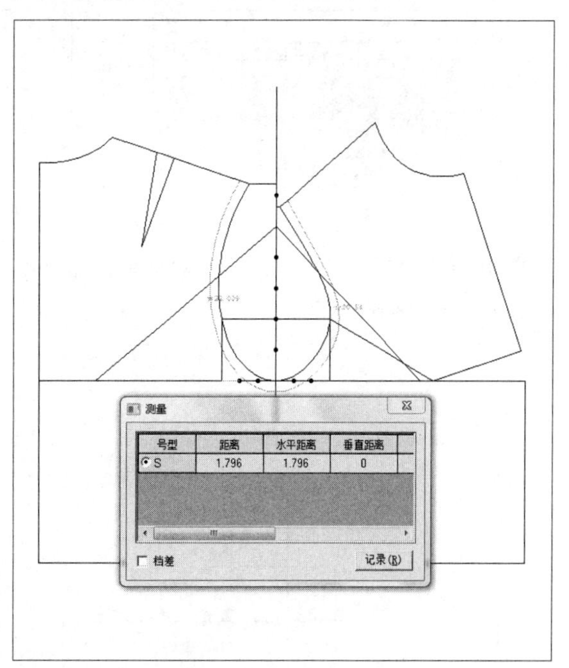

图7-157

36 执行操作后，关闭“测量”对话框，即可测量长度，如图7-158所示。

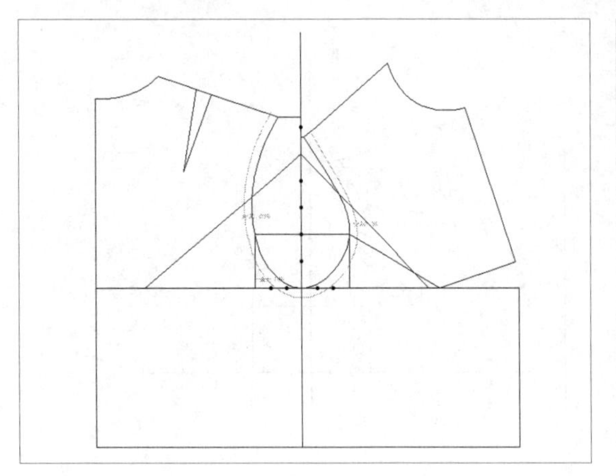

图7-158

37 继续使用“比较长度”命令，在工作区中相应的点上依次单击鼠标左键，弹出“测量”对话框，单击“记录”按钮，如图7-159所示。

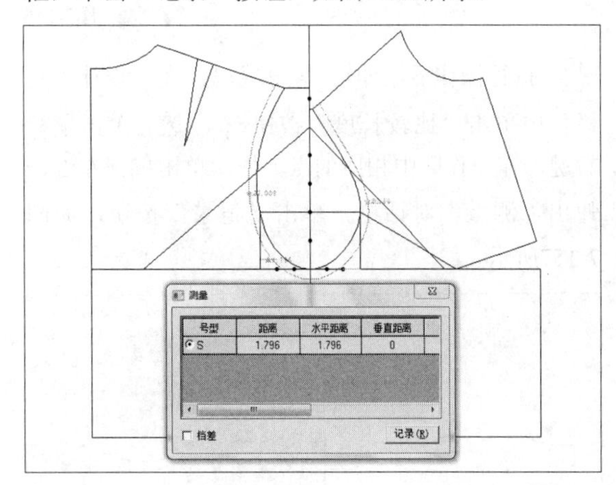

图7-159

38 执行操作后，关闭“测量”对话框，即可测量长度，如图7-160所示。

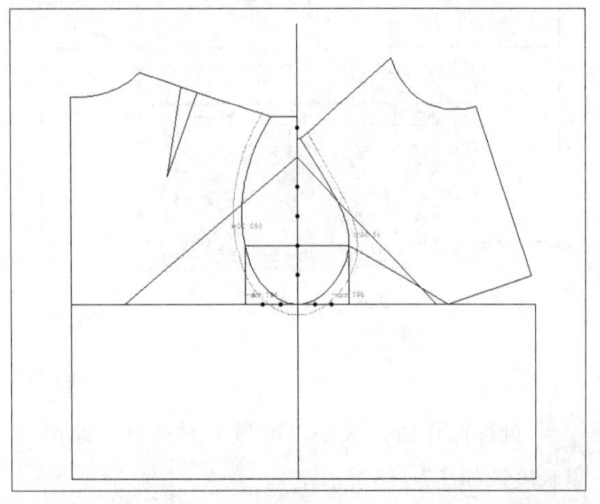

图7-160

7.2.2 女上装袖子细节完善

本小节为读者介绍运用富怡CAD软件绘制文化式女装袖子细节完善的方法。

01 在“设计工具栏”中单击“剪断线”按钮，在工作区中选择胸围线，然后在后袖山斜线的下端点上单击鼠标左键，如图7-161所示。

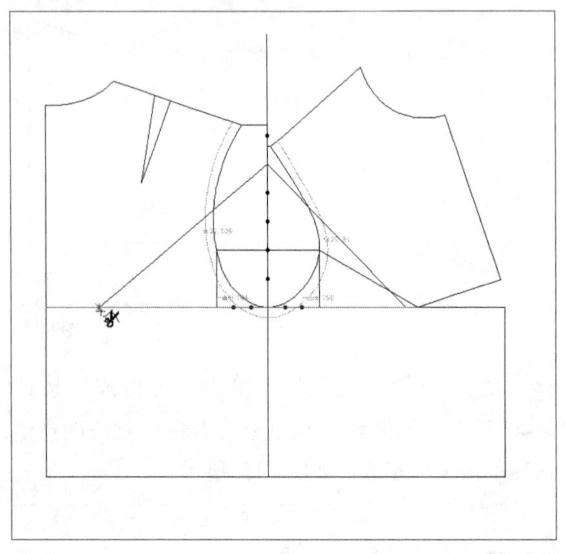

图7-161

02 执行操作后，即可剪断线段；继续使用“剪断线”命令，在工作区中选择胸围线，然后在前袖山斜线的下端点上单击鼠标左键，如图7-162所示。

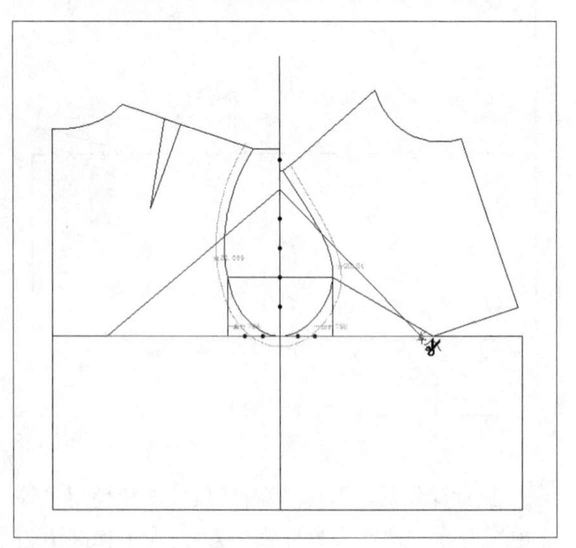

图7-162

03 执行操作后，即可剪断线段；在“设计工具栏”中单击“智能笔”按钮，如图7-163所示。

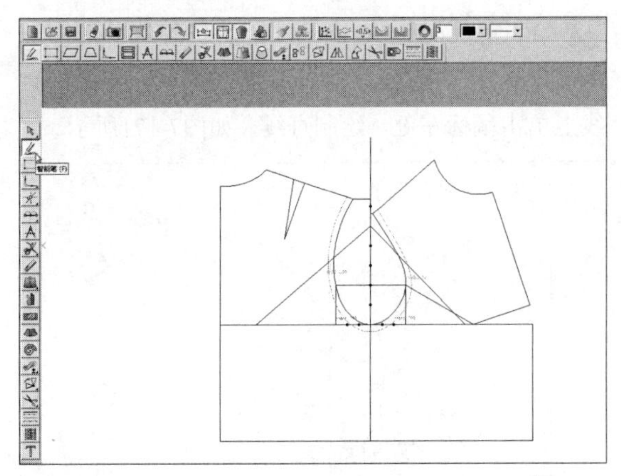

图7-163

04 在胸围线的合适位置处，单击鼠标左键，执行上述操作后，弹出“点的位置”对话框，如图7-164所示。

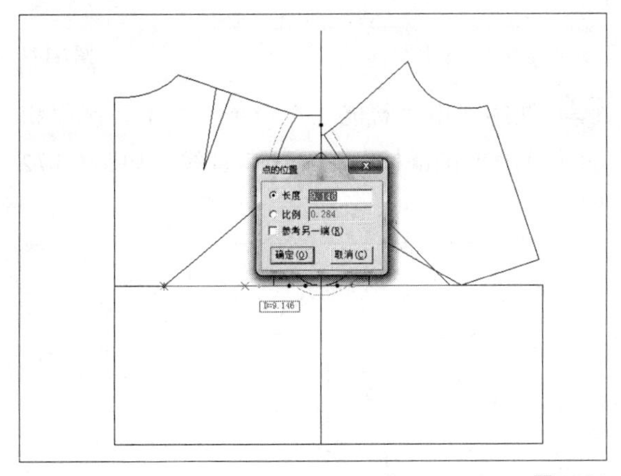

图7-164

05 双击对话框上方空白区域，调出“计算器”，输入相应的公式，单击“OK”按钮，如图7-165所示。

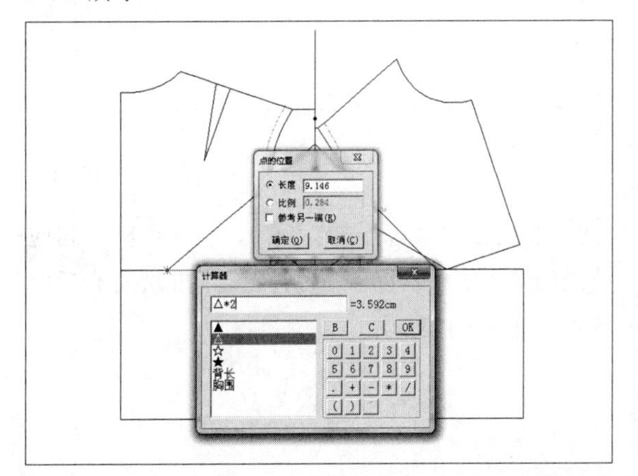

图7-165

06 执行操作后，返回到“点的位置”对话框，单击“确定”按钮，然后向上拖曳光标，至袖山斜线上单击鼠标左键，绘制直线，如图7-166所示。

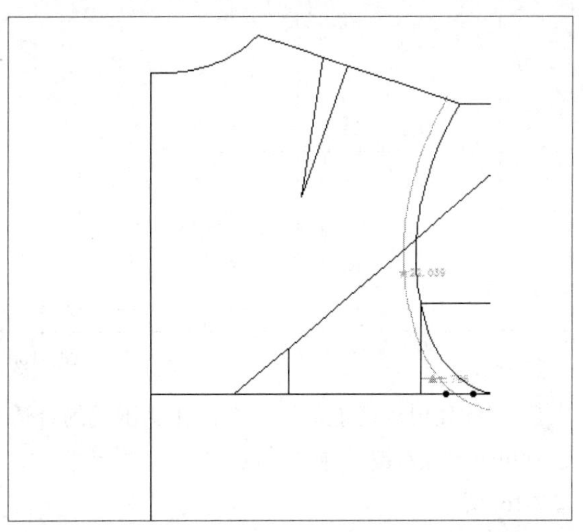

图7-166

07 继续使用“智能笔”命令，在工作区中相应的等分点上单击鼠标左键，然后向上拖曳光标，至袖窿弧线上单击鼠标左键，绘制直线，如图7-167所示。

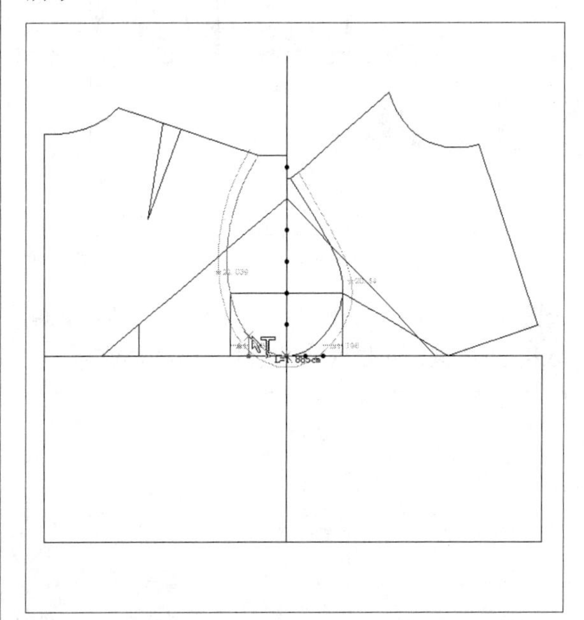

图7-167

08 继续使用“智能笔”命令，以刚绘制直线的上端点为起点，向左拖曳光标，至左侧的直线上单击鼠标左键，绘制直线，如图7-168所示。

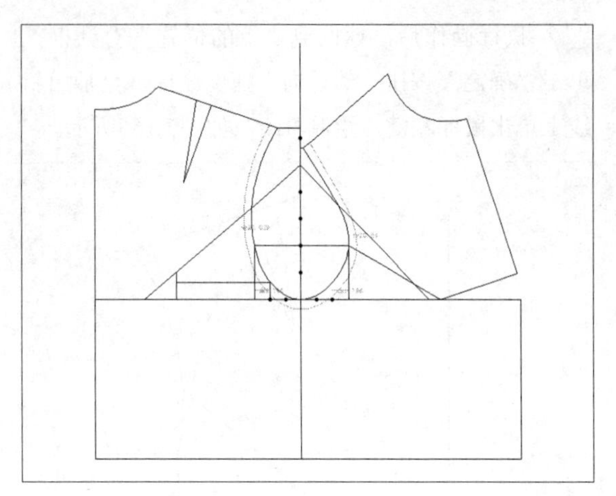

图7-168

09 继续使用“智能笔”命令，在胸围线的合适位置单击鼠标左键，弹出“点的位置”对话框，如图7-169所示。

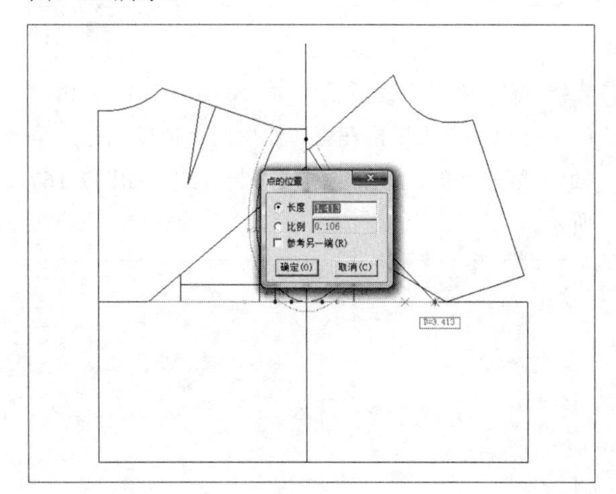

图7-169

10 双击对话框上方空白区域，调出“计算器”，输入相应的公式，单击“OK”按钮，如图7-170所示。

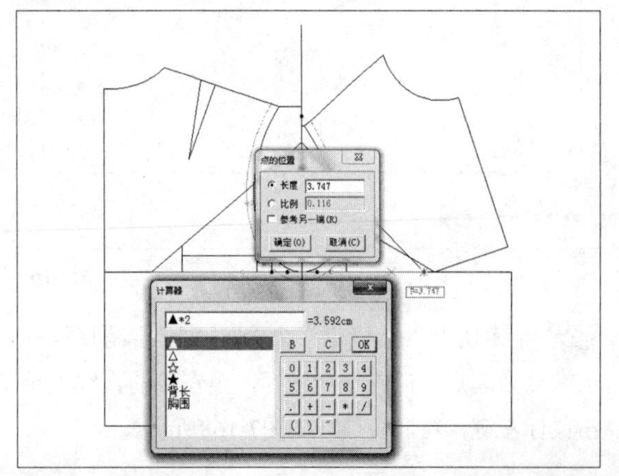

图7-170

11 执行操作后，返回到“点的位置”对话框，单击“确定”按钮，然后向上拖曳光标，至袖山斜线上单击鼠标左键，绘制直线，如图7-171所示。

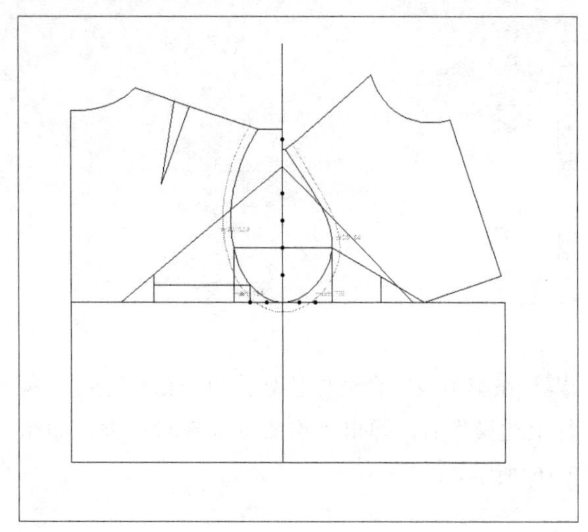

图7-171

12 继续使用“智能笔”命令，在工作区中相应的点上单击鼠标左键，绘制直线，如图7-172所示。

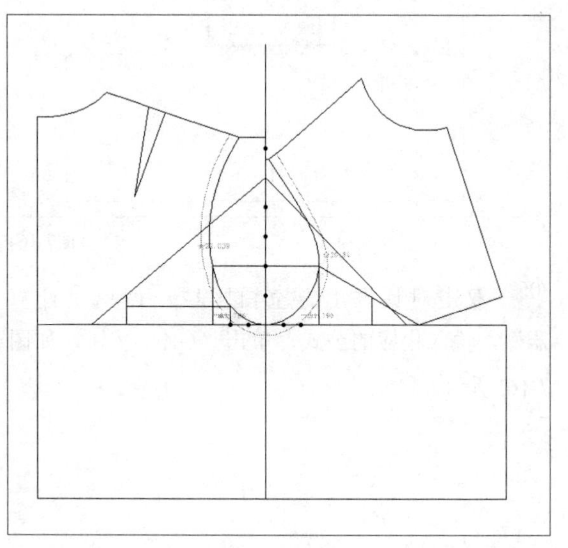

图7-172

13 继续使用“智能笔”命令，在工作区中相应线段的端点上单击鼠标左键，然后拖曳光标合适位置处，如图7-173所示。

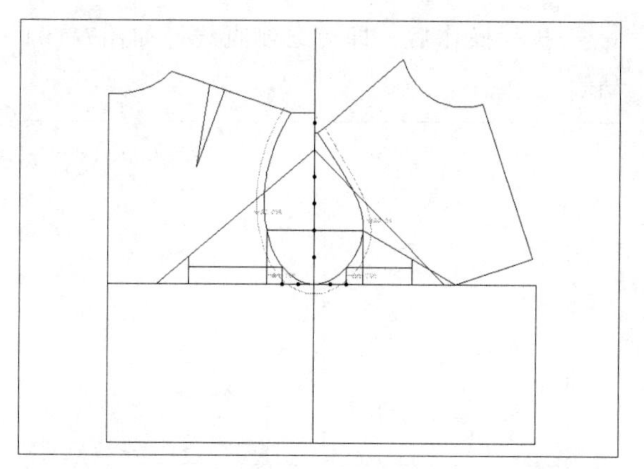

图7-173

14 继续使用“智能笔”命令，按Shift键，在后袖山斜线上的两端点上依次单击鼠标左键，然后在后袖山斜线的合适位置单击鼠标左键，弹出“点的位置”对话框，双击对话框上方空白区域，调出“计算器”对话框，如图7-174所示。

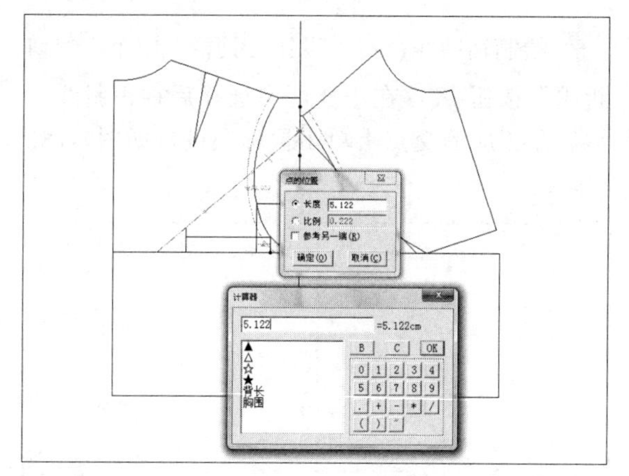

图7-174

15 在“计算器”对话框中输入相应的公式，单击“OK”按钮，如图7-175所示。

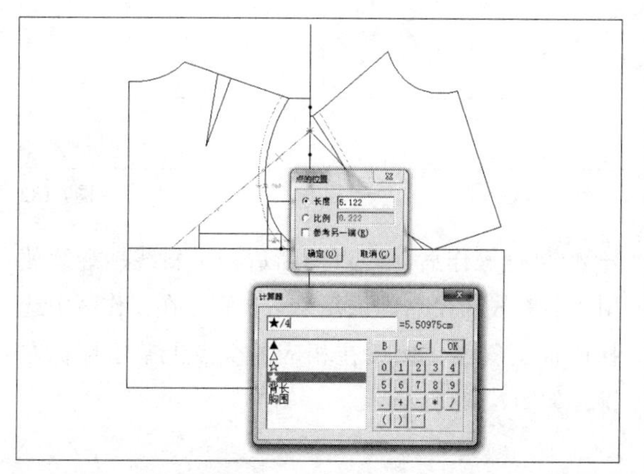

图7-175

16 执行操作后，返回到“点的位置”对话框，单击“确定”按钮，如图7-176所示。

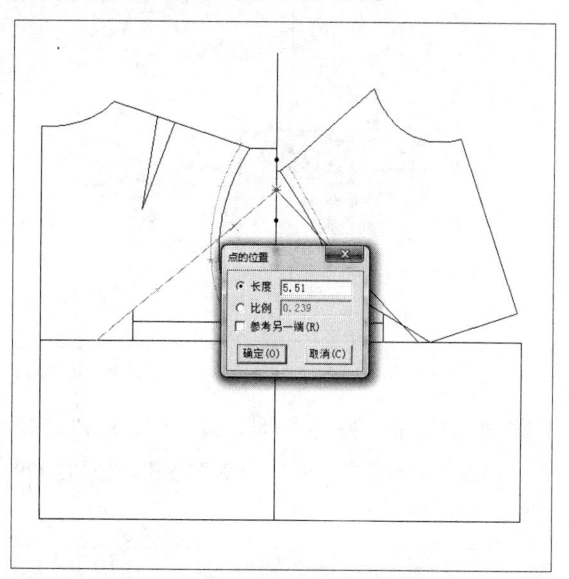

图7-176

17 然后向左上方拖曳光标，至合适位置后单击鼠标左键，弹出“长度”对话框，设置“长度”为2，单击“确定”按钮，如图7-177所示。

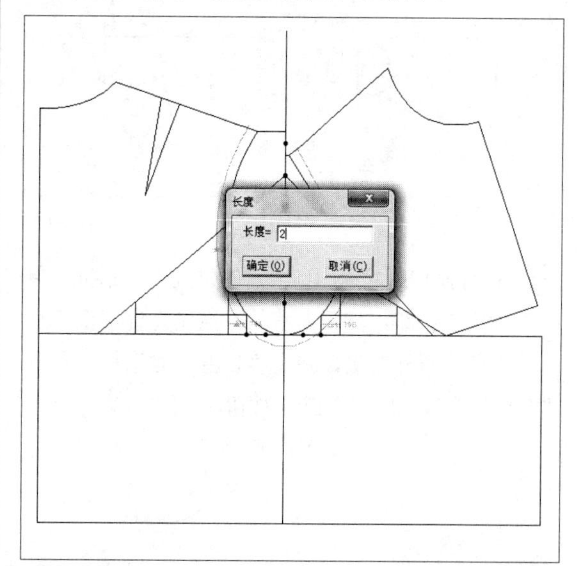

图7-177

18 执行操作后，即可绘制直线；继续使用“智能笔”命令，按Shift键，在前袖山斜线上的两端点上依次单击鼠标左键，然后在前袖山斜线的合适位置单击鼠标左键，弹出“点的位置”对话框，如图7-178所示。

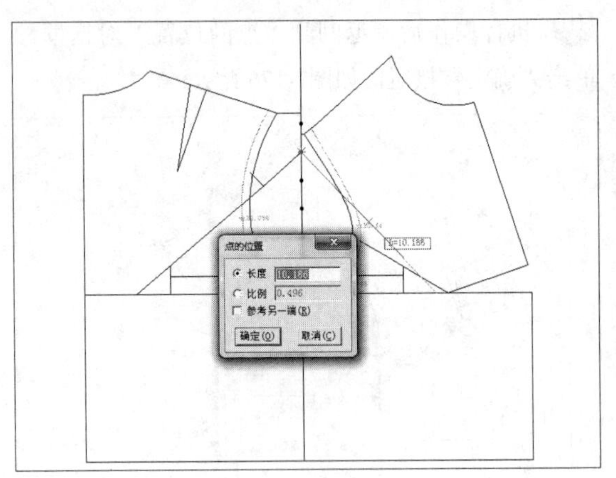

图7-178

19 双击对话框上方空白区域，调出“计算器”对话框，输入相应的公式，单击“OK”按钮，如图7-179所示。

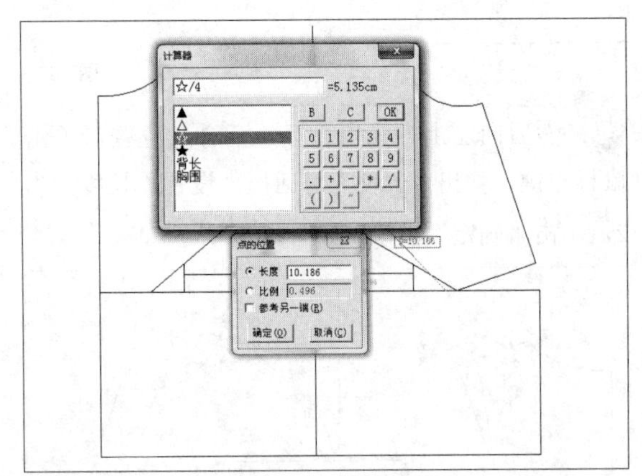

图7-179

20 执行操作后，返回到“点的位置”对话框，单击“确定”按钮，然后向右上方拖曳光标，至合适位置后单击鼠标左键，弹出“长度”对话框，设置“长度”为2，单击“确定”按钮，如图7-180所示。

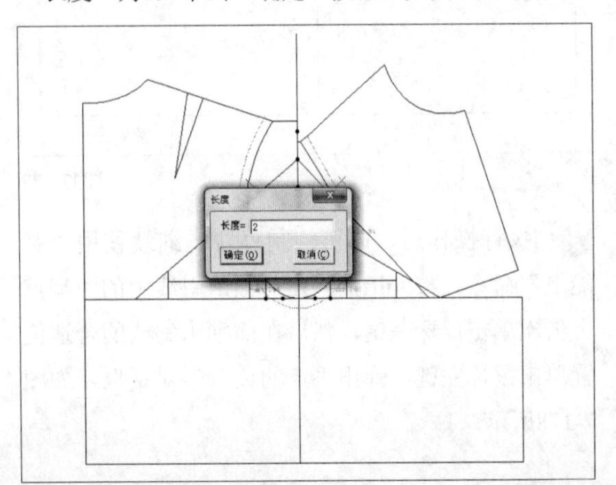

图7-180

21 执行操作后，即可绘制直线，如图7-181所示。

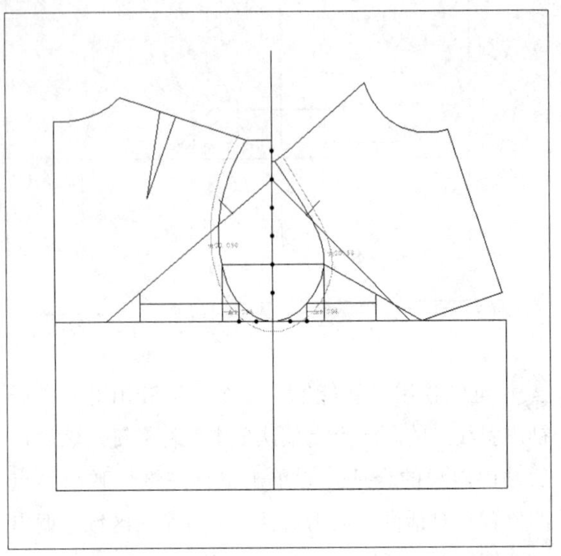

图7-181

22 绘制辅助线，在“设计工具栏”中单击“剪断线”按钮，在工作区中选择后袖山斜线，然后在相应的交点上单击鼠标左键，如图7-182所示。

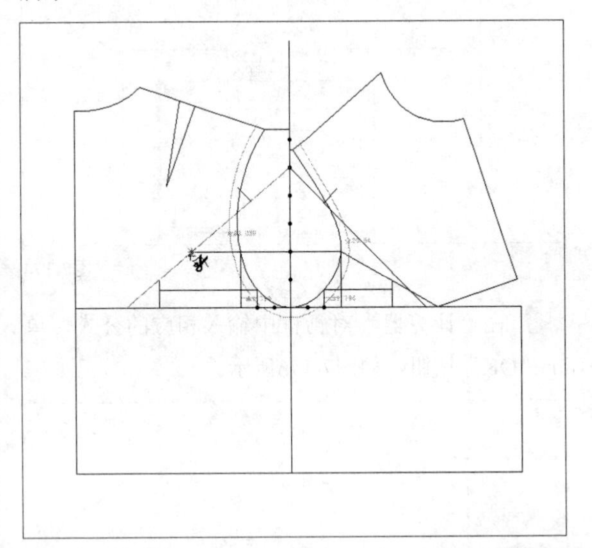

图7-182

23 执行操作后，即可剪断后袖山斜线；继续使用“剪断线”命令，重复上一步骤，在工作区中选择前袖山斜线，然后在相应的交点上单击鼠标左键，如图7-183所示。

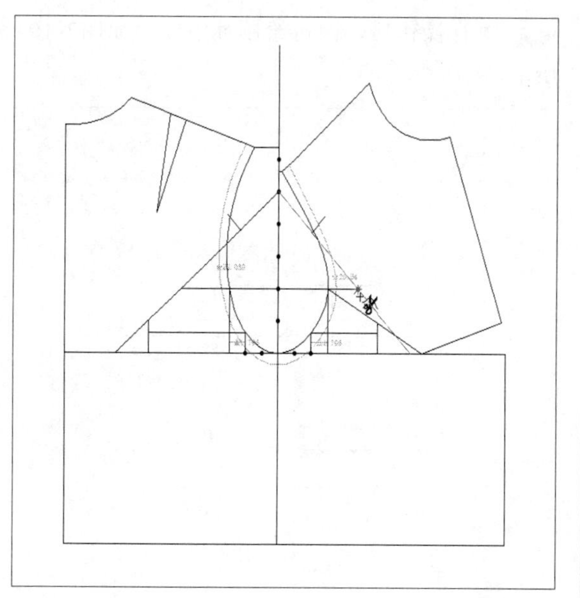

图7-183

24 在“设计工具栏”中单击“智能笔”按钮，在工作区中相应的点上单击鼠标左键，弹出“点的位置”对话框，设置“长度”为1，单击“确定”按钮，如图7-184所示。

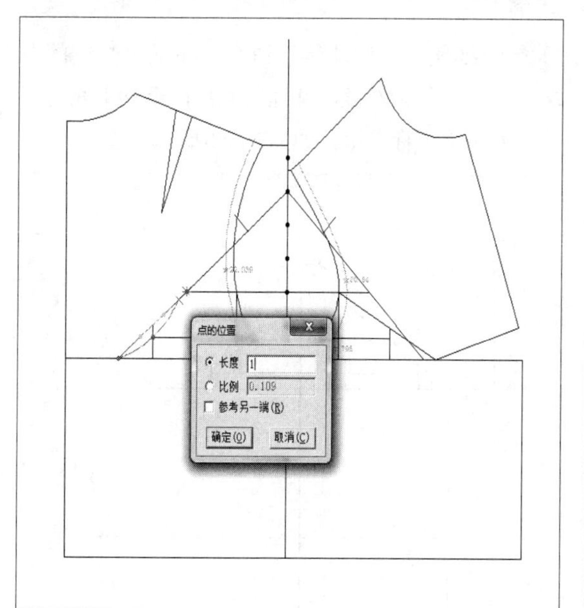

图7-184

25 执行操作后，在工作区的其他位置依次单击鼠标左键，弹出“点的位置”对话框，单击“确定”按钮，如图7-185所示。

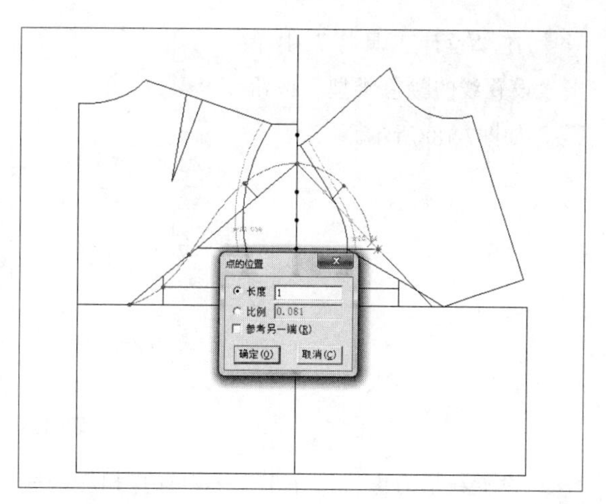

图7-185

26 执行操作后，在其余的点上单击鼠标左键，完成袖山弧线的绘制，如图7-186所示。

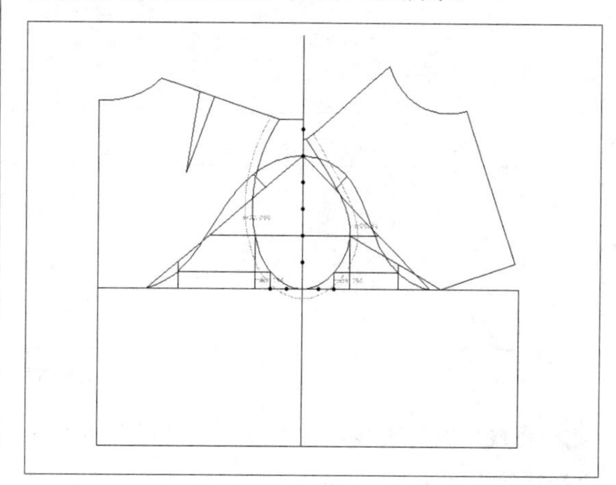

图7-186

27 在“设计工具栏”中单击“橡皮擦”按钮，在工作区中选择相应的线段和点，将其删除，如图7-187所示。

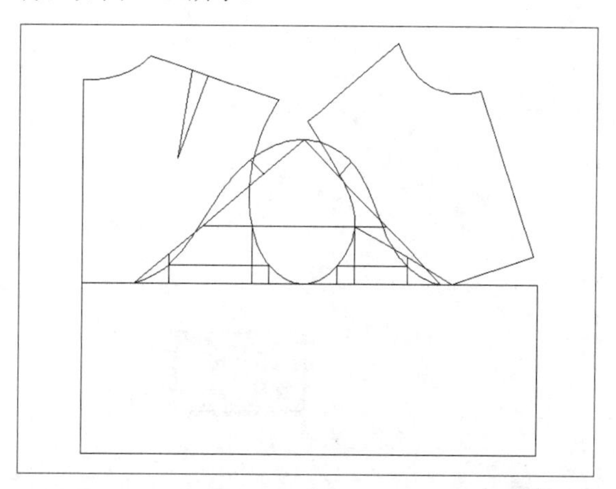

图7-187

(28) 在“设计工具栏”中单击“设置线的颜色类型”按钮 ，如图7-188所示。

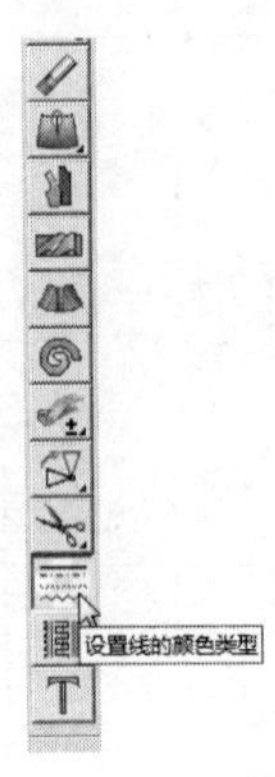

图7-188

(29) 设置线型为虚线，在工作区中选择相应的线段，执行操作后，即可改变线型，如图7-189所示。

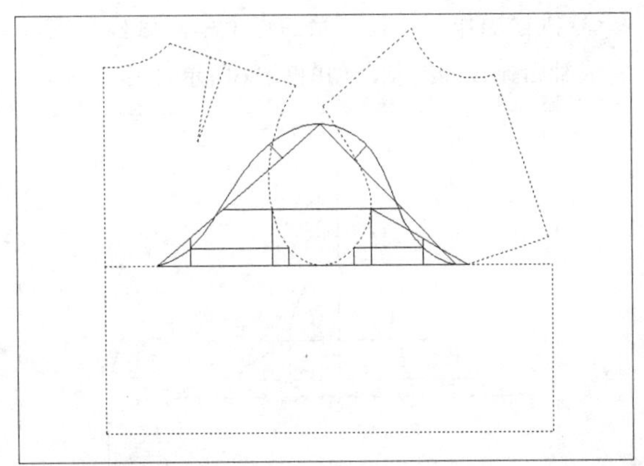

图7-189

(30) 将线型改为实线，在“设计工具栏”中单击“智能笔”按钮 ，在袖山顶点单击鼠标左键，然后向下拖曳光标，至合适位置处，单击鼠标左键，弹出“长度”对话框，设置“长度”为51，最后单击“确定”按钮，如图7-190所示。

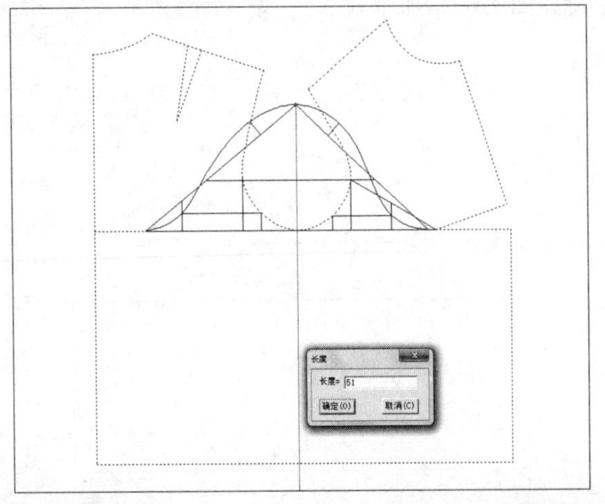

图7-190

(31) 执行操作后，即可绘制袖中线，如图7-191所示。

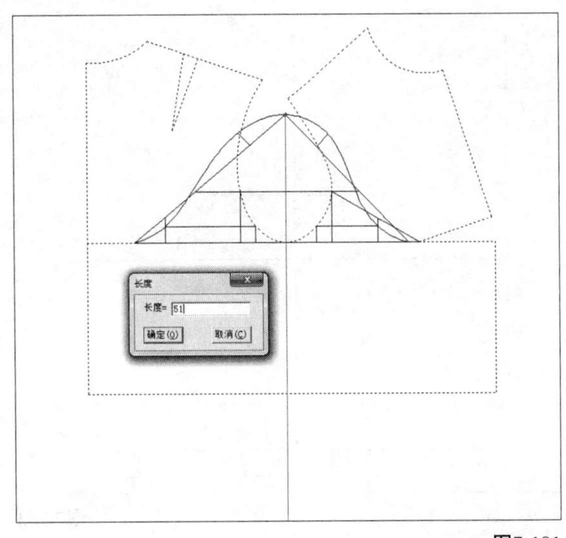

图7-191

技巧与提示

在设置线的颜色类型时，要注意线型的调整，特别是设置完成后，应将线型调回来。

(32) 继续使用“智能笔”命令，在袖山弧线的左端点上单击鼠标右键，并拖曳光标，至袖中线的下端点处单击鼠标左键，如图7-192所示。

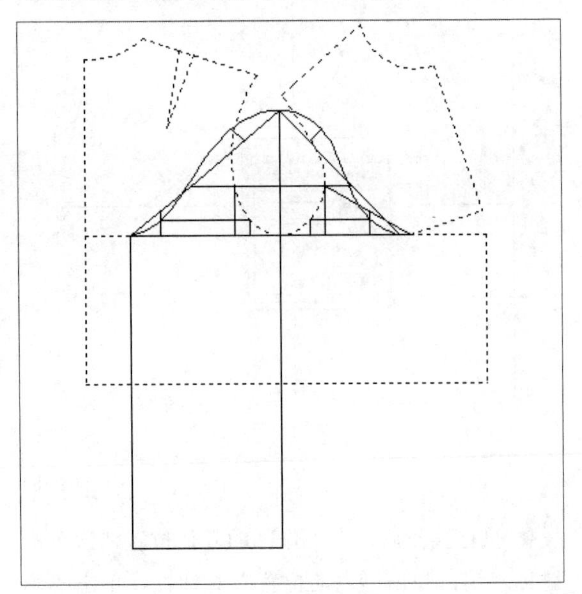

图7-192

(33) 执行操作后，即可绘制直线；用以上同样的方法，绘制直线，如图7-193所示。

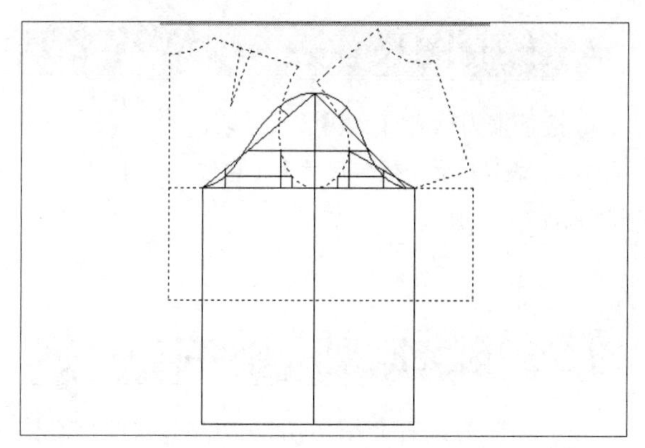

图7-193

34 继续使用“智能笔”命令，在袖中线的合适位置单击鼠标左键，弹出“点的位置”对话框，双击对话框上方空白区域，调出“计算器”，输入相应的公式，单击“OK”按钮，如图7-194所示。

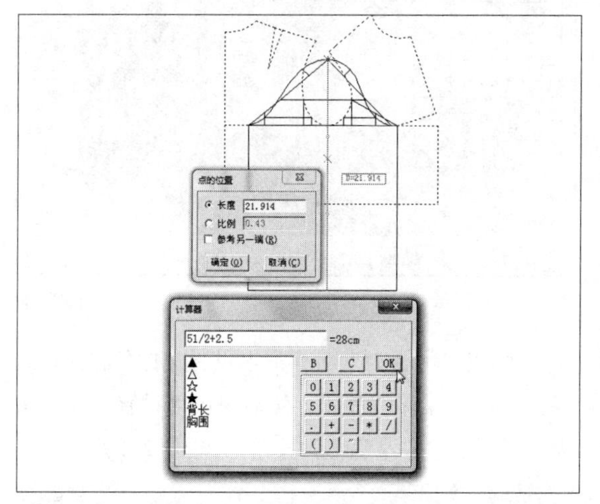

图7-194

35 执行操作后，返回到“点的位置”对话框，单击“确定”按钮，然后向左拖曳光标，至竖直直线上单击鼠标左键，如图7-195所示。

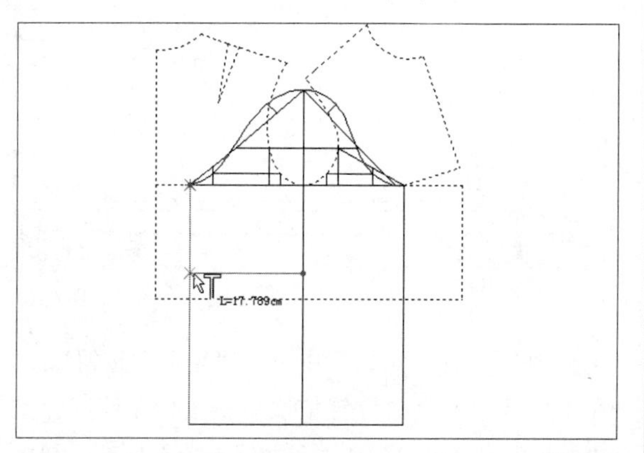

图7-195

36 执行操作后，即可绘制直线；继续使用“智能笔”命令，在刚绘制的直线的右侧绘制一条直线，此时即可完成袖肘线的绘制，如图7-196所示。

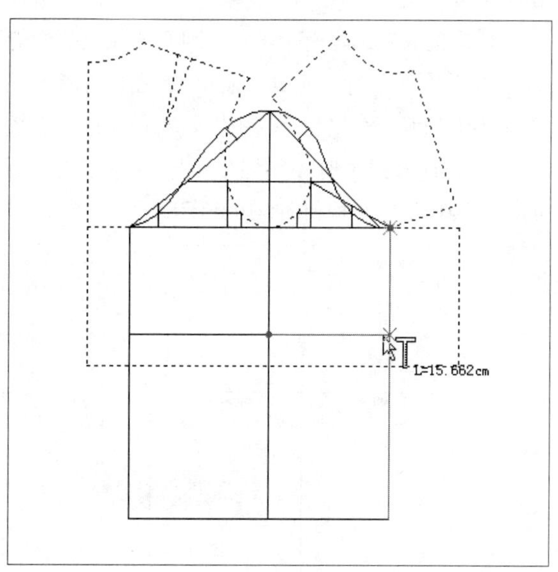

图7-196

37 在“设计工具栏”中单击“橡皮擦”按钮，在工作区中选择相应的线，将其删除，此时即可完成女装袖子原型CAD制板，如图7-197所示。

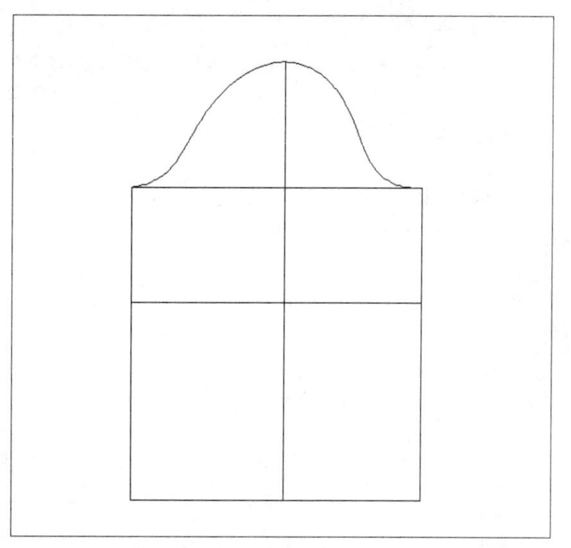

图7-197

技巧与提示

在绘制完袖装原型时，用户可以对图形进行适当修剪，使其更加清楚明了。

7.3 女士裙装原型CAD制板

裙装是一种围于下体的服装，裙装包括连衣裙、衬裙、腰裙、短裙。裙装一般由裙腰和裙体构成，有的只有裙体而无裙腰。因其通风散热性能好，穿着方便，行动自如，样式变化多端诸多优点而为人们所广泛接受，其中以妇女和儿童穿着较多。在设计各式裙时，掌握裙装原型是至关重要的。裙装原型的结构如图7-198所示。

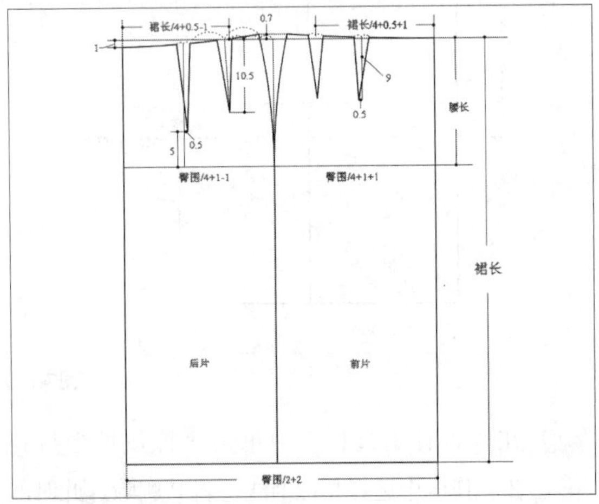

图7-198

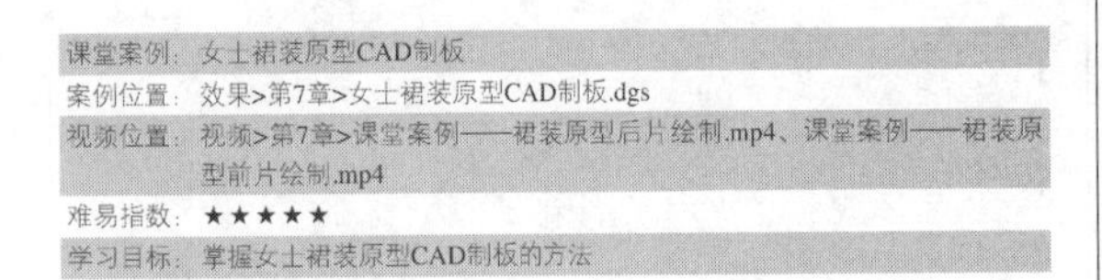
课堂案例：女士裙装原型CAD制板
案例位置：效果>第7章>女士裙装原型CAD制板.dgs
视频位置：视频>第7章>课堂案例——裙装原型后片绘制.mp4、课堂案例——裙装原型前片绘制.mp4
难易指数：★★★★★
学习目标：掌握女士裙装原型CAD制板的方法

本案例的最终效果如图7-199所示。

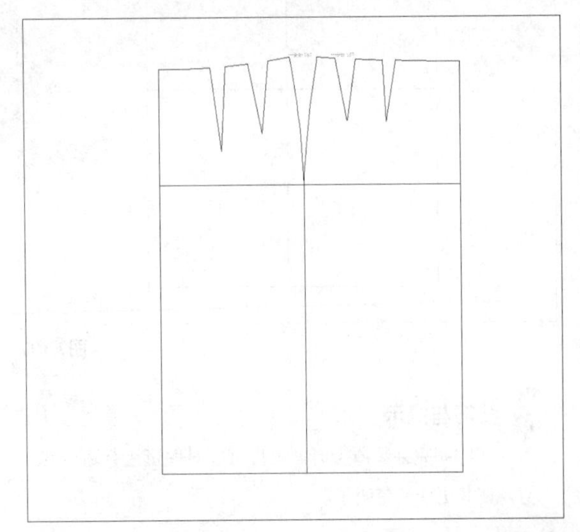

图7-199

7.3.1 制图尺寸表

接下来为读者介绍裙装尺寸表。

表7-2 女士裙装尺寸表（单位：cm）

部位	腰围	臀围	腰长	裙长
尺寸	64	88	18	60

7.3.2 裙装原型后片绘制

本小节为读者介绍运用富怡CAD软件绘制裙装原型后片绘制的方法。

01 新建一个空白文件，单击“号型”|“号型编辑”命令，弹出“设置号型规格表”对话框，设置需要的参数，单击“存储”按钮，如图7-200所示。

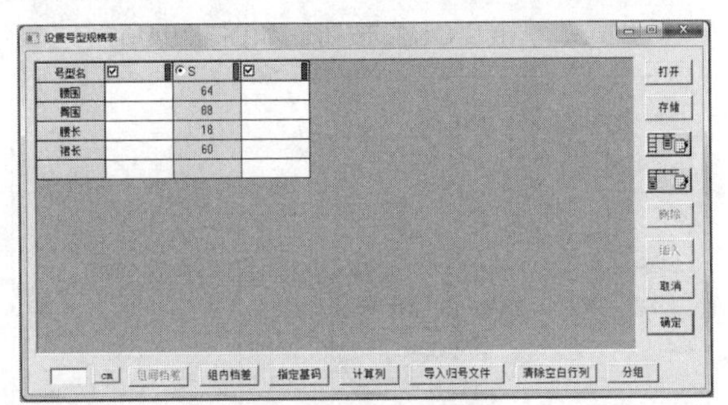

图7-200

02 弹出“另存为”对话框，设置文件名和保存路径，单击“保存”按钮，然后单击“设置号型规格表”对话框中的“确定”按钮，如图7-201所示。

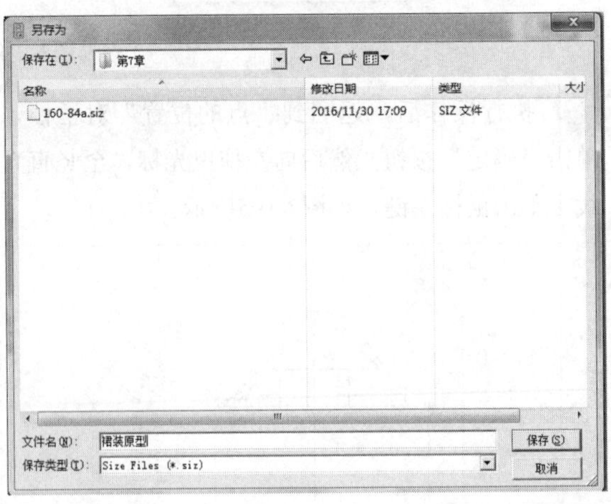

图7-201

03 在“设计工具栏”中单击“矩形”按钮□，在工作区中的空白位置依次单击鼠标左键，弹出“矩形”对话框，双击对话框上方空白区域，弹出

"计算器"对话框，如图7-202所示。

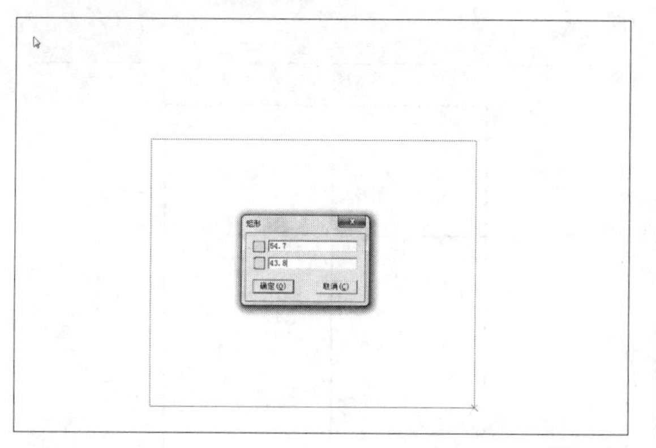

图7-202

04 在"计算器"对话框左侧的列表框中选择"臂围"，双击鼠标左键，然后输入相应的公式，此时系统自动计算出结果，单击"OK"按钮，如图7-203所示。

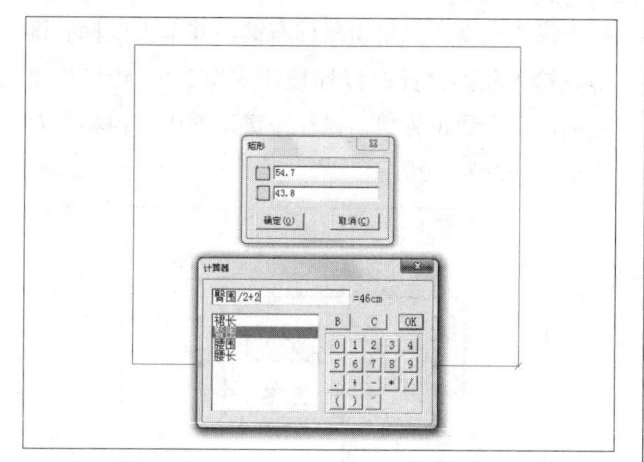

图7-203

05 返回到"矩形"对话框，设置矩形的高度为60（即裙长），单击"确定"按钮，如图7-204所示。

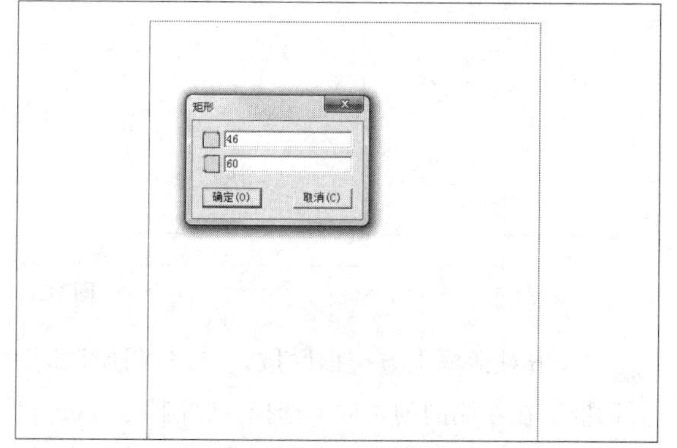

图7-204

06 执行操作后，即可绘制矩形，如图7-205所示。

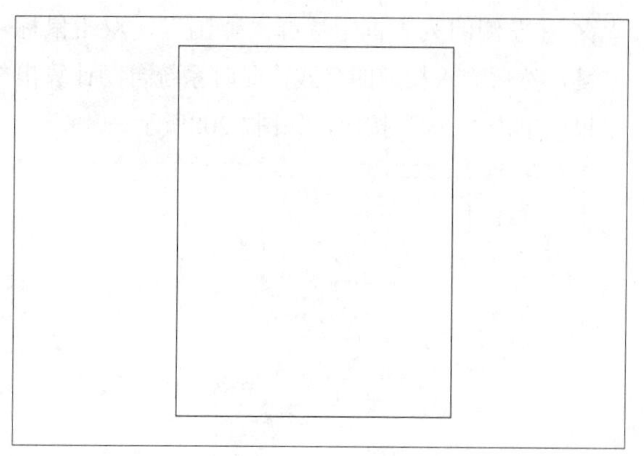

图7-205

07 在"设计工具栏"中单击"智能笔"按钮，在工作区中最左侧的线上单击鼠标左键的同时并拖曳光标，至合适位置后单击鼠标左键，执行操作后，弹出"平行线"对话框，如图7-206所示。

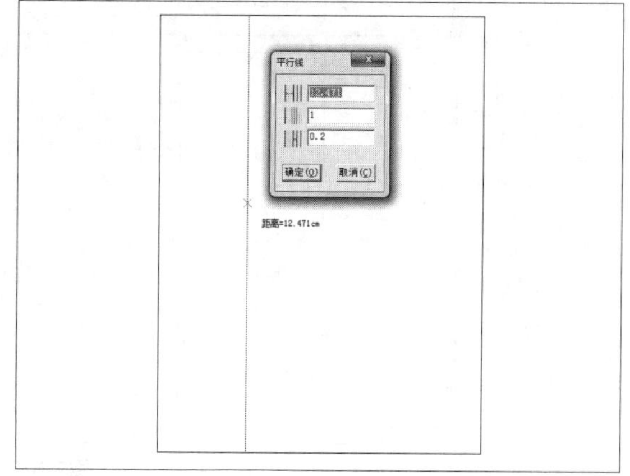

图7-206

08 双击对话框上方空白区域，调出"计算器"对话框，如图7-207所示。

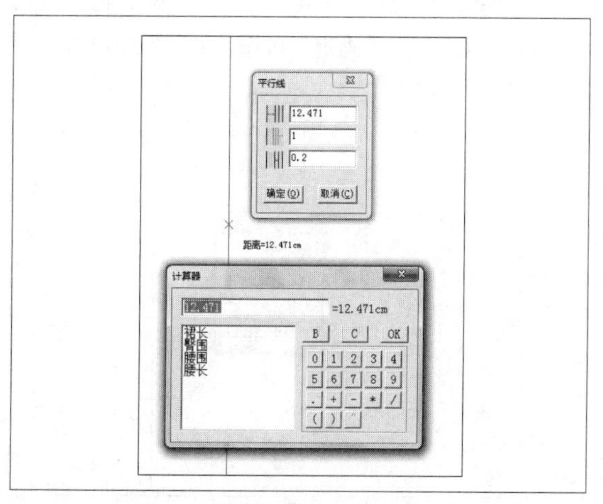

图7-207

09 在左侧的列表框中选择“臀围”，双击鼠标左键，然后输入相应的公式，此时系统自动计算出结果，单击“OK”按钮，如图7-208所示。

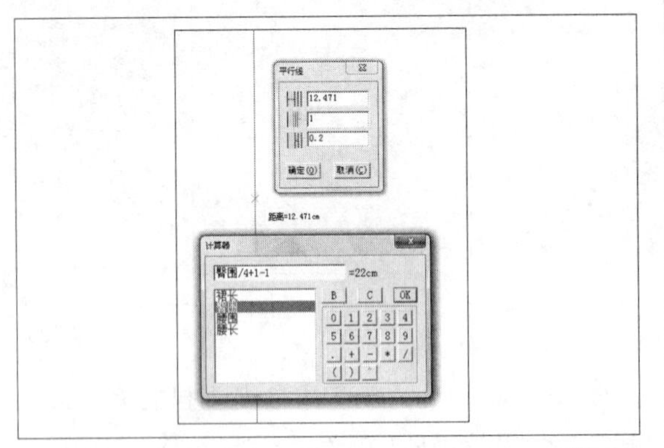

图7-208

10 返回到“平行线”对话框，单击“确定”按钮，即可划分前后片，如图7-209所示。

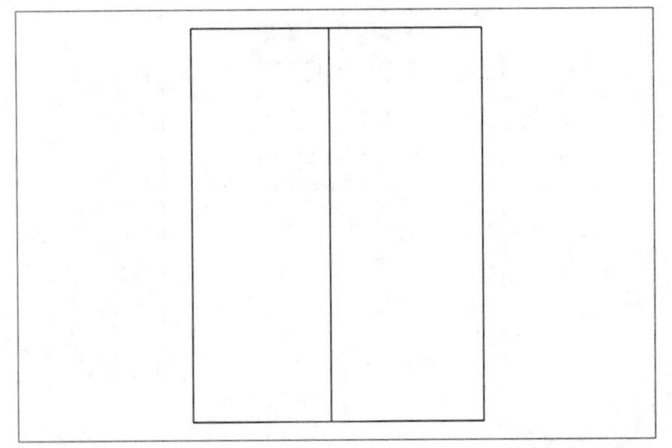

图7-209

11 继续使用“智能笔”命令，在工作区中最上方的线上单击鼠标左键的同时并拖曳光标，至合适位置后单击鼠标左键，弹出“平行线”对话框，设置相应的参数，单击“确定”按钮，如图7-210所示。

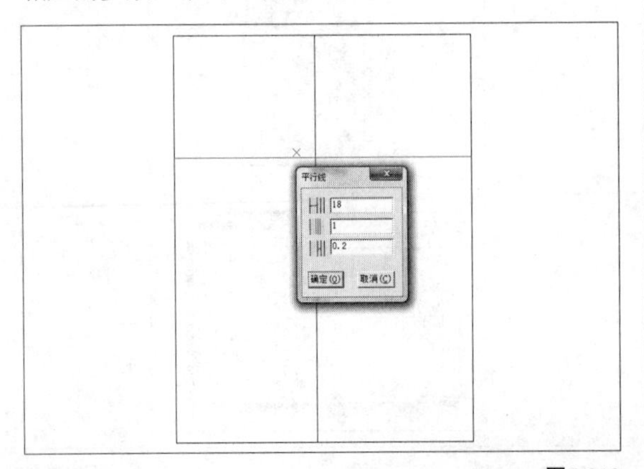

图7-210

12 执行操作后，即可绘制腰长线，如图7-211所示。

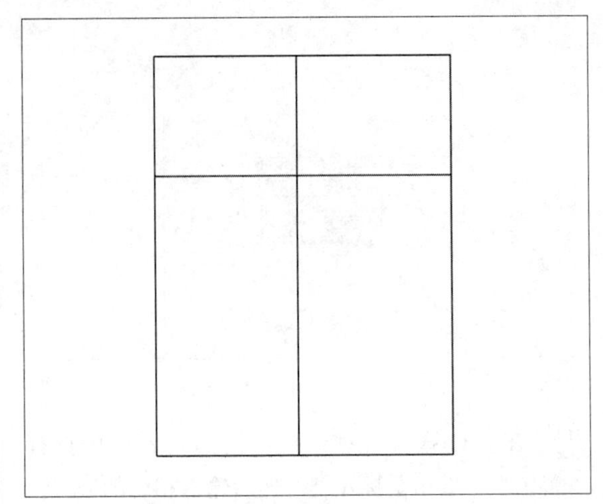

图7-211

13 继续使用“智能笔”命令，按住Shift键，在腰围线的左端点上单击鼠标右键，并单击鼠标右键切换输入状态，此时鼠标指针变为，然后拖曳光标，至合适位置单击鼠标左键，弹出“偏移”对话框，如图7-212所示。

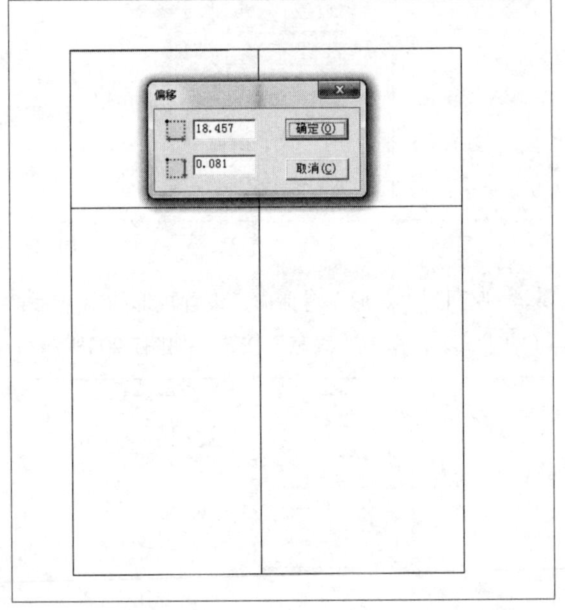

图7-212

14 双击对话框上方空白区域，弹出“计算器”对话框，在左侧的列表框中选择“腰围”，双击鼠标左键，然后输入相应的公式，此时系统自动计算出结果，单击“OK”按钮，如图7-213所示。

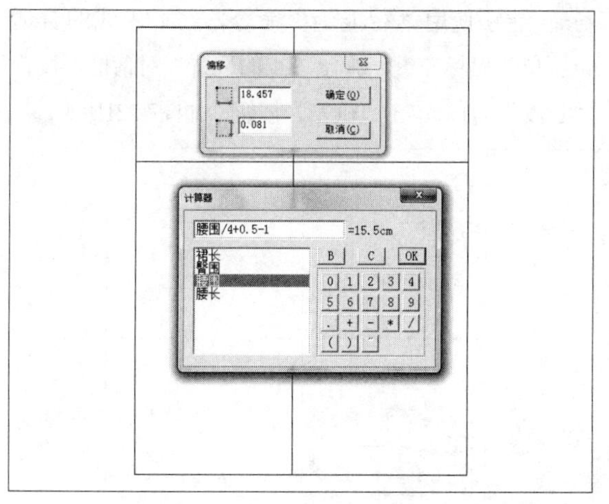

图7-213

15 执行操作后，返回到“偏移”对话框，设置纵向偏移为0，单击“确定”按钮，如图7-214所示。

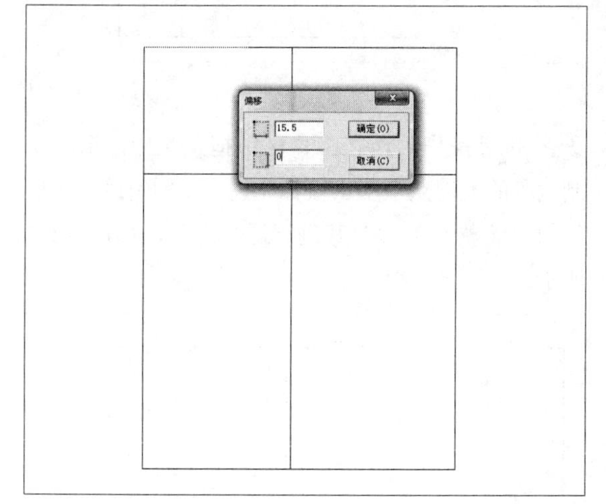

图7-214

16 执行操作后，即可偏移点，如图7-215所示。

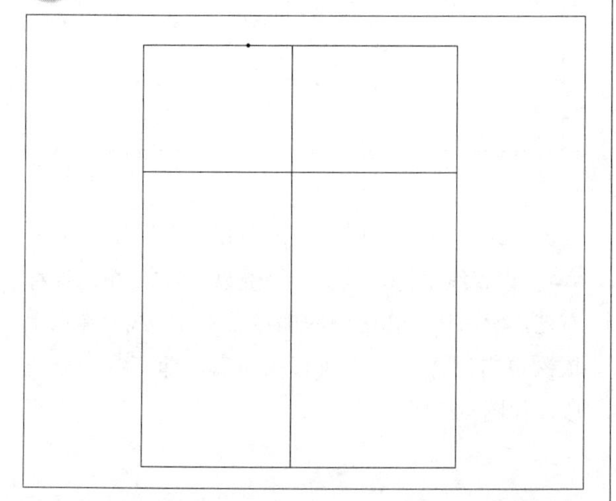

图7-215

17 在“设计工具栏”中单击“等份规”按钮，设置“等份数”为3，在工作区中的偏移点和侧缝线上端点上依次单击鼠标左键，执行操作后，即可3等分线段，如图7-216所示。

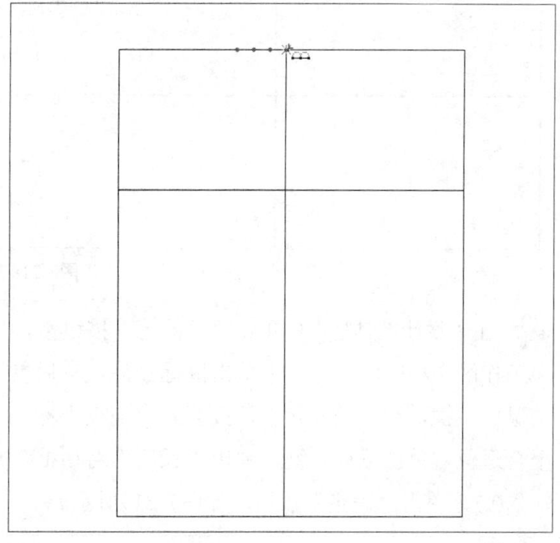

图7-216

18 在“设计工具栏”中单击“比较长度”按钮，按Shift键，切换到测量线功能，在工作区中单击刚等分线段中一等分的两端点，弹出“测量”对话框，单击“记录”按钮，如图7-217所示。

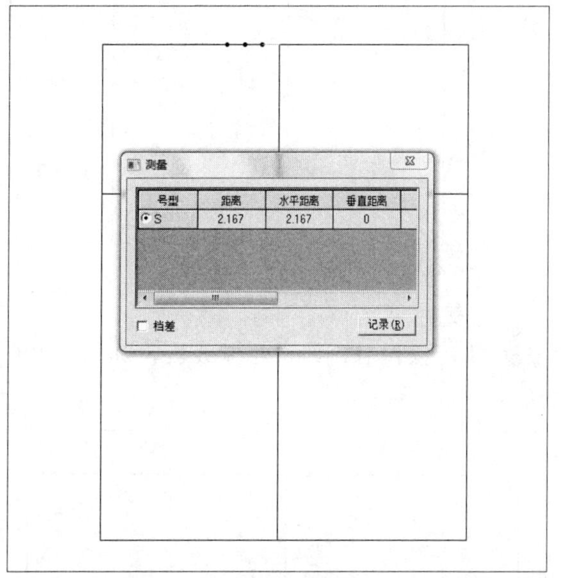

图7-217

19 执行操作后，关闭“测量”对话框，即可测量长度，如图7-218所示。

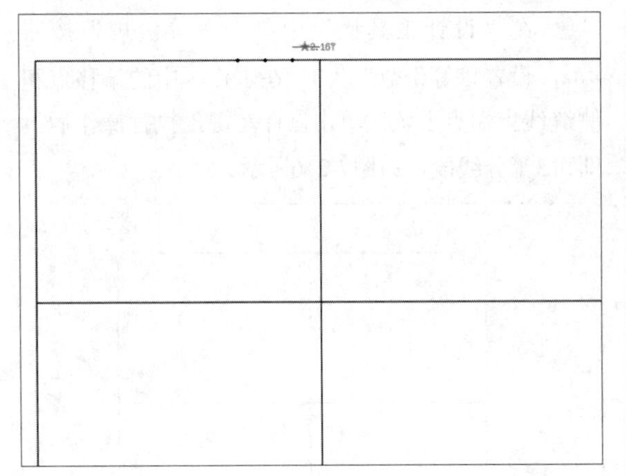
图7-218

20 在“设计工具栏”中单击“智能笔”按钮，在工作区中相应的等分点上单击鼠标左键，然后单击鼠标右键，切换输入状态，接着向上拖曳光标，至合适位置单击鼠标左键，弹出“长度”对话框，输入0.7，单击“确定”按钮，如图7-219所示。

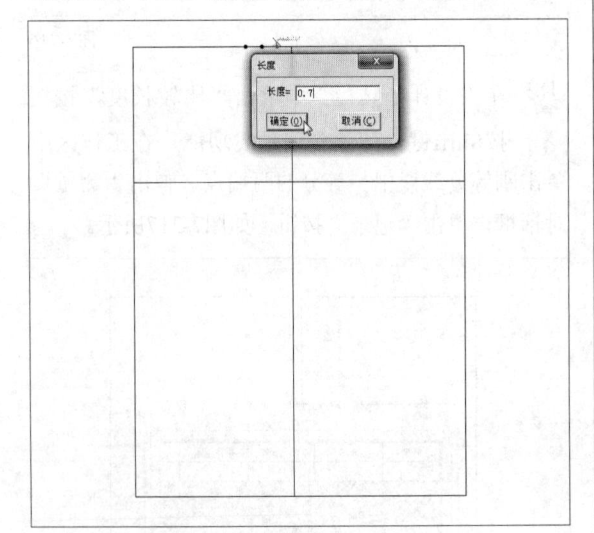

图7-219

21 执行操作后，即可绘制线段，如图7-220所示。

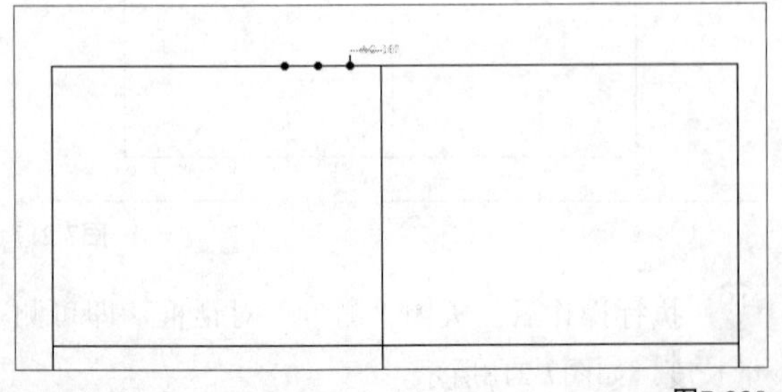
图7-220

22 继续使用“智能笔”命令，在后中线的合适位置单击鼠标左键，弹出“点的位置”对话框，设置“长度”为1，单击“确定”按钮，如图7-221所示。

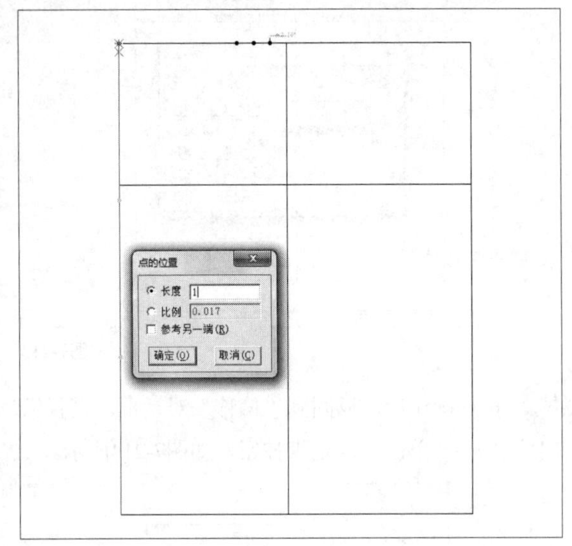

图7-221

23 执行操作后，在工作区中拖曳光标，至刚绘制线段的上端点上单击鼠标左键，绘制斜线，然后使用“调整”工具对其进行适当调整，如图7-222所示。

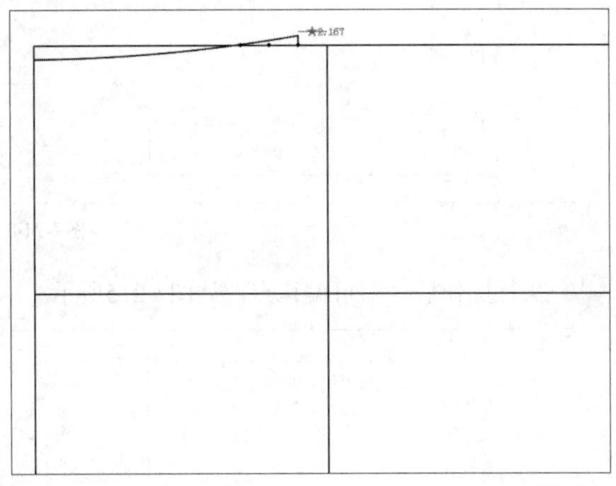
图7-222

24 在“设计工具栏”中单击“等份规”按钮，设置线型为虚线、“等份数”为2，单击鼠标右键，然后在工作区中的偏移点和后中线上端点上依次单击鼠标左键，执行操作后，即可二等分线段，如图7-223所示。

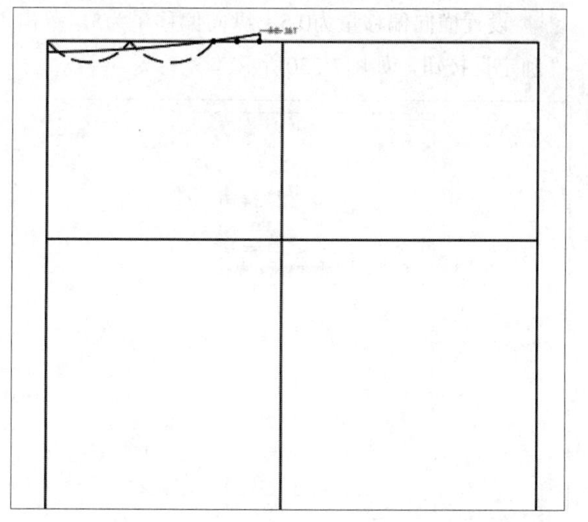

图7-223

25 继续使用“智能笔”命令，按住Shift键，在二等分线段的等分点上单击鼠标右键，并单击鼠标右键切换输入状态，此时鼠标指针变为，然后拖曳光标，至合适位置单击鼠标左键，弹出“偏移”对话框，如图7-224所示。

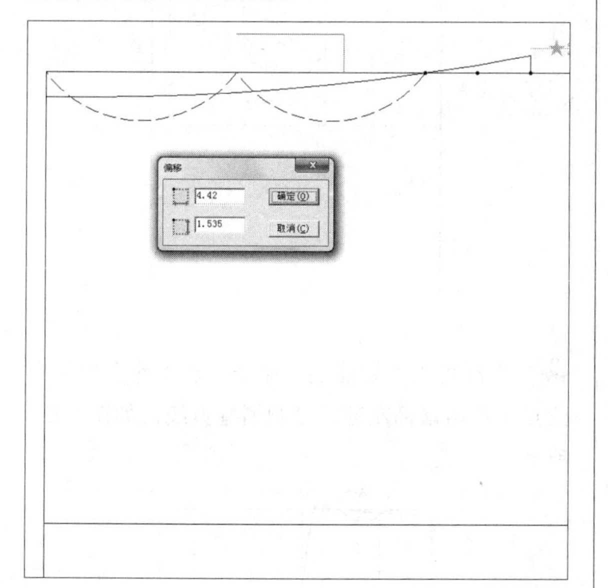

图7-224

26 双击对话框上方空白区域，弹出“计算器”对话框，输入相应的公式，单击“OK”按钮，如图7-225所示。

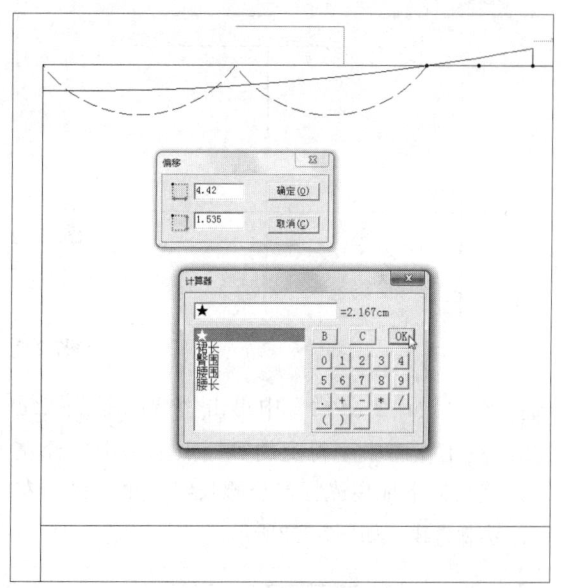

图7-225

27 执行操作后，返回到“偏移”对话框，设置纵向偏移为0，单击“确定”按钮，即可偏移点，如图7-226所示。

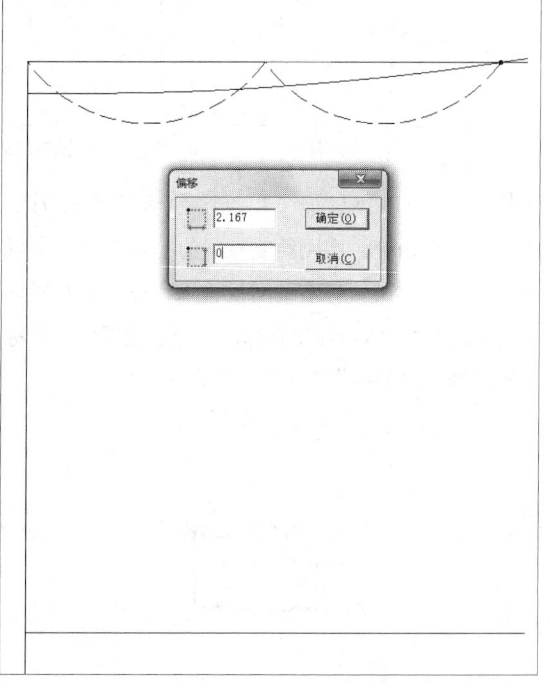

图7-226

28 在“设计工具栏”中单击“等份规”按钮，设置“等份数”为2，在工作区中相应的等分点上依次单击鼠标左键，执行操作后，即可二等分线段，如图7-227所示。

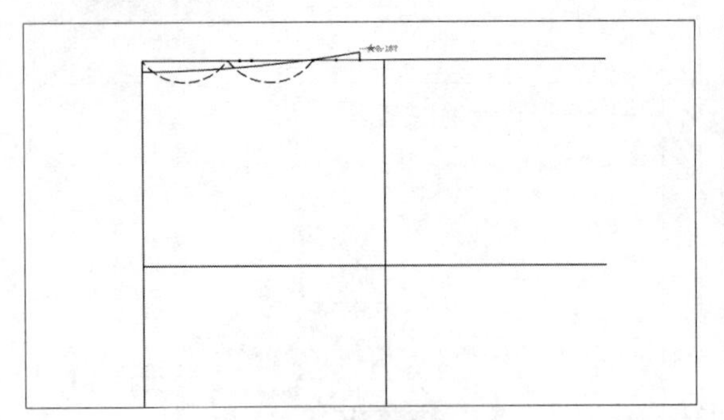

图7-227

㉙ 在“设计工具栏”中单击“智能笔”按钮，在工作区中刚得到的等分点上单击鼠标左键，然后向下拖曳光标，至腰长线上单击鼠标左键，绘制直线，如图7-228所示。

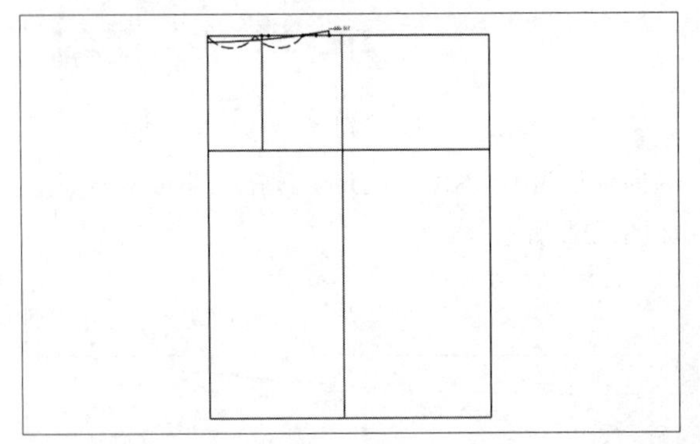

图7-228

㉚ 继续使用“智能笔”命令，将线型改为实线，按住Shift键，在刚绘制直线的下端点上单击鼠标右键，并单击鼠标右键切换输入状态，此时鼠标指针变为，然后拖曳光标，至合适位置单击鼠标左键，弹出“偏移”对话框，如图7-229所示。

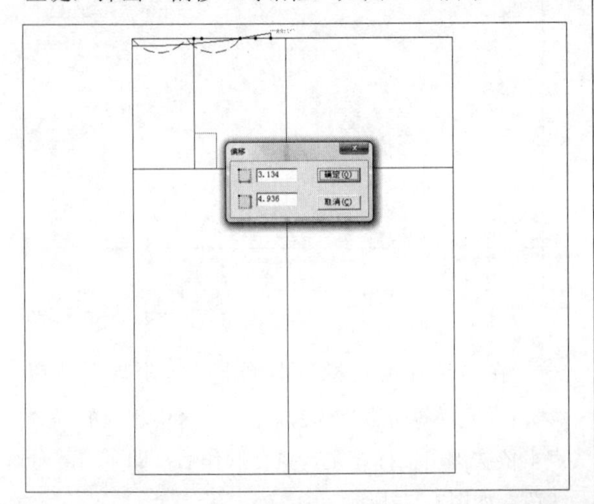

图7-229

㉛ 设置横向偏移量为0.5、纵向偏移量为5，单击“确定”按钮，如图7-230所示。

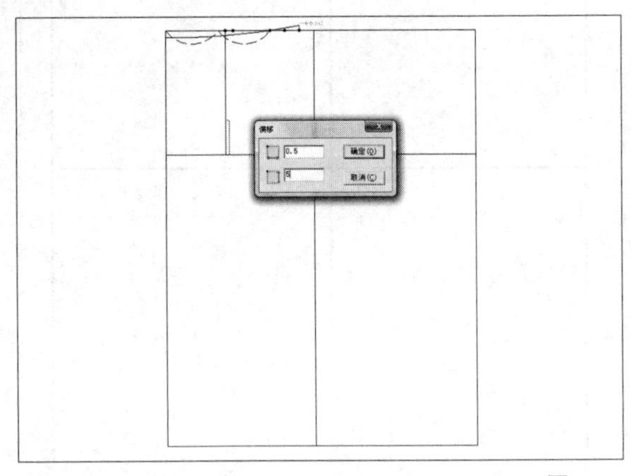

图7-230

㉜ 执行操作后，即可偏移点，如图7-231所示。

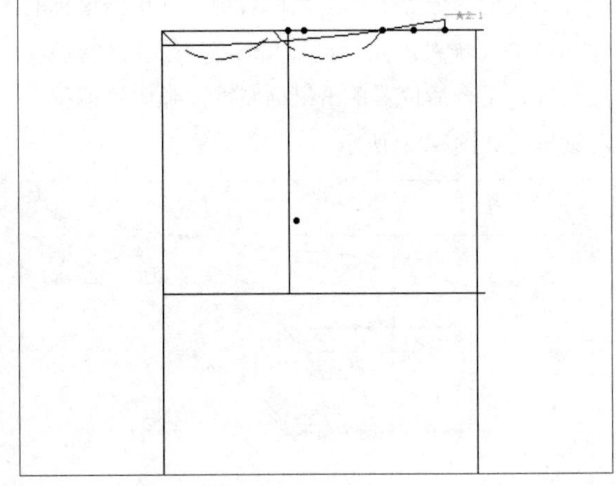

图7-231

㉝ 继续使用“智能笔”命令，在工作区中相应的点上单击鼠标左键，绘制侧缝弧线，如图7-232所示。

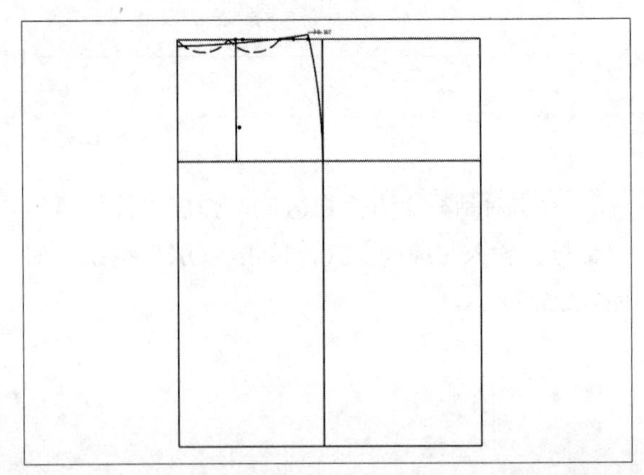

图7-232

34 继续使用“智能笔”命令，按住Shift键在后腰弧线上单击鼠标左键的同时向下拖曳光标，然后在工作区中依次选择后中线和侧缝弧线，拖曳光标，至合适位置后单击鼠标左键，弹出“平行线”对话框，设置相应的参数，单击“确定”按钮，如图7-233所示。

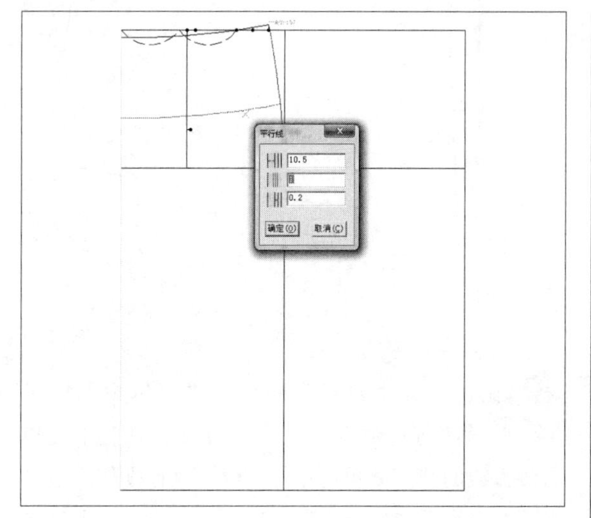

图7-233

35 在“设计工具栏”中单击“等份规”按钮，设置“等份数”为2，按Shift键，在竖直线与后腰弧线的交点处单击鼠标左键，然后拖曳光标，至合适位置单击鼠标左键，弹出“线上反向等分点”对话框，如图7-234所示。

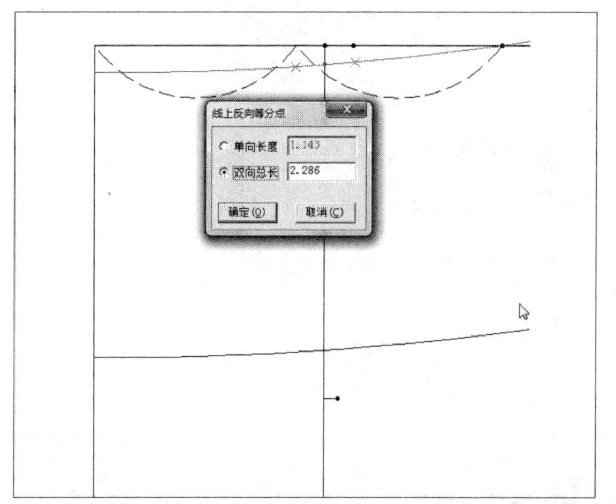

图7-234

36 双击对话框上方空白区域，弹出“计算器”对话框，输入相应的公式，单击“OK”按钮，如图7-235所示。

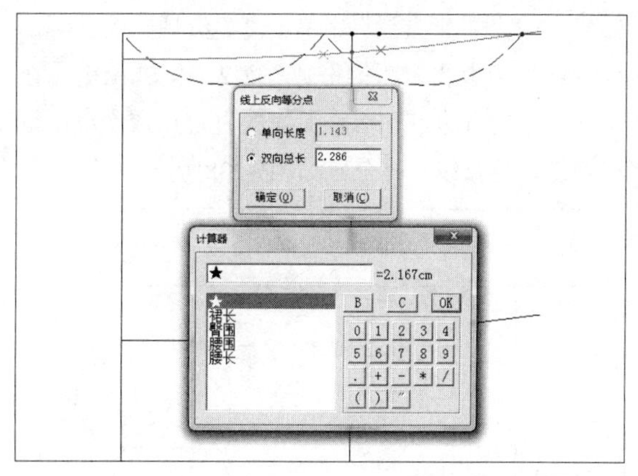

图7-235

37 执行操作后，返回到“线上反向等分点”对话框，单击“确定”按钮，即可绘制省边线点，如图7-236所示。

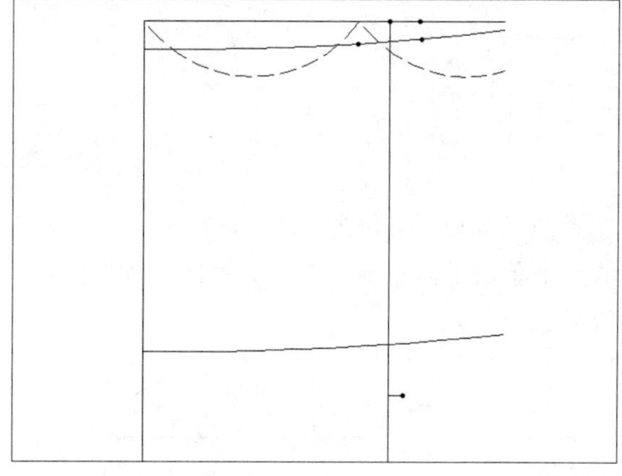

图7-236

38 在“设计工具栏”中单击“智能笔”按钮，在工作区中相应的点上依次单击鼠标左键，并单击鼠标右键，即可绘制省线，如图7-237所示。

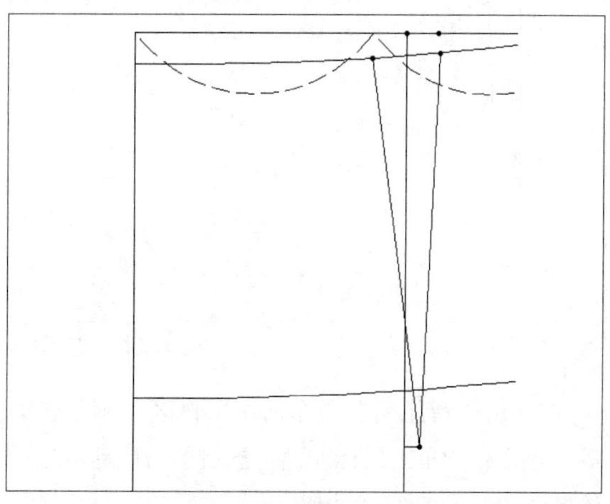

图7-237

39 在“设计工具栏”中单击“等份规”按钮，设置线型为虚线、“等份数”为2，按Shift键，在工作区中的省边点和后腰弧线的右端点依次单击鼠标左键，将弧线二等分，如图7-238所示。

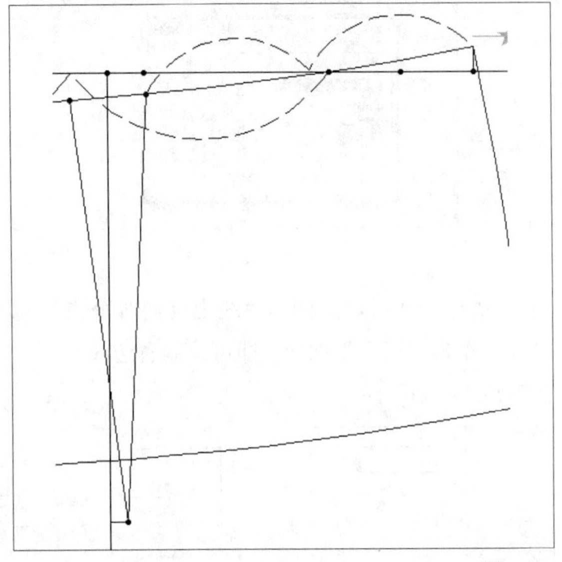

图7-238

40 继续使用“等份规”命令，在工作区中相应的点上单击鼠标左键，二等分弧线，如图7-239所示。

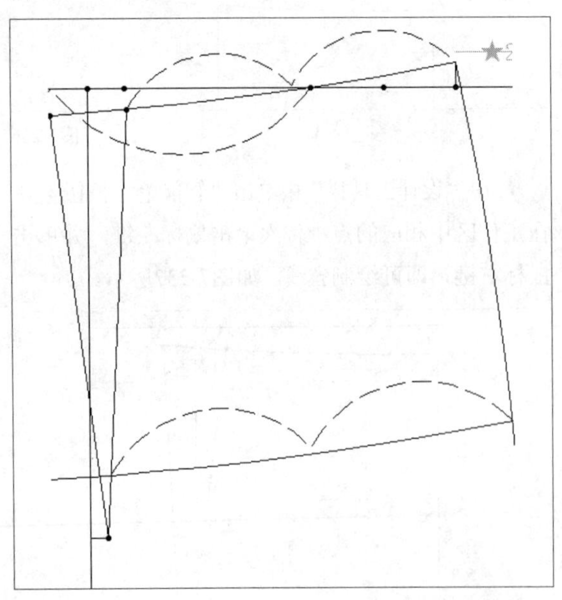

图7-239

41 使用“智能笔”命令，在工作区中刚创建的等分点上依次单击鼠标左键，然后单击鼠标右键，绘制省中线，如图7-240所示。

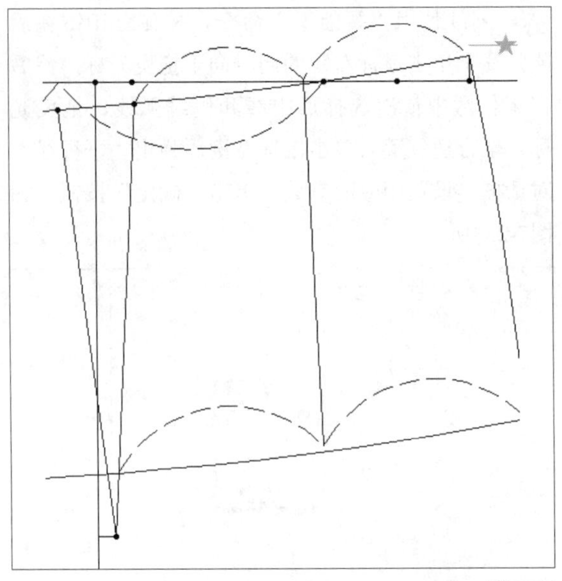

图7-240

42 在“设计工具栏”中单击“等份规”按钮，设置“等份数”为2，按Shift键，在省中线与后腰弧线的交点处单击鼠标左键，执行操作后拖曳光标，至合适位置单击鼠标左键，弹出“线上反向等分点”对话框，如图7-241所示。

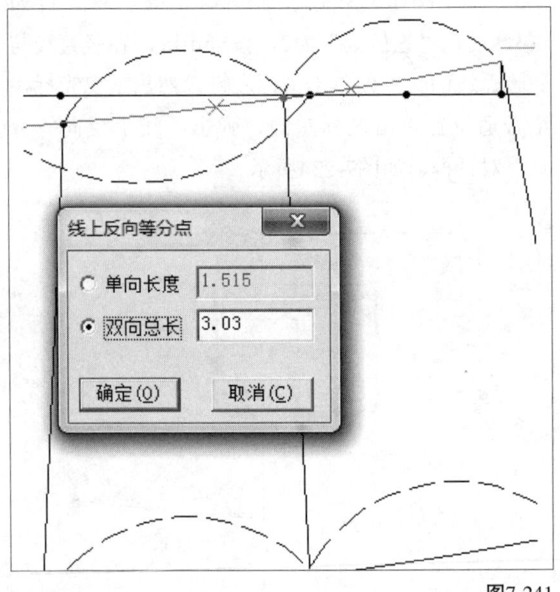

图7-241

技巧与提示

在使用“计算器”进行计算时，用户应先将某些尺寸测量出来，这样可以使工作更加方便快捷。

43 双击对话框上方空白区域，弹出“计算器”对话框，输入相应的公式，如图7-242所示。

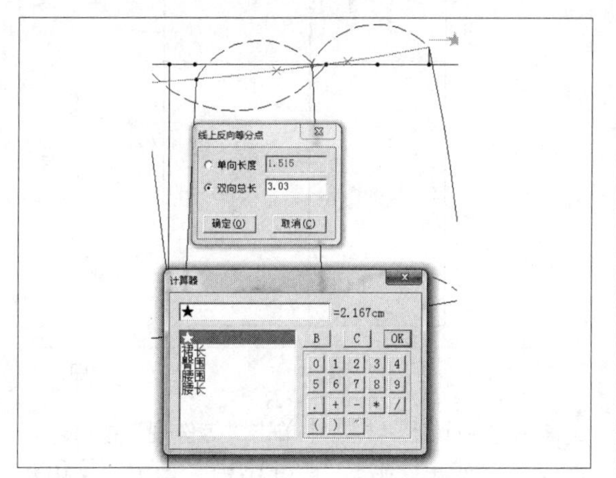

图7-242

44 执行操作后，返回到“线上反向等分点”对话框，单击“确定”按钮，即可绘制省边线点，如图7-243所示。

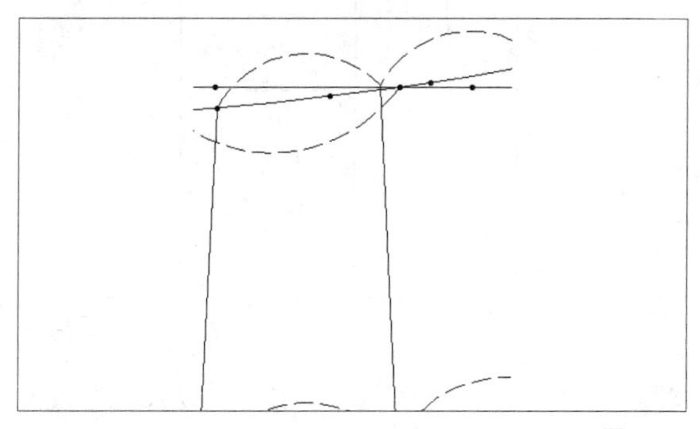

图7-243

45 将线型改为实线，在“设计工具栏”中单击“智能笔”按钮，在工作区中相应的点上依次单击鼠标左键，并单击鼠标右键，即可绘制省线，如图7-244所示。

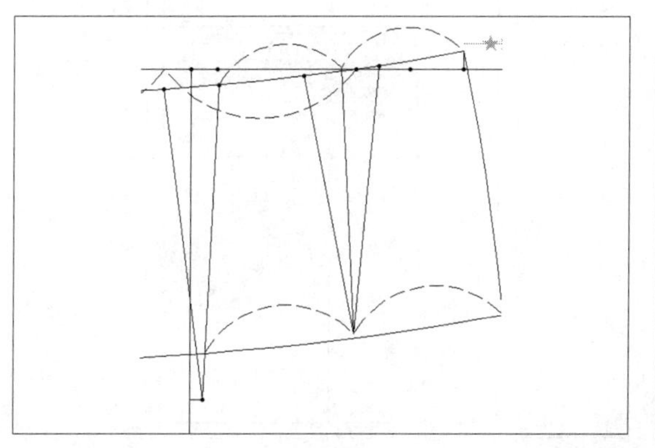

图7-244

46 在“设计工具栏”中单击“橡皮擦”按钮，删除相应的点和线，如图7-245所示。

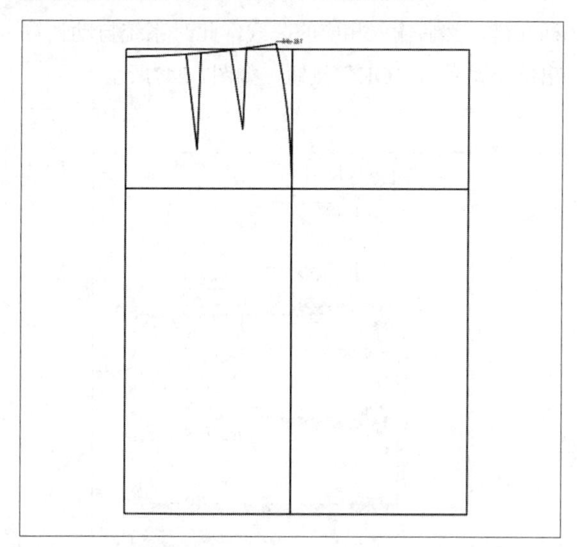

图7-245

7.3.3 裙装原型前片绘制

本小节为读者介绍运用富怡CAD软件绘制裙装原型前片绘制的方法。

01 在“设计工具栏”中单击“智能笔”按钮，按住Shift键，在腰围线的右端点上单击鼠标右键，并单击鼠标右键切换输入状态，此时鼠标指针变为，然后拖曳光标，至合适位置单击鼠标左键，弹出“偏移”对话框，如图7-246所示。

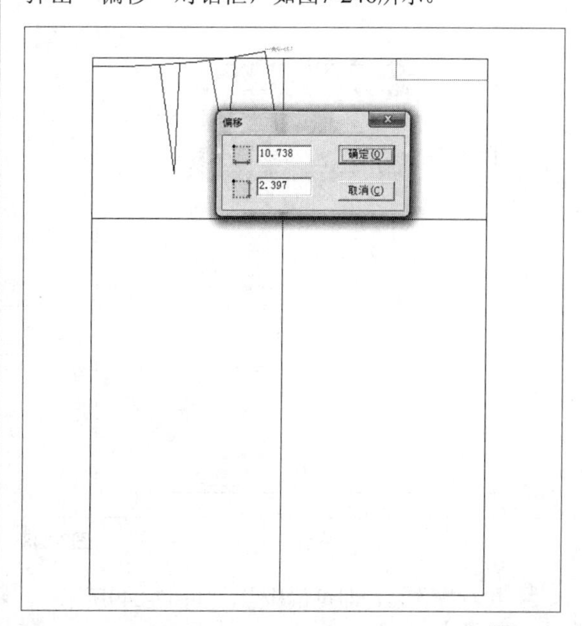

图7-246

02 双击对话框上方空白区域，弹出“计算器”对话框，在左侧的列表框中选择“腰围”，双击鼠标左键，然后输入相应的公式，此时系统自动计算出结果，单击“OK”按钮，如图7-247所示。

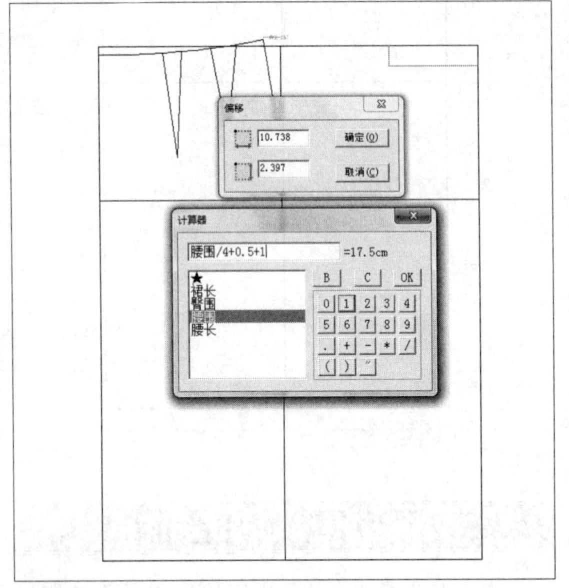

图7-247

03 返回到“偏移”对话框，在相应的数值框内设置纵向偏移值为0，单击“确定”按钮，如图7-248所示。

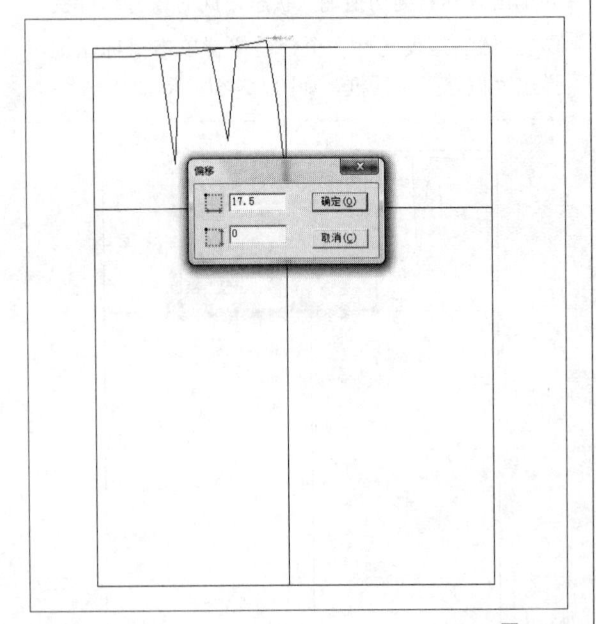

图7-248

04 执行操作后，即可偏移点，如图7-249所示。

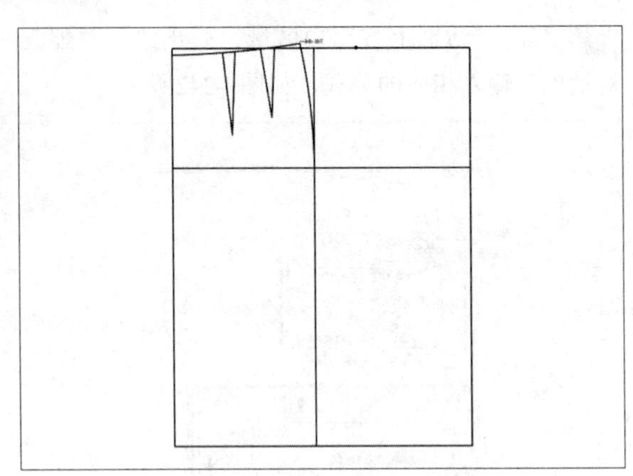

图7-249

05 在“设计工具栏”中单击“等份规”按钮，设置“等份数”为3，按Shift键，在工作区中相应的点上单击鼠标左键，绘制等分点，如图7-250所示。

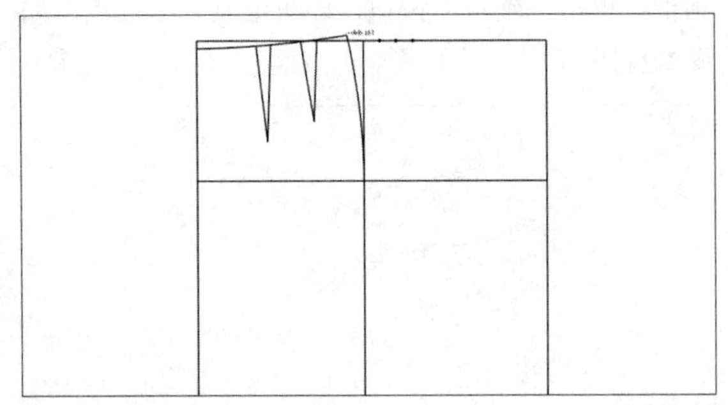

图7-250

06 在“设计工具栏”中单击“比较长度”按钮，按Shift键，切换到测量线功能，在工作区中单击刚等分线段中一等份的两端点，弹出“测量”对话框，单击“记录”按钮，如图7-251所示。

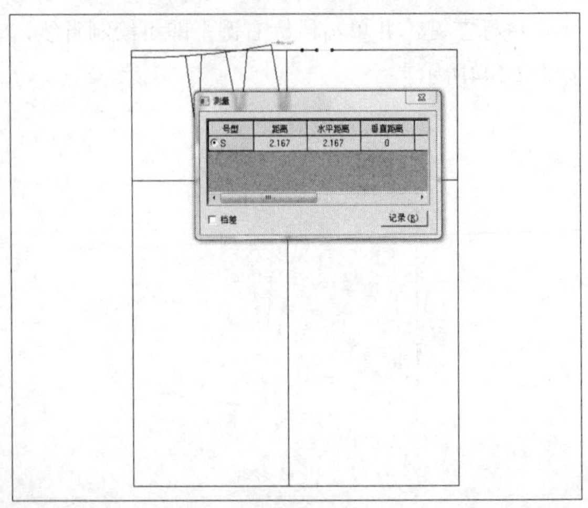

图7-251

07 执行操作后，关闭“测量”对话框，即可测量长度，如图7-252所示。

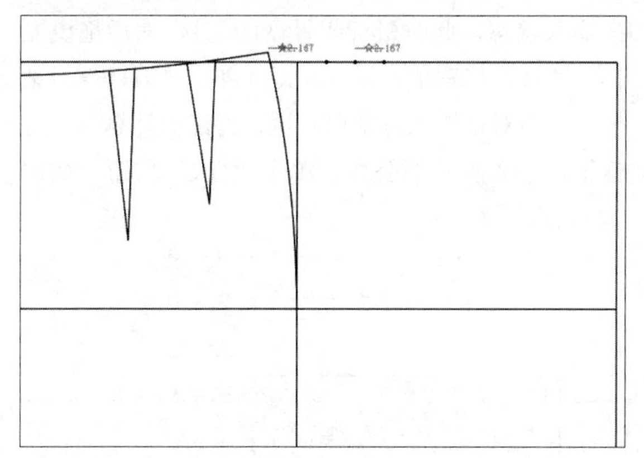

图7-252

08 在“设计工具栏”中单击“智能笔”按钮，在工作区中相应的等分点上单击鼠标左键，然后单击鼠标右键，切换输入状态，接着向上拖曳光标，至合适位置单击鼠标左键，弹出“长度”对话框，输入0.7，单击“确定”按钮，如图7-253所示。

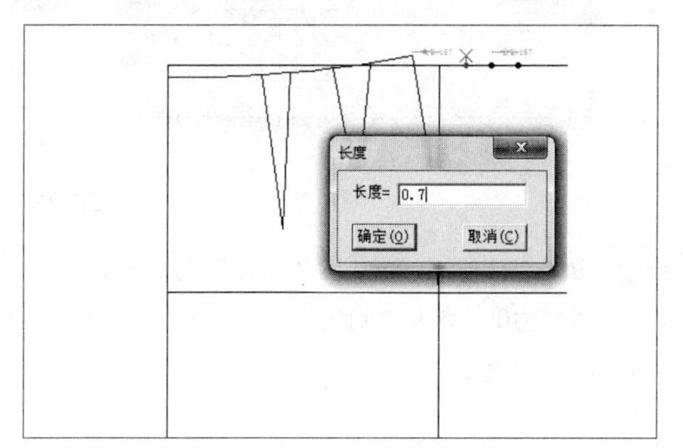

图7-253

09 执行操作后，即可绘制直线，如图7-254所示。

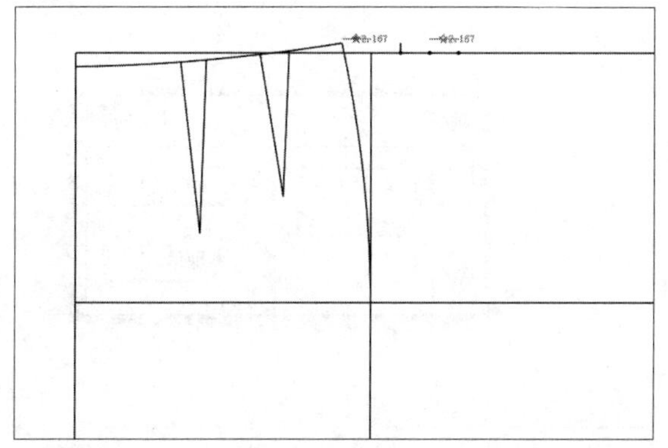

图7-254

10 继续使用“智能笔”命令，单击鼠标右键，切换输入状态，然后在刚绘制直线的上端点和前中线的上端点上依次单击鼠标左键，绘制直线，然后使用“调整”工具对其进行调整，如图7-255所示。

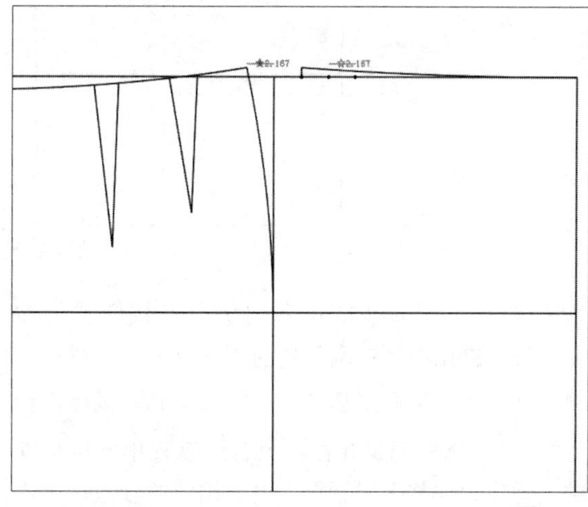

图7-255

11 继续使用“智能笔”命令，单击鼠标右键，切换输入状态，在工作区中相应的等分点上单击鼠标左键，向上拖曳光标，至刚调整的弧线上单击鼠标左键，绘制直线，如图7-256所示。

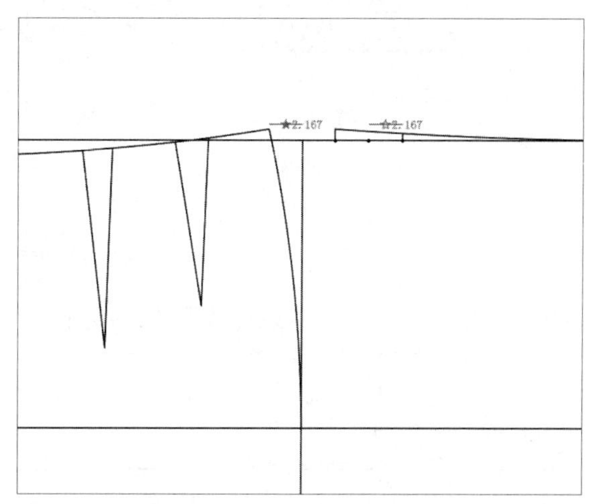

图7-256

12 在“设计工具栏”中单击“等份规”按钮，设置线型为虚线、“等份数”为2，单击鼠标右键，然后在工作区中刚绘制直线的上端点以及前中线上端点上依次单击鼠标左键，执行操作后，即可二等分线段，如图7-257所示。

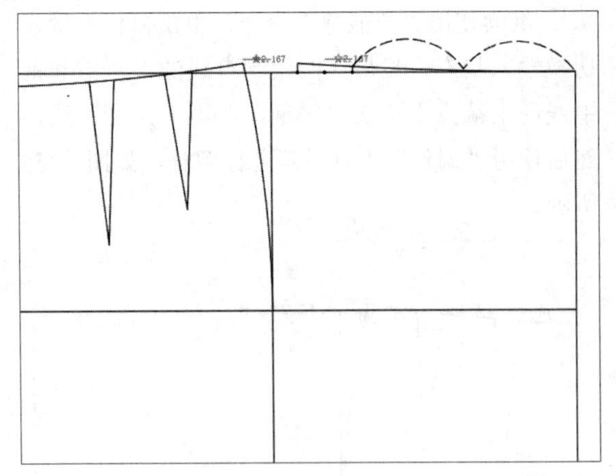

图7-257

13 设置线型为实线，继续使用“智能笔”命令，按住Shift键，在刚创建的等分点上单击鼠标右键，并单击鼠标右键切换输入状态，此时鼠标指针变为，然后拖曳光标，至合适位置单击鼠标左键，弹出“偏移”对话框，设置相应的参数，单击“确定”按钮，如图7-258所示。

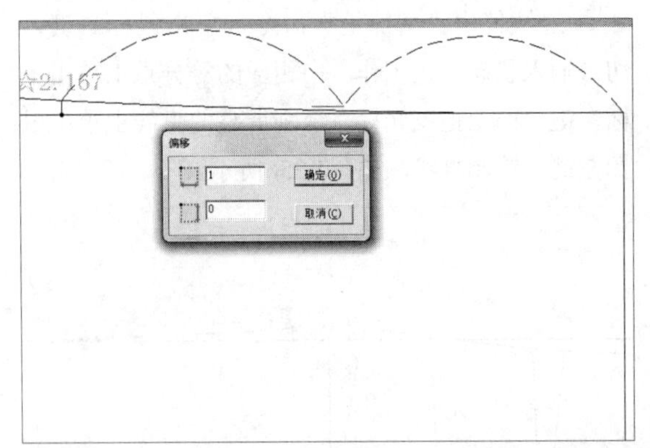

图7-258

14 执行操作后，即可偏移点，如图7-259所示。

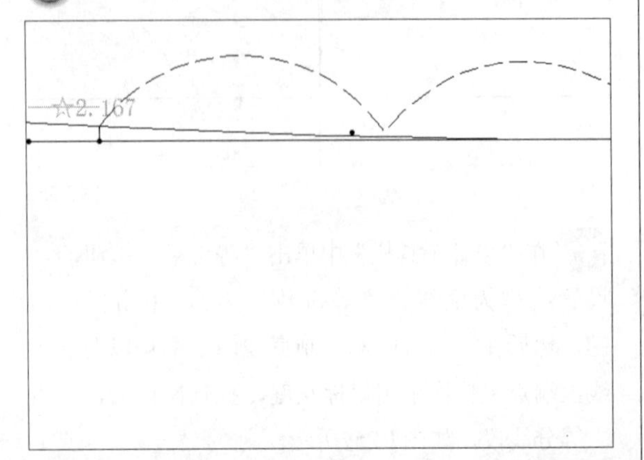

图7-259

15 继续使用“智能笔”命令，按住Shift键，在刚偏移的点上单击鼠标右键，并单击鼠标右键切换输入状态，此时鼠标指针变为，然后拖曳光标，至合适位置单击鼠标左键，弹出“偏移”对话框，双击对话框上方空白区域，弹出“计算器”对话框，输入相应的公式，单击“OK”按钮，如图7-260所示。

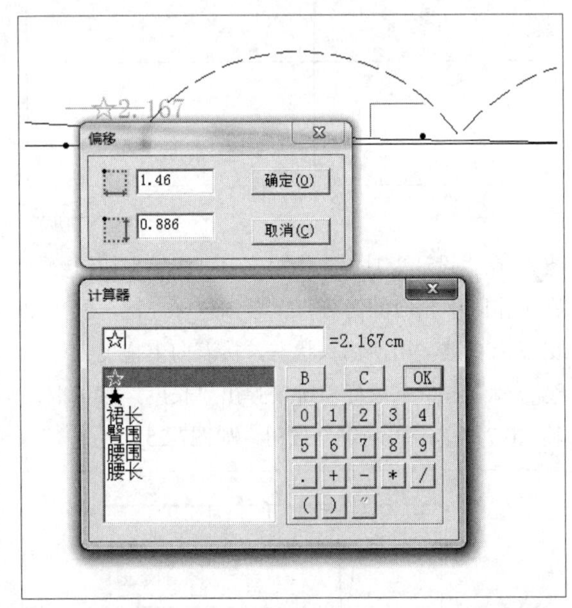

图7-260

16 执行操作后，返回到“偏移”对话框，设置纵向偏移为0，单击“确定”按钮，即可偏移点，如图7-261所示。

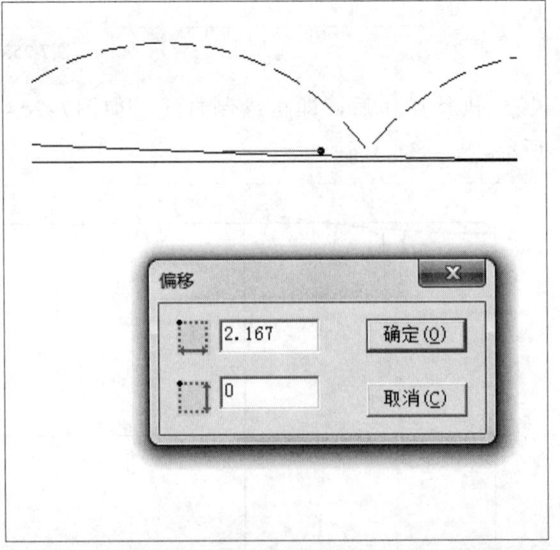

图7-261

⑰ 在“设计工具栏”中单击“等份规”按钮，设置线型为虚线、“等份数”为2，单击鼠标右键，然后在工作区中的两偏移点上依次单击鼠标左键，执行操作后，即可二等分弧线，如图7-262所示。

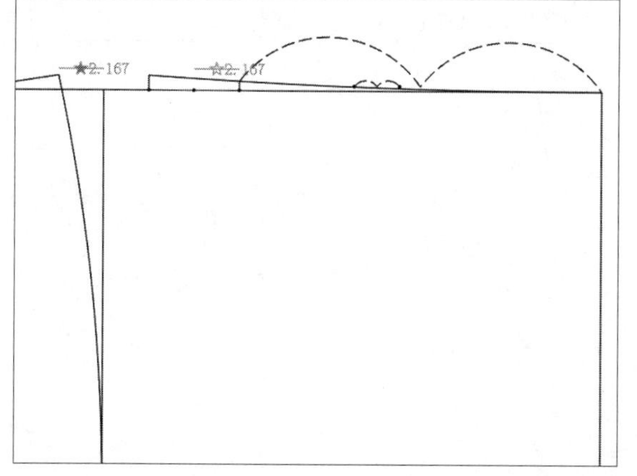

图7-262

⑱ 继续使用“智能笔”命令，按住Shift键，在刚等分的点上单击鼠标右键，并单击鼠标右键切换输入状态，此时鼠标指针变为，然后拖曳光标，至合适位置单击鼠标左键，弹出“偏移”对话框，设置相应的参数，单击“确定”按钮，如图7-263所示。

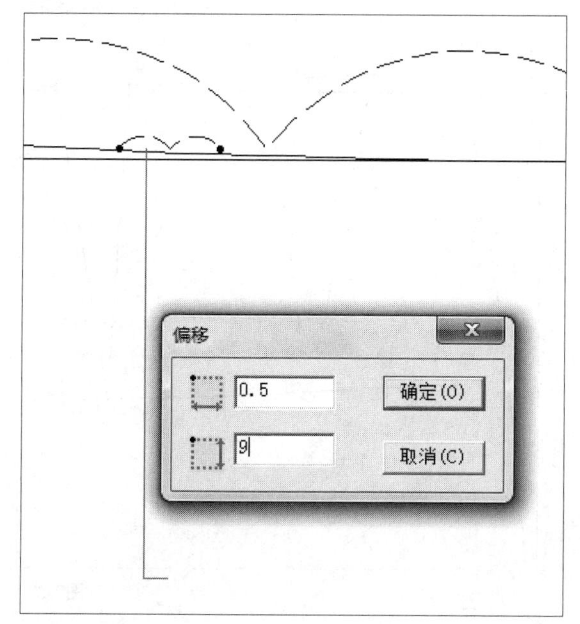

图7-263

⑲ 执行操作后，即可偏移点，如图7-264所示。

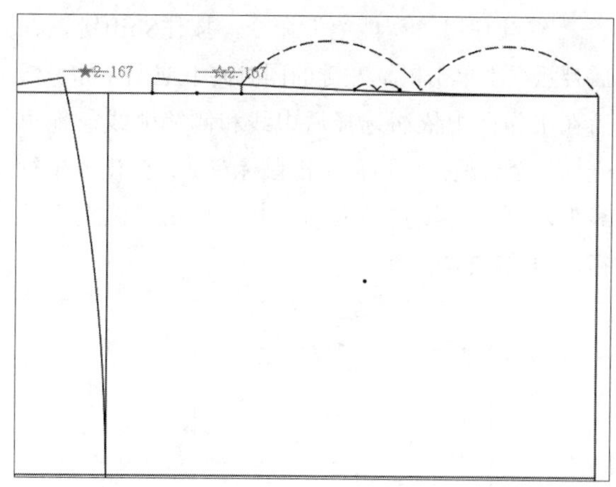

图7-264

⑳ 继续使用“智能笔”命令，在工作区中相应的点上单击鼠标左键，绘制省线，如图7-265所示。

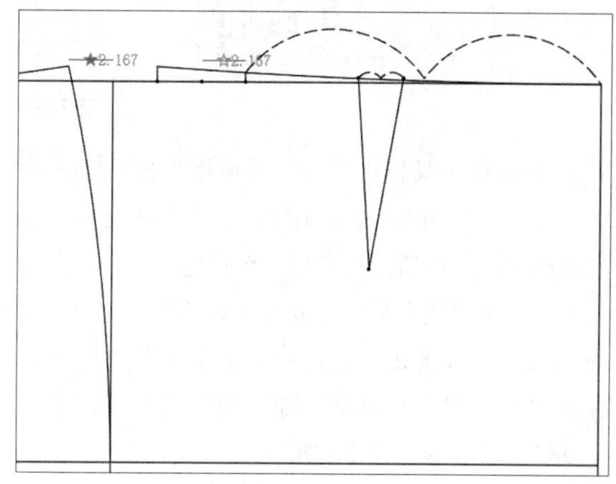

图7-265

㉑ 继续使用“智能笔”命令，在工作区中相应的点上单击鼠标左键，绘制侧缝弧线，如图7-266所示。

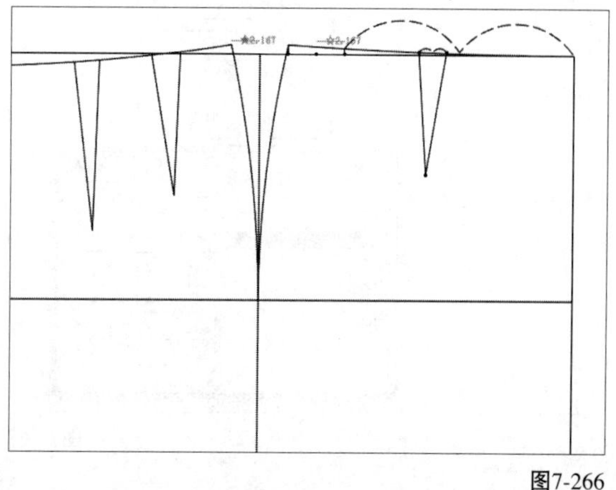

图7-266

22 继续使用"智能笔"命令，按住Shift键，在后腰弧线上单击鼠标左键的同时向下拖曳光标，然后在工作区中依次选择后中线和侧缝弧线，拖曳光标，至合适位置后，单击鼠标左键，弹出"平行线"对话框，设置相应的参数，单击"确定"按钮，如图7-267所示。

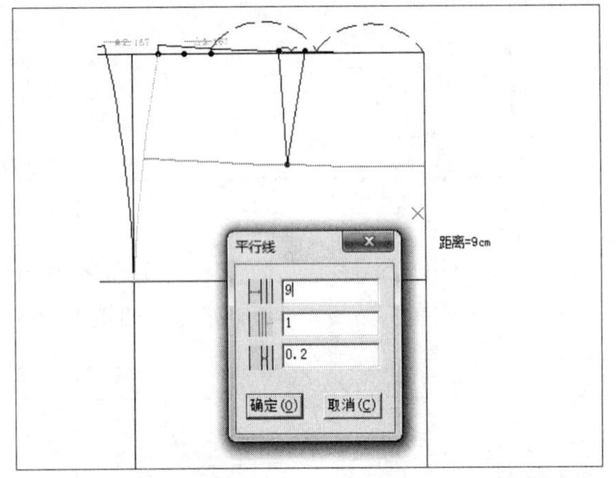

图7-267

23 在设计工具栏中单击"等份规"按钮，设置"等份数"为2，按Shift键，在相应的交点处单击鼠标左键，然后拖曳光标，至合适位置单击鼠标左键，弹出"线上反向等分点"对话框，选中"双向总长"单选按钮，双击对话框上方空白区域，弹出"计算器"对话框，输入相应的公式，单击"OK"按钮，如图7-268所示。

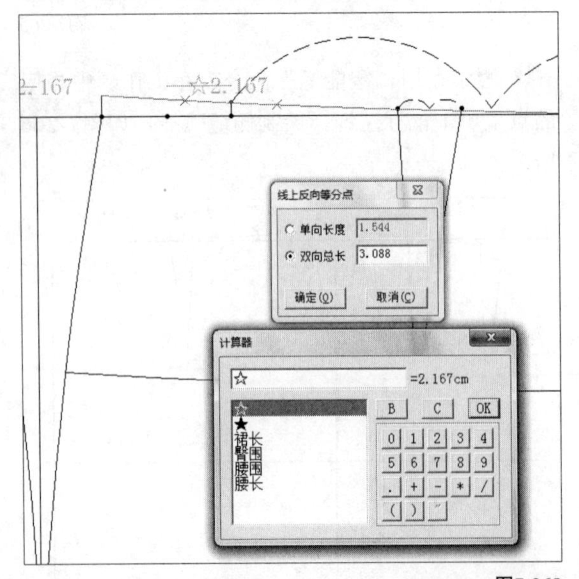

图7-268

24 继续使用"等分规"命令，设置线型为虚线、"等份数"为2，单击鼠标右键，然后在工作区中的相应的点上依次单击鼠标左键，执行操作后，即可二等分弧线，如图7-269所示。

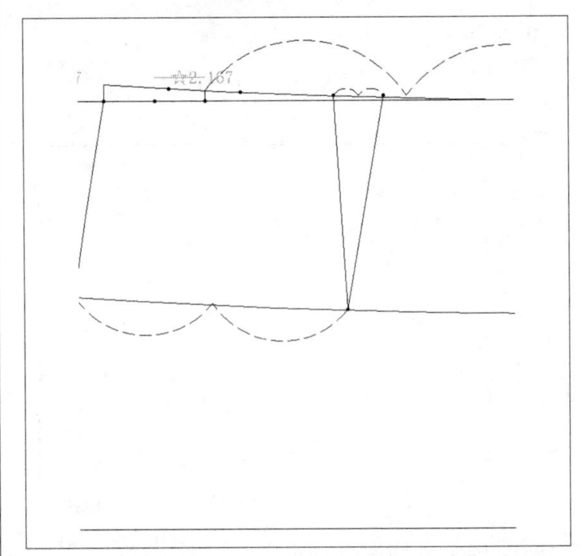

图7-269

25 将线型改为实线，继续使用"智能笔"命令，在工作区中相应的点上单击鼠标左键，绘制省线，如图7-270所示。

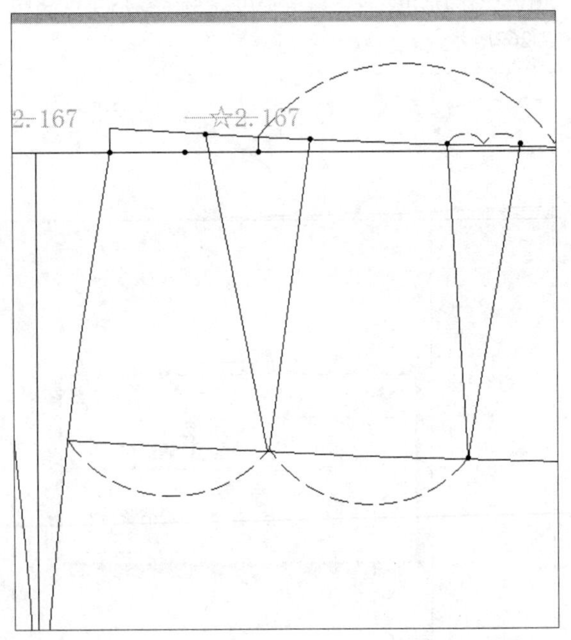

图7-270

26 在"设计工具栏"中单击"橡皮擦"按钮，删除相应的点和线，如图7-271所示。

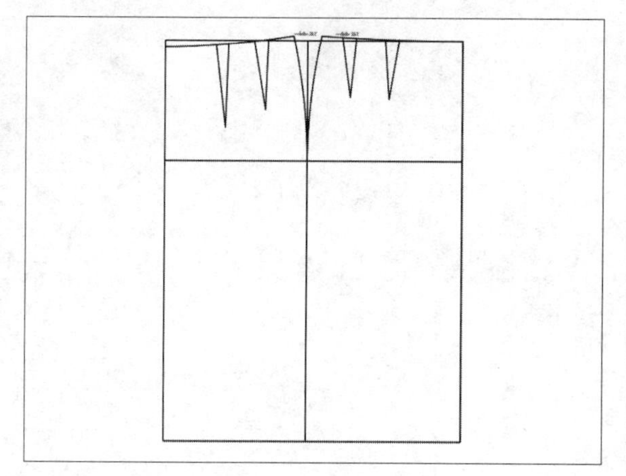

图7-271

27 在“设计工具栏”中单击“剪断线”按钮，剪断相应的线，然后删除多余的线段，此时即可完成裙装原型CAD制板，如图7-272所示。

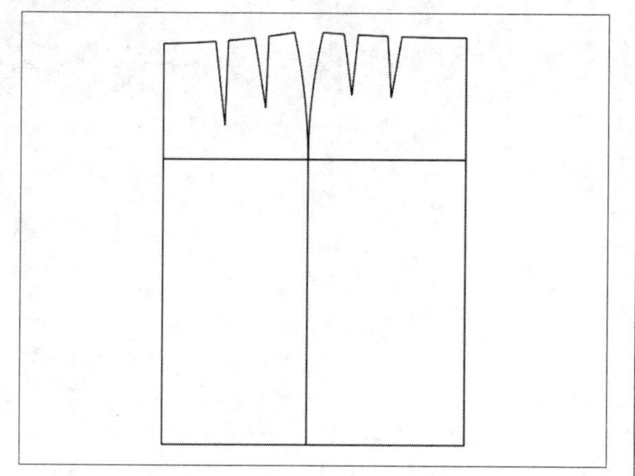

图7-272

7.4 本章小结

本章主要为读者展示了富怡CAD软件制作女装的操作。详细内容包括了上衣原型、袖子原型以及裙装原型，读者通过对本章内容的学习，能够全面的了解女装上衣的制板以及裙装的制板步骤。

7.5 课后习题——比较长度工具

鉴于本章知识的重要性，为了帮助读者更好地掌握所学知识，本节将通过上机习题，帮助读者进行简单的知识回顾和补充。

案例位置	无
难易指数	★★★
学习目标	掌握运用比较长度工具的方法

通过比较长度工具，熟练服装制板CAD的制作，素材图像如图7-273所示，最终完成效果，如图4-274所示。

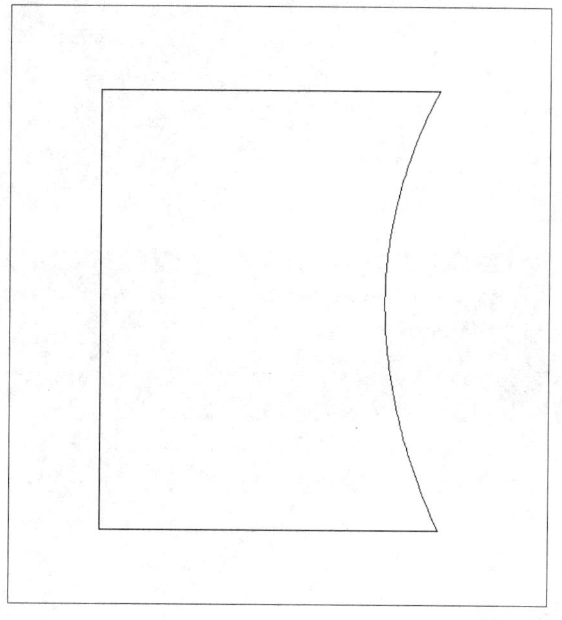

图7-273

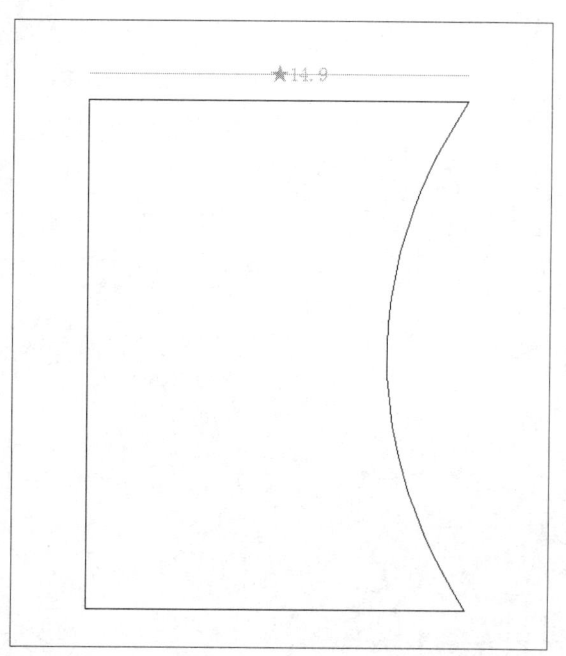

图7-274

第8章

省褶与分割线的设计方法

内容摘要

服装原型是服装结构设计的基础，服装款式千变万化，都离不开服装原型。服装原型按性别可分为男装原型、女装原型以及童装原型；按部位可分为上衣原型、裙子原型等。本章向读者介绍设计放码软件的基本知识，主要内容包括掌握省道的设计方法、掌握分割线的设计方法以及掌握褶裥的设计方法。

课堂学习目标

掌握省道的设计方法

掌握分割线的设计方法

掌握褶裥的设计方法

8.1 掌握省道的设计方法

省道变化很多，按部位可分为领省、肩省、袖窿省、腋下省、腰省、中心省等；按形状可分为钉子省、开花省、弧形省、锥子省、橄榄省等；按省的数量可分为单省、双省、多省组合。使用不同的省道可以变化出多种多样的服装款式。

8.1.1 领省设计

领省指在领窝部位所开的省道，多呈八字形。服装中的省是因为平面的布料为了包裹立体的人体产生的多余的量。领省的效果如图8-1所示。

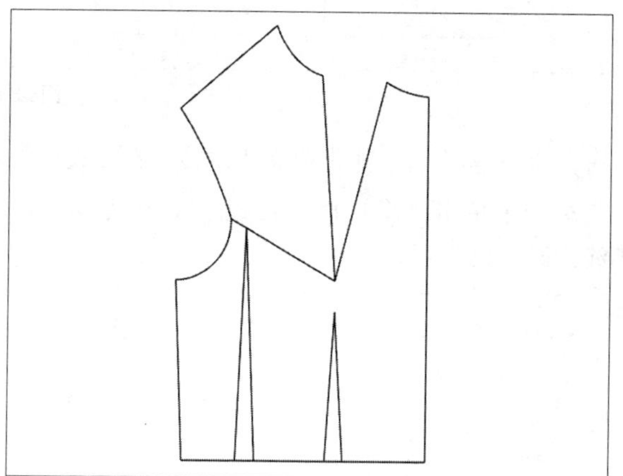

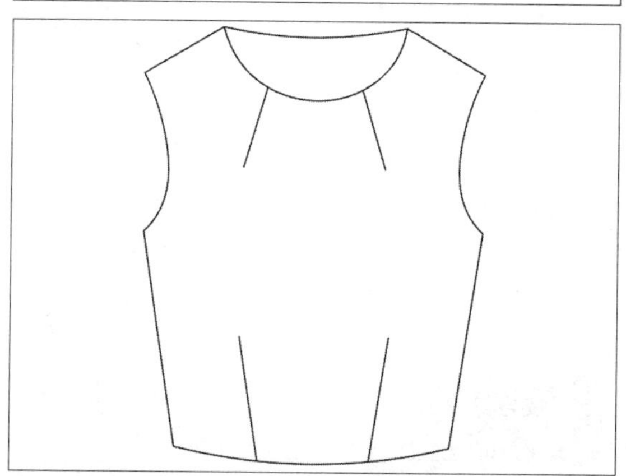

图8-1

课堂案例：领省设计
案例位置：效果>第8章>领省设计.dgs
视频位置：视频>第8章>课堂案例——领省设计.mp4
难易指数：★★★★★
学习目标：掌握领省设计的方法

本案例的最终效果如图8-2所示。

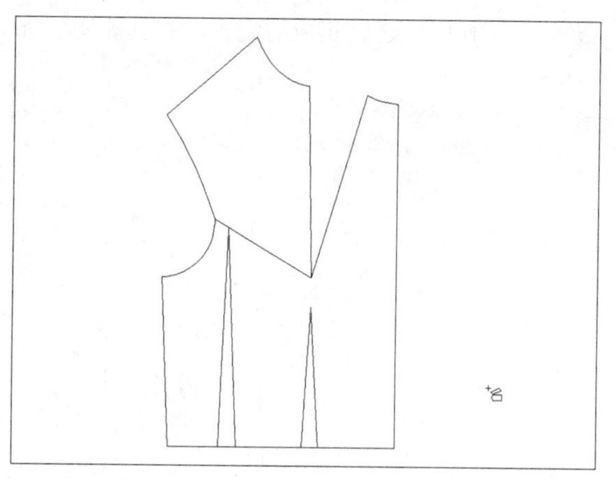

图8-2

01 按Ctrl＋O组合键，打开文化式女上装原型，如图8-3所示。

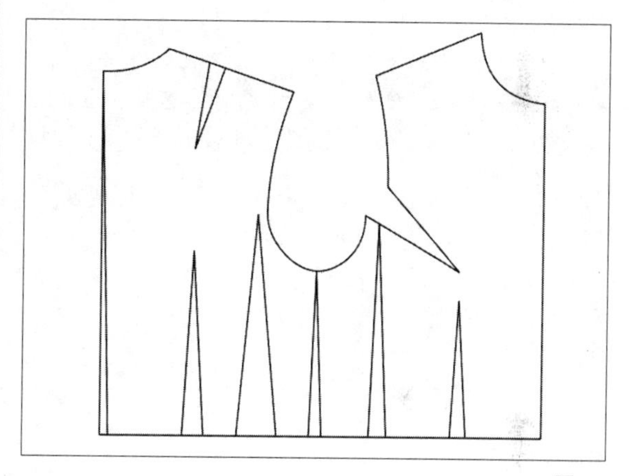

图8-3

02 在“设计工具栏”中单击“橡皮擦”按钮，如图8-4所示。

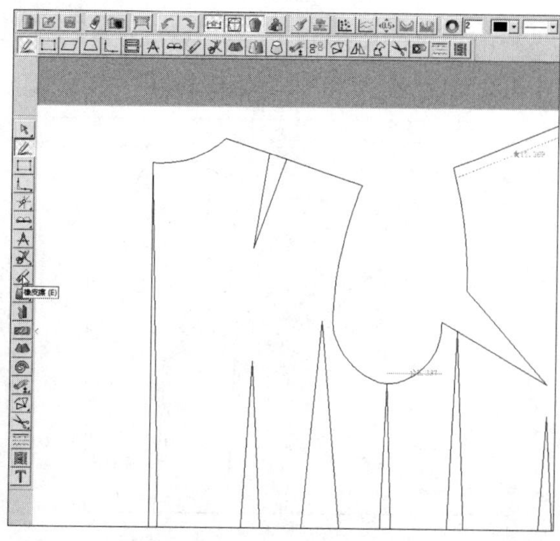

图8-4

03 在工作区中选择相应的线段，将其删除，如图8-5所示。

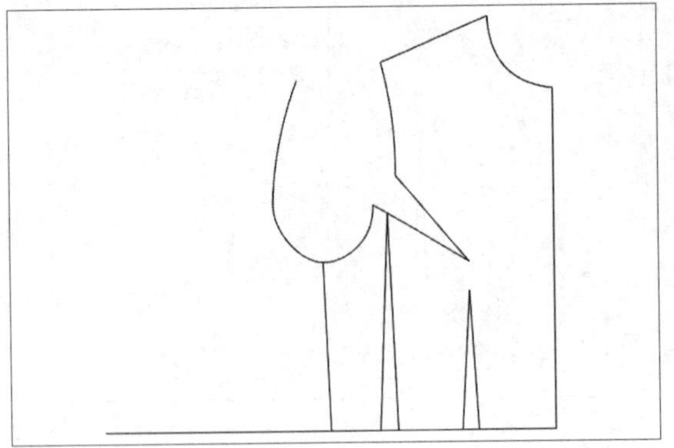

图8-5

04 在“设计工具栏”中单击“剪断线”按钮，如图8-6所示。

图8-6

05 在工作区中选择袖窿弧线，然后在袖窿弧线与省线的交点上单击鼠标左键，如图8-7所示。

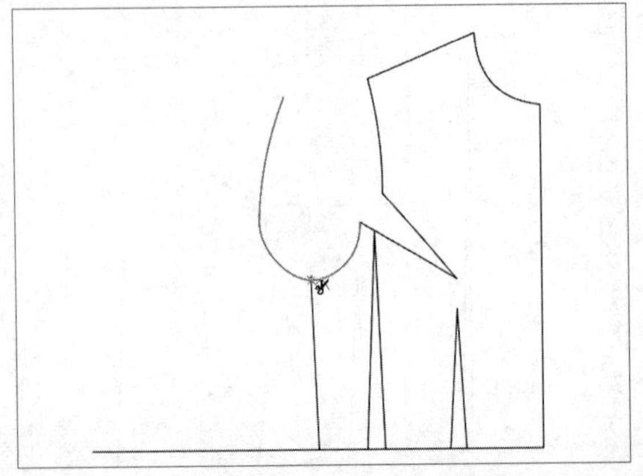

图8-7

06 执行操作后，即可剪断袖窿弧线；继续使用“剪断线”命令，在工作区中选择腰围线，然后在腰围线与省线的交点上单击鼠标左键，如图8-8所示。

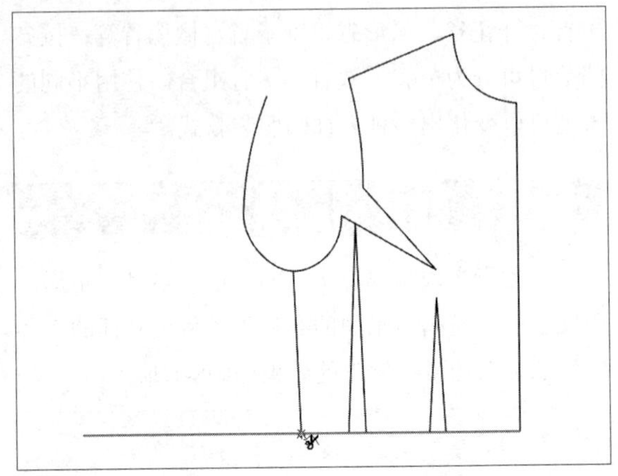

图8-8

07 执行操作后，即可剪断腰围线；在“设计工具栏”中单击“橡皮擦”按钮，删除相应的线，如图8-9所示。

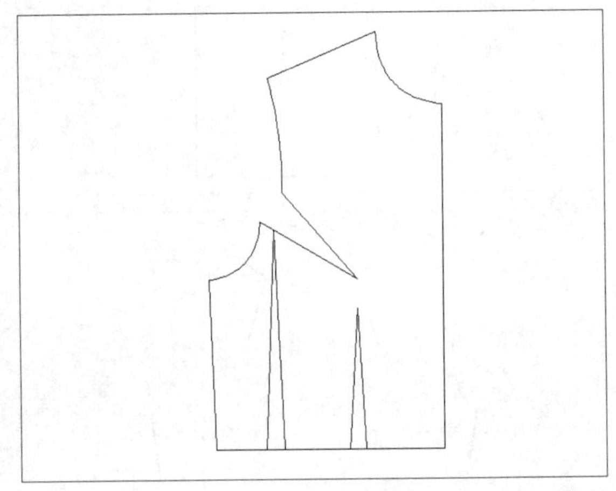

图8-9

技巧与提示

用户可以通过以下3种方法处理省道。

◆转移法。

◆剪切法。

◆量取法。

08 在“设计工具栏”中单击“智能笔”按钮，在前领口弧线上的相应位置单击鼠标左键，弹出“点的位置”对话框，如图8-10所示。

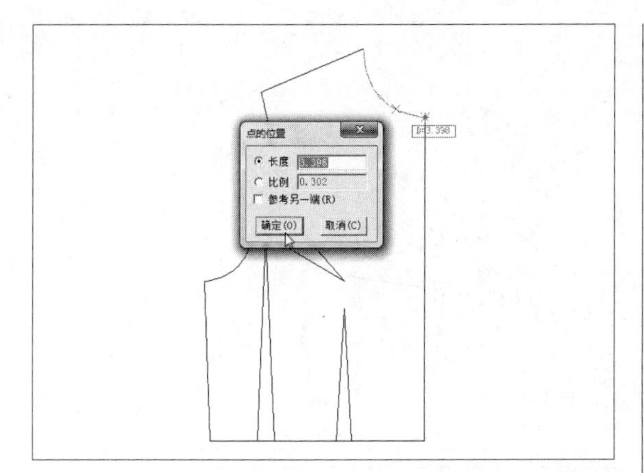

图8-10

09 接受默认的参数，单击“确定”按钮，拖曳光标，至省尖点单击鼠标左键，然后单击鼠标右键，绘制直线，如图8-11所示。

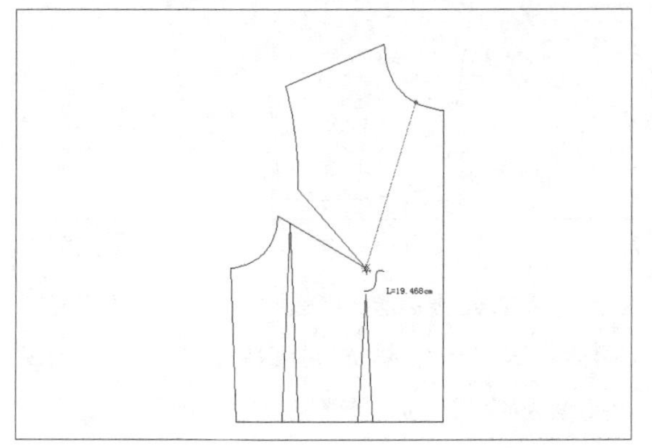

图8-11

10 在“设计工具栏”中单击“剪断线”按钮，在工作区中选择前领口弧线，然后在前领口弧线与刚绘制直线的交点上单击鼠标左键，如图8-12所示。

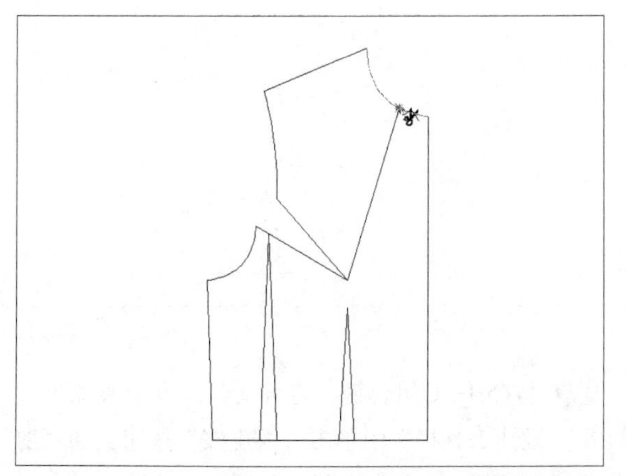

图8-12

11 执行操作后，即可剪断前领口弧线；在“设计工具栏”中单击“转省”按钮，如图8-13所示。

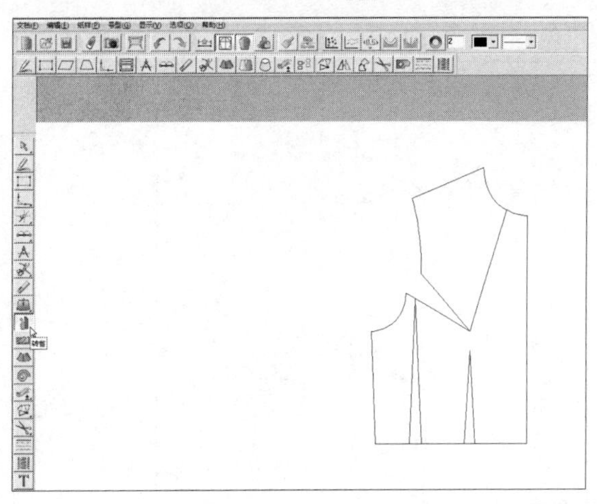

图8-13

12 根据状态栏提示，在工作区中框选转移线，单击鼠标右键，如图8-14所示。

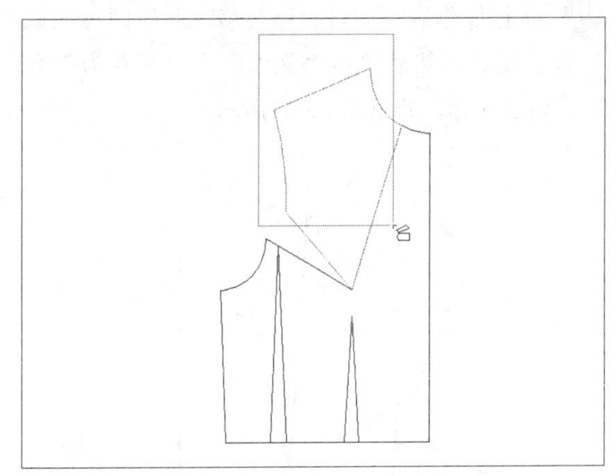

图8-14

13 在工作区中，选择新省线，如图8-15所示。

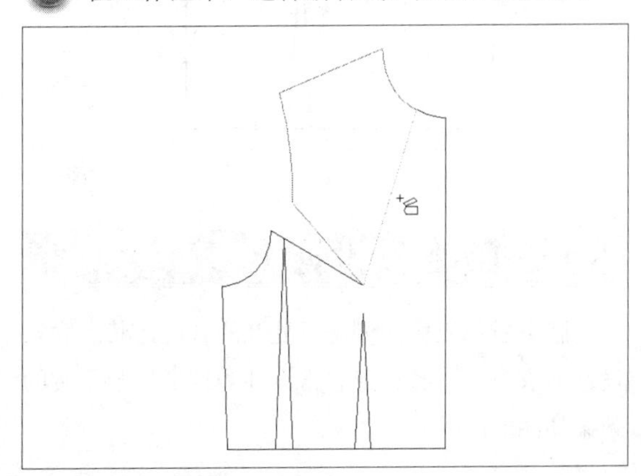

图8-15

14 单击鼠标右键，然后在工作区中选择袖窿省的省线作为合并省的起始边和终止边，如图8-16所示。

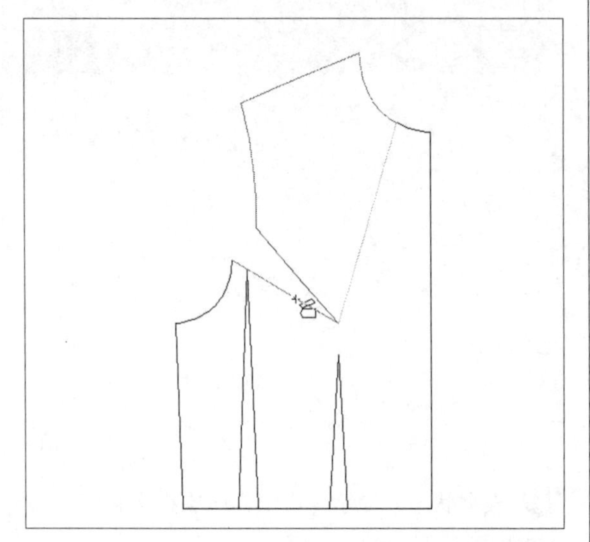

图8-16

15 执行操作后，即可省道转移，此时即可完成领省的设计，然后单击“文档”|“另存为”命令，将其保存，效果如图8-17所示。

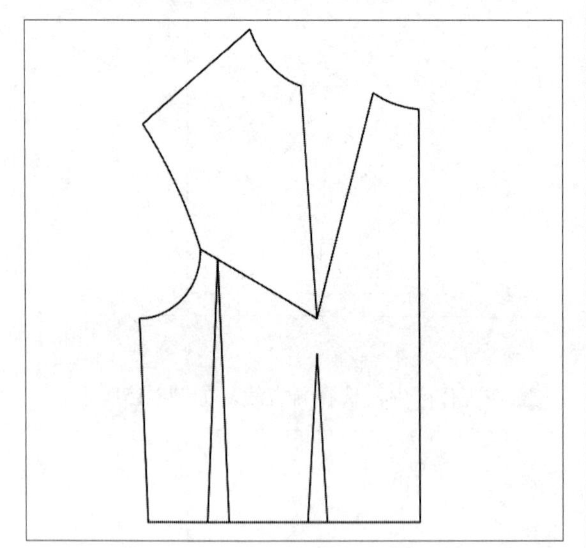

图8-17

8.1.2 腋下省设计

腋下省指衣服两侧腋下处开的省道，其一般只设在前衣身上，省道形状常设计为锥形。腋下省的效果如图8-18所示。

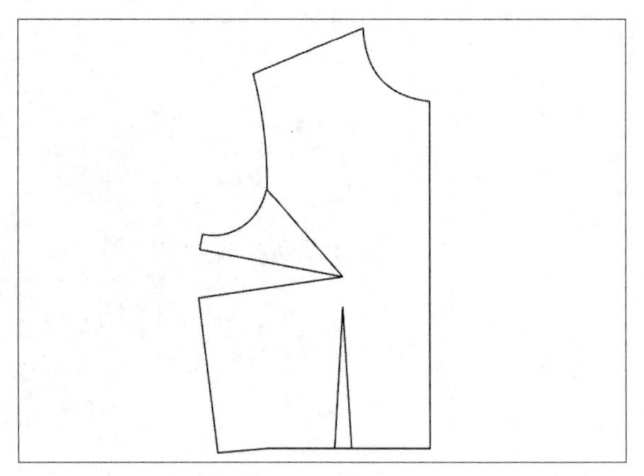

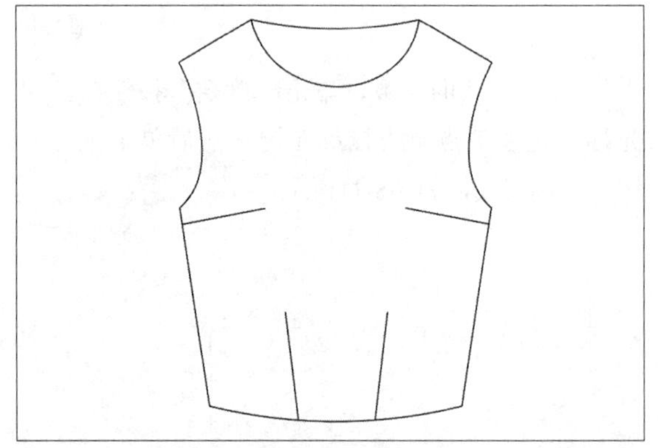

图8-18

课堂案例：腋下省设计
案例位置：效果>第8章>腋下省设计.dgs
视频位置：视频>第8章>课堂案例——腋下省设计.mp4
难易指数：★★★★★
学习目标：掌握腋下省设计的方法

本案例的最终效果如图8-19所示。

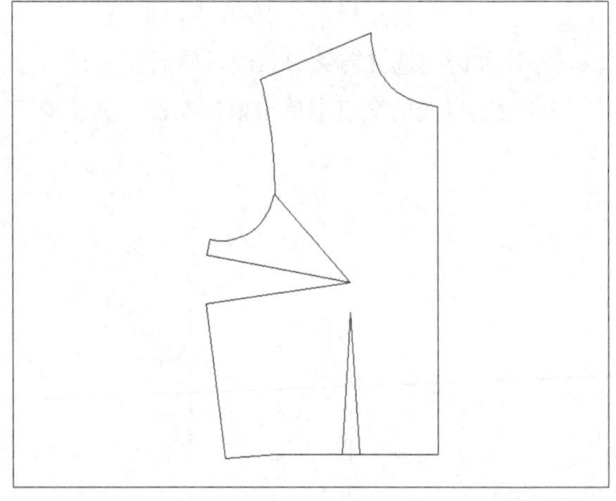

图8-19

01 按Ctrl+O组合键，打开文化式女上装原型，在“设计工具栏”中单击“橡皮擦”按钮和“剪断线”按钮，修剪曲线，如图8-20所示。

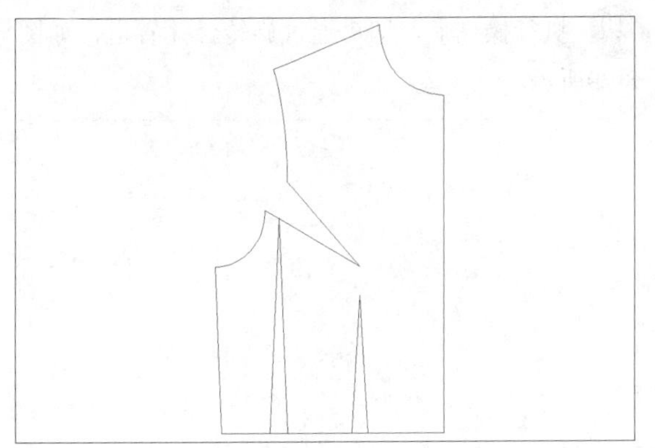

图8-20

02 在“设计工具栏”中单击“剪断线”按钮，在工作区中选择袖窿省的省线，然后在合适的点上单击鼠标左键，如图8-21所示。

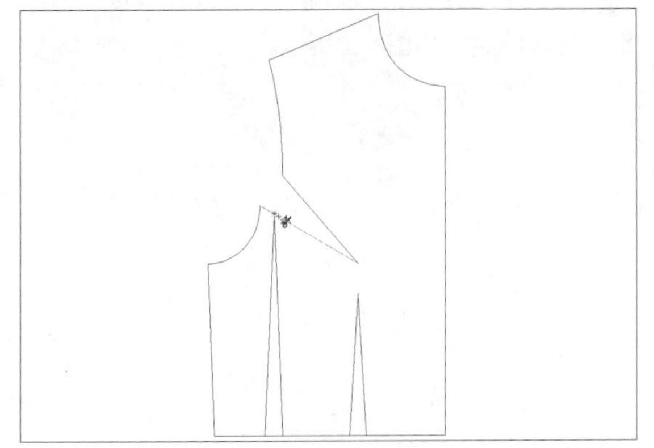

图8-21

03 执行操作后，即可剪断省线；继续使用“剪断线”命令，在工作区中选择腰围线，然后在相应的省边点上单击鼠标左键，如图8-22所示。

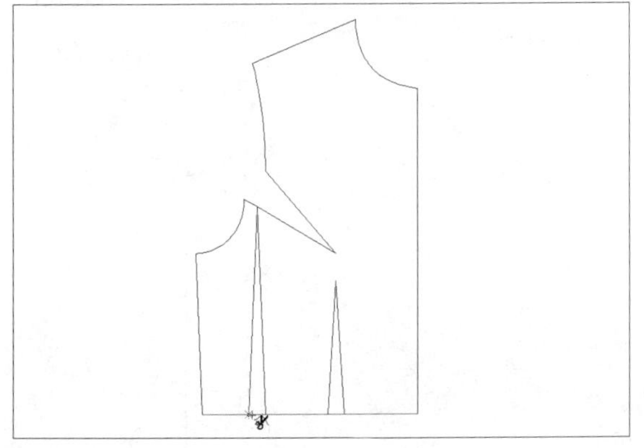

图8-22

04 执行操作后，即可剪断腰围线；继续使用“剪断线”命令，在工作区中选择腰围线，然后在腰围线与省线的交点上单击鼠标左键，如图8-23所示。

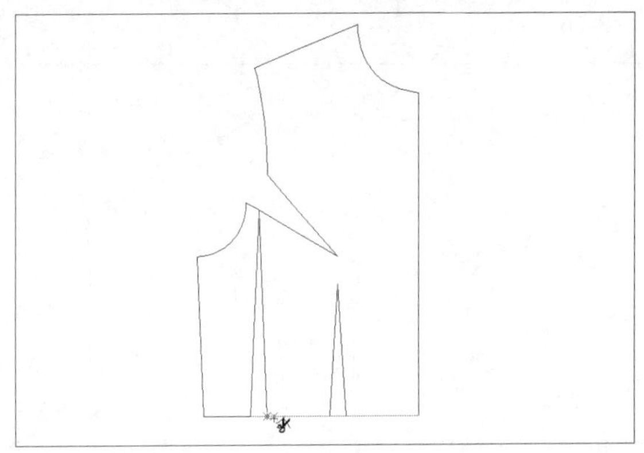

图8-23

05 执行操作后，即可剪断腰围线；在“设计工具栏”中单击“橡皮擦”按钮，删除相应的线，如图8-24所示。

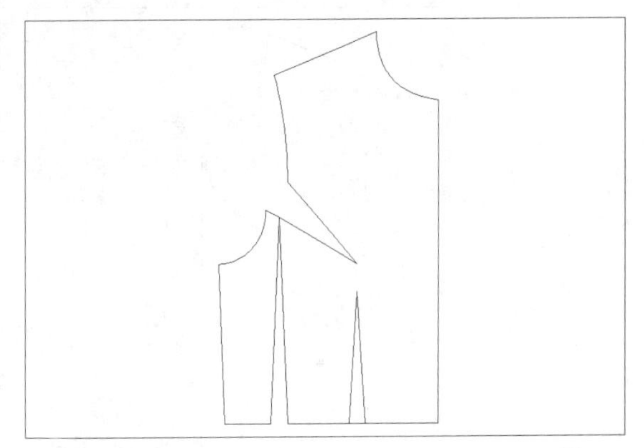

图8-24

06 在“设计工具栏”中单击“旋转”按钮，如图8-25所示。

图8-25

07 根据状态栏提示，在工作区中框选曲线，如图8-26所示。

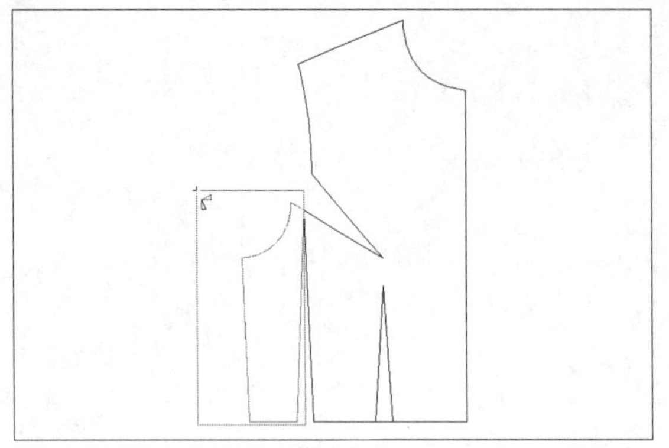

图8-26

08 单击鼠标右键，然后在工作区中指定旋转中心和旋转起点，如图8-27所示。

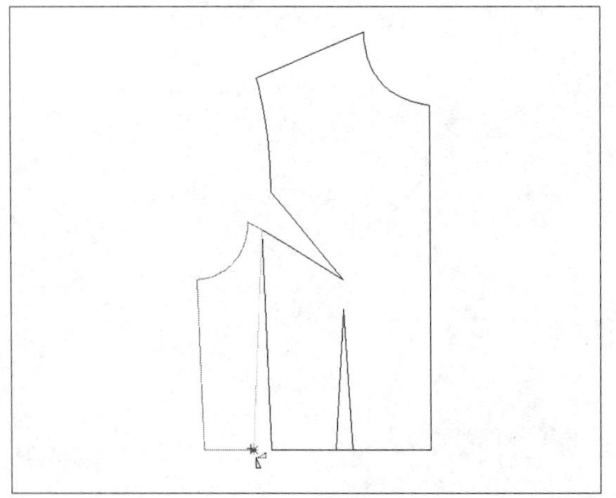

图8-27

09 拖曳光标，至相应的点上单击鼠标左键，指定旋转终点，如图8-28所示。

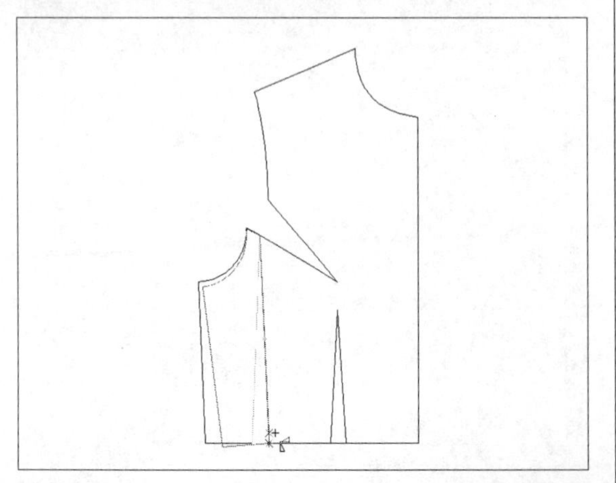

图8-28

10 执行操作后，即可通过旋转合并省道，如图8-29所示。

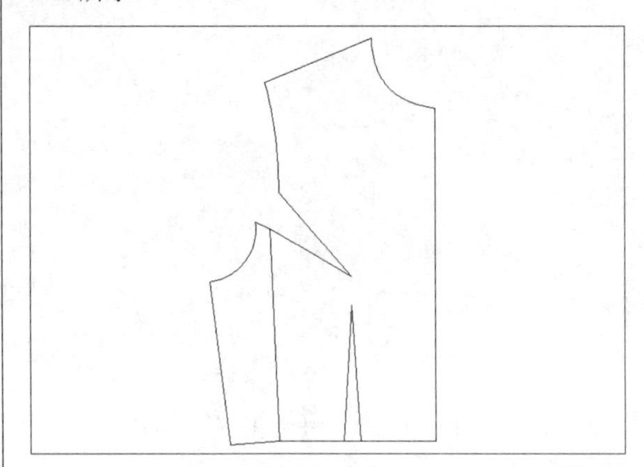

图8-29

11 在“设计工具栏”中单击“橡皮擦”按钮，删除相应的线，如图8-30所示。

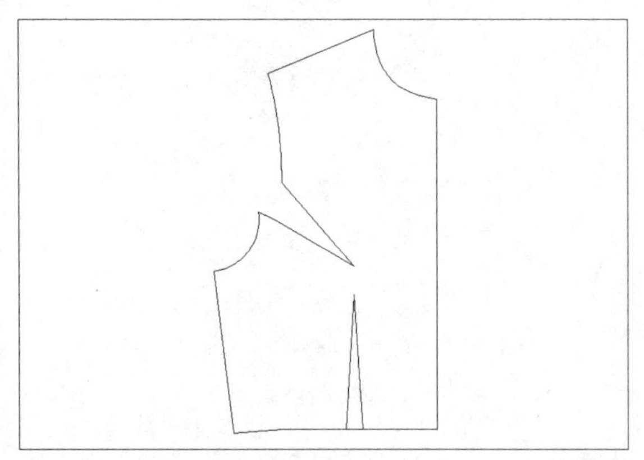

图8-30

12 在“设计工具栏”中单击“智能笔”按钮，在工作区中相应的点上单击鼠标左键，绘制直线，如图8-31所示。

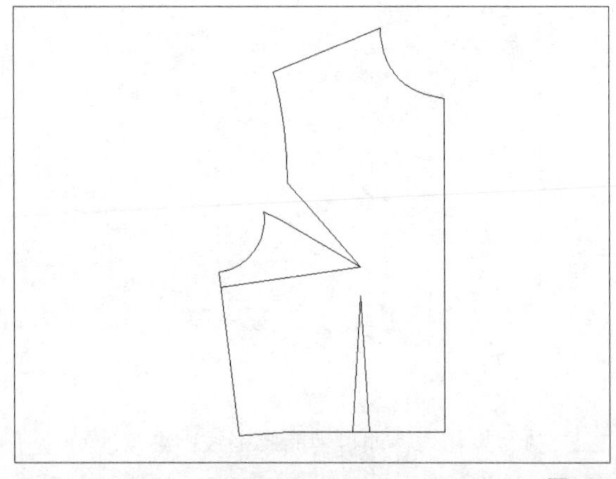

图8-31

⑬ 在“设计工具栏”中单击“剪断线”按钮，在工作区中选择最左侧的省线，然后在省线与刚绘制直线的交点上单击鼠标左键，如图8-32所示。

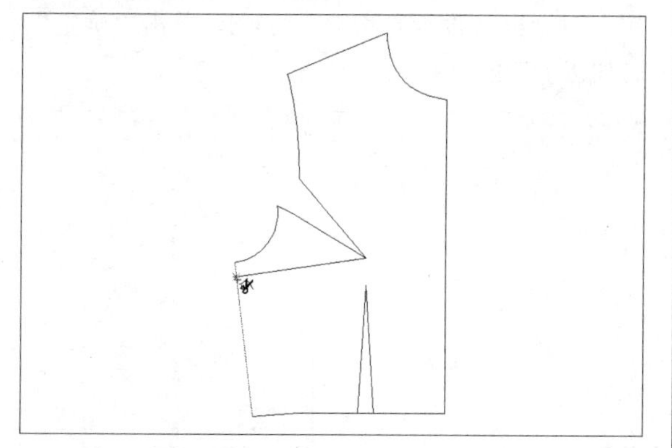

图8-32

⑭ 执行操作后，即可剪断省线；在“设计工具栏”中单击“转省”按钮，根据状态栏提示，在工作区中框选转移线，如图8-33所示。

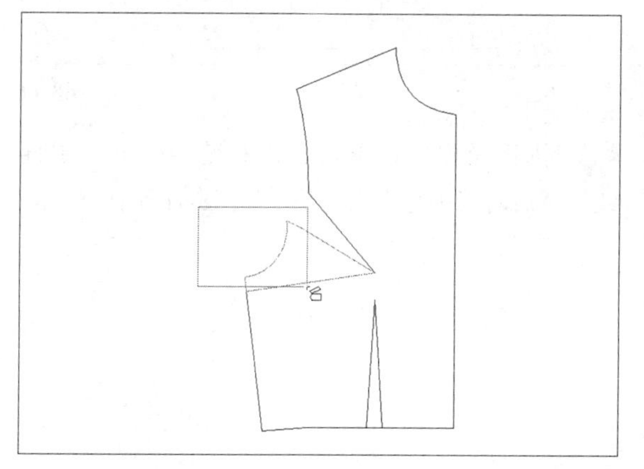

图8-33

⑮ 单击鼠标右键，然后在工作区中选择新省线，如图8-34所示。

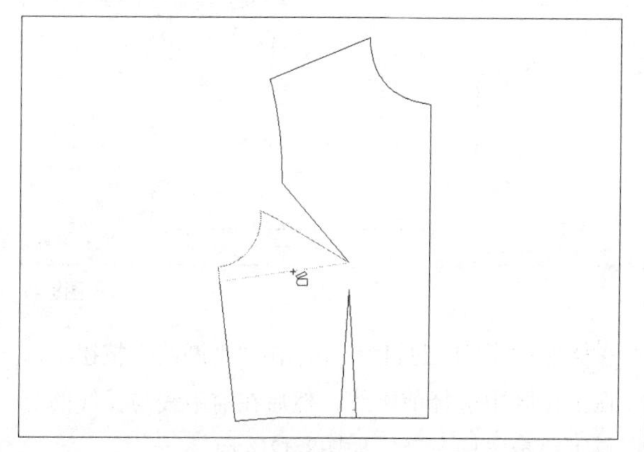

图8-34

⑯ 单击鼠标右键，然后在工作区中选择袖窿省的省线作为合并省的起始边和终止边，如图8-35所示。

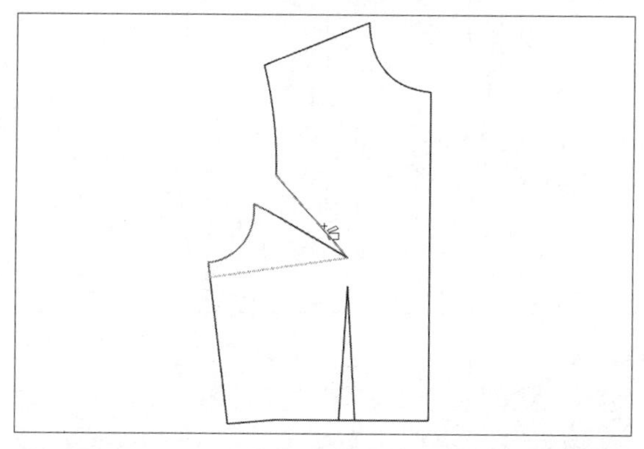

图8-35

⑰ 执行操作后，即可省道转移，此时即可完成腋下省的设计，然后单击“文档”|“另存为”命令，将其保存，完成效果如图8-36所示。

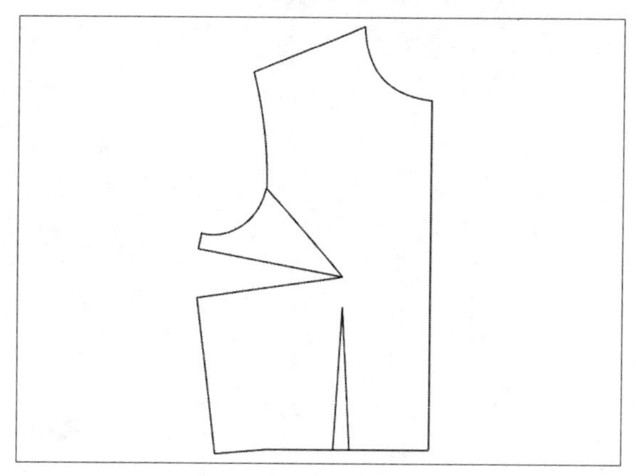

图8-36

8.1.3 T形省设计

T形省是形状如T形的一类省道，其是中心省的一种。T形省的效果如图8-37所示。

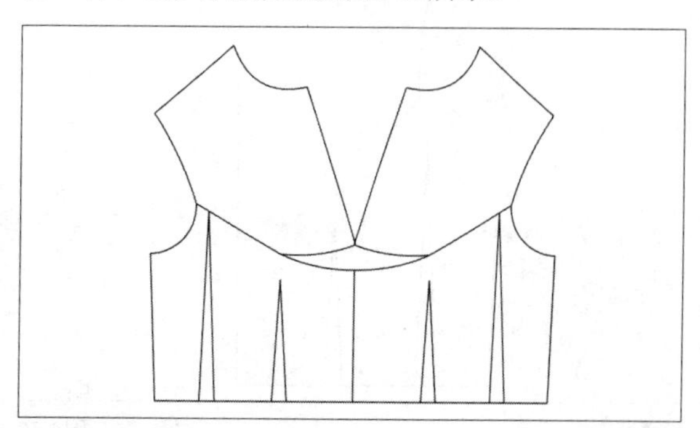

图8-37

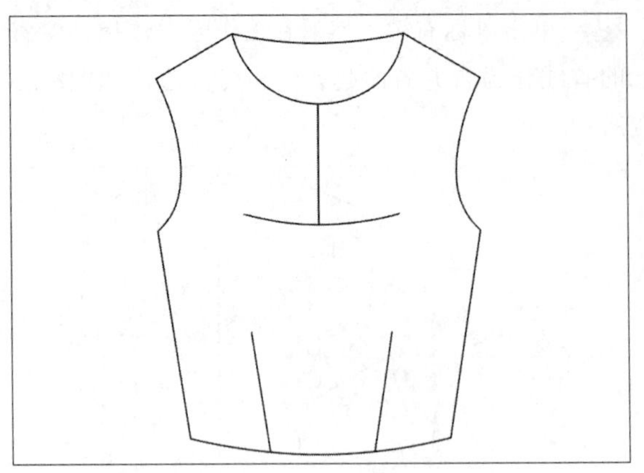

图8-37（续）

课堂案例：T形省设计
案例位置：效果>第8章>T形省设计.dgs
视频位置：视频>第8章>课堂案例——T形省设计.mp4
难易指数：★★★★★
学习目标：掌握T形省设计的方法

本案例的最终效果如图8-38所示。

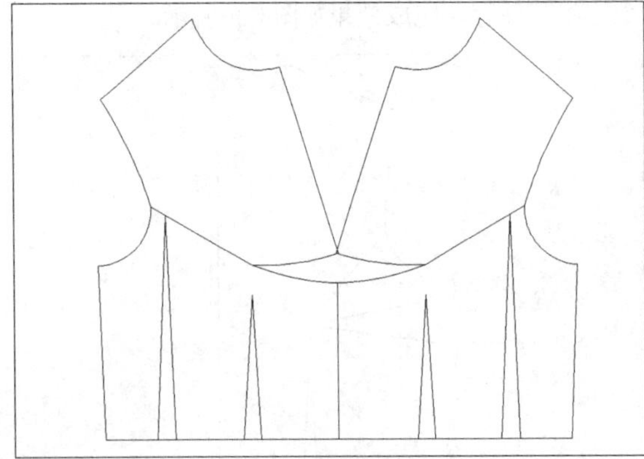

图8-38

01 按Ctrl＋O组合键，打开文化式女上装原型，在“设计工具栏”中单击“橡皮擦”按钮和“剪断线”按钮，修剪曲线，如图8-39所示。

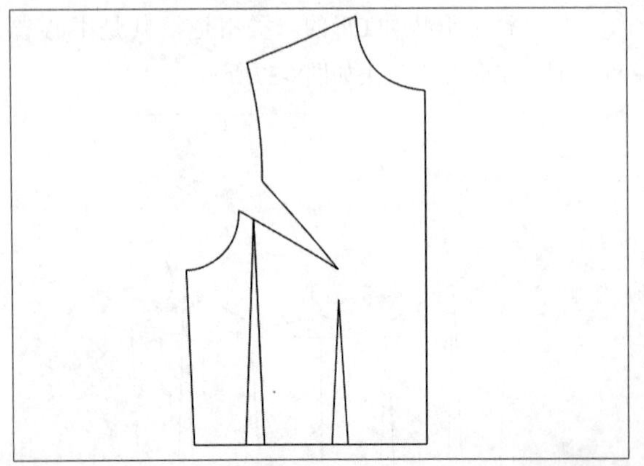

图8-39

02 在“设计工具栏”中单击“智能笔”按钮，在工作区中相应的点上单击鼠标左键，然后移动鼠标，至前中线上单击鼠标左键，弹出“点的位置”对话框，设置“长度”为1.8，单击“确定”按钮，如图8-40所示。

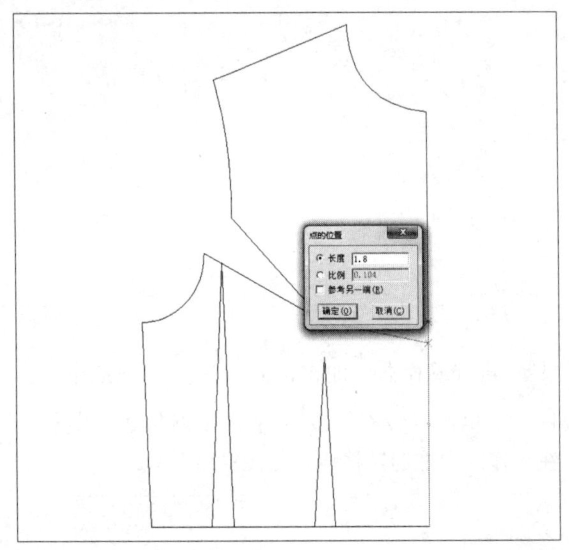

图8-40

03 执行操作后，单击鼠标右键，即可绘制直线，然后对其进行适当调整，如图8-41所示。

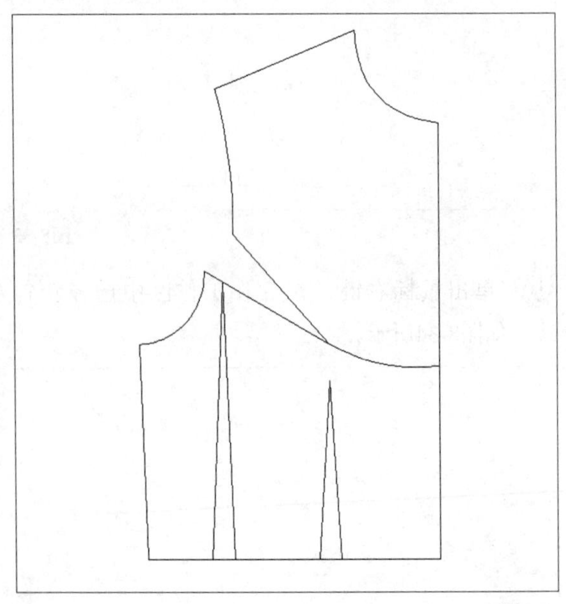

图8-41

04 在“设计工具栏”中单击“剪断线”按钮，在工作区中选择前中线，然后在前中线与弧线的交点上单击鼠标左键，如图8-42所示。

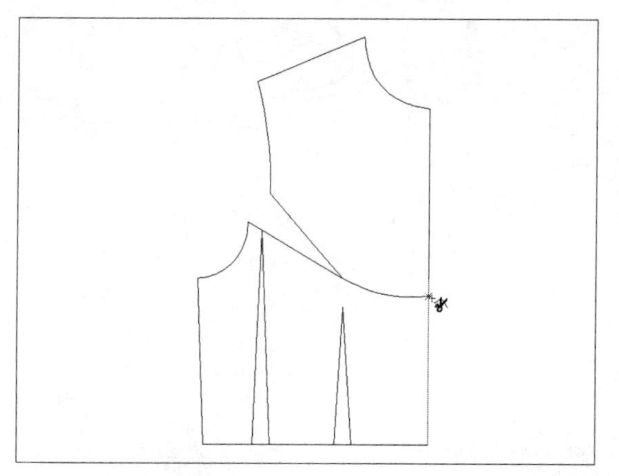

图8-42

05 执行操作后，即可剪断前中线；在“设计工具栏”中单击“转省”按钮，根据状态栏提示，在工作区中框选转移线，如图8-43所示。

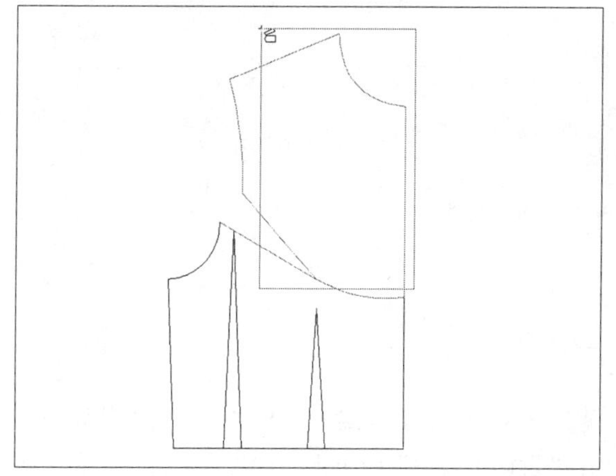

图8-43

06 单击鼠标右键，然后在工作区中选择新省线，如图8-44所示。

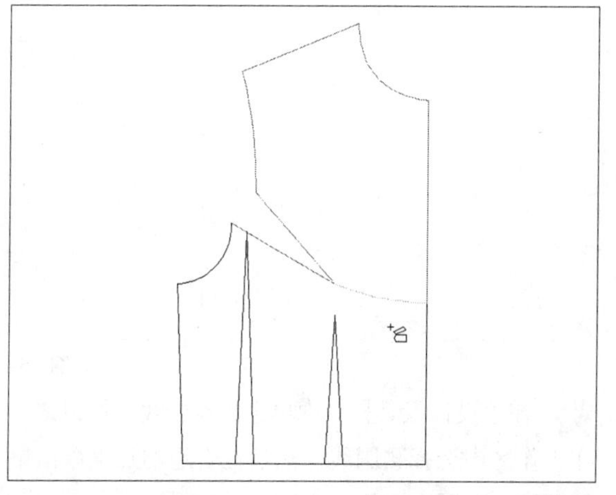

图8-44

07 单击鼠标右键，然后在工作区中选择袖窿省的省线作为合并省的起始边和终止边，如图8-45所示。

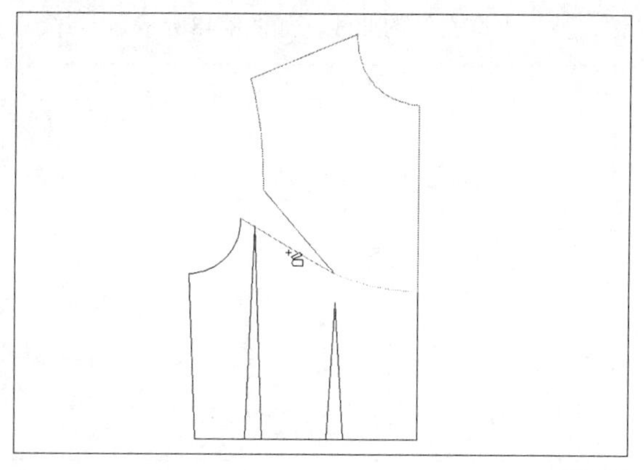

图8-45

08 执行操作后，即可转移省道，如图8-46所示。

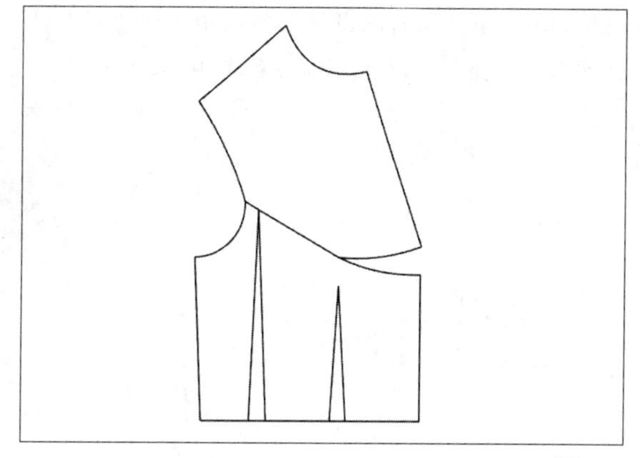

图8-46

09 在“设计工具栏”中单击“对称”按钮，如图8-47所示。

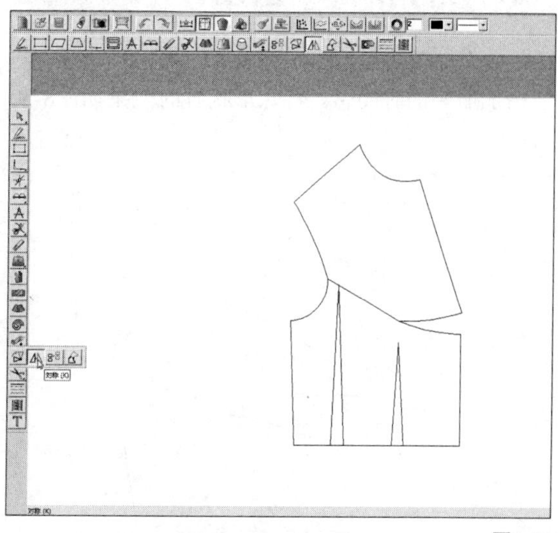

图8-47

⑩ 根据状态栏提示，在工作区中的前中线上任取两点，指定对称轴的起点和终点，单击鼠标右键，然后框选左侧的曲线，如图8-48所示。

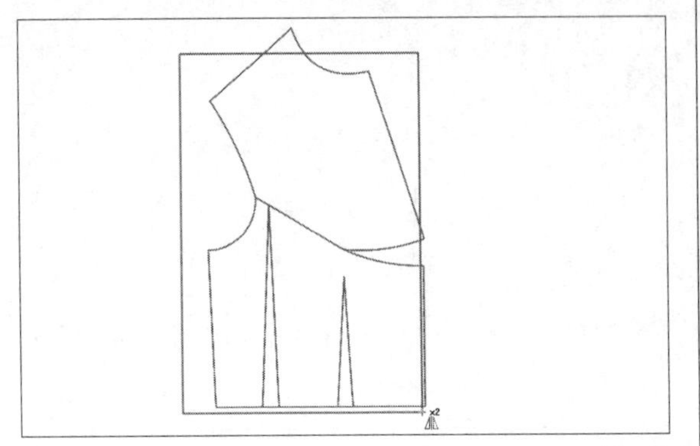

图8-48

⑪ 执行操作后，单击鼠标右键，即可对称曲线，此时即可完成T形省的设计，然后单击“文档”｜“另存为”命令，将其保存，效果如图8-49所示。

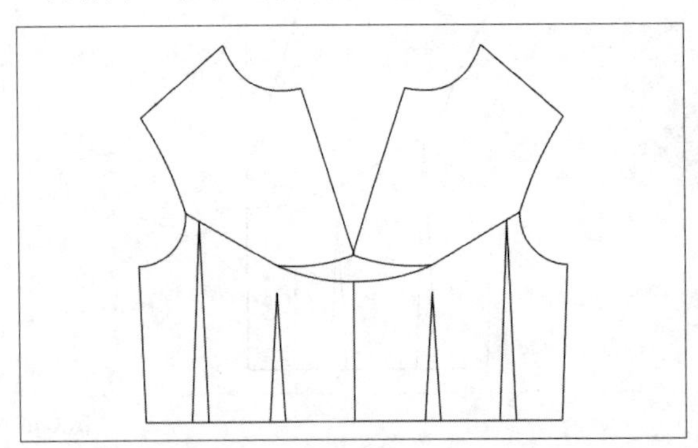

图8-49

8.1.4 特殊省形状设计

特殊形状省是指没有特定形态的一类省道，其能增加服装的时尚感。特殊形状省的效果如图8-50所示。

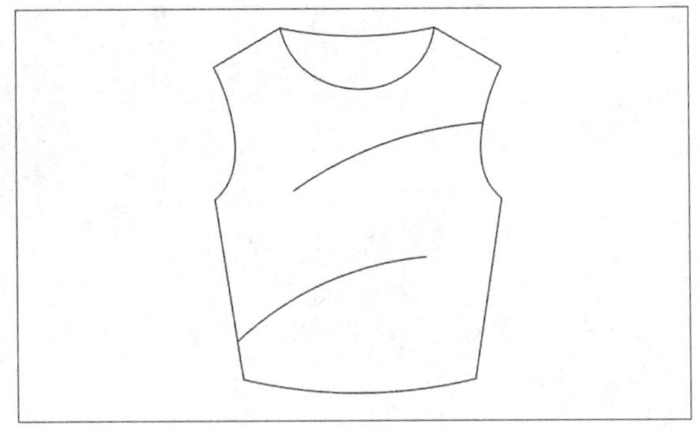

图8-50

课堂案例：特殊省形状设计
案例位置：效果>第8章>特殊省形状设计.dgs
视频位置：视频>第8章>课堂案例——特殊省形状设计.mp4
难易指数：★★★★★
学习目标：掌握特殊省形状设计的方法

本案例的最终效果如图8-51所示。

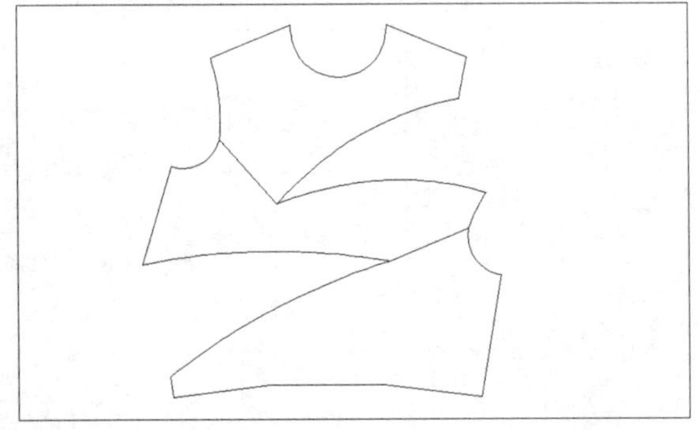

图8-51

01 按Ctrl＋O组合键，打开文化式女上装原型，在“设计工具栏”中单击“橡皮擦”按钮和“剪断线”按钮，修剪曲线，如图8-52所示。

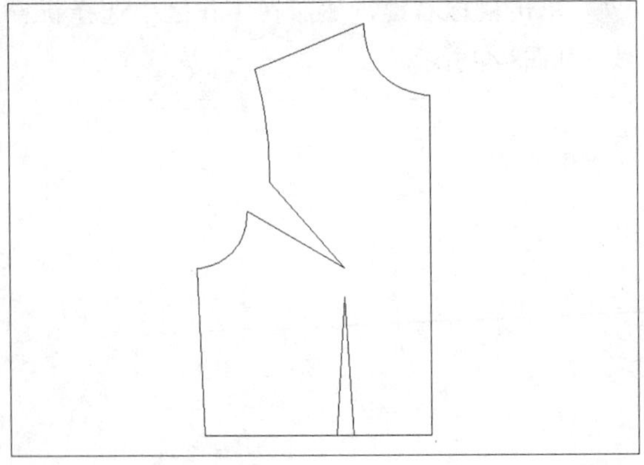

图8-52

02 在“设计工具栏”中单击“剪断线”按钮，在工作区中选择腰围线，然后在合适的点上单击鼠标左键，如图8-53所示。

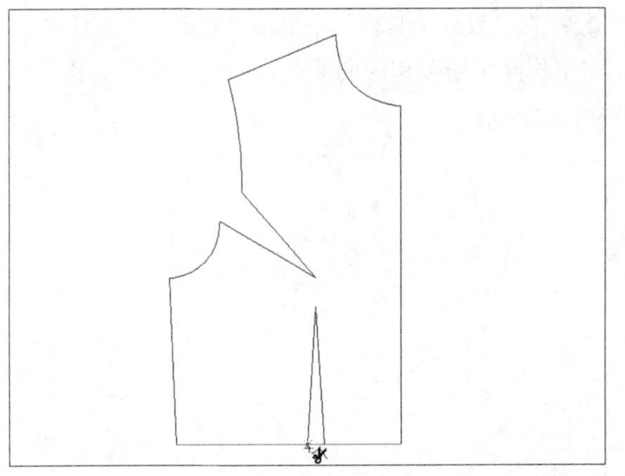

图8-53

03 执行操作后，即可剪断腰围线；继续使用“剪断线”命令，在工作区中选择腰围线，然后在相应的省边点上单击鼠标左键，如图8-54所示。

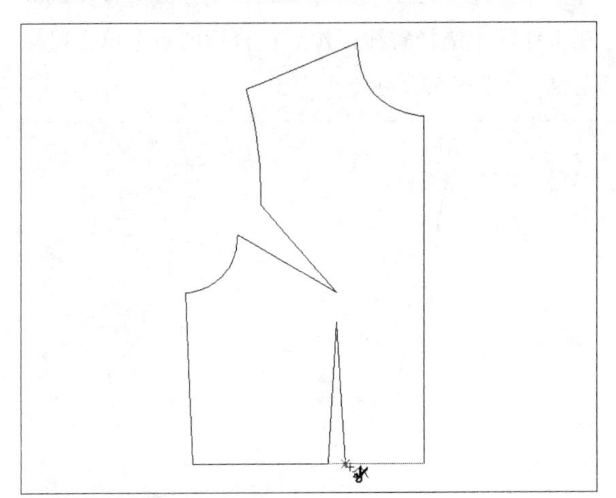

图8-54

04 执行操作后，即可剪断腰围线；在“设计工具栏”中单击“橡皮擦”按钮，删除相应的线段，如图8-55所示。

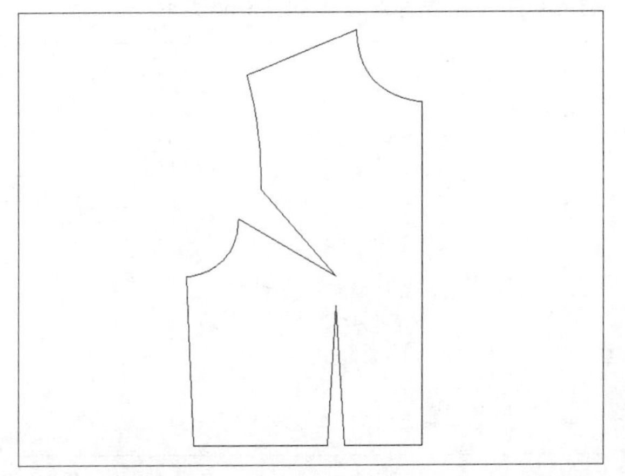

图8-55

05 在“设计工具栏”中单击“旋转”按钮，根据状态栏提示，在工作区中框选曲线，如图8-56所示。

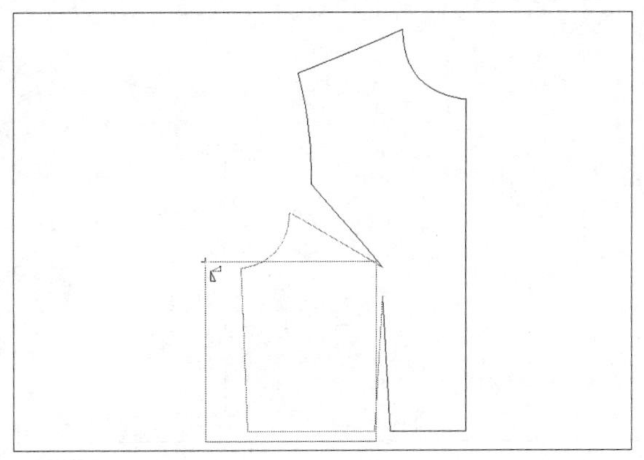

图8-56

06 单击鼠标右键，然后在工作区中指定旋转中心和旋转起点，如图8-57所示。

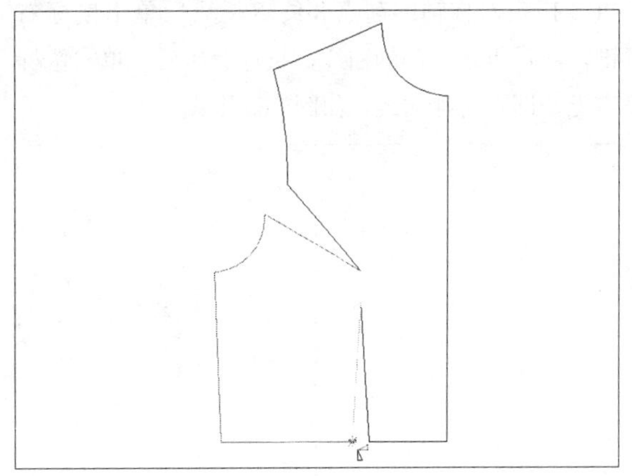

图8-57

07 拖曳光标，至相应的点上单击鼠标左键，指定旋转终点，执行操作后，即可通过旋转合并省道，如图8-58所示。

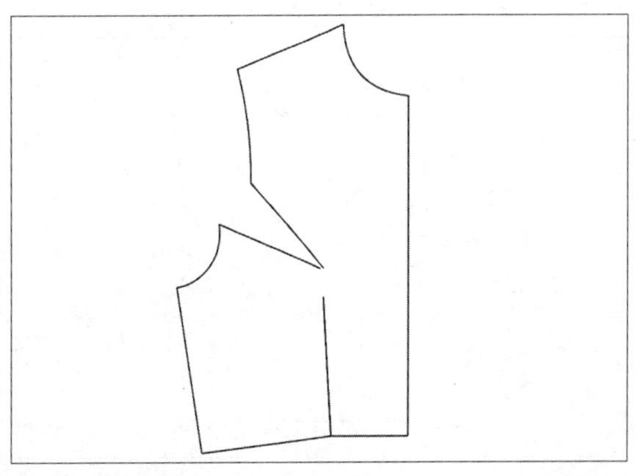

图8-58

08 在“设计工具栏”中单击“橡皮擦”按钮，在工作区中选择合并的线，将其删除，然后对省线进行调整，如图8-59所示。

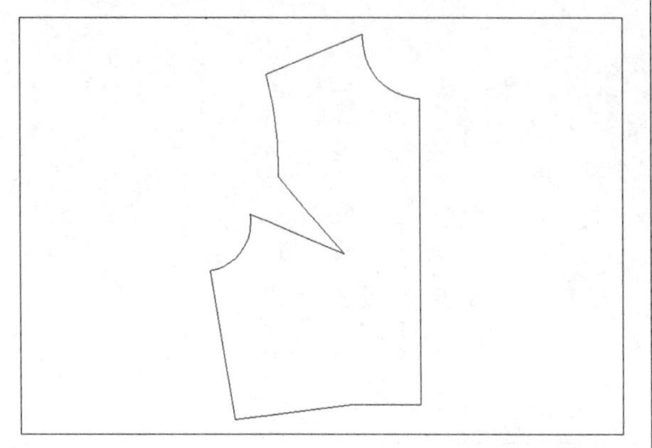

图8-59

09 在“设计工具栏”中单击“对称”按钮，根据状态栏提示，在工作区中的前中线上任取两点，指定对称轴的起点和终点，然后单击鼠标右键，然后框选左侧的曲线，执行操作后，单击鼠标右键，即可对称曲线，如图8-60所示。

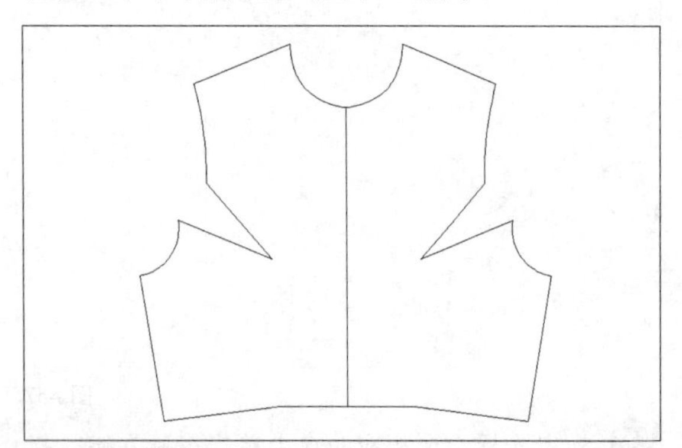

图8-60

10 在“设计工具栏”中单击“橡皮擦”按钮，删除前中线，如图8-61所示。

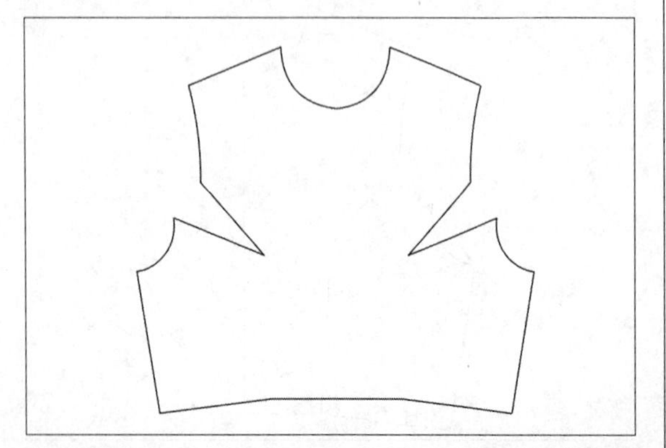

图8-61

11 在“设计工具栏”中单击“智能笔”按钮，在工作区中绘制相应的曲线，对线段进行调整，如图8-62所示。

图8-62

12 在“设计工具栏”中单击“剪断线”按钮，在工作区中选择省线，然后在合适的点上单击鼠标左键，如图8-63所示。

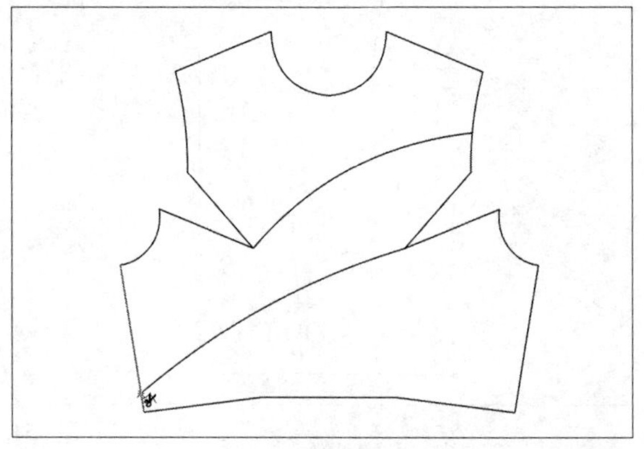

图8-63

13 执行操作后，即可剪断省线；继续使用“剪断线”命令，在工作区中选择袖窿弧线，然后在合适的点上单击鼠标左键，如图8-64所示。

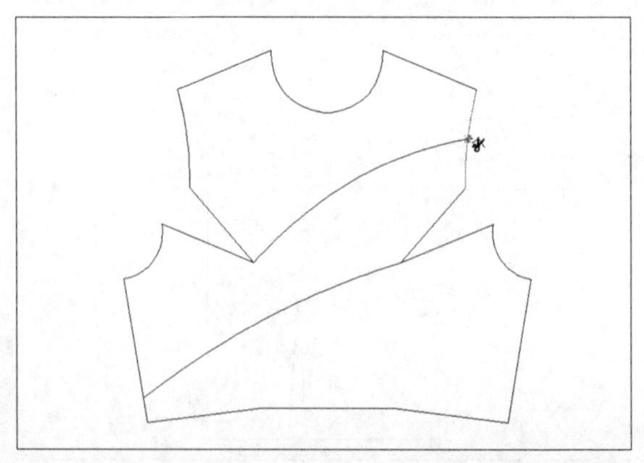

图8-64

14 执行操作后，即可剪断袖窿弧线；在“设计工具栏”中单击“转省”按钮，根据状态栏提示，在工作区中框选转移线，如图8-65所示。

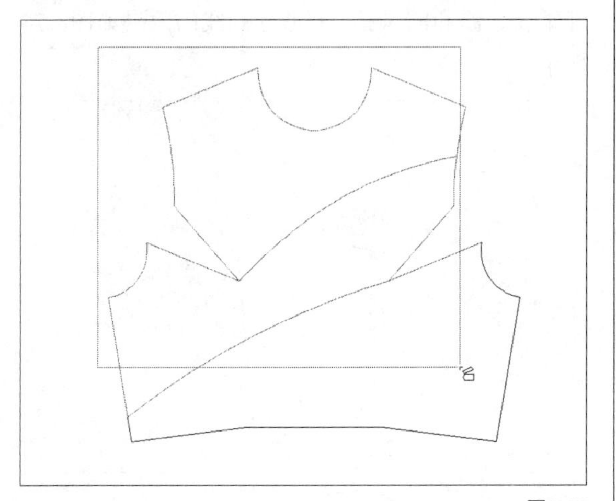

图8-65

15 单击鼠标右键，然后在工作区中选择新省线，如图8-66所示。

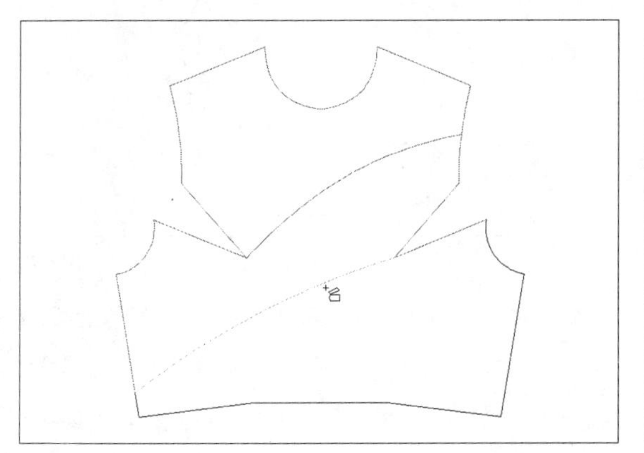

图8-66

16 单击鼠标右键，然后在工作区中选择袖窿省的省线作为合并省的起始边和终止边，如图8-67所示。

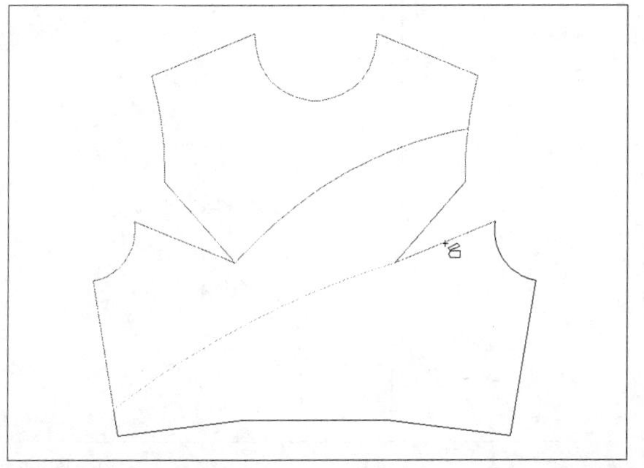

图8-67

17 执行操作后，即可转移省道，如图8-68所示。

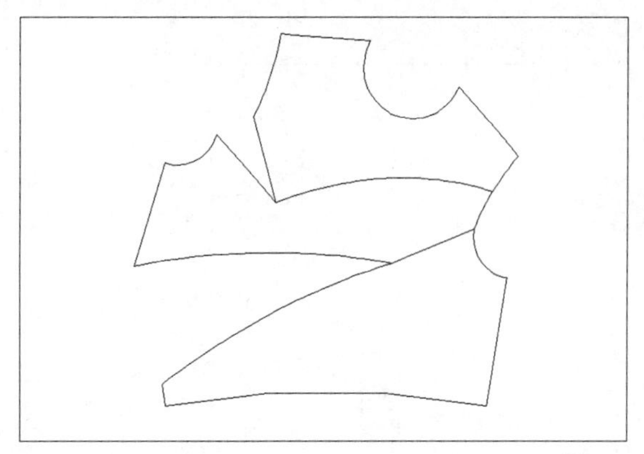

图8-68

18 在“设计工具栏”中单击“转省”按钮，根据状态栏提示，在工作区中框选转移线，如图8-69所示。

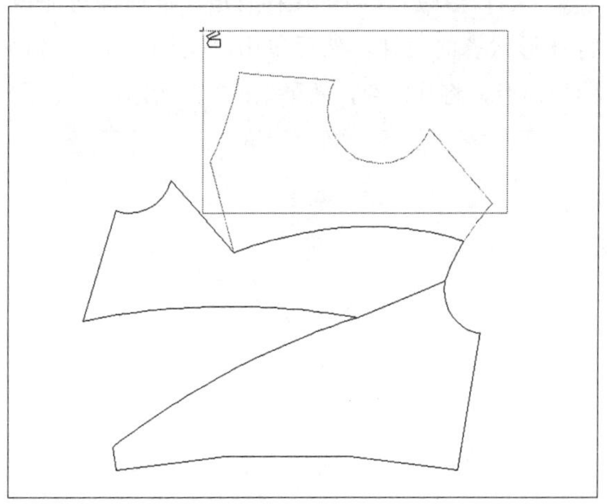

图8-69

19 单击鼠标右键，然后在工作区中选择新省线，如图8-70所示。

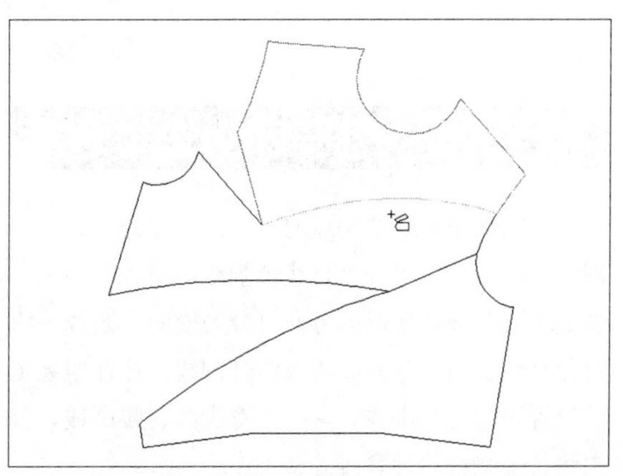

图8-70

20 单击鼠标右键，然后在工作区中选择袖窿省的省线作为合并省的起始边和终止边，如图8-71所示。

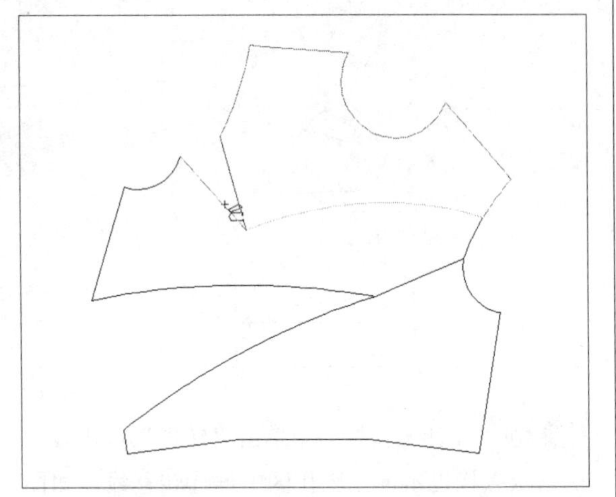

图8-71

21 执行操作后，即可转移省道，此时即可完成特殊形状省的设计，然后单击“文档”|“另存为”命令，将其保存，效果如图8-72所示。

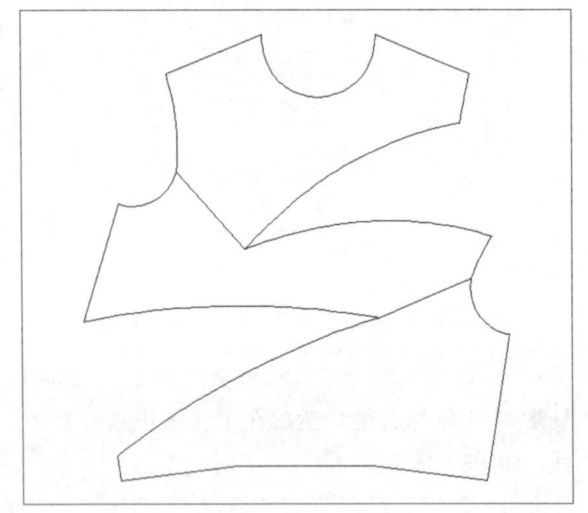

图8-72

8.2 掌握分割线的设计方法

分割线是服装结构线的一种，又称开刀线。分割线按线型特征可分为直线分割线、曲线分割线、螺旋线分割线；按形态方向可分为横向分割线、纵向分割线、斜向分割线、弧线分割线；按在服装上的位置可分为领围线、肩线、育克线、腰围线、公主线、侧缝线、袖窿线等。

8.2.1 U形分割线设计

U形分割线是弧线分割线的一种，其能增加女性柔软、温和的风韵。U形分割线的效果如图8-73所示。

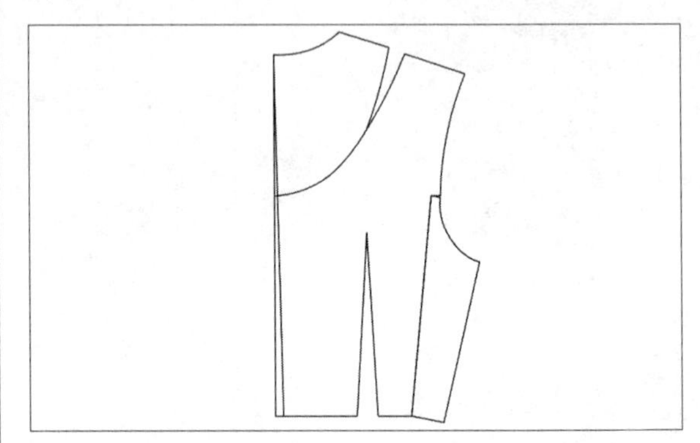

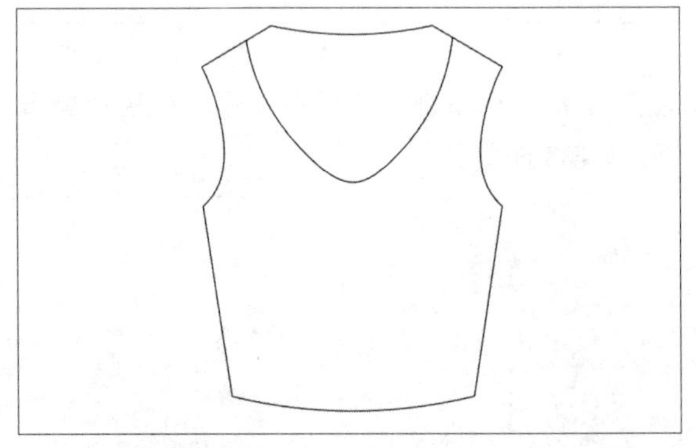

图8-73

课堂案例：U形分割线设计
案例位置：效果>第8章>U形分割线设计.dgs
视频位置：视频>第8章>课堂案例——U形分割线设计.mp4
难易指数：★★★★★
学习目标：掌握U形分割线设计的方法

本案例的最终效果如图8-74所示。

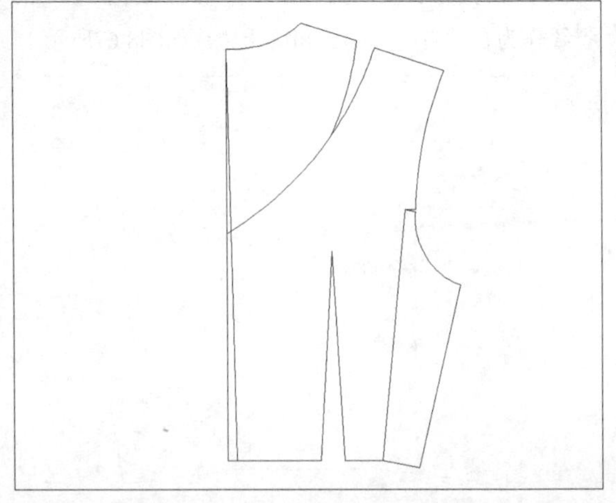

图8-74

01 按Ctrl＋O组合键，打开文化式女上装原型，在“设计工具栏”中单击“橡皮擦”按钮和“剪断线”按钮，修剪曲线，如图8-75所示。

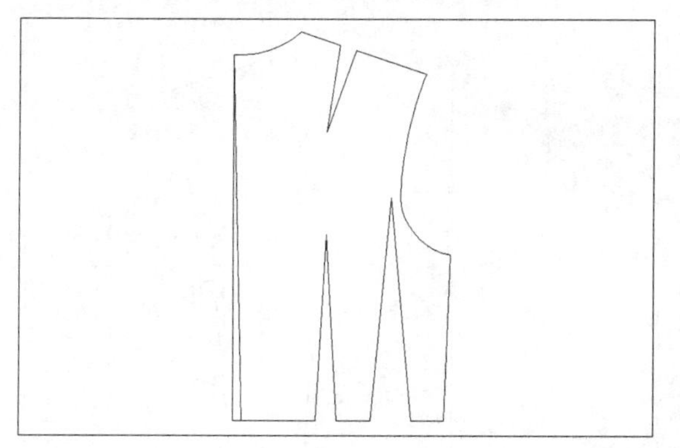

图8-75

02 在“设计工具栏”中单击“智能笔”按钮，在工作区中相应的点上单击鼠标左键，然后向右拖曳光标，至袖窿弧线上单击鼠标左键，执行操作后，即可绘制直线，如图8-76所示。

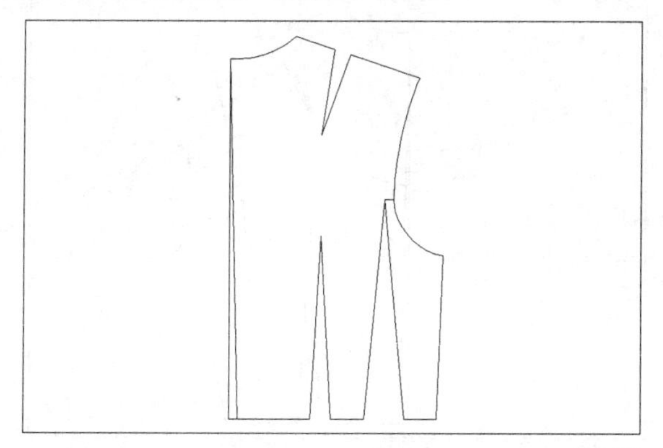

图8-76

03 在“设计工具栏”中单击“剪断线”按钮，在工作区中选择袖窿弧线，然后在合适的位置单击鼠标左键，如图8-77所示。

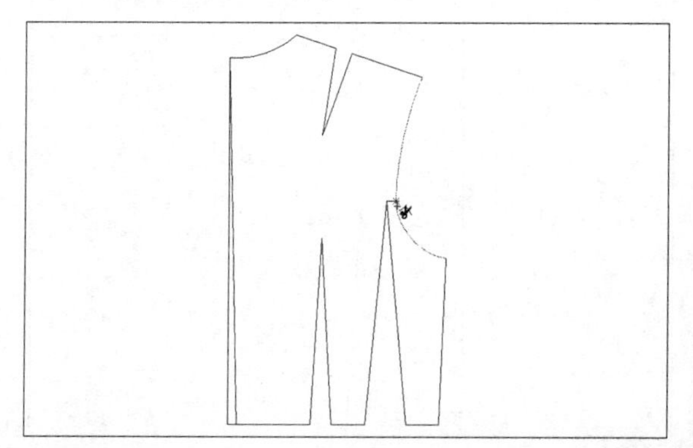

图8-77

04 执行操作后，即可剪断袖窿弧线；在“设计工具栏”中单击“旋转”按钮，根据状态栏提示，在工作区中选择要旋转的曲线，单击鼠标右键，然后指定旋转中点和旋转起点，如图8-78所示。

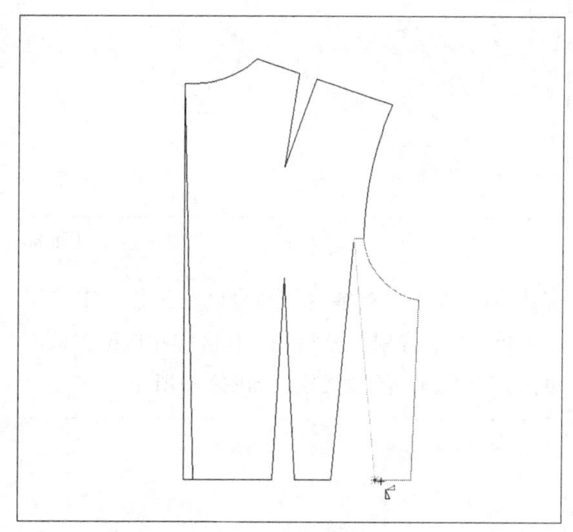

图8-78

05 向左拖曳光标，至省边点上单击鼠标左键，指定旋转终点，此时即可旋转曲线，如图8-79所示。

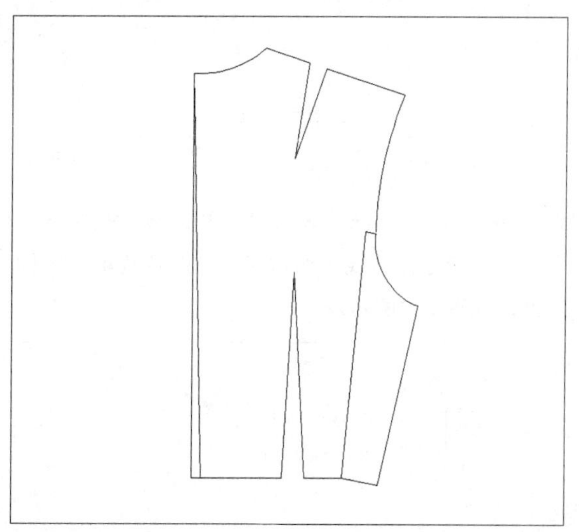

图8-79

06 在“设计工具栏”中单击“智能笔”按钮，在工作区中相应的省尖点上单击鼠标左键，然后向右拖曳光标，至袖窿弧线上单击鼠标左键，执行操作后，即可绘制省线，如图8-80所示。

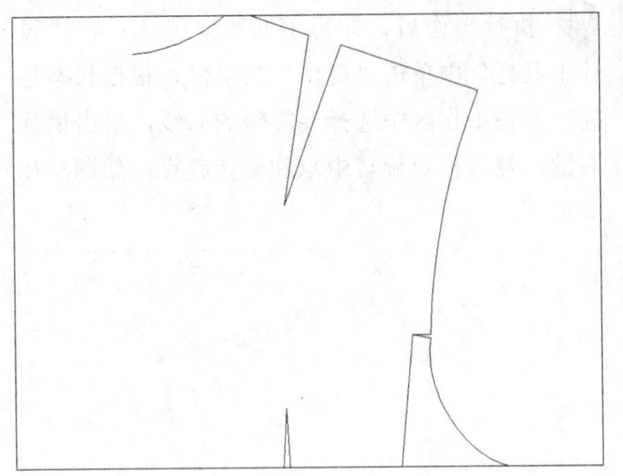

图8-80

07 继续使用“智能笔”命令，在工作区中的肩线上单击鼠标左键，然后在工作区中相应位置依次单击鼠标左键，绘制弧线，如图8-81所示。

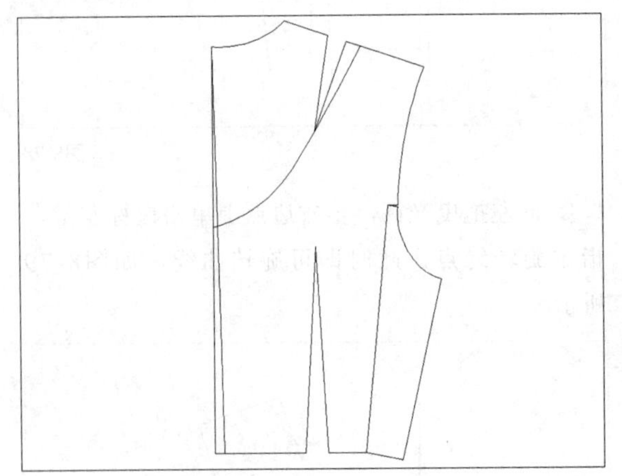

图8-81

08 在“设计工具栏”中单击“剪断线”按钮，在工作区中选择肩线，然后在合适的位置单击鼠标左键，如图8-82所示。

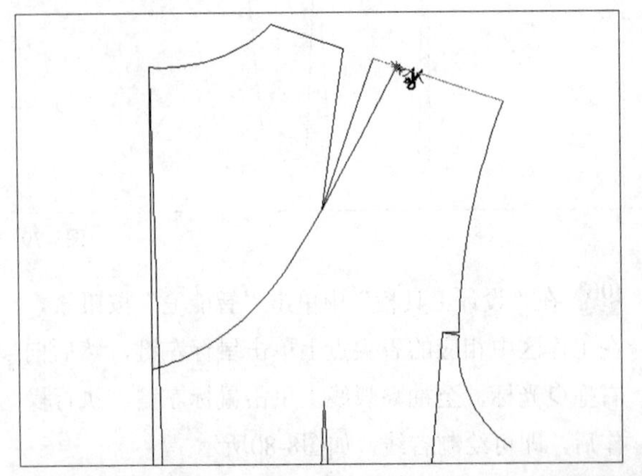

图8-82

09 执行操作后，即可剪断肩线；继续使用“剪断线”命令，在工作区中选择弧线，然后在相应的省尖点上单击鼠标左键，如图8-83所示。

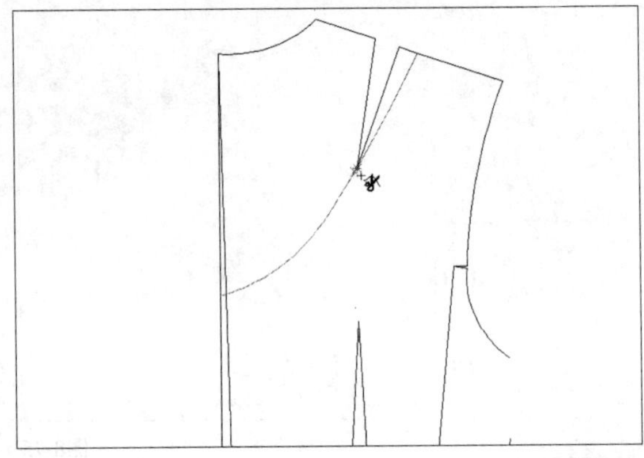

图8-83

10 执行操作后，即可剪断弧线；在“设计工具栏”中单击“转省”按钮，根据状态栏提示，在工作区中框选转移线，如图8-84所示。

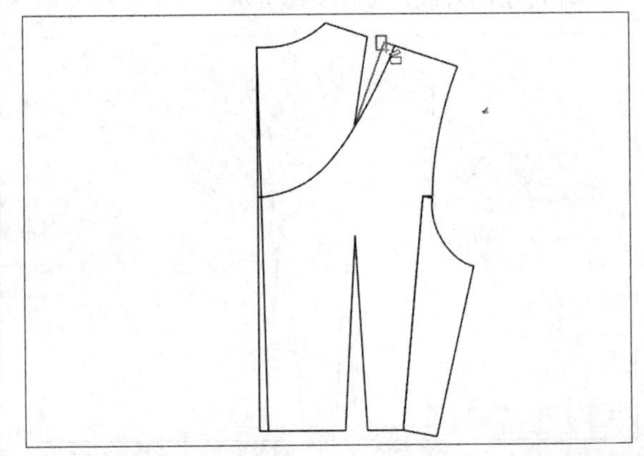

图8-84

11 单击鼠标右键，然后在工作区中选择新省线，如图8-85所示。

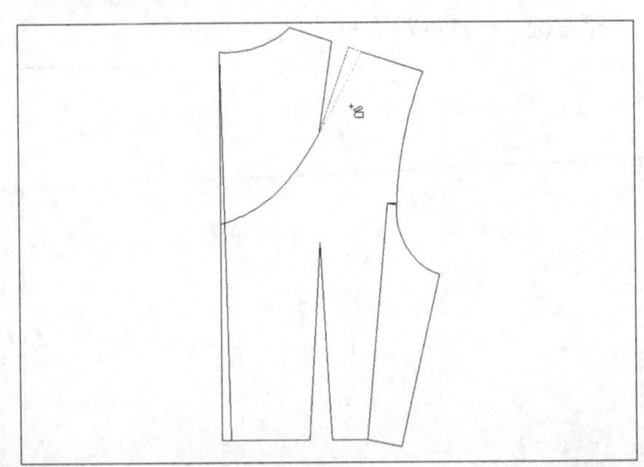

图8-85

⑫ 单击鼠标右键，然后在工作区中选择肩省的省线作为合并省的起始边和终止边，如图8-86所示。

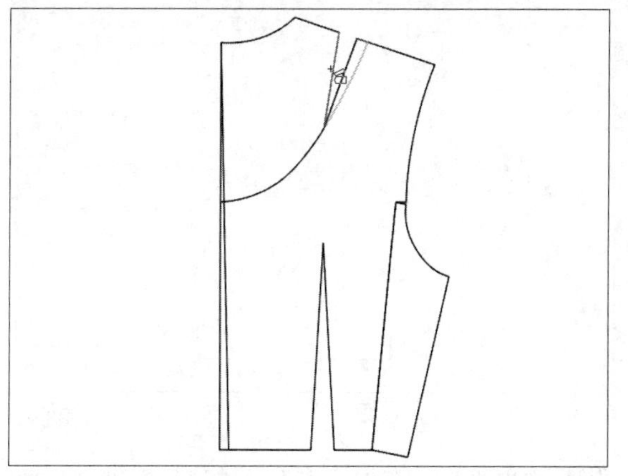

图8-86

⑬ 执行操作后，即可转移省道，如图8-87所示。

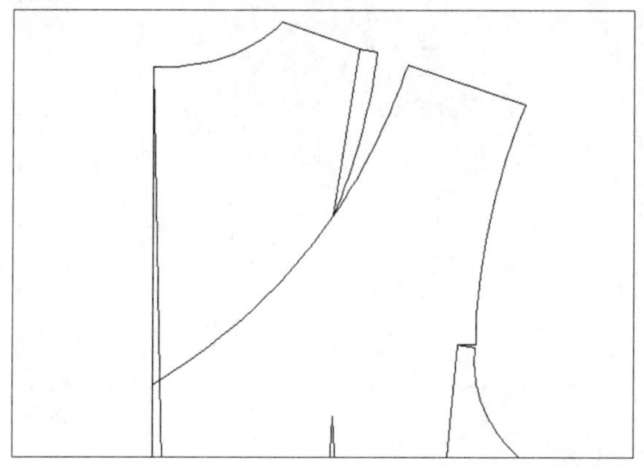

图8-87

⑭ 在“设计工具栏”中单击“智能笔”按钮，在工作区中相应的点上单击鼠标左键，执行操作后，即可绘制直线，如图8-88所示。

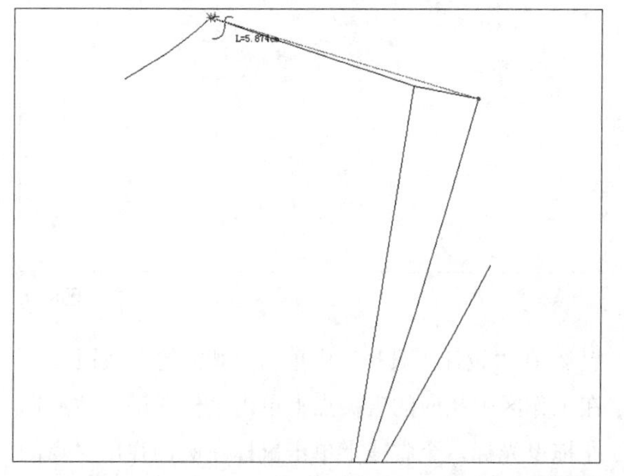

图8-88

⑮ 在“设计工具栏”中单击“橡皮擦”按钮，删除相应的线，此时即可完成U形分割线的设计，效果如图8-89所示。

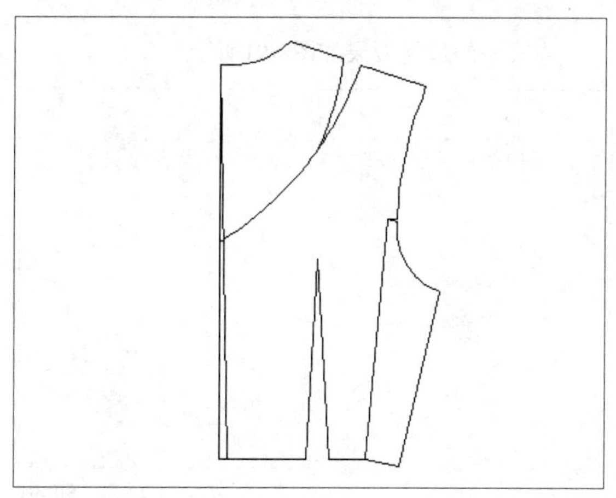

图8-89

8.2.2 公主线设计

公主线是服装中的一种分割线，可以使两块衣片缝合起来；让服装合身却不紧身。公主线的效果如图8-90所示。

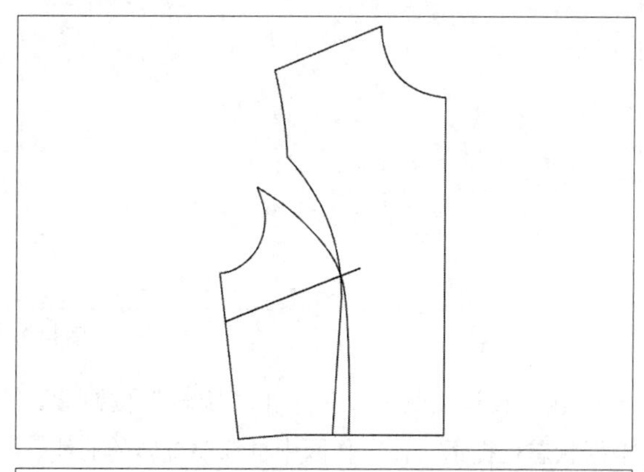

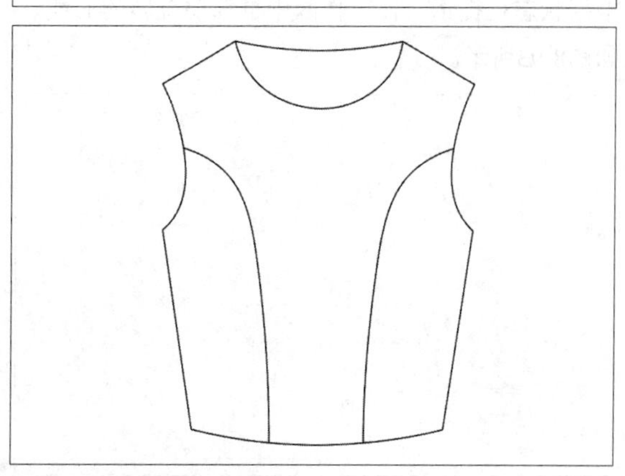

图8-90

课堂案例：公主线设计
案例位置：效果>第8章>公主线设计.dgs
视频位置：视频>第8章>课堂案例——公主线设计.mp4
难易指数：★★★★★
学习目标：掌握公主线设计的方法

本案例的最终效果如图8-91所示。

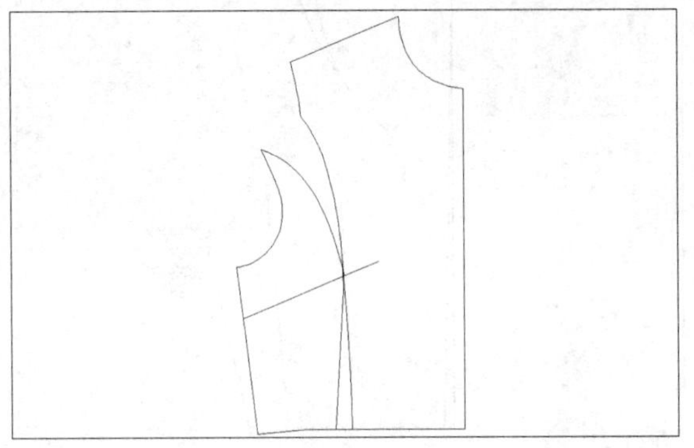
图8-91

01 按Ctrl＋O组合键，打开文化式女上装原型，在“设计工具栏”中单击“橡皮擦”按钮和“剪断线”按钮，修剪曲线，如图8-92所示。

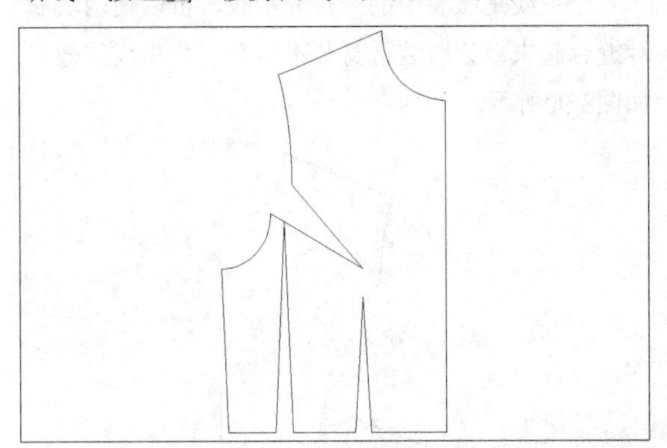
图8-92

02 在“设计工具栏”中单击“旋转”按钮，根据状态栏提示，在工作区中框选要旋转的曲线，如图8-93所示。

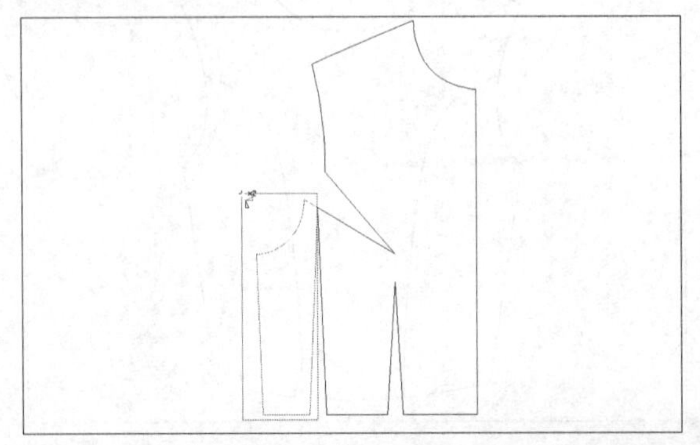
图8-93

03 单击鼠标右键，然后指定旋转中点和旋转起点，如图8-94所示。

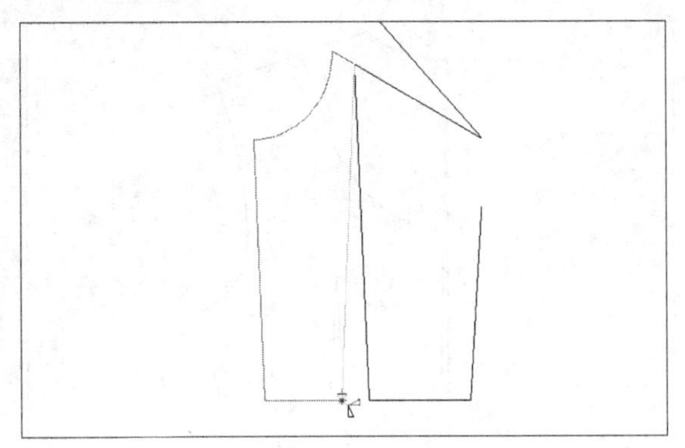
图8-94

04 拖曳光标，至省边点上单击鼠标左键，如图8-95所示。

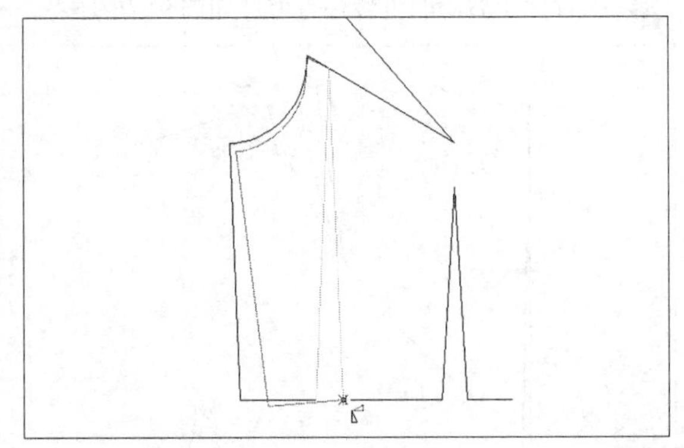
图8-95

05 执行操作后，即可旋转曲线，然后删除相应的曲线，如图8-96所示。

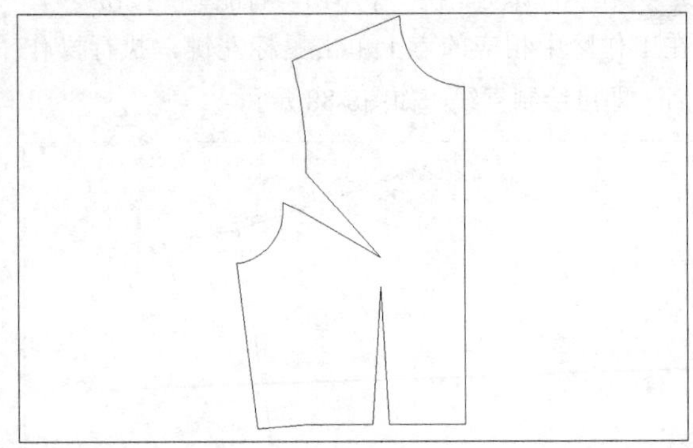
图8-96

06 在“设计工具栏”中单击“智能笔”按钮，在工作区中相应的省尖点上单击鼠标左键，然后向左拖曳光标，至省线上单击鼠标左键，弹出“点的位置”对话框，如图8-97所示。

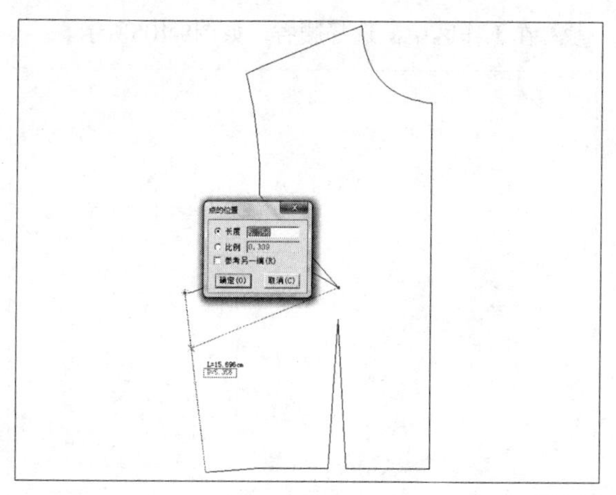

图8-97

07 接受默认的参数，单击“确定”按钮，然后单击鼠标右键，即可绘制新省线，如图8-98所示。

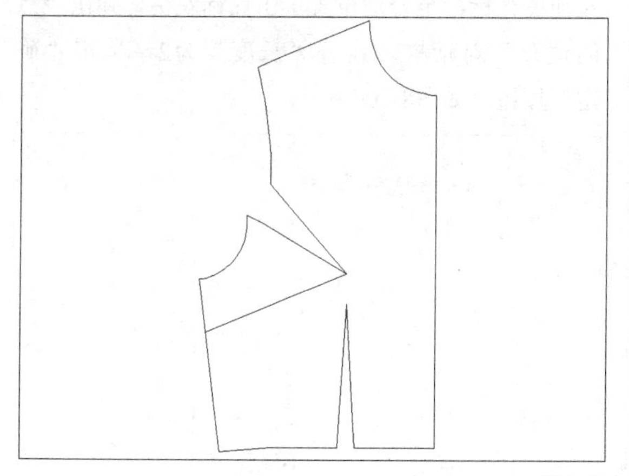

图8-98

08 在“设计工具栏”中单击“剪断线”按钮，在工作区中选择省线，然后在合适的位置单击鼠标左键，如图8-99所示。

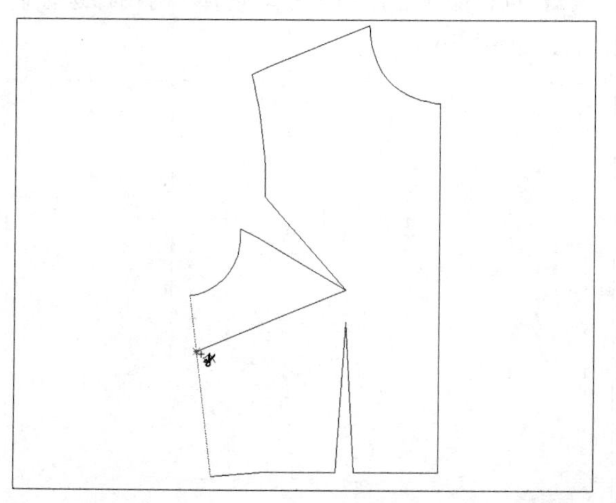

图8-99

技巧与提示

在选择转移线时，为了选择的方便，用户可以框选所有的曲线。

09 执行操作后，即可剪断省线；在“设计工具栏”中单击“转省”按钮，根据状态栏提示，在工作区中框选转移线，如图8-100所示。

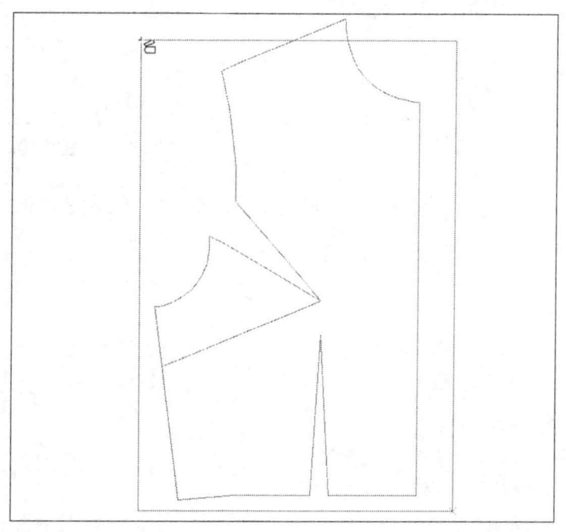

图8-100

10 单击鼠标右键，然后在工作区中选择新省线，如图8-101所示。

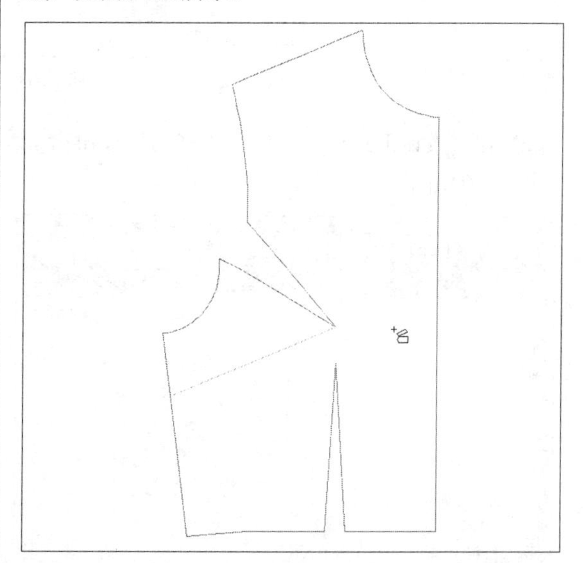

图8-101

11 单击鼠标右键，然后在工作区中选择袖窿省的省线作为合并省的起始边和终止边，如图8-102所示。

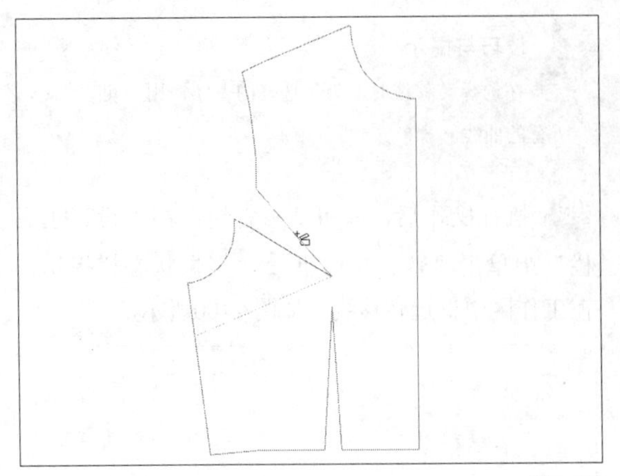

图8-102

⑫ 执行操作后，即可转移省道，如图8-103所示。

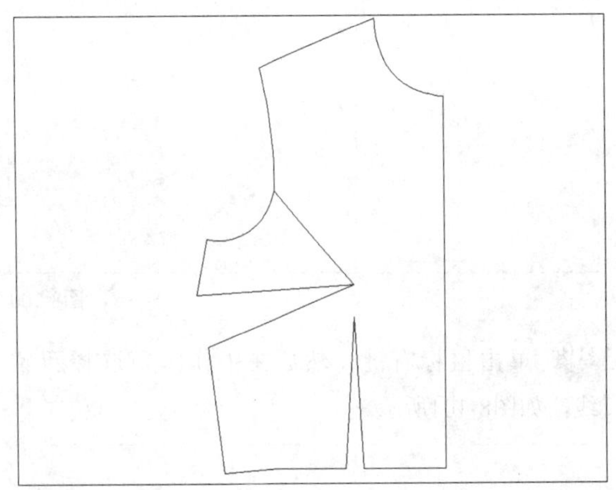

图8-103

⑬ 在“设计工具栏”中单击“移动”按钮，如图8-104所示。

图8-104

⑭ 在工作区中，选择腰省，如图8-105所示。

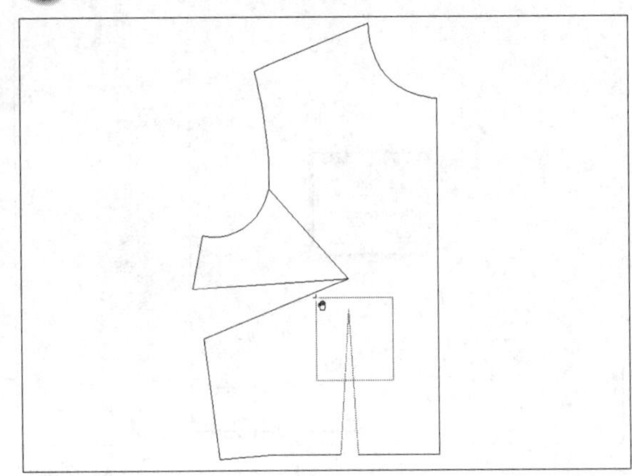

图8-105

⑮ 单击鼠标右键，然后选择一个省边点，并向左拖曳光标，至合适位置单击鼠标左键，弹出“点的位置”对话框，设置“长度”为2，单击“确定”按钮，如图8-106所示。

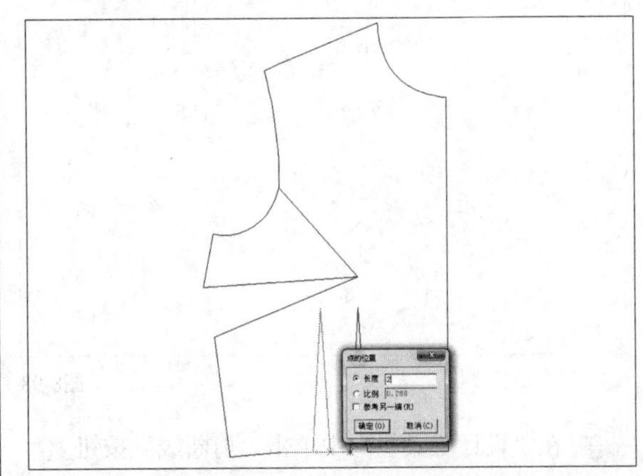

图8-106

⑯ 执行操作后，即可移动腰省，对图像进行调整，如图8-107所示。

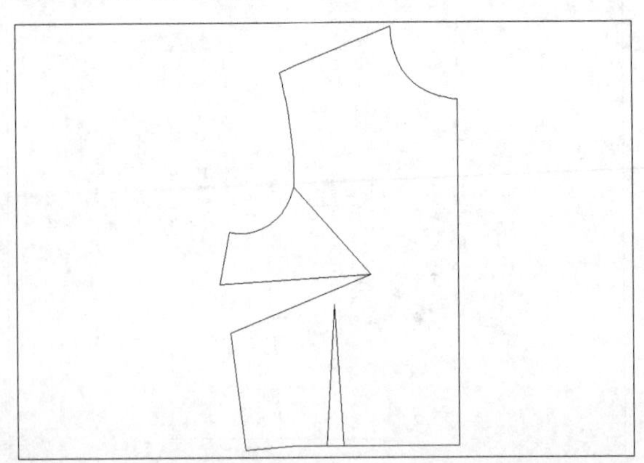

图8-107

⑰ 在“设计工具栏”中单击“智能笔”按钮，在工作区中的合适位置单击鼠标左键，绘制分割线，如图8-108所示。

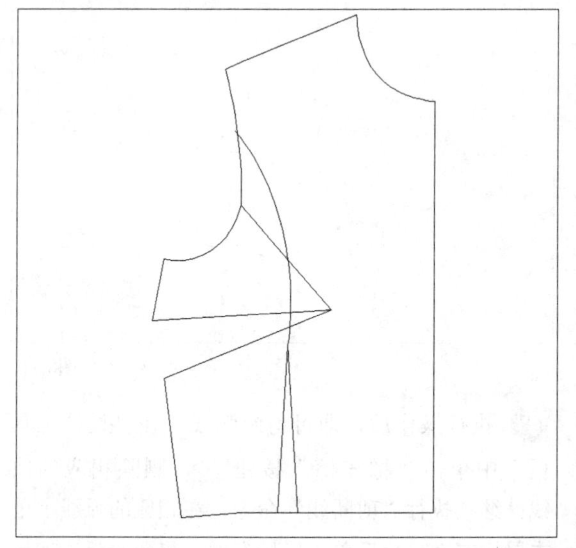
图8-108

⑱ 在“设计工具栏”中单击“剪断线”按钮，在工作区中选择袖窿弧线，然后在合适的位置单击鼠标左键，如图8-109所示。

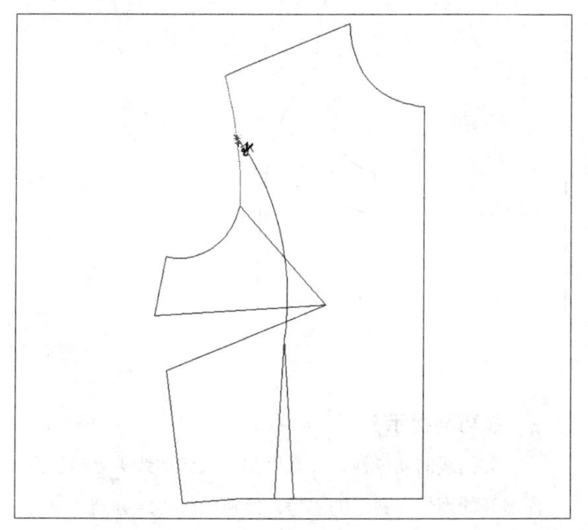
图8-109

⑲ 执行操作后，即可剪断袖窿弧线；继续使用“剪断线”命令，在工作区中的袖窿弧线上单击鼠标左键，然后单击鼠标右键，即可将两段袖窿弧线连接成一条线，然后删除工作区中相应的曲线，如图8-110所示。

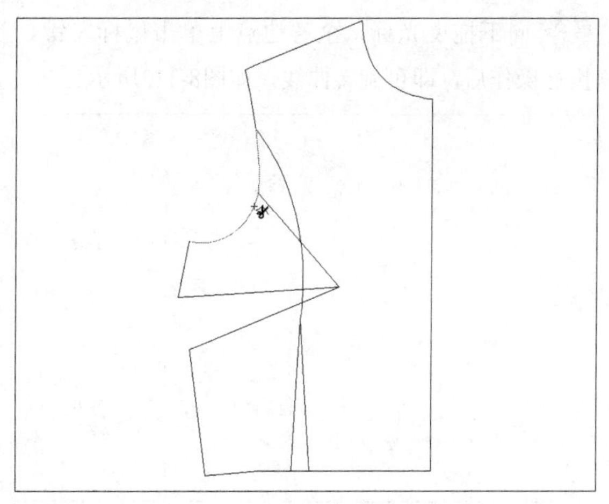
图8-110

⑳ 在“设计工具栏”中单击“旋转”按钮，根据状态栏提示，在工作区中框选要旋转的曲线，如图8-111所示。

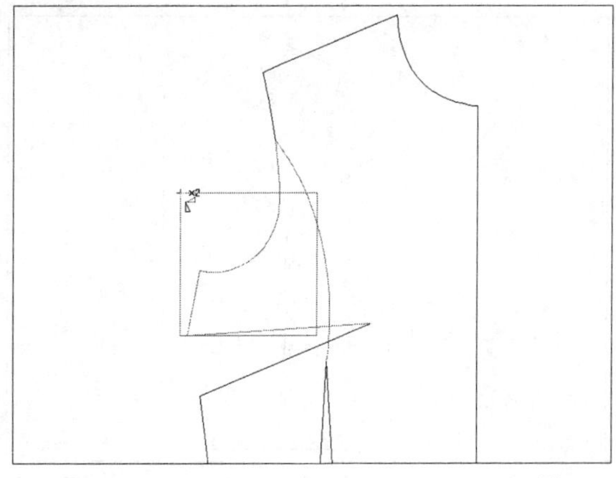
图8-111

㉑ 单击鼠标右键，然后指定旋转中点和旋转起点，如图8-112所示。

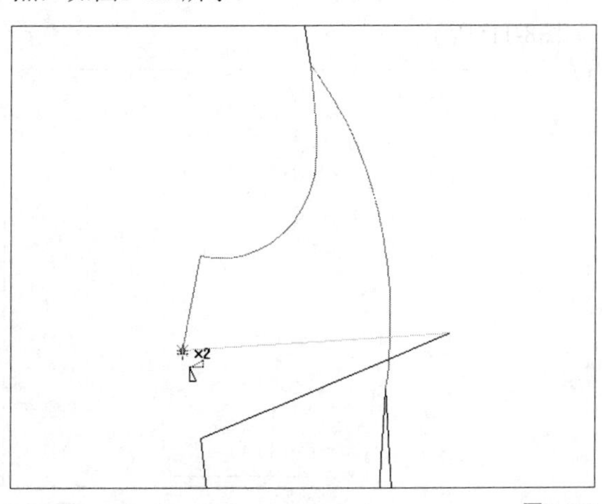
图8-112

(22) 向下拖曳光标，至省边点上单击鼠标左键，执行操作后，即可旋转曲线，如图8-113所示。

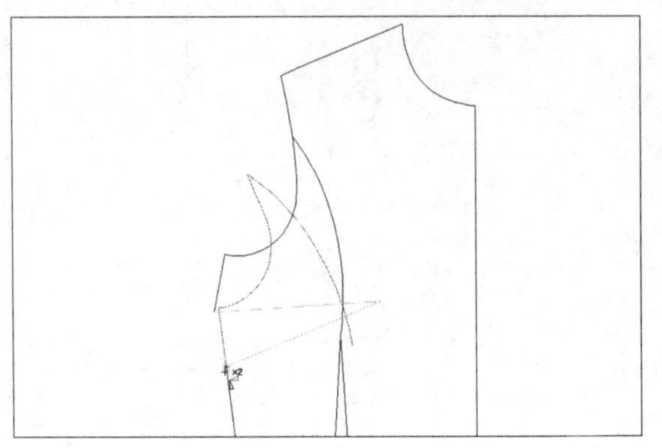

图8-113

(23) 在“设计工具栏”中单击“橡皮擦”按钮，在工作区中选择相应的曲线，将其删除，如图8-114所示。

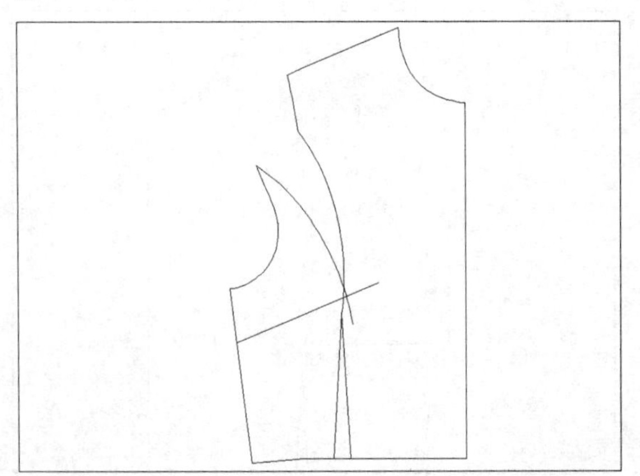

图8-114

(24) 在“设计工具栏”中单击“智能笔”按钮，在工作区中相应的点上单击鼠标左键，绘制弧线，如图8-115所示。

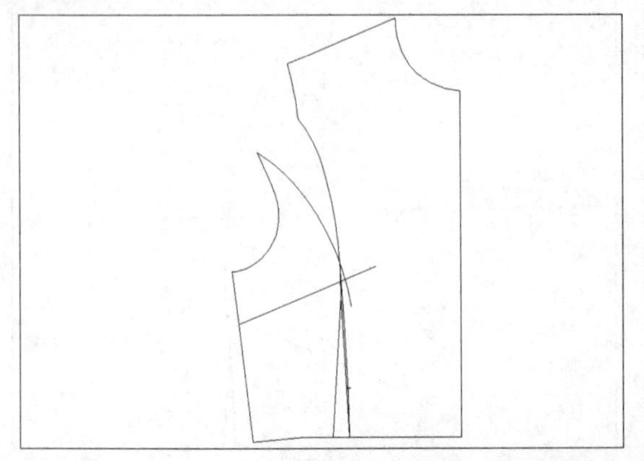

图8-115

(25) 在“设计工具栏”中单击“剪断线”按钮，在工作区中选择弧线，然后在合适的位置单击鼠标左键，如图8-116所示。

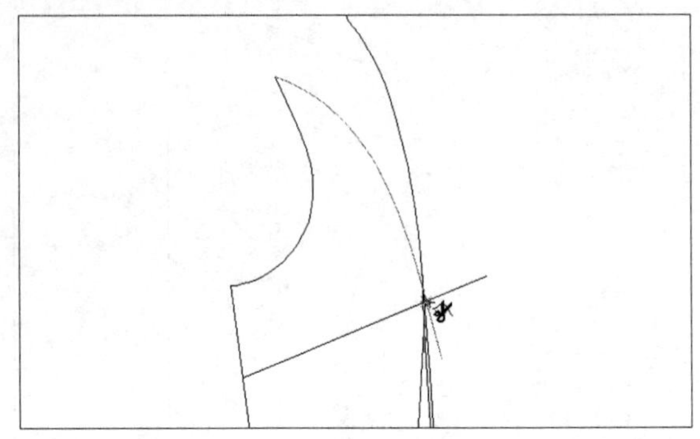

图8-116

(26) 执行操作后，即可剪断弧线；在“设计工具栏”中单击“橡皮擦”按钮，删除相应的曲线；继续执行“剪断线”命令，在相应的弧线上单击鼠标左键，然后单击鼠标右键，将两段弧线连接成一条线，此时即可完成公主线的设计，效果如图8-117所示。

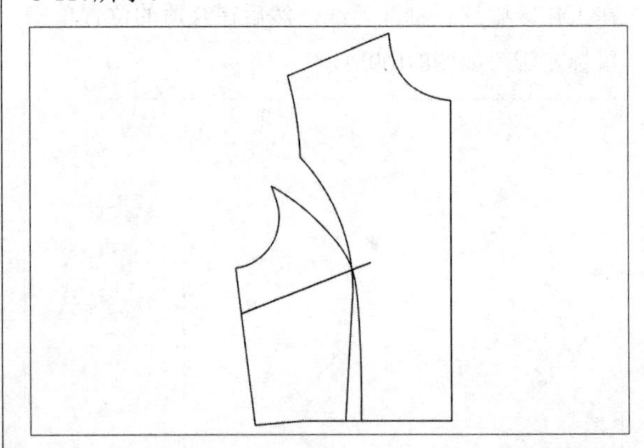

图8-117

技巧与提示

分割线的功能性设计是以塑造人体曲线美为出发点而展开的理性、科学的思考。经典的公主线分割就是对人体体型最好的展露。

8.2.3 直线分割线设计

直线分割线是表示无限的运动性最简洁的形态，是由人视觉上的简洁和便利而形成的。就其形态而言，直线具有“硬直”“单纯”“男性”的形象。粗直线给人一种“坚强的”“重的”感觉，细直线则有“弱的”“敏锐的”感觉。直线分割线的效果如图8-118所示。

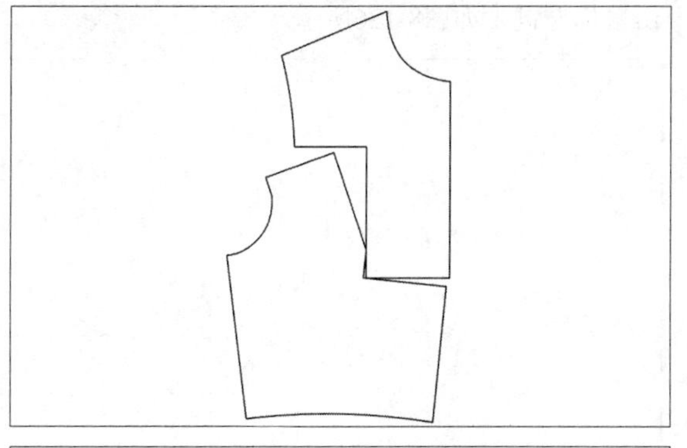

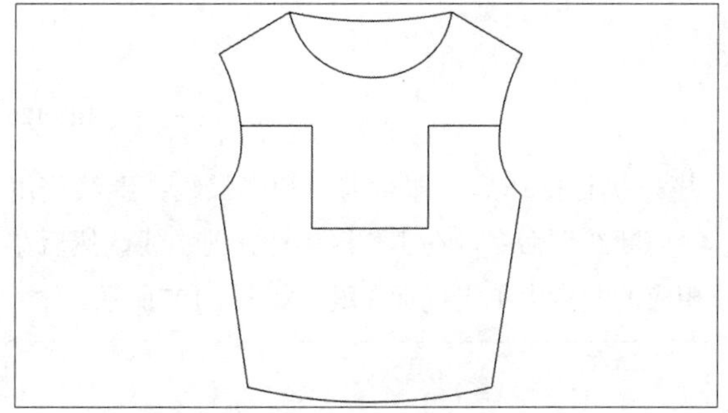

图8-118

课堂案例：直线分割线设计
案例位置：效果>第8章>直线分割线设计.dgs
视频位置：视频>第8章>课堂案例——直线分割线设计.mp4
难易指数：★★★★★
学习目标：掌握直线分割线设计的方法

本案例的最终效果如图8-119所示。

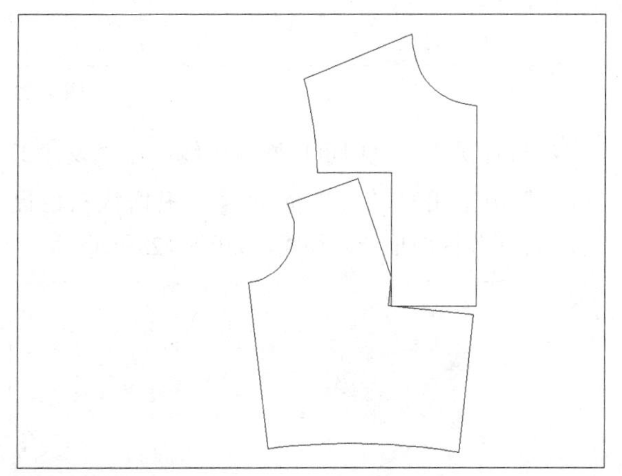

图8-119

01 按Ctrl＋O组合键，打开文化式女上装原型，在“设计工具栏”中单击“橡皮擦”按钮、“剪断线”按钮，修剪曲线，再运用旋转工具调整图像，得到效果如图8-120所示。

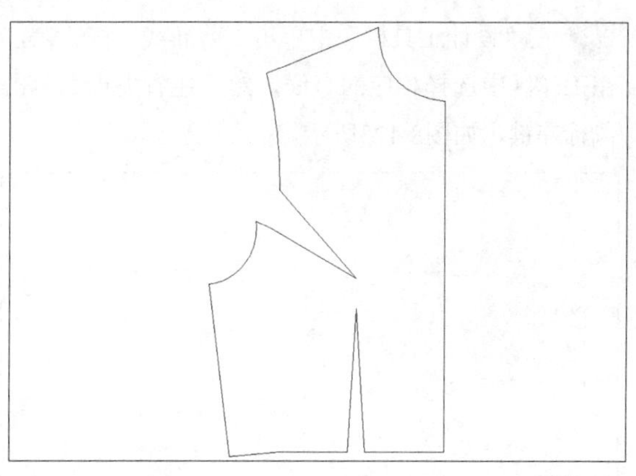

图8-120

02 在“设计工具栏”中单击“智能笔”按钮，在工作区中的袖窿弧线上单击鼠标左键，弹出“点的位置”对话框，设置“长度”为2，单击“确定”按钮，如图8-121所示。

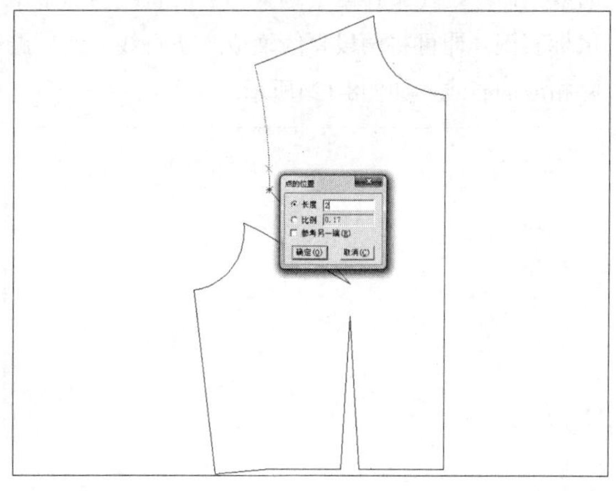

图8-121

03 执行操作后，在工作区中的相应位置单击鼠标左键，绘制直线，如图8-122所示。

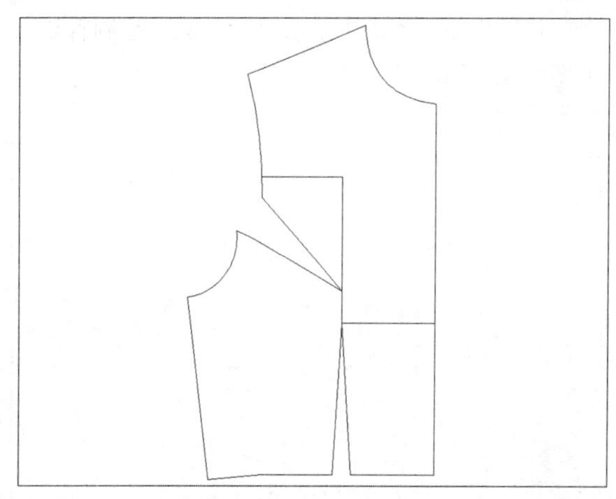

图8-122

04 在“设计工具栏”中单击“剪断线”按钮，在工作区中选择相应的直线，然后在省尖点上单击鼠标左键，如图8-123所示。

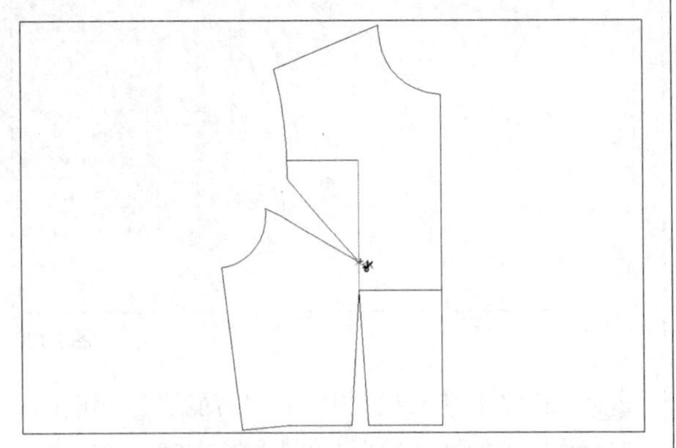

图8-123

05 执行操作后，即可剪断直线；继续使用“剪断线”命令，在工作区中选择相应的直线然后单击鼠标右键，即可将两段直线连成一条直线，然后删除相应的省线，如图8-124所示。

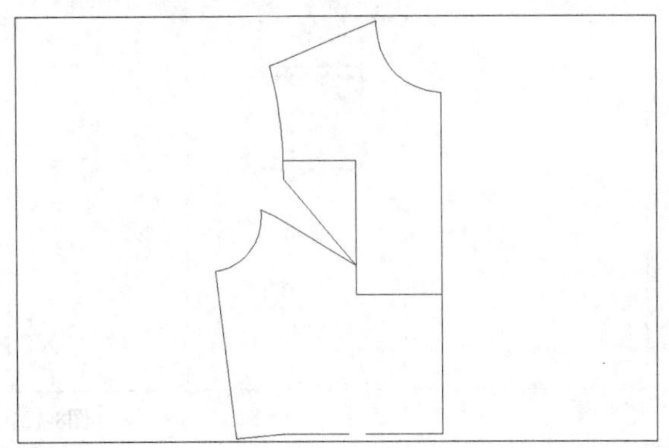

图8-124

06 在“设计工具栏”中单击“智能笔”按钮，在工作区中相应的点上单击鼠标左键，绘制省线，如图8-125所示。

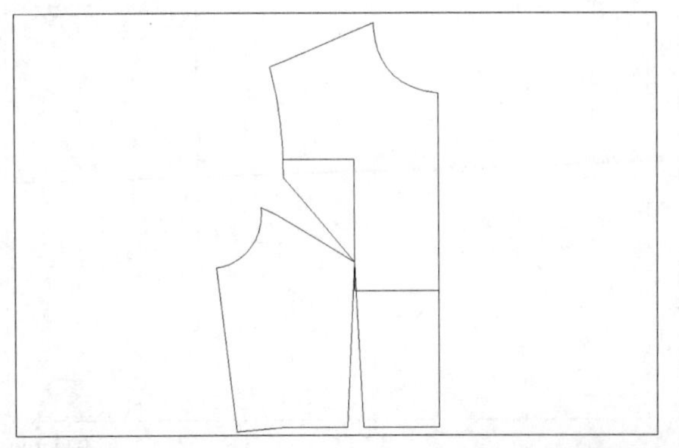

图8-125

07 在“设计工具栏”中单击“剪断线”按钮，在工作区中选择袖窿弧线，然后在相应的交点上单击鼠标左键，如图8-126所示。

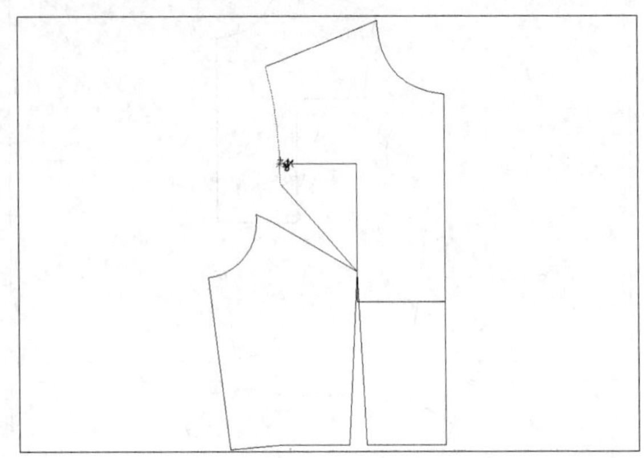

图8-126

08 执行操作后，即可剪断袖窿弧线；继续使用“剪断线”命令，在工作区中选择前中线，然后在相应的交点上单击鼠标左键，如图8-127所示。

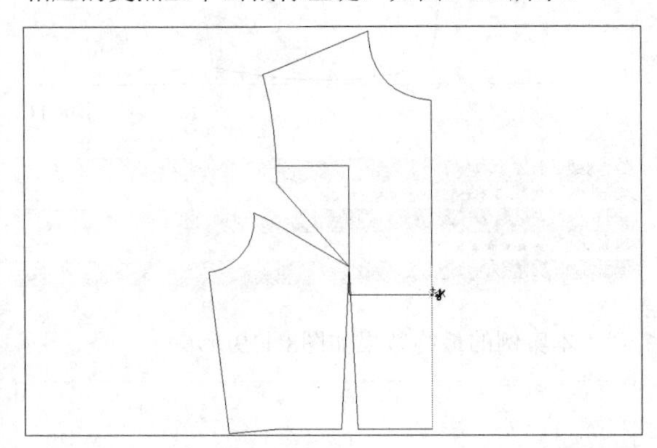

图8-127

09 执行操作后，即可剪断前中线；在“设计工具栏”中单击“转省”按钮，根据状态栏提示，在工作区中框选转移线，如图8-128所示。

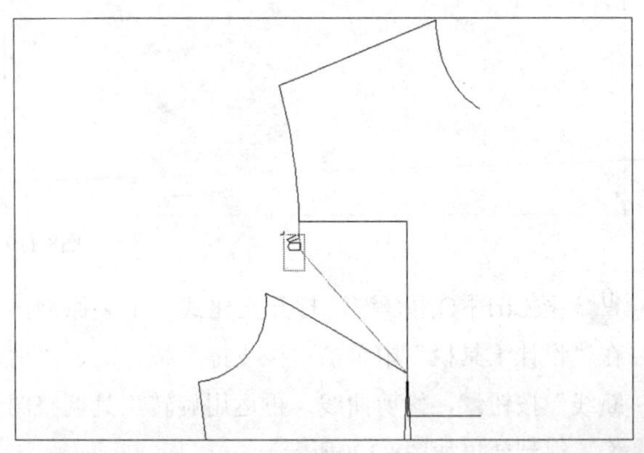

图8-128

⑩ 单击鼠标右键，然后在工作区中选择新省线，如图8-129所示。

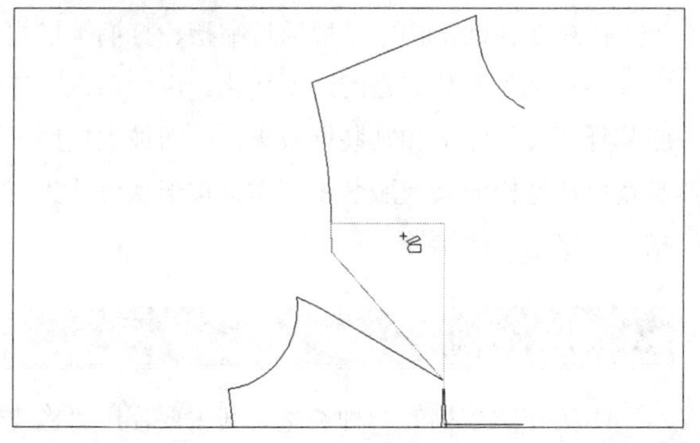

图8-129

⑪ 单击鼠标右键，然后在工作区中选择袖窿省的省线作为合并省的起始边和终止边，如图8-130所示。

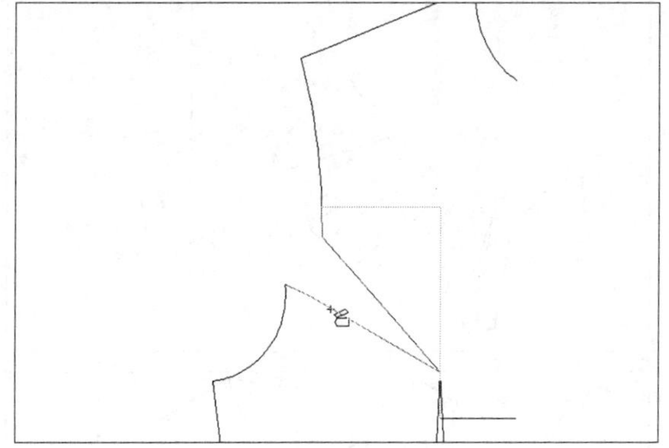

图8-130

⑫ 执行操作后，即可转移省道，效果如图8-131所示。

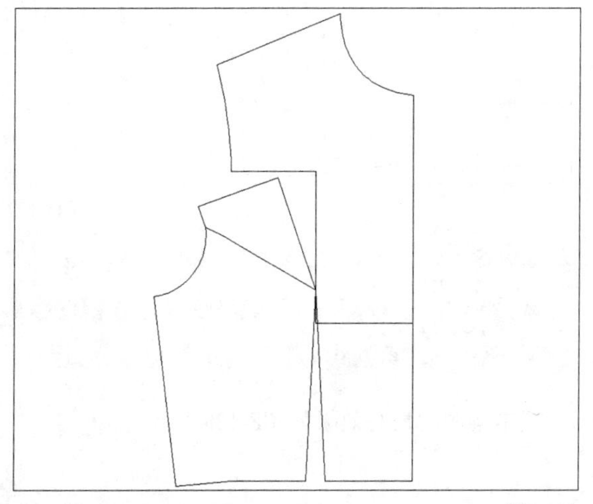

图8-131

⑬ 在“设计工具栏”中单击“转省”按钮，根据状态栏提示，在工作区中框选转移线，如图8-132所示。

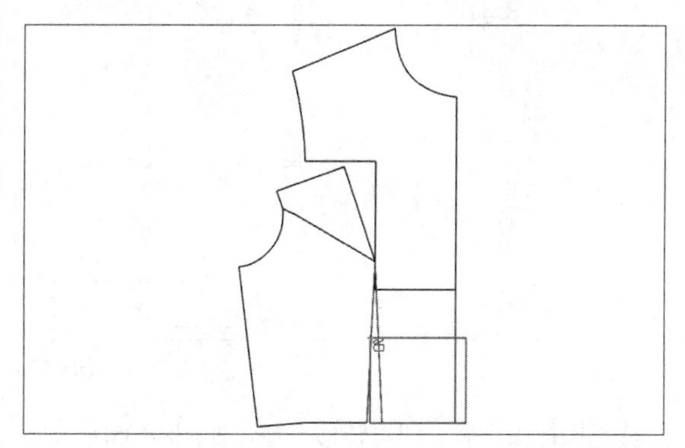

图8-132

⑭ 单击鼠标右键，然后在工作区中选择新省线，如图8-133所示。

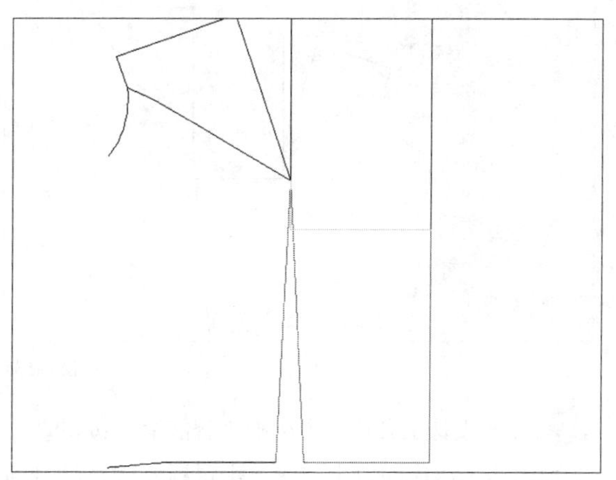

图8-133

技巧与提示

直线分割线又可分为水平线、垂直线、斜线3种形态，水平线具有广阔的性格，与垂直线相对，具有“静的”“限制的”“被动的”感觉。垂直线表现重力，纵方向的动感和向上的力，有“上升”“权威”“中心”“男性的”感觉。斜线具有不安定感，斜线的形象是“活动的”“不安定的”“刺激的”，在视觉上给人以强烈的印象。康定斯基认为，水平线表示无限的，冰冷的运动性，垂直线表现温暖的运动性，斜方向的直线则含有这两者的因素。

⑮ 单击鼠标右键，然后在工作区中选择腰省的省线作为合并省的起始边和终止边，如图8-134所示。

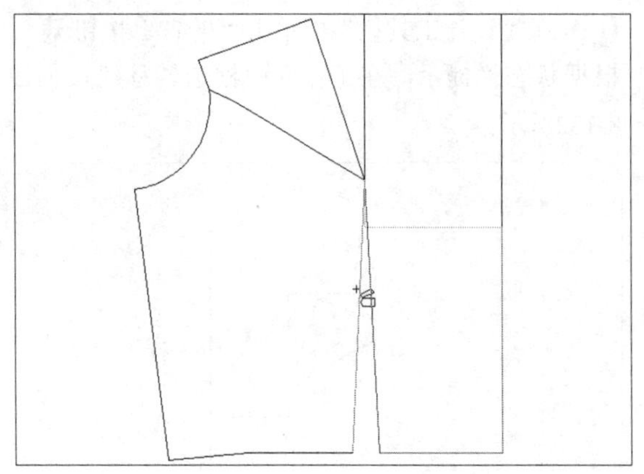

图8-134

16 执行操作后，即可转移省道，如图8-135所示。

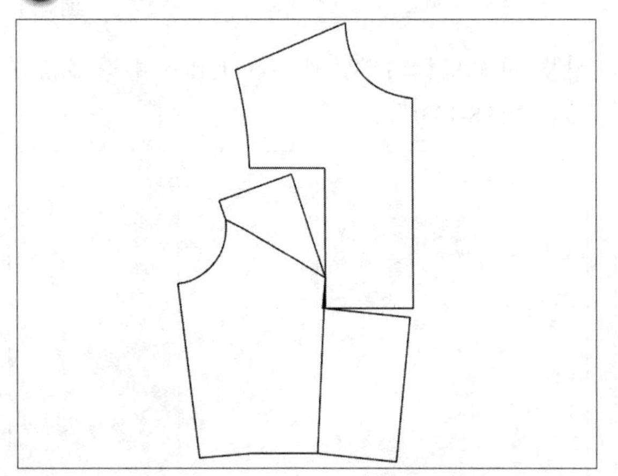

图8-135

17 在“设计工具栏”中单击“智能笔”按钮，在腰围线上相应的点上依次单击鼠标左键，绘制曲线，然后在工作区中选择相应的线，将其删除，此时即可完成直线分割线的设计，效果如图8-136所示。

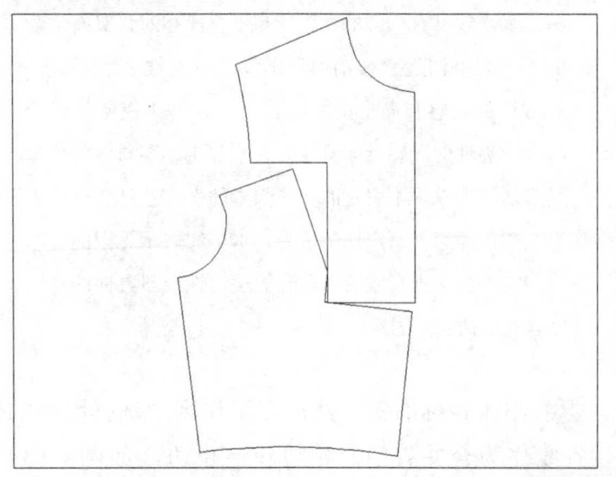

图8-136

8.3 掌握褶裥的设计方法

褶裥在辅助结构中一般通过缩褶、打裥等形式完成，它赋予服装丰富的造型变化。由于褶裥能使服装舒适合体和增加其装饰效果，因而被大量用于半宽松和宽松的女式服装中。褶裥按形状可分为刀褶、工字褶、碎褶等。

8.3.1 褶裥一

本例介绍褶裥的一种类型，其主要使用“橡皮擦”“剪断线”以及“旋转”等命令来进行设计。褶裥一的效果如图8-137所示。

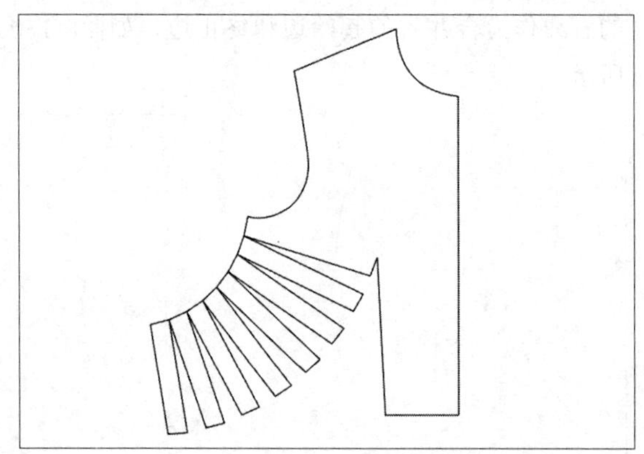

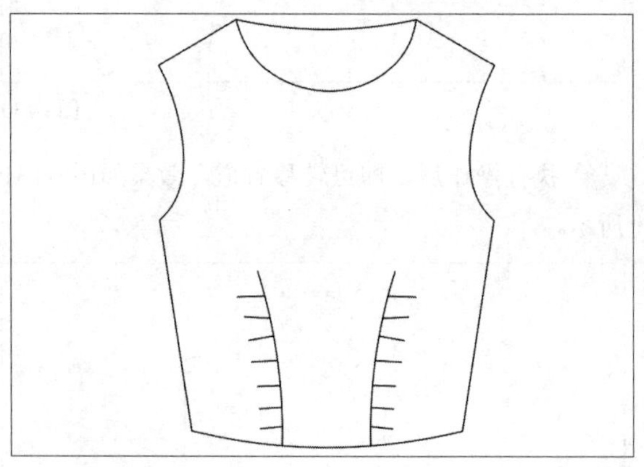

图8-137

课堂案例：褶裥一
案例位置：效果>第8章>褶裥一.dgs
视频位置：视频>第8章>课堂案例——褶裥一.mp4
难易指数：★★★★★
学习目标：掌握褶裥一的制作方法

本案例的最终效果如图8-138所示。

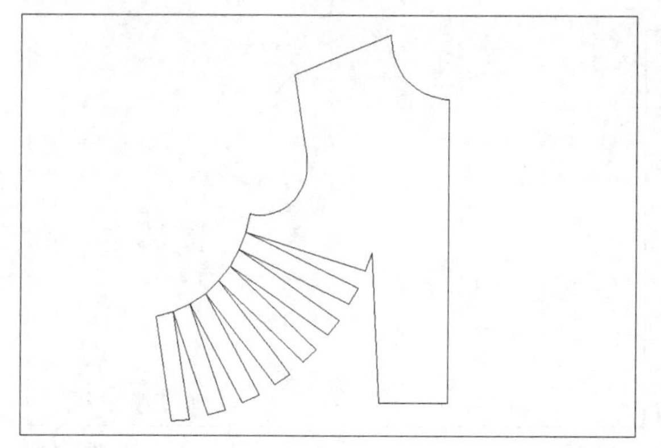

图8-138

01 按Ctrl＋O组合键，打开文化式女上装原型，在“设计工具栏”中单击“橡皮擦”按钮和“剪断线”按钮，修剪曲线，如图8-139所示。

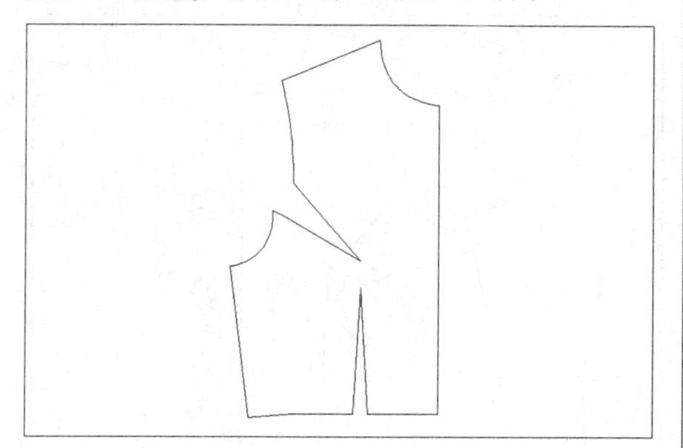

图8-139

02 在“设计工具栏”中单击“橡皮擦”按钮，在工作区中选择腰省省线，将其删除，如图8-140所示。

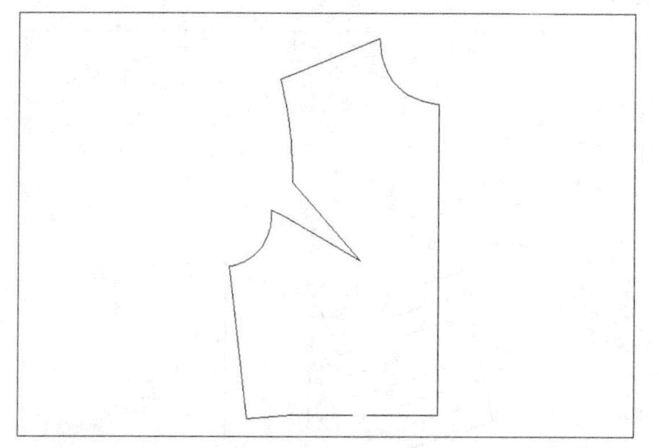

图8-140

03 在“设计工具栏”中单击“智能笔”按钮，在工作区中相应的点上单击鼠标左键，绘制省线，如图8-141所示。

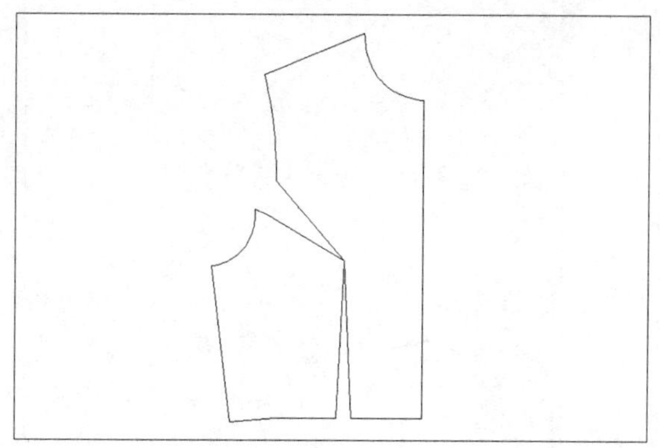

图8-141

04 在“设计工具栏”中单击“旋转”按钮，根据状态栏提示，在工作区中选择要旋转的曲线，单击鼠标右键，然后在工作区中指定旋转中心和旋转起点，如图8-142所示。

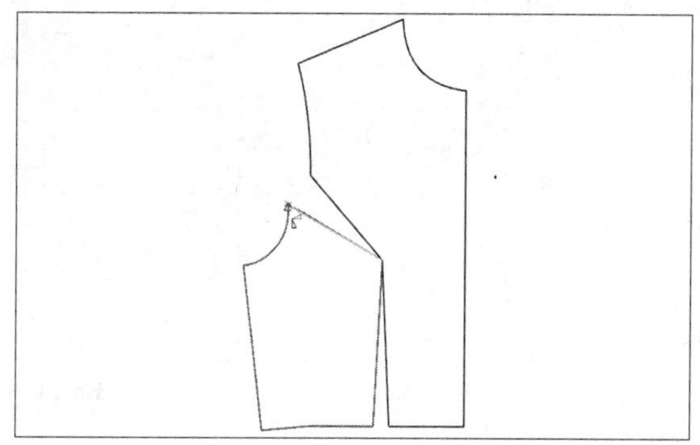

图8-142

05 拖曳光标，至相应的点上单击鼠标左键，指定旋转终点，执行操作后，即可通过旋转合并省道，如图8-143所示。

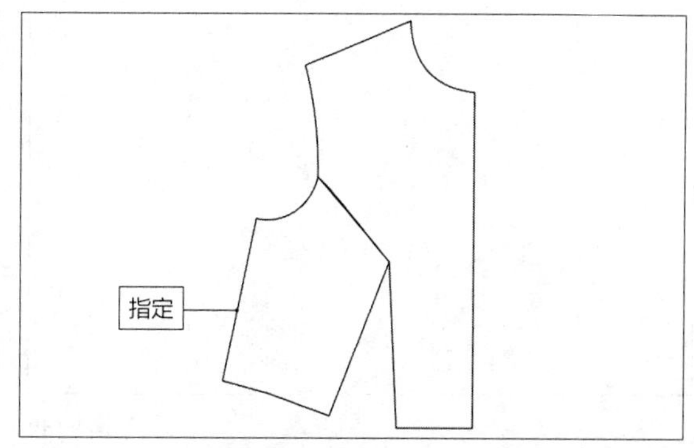

图8-143

06 在“设计工具栏”中单击“智能笔”按钮，在工作区中相应的点上单击鼠标左键，绘制直线，如图8-144所示。

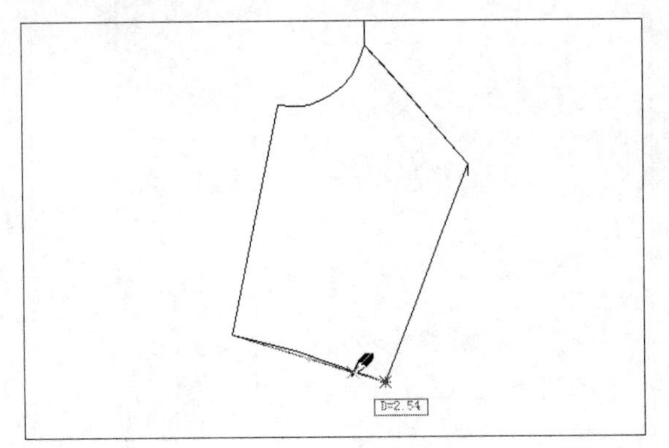

图8-144

07 在“设计工具栏”中单击“橡皮擦”按钮，删除相应的曲线，如图8-145所示。

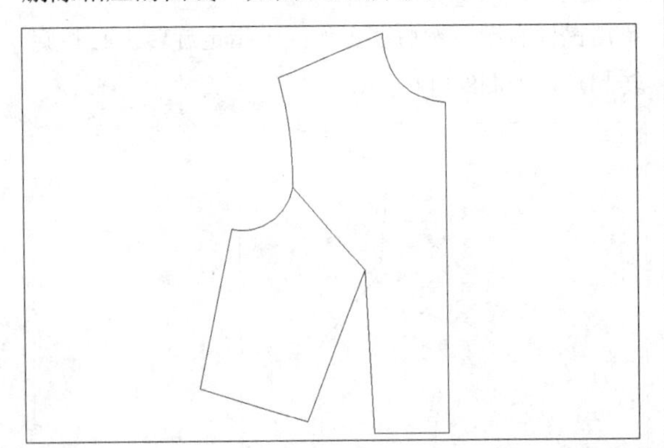

图8-145

08 在“设计工具栏”中单击“剪断线”按钮，在袖窿弧线上单击鼠标左键，然后单击鼠标右键，将两段袖窿弧线连接成一条线，如图8-146所示。

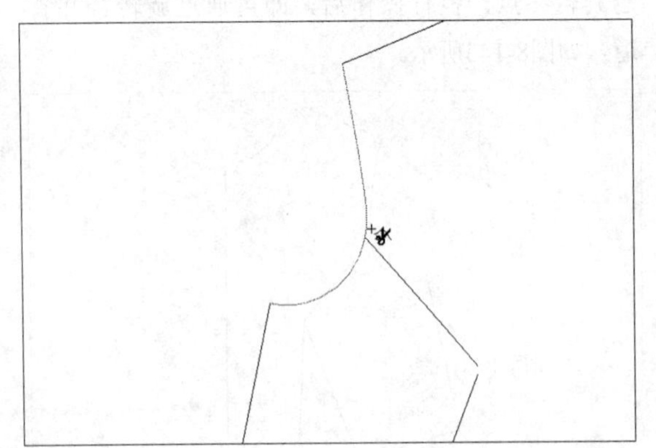

图8-146

09 在“设计工具栏”中单击“等份规”按钮，设置“等份数”为8，单击鼠标右键，然后在工作区中相应的点上依次单击鼠标左键，等分曲线，如图8-147所示。

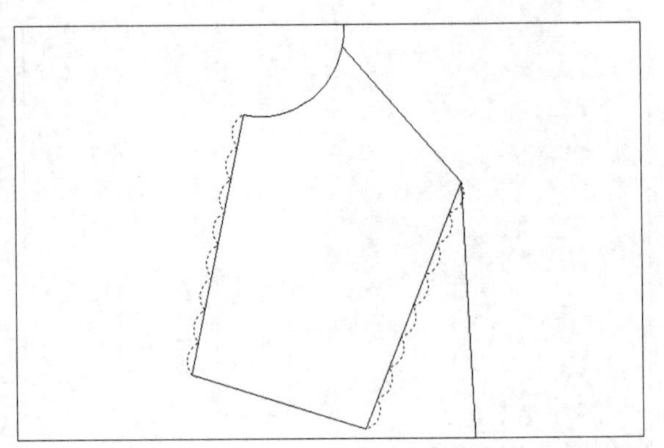

图8-147

10 在“设计工具栏”中单击“智能笔”按钮，在工作区中相应的等分点上单击鼠标左键，绘制直线，如图8-148所示。

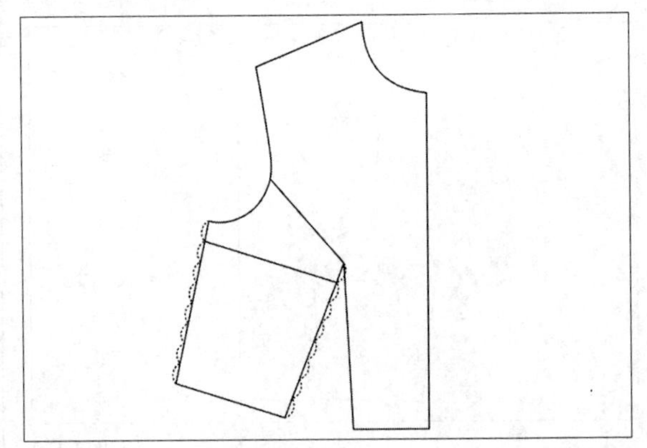

图8-148

11 继续使用“智能笔”命令，在工作区中其他的等分点上依次单击鼠标左键，绘制直线，如图8-149所示。

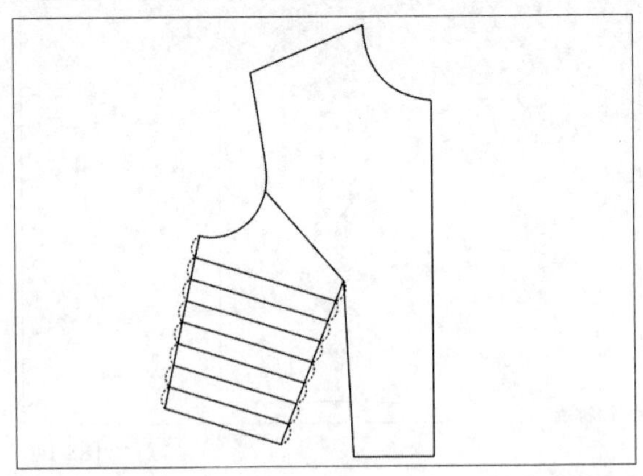

图8-149

12 在“设计工具栏”中单击“橡皮擦”按钮，删除相应的线，如图8-150所示。

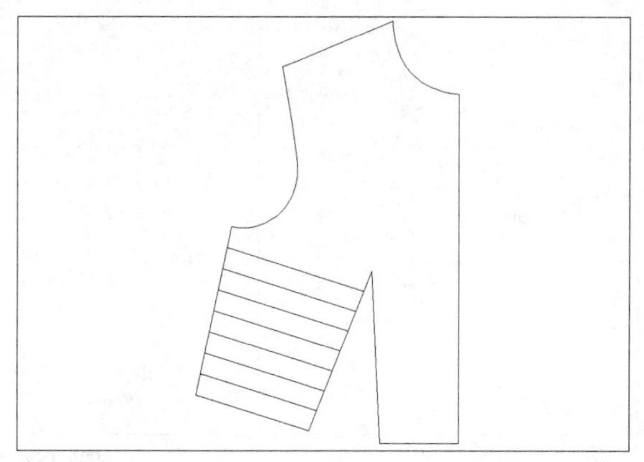

图8-150

13 在“设计工具栏”中单击“剪断线”按钮，在工作区中选择相应的边线，并在边线上的相应等分点上单击鼠标左键，如图8-151所示。

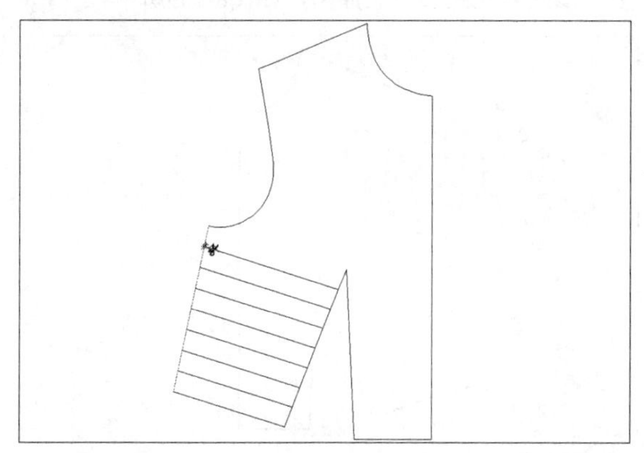

图8-151

14 执行操作后，即可剪断曲线；继续使用“剪断线”命令，剪断相应的曲线；在“设计工具栏”中单击“旋转”按钮，根据状态栏提示，按Shift键，然后在工作区中框选要旋转的曲线，如图8-152所示。

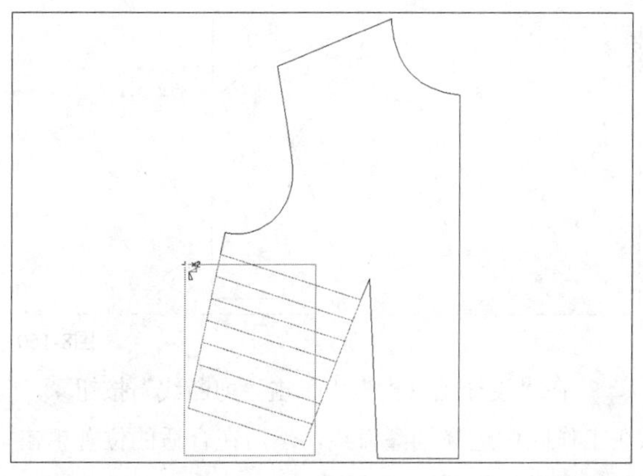

图8-152

15 单击鼠标右键，然后在工作区中指定旋转中心和旋转起点，拖曳光标，至相应的点上单击鼠标左键，指定旋转终点，如图8-153所示。

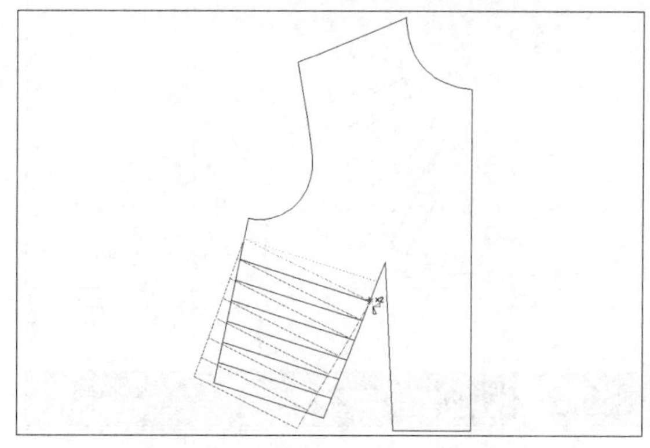

图8-153

16 执行操作后，即可旋转曲线，如图8-154所示。

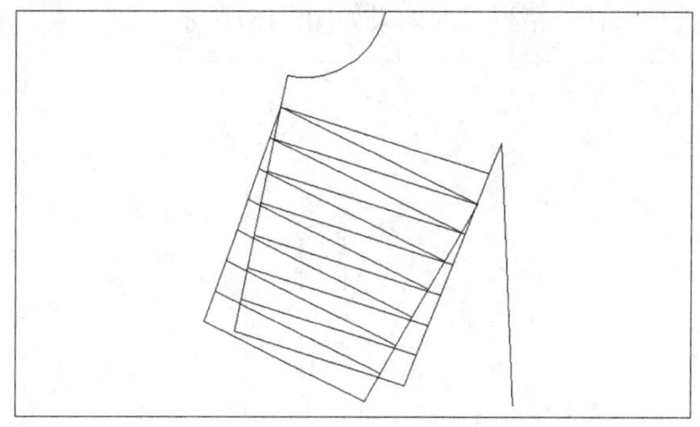

图8-154

17 在“设计工具栏”中单击“橡皮擦”按钮，在工作区中选择相应的曲线，将其删除，如图8-155所示。

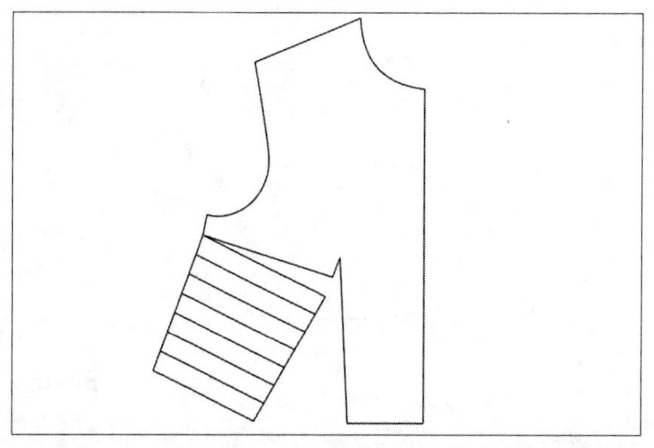

图8-155

18 继续使用“旋转”“橡皮擦”命令，在工作区中旋转和删除曲线，此时即可完成褶裥一的设计，效果如图8-156所示。

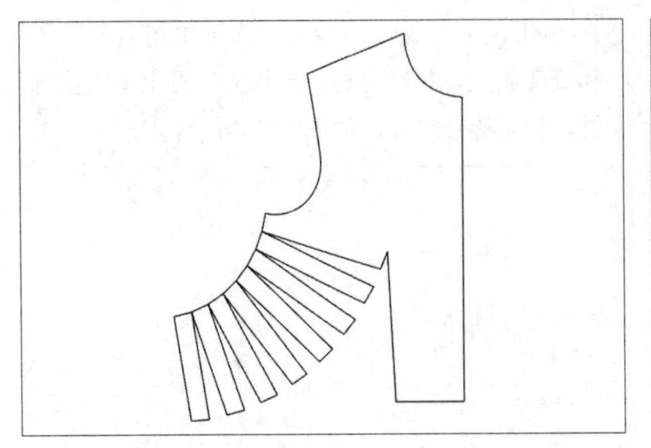

图8-156

8.3.2 褶裥二

本例介绍褶裥的一种类型，其主要使用“旋转”“智能笔”“剪断线”以及“转省”等命令来进行设计。褶裥二的效果如图8-157所示。

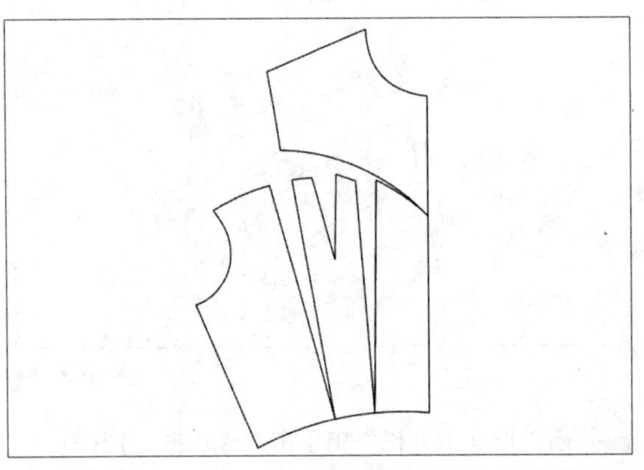

图8-157

课堂案例：褶裥二
案例位置：效果>第8章>褶裥二.dgs
视频位置：视频>第8章>课堂案例——褶裥二.mp4
难易指数：★★★★★
学习目标：掌握褶裥二的制作方法

本案例的最终效果如图8-158所示。

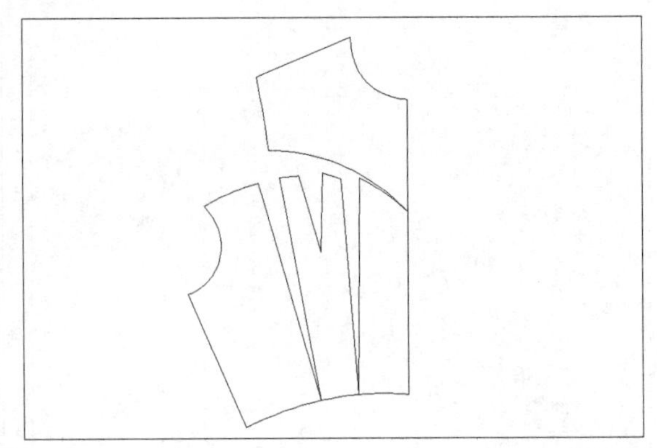

图8-158

01 按Ctrl＋O组合键，打开文化式女上装原型，在“设计工具栏”中单击“橡皮擦”按钮、“剪断线”按钮、“旋转”按钮和“智能笔”按钮，修改文化式女上装原型，如图8-159所示。

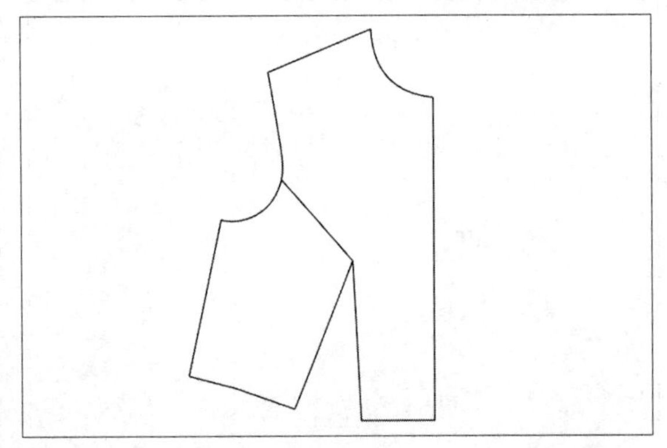

图8-159

02 在“设计工具栏”中单击“智能笔”按钮，在工作区中相应的位置单击鼠标左键，绘制分割线，如图8-160所示。

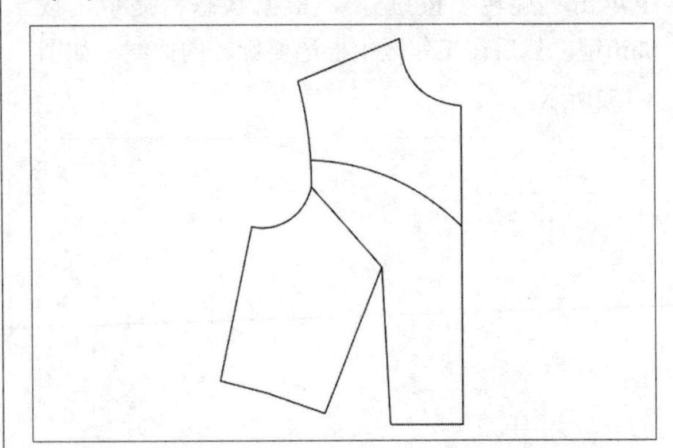

图8-160

03 在“设计工具栏”中单击“剪断线”按钮，在工作区中选择袖窿弧线，然后在合适的位置单击鼠标左键，如图8-161所示。

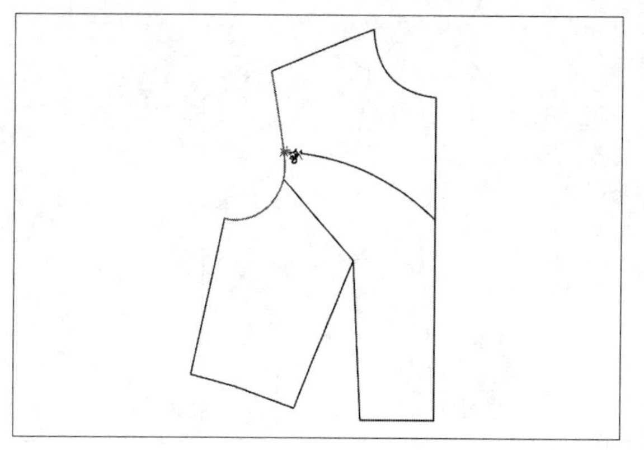

图8-161

04 执行操作后，即可剪断袖窿弧线；在“设计工具栏”中单击“剪断线”按钮，在工作区中选择前中线，然后在合适的位置单击鼠标左键，如图8-162所示。

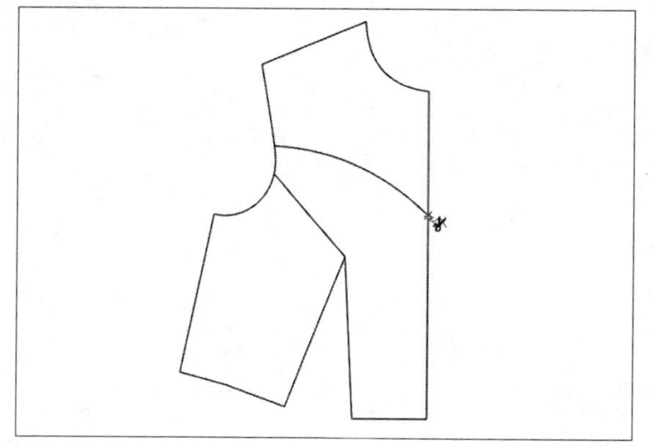

图8-162

05 执行操作后，即可剪断前中线；在“设计工具栏”中单击“转省”按钮，根据状态栏提示，在工作区中框选转移线，如图8-163所示。

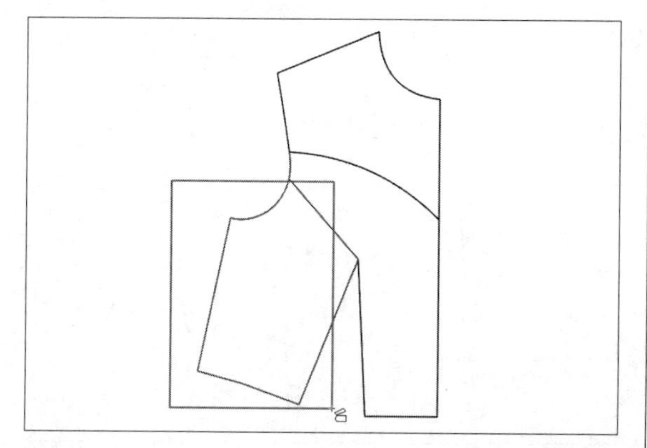

图8-163

06 单击鼠标右键，然后在工作区中选择新省线，如图8-164所示。

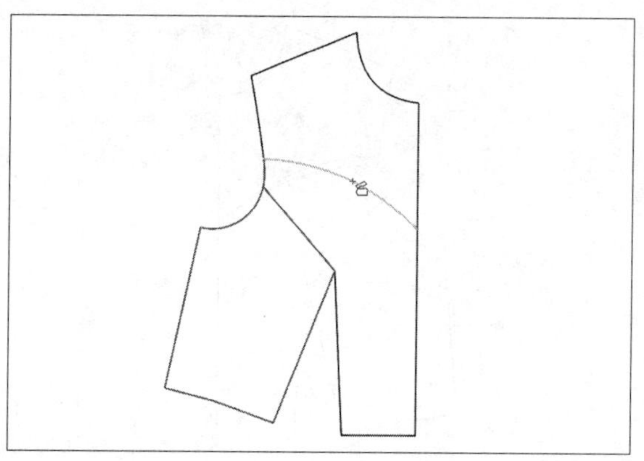

图8-164

07 单击鼠标右键，然后在工作区中选择腰省左侧的省线作为合并省的起始边，按住Ctrl键，选择腰省右侧的省线作为合并省的终止边，如图8-165所示。

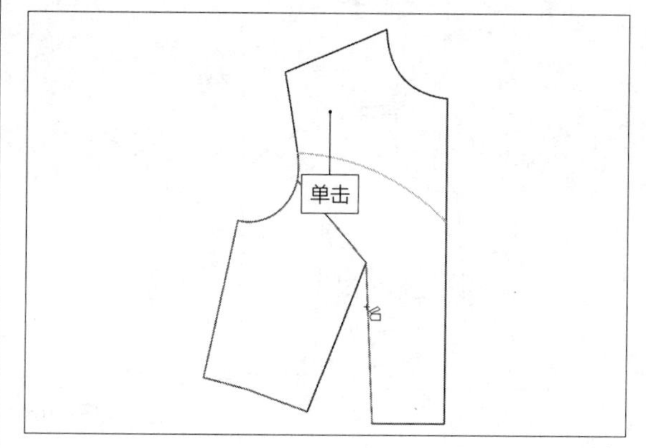

图8-165

08 弹出“转省”对话框，选中“按比例”单选按钮，并在其后的数值框中输入30，单击“确定”按钮，如图8-166所示。

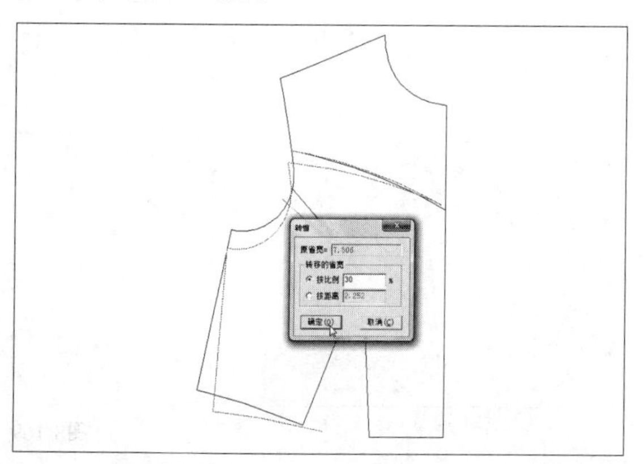

图8-166

09 执行操作后，即可转移省道，如图8-167所示。

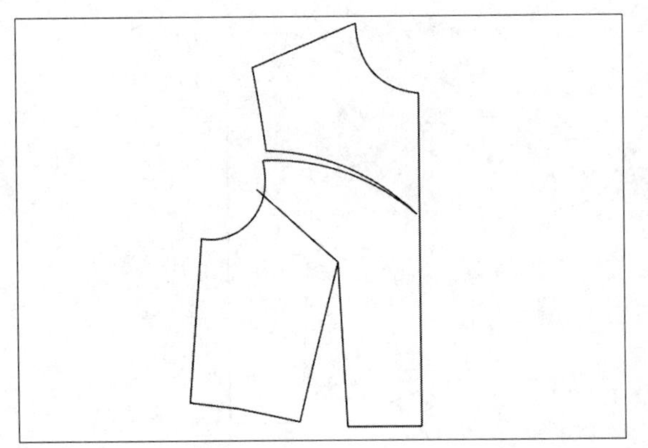

图8-167

⑩ 在“设计工具栏”中单击“调整工具”按钮，调整分割线的形状，然后删除相应的线，如图8-168所示。

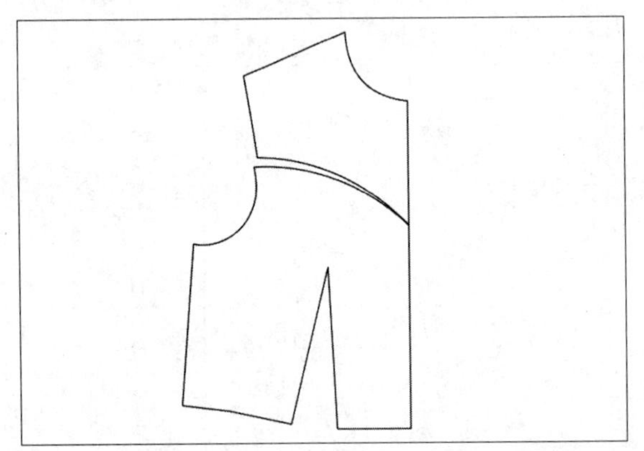

图8-168

⑪ 在“设计工具栏”中单击“智能笔”按钮，在工作区中相应的位置单击鼠标左键，绘制褶裥的位置，如图8-169所示。

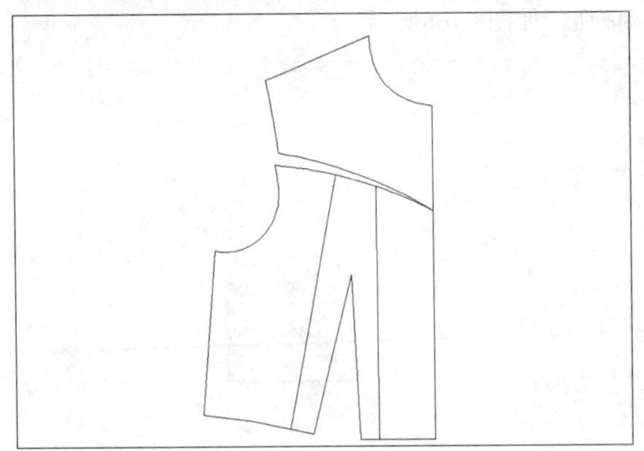

图8-169

⑫ 在“设计工具栏”中单击“剪断线”按钮，在工作区中选择分割线，然后在合适的位置单击鼠标左键，如图8-170所示。

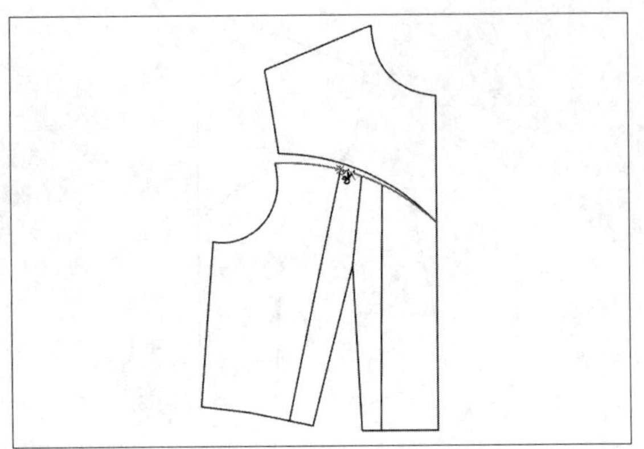

图8-170

⑬ 在“设计工具栏”中单击“旋转”按钮，根据状态栏提示，按Shift键，在工作区中选择要旋转的曲线，如图8-171所示。

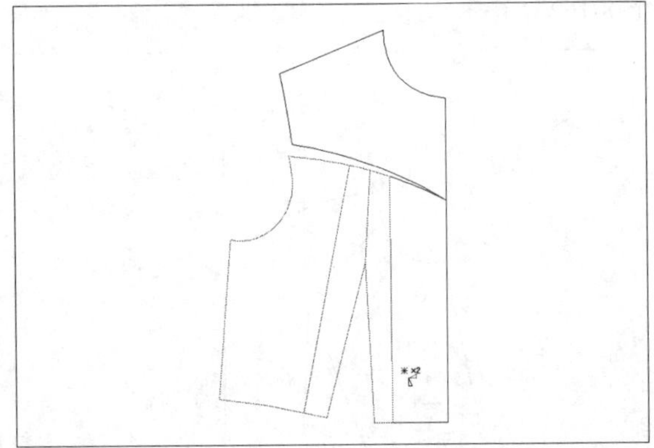

图8-171

⑭ 单击鼠标右键，然后在工作区中指定旋转中心和旋转起点，拖曳光标，至相应的点上单击鼠标左键，指定旋转终点，如图8-172所示。

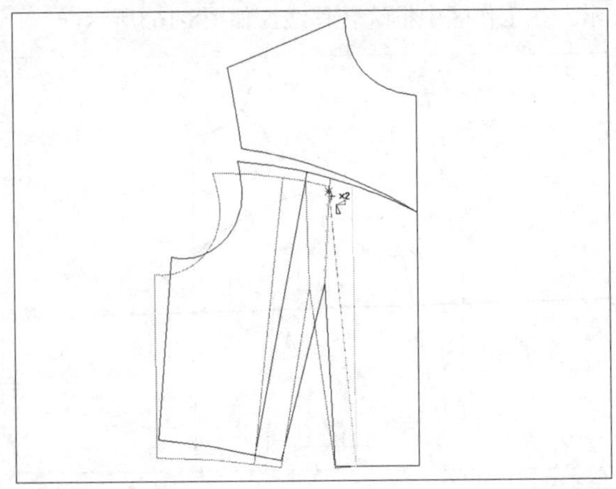

图8-172

⑮ 执行操作后，即可旋转曲线，如图8-173所示。

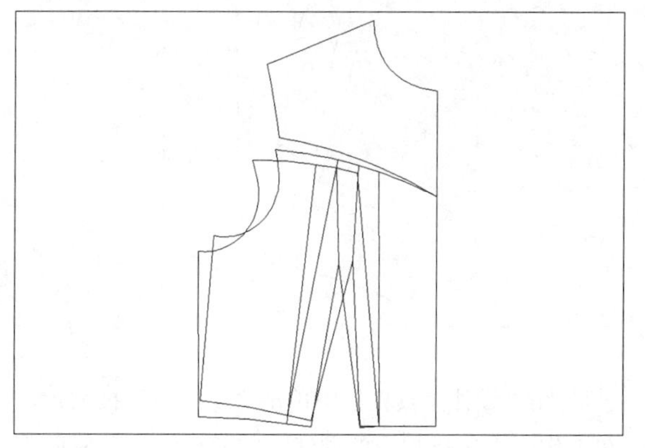

图8-173

⑯ 在“设计工具栏”中单击“橡皮擦”按钮，在工作区中选择相应的曲线，将其删除，如图8-174所示。

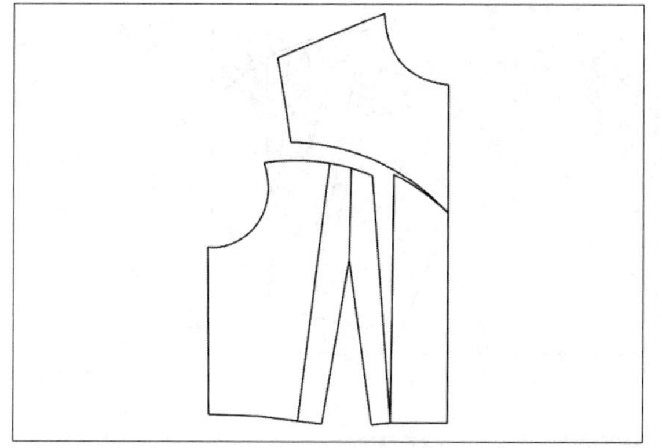

图8-174

⑰ 在“设计工具栏”中单击“转省”按钮，根据状态栏提示，在工作区中框选转移线，如图8-175所示。

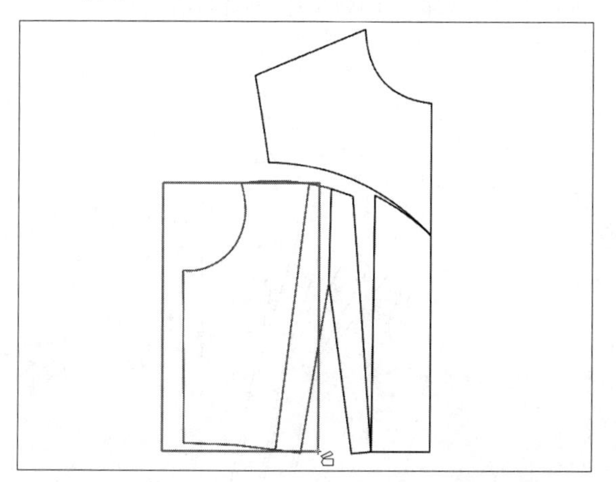

图8-175

⑱ 单击鼠标右键，然后在工作区中选择新省线，如图8-176所示。

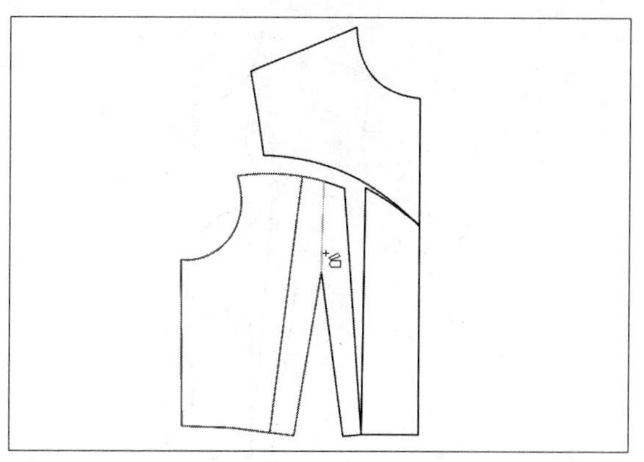

图8-176

⑲ 单击鼠标右键，然后在工作区中选择腰省的省线作为合并省的起始边和终止边，如图8-177所示。

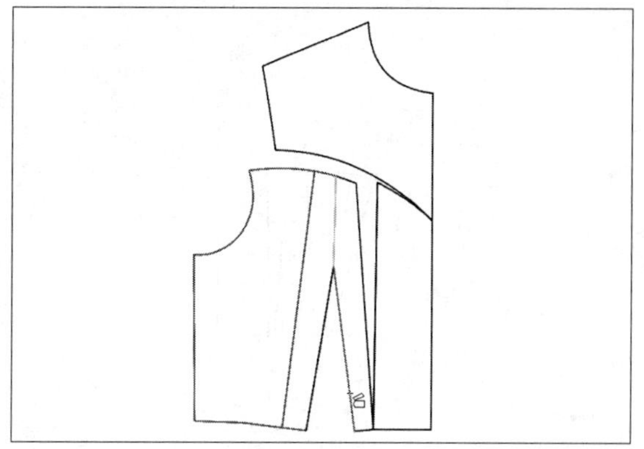

图8-177

⑳ 执行操作后，即可转移省道，如图8-178所示。

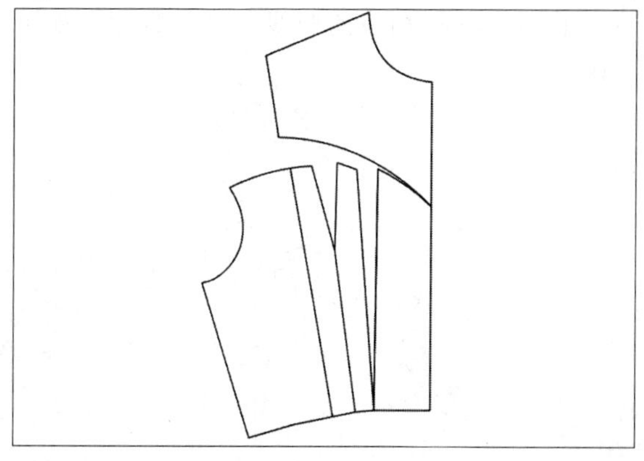

图8-178

㉑ 在“设计工具栏”中单击“旋转”按钮，根据状态栏提示，在工作区中选择要旋转的曲线，单击鼠标右键，然后在工作区中指定旋转中心和旋转起点，拖曳光标，至相应的点上单击鼠标左键，指定旋转终点，如图8-179所示。

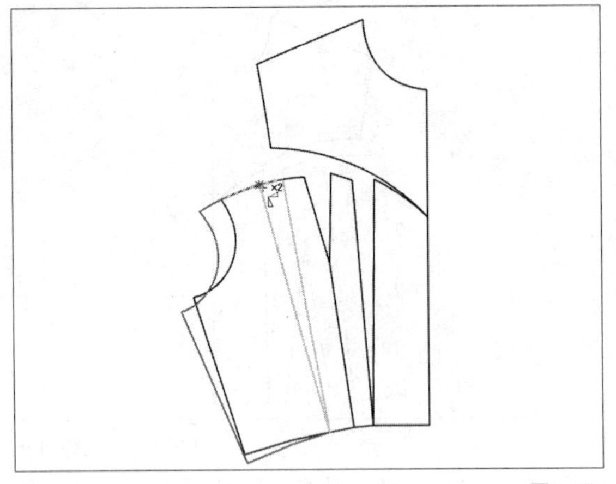

图8-179

22 执行操作后，即可旋转曲线，如图8-180所示。

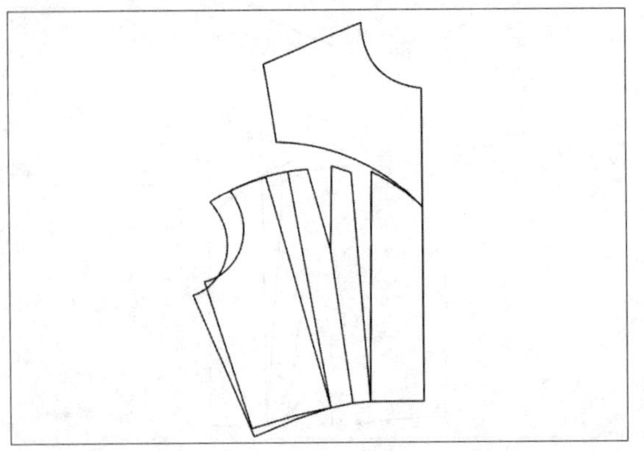

图8-180

23 在“设计工具栏”中单击“橡皮擦”按钮，在工作区中选择相应的曲线，将其删除，如图8-181所示。

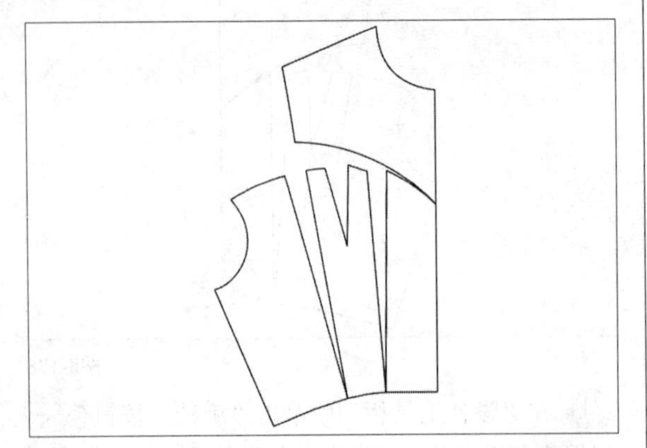

图8-181

24 在“设计工具栏”中单击“智能笔”按钮，在工作区中相应的位置单击鼠标左键，绘制曲线，如图8-182所示。

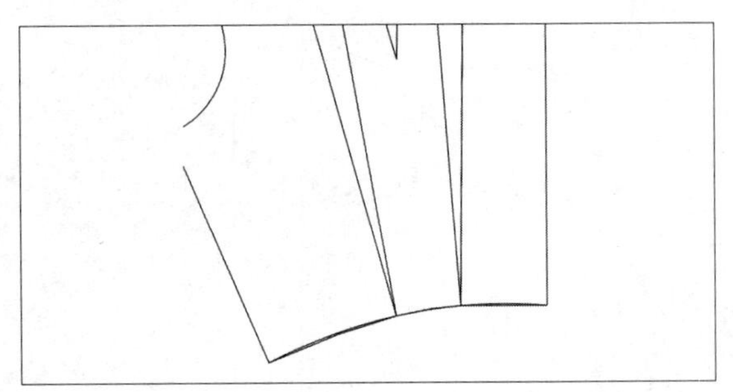

图8-182

25 在“设计工具栏”中单击“橡皮擦”按钮，在工作区中选择相应的曲线，将其删除，此时即可完成褶裥二的设计，效果如图8-183所示。

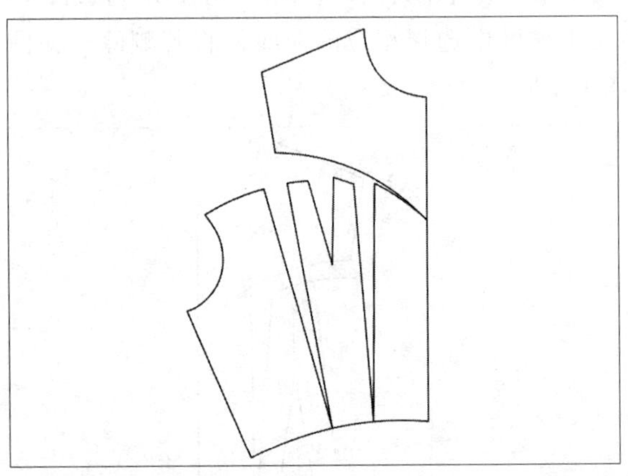

图8-183

8.3.3 褶裥三

本例介绍褶裥的一种类型，其主要使用“橡皮擦”“剪断线”“智能笔”以及“转省”等命令来进行设计。褶裥三的效果如图8-184所示。

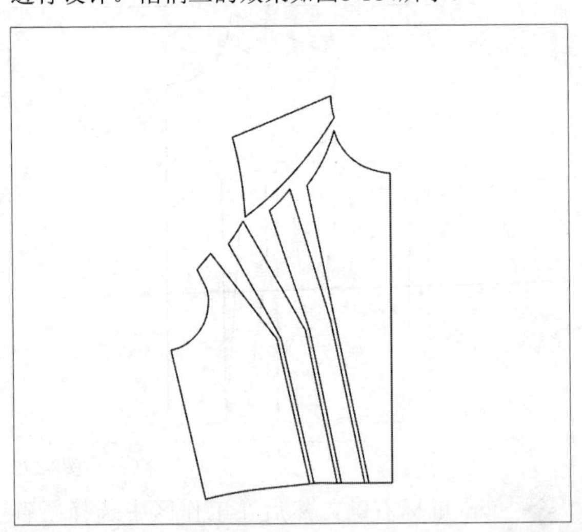

图8-184

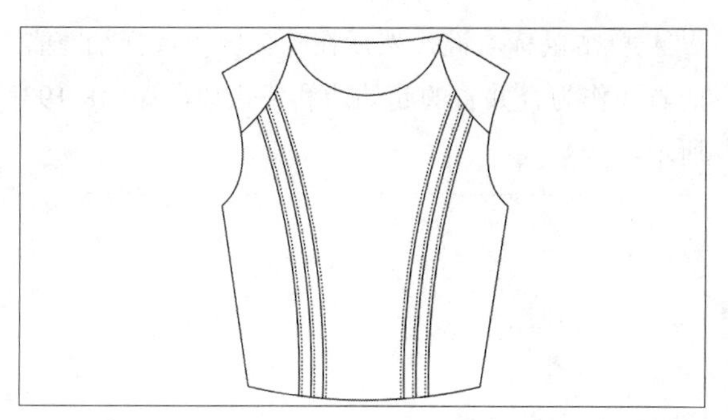

图8-184（续）

课堂案例：褶裥三
案例位置：效果>第8章褶裥三.dgs
视频位置：视频>第8章>课堂案例——褶裥三.mp4
难易指数：★★★★★
学习目标：掌握褶裥三的制作方法

本案例的最终效果如图8-185所示。

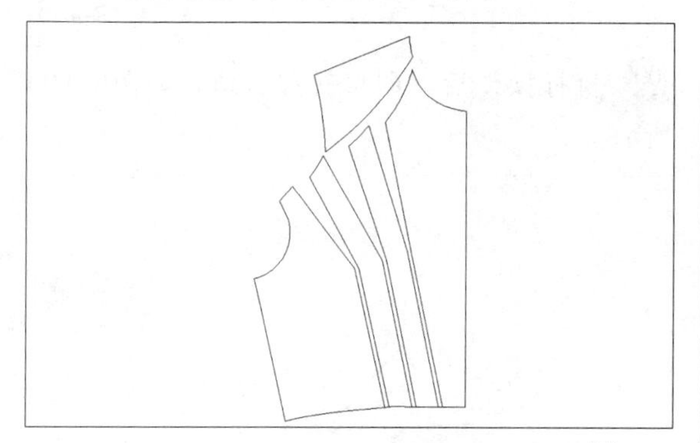

图8-185

01 按Ctrl＋O组合键，打开文化式女上装原型，在“设计工具栏”中单击“橡皮擦”按钮、“剪断线”按钮、“旋转”按钮和“智能笔”按钮，修改文化式女上装原型，如图8-186所示。

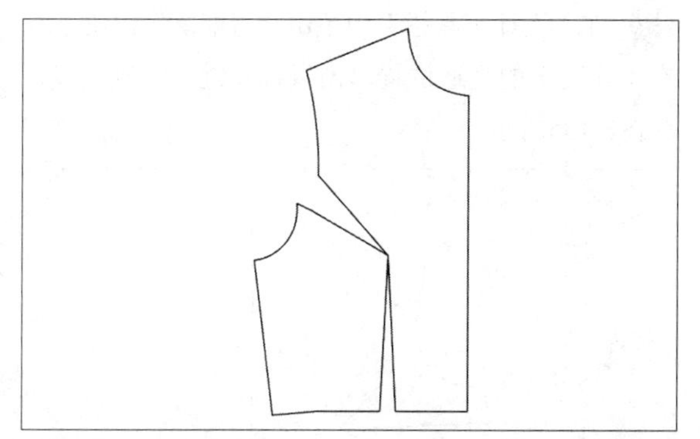

图8-186

02 在“设计工具栏”中单击“旋转”按钮，根据状态栏提示，在工作区中选择要旋转的曲线，单击鼠标右键，然后在工作区中指定旋转中心和旋转起点，拖曳光标，至相应的点上单击鼠标左键，指定旋转终点，如图8-187所示。

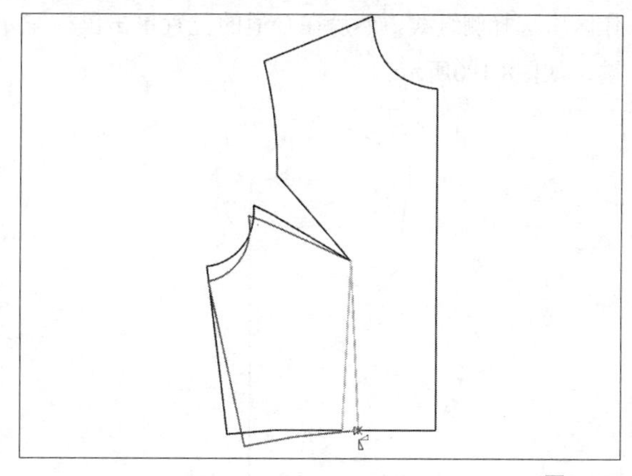

图8-187

03 执行操作后，即可合并省道，如图8-188所示。

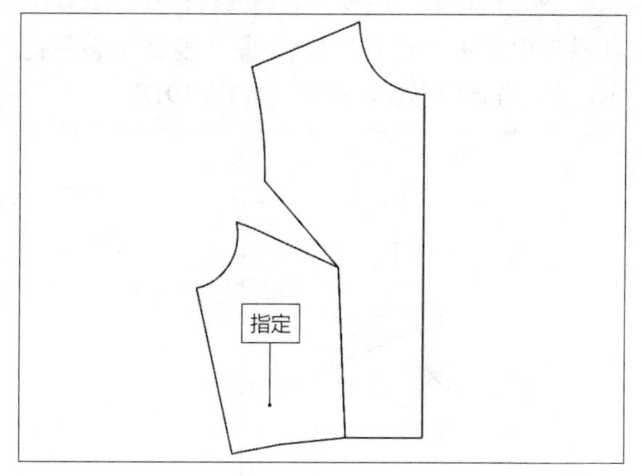

图8-188

04 在“设计工具栏”中单击“智能笔”按钮，在工作区中的合适位置单击鼠标左键，绘制直线，如图8-189所示。

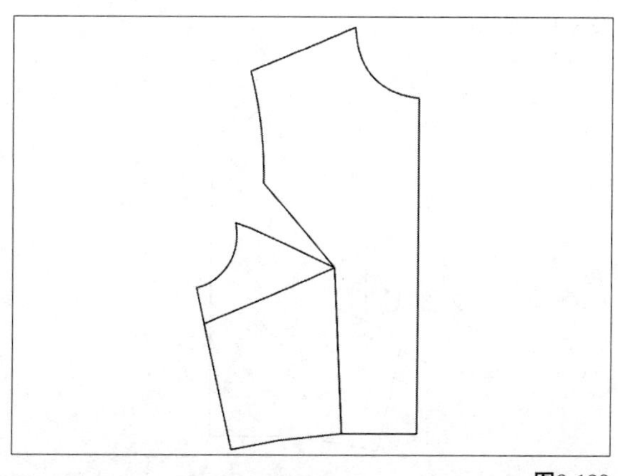

图8-189

05 在工作区中选择相应的曲线，将其删除；在“设计工具栏”中单击“剪断线”按钮，在工作区中选择侧缝线，然后在合适的位置单击鼠标左键，如图8-190所示。

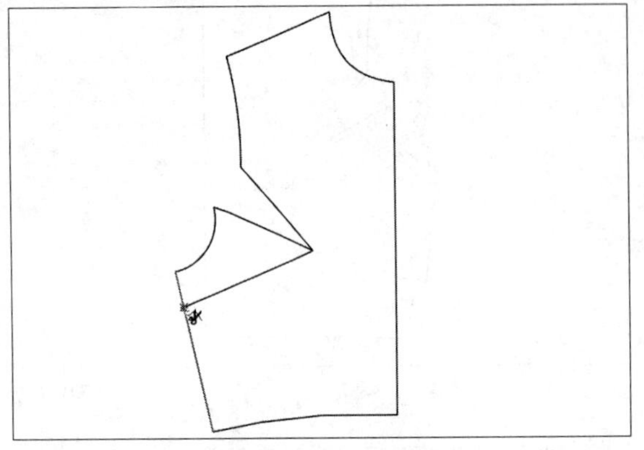

图8-190

06 执行操作后，即可剪断侧缝线；在“设计工具栏”中单击“转省”按钮，根据状态栏提示，在工作区中框选转移线，如图8-191所示。

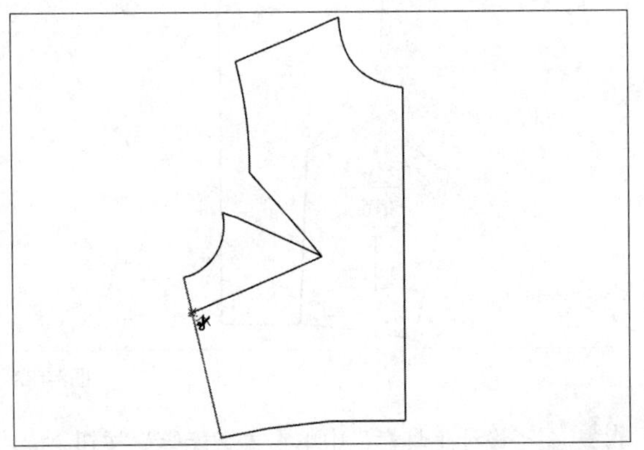

图8-191

07 单击鼠标右键，在工作区中选择新省线，如图8-192所示。

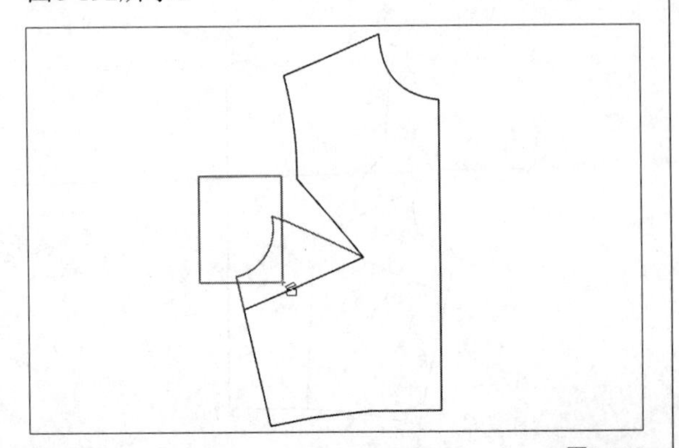

图8-192

08 单击鼠标右键，然后在工作区中选择袖窿省的省线作为合并省的起始边和终止边，如图8-193所示。

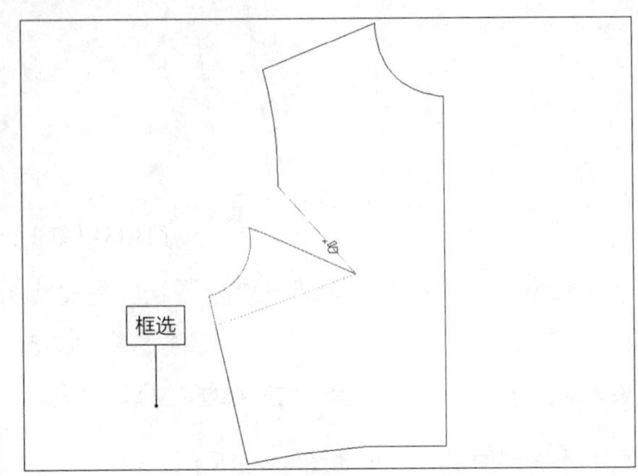

图8-193

09 执行操作后，即可转移省道，如图8-194所示。

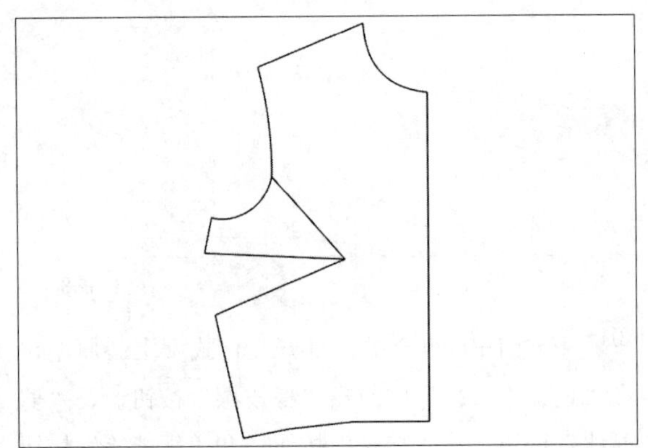

图8-194

10 在“设计工具栏”中单击“智能笔”按钮，在工作区中的合适位置单击鼠标左键，绘制曲线，如图8-195所示。

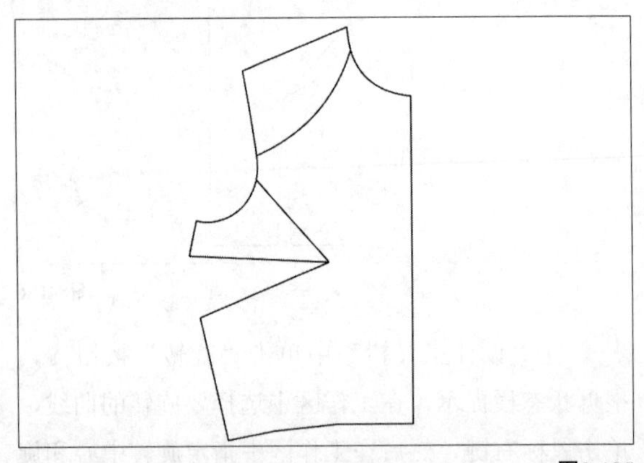

图8-195

⑪ 在“设计工具栏”中单击“智能笔”按钮，在工作区中的合适位置单击鼠标左键，绘制分割线，如图8-196所示。

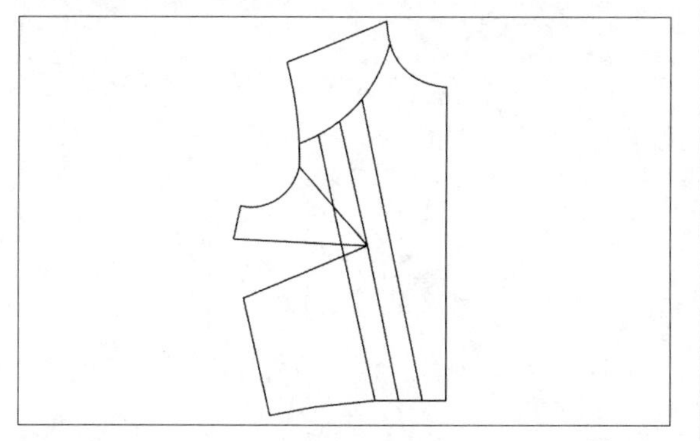

图8-196

⑫ 在“设计工具栏”中单击“剪断线”按钮，在工作区中选择袖窿弧线，然后在合适的位置单击鼠标左键，如图8-197所示。

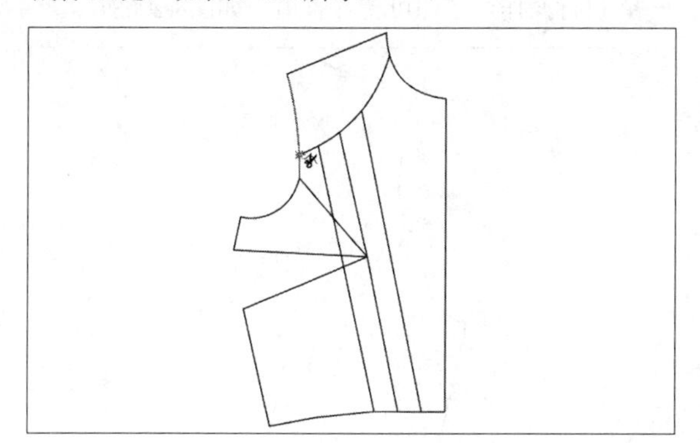

图8-197

⑬ 执行操作后，即可剪断袖窿弧线；继续使用“剪断线”命令，在工作区中选择相应的线，然后在相应的位置单击鼠标左键，剪断线段；在“设计工具栏”中单击“智能笔”按钮，在工作区中的相应位置单击鼠标左键，绘制直线，如图8-198所示。

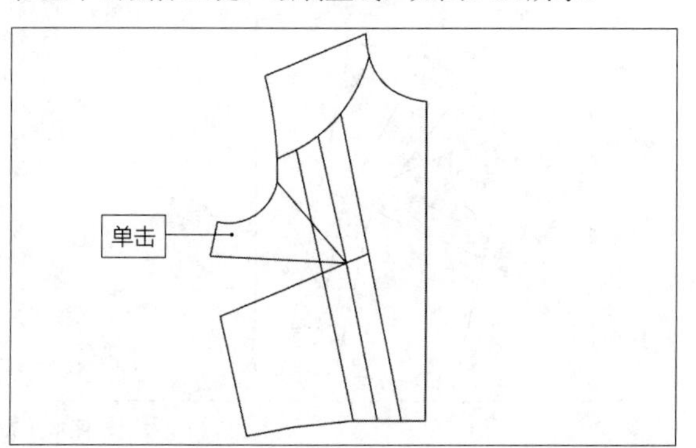

图8-198

⑭ 在“设计工具栏”中单击“转省”按钮，根据状态栏提示，在工作区中选择转移线，单击鼠标右键，然后在工作区中选择新省线，如图8-199所示。

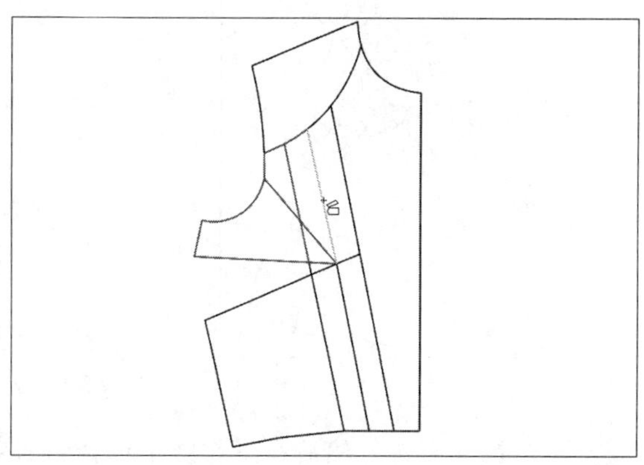

图8-199

⑮ 单击鼠标右键，然后在工作区中选择腋下省的省线作为合并省的起始边和终止边，如图8-200所示。

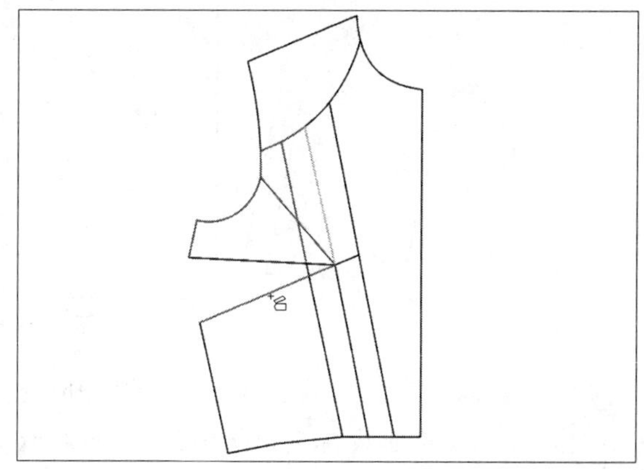

图8-200

⑯ 执行操作后，即可转移省道，如图8-201所示。

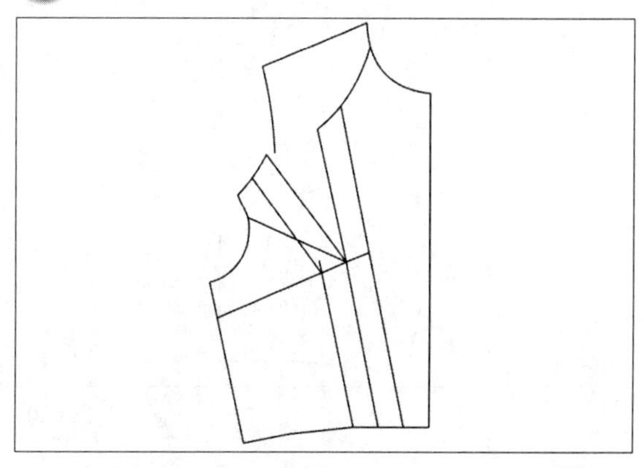

图8-201

⑰ 继续使用“转省”命令，在工作区中框选转移线，如图8-202所示。

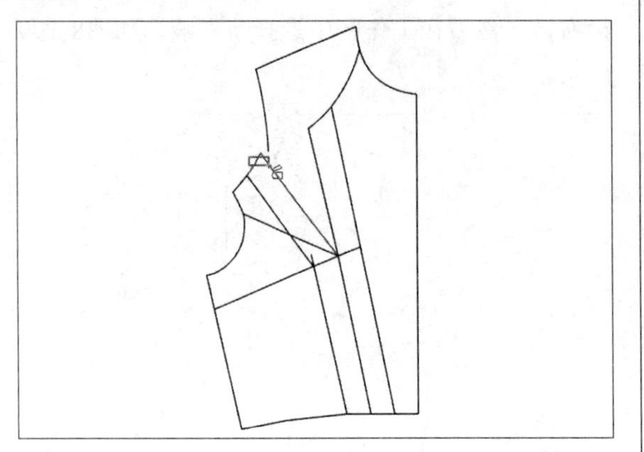

图8-202

⑱ 单击鼠标右键，然后在工作区中选择新省线，如图8-203所示。

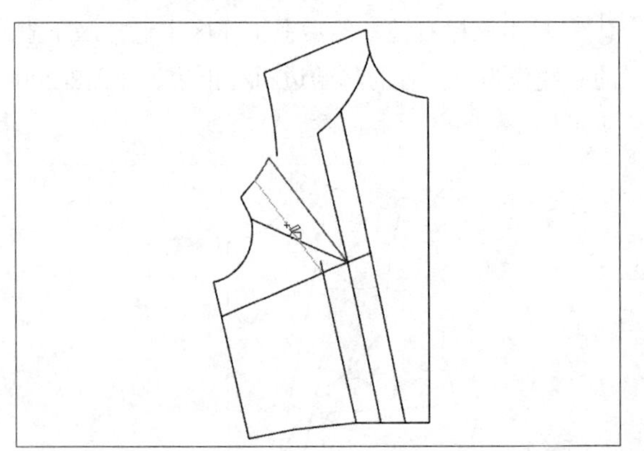

图8-203

⑲ 单击鼠标右键，然后在工作区中选择相应的省线作为合并省的起始边，按住Ctrl键，选择相应的省线作为合并省的终止边，如图8-204所示。

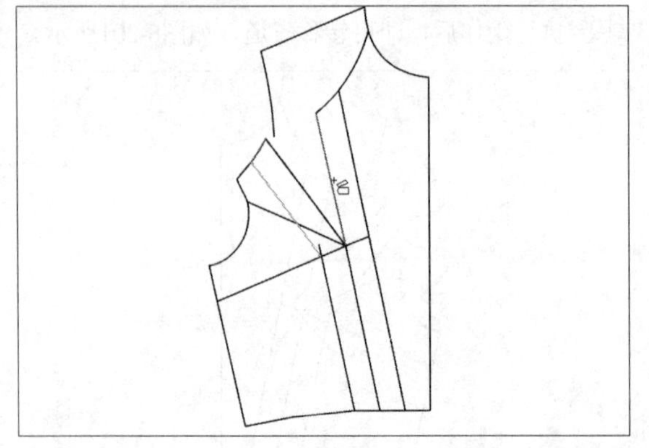

图8-204

⑳ 弹出“转省”对话框，选中“按比例”单选按钮，并在其后的数值框中输入33，单击“确定”按钮，如图8-205所示。

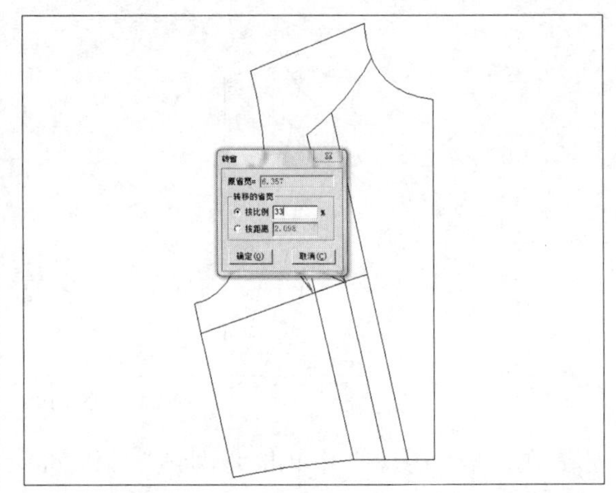

图8-205

㉑ 执行操作后，即可转移省道，如图8-206所示。

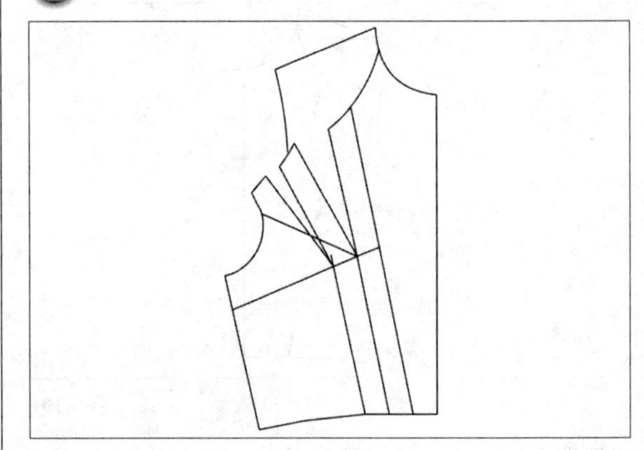

图8-206

㉒ 继续使用“转省”命令，在工作区中框选转移线，如图8-207所示。

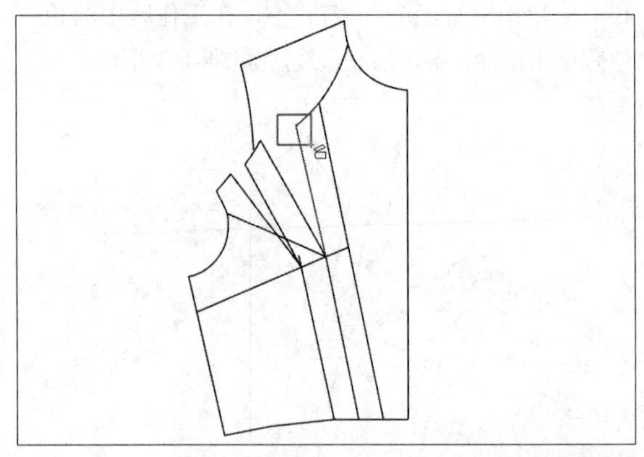

图8-207

23 单击鼠标右键，然后在工作区中选择新省线，如图8-208所示。

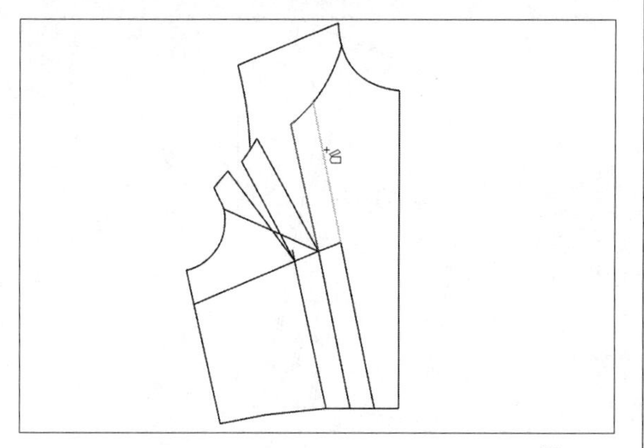

图8-208

24 单击鼠标右键，然后在工作区中选择相应的省线作为合并省的起始边，按住Ctrl键，选择相应的省线作为合并省的终止边，如图8-209所示。

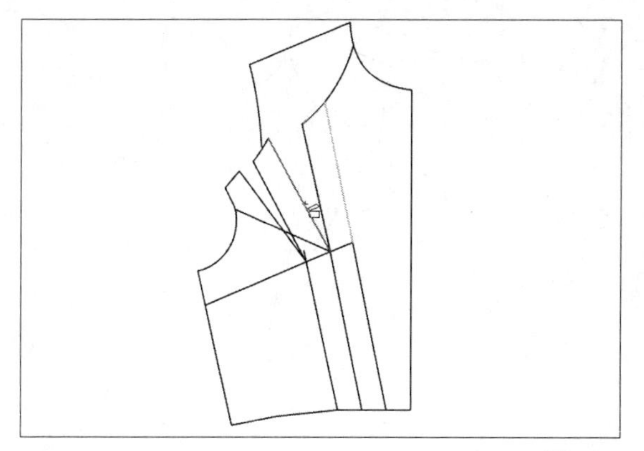

图8-209

25 弹出“转省”对话框，选中“按比例”单选按钮，并在其后的数值框中输入33，单击“确定”按钮，如图8-210所示。

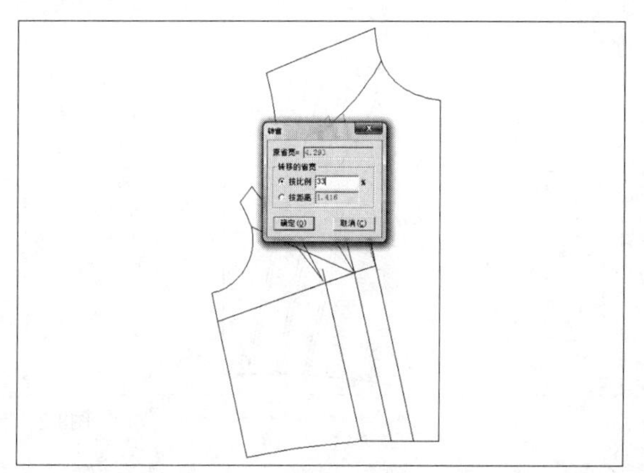

图8-210

26 执行操作后，即可转移省道，如图8-211所示。

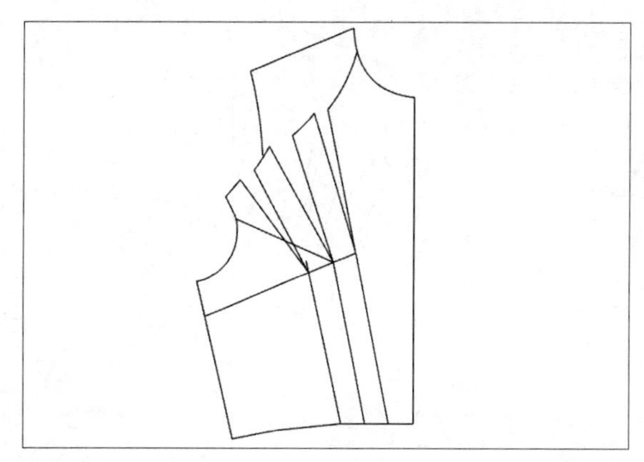

图8-211

27 在工作区中选择相应的曲线，按Delete键删除，并调整曲线，如图8-212所示。

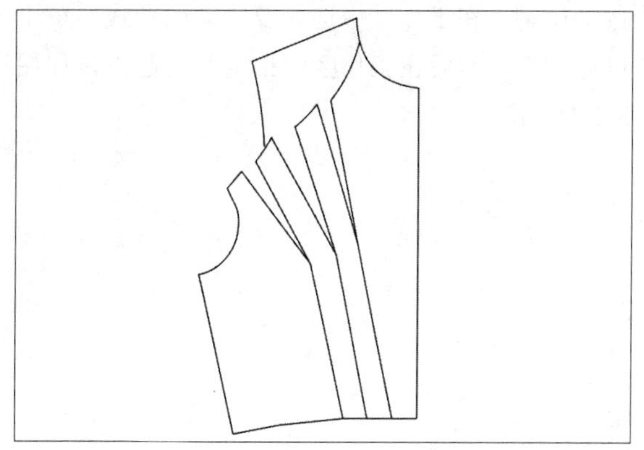

图8-212

28 在“设计工具栏”中单击“剪断线”按钮，在工作区中选择相应的边线，然后在合适的位置单击鼠标左键，如图8-213所示。

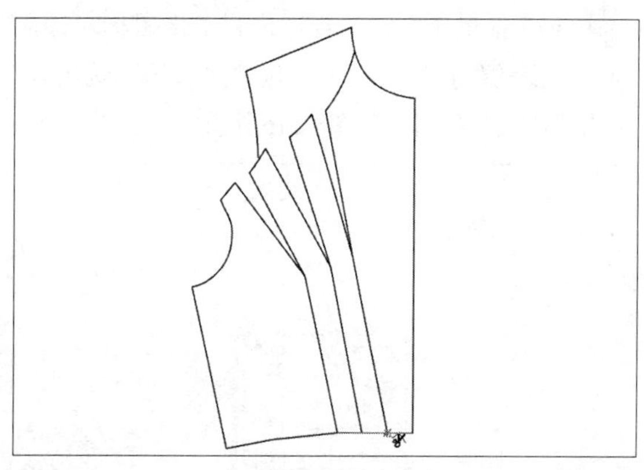

图8-213

29 执行操作后，即可剪断边线；继续使用“剪断线”命令，在工作区中选择相应的边线，然后在合适的位置单击鼠标左键，如图8-214所示。

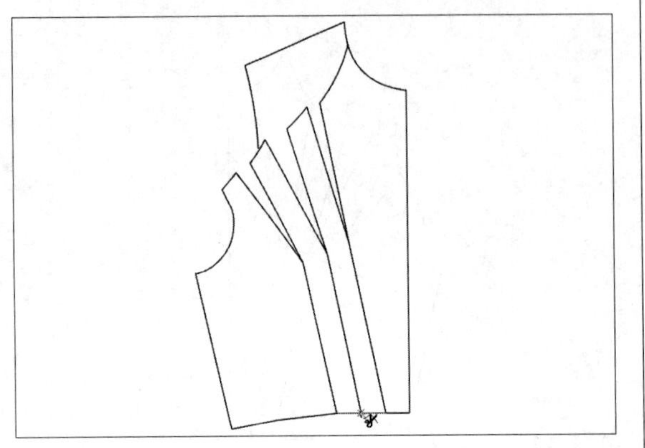

图8-214

30 执行操作后，即可剪断边线；在“设计工具栏”中单击“移动”按钮，根据状态栏提示，按Shift键，在工作区中选择要移动的曲线，单击鼠标右键，然后在工作区中指定移动起点，如图8-215所示。

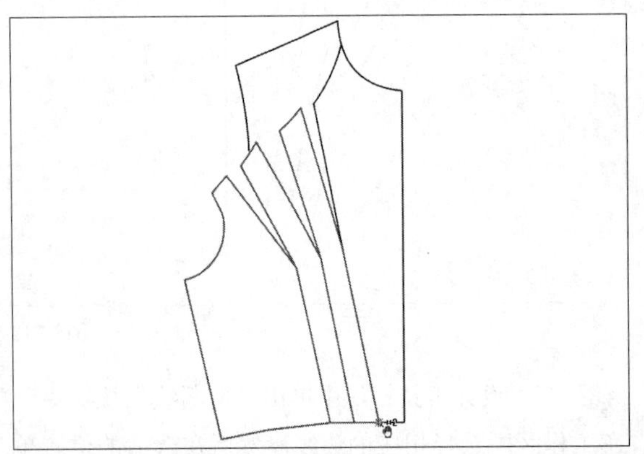

图8-215

31 向左拖曳光标，至合适位置单击鼠标左键，弹出“点的位置”对话框，设置“长度”为0.5，单击“确定”按钮，如图8-216所示。

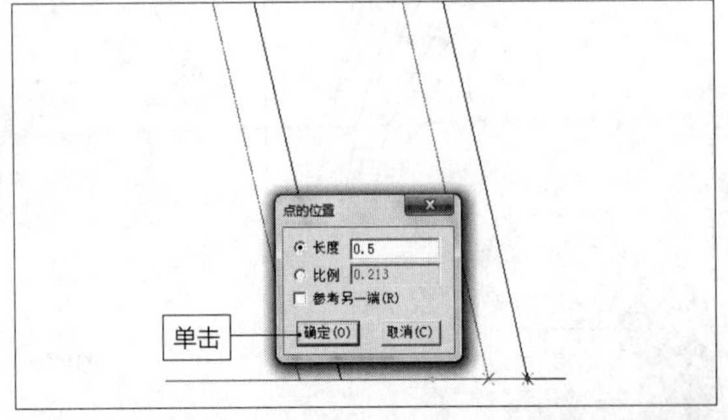

图8-216

32 执行操作后，即可移动曲线，如图8-217所示。

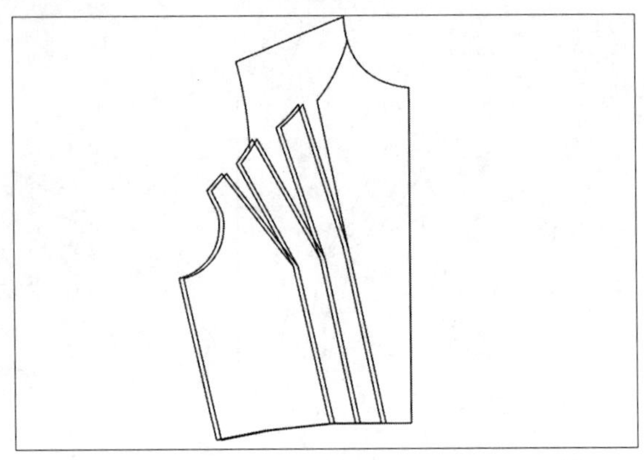

图8-217

33 在“设计工具栏”中单击“橡皮擦”按钮，在工作区中选择相应的曲线，将其删除，如图8-218所示。

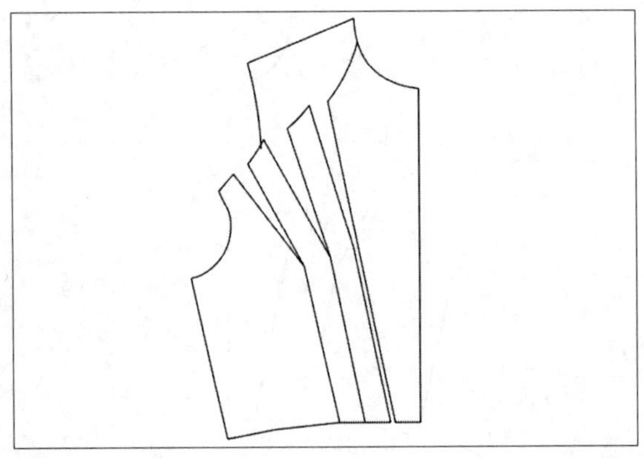

图8-218

34 继续使用“移动”“橡皮擦”命令，移动并删除曲线，如图8-219所示。

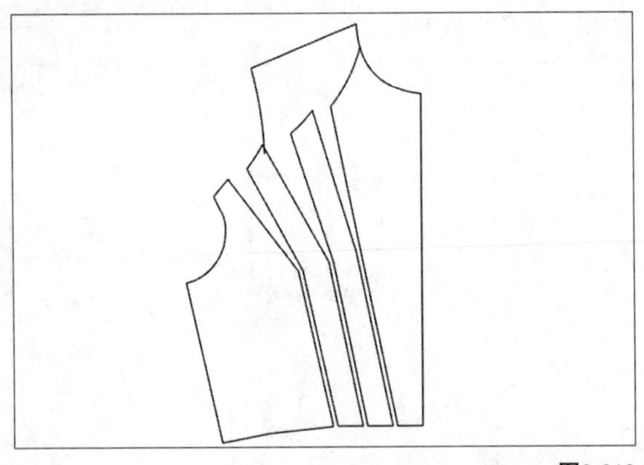

图8-219

35 在“设计工具栏”中单击“智能笔”按钮，

在工作区中的合适位置单击鼠标左键，绘制曲线，如图8-220所示。

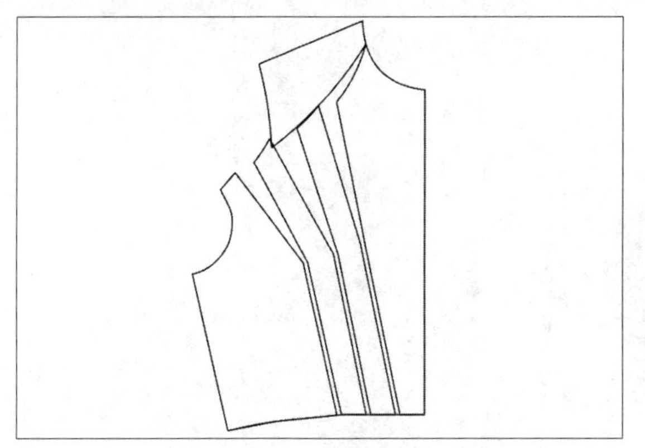

图8-220

36 在“设计工具栏”中单击“移动”按钮，根据状态栏提示，按Shift键，在工作区中选择要移动的曲线，单击鼠标右键，然后在工作区中指定移动的起点和终点，执行操作后，即可移动曲线，此时即可完成褶裥三的设计，效果如图8-221所示。

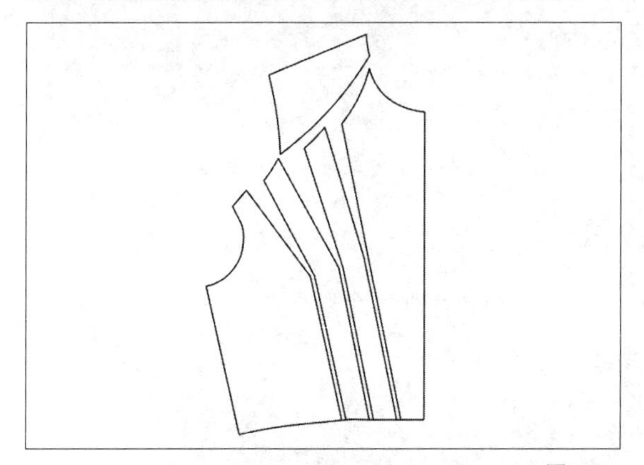

图8-221

8.4 本章小结

本章通过为读者介绍省领设计、T形省设计，特殊省形设计等内容，帮助读者掌握多种复杂省形的设计制板方法。此外，还讲解了3种分割线的设计和3种褶裥的设计。

通过对本章的学习，读者能够对省褶、省道以及分割线的设计方法有一个深入的认识，为以后的服装设计制板打下良好的基础。

8.5 课后习题——转省工具

鉴于本章知识的重要性，为了帮助读者更好地掌握所学知识，本节将通过上机习题，帮助读者进行简单的知识回顾和补充。

案例位置	无
难易指数	★★★
学习目标	掌握运用转省工具的方法

通过比较长度工具，熟练省褶与分割线的制作，素材图像如图8-222所示；最终完成效果，如图8-223所示。

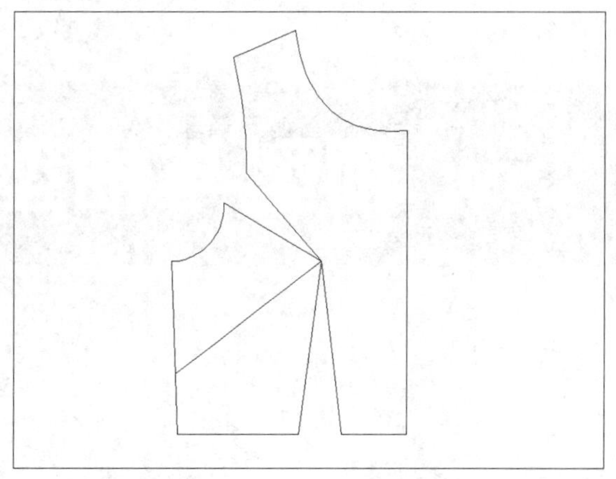

图8-222

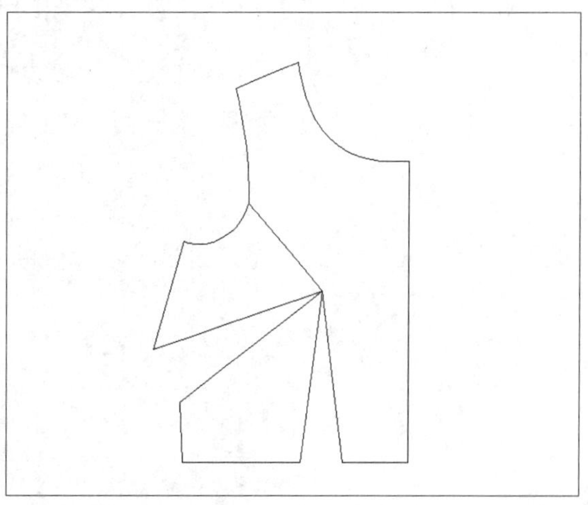

图8-223

第9章

领型与袖型的设计方法

内容摘要

衣领和衣袖是上装极为重要的部分，本章主要向读者介绍立领、翻领、灯笼袖、火腿袖和插肩袖的设计。

课堂学习目标

掌握衣领的设计方法

掌握衣袖的设计方法

9.1 掌握衣领的设计方法

衣领位于服装的上部，是服装造型中最为重要的部分，可以修饰人的脸形。

衣领按领线可分为一字领、V字领、方形领和圆领等；按领型可分为立领、翻领、坦领、翻驳领等。

9.1.1 立领设计

立领是一种没有领面，只有领座的领型，是将领面竖立在领围线上的一种领型，是领座为主体的领子。

立领主要具有保护、保暖以及装饰功能，早期多用于职业装、礼服、舞台装的设计中，给人一种严谨、挺拔和雍容华贵的感觉，现已广泛应用于各类风格的服装中，且样式变化多样。立领的效果如图9-1所示。

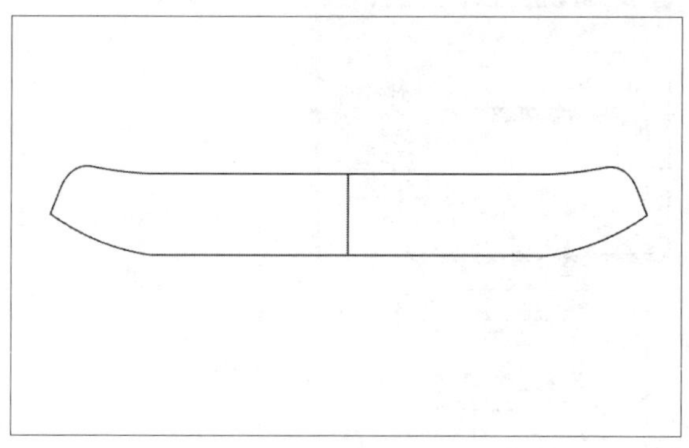

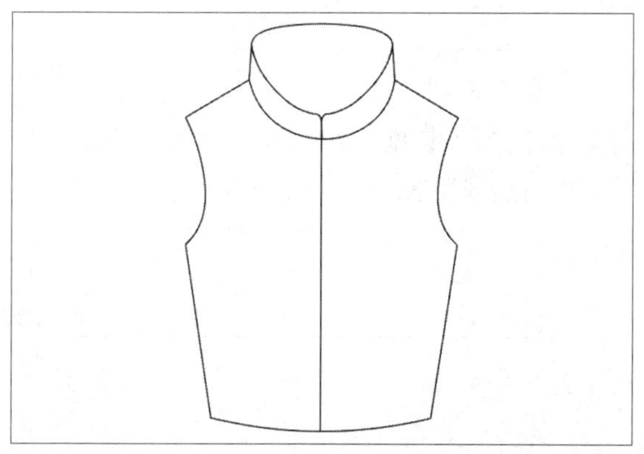

图9-1

课堂案例：立领设计
案例位置：效果>第9章>立领设计.dgs
视频位置：视频>第9章>课堂案例——立领设计.mp4
难易指数：★★★★★
学习目标：掌握立领设计的方法

本案例的最终效果如图9-2所示。

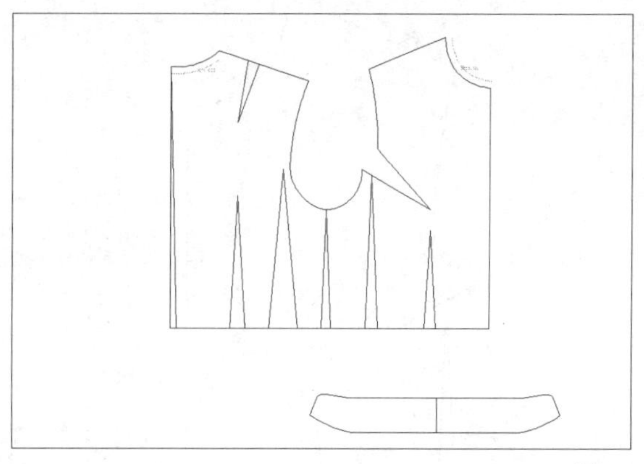

图9-2

01 按Ctrl＋O组合键，打开文化式女上装原型，如图9-3所示。

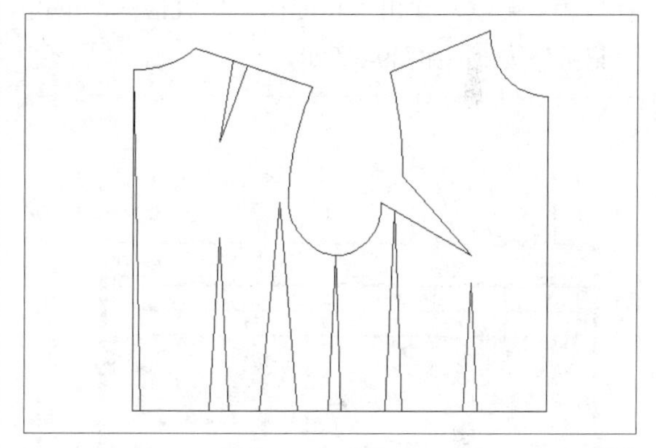

图9-3

02 在“设计工具栏”中单击“比较长度”按钮，在工作区中选择前领口弧线，弹出“长度比较”对话框，单击“记录”按钮，如图9-4所示。

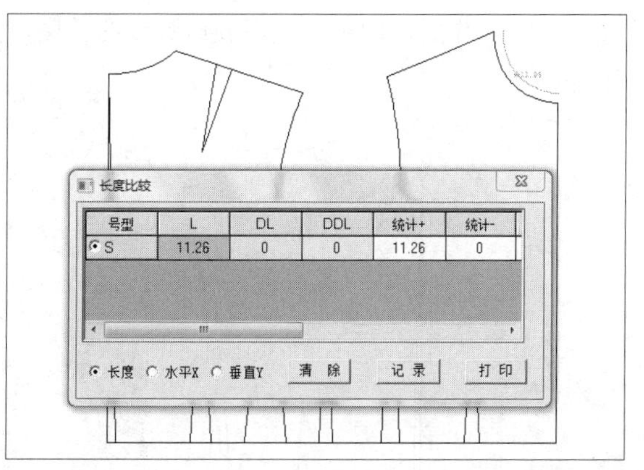

图9-4

03 执行操作后，即可测量前领口弧线的长度，如图9-5所示。

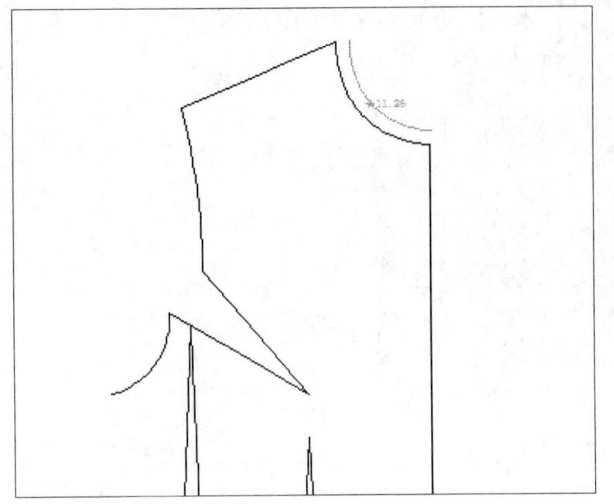

图9-5

04 继续使用“比较长度”命令，在工作区中选择后领口弧线，弹出“长度比较”对话框，单击“记录”按钮，如图9-6所示。

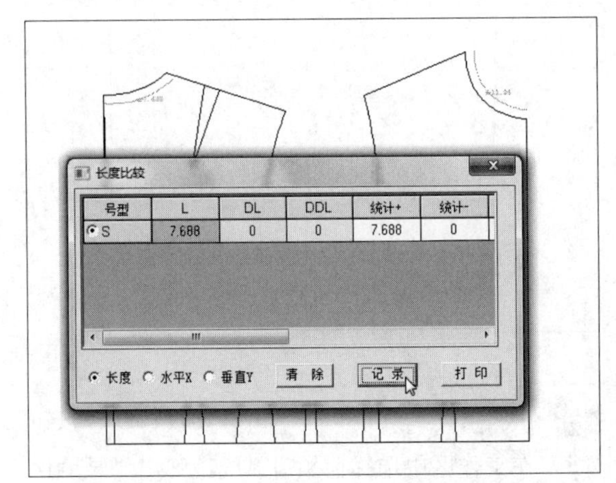

图9-6

05 执行操作后，即可测量后领口弧线的长度，如图9-7所示。

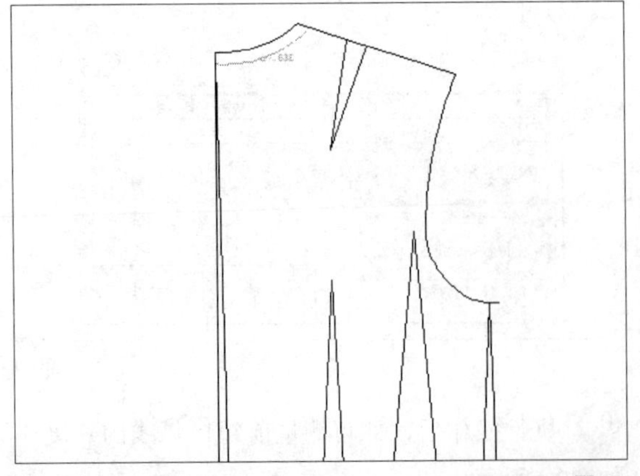

图9-7

06 在“设计工具栏”中单击“智能笔”按钮，在工作区右侧的合适位置单击鼠标左键，单击鼠标右键，并向右拖曳光标，至合适位置后单击鼠标左键，弹出“长度”对话框，如图9-8所示。

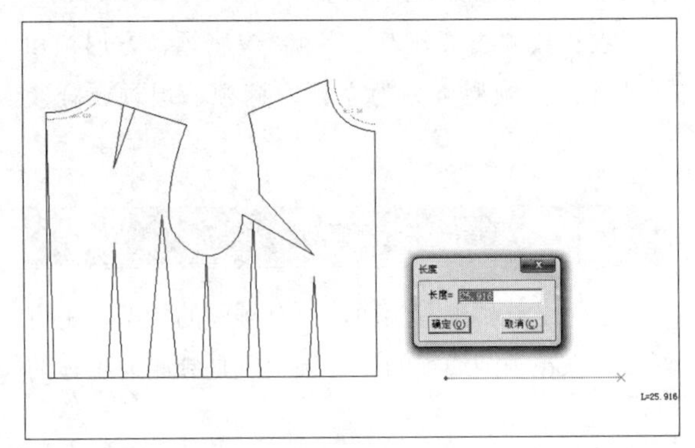

图9-8

07 双击对话框右上方空白区域，弹出“计算器”对话框，输入相应的公式，单击“OK”按钮，如图9-9所示。

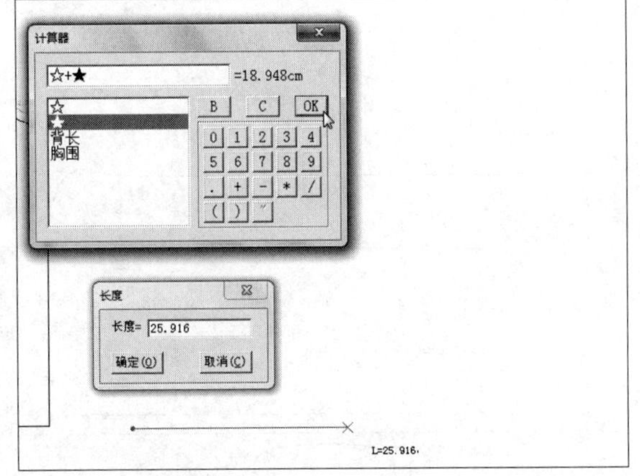

图9-9

08 返回到“长度”对话框，单击“确定”按钮，即可绘制领下口线，如图9-10所示。

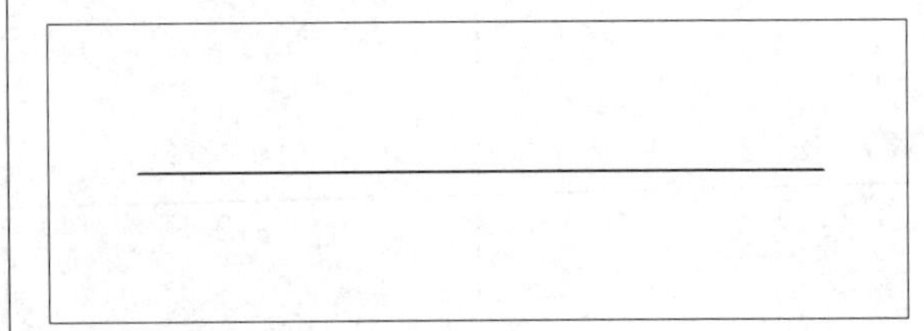

图9-10

09 继续使用“智能笔”命令，在领下口线左侧的点上单击鼠标左键，并向上拖曳光标，至合适位置后单击鼠标左键，弹出“长度”对话框，设置

"长度"为5，单击"确定"按钮，如图9-11所示。

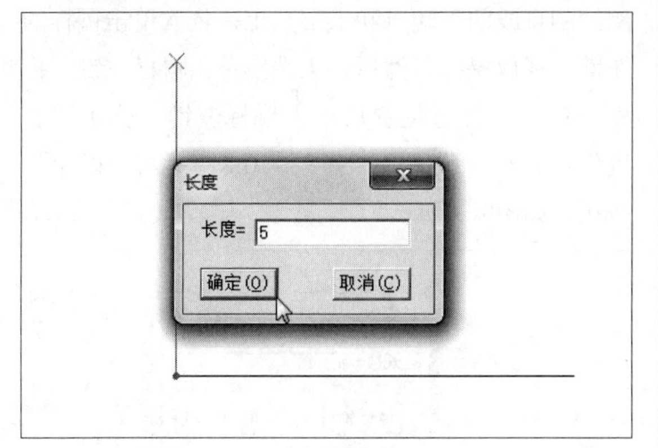

图9-11

10 执行操作后，即可绘制领后中线；继续使用"智能笔"命令，在领下口线右侧的点上单击鼠标左键，并向上拖曳光标，至合适位置后单击鼠标左键，弹出"长度"对话框，设置"长度"为5，单击"确定"按钮，如图9-12所示。

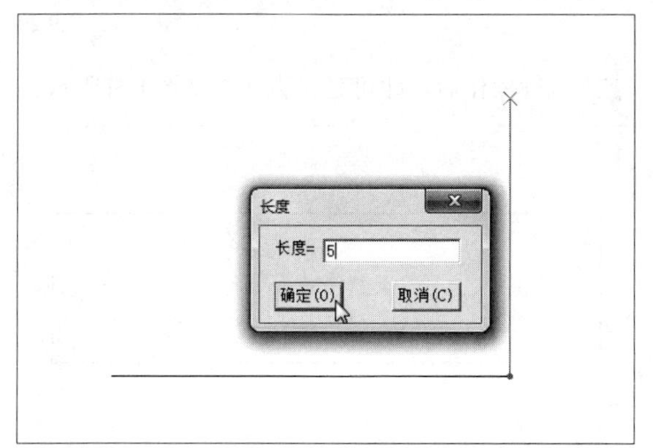

图9-12

11 执行操作后，即可绘制直线，如图9-13所示。

图9-13

12 继续使用"智能笔"命令，在工作区中相应的点上单击鼠标左键，绘制直线，如图9-14所示。

图9-14

13 将线型改为虚线，在"设计工具栏"中单击"等份规"按钮，设置"等份数"为3，在合适的端点上单击鼠标左键，将领下口线平分为3等份，如图9-15所示。

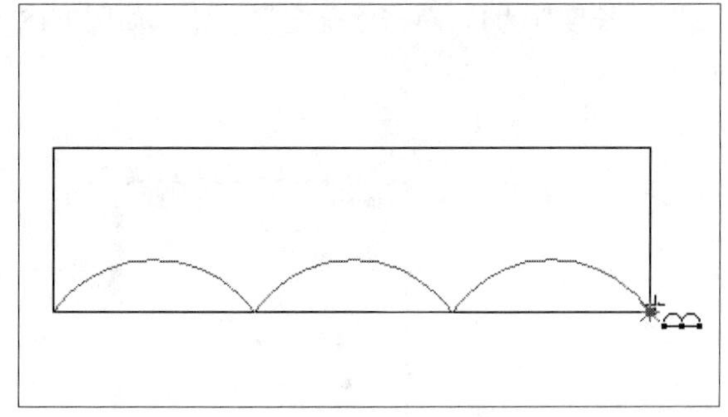

图9-15

14 继续使用"等份规"命令，设置"等份数"为2，在合适的端点上单击鼠标左键，将直线平分为两等份，如图9-16所示。

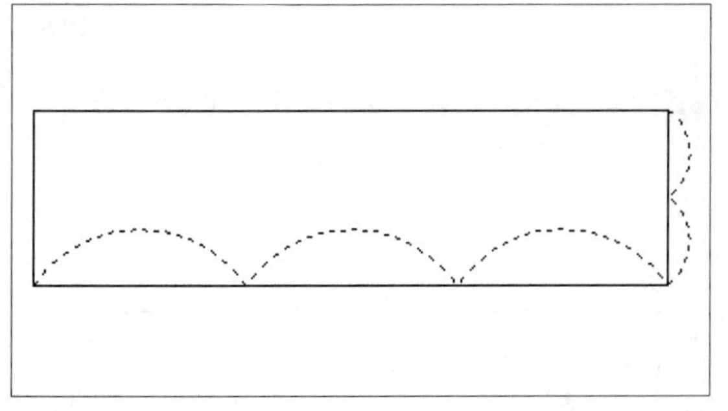

图9-16

15 将线型改为实线，在"设计工具栏"中单击"智能笔"按钮，在工作区中相应的等分点上单击鼠标左键，绘制直线，如图9-17所示。

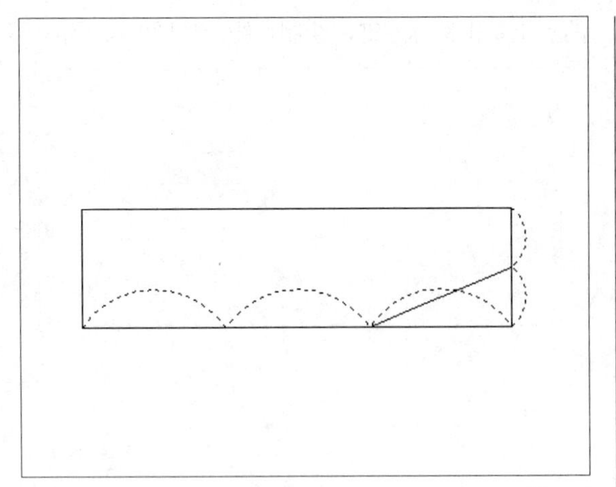

图9-17

16 继续使用“智能笔”命令，在刚绘制直线的上端点上单击鼠标左键，然后拖曳光标，至领上口线上单击鼠标左键，弹出“点的位置”对话框，设置“长度”为1，单击“确定”按钮，如图9-18所示。

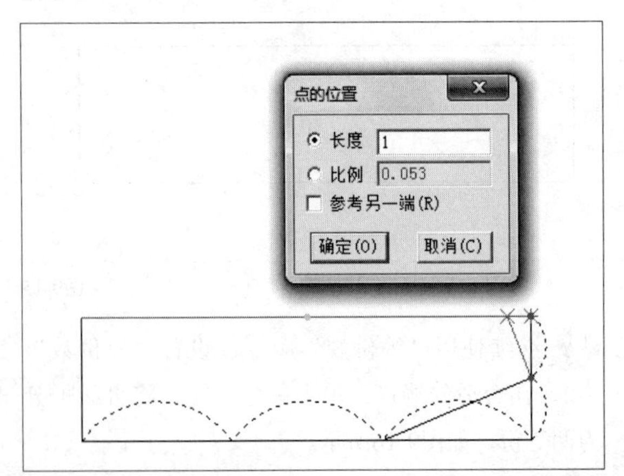

图9-18

17 执行操作后，即可绘制直线，如图9-19所示。

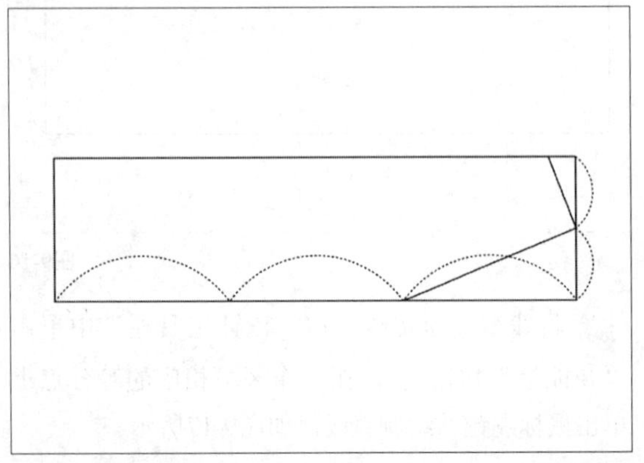

图9-19

18 继续使用“智能笔”命令，按住Shift键，在刚绘制直线的下端点和上端点上，依次单击鼠标的左键，释放鼠标，然后在上端点单击鼠标左键，拖曳光标，至合适位置后单击鼠标左键，弹出“长度”对话框，设置“长度”为0.8，单击“确定”按钮，如图9-20所示。

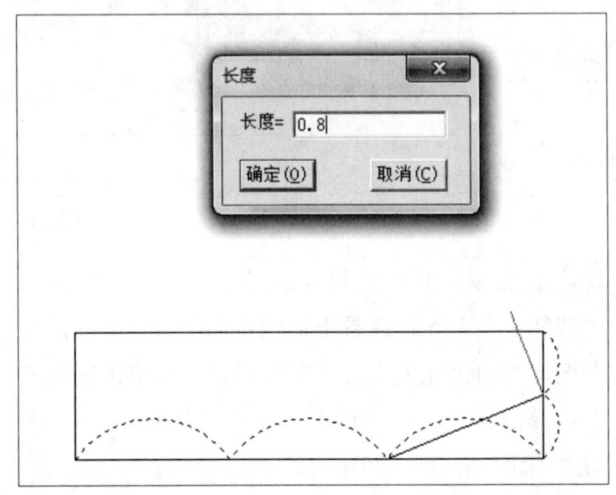

图9-20

19 执行操作后，即可延长直线，如图9-21所示。

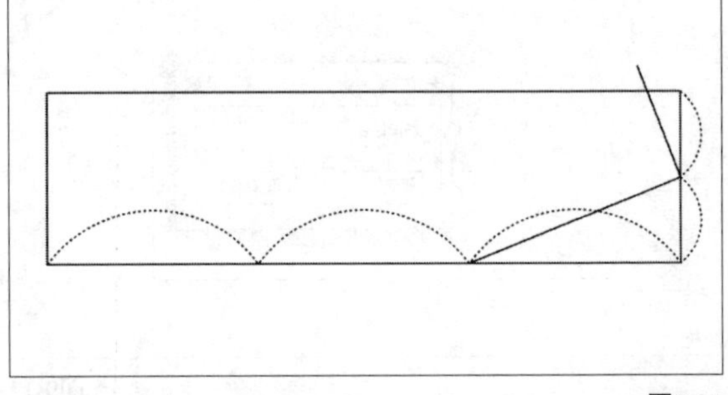

图9-21

20 将线型改为虚线，在“设计工具栏”中单击“等份规”按钮，设置“等份数”为3，在合适的端点上单击鼠标左键，将领上口线平分为3等份，如图9-22所示。

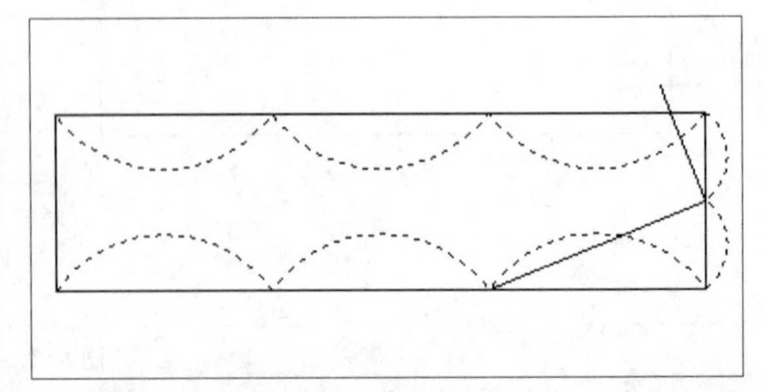

图9-22

(21) 将线型改为实线，在“设计工具栏”中单击“智能笔”按钮，在工作区中相应的点上单击鼠标左键，绘制直线，如图9-23所示。

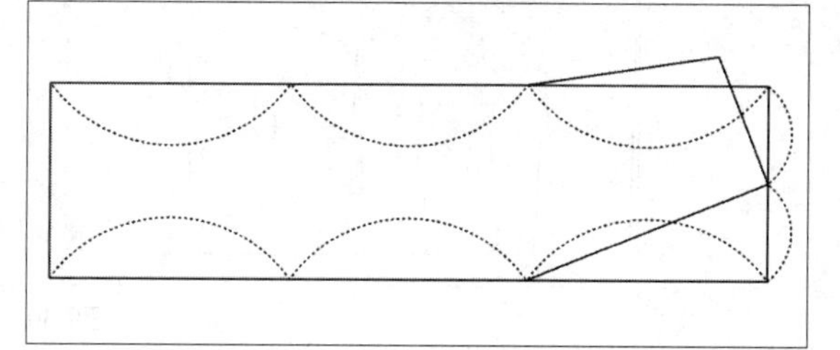

图9-23

(22) 在“设计工具栏”中单击“调整工具”按钮，在工作区中选择相应的直线，对齐进行调整，如图9-24所示。

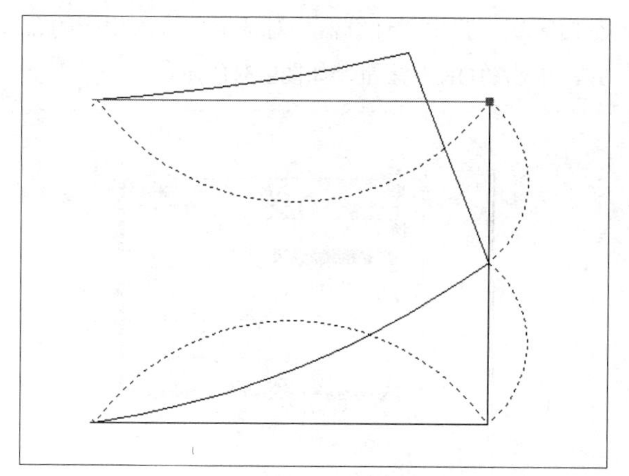

图9-24

(23) 在“设计工具栏”中单击“智能笔”按钮，在工作区中相应的线上单击鼠标左键，绘制直线，并使用“调整工具”进行适当调整，如图9-25所示。

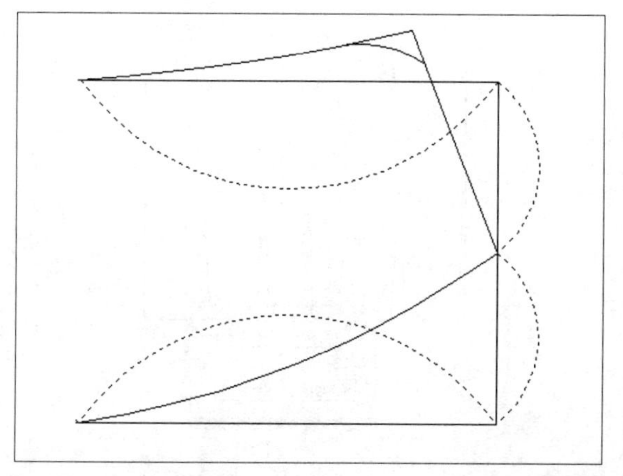

图9-25

(24) 在“设计工具栏”中单击“剪断线”按钮和“橡皮擦”按钮，在工作区中剪断并删除曲线，如图9-26所示。

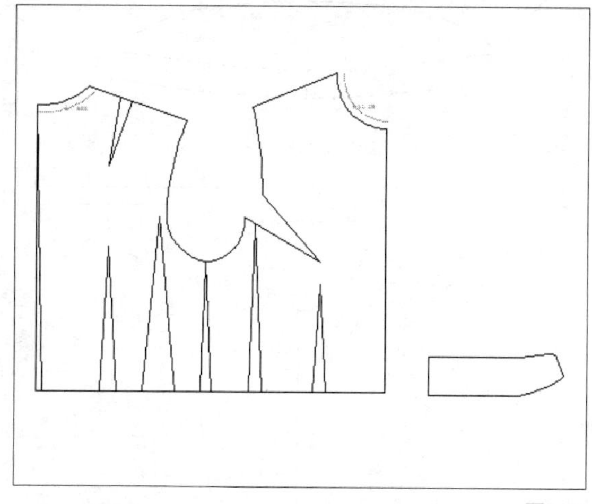

图9-26

(25) 在“设计工具栏”中单击“对称”按钮，按Shift键，在工作区中的合适位置单击鼠标左键，指定对称轴，然后选择要对称的曲线，单击鼠标右键，即可对称曲线，此时即可完成立领的设计，效果如图9-27所示。

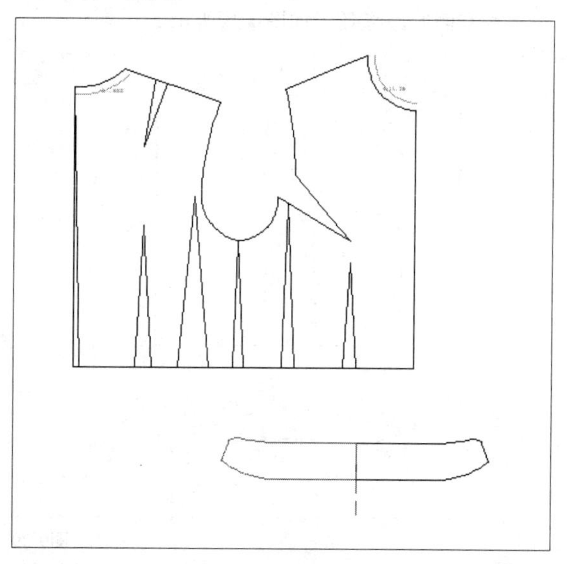

图9-27

9.1.2 翻领设计

翻领是指领面向外翻折的一类领型，其根据领面的翻折形态可分为小翻领和大翻领。翻领的效果如图9-28所示。

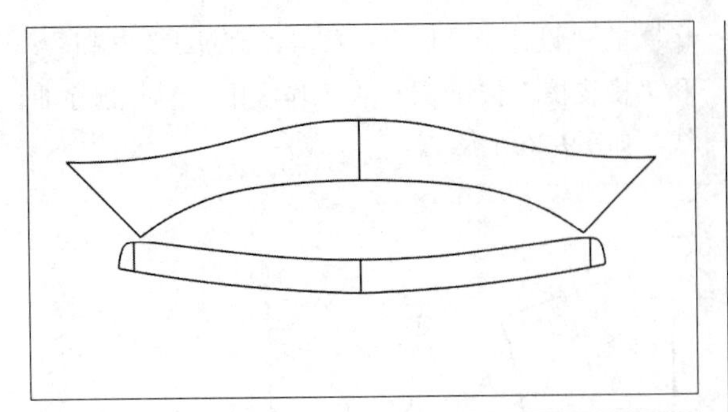

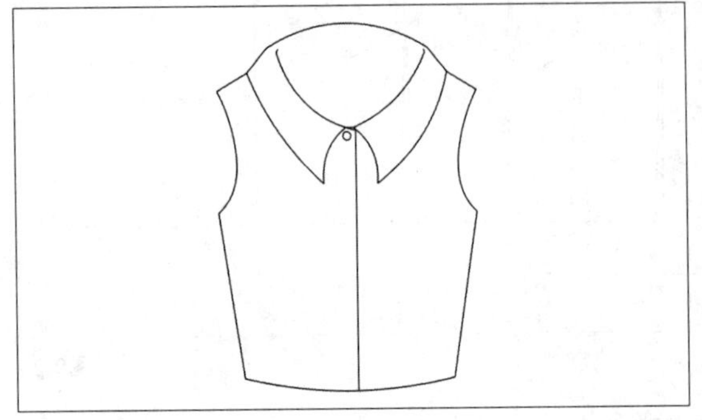

图9-28

课堂案例：翻领设计
案例位置：效果>第9章>翻领设计.dgs
视频位置：视频>第9章>课堂案例——翻领设计.mp4
难易指数：★★★★★
学习目标：掌握翻领设计的方法

本案例的最终效果如图9-29所示。

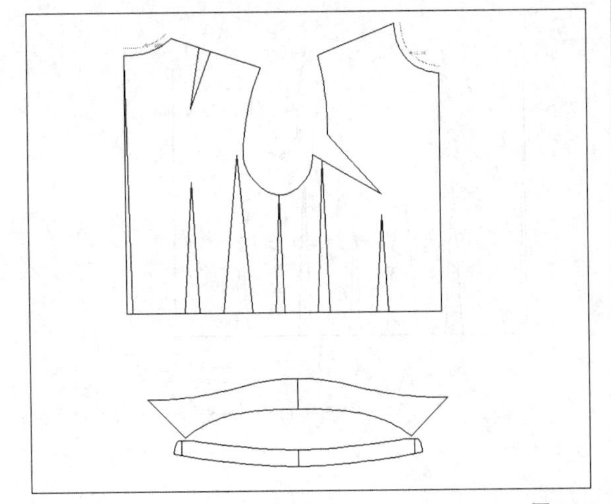

图9-29

01 按Ctrl＋O组合键，打开文化式女上装原型，在“设计工具栏”中单击“比较长度”按钮，在工作区中选择前领口弧线，弹出“长度比较”对话框，单击“记录”按钮，测量前领口弧线长度，然后选择后领口弧线，单击“记录”按钮，测量后领口弧线长度，如图9-30所示。

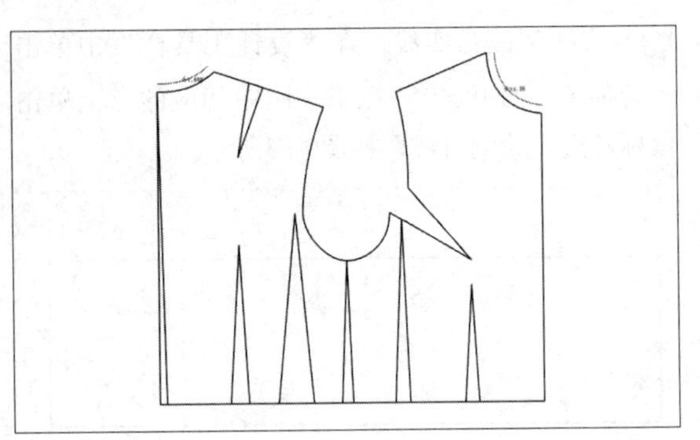

图9-30

02 在“设计工具栏”中单击“智能笔”按钮，在工作区右侧的合适位置单击鼠标左键，然后单击鼠标右键，并向右拖曳光标，至合适位置后单击鼠标左键，弹出“长度”对话框，双击对话框右上方空白区域，弹出“计算器”对话框，输入相应的公式，单击“OK”按钮，如图9-31所示。

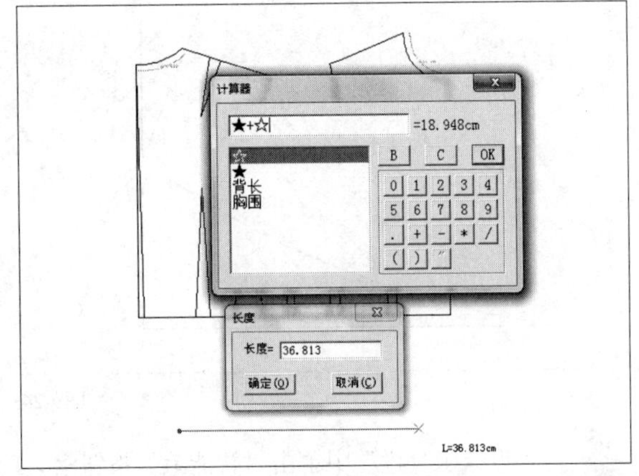

图9-31

03 返回到“长度”对话框，单击“确定”按钮，即可绘制直线，如图9-32所示。

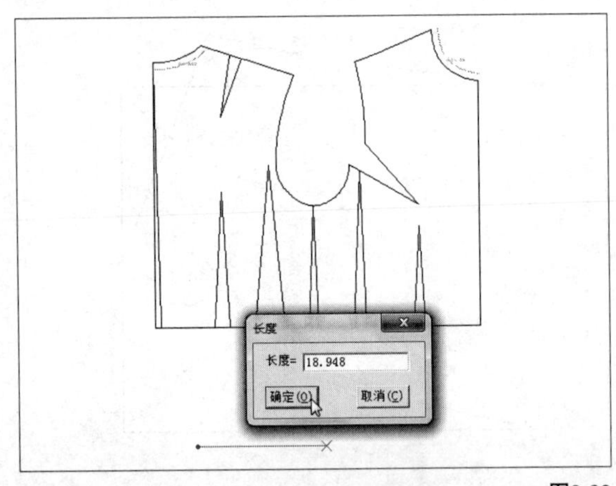

图9-32

04 在“设计工具栏”中单击“调整工具”按钮，将鼠标移至直线右端点上，按Enter键，弹出“偏移”对话框，设置纵向偏移为2，单击“确定”按钮，如图9-33所示。

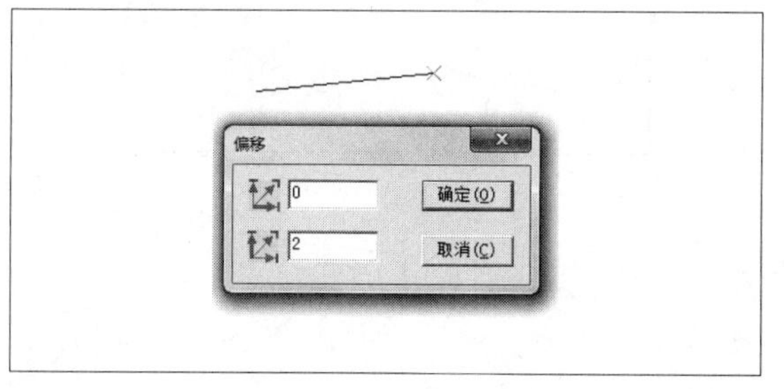

图9-33

05 执行操作后，即可调整曲线；继续使用“调整工具”命令，对曲线进行适当调整，如图9-34所示。

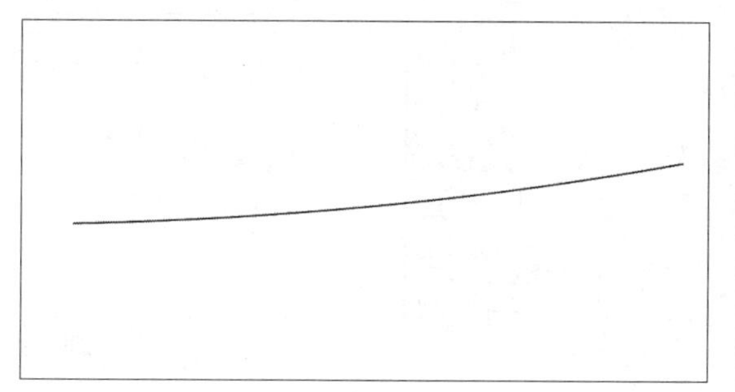

图9-34

06 在“设计工具栏”中单击“智能笔”按钮，在工作区中曲线的左端点上单击鼠标左键，然后单击鼠标右键，并向上拖曳光标，至合适位置后单击鼠标左键，弹出“长度”对话框，设置“长度”为2.5，单击“确定”按钮，如图9-35所示。

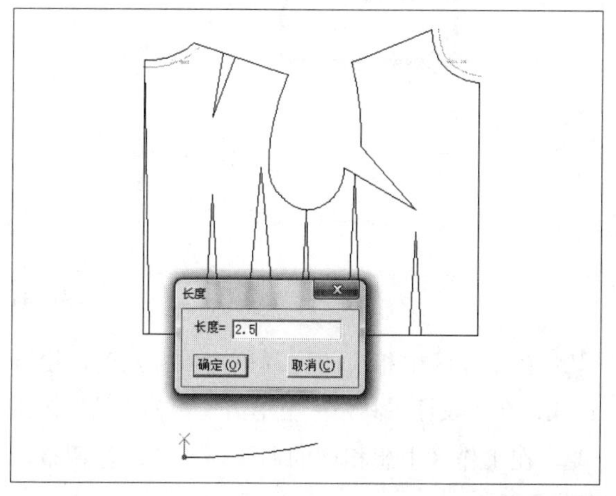

图9-35

07 执行操作后，即可绘制直线，如图9-36所示。

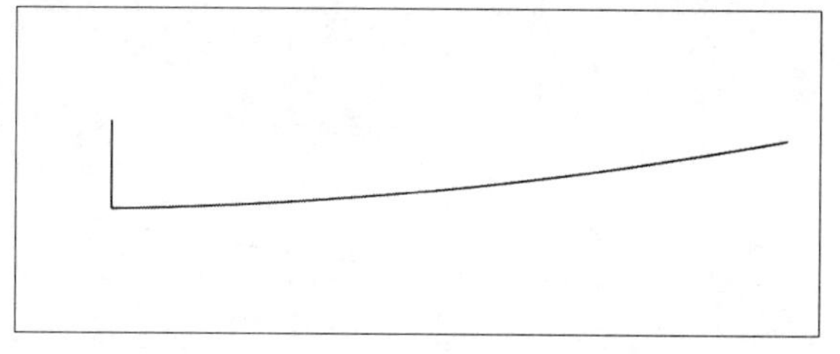

图9-36

08 继续使用“智能笔”命令，在工作区中相应的曲线上单击鼠标左键，弹出“点的位置”对话框，设置“长度”为1.2，单击“确定”按钮，如图9-37所示。

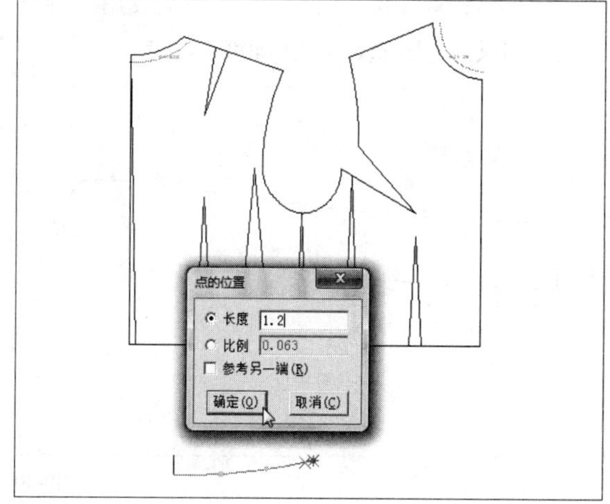

图9-37

09 向上拖曳光标，至合适位置后单击鼠标左键，弹出“长度”对话框，设置“长度”为2.2，单击“确定”按钮，如图9-38 所示。

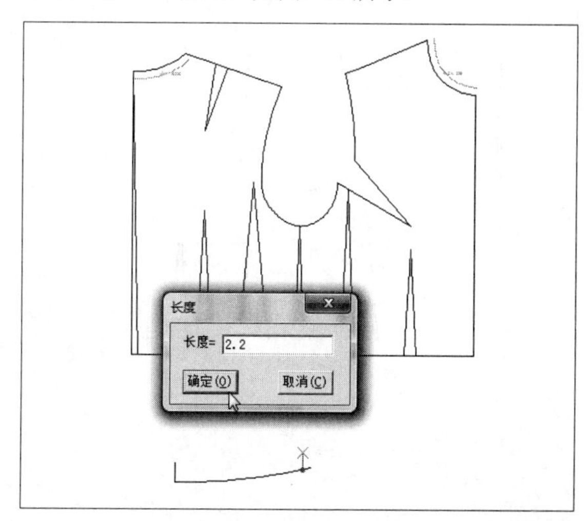

图9-38

⑩ 执行操作后，即可绘制直线，如图9-39所示。

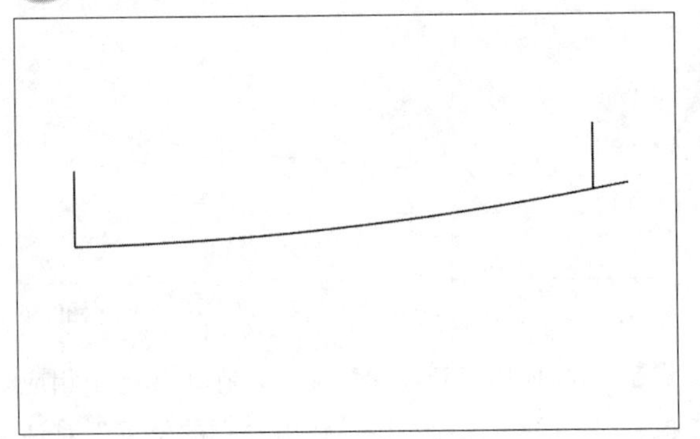

图9-39

⑪ 继续使用“智能笔”命令，在工作区中相应的位置单击鼠标左键，绘制曲线，然后使用“调整工具”对其进行调整，如图9-40所示。

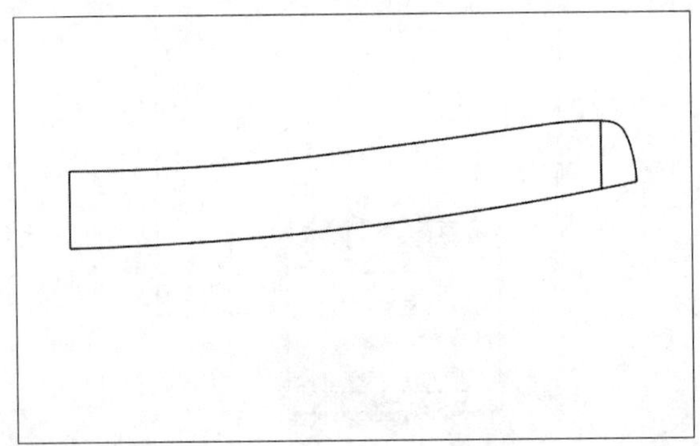

图9-40

⑫ 继续使用“智能笔”命令，在工作区中的相应点上单击鼠标左键，绘制直线，如图9-41所示。

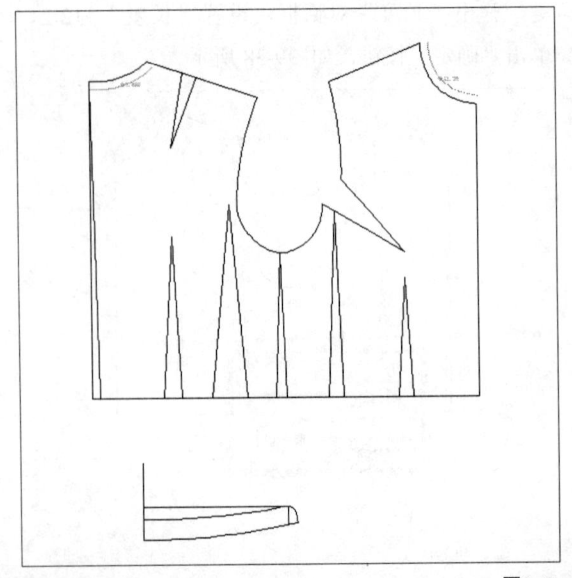

图9-41

⑬ 在“设计工具栏”中单击“剪断线”按钮和“橡皮擦”按钮，在工作区中选择合适的曲线，将其剪断，然后删除相应的曲线，如图9-42所示。

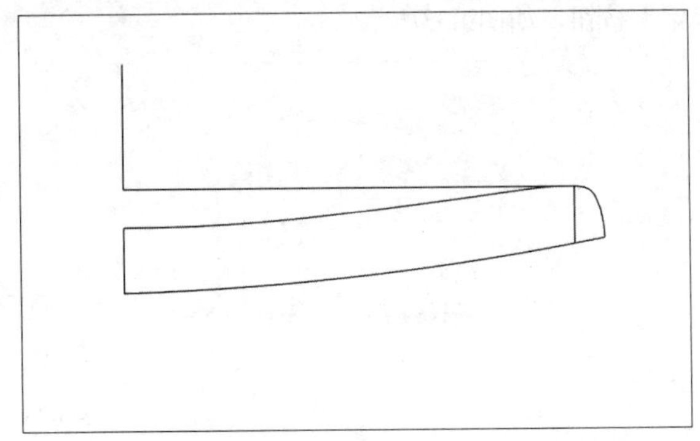

图9-42

⑭ 在“设计工具栏”中单击“智能笔”按钮，如图9-43所示。

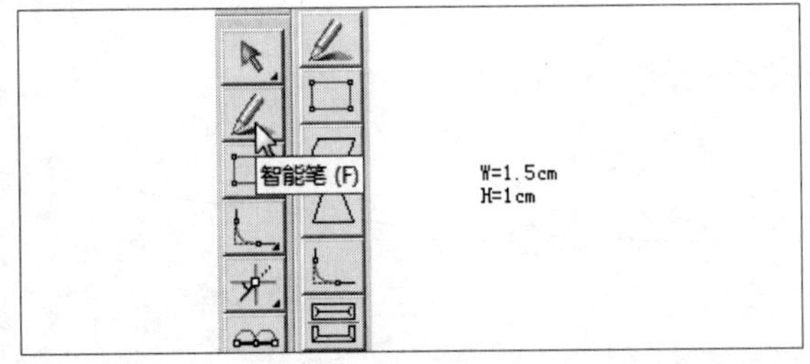

图9-43

⑮ 在工作区中相应的直线上单击鼠标左键，弹出“点的位置”对话框，设置“长度”为4.5，单击“确定”按钮，如图9-44所示。

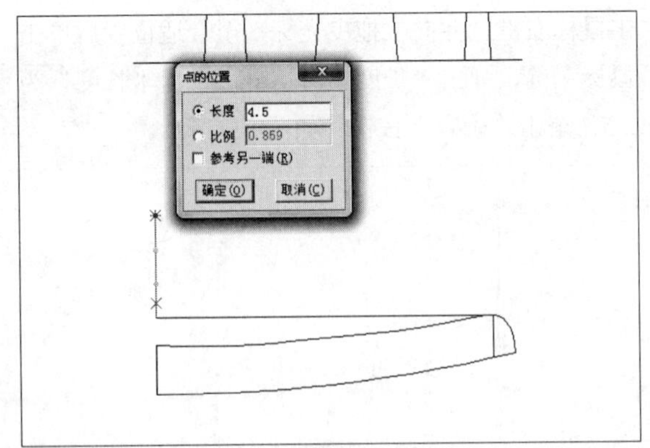

图9-44

⑯ 在工作区中相应的位置单击鼠标左键，绘制曲线；在“设计工具栏”中单击“调整工具”按钮，在工作区中想相应的曲线，对其进行调整，如图9-45所示。

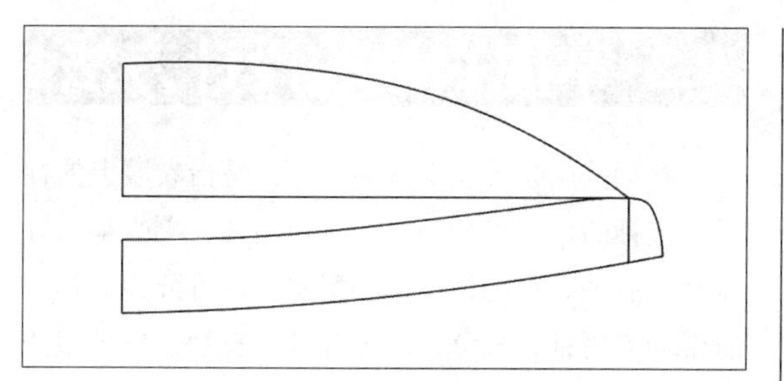

图9-45

⑰ 在“设计工具栏”中，单击“智能笔”按钮，在工作区中左上方的端点处，单击鼠标左键，然后向上拖曳光标，至合适的位置后，单击鼠标左键，弹出“长度”对话框，设置“长度”为4.5，单击“确定”按钮，如图9-46所示。

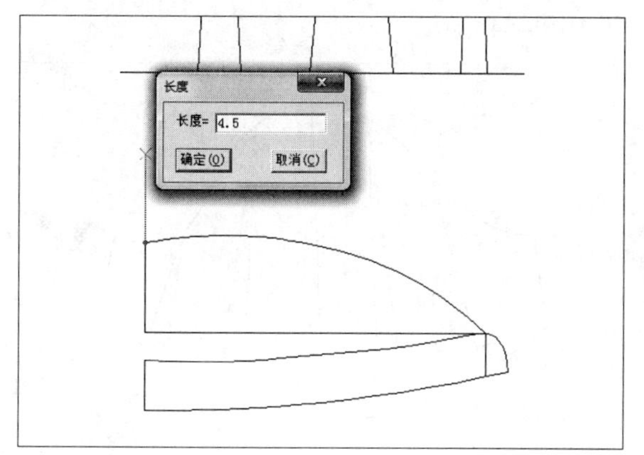

图9-46

⑱ 执行操作后，即可绘制直线；继续使用“智能笔”命令，按住Shift键，在工作区中最上方的弧线上单击鼠标右键，弹出“调整曲线长度”对话框，设置“长度增减”为-0.65，单击“确定”按钮，如图9-47所示。

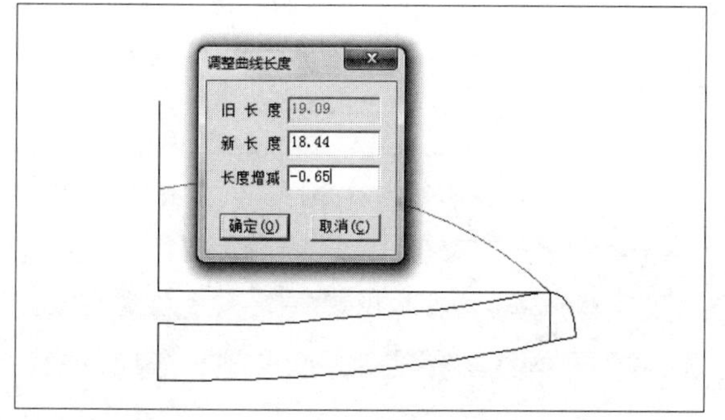

图9-47

⑲ 执行操作后，即可调整弧线的长度，如图9-48所示。

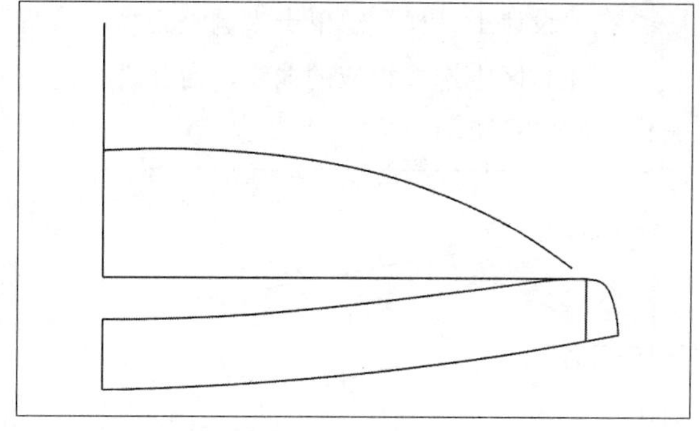

图9-48

⑳ 继续使用“智能笔”命令，在弧线的右端点上单击鼠标左键，然后向右上方拖曳光标，至合适位置单击鼠标左键，弹出“长度”对话框，设置“长度”为8，单击“确定”按钮，如图9-49所示。

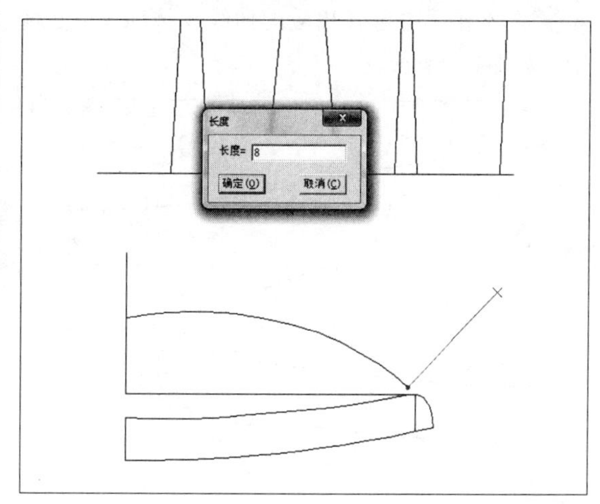

图9-49

㉑ 执行操作后，即可绘制直线；继续使用“智能笔”命令，在工作区中相应的点上单击鼠标左键，然后单击鼠标右键，绘制直线，如图9-50所示。

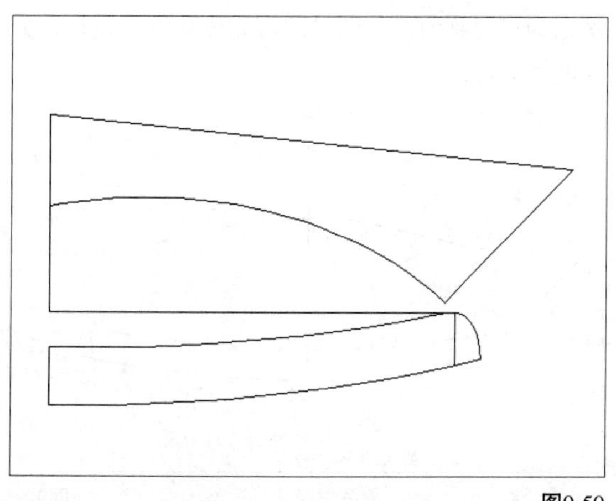

图9-50

22 在“设计工具栏”中单击“调整工具”按钮，在工作区中选择相应的曲线，对其进行适当调整，如图9-51所示。

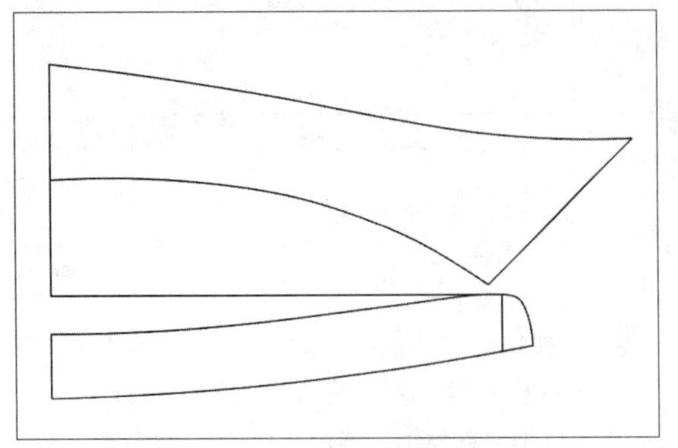

图9-51

23 在工作区中选择相应的曲线，按Delete键删除，如图9-52所示。

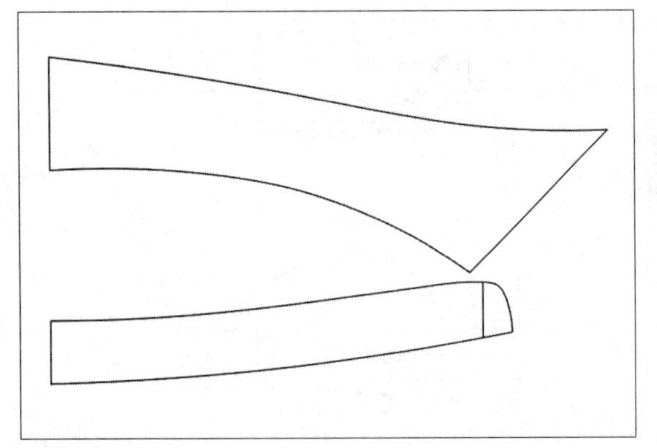

图9-52

24 在“设计工具栏”中单击“对称”按钮，按Shift键，在工作区中的合适位置单击鼠标左键，指定对称轴，然后选择要对称的曲线，单击鼠标右键，即可对称曲线，此时即可完成翻领的设计，如图9-53所示。

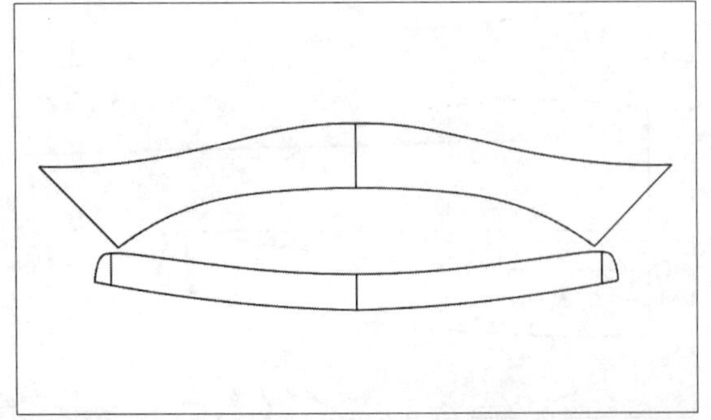

图9-53

9.2 掌握衣袖的设计方法

衣袖是服装覆盖手臂的部分，是指衣服上的袖子。按袖的造型可分为直袖、紧扣袖、喇叭袖、灯笼袖、肩袖、火腿袖；按袖型的长短可分为无袖、肩带袖、短袖、五分袖、七分袖、长袖；按袖型的结构可分为装袖、插肩袖、和服袖、组合袖；按袖片多少可分为单片袖、两片袖、三片袖、多片袖。

9.2.1 灯笼袖设计

灯笼袖又称泡泡袖，是一种袖山、袖口缩褶，中间宽松的衣袖造型，款式各式各样。灯笼袖的效果如图9-54所示。

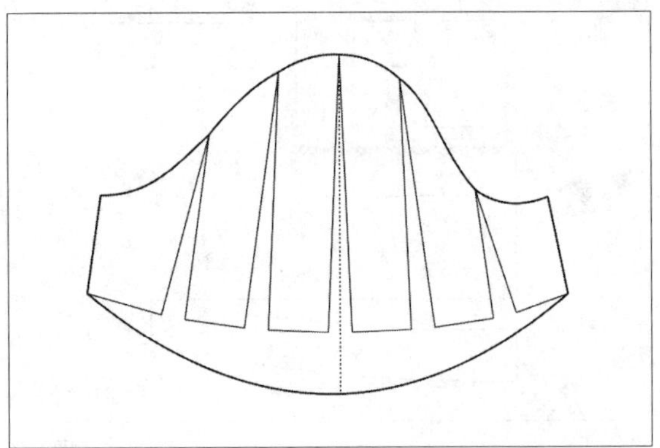

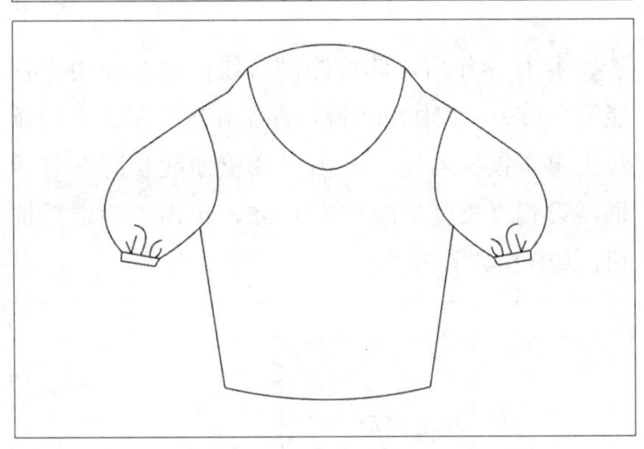

图9-54

课堂案例：灯笼袖设计
案例位置：效果>第9章>灯笼袖设计.dgs
视频位置：视频>第9章>课堂案例——灯笼袖设计.mp4
难易指数：★★★★★
学习目标：掌握灯笼袖的设计方法

本案例的最终效果如图9-55所示。

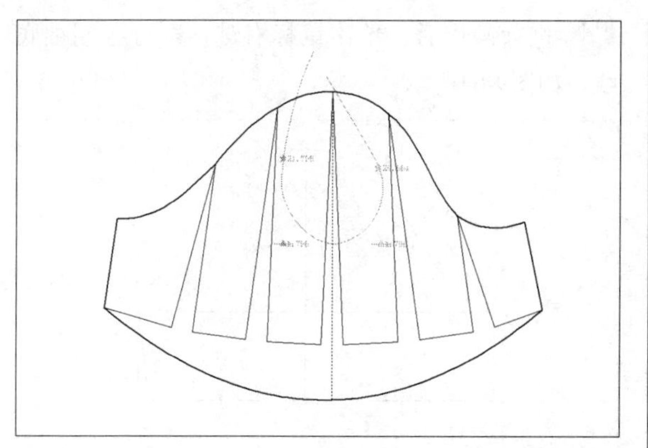

图9-55

01 按Ctrl＋O组合键，打开袖子原型，如图9-56所示。

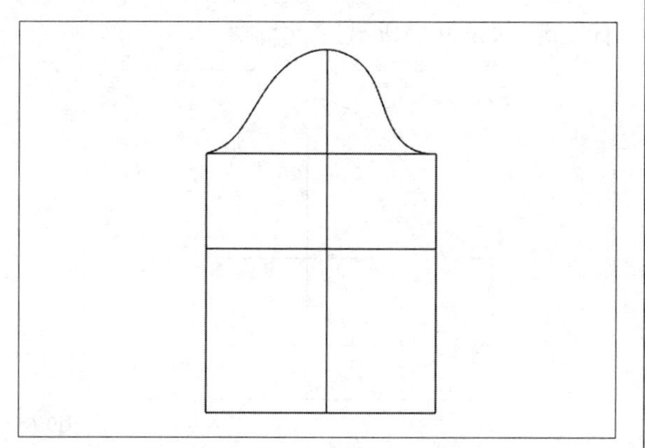

图9-56

02 在“设计工具栏”中单击“智能笔”按钮，在袖肥线上单击鼠标左键的同时并向下拖曳光标，至合适位置单击鼠标左键，弹出“平行线”对话框，设置相应的参数，单击“确定”按钮，如图9-57所示。

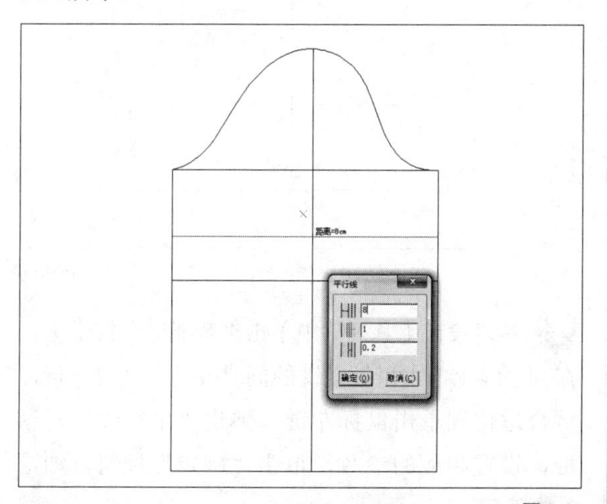

图9-57

03 执行操作后，即可绘制平行线，如图9-58所示。

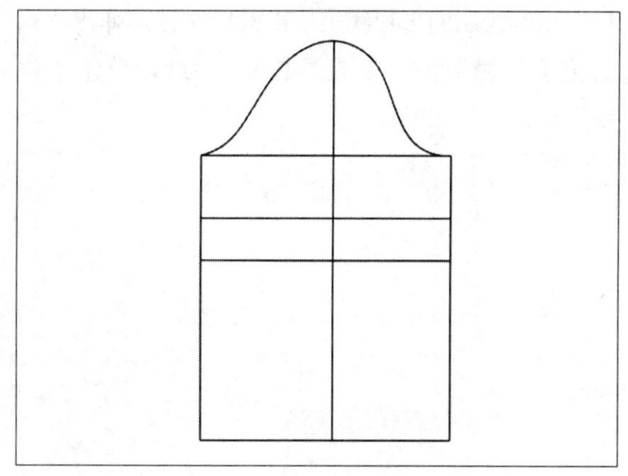

图9-58

04 在“设计工具栏”中单击“剪断线”按钮，在工作区中选择后袖下线，然后在合适的位置单击鼠标左键，如图9-59所示。

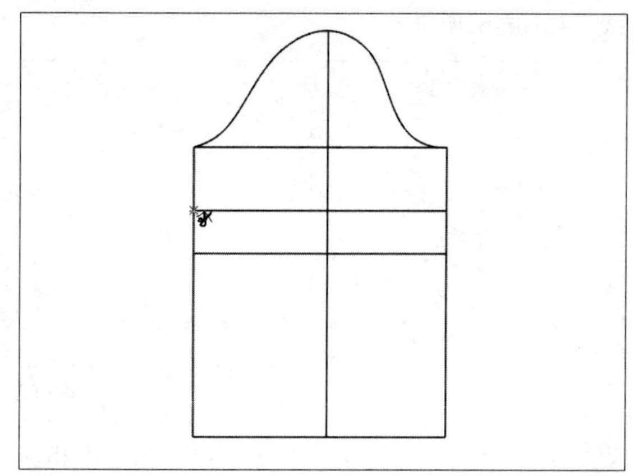

图9-59

05 执行操作后，即可剪断后袖下线，然后选择前袖下线，并在合适的位置单击鼠标左键，执行操作后，即可剪断前袖下线，然后删除相应的曲线，如图9-60所示。

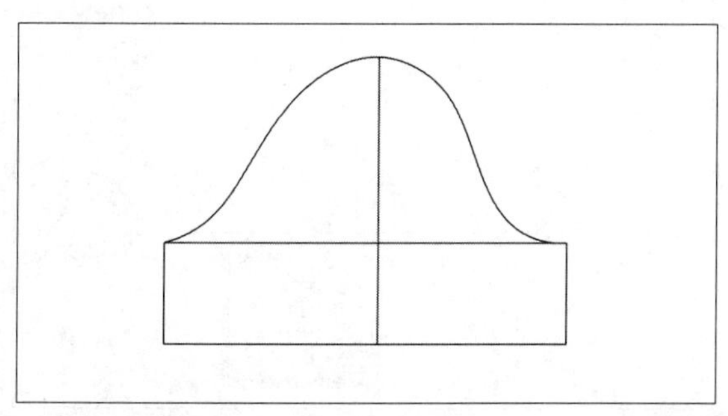

图9-60

06 在“设计工具栏”中单击“智能笔”按钮，在工作区中相应的点上单击鼠标左键，然后拖曳光标，至刚绘制的平行线上单击鼠标左键，弹出“点的位置”对话框，设置“长度”为1，单击“确定”按钮，如图9-61所示。

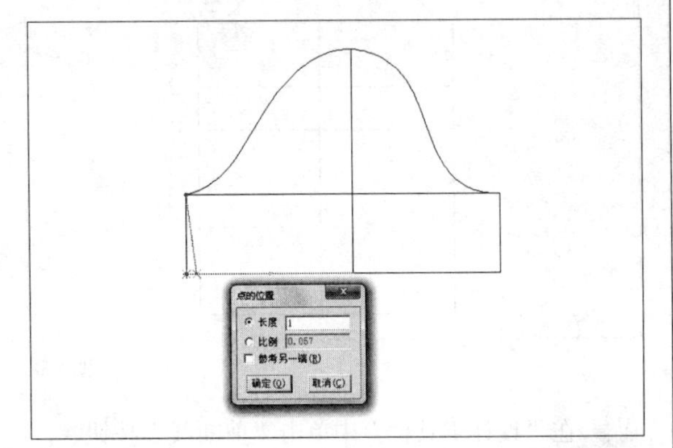

图9-61

07 执行操作后，单击鼠标右键，即可绘制袖底线，如图9-62所示。

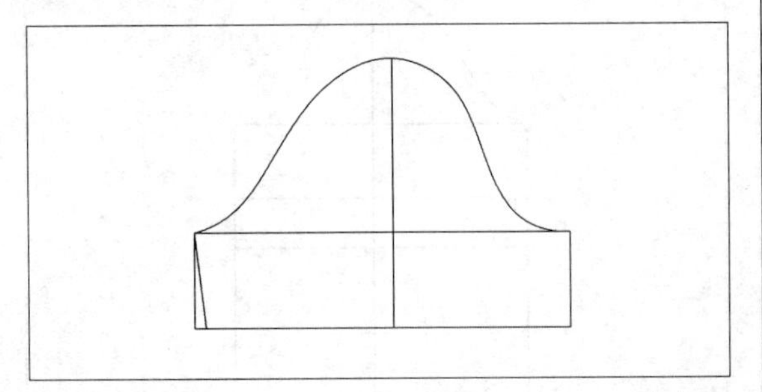

图9-62

08 继续使用“智能笔”命令，在工作区中相应的点上单击鼠标左键，然后拖曳光标，至刚绘制的平行线上单击鼠标左键，弹出“点的位置”对话框，设置“长度”为1，单击“确定”按钮，如图9-63所示。

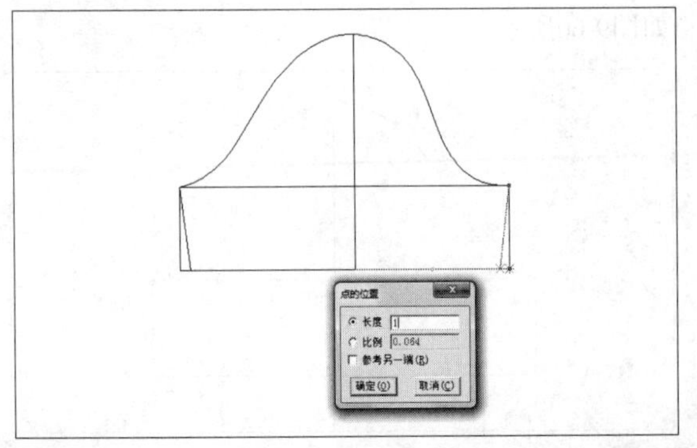

图9-63

09 执行操作后，单击鼠标右键，即可绘制袖底线，如图9-64所示。

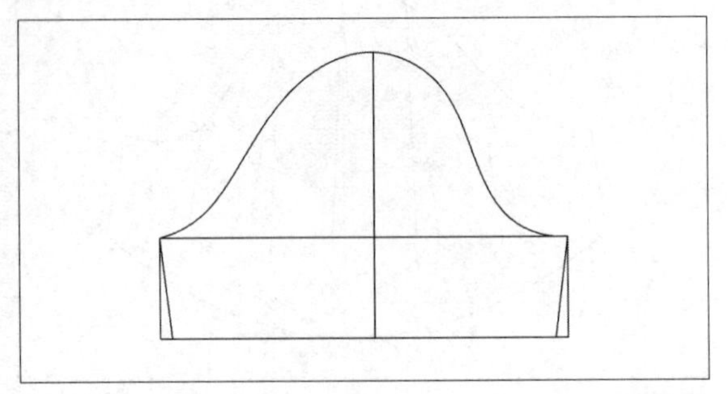

图9-64

10 在“设计工具栏”中单击“剪断线”按钮，在工作区中选择平行线，然后在合适的位置单击鼠标左键，如图9-65所示。

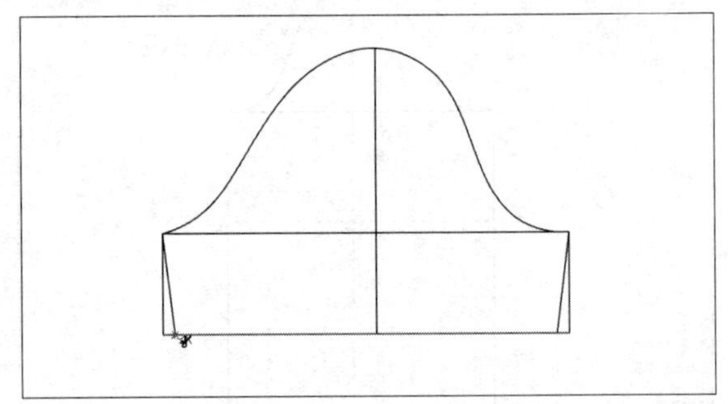

图9-65

11 执行操作后，即可剪断平行线，继续使用“剪断线”命令，在其他位置剪断平行线，然后删除相应的曲线，如图9-66所示。

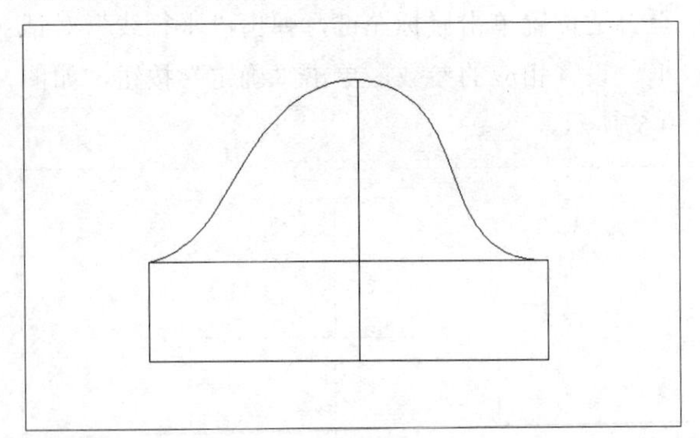

图9-66

12 在“设计工具栏”中单击“智能笔”按钮，在袖中线上单击鼠标左键的同时并向左拖曳光标，至合适位置单击鼠标左键，弹出“平行线”对话框，设置相应的参数，单击“确定”按钮，如图9-67所示。

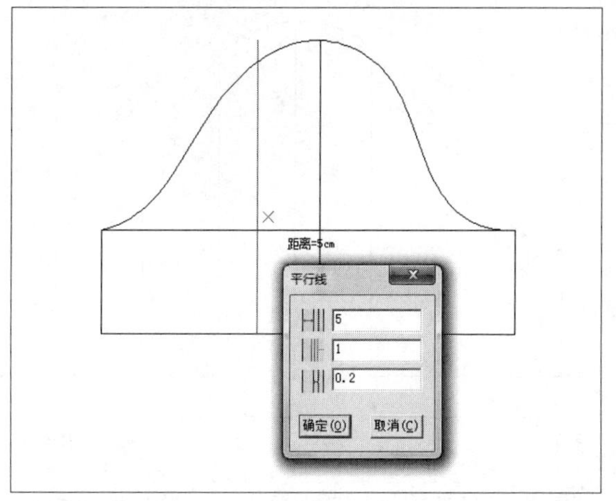

图9-67

13 执行操作后，即可绘制平行线，如图9-68所示。

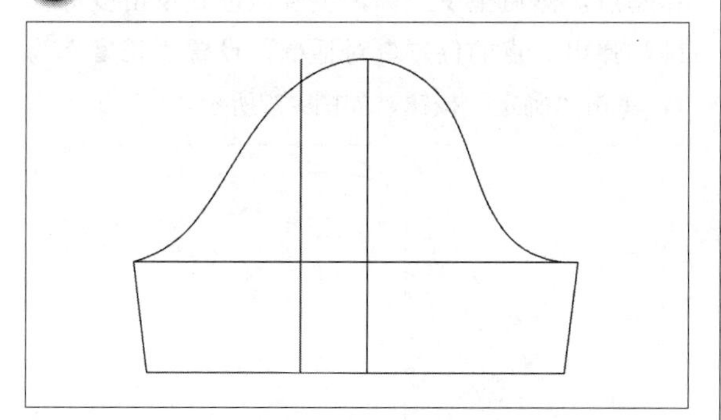

图9-68

14 继续使用“智能笔”命令，在刚绘制的线上单击鼠标左键的同时并向左拖曳光标，至合适位置单击鼠标左键，弹出“平行线”对话框，设置相应的参数，单击“确定”按钮，如图9-69所示。

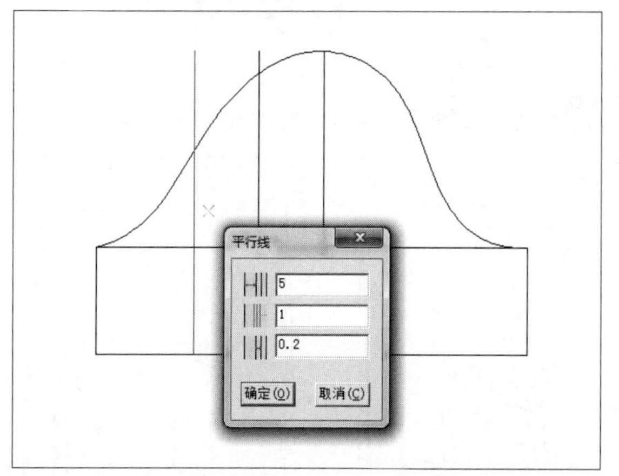

图9-69

15 执行操作后，即可绘制平行线，如图9-70所示。

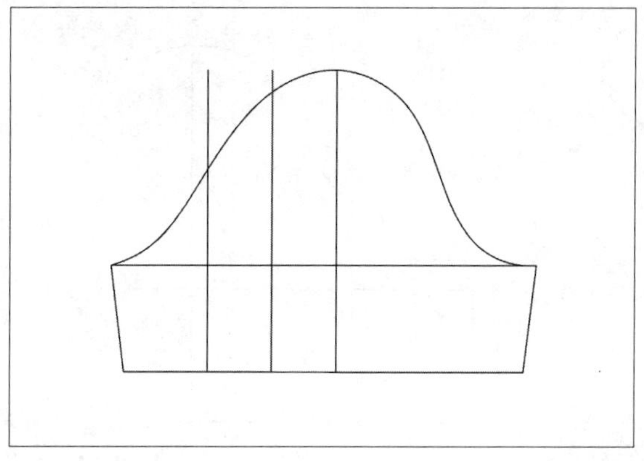

图9-70

16 在“设计工具栏”中单击“对称”按钮，在工作区中的袖中线上任取两点，指定对称轴，然后在工作区中框选要对称的曲线，如图9-71所示。

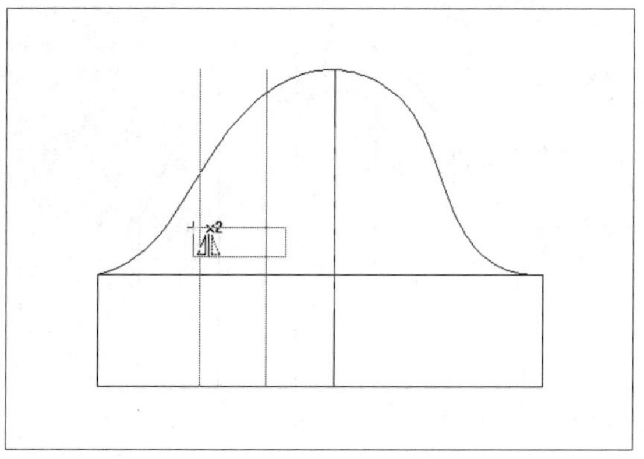

图9-71

17 执行操作后，单击鼠标右键，即可对称曲线，如图9-72所示。

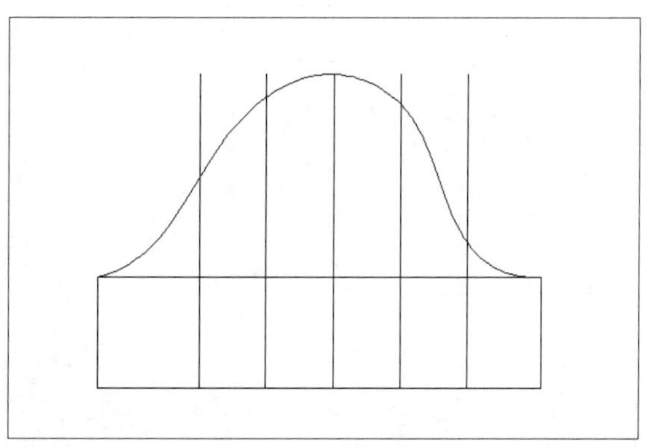

图9-72

18 在“设计工具栏”中单击“剪断线”按钮，在工作区中选择平行线，然后在合适位置单击左键，如图9-73所示。

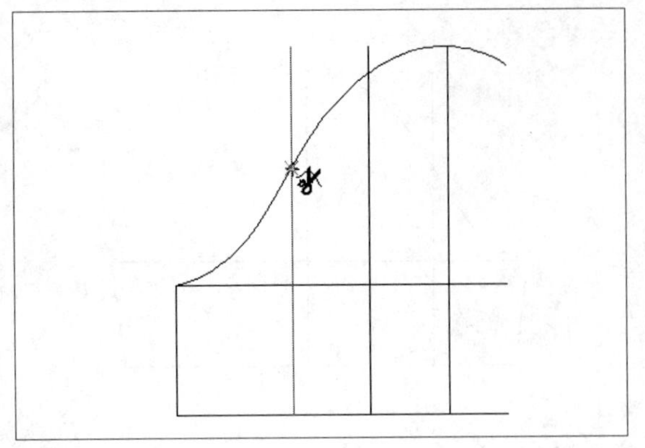

图9-73

⑲ 执行操作后，即可剪断曲线；继续使用“剪断线”命令，选择相应的曲线，将其剪断，然后删除相应的曲线，如图9-74所示。

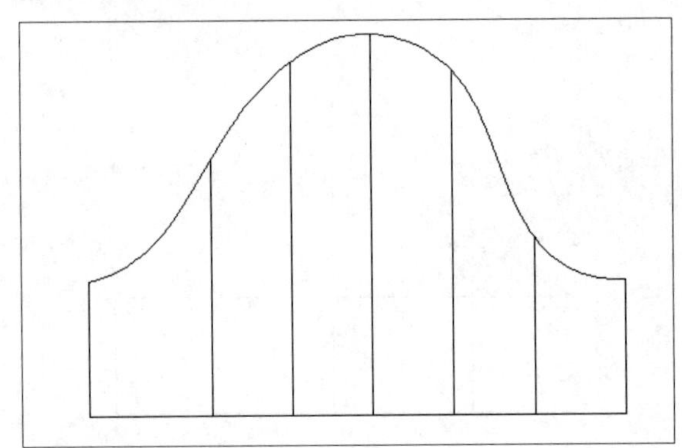

图9-74

⑳ 继续使用“剪断线”命令，在工作区中选择相应的曲线，在工作区的合适位置单击鼠标左键，如图9-75所示。

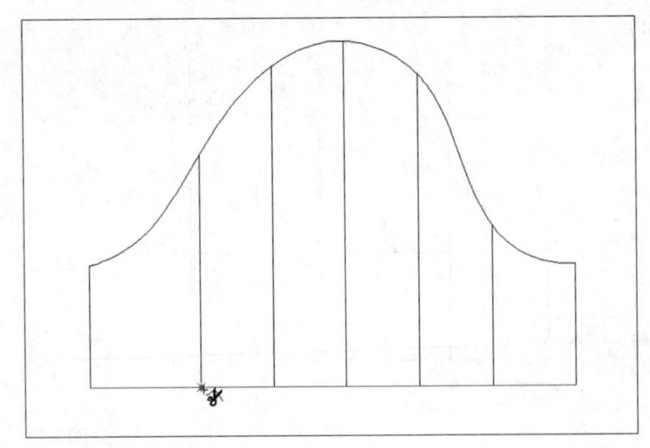

图9-75

㉑ 执行操作后，即可剪断曲线；继续使用“剪断线”命令，选择相应的曲线，将其剪断，如图9-76所示。

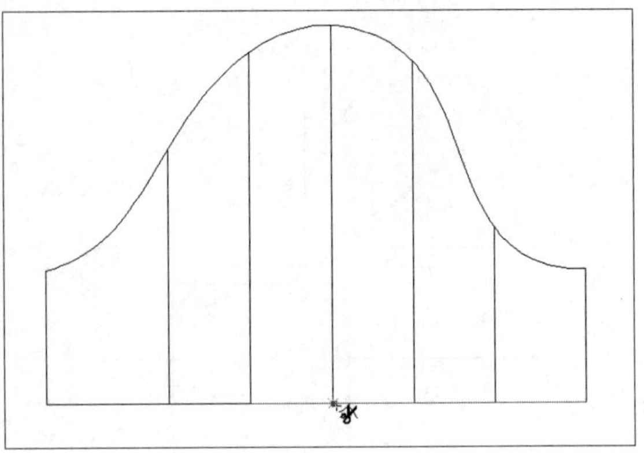

图9-76

㉒ 在“设计工具栏”中单击“旋转”按钮，在工作区中选择相应的曲线，然后指定旋转的中心和起点，然后拖曳光标，至合适位置单击鼠标左键，弹出“点的位置”对话框，设置“长度”为1，单击“确定”按钮，如图9-77所示。

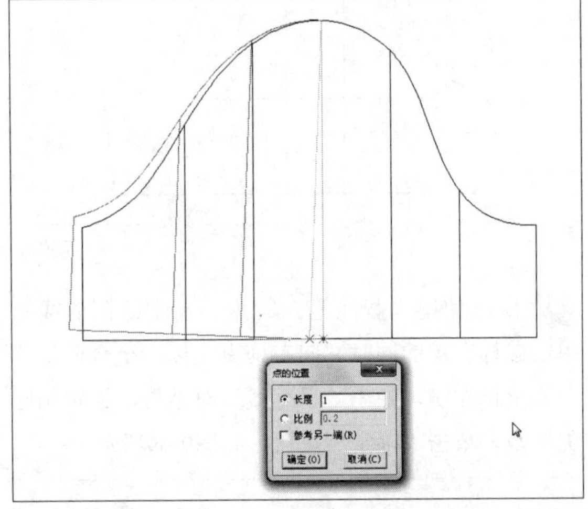

图9-77

㉓ 执行操作后，即可旋转曲线，如图9-78所示。

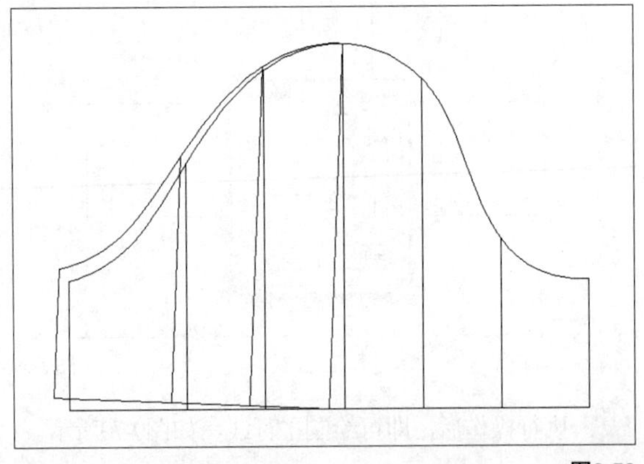

图9-78

㉔ 在“设计工具栏”中单击“橡皮擦”按钮，在工作区中选择相应的曲线，将其删除，如图9-79所示。

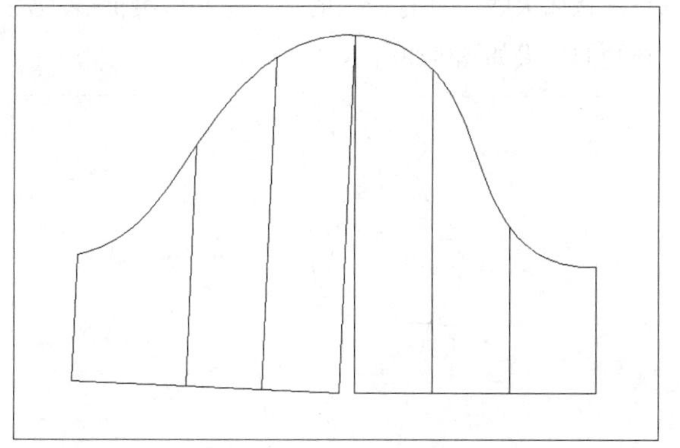

图9-79

㉕ 在“设计工具栏”中单击“旋转”按钮，在工作区中选择相应的曲线，指定旋转的中心和起点，如图9-80所示。

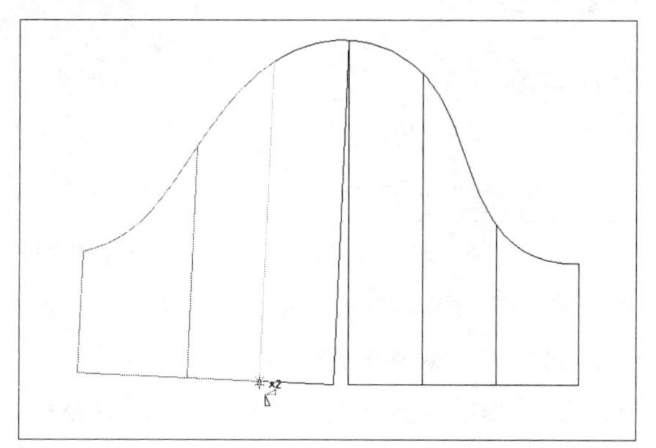

图9-80

㉖ 拖曳光标，至合适位置单击鼠标左键，弹出“旋转”对话框，设置“宽度”为2，单击“确定”按钮，如图9-81所示。

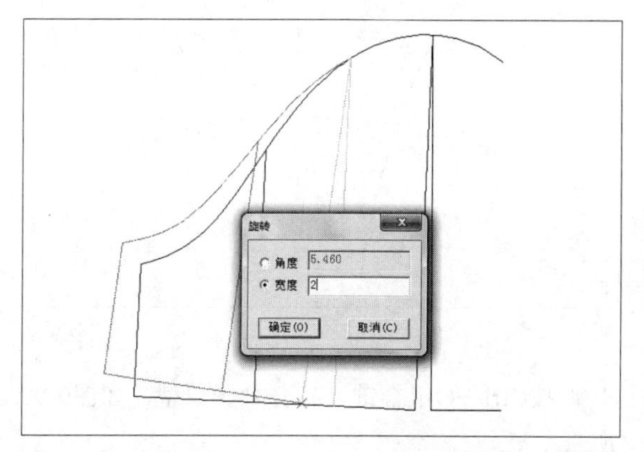

图9-81

㉗ 执行操作后，即可旋转曲线，如图9-82所示。

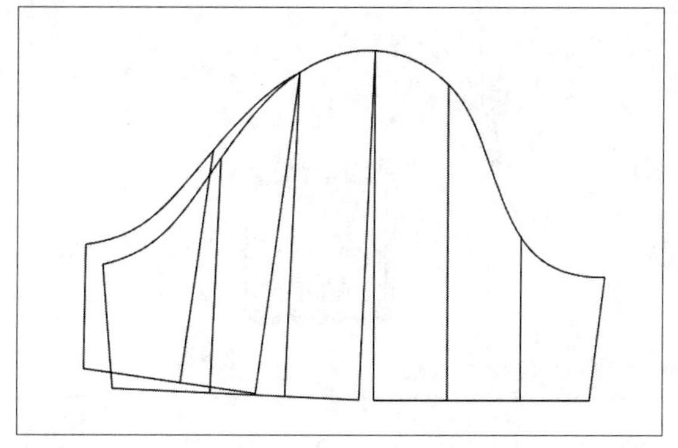

图9-82

㉘ 在“设计工具栏”中单击“橡皮擦”按钮，在工作区中选择相应的曲线，将其删除，如图9-83所示。

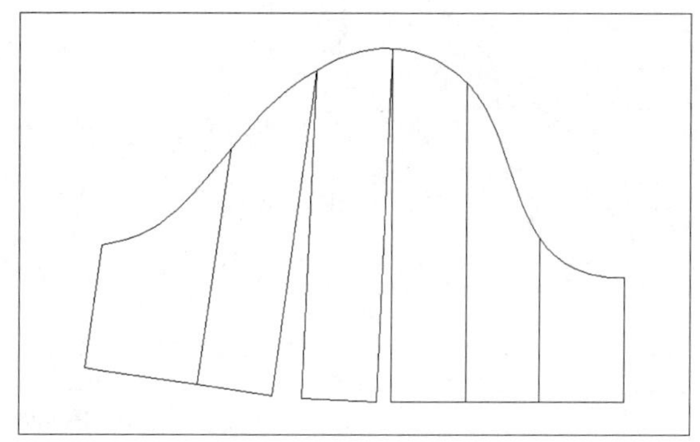

图9-83

㉙ 继续使用“旋转”“橡皮擦”命令，在工作区中旋转并删除相应的曲线，如图9-84所示。

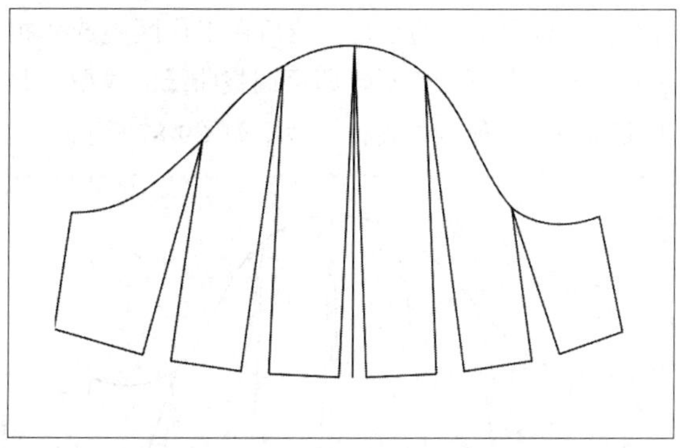

图9-84

㉚ 在“设计工具栏”中单击“智能笔”按钮，按住Shift键，在袖中线上单击鼠标右键，弹出“调整曲线长度”对话框，设置“长度增减”为5，单击“确定”按钮，如图9-85所示。

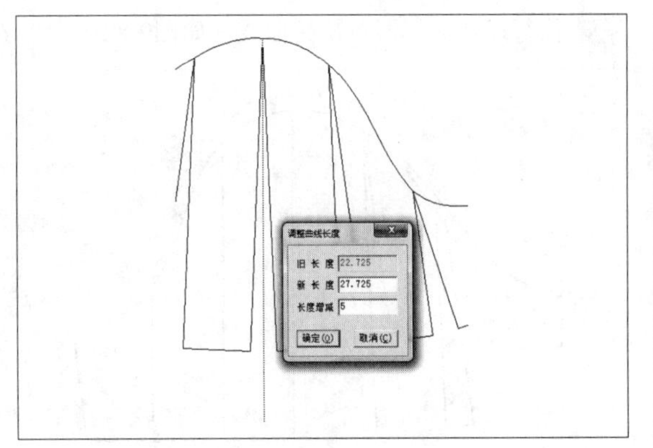

图9-85

31 执行操作后，即可调整曲线的长度，如图9-86所示。

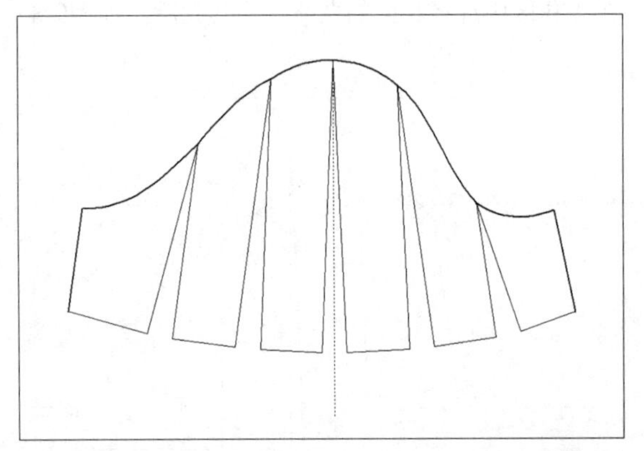

图9-86

32 在“设计工具栏”中单击“智能笔”按钮，在工作区中相应的点上单击鼠标左键，绘制曲线；在“设计工具栏”中单击“设置线的颜色类型”按钮，设置相应的线型，然后在工作区中选择相应的曲线，执行操作后，即可调整曲线的线型，此时即可完成灯笼袖的设计，效果如图9-87所示。

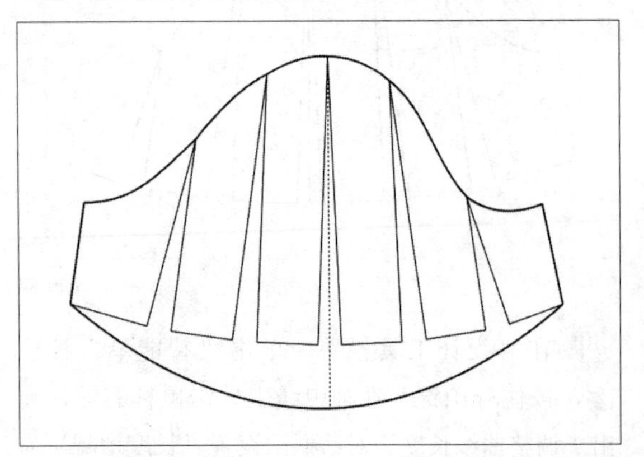

图9-87

9.2.2 火腿袖设计

火腿袖的上部宽大蓬松，袖筒向下逐渐收窄变小，状如火腿，具有一定的现代感和审美价值。火腿袖的效果如图9-88所示。

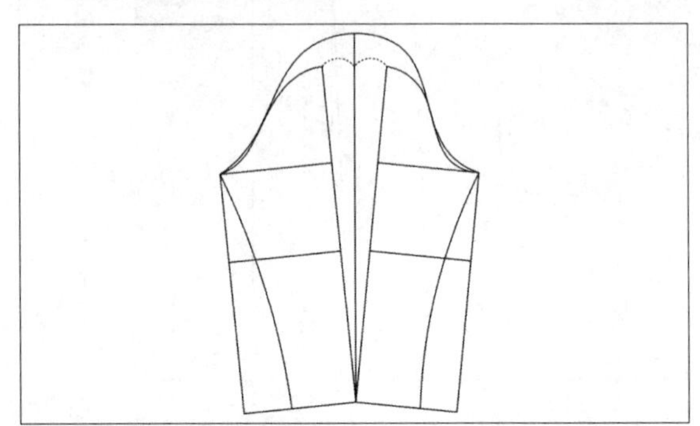

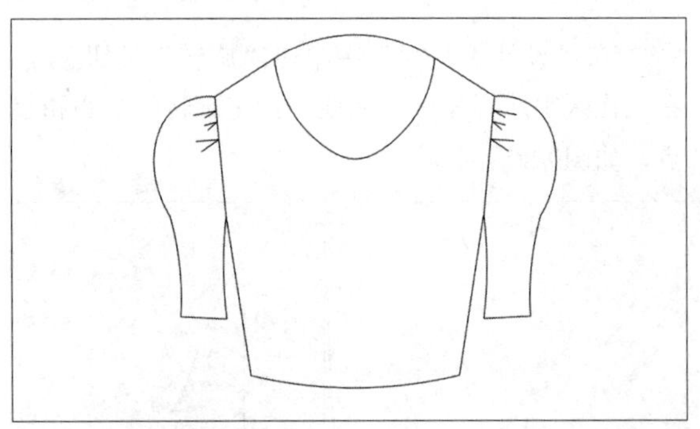

图9-88

课堂案例：火腿袖设计
案例位置：效果>第9章>火腿袖设计.dgs
视频位置：视频>第9章>课堂案例——火腿袖设计.mp4
难易指数：★★★★★
学习目标：掌握火腿袖的设计方法

本案例的最终效果如图9-89所示。

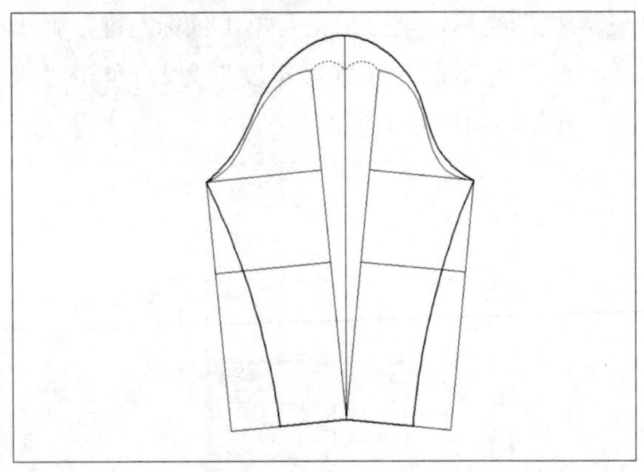

图9-89

01 按Ctrl＋O组合键，打开袖子原型，如图9-90所示。

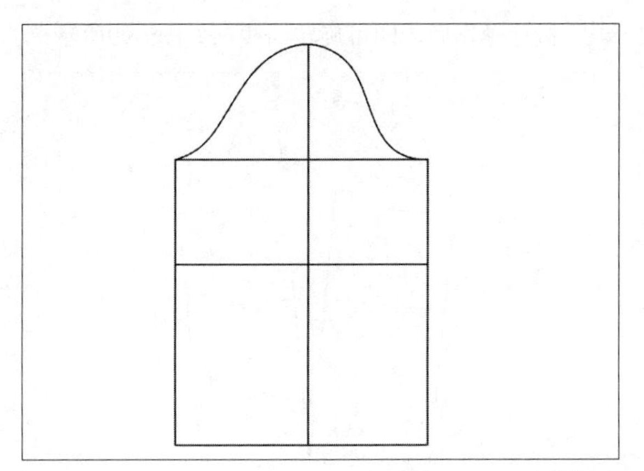

图9-90

02 在“设计工具栏”中单击“分割、展开、去除余量”按钮，如图9-91所示。

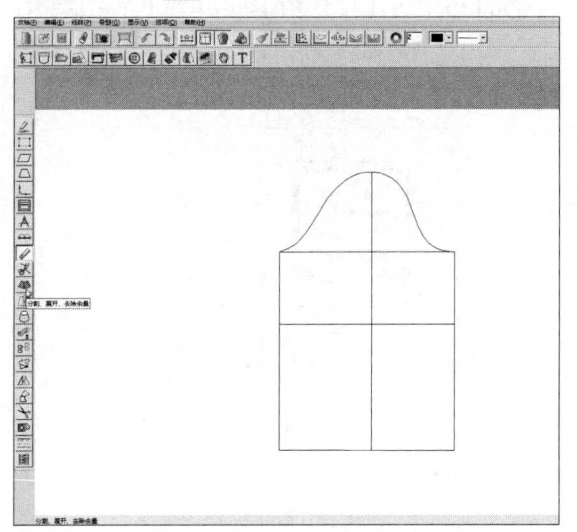

图9-91

03 在工作区中框选所有的线条，然后单击鼠标右键，如图9-92所示。

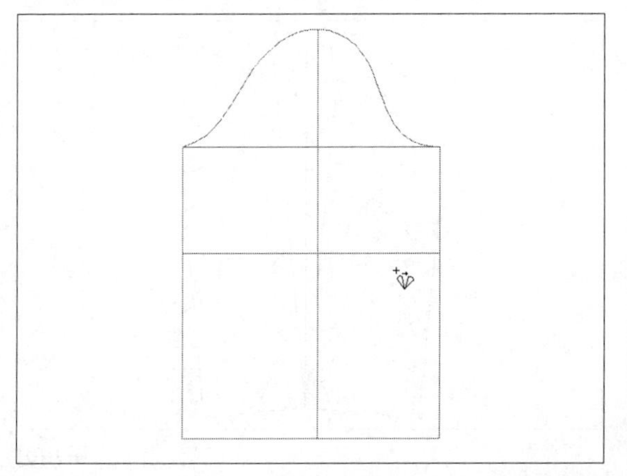

图9-92

04 在工作区中依次选择袖口直线、袖山弧线和袖中线，然后单击鼠标右键，如图9-93所示。

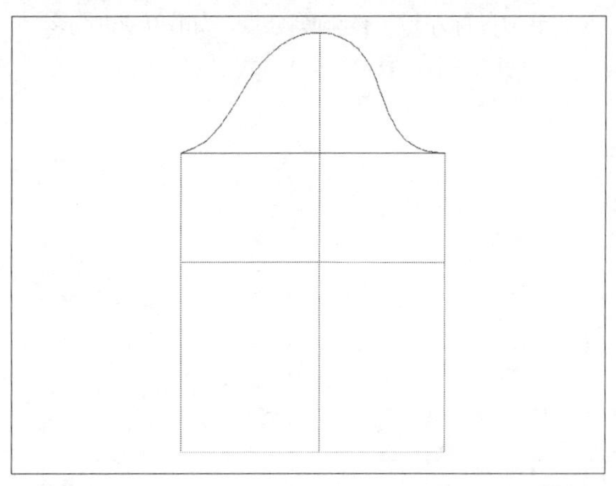

图9-93

05 执行上述操作，弹出“单向展开或去除余量”对话框，设置“平均伸缩量”为10、“总伸缩量”为10，单击“确定”按钮，如图9-94所示。

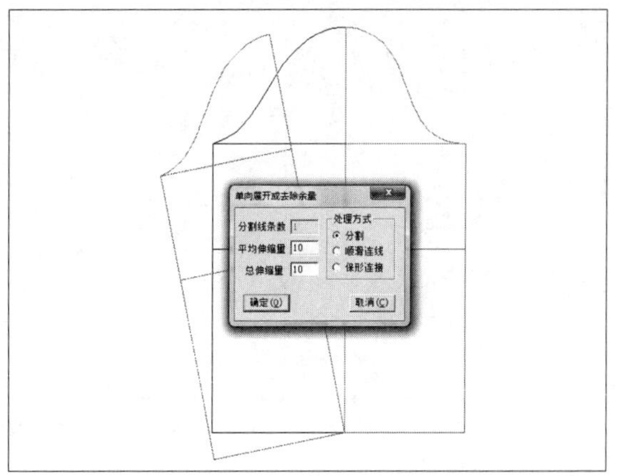

图9-94

06 执行操作后，即可展开袖子，如图9-95所示。

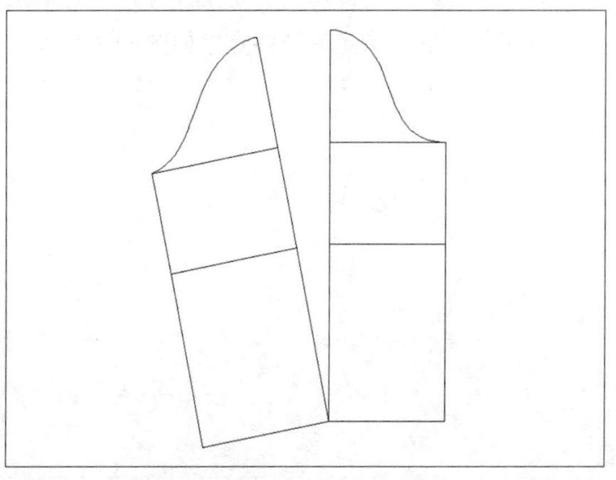

图9-95

07 将线型改为虚线，在“设计工具栏”中单击“等份规”按钮，设置“等份数”为2，在合适的端点上单击鼠标左键，绘制等分点，如图9-96所示。

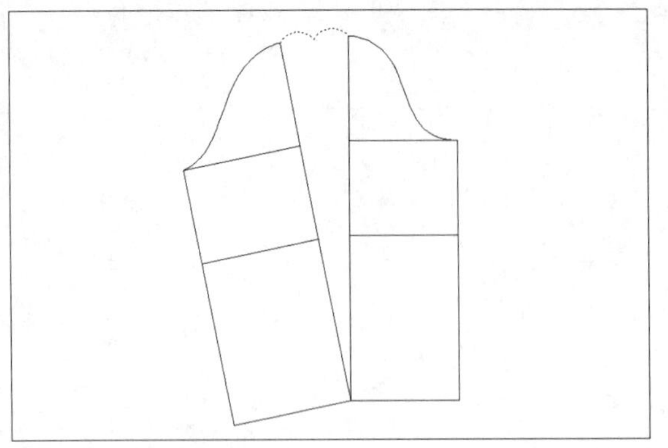

图9-96

08 在“设计工具栏”中单击“智能笔”按钮，将线型改为“实线”，在工作区中相应的点上单击鼠标左键，绘制袖山中线，如图9-97所示。

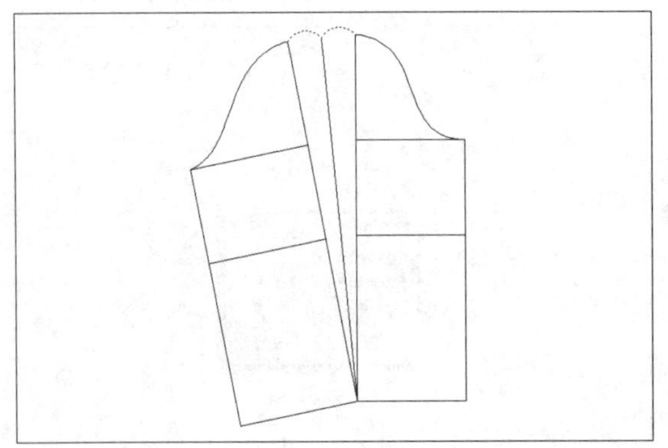

图9-97

09 在“设计工具栏”中单击“旋转”按钮，根据状态栏提示，在工作区中框选所有的曲线，然后指定旋转中点和起点，向右拖曳光标，至合适位置单击鼠标左键，指定旋转终点，如图9-98所示。

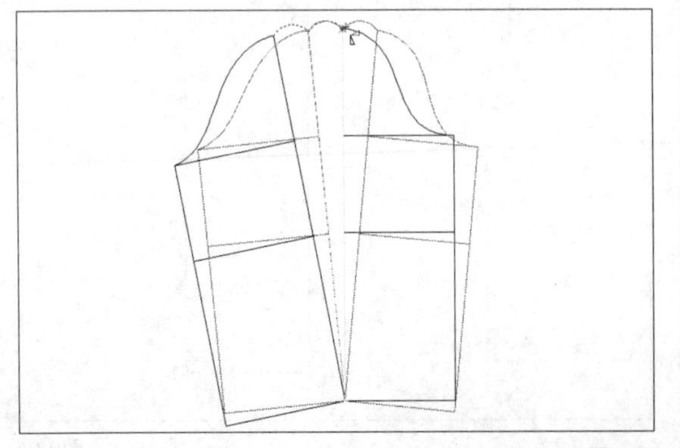

图9-98

10 执行操作后，即可旋转曲线，如图9-99所示。

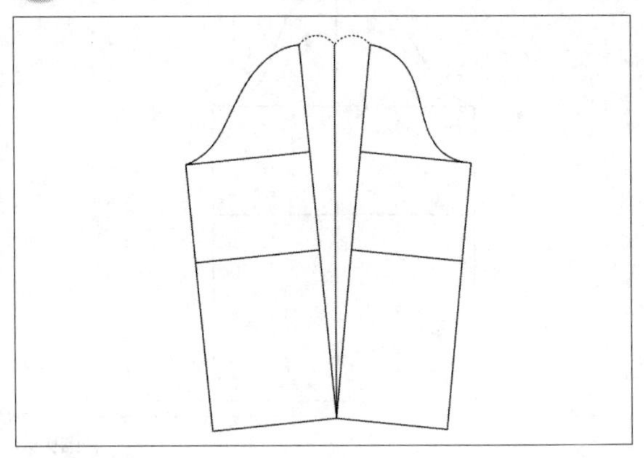

图9-99

11 在“设计工具栏”中单击“智能笔”按钮，按住Shift键，在工作区中的袖山中线上单击鼠标右键，弹出“调整曲线长度”对话框，设置“长度增减”为5，单击“确定”按钮，如图9-100所示。

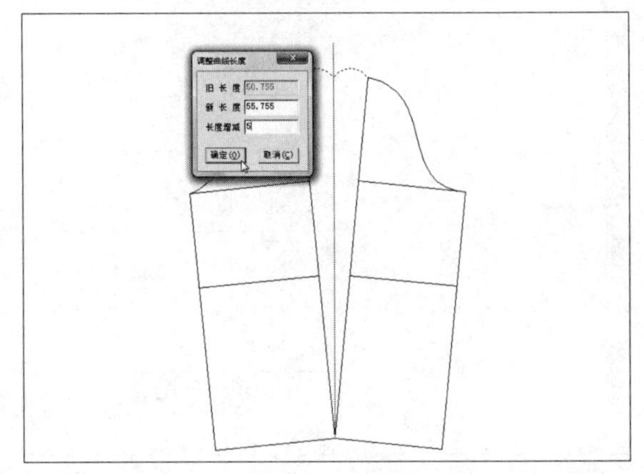

图9-100

12 执行操作后，即可调整曲线长度，如图9-101所示。

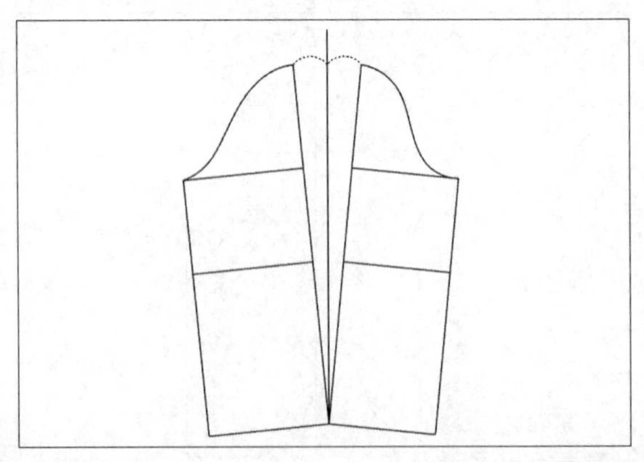

图9-101

13 继续使用“智能笔”命令，在工作区中相应的点上单击鼠标左键，绘制新的袖山弧线，如图9-102所示。

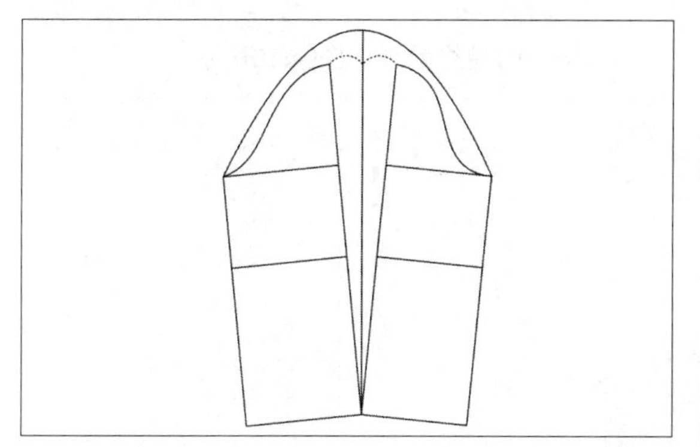

图9-102

14 在“设计工具栏”中单击“调整工具”按钮，在工作区中选择刚绘制的袖山弧线，对其进行适当调整，如图9-103所示。

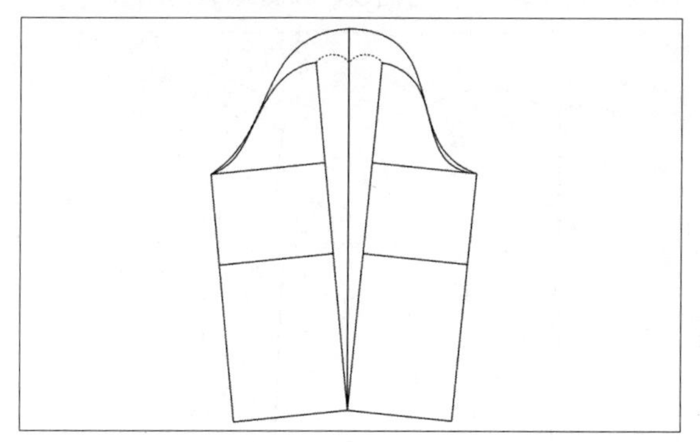

图9-103

15 在“设计工具栏”中单击“智能笔”按钮，在工作区中袖山弧线的左端点上单击鼠标左键，然后向下拖曳光标，至袖口直线上单击鼠标左键，弹出“点的位置”对话框，设置“长度”为10，单击“确定”按钮，如图9-104所示。

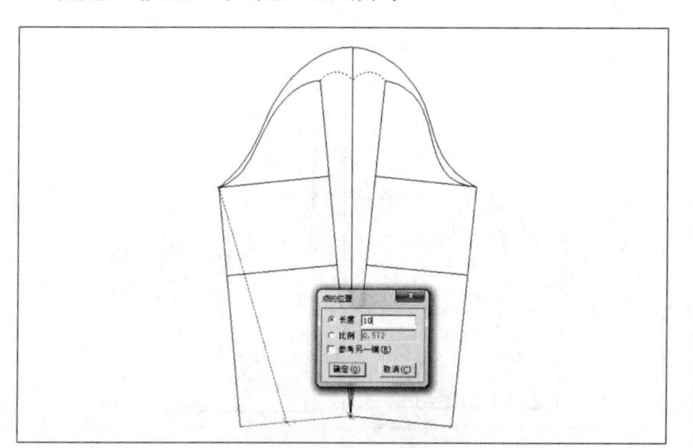

图9-104

16 执行操作后，单击鼠标右键，即可绘制袖底线，如图9-105所示。

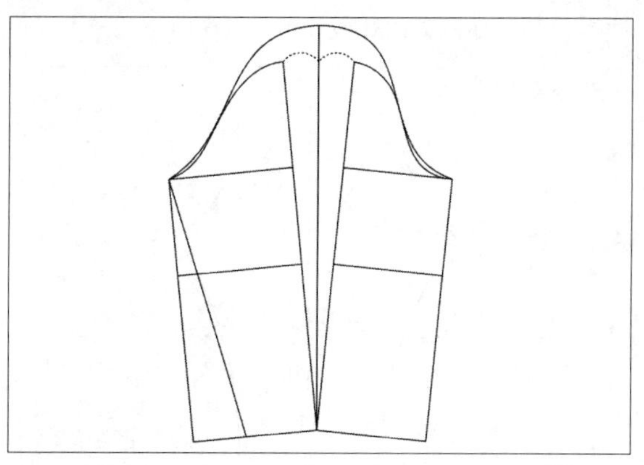

图9-105

17 继续使用“智能笔”命令，在工作区中袖山弧线的右端点上单击鼠标左键，然后向下拖曳光标，至袖口直线上单击鼠标左键，弹出“点的位置”对话框，设置“长度”为10，单击“确定”按钮，如图9-106所示。

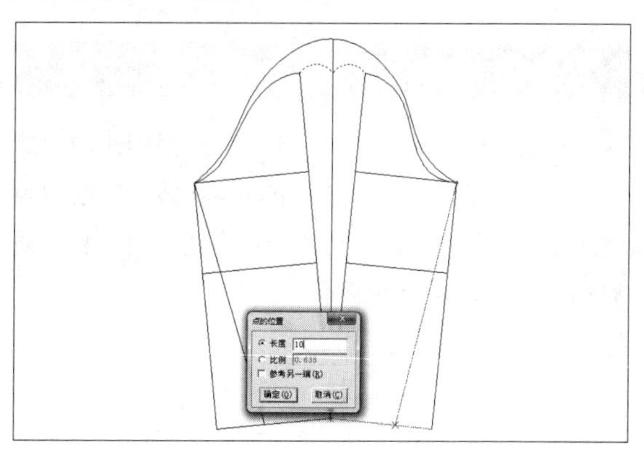

图9-106

18 执行操作后，即可绘制袖底线，如图9-107所示。

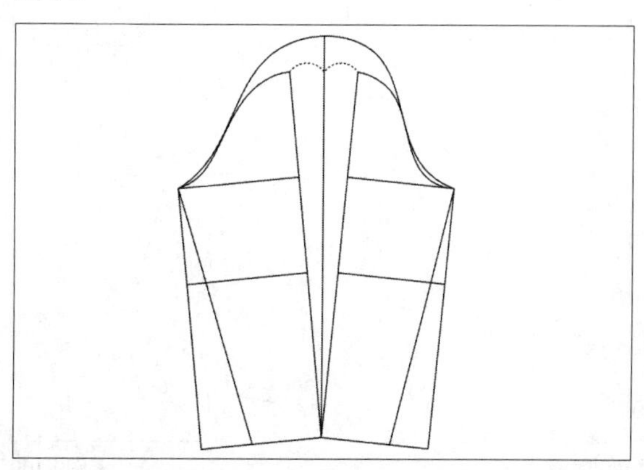

图9-107

19 在“设计工具栏”中单击“调整工具”按钮，在工作区中选择刚绘制的袖底线，对其进行适当调整，如图9-108所示。

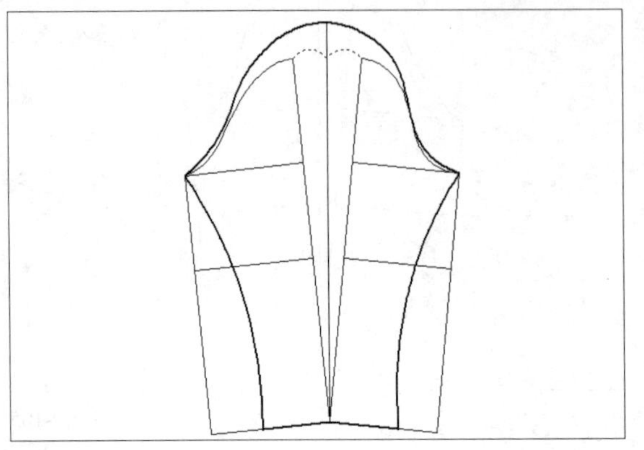

图9-108

20 在“设计工具栏”中单击“设置线的颜色类型”按钮，设置相应的线型，然后在工作区中选择相应的曲线，执行操作后，即可调整曲线的线型，此时即可完成火腿袖的设计。

9.2.3 插肩袖设计

插肩袖的袖窿较深，袖山一直连插围线，肩部甚至全被袖子覆盖，形成流展的结构线和宽松洒脱的风格，其袖窿较深，更适合自由宽博的服装。插肩袖的效果如图9-109所示。

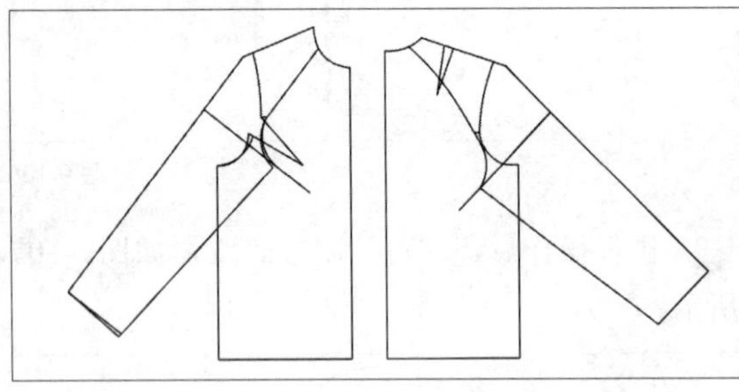

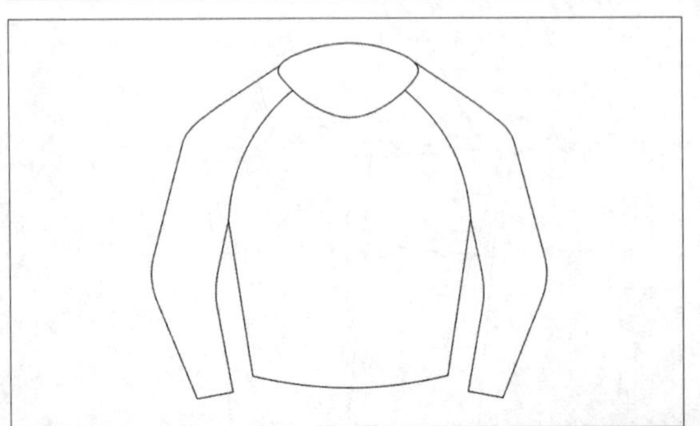

图9-109

课堂案例：插肩袖设计
案例位置：效果>第9章>插肩袖设计dgs
视频位置：视频>第9章>课堂案例——插肩袖设计.mp4
难易指数：★★★★★
学习目标：掌握插肩袖的设计方法

本案例的最终效果如图9-110所示。

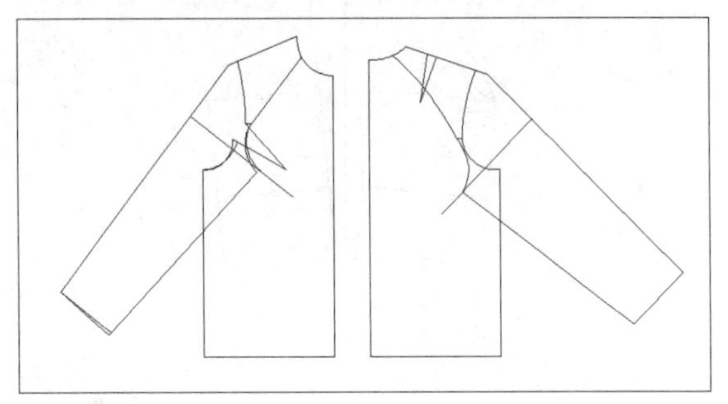

图9-110

01 按Ctrl＋O组合键，打开文化式女上装原型，在“设计工具栏”中单击“橡皮擦”按钮和“剪断线”按钮，修剪曲线，如图9-111所示。

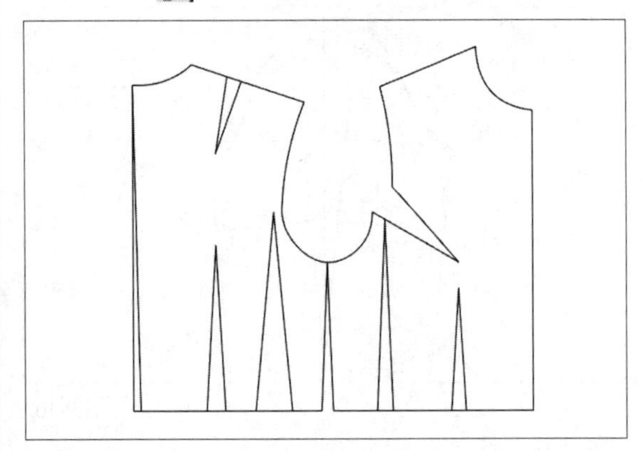

图9-111

02 在“设计工具栏”中单击“移动”按钮，按Shift键，在工作区中选择相应的曲线，然后指定移动起点和终点，移动曲线，如图9-112所示。

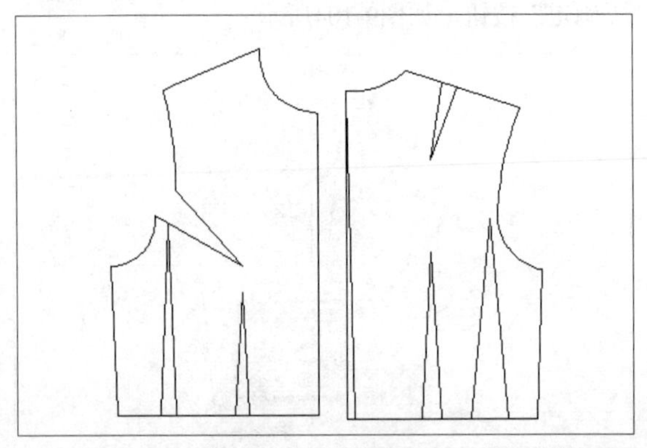

图9-112

03 在“设计工具栏”中单击“智能笔”按钮，在工作区中相应的点上单击鼠标左键，并单击鼠标右键，切换输入状态，然后向右拖曳光标，至袖窿弧线上单击鼠标左键，即可绘制直线，如图9-113所示。

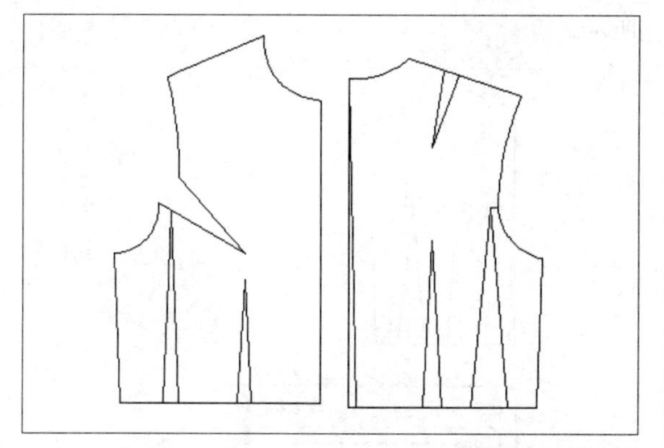

图9-113

04 继续使用“智能笔”命令，按住Shift键，在工作区中的肩线上单击鼠标右键，弹出“调整曲线长度”对话框，在“长度增减”数值框中输入14.5，单击“确定”按钮，如图9-114所示。

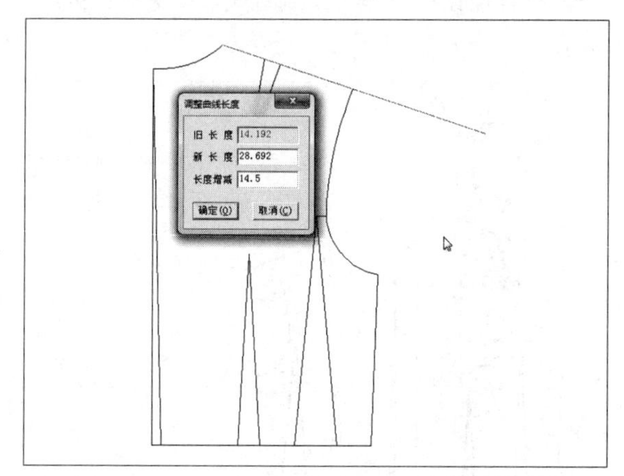

图9-114

05 执行操作后，即可调整曲线长度；“智能笔”命令，按住Shift键，在工作区中肩线上相应的点上单击鼠标左键，然后在肩线的右端点上单击鼠标左键，并拖曳光标，至合适位置单击鼠标左键，弹出“长度”对话框，设置“长度”为6，单击“确定”按钮，如图9-115所示。

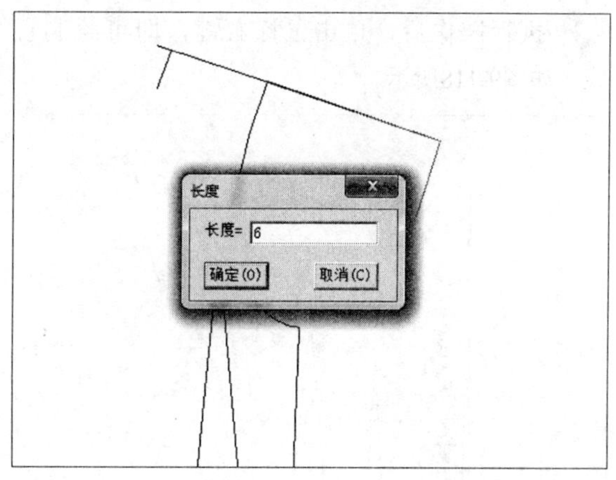

图9-115

06 执行操作后，即可绘制直线，如图9-116所示。

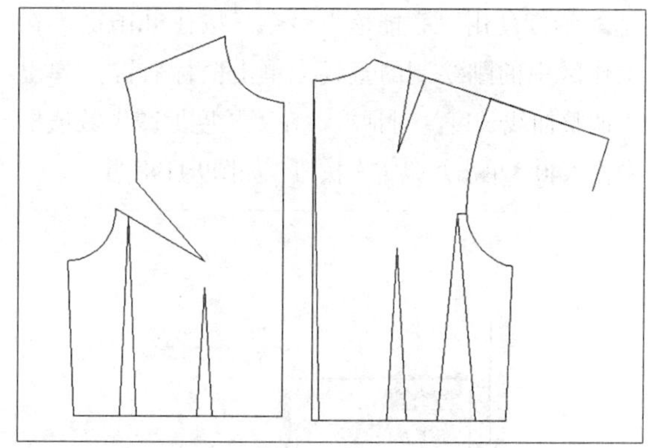

图9-116

07 继续使用“智能笔”命令，在工作区中相应的点上单击鼠标左键，然后拖曳光标，至肩线的合适位置单击鼠标左键，弹出“点的位置”对话框，设置“长度”为2.5，单击“确定”按钮，如图9-117所示。

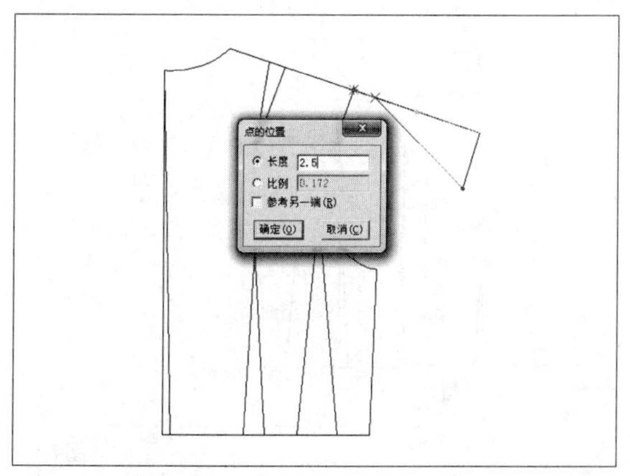

图9-117

08 执行操作后，单击鼠标右键，即可绘制直线，如图9-118所示。

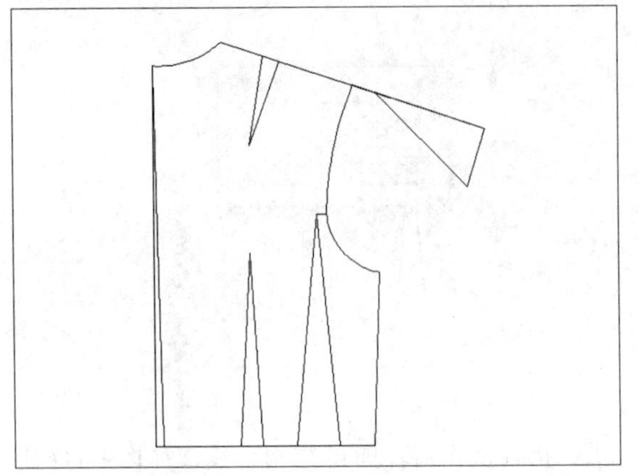

图9-118

09 继续使用“智能笔”命令，按住Shift键，在工作区中的刚绘制的直线上单击鼠标右键，弹出“调整曲线长度”对话框，在“长度增减”数值框中输入40，单击“确定”按钮，如图9-119所示。

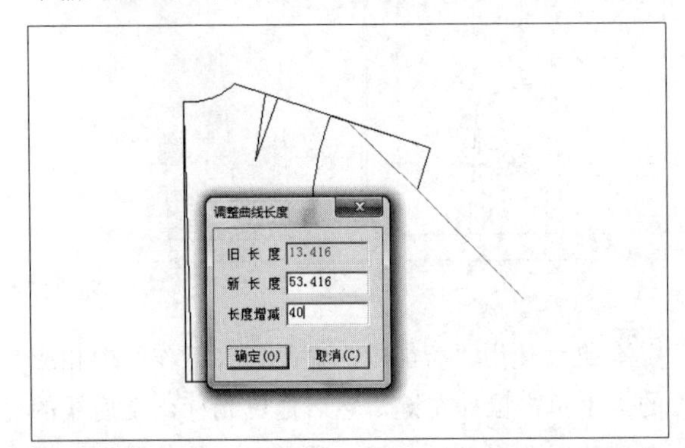

图9-119

10 执行操作后，即可调整曲线长度，如图9-120所示。

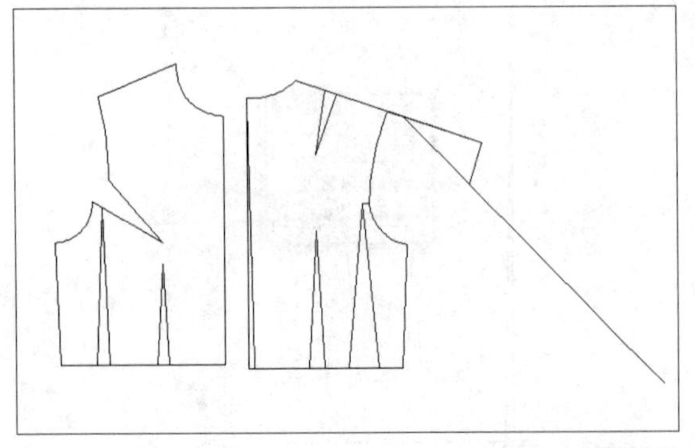

图9-120

11 继续使用“智能笔”命令，按住Shift键，在刚绘制的直线的相应点上单击鼠标左键，然后在直线的右端点上单击鼠标左键，然后拖曳光标，至合适位置单击鼠标左键，弹出“长度”对话框，设置“长度”为13.5，单击“确定”按钮，如图9-121所示。

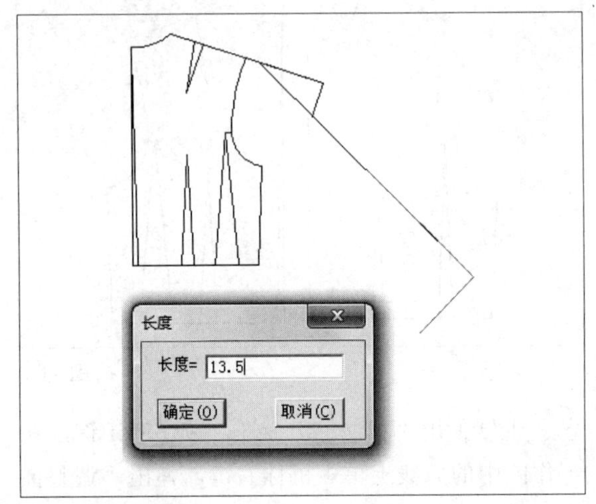

图9-121

12 执行操作后，即可绘制直线，效果如图9-122所示。

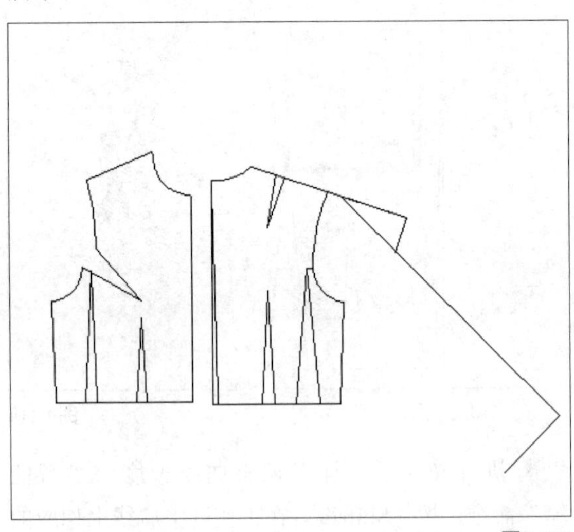

图9-122

13 继续使用“智能笔”命令，在工作区中相应的点上单击鼠标左键，然后向右拖曳光标，至合适位置单击鼠标左键，弹出“长度”对话框，设置“长度”为2，单击“确定”按钮，如图9-123所示。

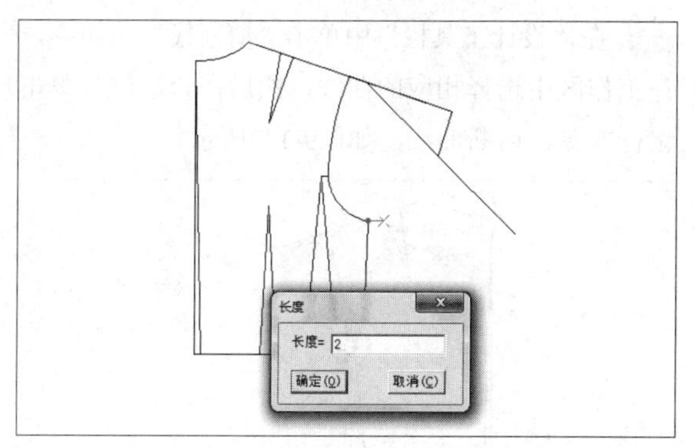

图9-123

14 执行操作后，即可绘制直线；继续使用“智能笔”命令，在后中线的下端点上单击鼠标左键，然后向下拖曳光标，至合适的位置后，单击鼠标左键，弹出“长度”对话框，设置“长度”为18，单击“确定”按钮，如图9-124所示。

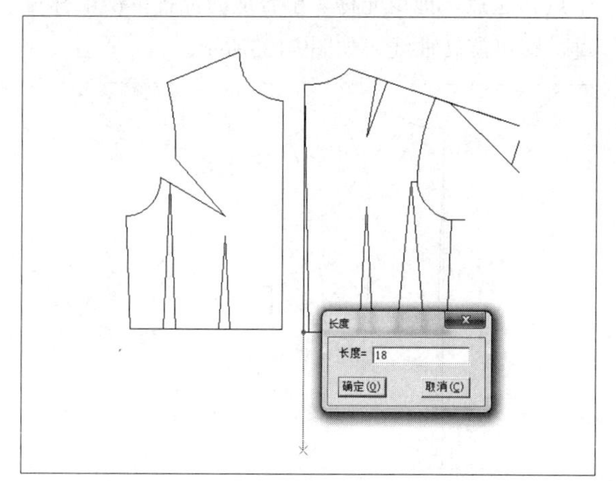

图9-124

15 执行操作后，即可绘制直线，如图9-125所示。

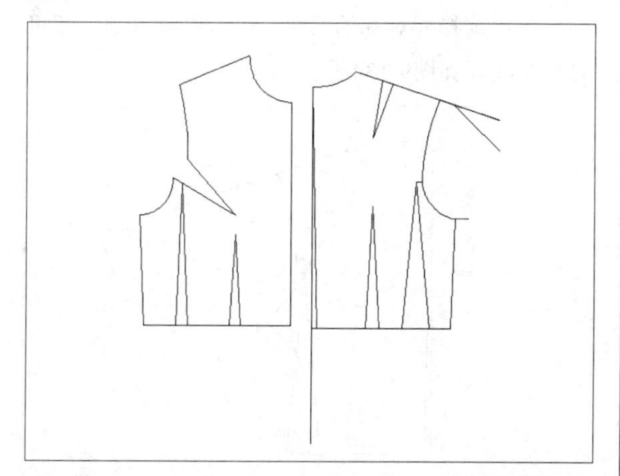

图9-125

16 继续使用“智能笔”命令，在后领弧线的合适位置单击鼠标左键，弹出“点的位置”对话框，设置“长度”为3，单击“确定”按钮，如图9-126所示。

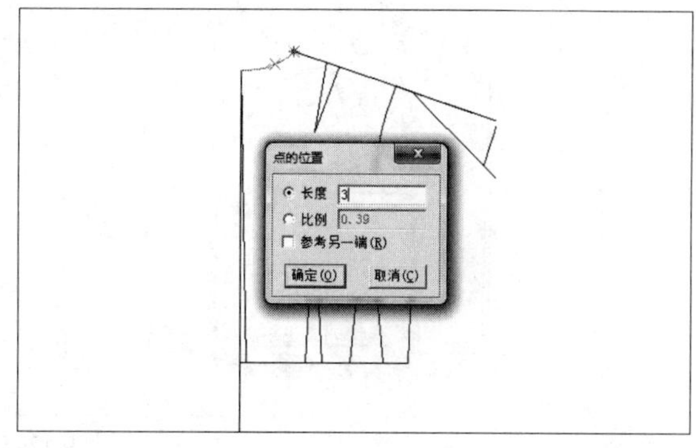

图9-126

17 执行上述操作后，向右下方拖曳光标，至肩省线上单击鼠标左键，弹出“点的位置”对话框，设置“长度”为3，单击“确定”按钮，如图9-127所示。

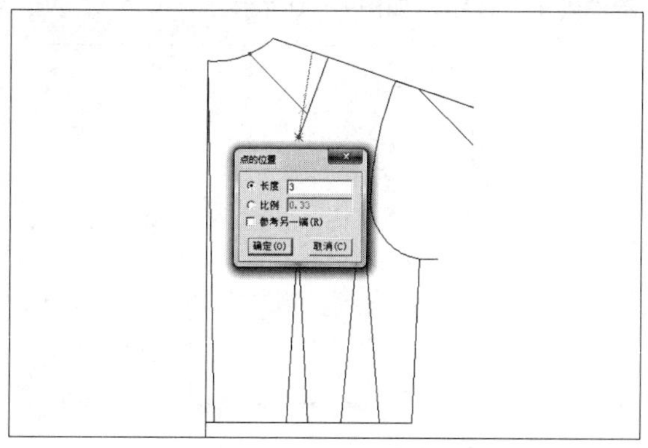

图9-127

18 向右下方拖曳光标，至相应的点上依次单击鼠标左键，然后单击鼠标右键，绘制曲线，如图9-128所示。

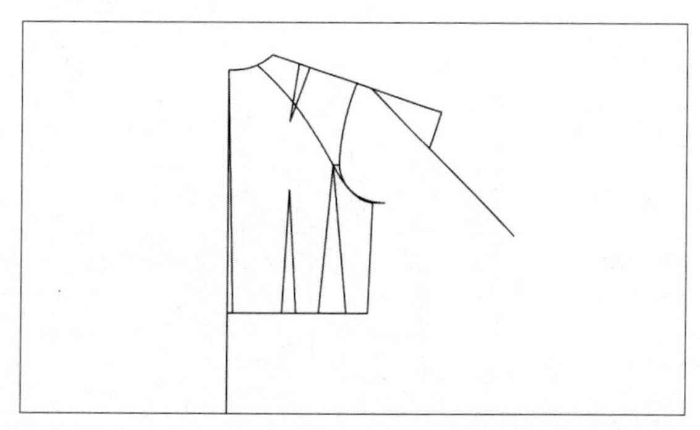

图9-128

19 继续使用“智能笔”命令，按住Shift键，在工作区中相应的曲线上依次单击鼠标左键，弹出“点的位置”对话框，设置“长度”为12，单击“确定”按钮，如图9-129所示。

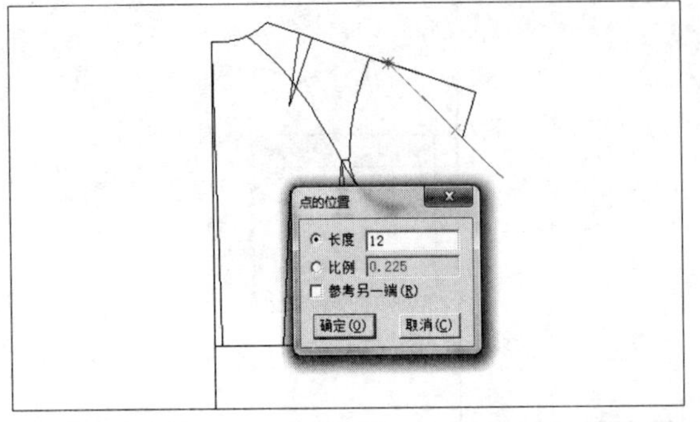

图9-129

20 然后在该曲线上再次单击鼠标左键，弹出“点的位置”对话框，设置“长度”为12，单击“确定”按钮，拖曳光标，至合适位置单击鼠标左键，弹出“长度”对话框，设置“长度”为25，单击“确定”按钮，如图9-130所示。

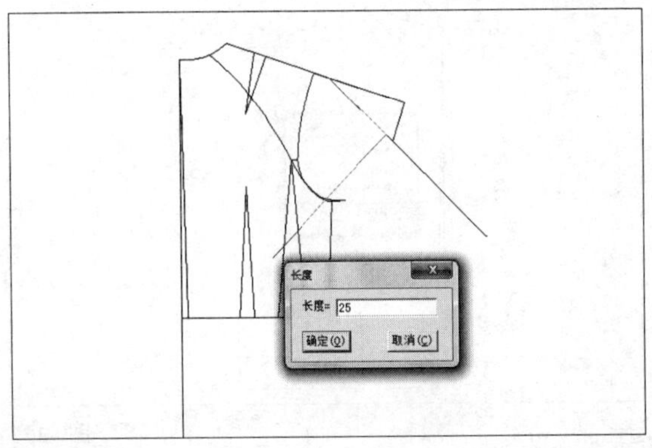

图9-130

21 执行操作后，即可绘制直线，如图9-131所示。

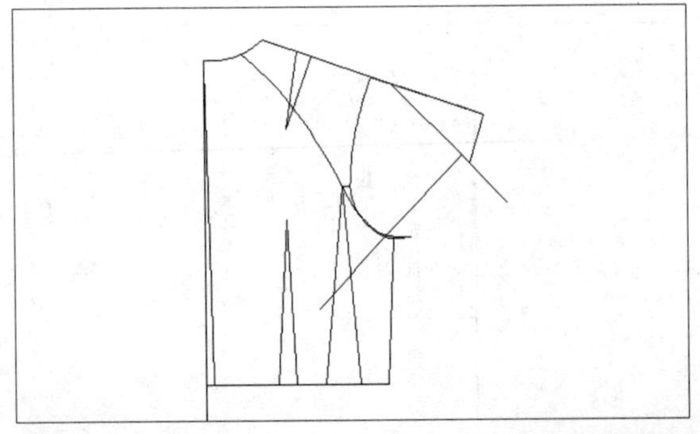
图9-131

22 在“设计工具栏”中单击“剪断线”按钮，在工作区中选择相应的曲线，然后在合适位置单击鼠标左键，剪断曲线，如图9-132所示。

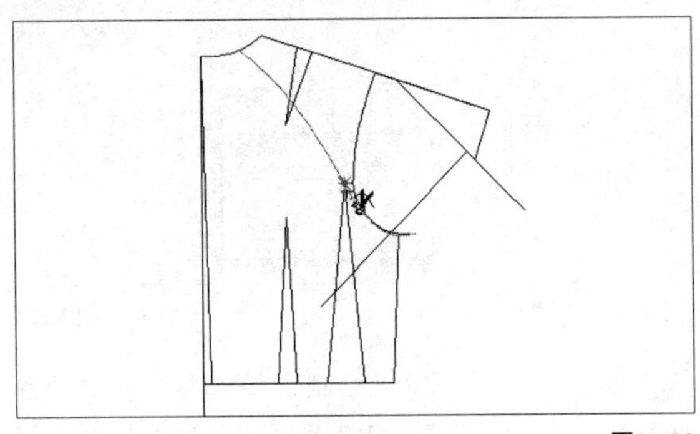
图9-132

23 在“设计工具栏”中单击“旋转”按钮，在工作区中，选择要旋转的曲线，然后指定旋转中点和起点，拖曳光标，至合适的位置单击鼠标左键，即可旋转曲线，如图9-133所示。

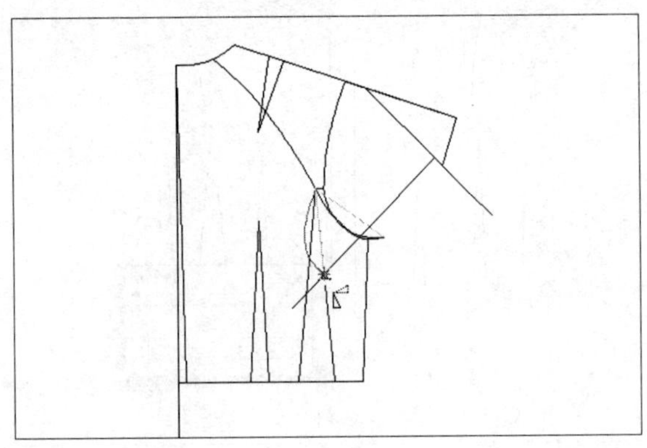
图9-133

24 在“设计工具栏”中单击“对称”按钮，在工作区中的合适位置单击鼠标左键，指定对称轴，然后选择要对称的曲线，单击鼠标右键，即可对称曲线，如图9-134所示。

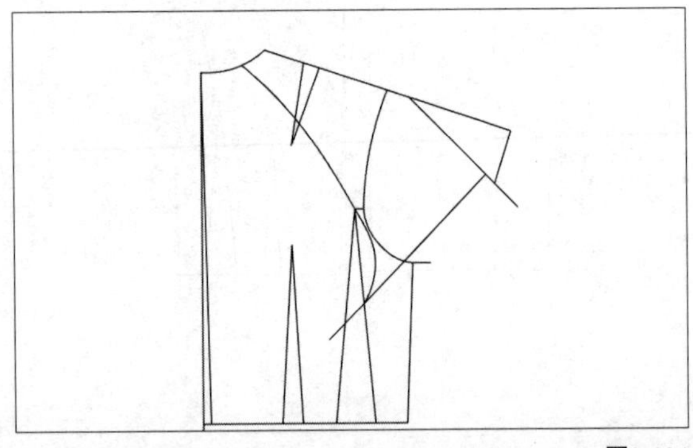
图9-134

(25) 在“设计工具栏”中单击“智能笔”按钮，在工作区中相应的点上单击鼠标左键，绘制直线，如图9-135所示。

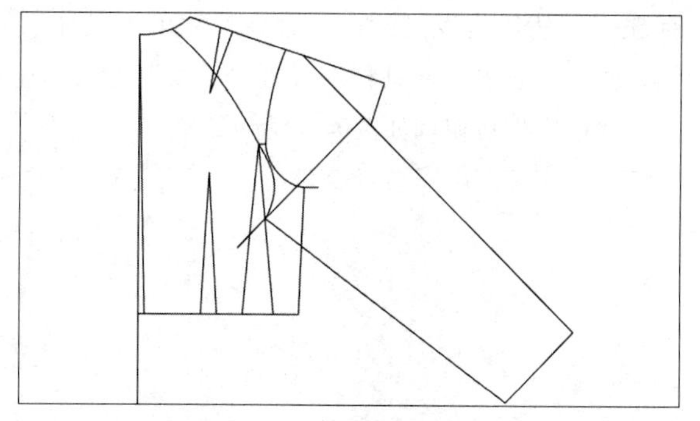

图9-135

(26) 继续使用“智能笔”命令，在工作区中相应的点上单击鼠标右键，然后拖曳光标，至合适的点上单击鼠标左键，如图9-136所示。

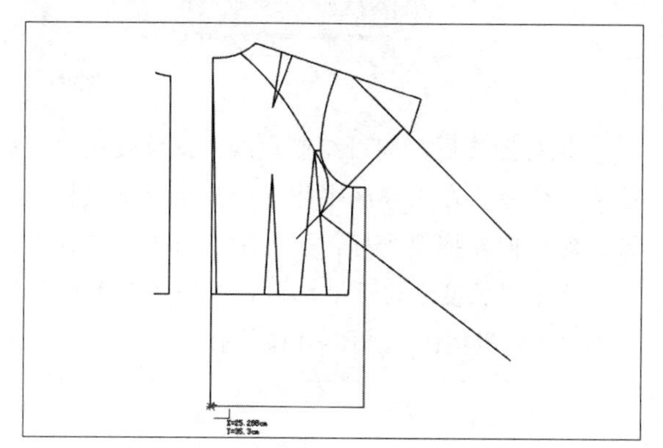

图9-136

(27) 执行操作后，即可绘制直线，然后删除相应的曲线，如图9-137所示。

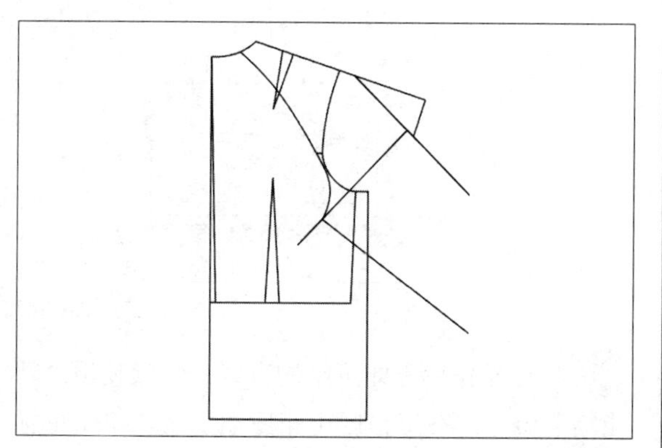

图9-137

(28) 继续使用“智能笔”命令，按住Shift键，在工作区中的肩线上单击鼠标右键，弹出“调整曲线长度”对话框，在“长度增减”数值框中输入14，单击“确定”按钮，如图9-138所示。

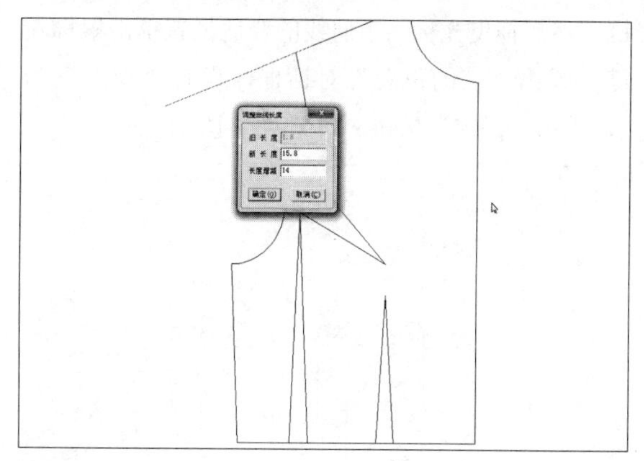

图9-138

(29) 执行操作后，即可调整曲线的长度，如图9-139所示。

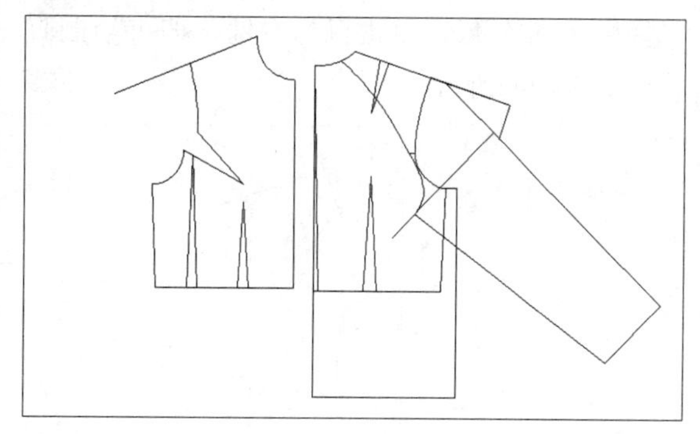

图9-139

(30) 继续使用“智能笔”命令，按住Shift键，在工作区中肩线上相应的点上单击鼠标左键，然后在肩线的左端点上单击鼠标左键，并拖曳光标，至合适位置单击鼠标左键，弹出“长度”对话框，设置“长度”为7，单击“确定”按钮，如图9-140所示。

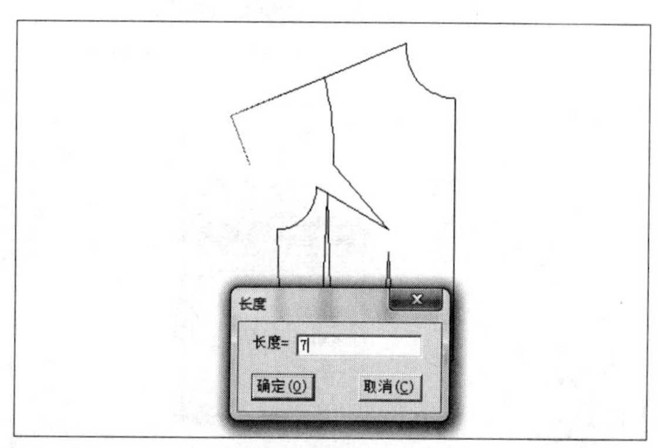

图9-140

31 执行操作后，即可绘制直线；继续使用“智能笔”命令，在工作区中相应的点上单击鼠标左键，然后拖曳光标，至肩线的合适位置单击鼠标左键，弹出“点的位置”对话框，设置“长度”为2，单击“确定”按钮，如图9-141所示。

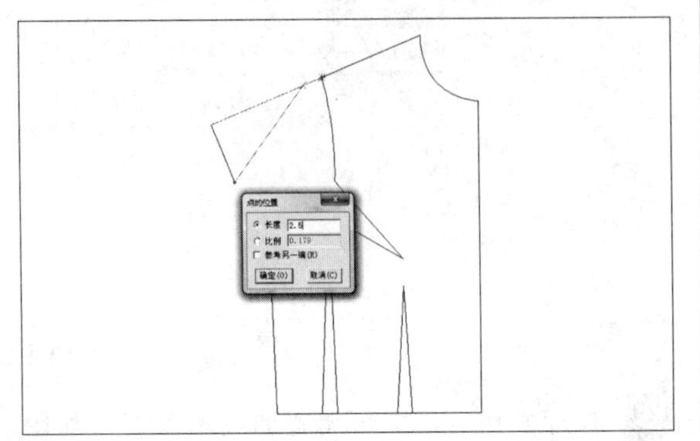

图9-141

32 执行操作后，单击鼠标右键，即可绘制直线，如图9-142所示。

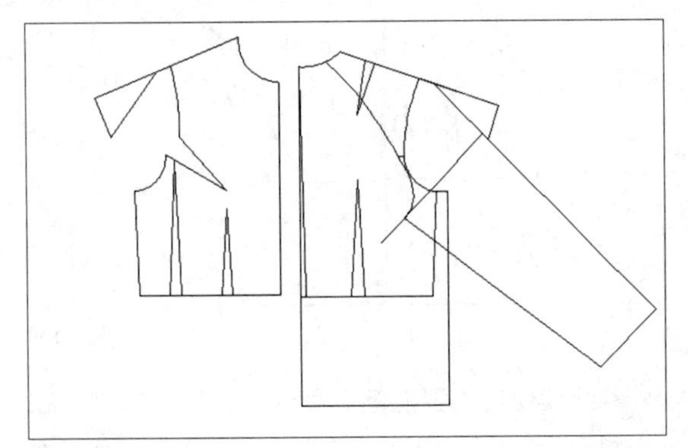

图9-142

33 继续使用“智能笔”命令，按住Shift键，在工作区中刚绘制的直线上单击鼠标右键，弹出“调整曲线长度”对话框，在“长度增减”数值框中输入40，单击“确定”按钮，如图9-143所示。

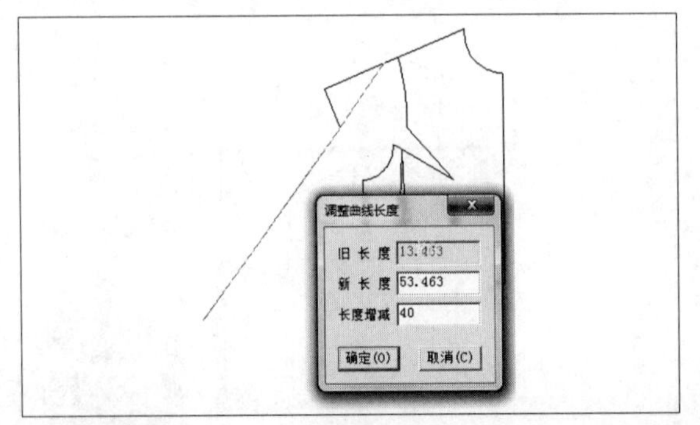

图9-143

34 执行操作后，即可绘制直线；继续使用“智能笔”命令，按住Shift键，在刚绘制的直线的相应点上单击鼠标左键，然后在直线的左端点上单击鼠标左键，然后拖曳光标，至合适位置单击鼠标左键，弹出“长度”对话框，设置“长度”为12.5，单击“确定”按钮，如图9-144所示。

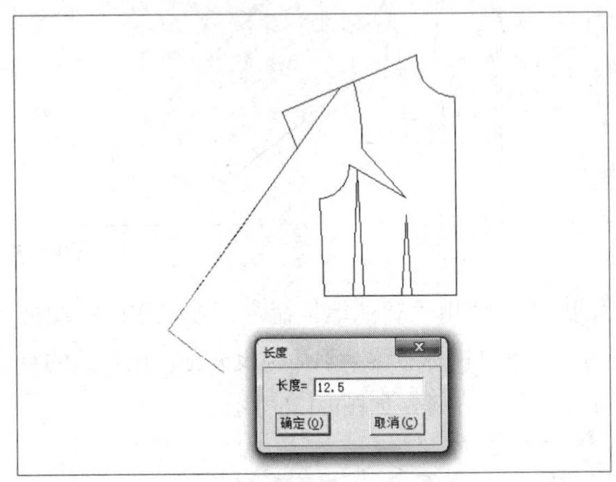

图9-144

35 执行操作后，即可绘制直线；继续使用“智能笔”命令，在工作区中相应的点上单击鼠标左键，然后向左拖曳光标，至合适位置单击鼠标左键，弹出“长度”对话框，设置“长度”为0.5，单击“确定”按钮，如图9-145所示。

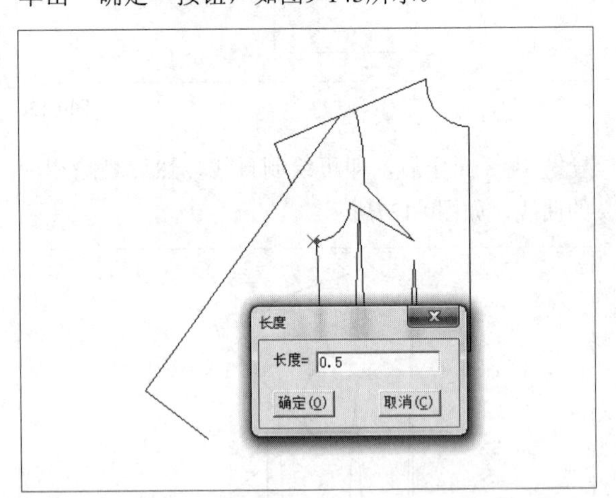

图9-145

36 执行操作后，即可绘制直线；继续使用“智能笔”命令，在工作区中相应的点上，单击鼠标左键，然后向下拖曳光标，至合适位置单击鼠标左键，弹出“长度”对话框，设置“长度”为18，单击“确定”按钮，如图9-146所示。

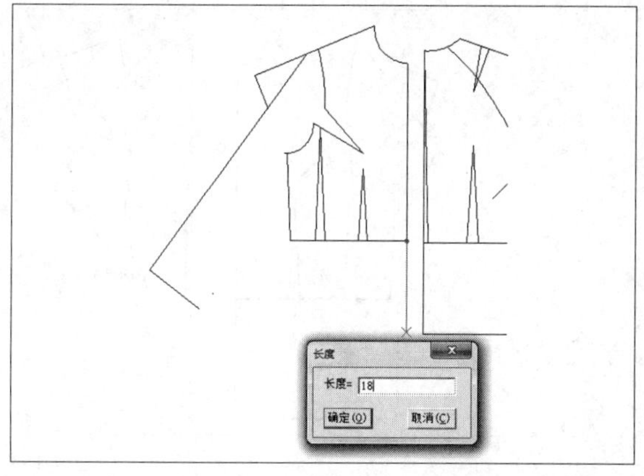

图9-146

37 执行操作后，即可绘制直线；继续使用“智能笔”命令，在工作区中相应的点上单击鼠标右键，然后拖曳光标，至合适的点上单击鼠标左键，如图9-147所示。

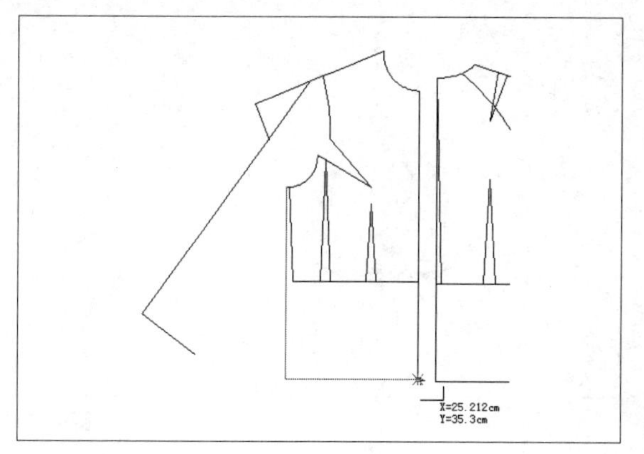

图9-147

38 执行操作后，即可绘制直线；继续使用“智能笔”命令，在工作区中相应的点上单击鼠标左键，然后向左拖曳光标，至合适位置单击鼠标左键，弹出“长度”对话框，设置“长度”为1.2，单击“确定”按钮，如图9-148所示。

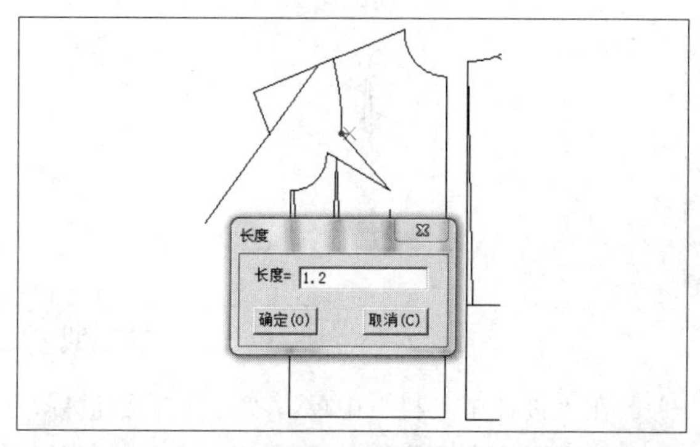

图9-148

39 执行操作后，即可绘制直线；继续使用“智能笔”命令，在工作区中相应的点上单击鼠标左键，然后向右上方拖曳光标，至合适位置单击鼠标左键，弹出“点的位置”对话框，设置“长度”为4，单击“确定”按钮，如图9-149所示。

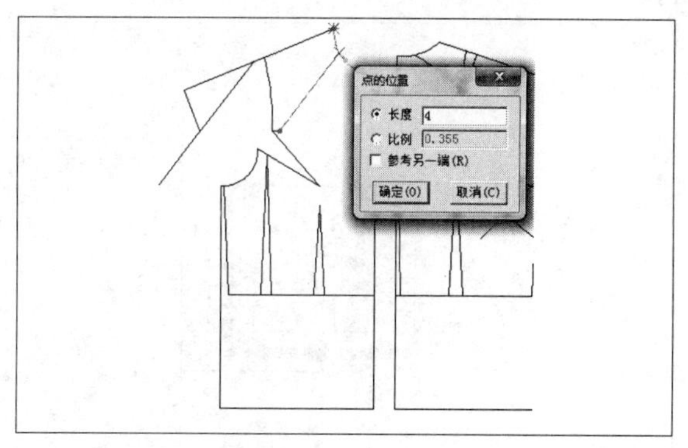

图9-149

40 执行操作后，单击鼠标右键，即可绘制直线，如图9-150所示。

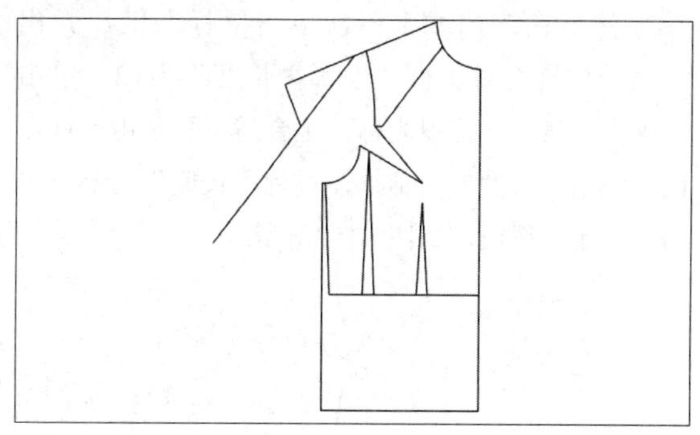

图9-150

41 继续使用“智能笔”命令，在工作区中相应的点上单击鼠标左键，然后拖曳光标至袖窿省的省线上单击鼠标左键，弹出“点的位置”对话框，设置“长度”为1，单击“确定”按钮，如图9-151所示。

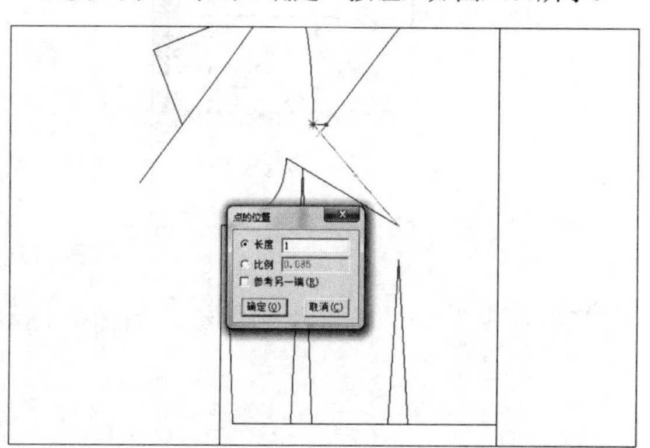

图9-151

42 执行操作后，单击鼠标右键，即可绘制直线；继续使用“智能笔”命令，按住Shift键，在工作区中相应的曲线上依次单击鼠标左键，弹出“点的位置”对话框，设置“长度”为12，单击“确定”按钮，如图9-152所示。

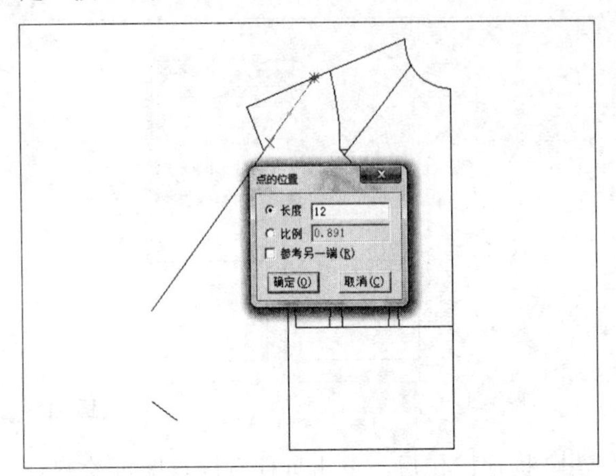

图9-152

43 然后在该曲线上再次单击鼠标左键，弹出“点的位置”对话框，设置“长度”为12，单击“确定”按钮，拖曳光标，至合适位置单击鼠标左键，弹出“长度”对话框，设置“长度”为25，单击“确定”按钮，如图9-153所示。

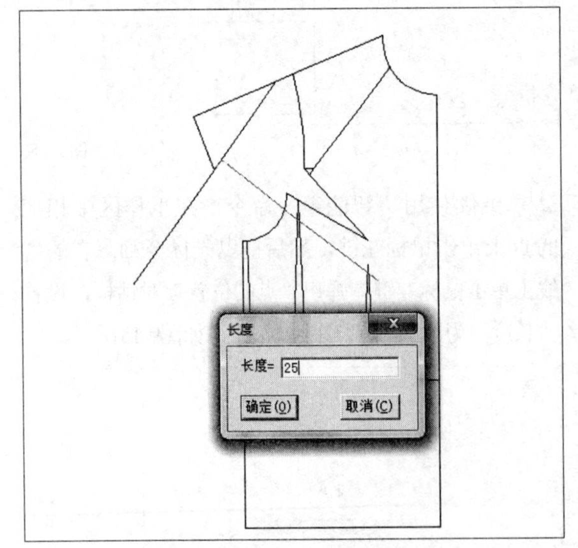

图9-153

44 执行操作后，即可绘制直线，如图9-154所示。

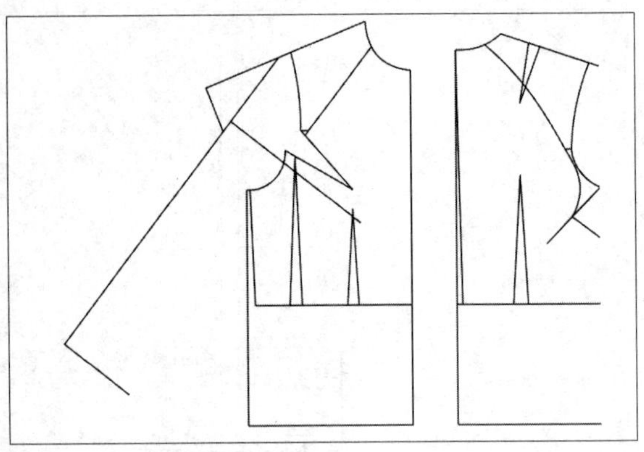

图9-154

45 继续使用“智能笔”命令，在工作区中相应的点上单击鼠标左键，弹出“点的位置”对话框，设置“长度”为1，单击“确定”按钮，如图9-155所示。

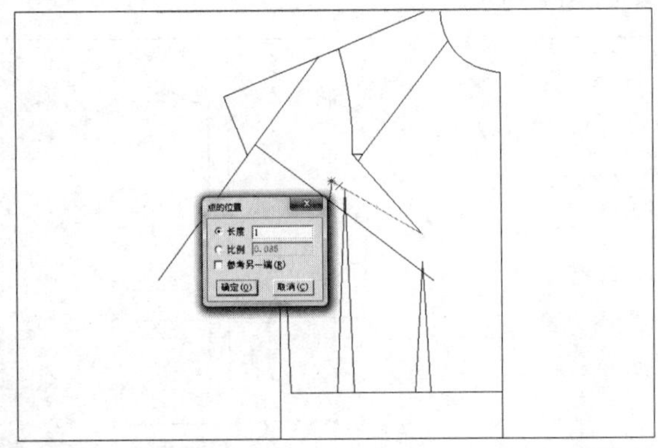

图9-155

46 拖曳光标，在工作区中的其他位置依次单击鼠标左键，绘制新袖山弧线，如图9-156所示。

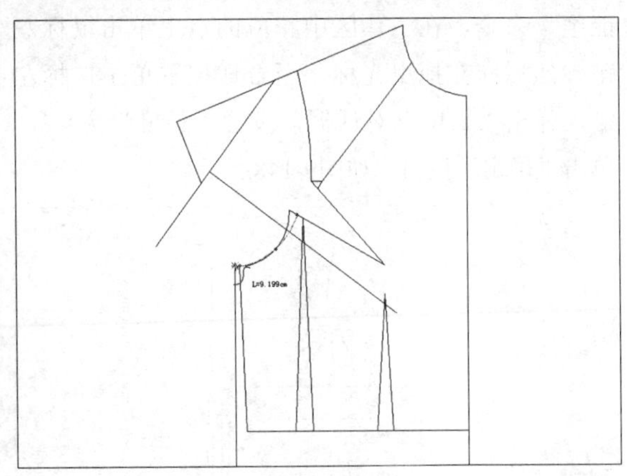

图9-156

47 在“设计工具栏”中单击“对称”按钮，在工作区中的合适位置单击鼠标左键，指定对称轴，然后选择要对称的曲线，单击鼠标右键，即可对称曲线，如图9-157所示。

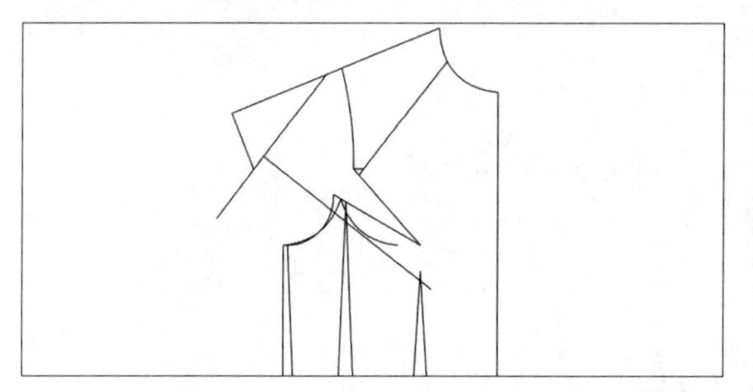

图9-157

48 在“设计工具栏”中单击“旋转”按钮，在工作区中，选择要旋转的曲线，指定旋转中点和起点，拖曳光标，至合适位置单击鼠标左键，即可旋转曲线，如图9-158所示。

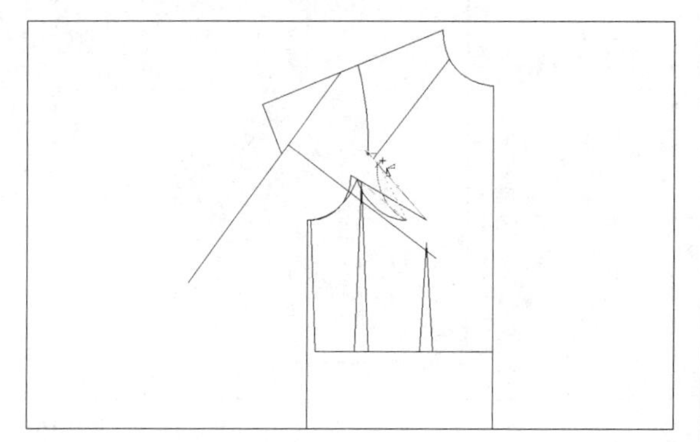

图9-158

49 继续使用“旋转”命令，在工作区中，选择刚旋转的曲线，然后指定旋转中点和起点，拖曳光标，至合适位置，单击鼠标左键，弹出“旋转”对话框，设置“宽度”为1，单击“确定”按钮，即可旋转曲线，如图9-159所示。

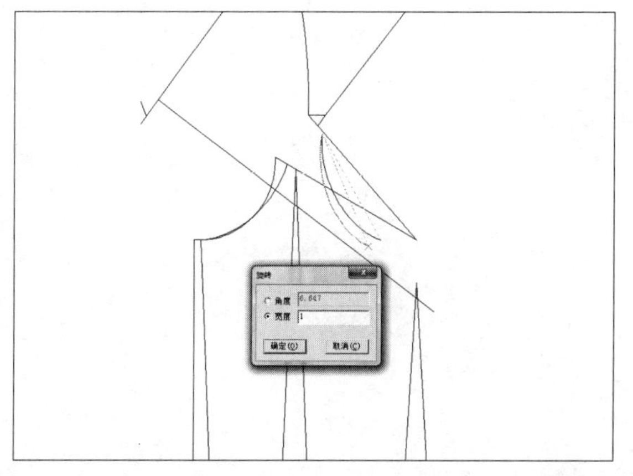

图9-159

50 在“设计工具栏”中单击“智能笔”按钮，在工作区中相应的点上单击鼠标左键，绘制直线，如图9-160所示。

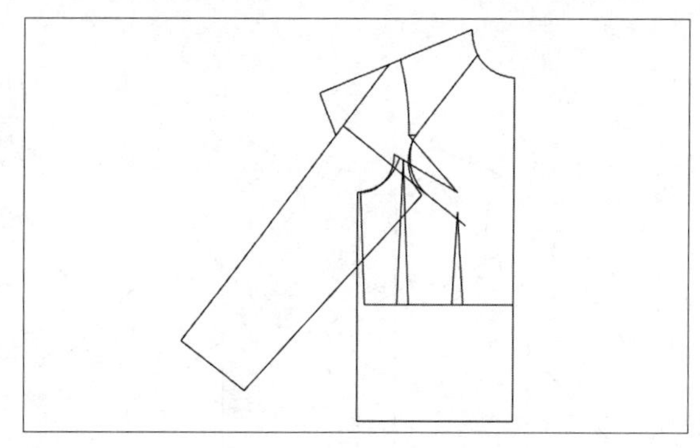

图9-160

51 继续使用“智能笔”命令，按住Shift键，在工作区中刚绘制的直线上单击鼠标右键，弹出“调整曲线长度”对话框，设置“长度增减”为0.7，单击“确定”按钮，如图9-161所示。

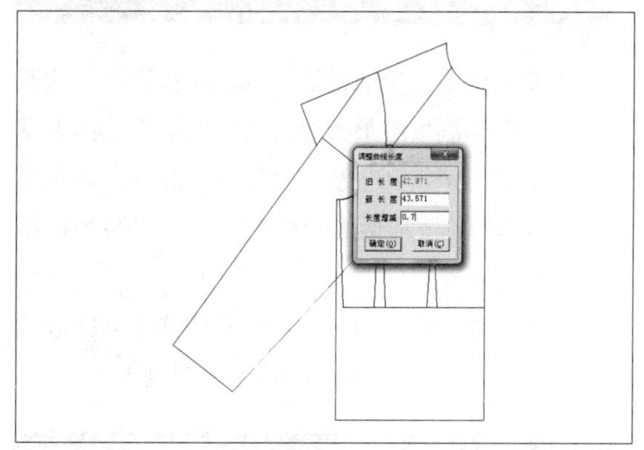

图9-161

52 执行操作后，即可调整曲线长度；继续使用“智能笔”命令，在工作区中相应的点上单击鼠标左键，绘制直线，如图9-162所示。

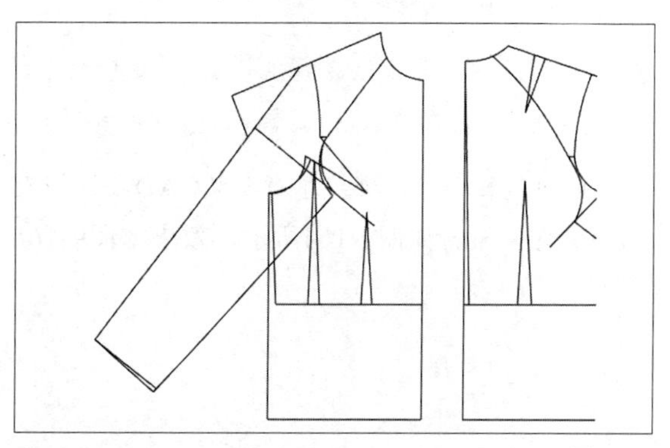

图9-162

53 在“设计工具栏”中单击“剪断线”按钮和“橡皮擦”按钮，在工作区中剪断并删除曲线，此时即可完成插肩袖的设计，如图9-163所示。

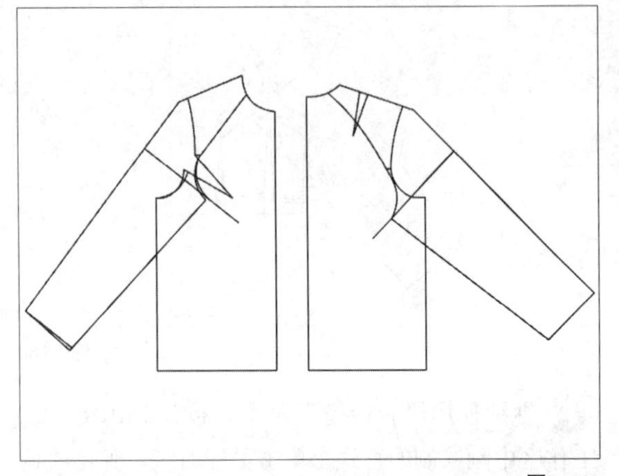

图9-163

9.3 本章小结

本章介绍了立领的设计，以及翻领设计，这两种领形是服装制板中最为经典的领形，希望读者学会后，能灵活运用到自己的设计中。此外，本章还为读者讲解了3种袖形的制板内容，对服装制板细节内容进行补充。

通过对本章的学习操作，读者能够独立完成两种经典领形的设计制板以及3种袖形的制板。

9.4 课后习题——旋转工具

鉴于本章知识的重要性，为了帮助读者更好地掌握所学知识，本节将通过上机习题，帮助读者进行简单的知识回顾和补充。

案例位置	无
难易指数	★★★
学习目标	掌握旋转工具的方法

通过旋转工具，熟练本章服装CAD衣领与衣袖的制作，素材如图9-164所示，效果如图9-165所示。

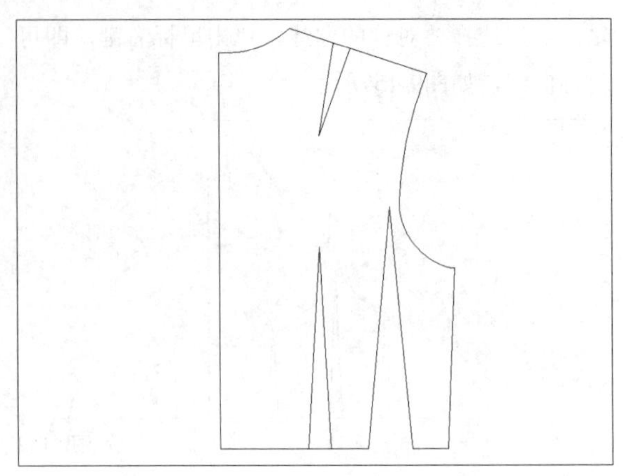

图9-164

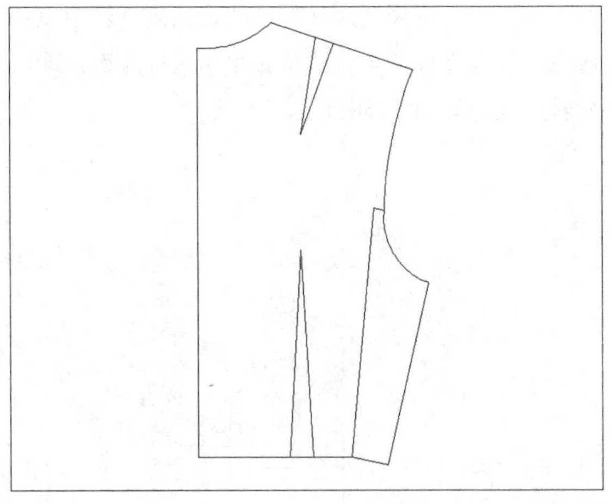

图9-165

第10章

服装CAD放码与排料

内容摘要

服装CAD放码也叫推档，其不仅准确、高效、快速，而且可以随时修改，还可以通过工具方便地检查放码结果的准确性。服装CAD排料可降低生产成本，给铺料、剪裁等工艺提供可行的技术依据。本章主要向读者介绍服装CAD的放码与排料，主要内容包括掌握服装CAD的放码方法以及掌握服装CAD的排料方法。

课堂学习目标

掌握服装CAD的放码方法

掌握服装CAD的排料方法

10.1 掌握服装CAD的放码方法

放码是工业上为了节省时间，为避免N次码号重新打版而采取的一种简化过程，每个人可能放码方法及尺寸都不一样，但无论用何种方法放码，都不可避免的出现误差。

10.1.1 休闲裤的放码

本实例介绍休闲裤的放码。该实例主要采用了“点放码表”“选择纸样控制点”“拷贝点放码量”等命令。

课堂案例：休闲裤的放码
案例位置：效果>素材>第10章>休闲裤.dgs
视频位置：视频>第10章>课堂案例——休闲裤的放码.mp4
难易指数：★★★★★
学习目标：掌握休闲裤的放码的方法

本案例的最终效果如图10-1所示。

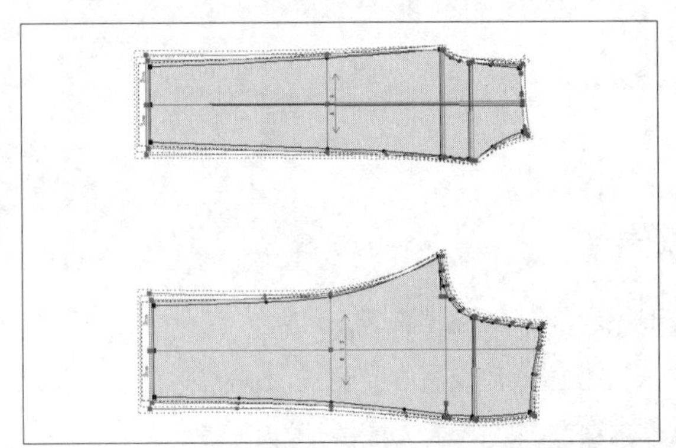

图10-1

01 按Ctrl＋O组合键，打开素材图形，如图10-2所示。

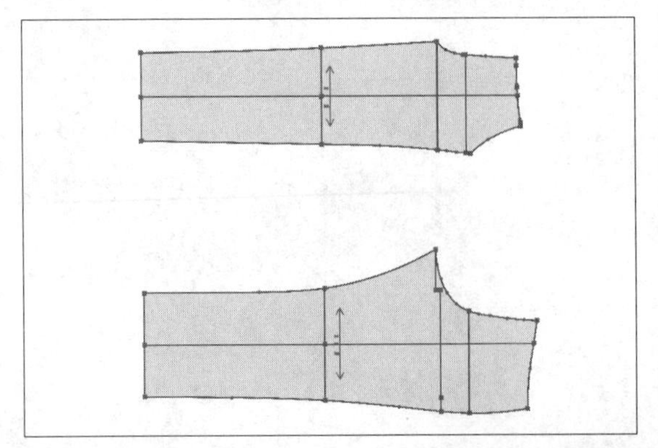

图10-2

02 在快捷工具栏中单击“点放码表”按钮，如图10-3所示。

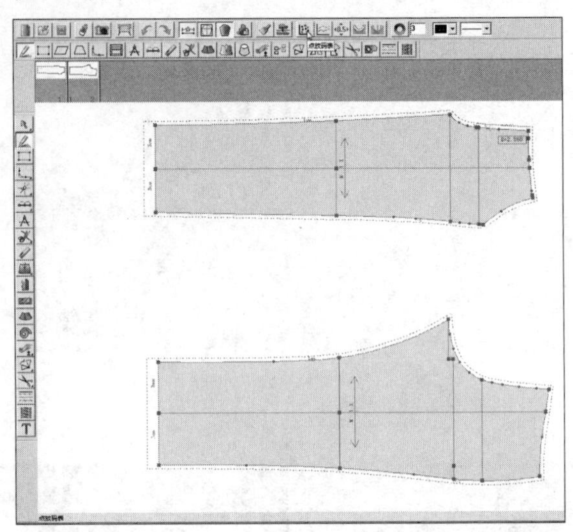

图10-3

03 弹出“点放码表”对话框，在“纸样工具栏”中单击“选择纸样控制点”按钮，如图10-4所示。

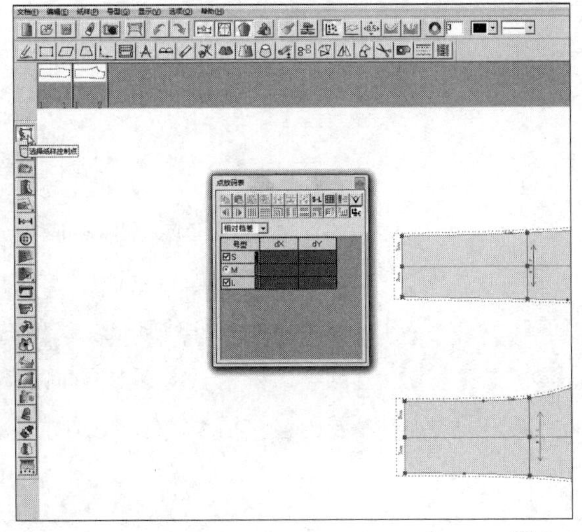

图10-4

04 在工作区中选择前片腰围线的上端点，在“点放码表”对话框中输入相应的参数，单击“XY相等”按钮，如图10-5所示。

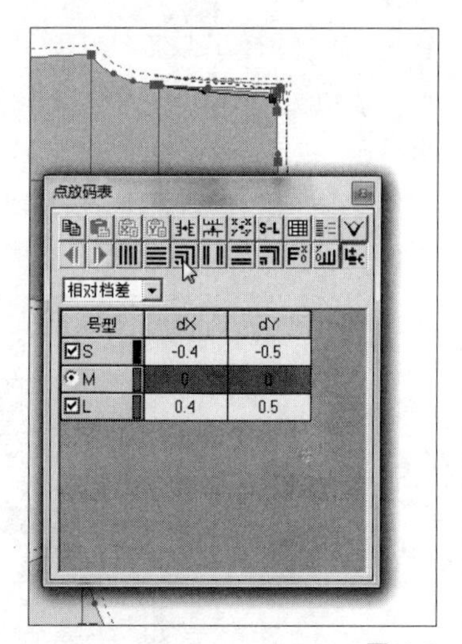

图10-5

05 执行操作后，即可完成前片腰围线上端点的放码，如图10-6所示。

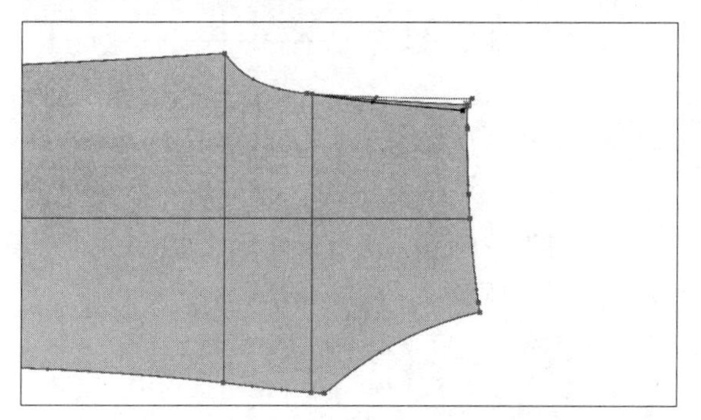

图10-6

06 在工作区中选择前片臀围线的上端点，在“点放码表”对话框中输入相应的参数，单击“XY相等”按钮，如图10-7所示。

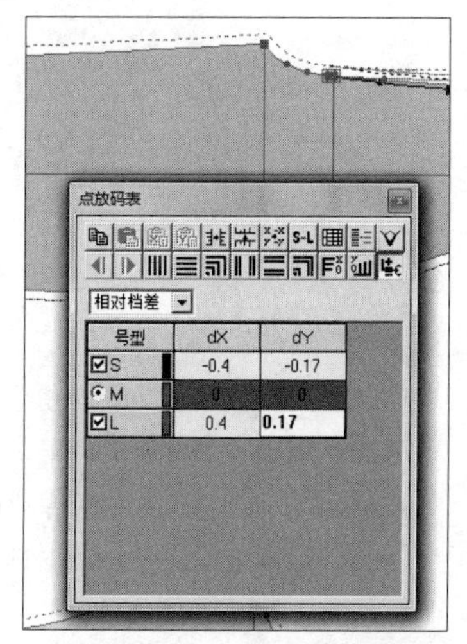

图10-7

07 执行操作后，即可完成前片臀围线上端点的放码；在工作区中选择前片横档线的上端点，在“点放码表”对话框中输入相应的参数，单击“XY相等”按钮，执行操作后，即可完成前片横档线上端点的放码，如图10-8所示。

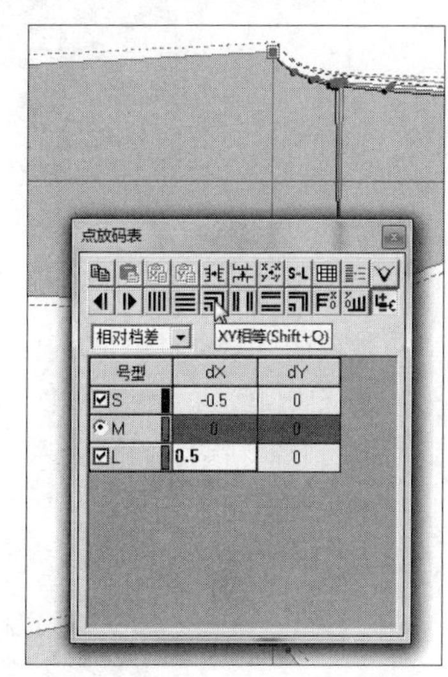

图10-8

08 在工作区中选择前片膝围线的上端点，在“点放码表”对话框中输入相应的参数，单击“XY相等”按钮，执行操作后，即可完成膝围线上端点的放码，如图10-9所示。

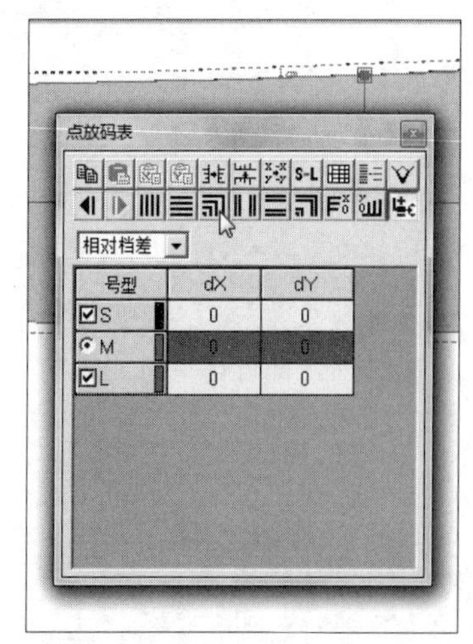

图10-9

09 在工作区中选择前片脚口线的上端点，在“点放码表”对话框中输入相应的参数，单击“XY相等”按钮，执行操作后，即可完成脚口线上端点的放码，如图10-10所示。

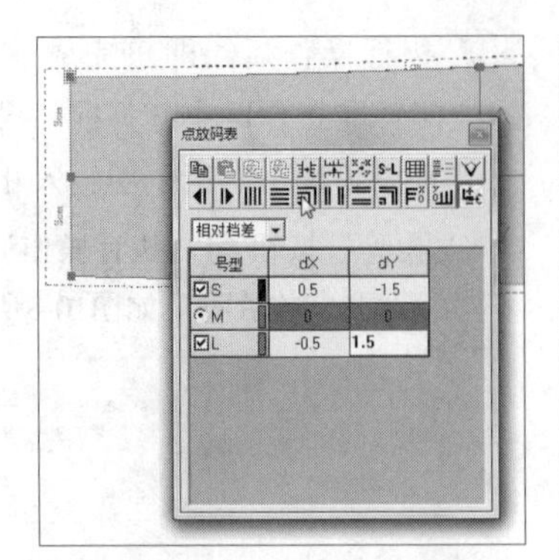

图10-10

⑩ 在工作区中选择前片脚口线的上端点，在“点放码表”对话框中单击“复制放码量”，然后选择脚口线的中点，单击“粘贴X”按钮，此时即可复制粘贴放码量，然后单击“Y等于零”按钮，如图10-11所示。

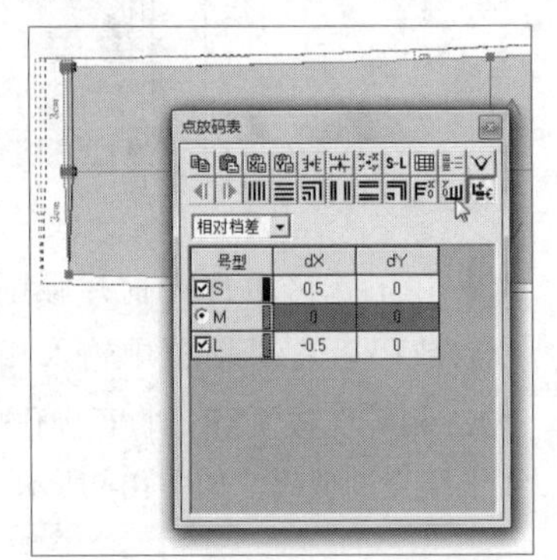

图10-11

⑪ 在“放码工具栏”中单击“拷贝点放码量”按钮，弹出“拷贝放码量”对话框，选中XY单选按钮和Y→-Y复选框，单击前片上方的放码点，此时鼠标变为，再单击前片下方的放码点，执行操作后，即可拷贝点放码量，如图10-12所示。

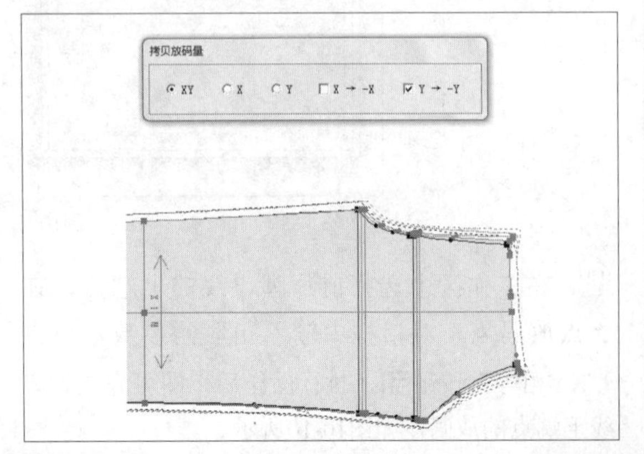

图10-12

⑫ 在“纸样工具栏”中单击“选择纸样控制点”按钮，在工作区中选择前片臀围线的下端点，在“点放码表”对话框中输入相应的参数，单击“XY相等”按钮，执行操作后，即可完成臀围线下端点的放码，如图10-13所示。

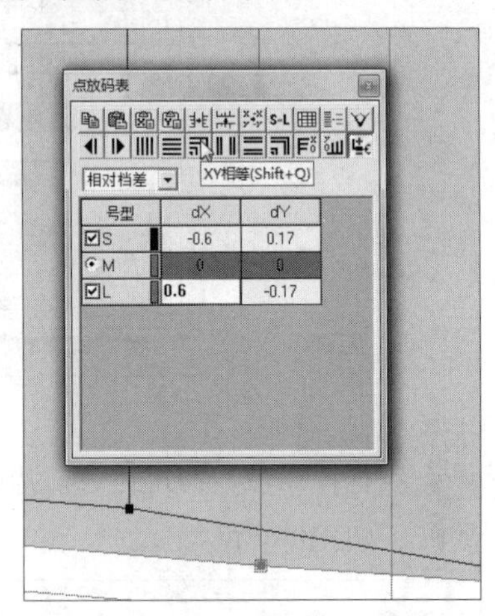

图10-13

⑬ 在工作区中选择前片腰围线的下端点，在“点放码表”对话框中输入相应的参数，单击“XY相等”按钮，执行操作后，即可完成腰围线下端点的放码，如图10-14所示。

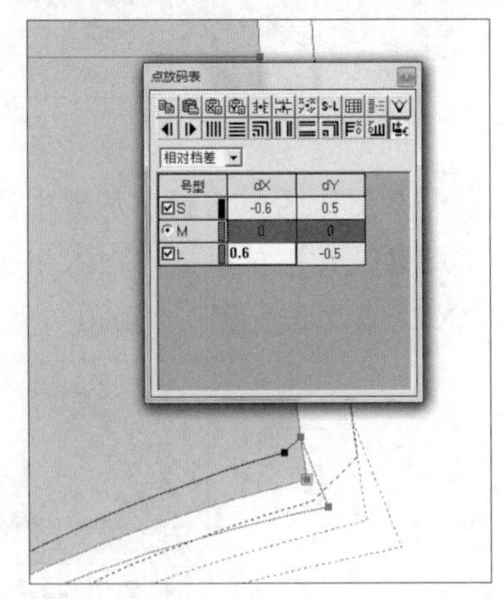

图10-14

⑭ 在“放码工具栏”中单击“拷贝点放码量”按钮，弹出“拷贝放码量”对话框，选中XY单选按钮和Y→-Y复选框，单击前片的放码点，此时鼠标变为，再单击后片的放码点，执行操作后，即可拷贝点放码量，此时即可完成休闲裤的放码，如图10-15所示。

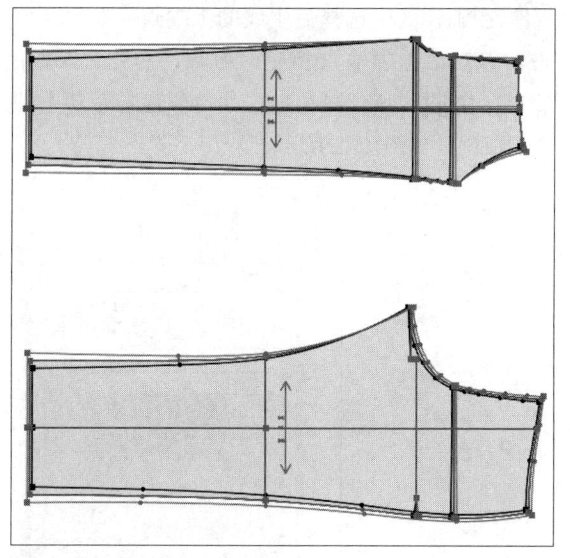

图10-15

10.1.2 裙子的放码

本实例介绍裙子的放码。裙子的放码与休闲裤的放码大致相同，同样采用了“点放码表”“选择纸样控制点”“拷贝点放码量”等命令。

课堂案例：裙子的放码
案例位置：效果>素材>第10章>裙子.dgs
视频位置：视频>第10章>课堂案例——裙子的放码.mp4
难易指数：★★★★★
学习目标：掌握裙子的放码的方法

本案例的最终效果如图10-16所示。

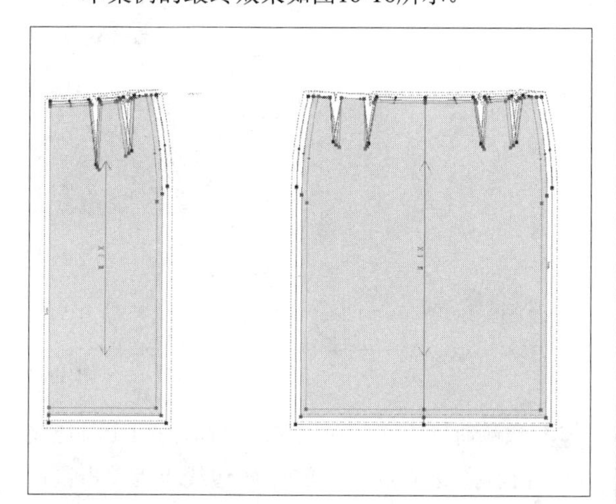

图10-16

01 按Ctrl＋O组合键，打开素材图形，如图10-17所示。

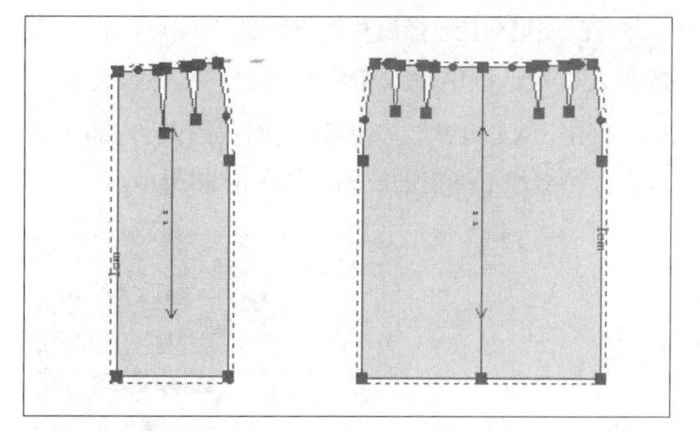

图10-17

02 在快捷工具栏中单击“点放码表”按钮，弹出“点放码表”对话框，在“纸样工具栏”中单击“选择纸样控制点”按钮，在工作区中选择后片腰围线的右端点，在“点放码表”对话框中输入相应的参数，单击“XY相等”按钮，执行操作后，即可完成后片腰围线右端点的放码，如图10-18所示。

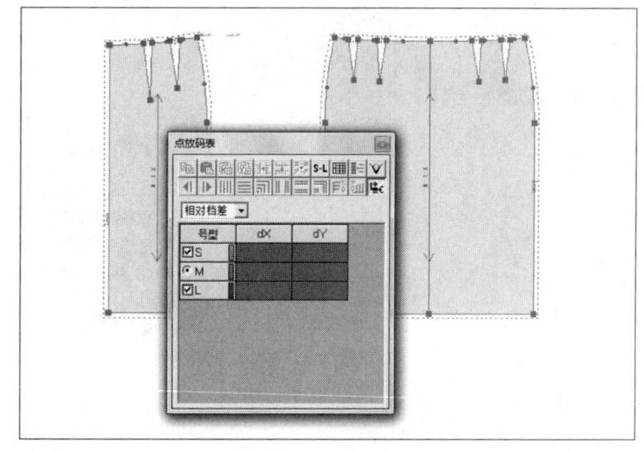

图10-18

03 在工作区中选择后片臀围线的右端点，然后在“点放码表”对话框中输入相应的参数，单击“XY相等”按钮，执行操作后，即可完成后片臀围线右端点的放码，如图10-19所示。

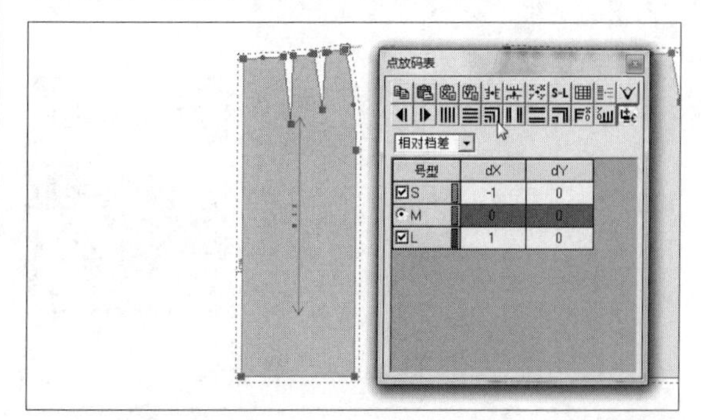

图10-19

04 在工作区中选择后片侧缝线的下端点，在“点放码表”对话框中输入相应的参数，执行上述操作后，单击“XY相等”按钮，执行操作后，即可完成后片侧缝线下端点的放码，如图10-20所示。

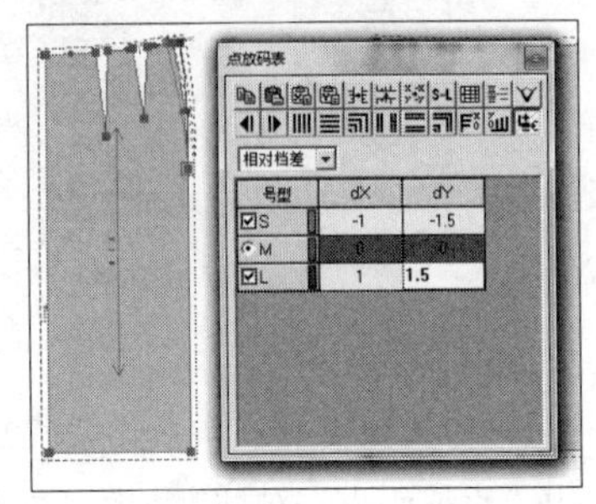

图10-20

05 在工作区中选择侧缝线的下端点，在“点放码表”对话框中单击“复制放码量”，如图10-21所示。

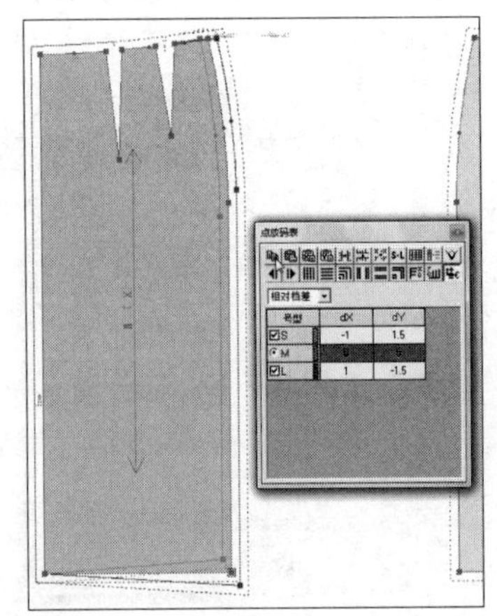

图10-21

06 然后选择后中线的下端点，单击“粘贴Y”按钮，此时即可复制放码量，如图10-22所示。

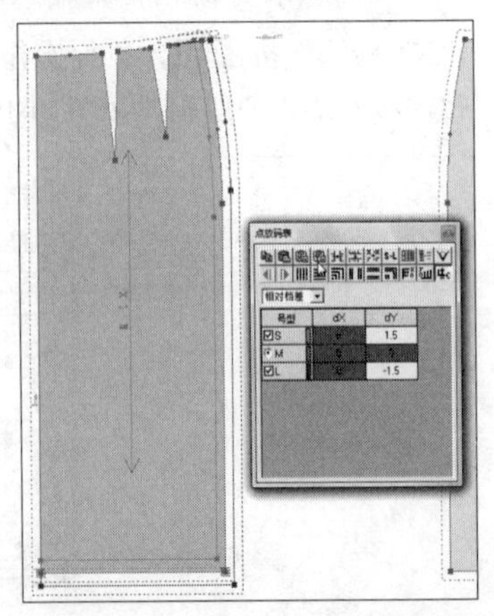

图10-22

07 在工作区中选择后中线的上端点，在“点放码表”对话框中输入相应的参数，单击“XY相等”按钮，执行操作后，即可完成后中线上端点的放码，如图10-23所示。

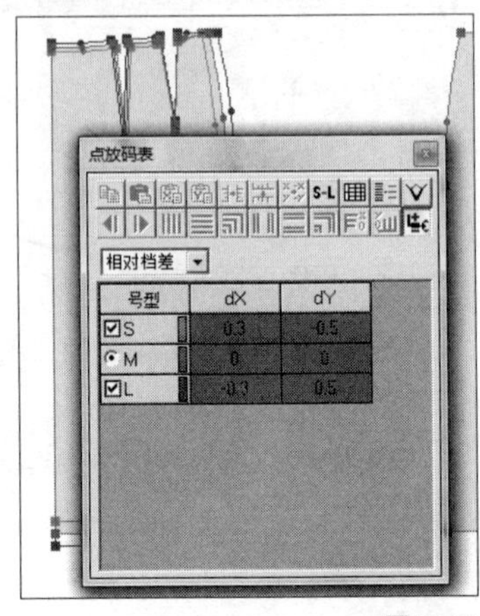

图10-23

08 在工作区中选择后中线的上端点，在“点放码表”对话框中单击“复制放码量”，然后单击后中线上端点的同时，向右拖曳光标，至第4个省边线点上单击鼠标左键，然后单击“粘贴Y”按钮，此时即可复制放码量，如图10-24所示。

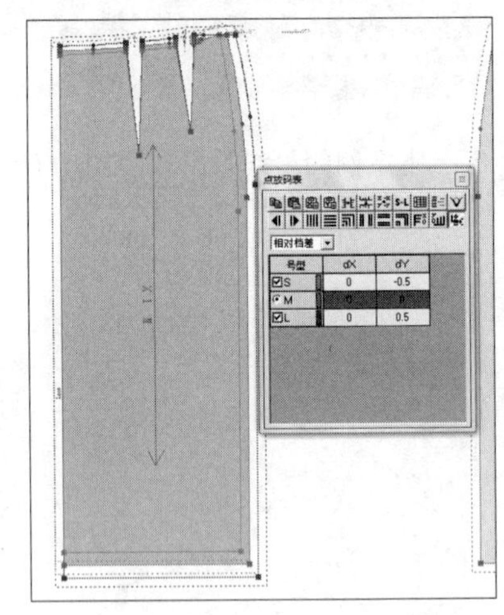

图10-24

09 按顺时针方向，在工作区中选择第1个省边线点，向右拖曳光标，至第2个省边线点上单击鼠标左键，然后在“点放码表”对话框中输入相应的参数，单击“XY相等”按钮，执行操作后，即可完成省边线点的放码，如图10-25所示。

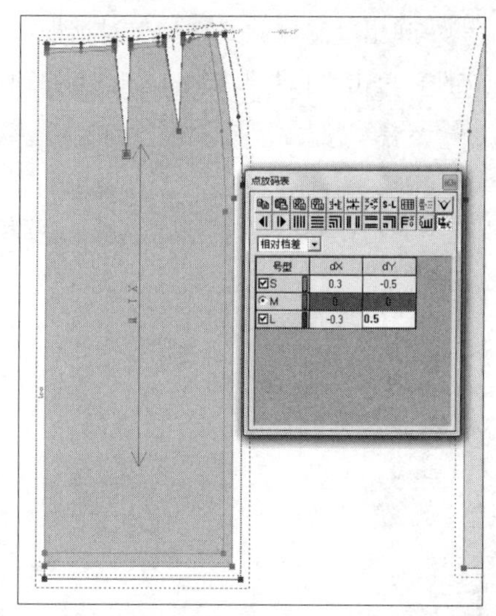

图10-25

10 按顺时针方向，在工作区中选择第3个省边线点，向右拖曳光标，至第4个省边线点上单击鼠标左键，然后在“点放码表”对话框中输入相应的参数，单击“XY相等”按钮，执行操作后，即可完成省边线点的放码，如图10-26所示。

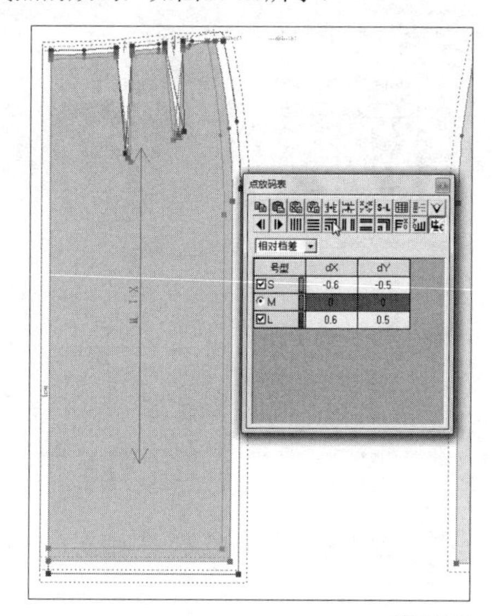

图10-26

11 在“放码工具栏”中，单击“拷贝点放码量”按钮，弹出“拷贝放码量”对话框，选中XY单选按钮，单击后片的放码点，此时鼠标变为，再单击前片右侧的放码点，即可拷贝点放码量，如图10-27所示。

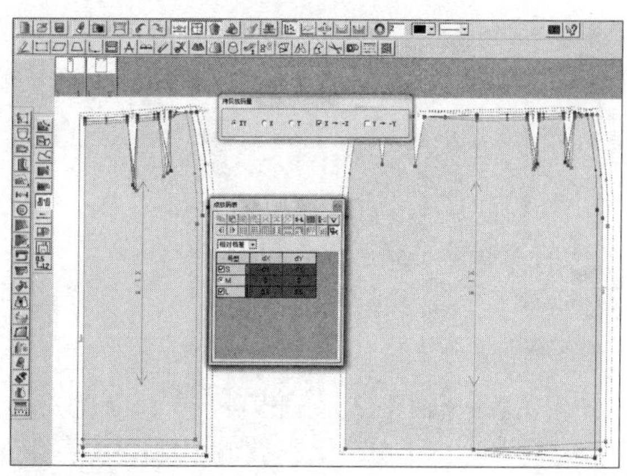

图10-27

12 在“拷贝放码量”对话框，选中XY单选按钮和X→-X复选框，单击前片右侧的放码点，当鼠标变为，再单击前片左侧的放码点，执行操作后，即可拷贝点放码量，此时即可完成裙子的放码，如图10-28所示。

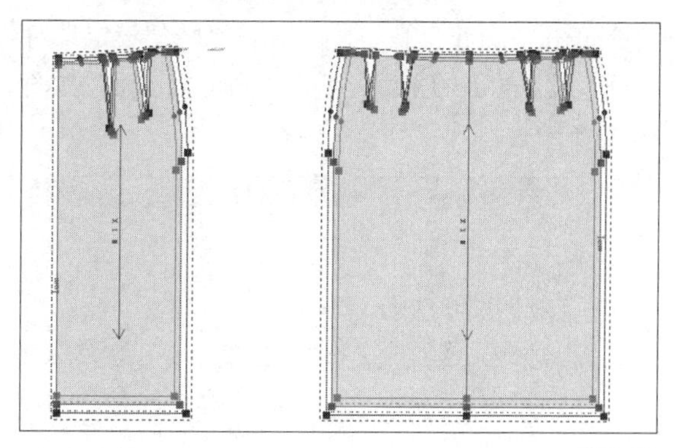

图10-28

10.2　掌握服装CAD的排料方法

服装排料也称排版、排唛架、划皮、套料等，是指一个产品排料图的设计过程，是在满足设计、制作等要求的前提下，将服装各规格的所有衣片样板在指定的面料幅宽内进行科学的排列，以最小面积或最短长度排出用料的定额。

10.2.1 休闲裤的排料

本实例介绍休闲裤的排料，要进行休闲裤的排料，休闲裤必须已经完成放码操作，该实例主要运用了“开始自动排料”命令。

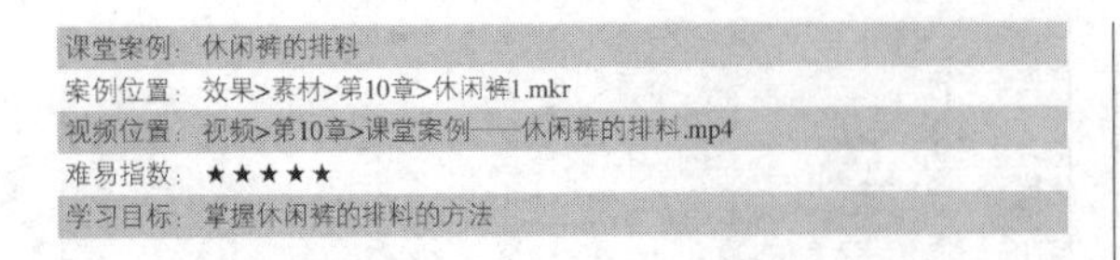
课堂案例：休闲裤的排料
案例位置：效果>素材>第10章>休闲裤1.mkr
视频位置：视频>第10章>课堂案例——休闲裤的排料.mp4
难易指数：★★★★★
学习目标：掌握休闲裤的排料的方法

本案例的最终效果如图10-29所示。

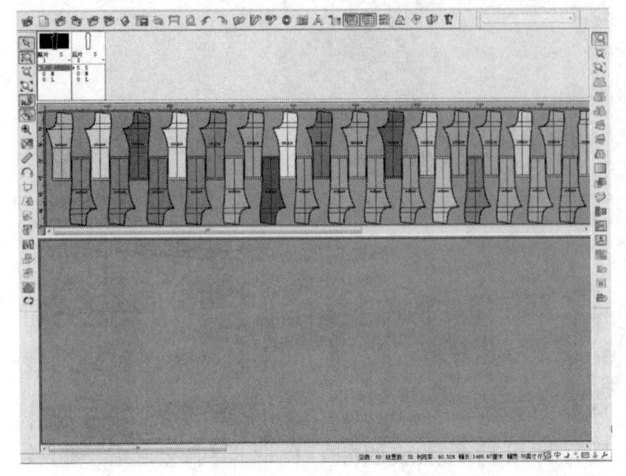

图10-29

01 单击“新建”按钮，弹出“唛架设定”对话框，设置相应的参数，单击“确定”按钮，如图10-30所示。

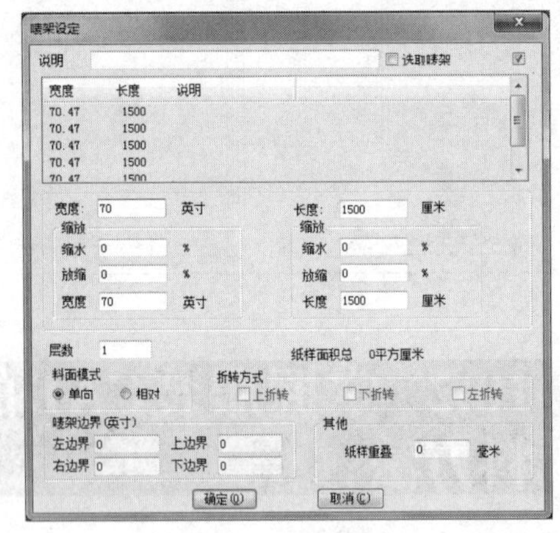

图10-30

02 弹出“选取款式”对话框，单击“载入”按钮，如图10-31所示。

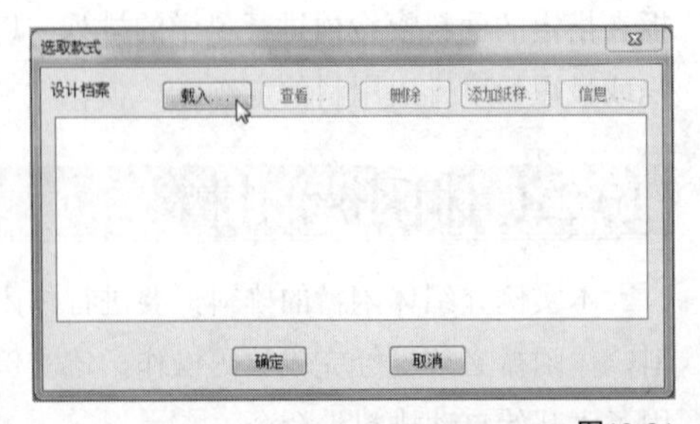

图10-31

03 弹出“选取款式文档”对话框，选择相应的文件，单击“打开”按钮，如图10-32所示。

图10-32

04 弹出“纸样制单”对话框，输入款式名称、号型套数，单击“确定”按钮，如图10-33所示。

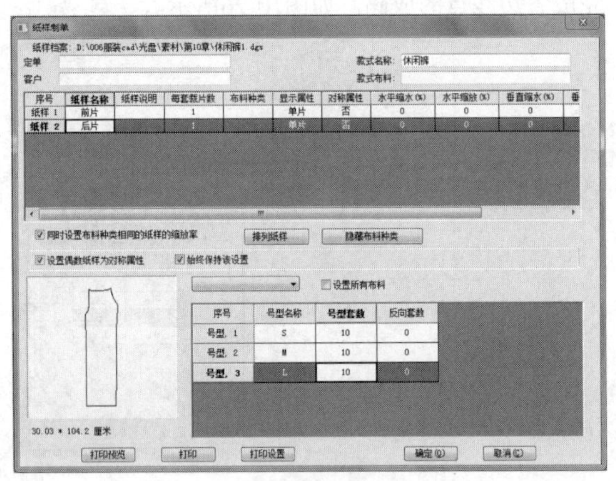

图10-33

05 返回到“选取款式”对话框，单击“确定”按钮，如图10-34所示。

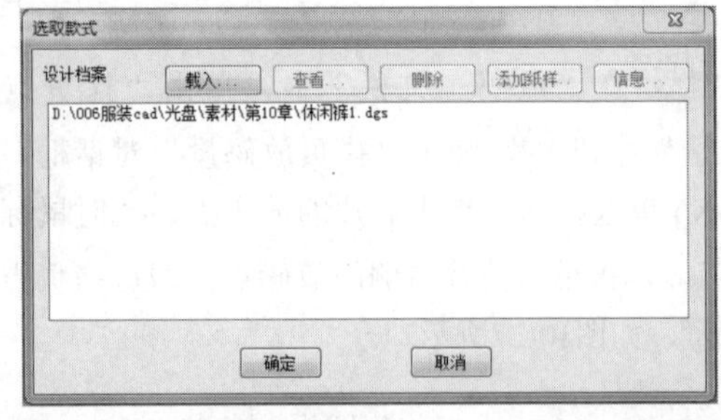

图10-34

06 单击“排料”|“开始自动排料”命令，如图10-35所示。

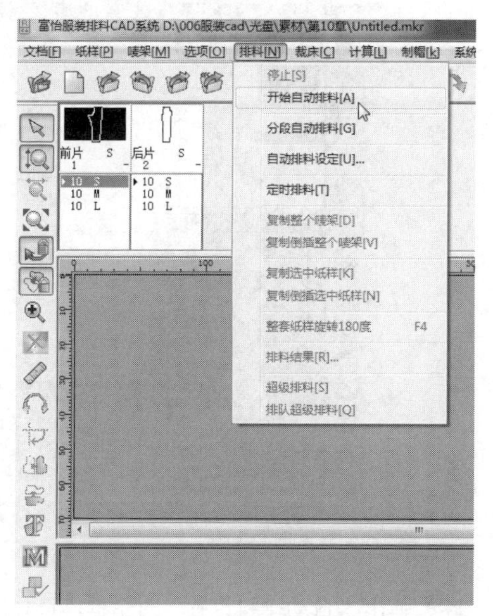

图10-35

07 执行操作后，即可自动排料，如图10-36所示；弹出“排料结果”对话框，如图10-37所示，单击“确定”按钮，即可完成休闲裤的排料。

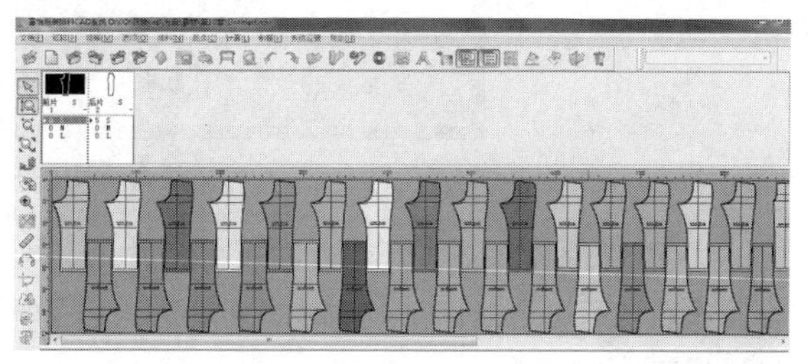

图10-36

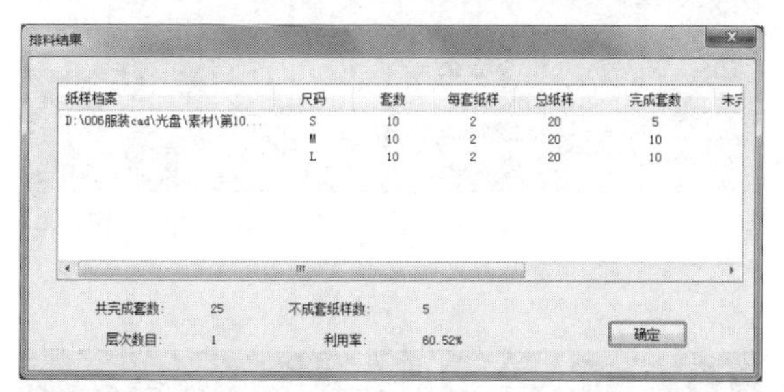

图10-37

10.2.2 裙子的排料

本实例介绍裙子的排料，要进行裙子的排料，裙子必须已经完成放码操作，该实例主要运用了“开始自动排料”命令。

课堂案例：裙子的排料
案例位置：效果>素材>第10章>裙子1.mkr
视频位置：视频>第10章>课堂案例——裙子的排料.mp4
难易指数：★★★★★
学习目标：掌握裙子的排料的方法

本案例的最终效果如图10-38所示。

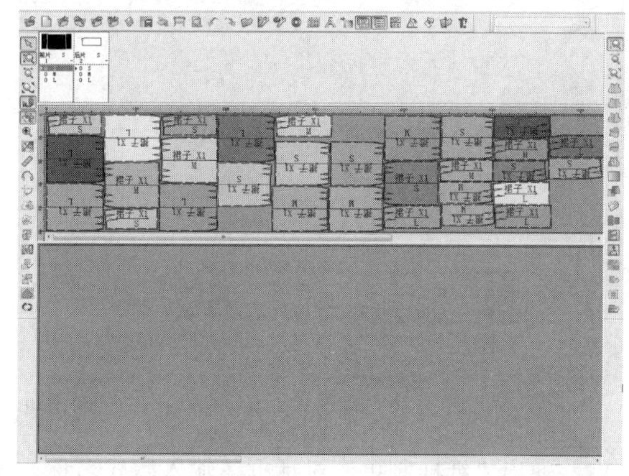

图10-38

01 单击“新建”按钮，弹出“唛架设定”对话框，设置相应的参数，单击“确定”按钮，如图10-39所示。

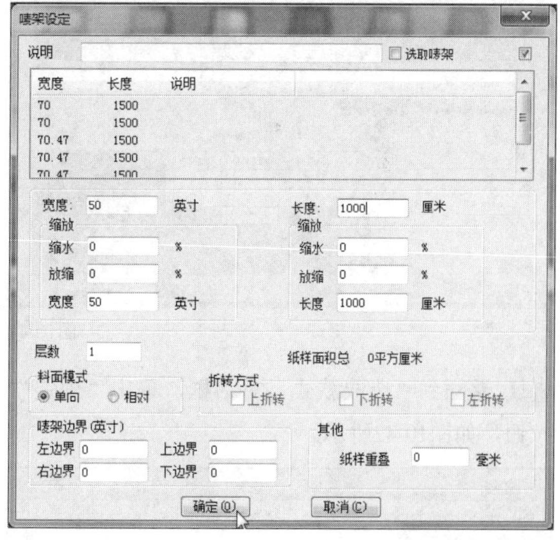

图10-39

02 弹出“选取款式”对话框，单击“载入”按钮，弹出“选取款式文件”对话框，选择相应的文件，单击“打开”按钮，如图10-40所示。

图10-40

03 弹出“纸样制单”对话框，输入款式名称、号型套数，单击“确定”按钮，如图10-41所示。

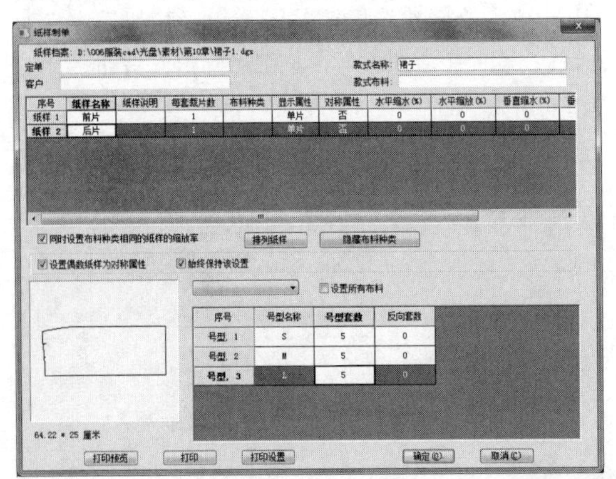

图10-41

04 返回到“选取款式”对话框，单击“确定”按钮，如图10-42所示。

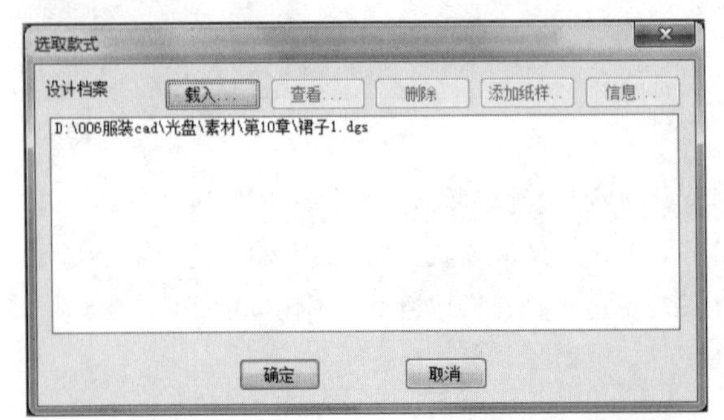

图10-42

05 单击“排料”|“自动排料设定”命令，如图10-43所示。

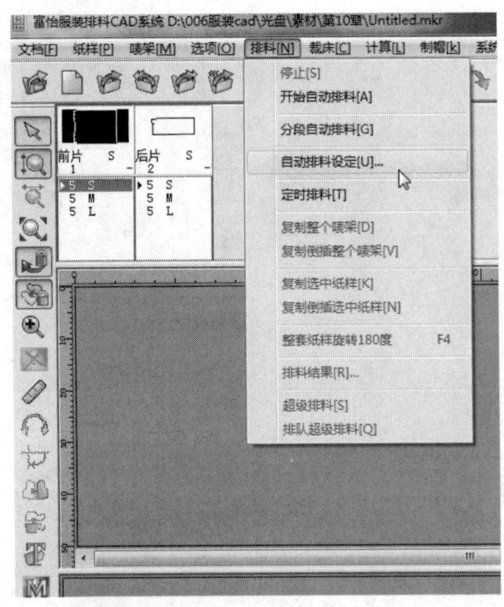

图10-43

06 弹出“自动排料设置”对话框，选择“精细”单选按钮，单击“确定”按钮，如图10-44所示。

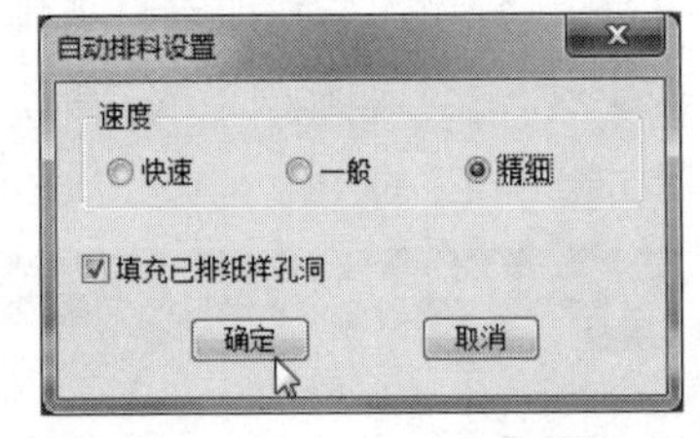

图10-44

07 单击“排料”|“开始自动排料”命令，执行操作后，即可自动排料，此时即可完成裙子的排料，如图10-45所示。

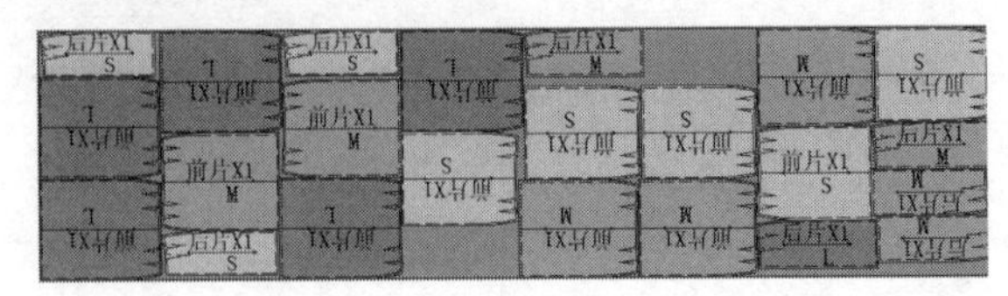

图10-45

10.3 本章小结

本章向读者介绍服装CAD的放码方法，以休闲裤放码和裙子放码为例，对放码的步骤进行了详细的讲解。此外，还有一部分的内容讲的是服装的排料，也是以休闲裤和裙子为例。通过对本章的学习，希望读者能够对服装CAD的放码与排料方法有很好的掌握。

10.4 课后习题——另存唛架文件

鉴于本章知识的重要性，为了帮助读者更好地掌握所学知识，本节将通过上机习题，帮助读者进行简单的知识回顾和补充。

案例位置	无
难易指数	★★★
学习目标	掌握另存唛架文件的方法

通过另存唛架文件，熟练本章服装CAD放码与排料制作，排料完成图像如图10-46所示，另存对话框，如图10-47所示。

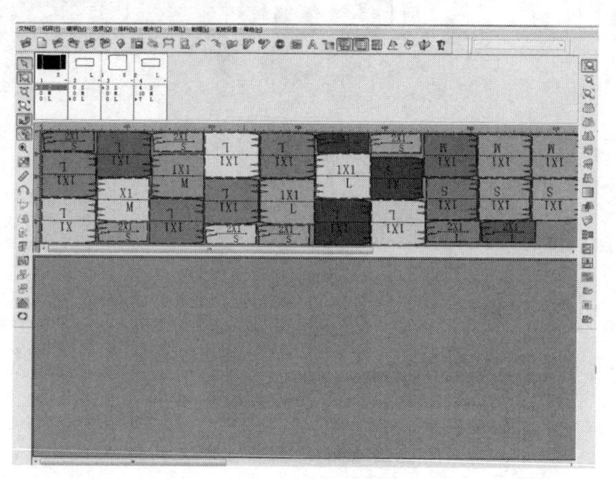

图10-46

图10-47

第11章

男装制板商业案例实训

内容摘要

男装指男士穿着的服饰，其与所有的服装一样，都有上装和下装。本章主要向读者介绍休闲裤、男式衬衣的制板内容。

课堂学习目标

男士休闲裤制板

男士衬衣制板

11.1 男式休闲裤制板

休闲裤，顾名思义就是穿起来显得比较休闲随意的裤子。广义的休闲裤，包含了一切非正式商务、政务、公务场合穿着的裤子。现实生活中主要是指以西裤为模板，在面料、板型方面比西裤随意和舒适，颜色则采用更加丰富多彩的裤子。

课堂案例：男式休闲裤制板
案例位置：效果>第11章>男式休闲裤制板.dgs
视频位置：视频>第11章>课堂案例——休闲裤前片制作.mp4、课堂案例——休闲裤后片制作.mp4、课堂案例——休闲裤细节制作.mp4、课堂案例——休闲裤纸样的制作.mp4
难易指数：★★★★★
学习目标：掌握男式休闲裤制板的方法

本案例的最终效果如图11-1所示。

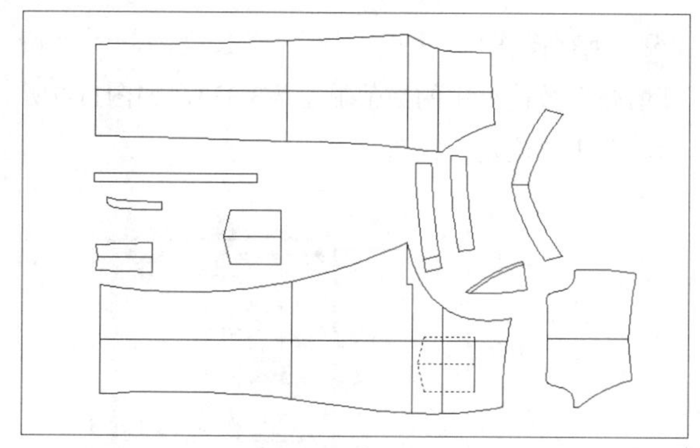

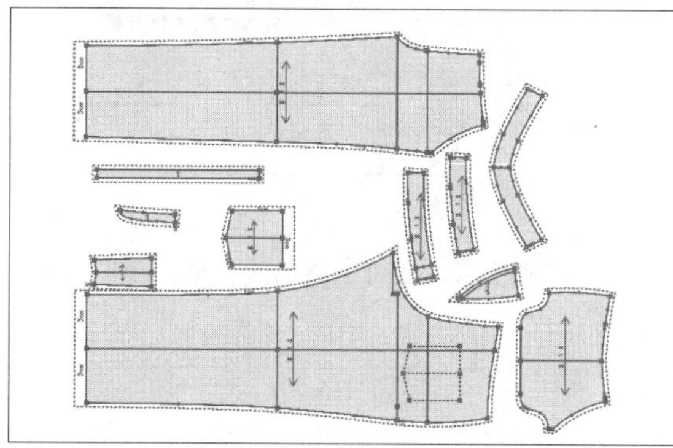

图11-1

11.1.1 休闲裤规格尺寸表

本节介绍男士休闲裤常规尺寸表（表11-1）。

表11-1 男士休闲裤尺寸表　　单位：cm

部位	裤长	腰围	臀围	膝围	脚口
165/72A	103	74	96	48	46
170/76A	106	78	100	50	48
175/80A	109	82	104	52	50
180/84A	112	86	108	54	52

11.1.2 休闲裤前片制作

本小节为读者讲解绘制休闲裤前片的操作方法。

01 新建一个空白文件，单击“号型”｜“号型编辑”命令，弹出“设置号型规格表”对话框，设置需要的参数，单击“确定”按钮，如图11-2所示。

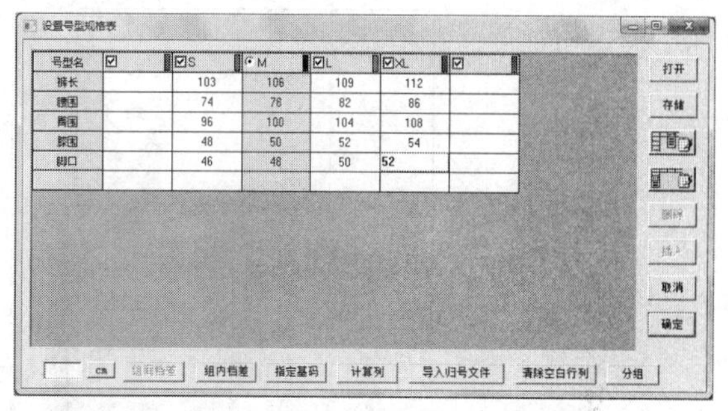

图11-2

02 执行操作后，即可编辑号型；单击“文档”｜“另存为”命令，弹出“另存为”对话框，设置文件名和保存路径，单击“保存”按钮，执行操作后，即可另存文件；在“设计工具栏”中单击“矩形”按钮，在工作区中的合适位置单击鼠标左键，弹出“矩形”对话框，设置横向长度为26，拖曳光标至下方的数值框中，然后单击鼠标左键，双击对话框右上方空白区域，弹出“计算器”对话框，输入相应的公式，单击“OK”按钮，如图11-3所示。

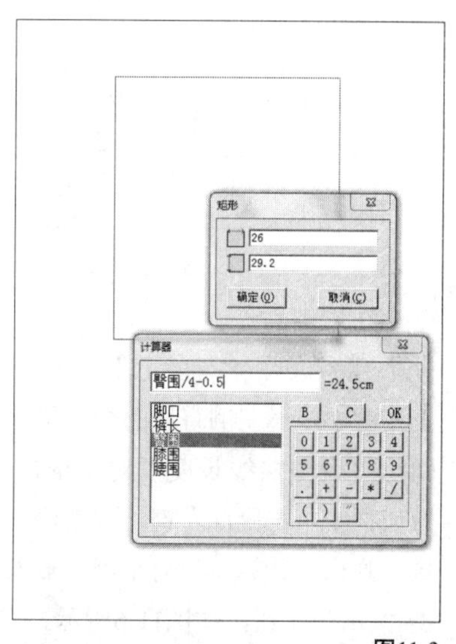

图11-3

03 执行操作后，返回到“矩形”对话框，单击“确定”按钮，绘制矩形；在“设计工具栏”中单击“智能笔”按钮，在工作区中左侧的直线上单击鼠标左键的同时，并向右拖曳光标，至合适位置单击鼠标左键，弹出“平行线”对话框，设置相应的参数，单击“确定”按钮，如图11-4所示。

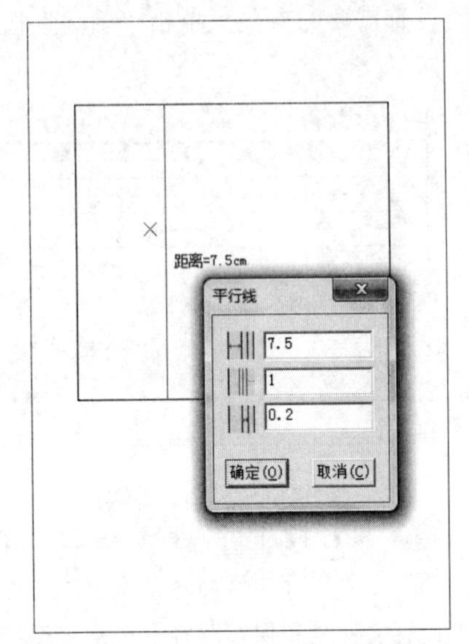

图11-4

04 执行操作后，即可绘制前臀围线，如图11-5所示。

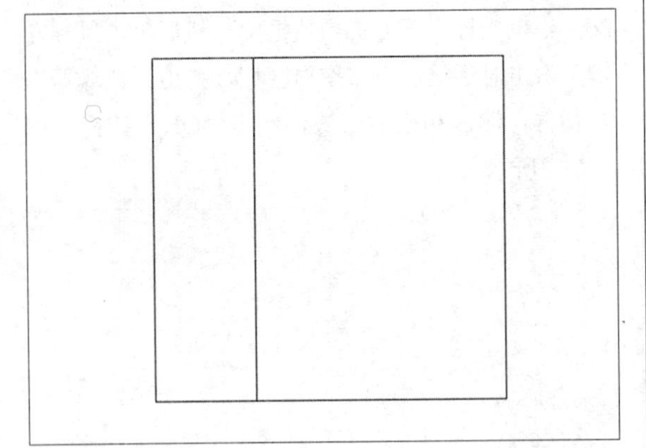

图11-5

05 继续使用“智能笔”命令，按住Shift键，在工作区中矩形左侧直线的合适位置单击鼠标右键，弹出“调整曲线长度”对话框，在“长度增减”数值框中单击鼠标左键，双击对话框右上方空白区域，弹出“计算器”对话框，输入相应的公式，单击“OK”按钮，如图11-6所示。

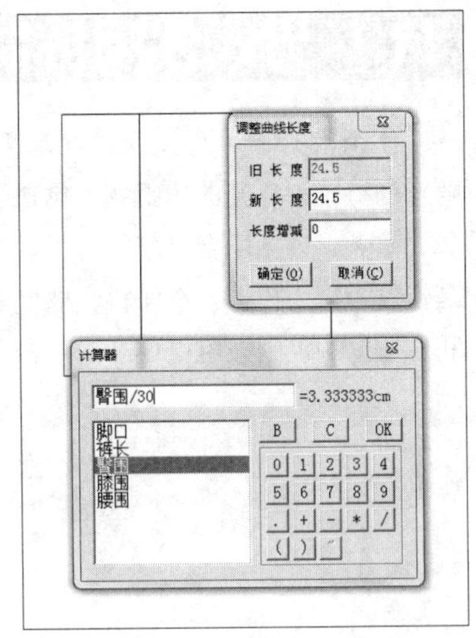

图11-6

06 执行操作后，即可调整曲线长度，此时“长度增减”数值框中的数值显示为3.333，如图11-7所示，单击“确定”按钮。

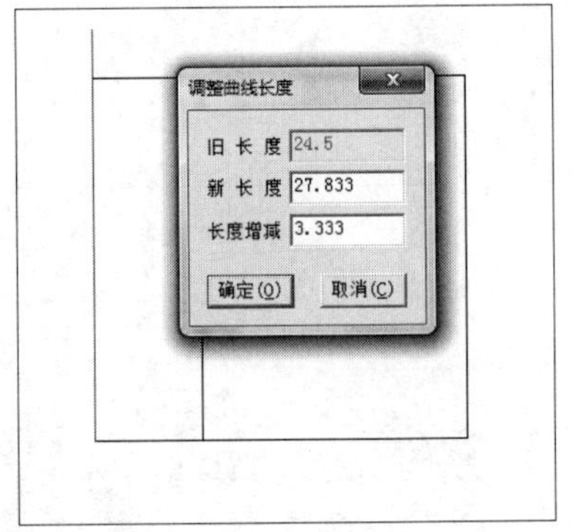

图11-7

07 执行操作后，即可调整曲线长度，如图11-8所示。

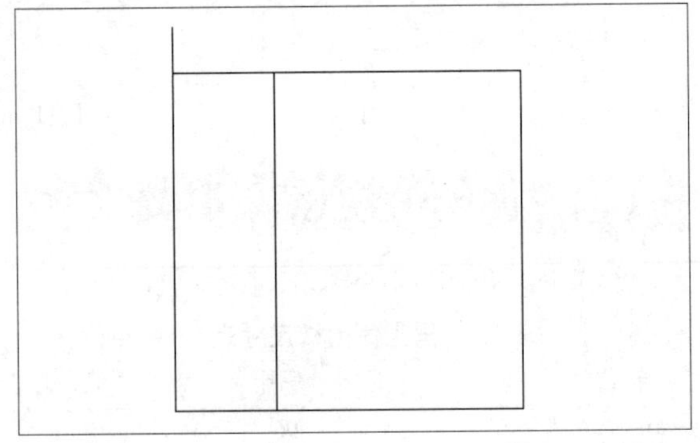

图11-8

08 在“设计工具栏”中单击“等份规”按钮，将线型改为虚线，设置“等份数”为2，在工作区中相应的点上单击鼠标左键，将横档线平分为两等份，如图11-9所示。

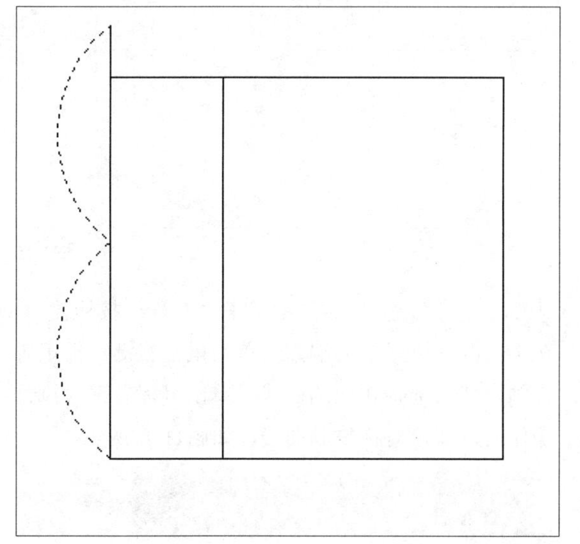

图11-9

09 将线型改为“实线”，继续使用“智能笔”命令，在相应的等分点上单击鼠标左键，然后向右拖曳光标，至右侧的直线上单击鼠标左键，绘制直线，如图11-10所示。

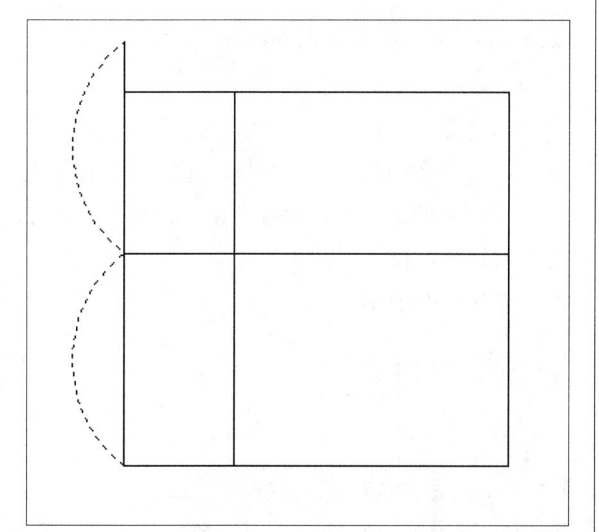

图11-10

10 继续使用“智能笔”命令，按住Shift键，在横档线上单击鼠标右键，弹出“调整曲线长度”对话框，设置“新长度”为103，单击“确定”按钮，如图11-11所示。

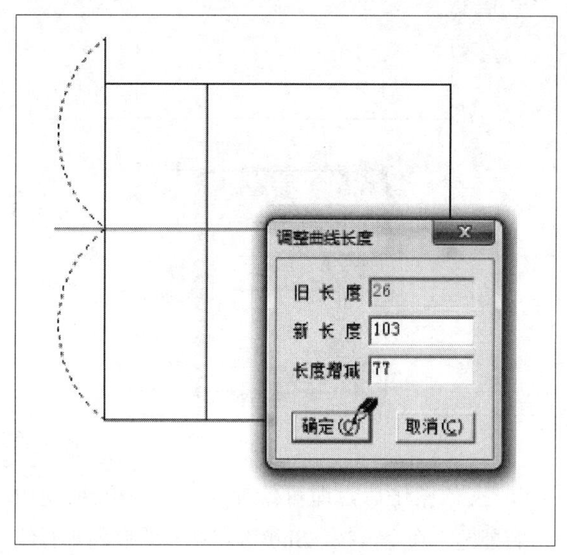

图11-11

11 执行操作后，即可调整曲线长度；继续使用“智能笔”命令，在相应的点上单击鼠标左键，向上拖曳光标，至合适位置单击鼠标左键，弹出“长度”对话框，双击对话框右上方空白区域，弹出“计算器”对话框，输入相应的公式，单击“OK”按钮，如图11-12所示。

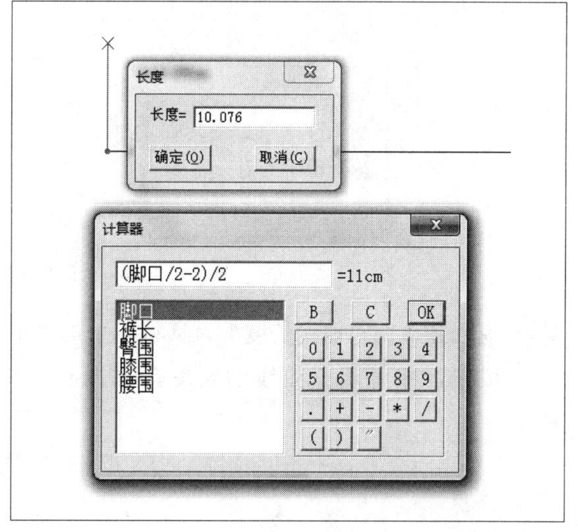

图11-12

12 执行操作后，返回到“长度”对话框，单击“确定”按钮，即可绘制直线；继续使用“智能笔”命令，在工作区中左侧的直线上单击鼠标左键的同时，并向右拖曳光标，至合适位置单击鼠标左键，弹出“平行线”对话框，设置相应的参数，单击“确定”按钮，如图11-13所示。

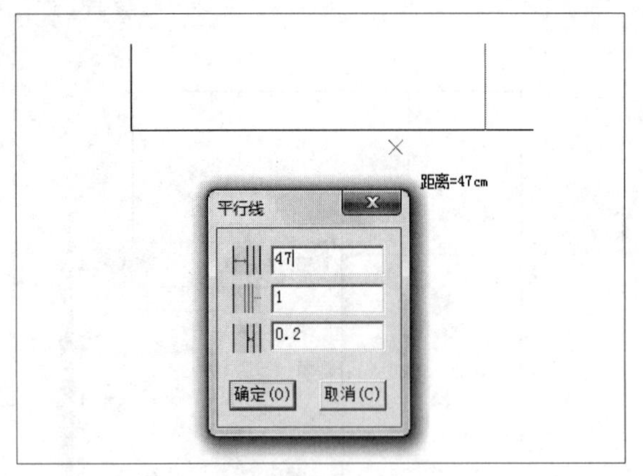

图11-13

13 执行操作后，即可绘制平行线；继续使用“智能笔”命令，按住Shift键，在刚绘制的平行线上单击鼠标右键，弹出“调整曲线长度”对话框，双击对话框右上方空白区域，弹出“计算器”对话框，输入相应的公式，单击“OK”按钮，如图11-14所示。

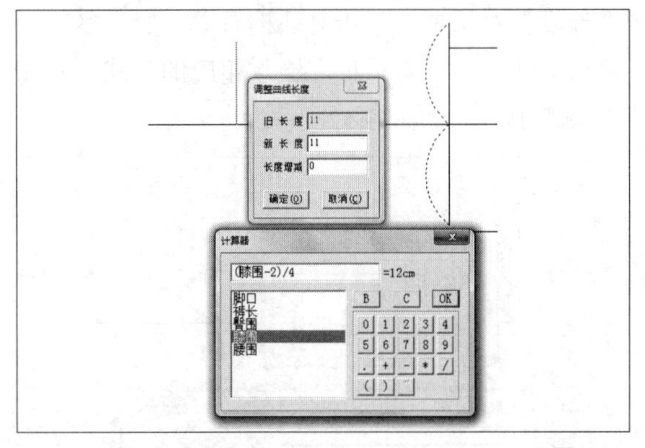

图11-14

14 返回到“调整曲线长度”对话框，单击“确定”按钮，即可调整曲线的长度，如图11-15所示。

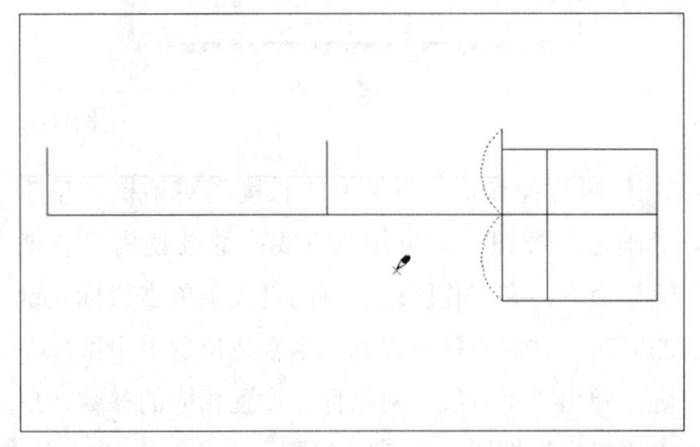

图11-15

15 在“设计工具栏”中单击“智能笔”按钮，在工作区中相应的点上单击鼠标左键，绘制侧缝线，如图11-16所示。

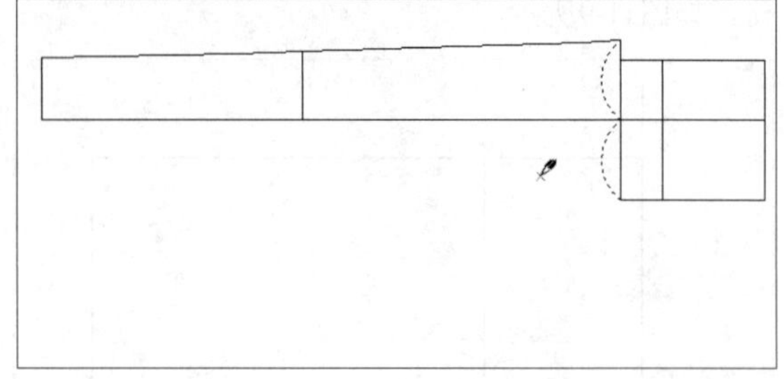

图11-16

16 在“设计工具栏”中单击“对称”按钮，在工作区中裤中线的端点上单击鼠标左键，指定对称轴，然后选择相应的曲线，单击鼠标右键，执行操作后，即可对称复制曲线，如图11-17所示。

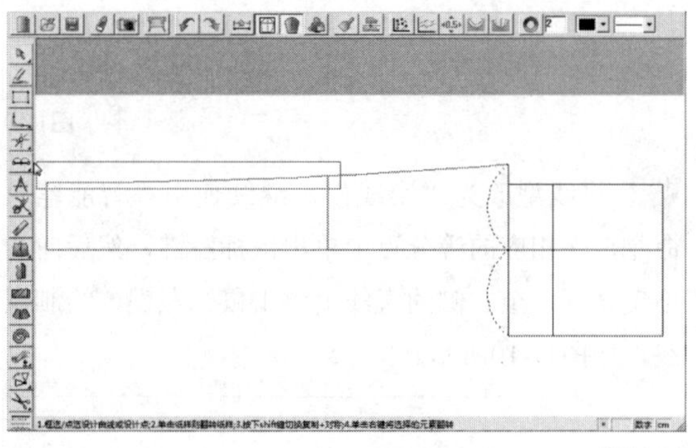

图11-17

17 在“设计工具栏”中单击“智能笔”按钮，在工作区中相应的点上单击鼠标左键，然后拖曳光标，至相应的线上单击鼠标左键，弹出“点的位置”对话框，设置“长度”为1，单击“确定”按钮，如图11-18所示。

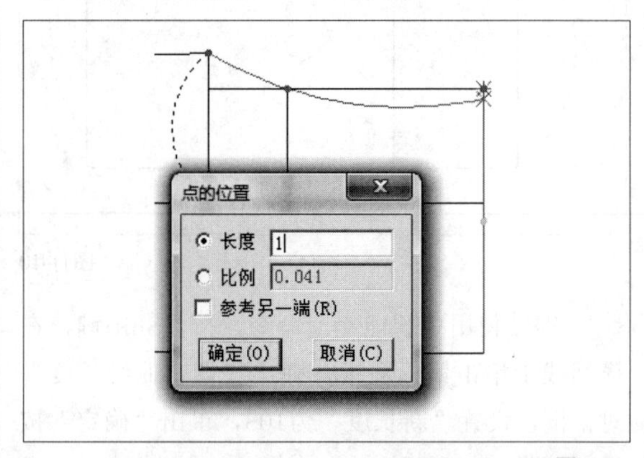

图11-18

18 执行操作后，即可绘制前档弧线，然后对其进行适当调整，并删除相应的曲线，如图11-19所示。

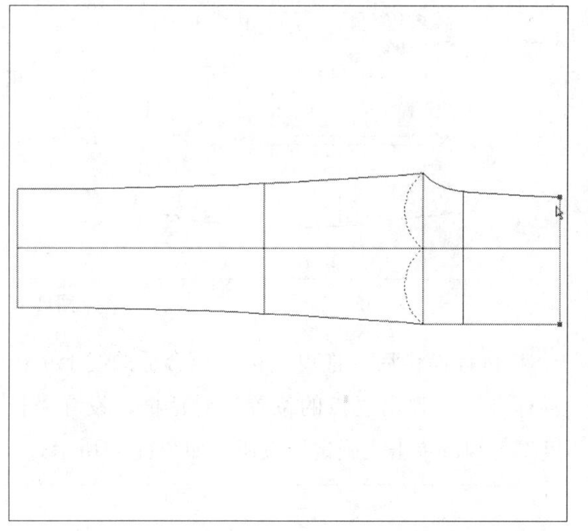

图11-19

19 在“设计工具栏”中单击“智能笔”按钮，在腰口线前中点按Enter键，弹出“移动量”对话框，设置横向移动为0.5，在下方的数值框中单击鼠标左键，然后双击对话框右上方空白区域，弹出“计算器”对话框，输入相应的公式，输入相应的公式，单击“OK”按钮，如图11-20所示。

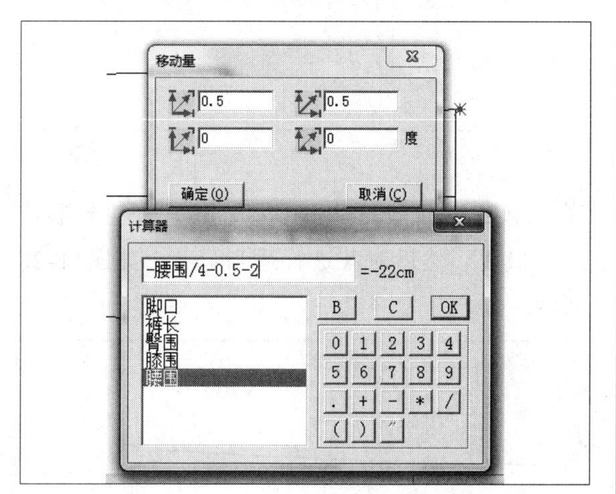

图11-20

20 执行操作后，返回到“移动量”对话框，单击“确定”按钮，然后拖曳光标，至前档弧线的合适位置单击鼠标左键，弹出“点的位置”对话框，设置相应的参数，单击“确定”按钮，如图11-21所示。

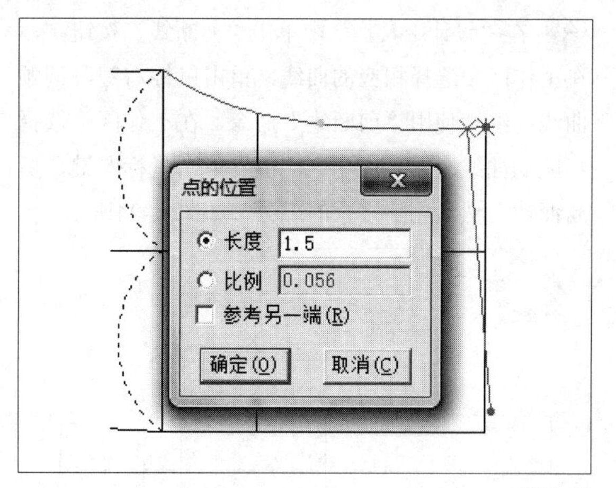

图11-21

21 执行操作后，单击鼠标右键，即可绘制腰口弧线，然后对其进行适当调整，如图11-22所示。

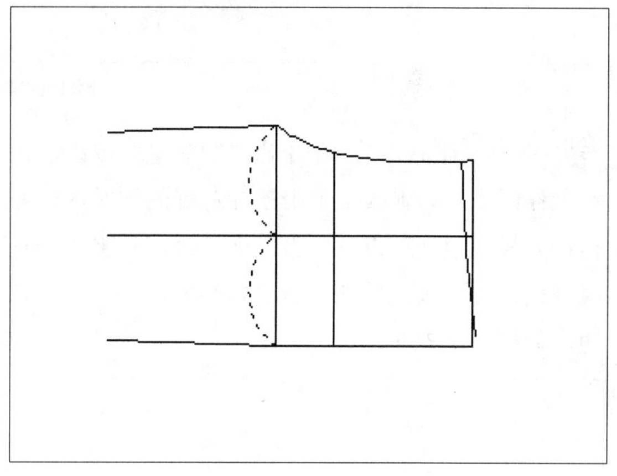

图11-22

22 继续使用“智能笔”命令，在工作区中相应的点上单击鼠标左键，绘制曲线，如图11-23所示。

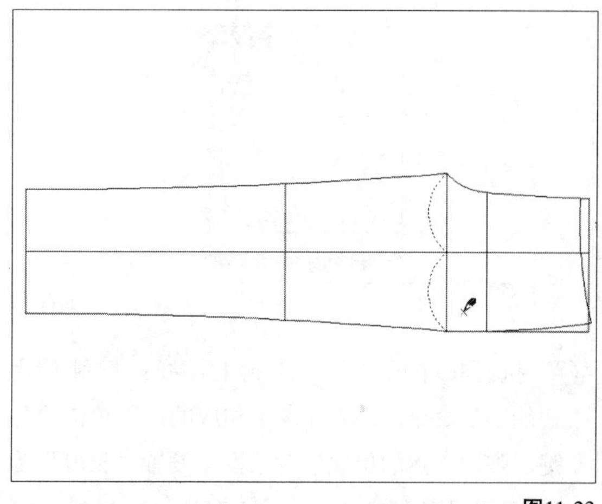

图11-23

23 在“设计工具栏”中单击“剪断线”按钮，在工作区中选择相应的曲线，单击鼠标右键，调顺曲线；继续使用“剪断线”命令，在工作区中选择相应的曲线，然后在相应的位置单击鼠标左键，剪断曲线，然后删除多余的部分，如图11-24所示。

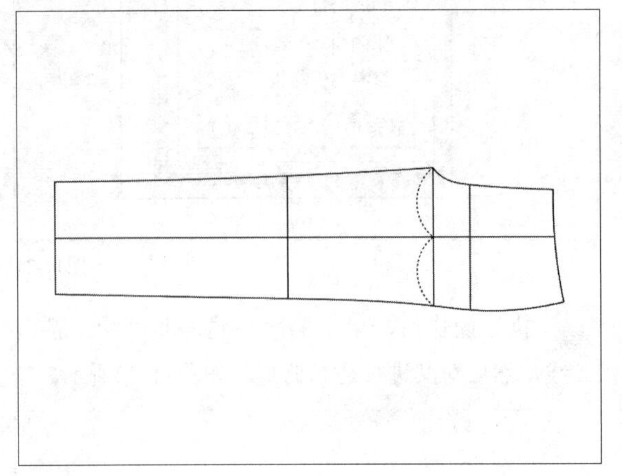

图11-24

24 在“设计工具栏”中单击“智能笔”按钮，在工作区中腰口弧线上单击鼠标左键的同时，向左拖曳光标，至合适位置单击鼠标左键，弹出“平行线”对话框，设置相应的参数，单击“确定”按钮，如图11-25所示。

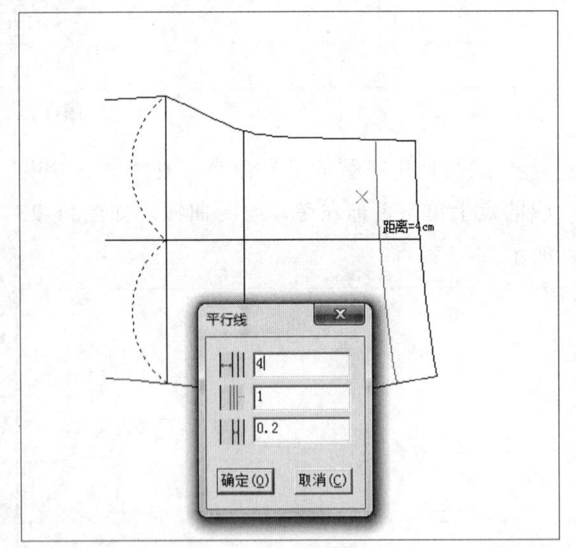

图11-25

25 执行操作后，即可绘制平行线；继续使用“智能笔”命令，在工作区中相应的线上单击鼠标左键，弹出“点的位置”对话框，设置“长度”为6，单击“确定”按钮，如图11-26所示。

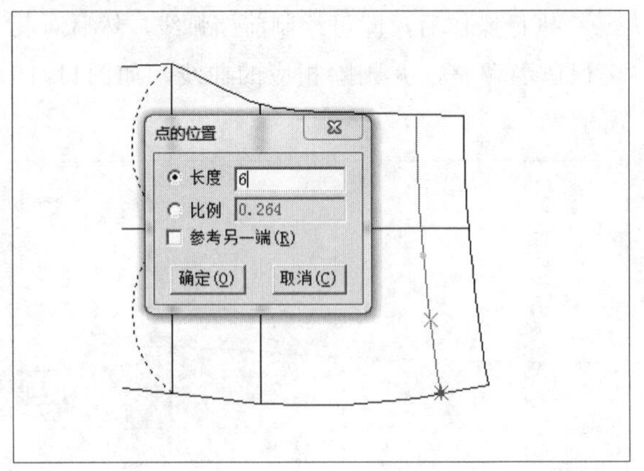

图11-26

26 执行操作后，拖曳光标，至合适的线上单击鼠标左键，弹出“点的位置”对话框，设置“长度”为14，单击“确定”按钮，如图11-27所示。

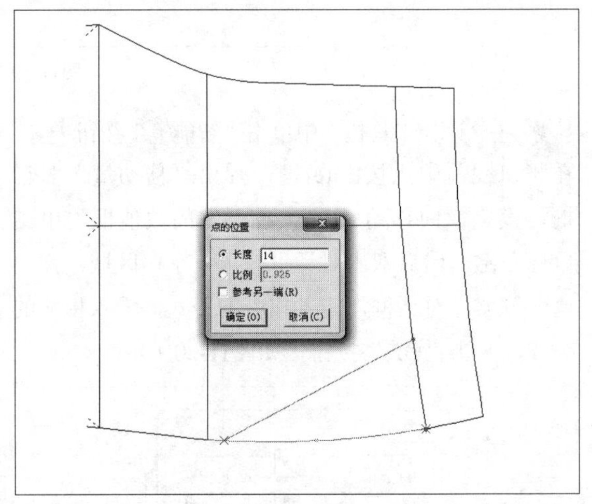

图11-27

27 执行操作后，单击鼠标右键，即可绘制前片袋口线，然后对其进行适当调整，如图11-28所示。

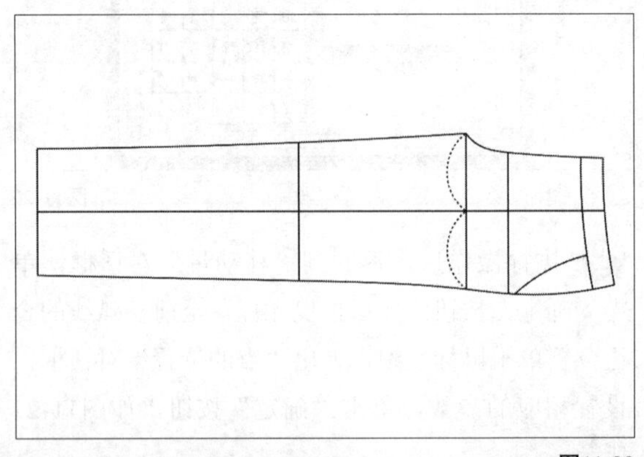

图11-28

28 在“设计工具栏”中单击“智能笔”按钮，在工作区中的前片袋口线上单击鼠标左键的同时，向左拖曳光标，至合适位置单击鼠标左键，绘制平行线，然后对其进行适当调整，如图11-29所示。

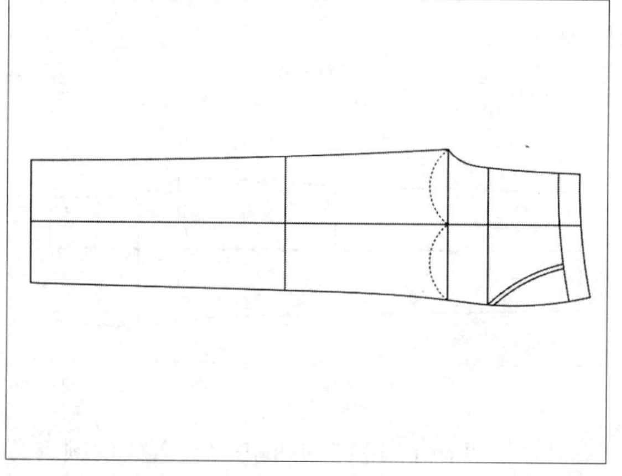

图11-29

29 继续使用“智能笔”命令，在工作区中相应的线上单击鼠标左键，弹出“点的位置”对话框，设置“长度”为2，单击“确定”按钮，如图11-30所示。

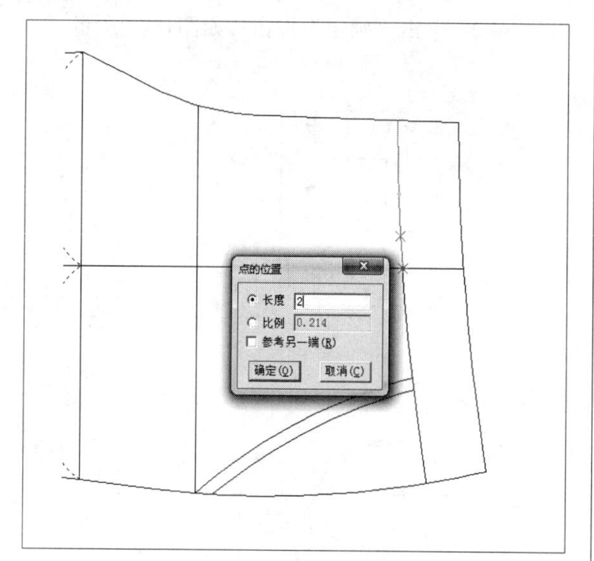

图11-30

30 向左拖曳光标，输入20，并单击鼠标左键，绘制直线；继续使用“智能笔”命令，然后输入8，并单击鼠标左键，绘制直线；继续使用“智能笔”命令，在工作区中相应的点上单击鼠标左键，绘制直线，如图11-31所示。

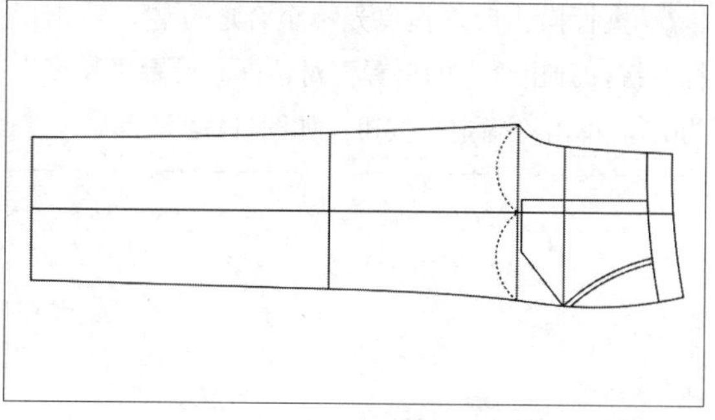

图11-31

31 在“设计工具栏”中单击“调整工具”按钮，在工作区中选择相应的直线，对其进行适当调整，如图11-32所示。

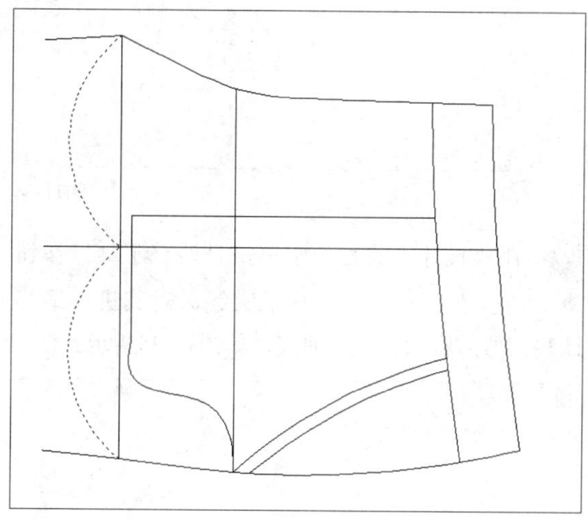

图11-32

32 在“设计工具栏”中单击“智能笔”按钮，在工作区中相应的线上单击鼠标左键，弹出“点的位置”对话框，设置“长度”为2，单击“确定”按钮，如图11-33所示。

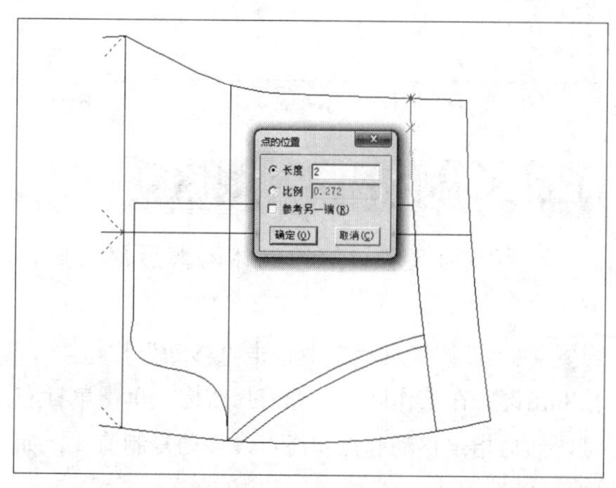

图11-33

33 执行操作后，拖曳光标至合适位置，单击鼠标左键，弹出“点的位置”对话框，设置“长度”为0.5，单击“确定”按钮，如图11-34所示。

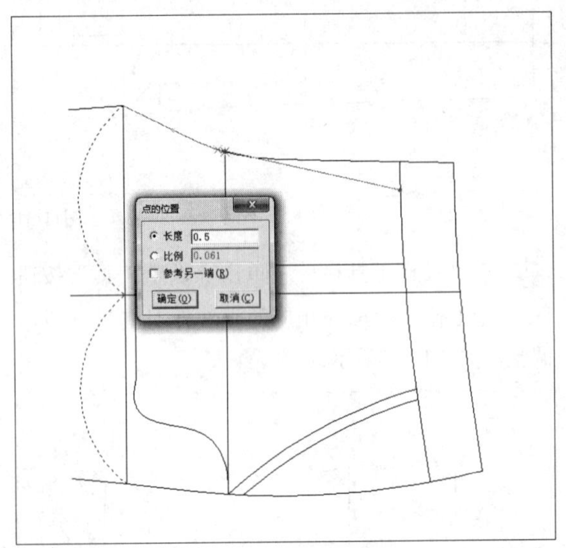

图11-34

34 在“设计工具栏”中单击“调整工具”按钮，在工作区中选择相应的直线，对其进行适当调整，然后删除相应的曲线，如图11-35所示。

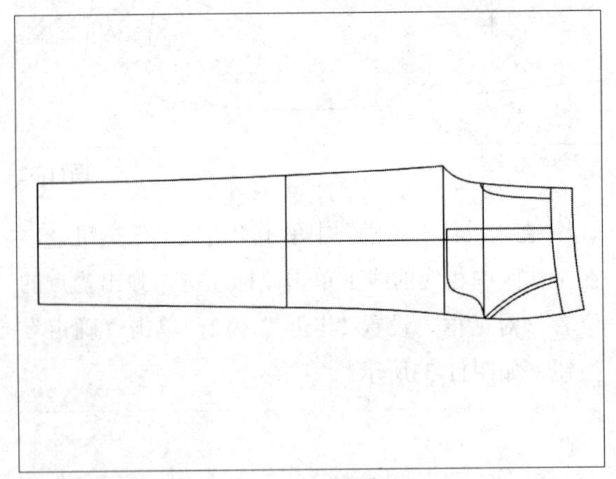
图11-35

11.1.3 休闲裤后片制作

本小节为读者讲解绘制休闲裤后片的操作方法。

01 在“设计工具栏”中单击“移动”按钮，按Shift键，在工作区中选择前片结构，单击鼠标右键，然后指定移动起点和终点，移动复制前片，如图11-36所示。

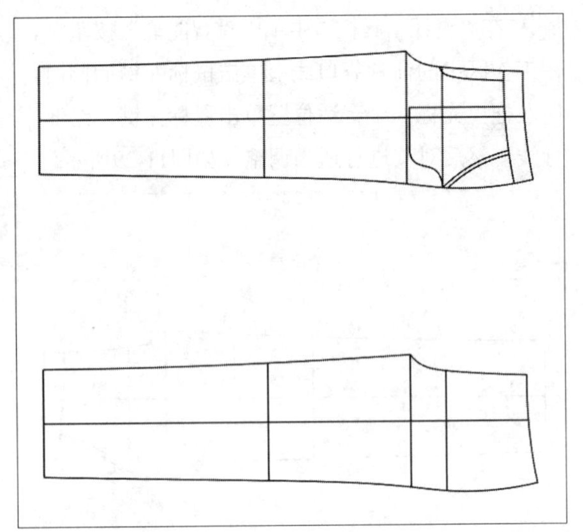
图11-36

02 在“设计工具栏”中单击“设置线的颜色类型”按钮，设置线型为虚线，然后在工作区中选择相应的曲线，执行操作后，即可调整曲线的线型；在“设计工具栏”中单击“智能笔”按钮，按住Shift键，在臀围线的上部合适位置单击鼠标右键，弹出“调整曲线长度”对话框，设置“长度增减”为-2，单击“确定”按钮，如图11-37所示。

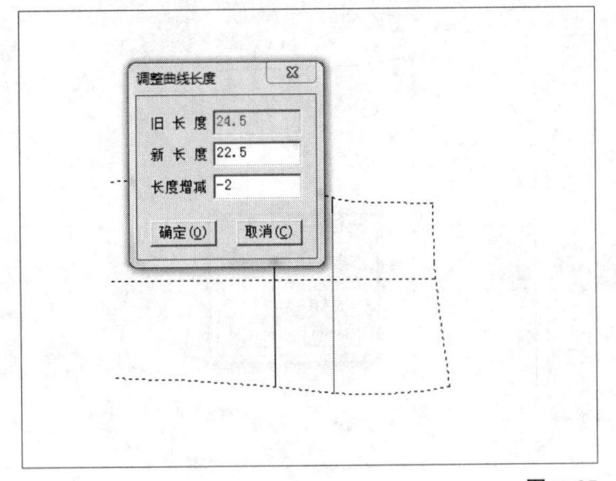

图11-37

03 执行操作后，即可调整臀围线长度；继续使用“智能笔”命令，在工作区中的相应位置绘制直线；继续使用“智能笔”命令，按住Shift键，在臀围线的下方合适位置单击鼠标右键，弹出“调整曲线长度”对话框，设置“长度增减”为3，单击“确定”按钮，如图11-38所示。

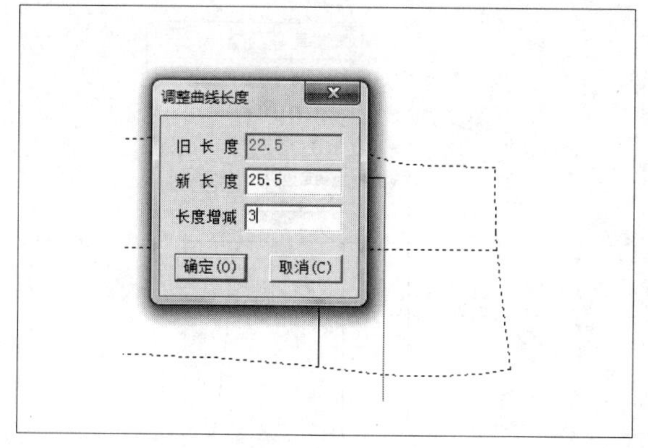

图11-38

04 执行操作后，即可调整臀围线长度；继续使用“智能笔”命令，按住Shift键，在相应的线上单击鼠标右键，弹出“调整曲线长度”对话框，设置“新长度”为26，单击“确定”按钮，如图11-39所示。

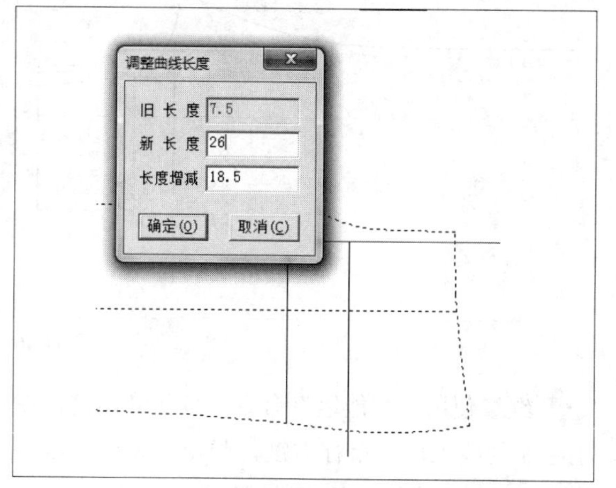

图11-39

05 执行操作后，即可调整曲线长度；继续使用“智能笔”命令，在工作区中相应的点上单击鼠标右键，拖曳光标，至合适位置单击鼠标左键，绘制直线，如图11-40所示。

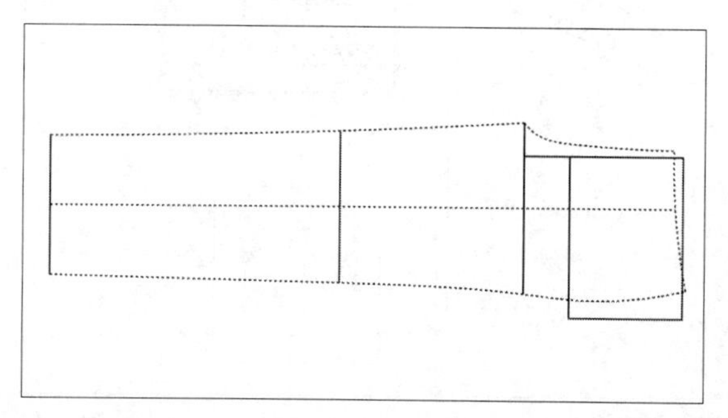

图11-40

06 继续使用“智能笔”命令，按住Shift键，在脚口线的合适位置单击鼠标右键，弹出“调整曲线长度”对话框，设置“长度增减”为3，单击“确定”按钮，如图11-41所示。

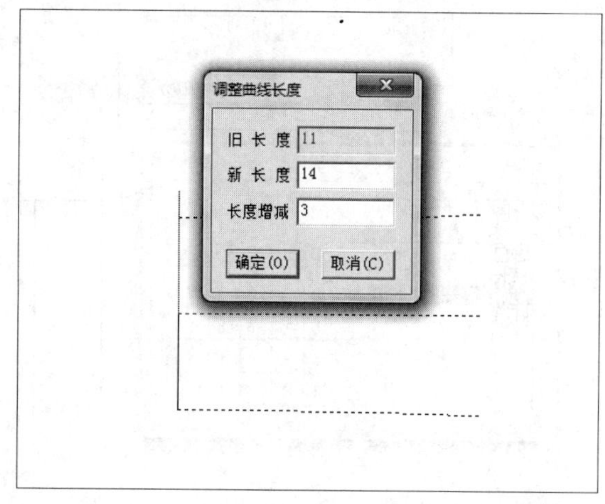

图11-41

07 执行操作后，即可调整脚口线的长度；继续使用“智能笔”命令，调整其他线的长度，如图11-42所示。

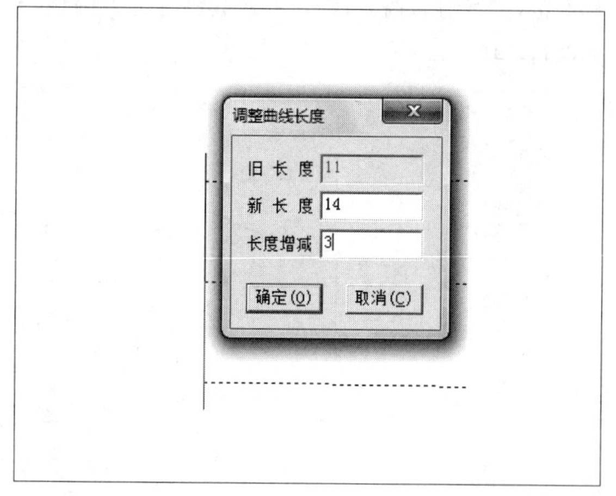

图11-42

08 继续使用“智能笔”命令，在合适的点上按Enter键，弹出“移动量”对话框，设置横向移动为-1.2，在下方的数值框中单击鼠标左键，然后双击对话框右上方空白区域，弹出“计算器”对话框，输入相应的公式，单击“OK”按钮，如图11-43所示。

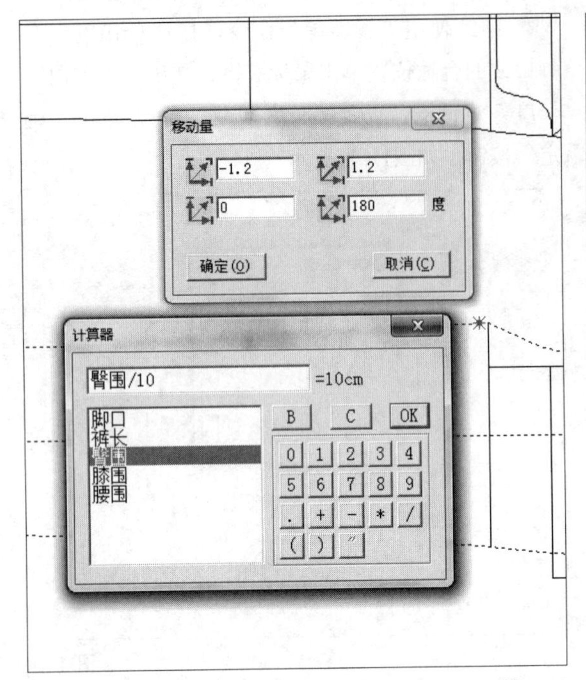

图11-43

09 执行操作后，返回到“移动量”对话框，单击“确定”按钮，拖曳光标，至合适的点上单击鼠标左键，绘制后片档缝线，并对其进行适当调整，如图11-44所示。

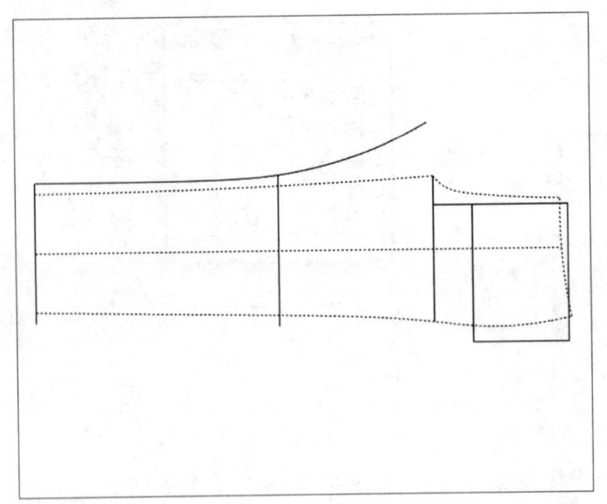

图11-44

10 继续使用“智能笔”命令，在工作区中相应的点上单击鼠标左键，然后拖曳光标，至合适的线上单击鼠标左键，弹出“点的位置”对话框，设置“长度”为2.5，单击“确定”按钮，如图11-45所示。

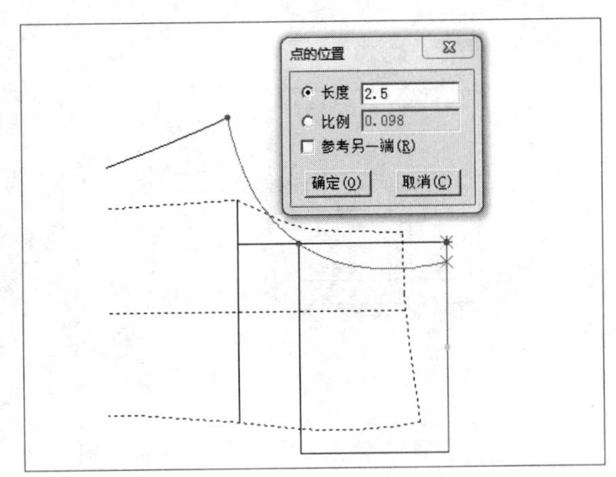

图11-45

11 执行操作后，单击鼠标右键，绘制后上档弧线，然后对其进行适当调整，如图11-46所示。

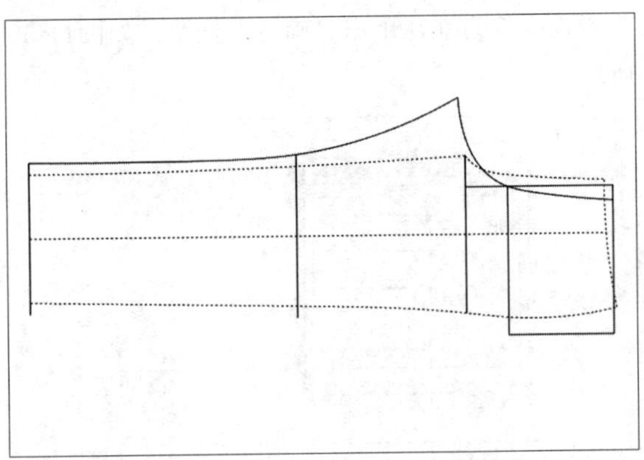

图11-46

12 继续使用“智能笔”命令，按住Shift键，在刚绘制的线上单击鼠标右键，弹出“调整曲线长度”对话框，设置“长度增减”为3，执行上述操作后，单击“确定”按钮，如图11-47所示。

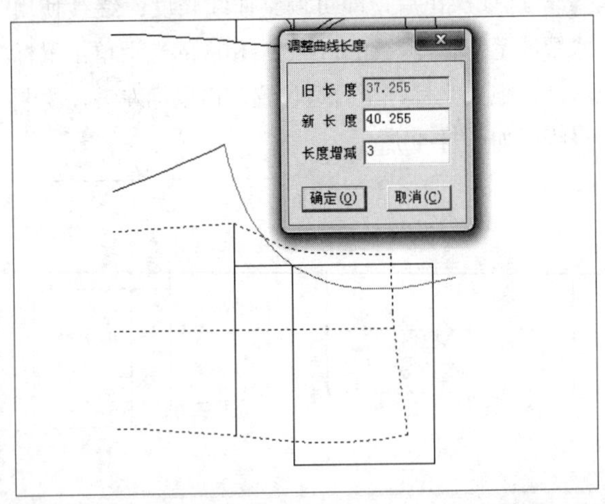

图11-47

13 执行操作后，即可调整曲线长度；继续使用“智能笔”命令，在合适的点上按Enter键，弹出“移动量”对话框，设置横向移动为-2.5，在下方的数值框中单击鼠标左键，然后双击对话框右上方空白区域，弹出“计算器”对话框，输入相应的公式，单击“OK”按钮，如图11-48所示。

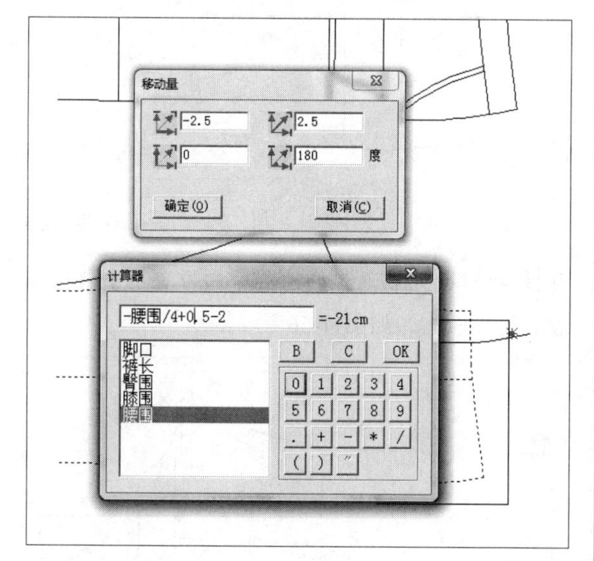

图11-48

14 执行操作后，返回到“移动量”对话框，单击“确定”按钮，拖曳光标，至合适的位置单击鼠标左键，绘制后腰线，如图11-49所示。

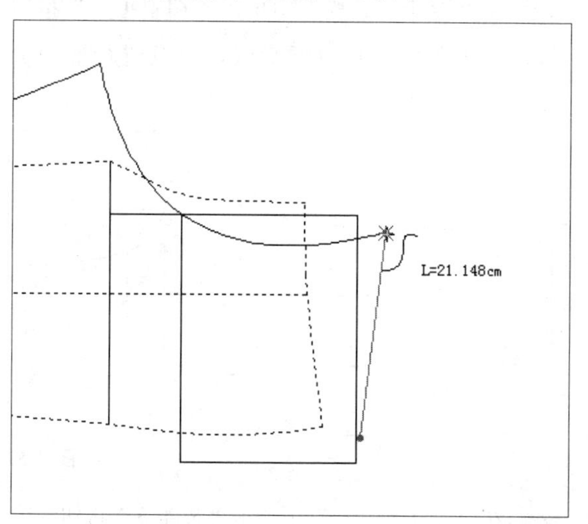

图11-49

15 继续使用“智能笔”命令，在工作区中相应的点上单击鼠标左键，拖曳光标，至合适位置单击鼠标左键，绘制曲线，如图11-50所示。

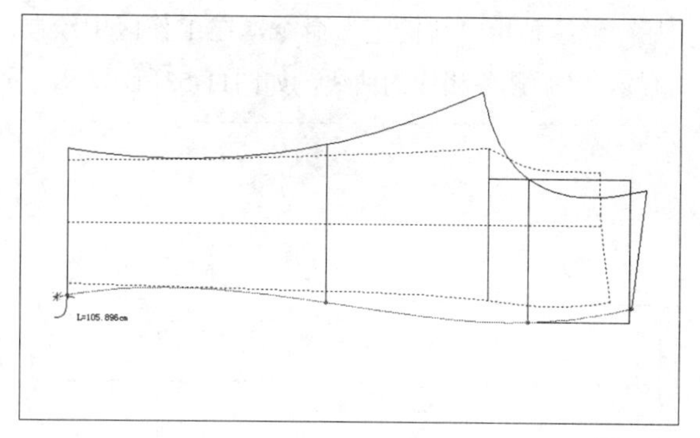
图11-50

16 在“设计工具栏”中单击“调整工具”按钮，在工作区中选择刚绘制的曲线，对其进行适当调整，然后删除相应的曲线，如图11-51所示。

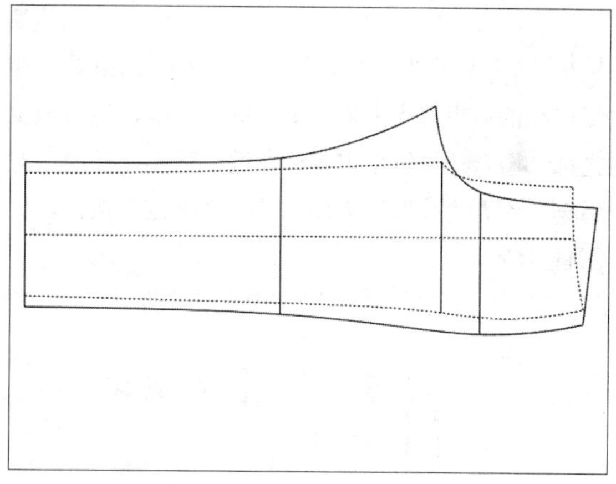
图11-51

17 继续使用“智能笔”命令，在工作区中相应的点上单击鼠标右键，拖曳光标，至合适位置单击鼠标左键，绘制直线，然后删除相应的曲线，如图11-52所示。

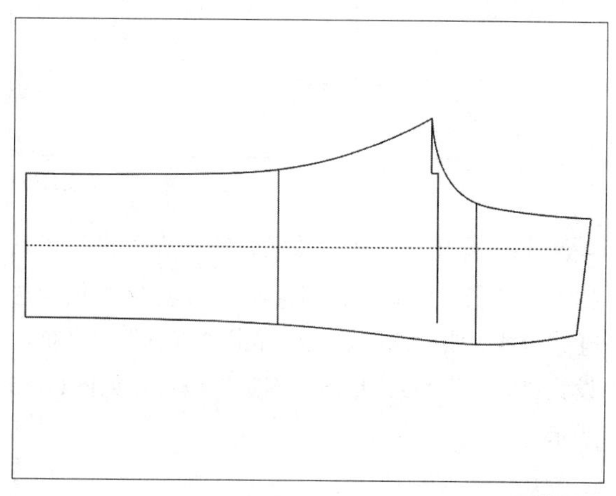
图11-52

⑱ 继续使用“智能笔”命令，在工作区中绘制直线，然后删除相应的曲线，如图11-53所示。

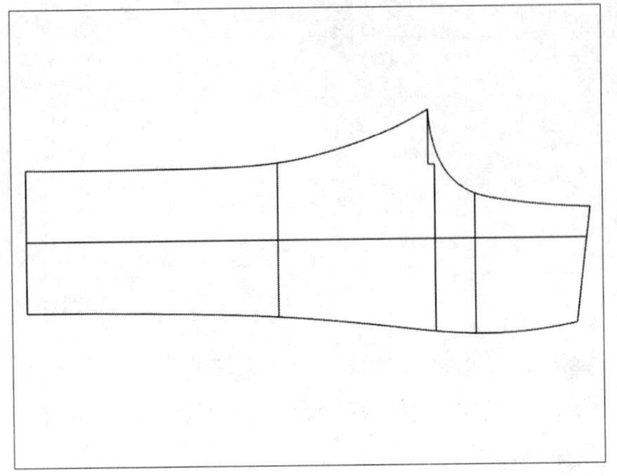

图11-53

⑲ 继续使用“智能笔”命令，按住Shift键，在腰口线的后中端点上依次单击鼠标左键，然后拖曳光标，至合适位置单击鼠标左键，弹出“长度”对话框，设置“长度”为10，单击“确定”按钮，如图11-54所示。

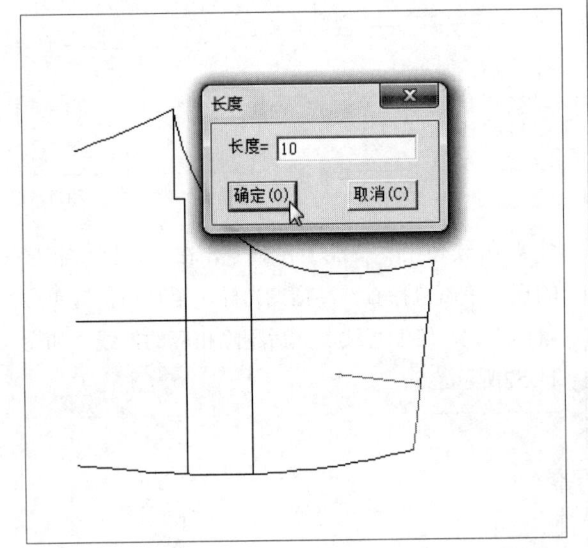

图11-54

⑳ 执行操作后，即可绘制直线；在“设计工具栏”中单击“收省”按钮，在工作区中依次选择腰口线和刚绘制的直线，弹出“省宽”对话框，设置“宽度”为2，单击“确定”按钮，如图11-55所示。

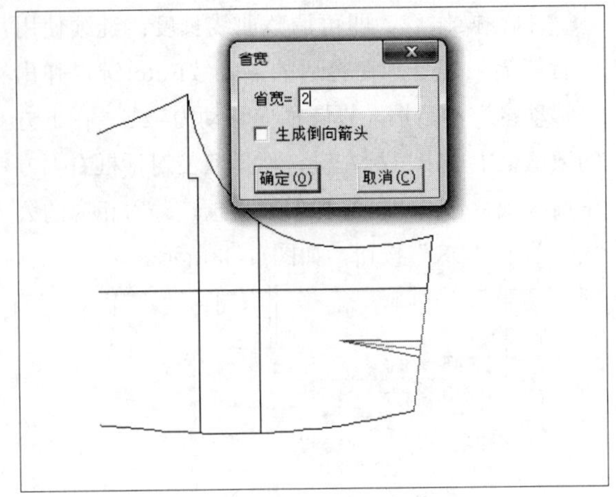

图11-55

㉑ 执行操作后，在右侧的空白位置单击鼠标左键，即可收省，如图11-56所示。

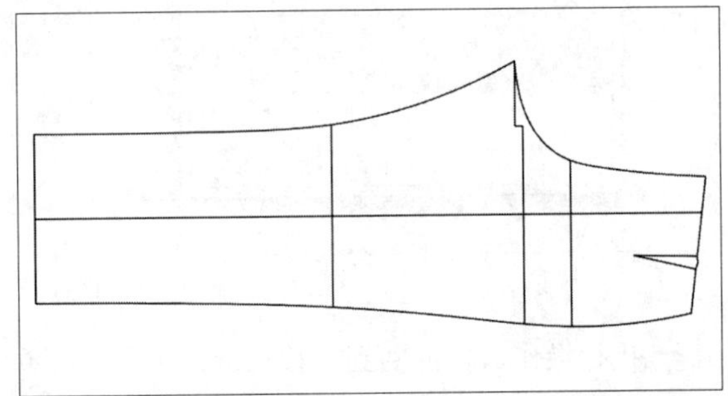

图11-56

㉒ 在“设计工具栏”中单击“调整工具”按钮，在工作区中选择腰口线，对其进行适当调整，如图11-57所示。

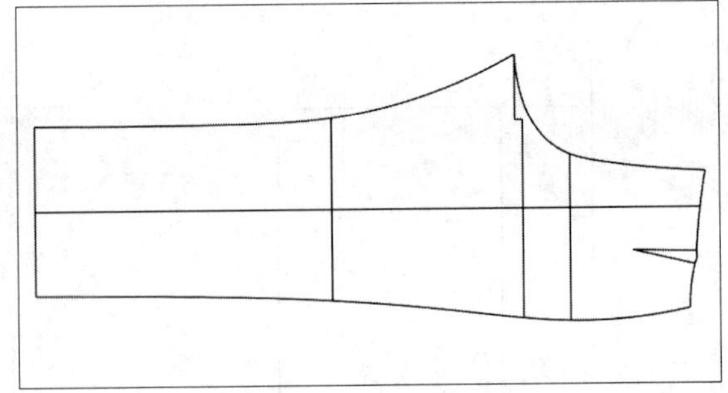

图11-57

㉓ 在“设计工具栏”中单击“智能笔”按钮，在工作区中相应的线上单击鼠标左键的同时，向左拖曳光标，至合适位置单击鼠标左键，弹出“平行线”对话框，设置相应的参数，单击“确定”按钮，如图11-58所示。

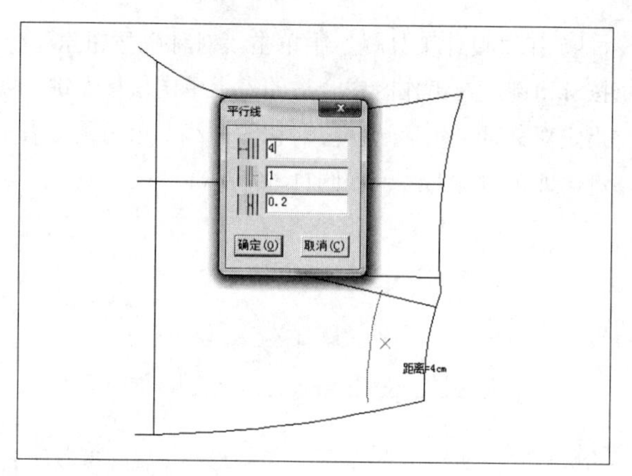

图11-58

㉔ 执行操作后，即可绘制平行线；继续使用"智能笔"命令，用与上同样的方法，绘制平行线，并对其进行适当调整，如图11-59所示。

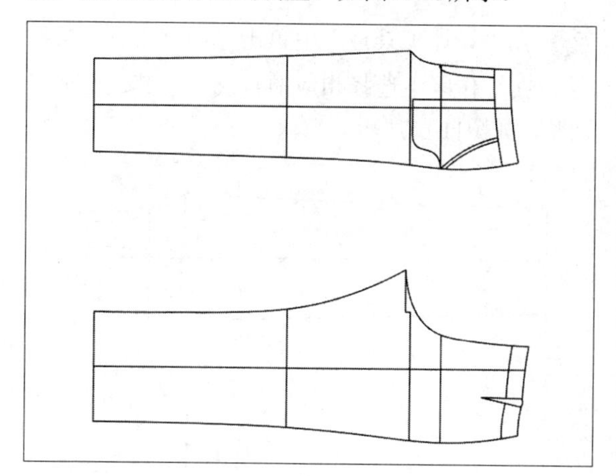

图11-59

㉕ 继续使用"智能笔"命令，在工作区中相应的线上单击鼠标左键的同时，向右拖曳光标，至合适位置单击鼠标左键，弹出"平行线"对话框，设置相应的参数，单击"确定"按钮，如图11-60所示。

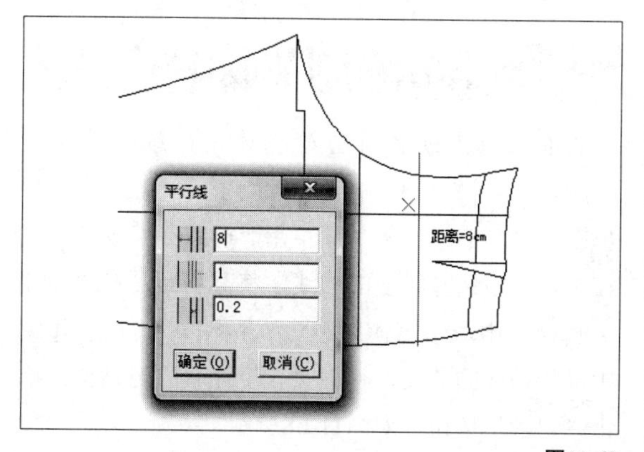

图11-60

㉖ 执行操作后，即可绘制平行线；继续使用"智能笔"命令，按住Shift键，在工作区中相应的线上依次单击鼠标左键，弹出"点的位置"对话框，设置"长度"为5.5，单击"确定"按钮，如图11-61所示。

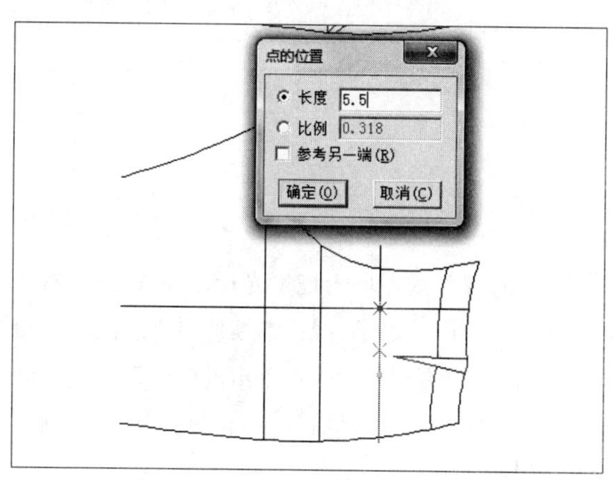

图11-61

㉗ 执行操作后，在工作区中相应的线上单击鼠标左键，弹出"点的位置"对话框，设置"长度"为5.5，单击"确定"按钮，然后向左拖曳光标，至合适位置单击鼠标左键，弹出"长度"对话框，设置"长度"为14，单击"确定"按钮，如图11-62所示。

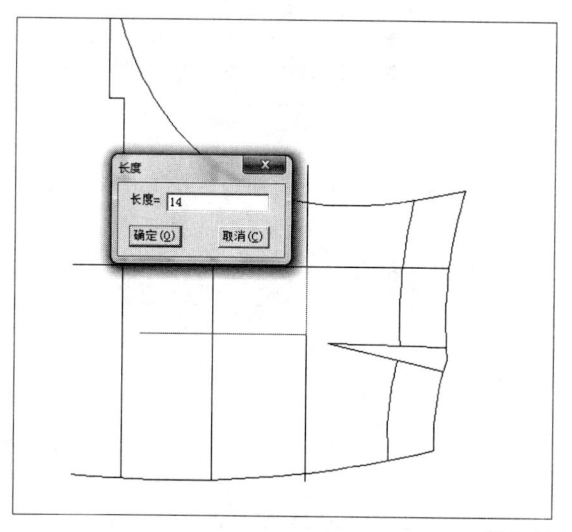

图11-62

㉘ 执行操作后，即可绘制直线；继续使用"智能笔"命令，在刚绘制的直线上单击鼠标左键，弹出"点的位置"对话框，设置"长度"为1.5，单击"确定"按钮，如图11-63所示。

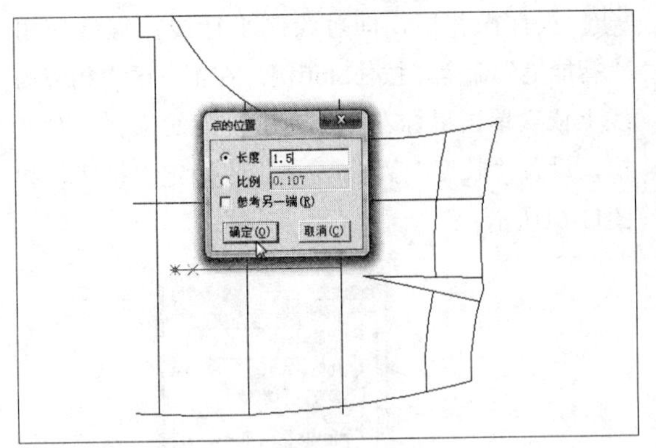

图11-63

29 执行操作后，向上拖曳光标，输入6.5，然后单击鼠标左键，绘制直线；继续使用“智能笔”命令，在刚绘制直线的上端点单击鼠标左键，然后向右拖曳光标，至合适位置单击鼠标左键，绘制直线，如图11-64所示。

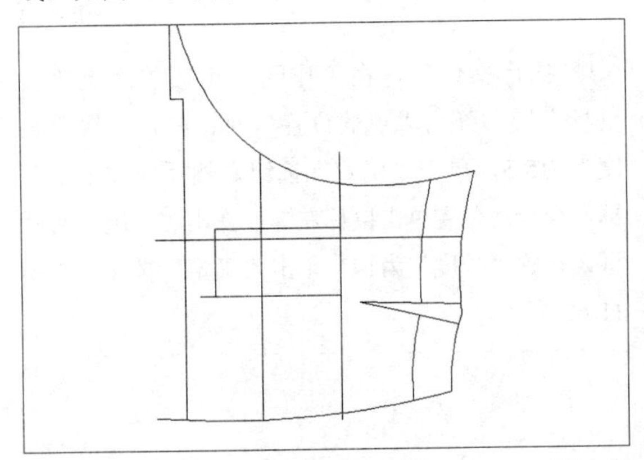

图11-64

30 继续使用“智能笔”命令，在工作区中相应的点上单击鼠标左键，绘制直线，然后删除相应的直线，如图11-65所示。

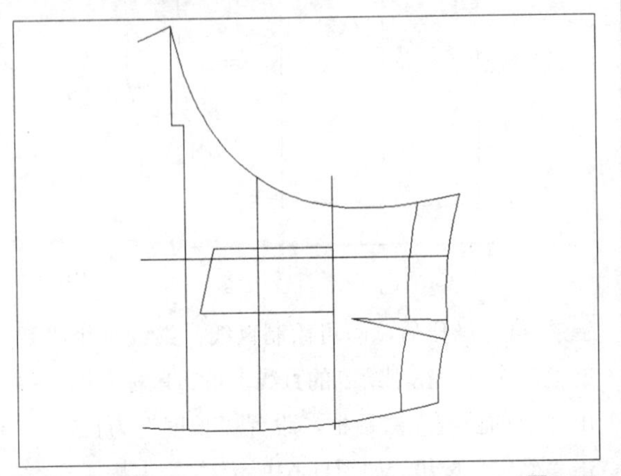

图11-65

31 在“设计工具栏”中单击“对称”按钮，按Shift键，在工作区中合适的点上单击鼠标左键，指定对称轴，然后选择要对称的曲线，单击鼠标右键，即可对称曲线，如图11-66所示。

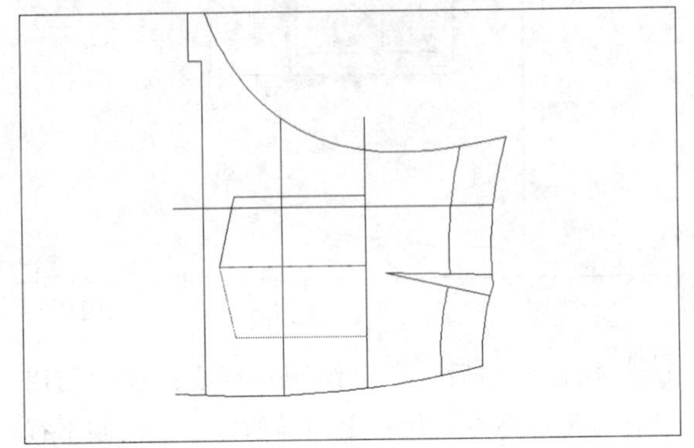

图11-66

32 在“设计工具栏”中单击“调整工具”按钮，在工作区中选择相应的直线，对其进行适当调整，如图11-67所示。

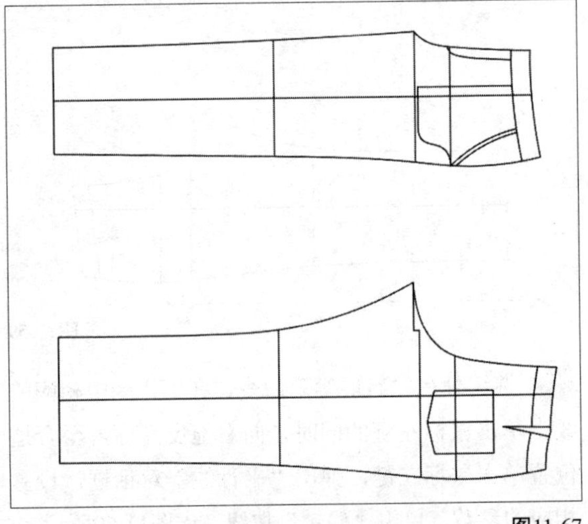

图11-67

11.1.4 休闲裤细节制作

本小节为读者讲解绘制休闲裤细节的操作方法。

01 在“设计工具栏”中单击“剪断线”按钮，在工作区中选择相应的曲线，将其剪断；在“设计工具栏”中单击“比较长度”按钮，在工作区中选择相应的曲线，弹出“长度比较”对话框，单击“记录”按钮，如图11-68所示。

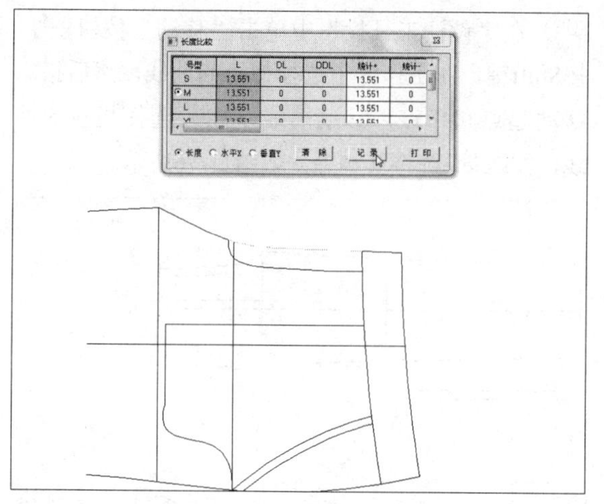

图11-68

02 执行操作后，即可记录长度；在“设计工具栏”中单击“矩形”按钮，在工作区中的合适位置单击鼠标左键，弹出“矩形”对话框，双击对话框右上方空白区域，弹出“计算器”对话框，输入相应的公式，单击“OK”按钮，如图11-69所示。

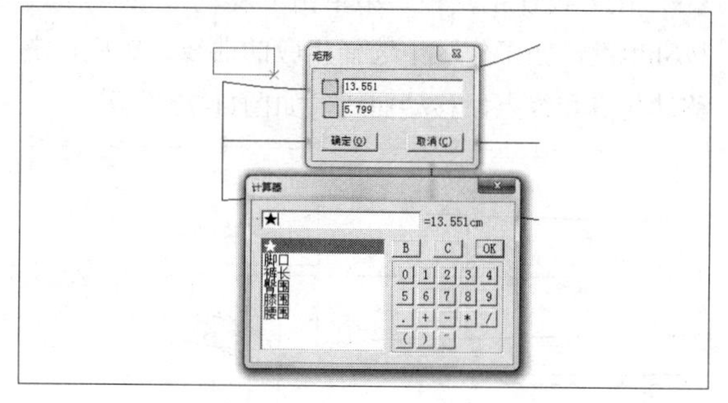

图11-69

03 执行操作后，返回到“矩形”对话框，设置纵向长度为3.5，单击“确定”按钮，绘制矩形；在“设计工具栏”中单击“智能笔”按钮，在矩形的左上端点上按Enter键，弹出“移动量”对话框，设置横向偏移量为-0.5、纵向偏移量为-0.5，单击“确定”按钮，如图11-70所示。

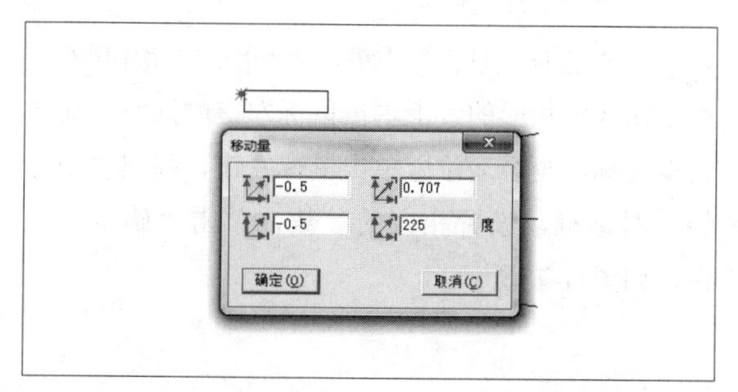

图11-70

04 执行操作后，在相应的点上单击鼠标左键，绘制直线，如图11-71所示。

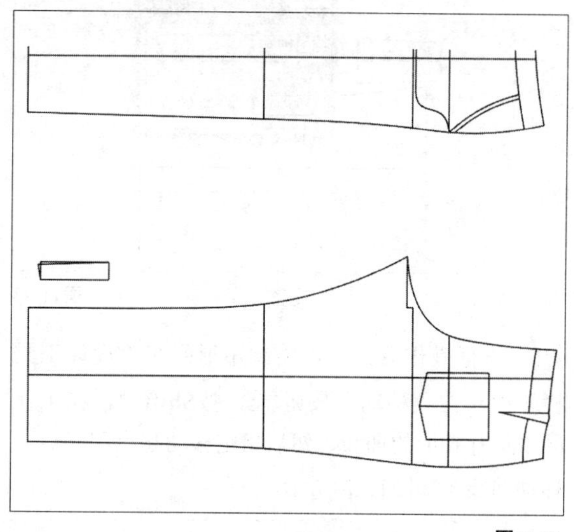

图11-71

05 在工作区中选择相应的直线，将其删除；在“设计工具栏”中单击“对称”按钮，在工作区中合适的点上单击鼠标左键，指定对称轴，然后选择要对称的曲线，单击鼠标右键，即可对称曲线，如图11-72所示。

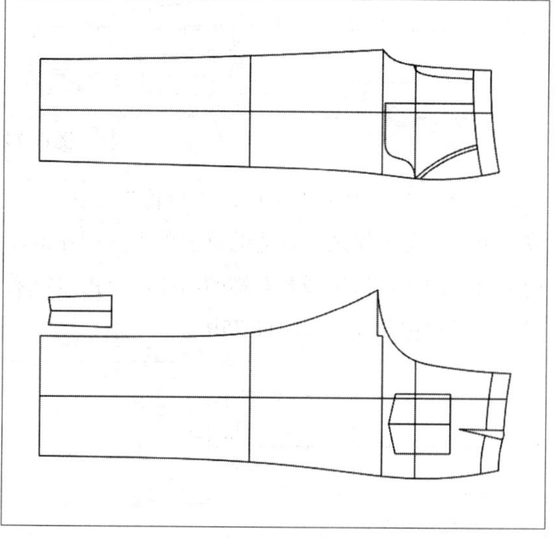

图11-72

06 在“设计工具栏”中单击“矩形”按钮，在工作区中的合适位置单击鼠标左键，弹出“矩形”对话框，设置长度为40、宽度为2，单击“确定”按钮，如图11-73所示。

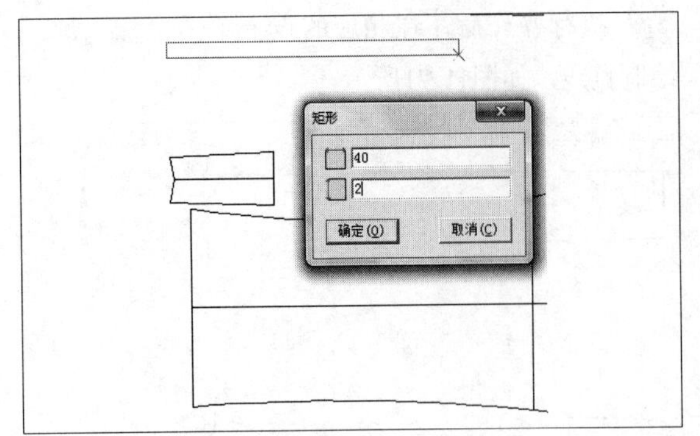

图11-73

07 执行操作后，即可绘制矩形；在“设计工具栏”中单击“移动”按钮，按Shift键，在工作区中选择相应的曲线，然后指定移动起点和终点，移动曲线，如图11-74所示。

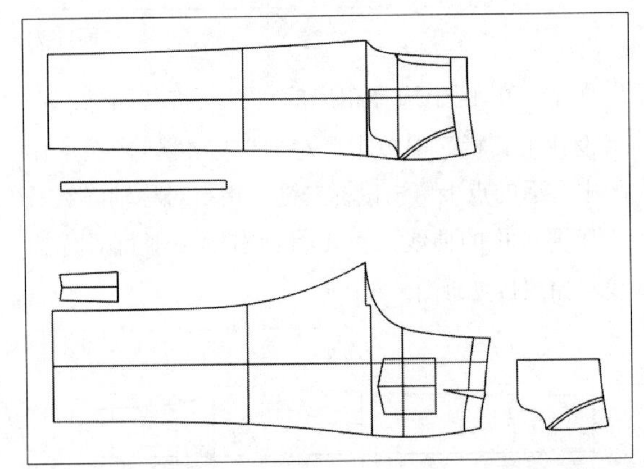

图11-74

08 在“设计工具栏”中单击“对称”按钮，按Shift键，在工作区中合适的点上单击鼠标左键，指定对称轴，然后选择要对称的曲线，单击鼠标右键，即可对称曲线，如图11-75所示。

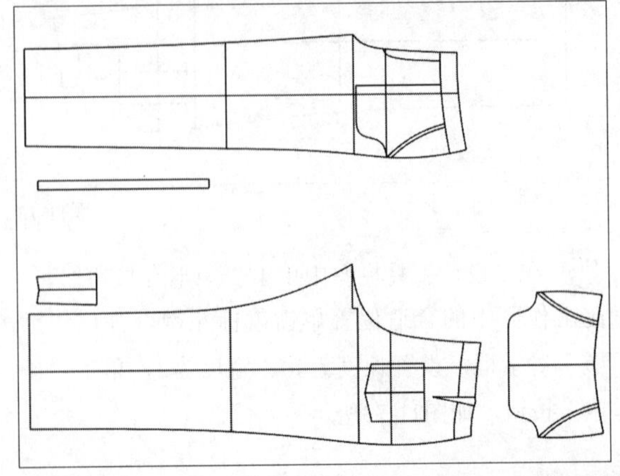

图11-75

09 在“设计工具栏”中单击“移动”按钮，按Shift键，在工作区中选择相应的曲线，然后指定移动起点和终点，移动曲线，然后选择相应的曲线，按Delete键将其删除，如图11-76所示。

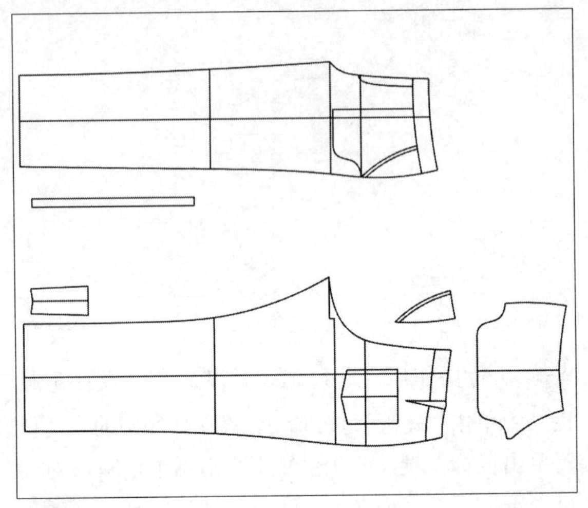

图11-76

10 在“设计工具栏”中单击“移动”按钮，按Shift键，在工作区中选择相应的曲线，然后指定移动起点和终点，移动曲线，如图11-77所示。

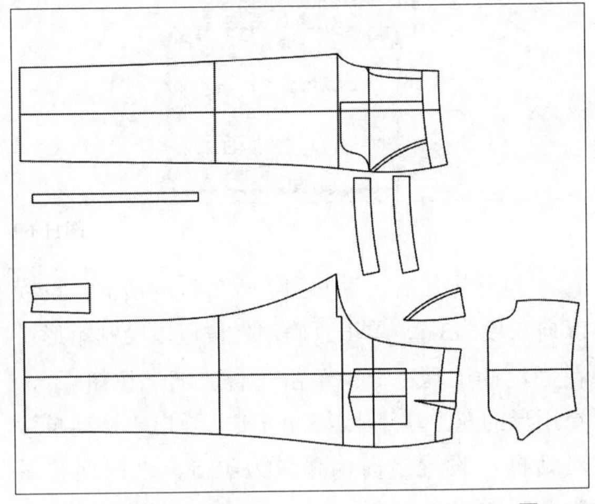

图11-77

11 在“设计工具栏”中单击“智能笔”按钮，在工作区中相应的线上单击鼠标左键的同时，向下拖曳光标，至合适位置单击鼠标左键，弹出“平行线”对话框，设置相应的参数，单击“确定”按钮，如图11-78所示。

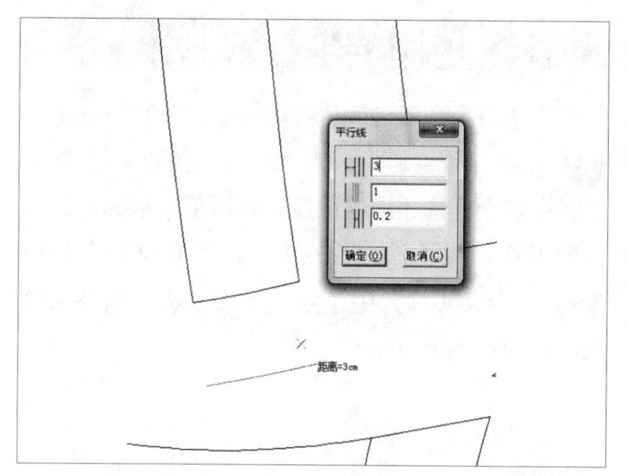

图11-78

12 执行操作后，即可绘制平行线；在“设计工具栏”中单击“调整工具”按钮，在工作区中选择相应的曲线，对其进行适当调整，如图11-79所示。

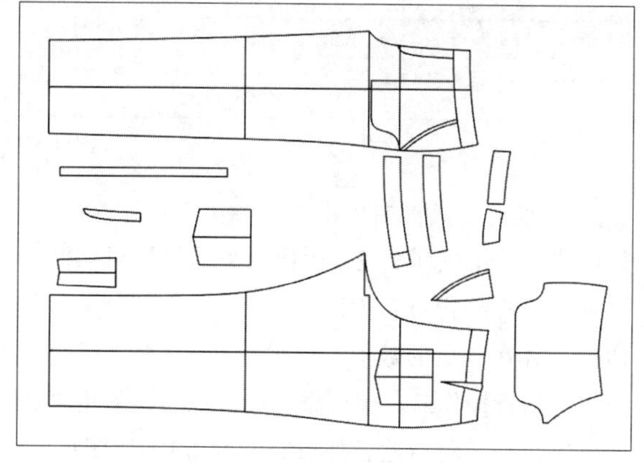

图11-79

13 在“设计工具栏”中单击“移动”按钮，按Shift键，在工作区中选择相应的曲线，然后指定移动起点和终点，移动曲线，如图11-80所示。

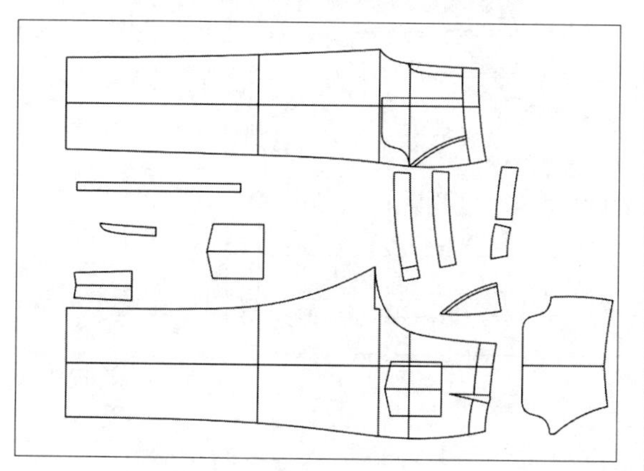

图11-80

14 继续使用“移动”命令，按Shift键，在工作区中选择相应的曲线，然后指定移动起点和终点，移动曲线，如图11-81所示。

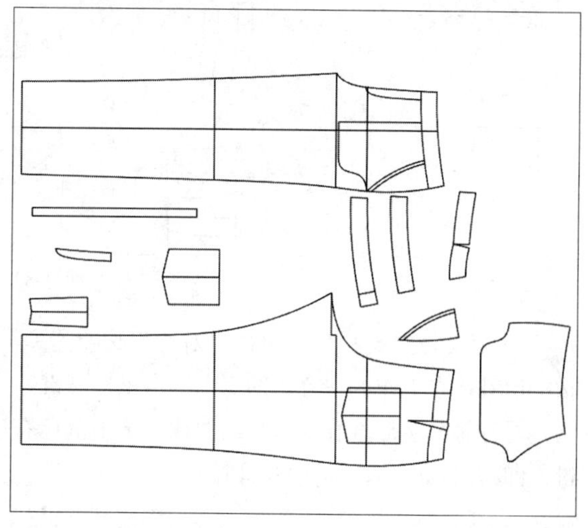

图11-81

15 在“设计工具栏”中单击“旋转”按钮，在工作区中框选相应的曲线，然后指定旋转的起点和终点，旋转曲线，执行上述操作后，删除相应的曲线，并对其进行适当调整，如图11-82所示。

图11-82

16 在“设计工具栏”中单击“旋转”按钮，在工作区中框选相应的曲线，然后指定旋转的起点以及终点，旋转曲线，如图11-83所示。

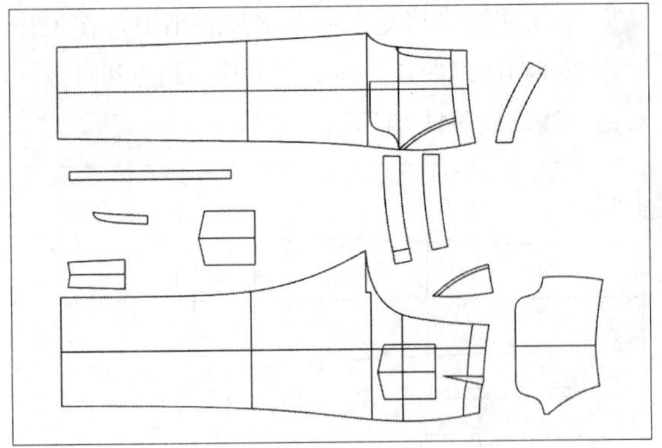

图11-83

17 在“设计工具栏”中单击“对称”按钮，按Shift键，在工作区中合适的点上单击鼠标左键，指定对称轴，然后选择要对称的曲线，单击鼠标右键，即可对称曲线，如图11-84所示。

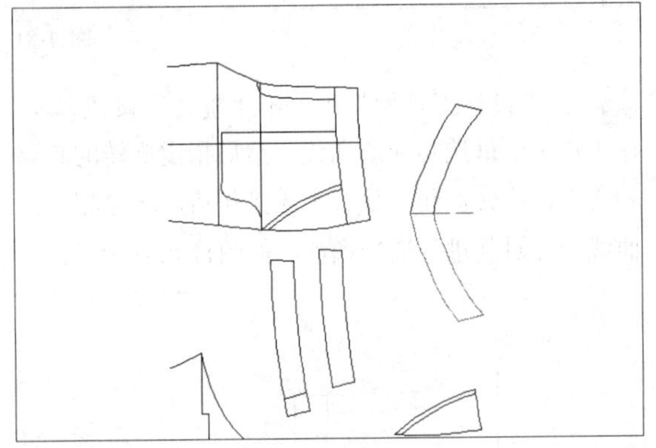

图11-84

18 在工作区中选择相应的曲线，将其删除；在“设计工具栏”中单击“设置线的颜色类型”按钮，设置线型为虚线，然后在工作区中选择相应的曲线，执行操作后，即可调整曲线的线型，如图11-85所示。

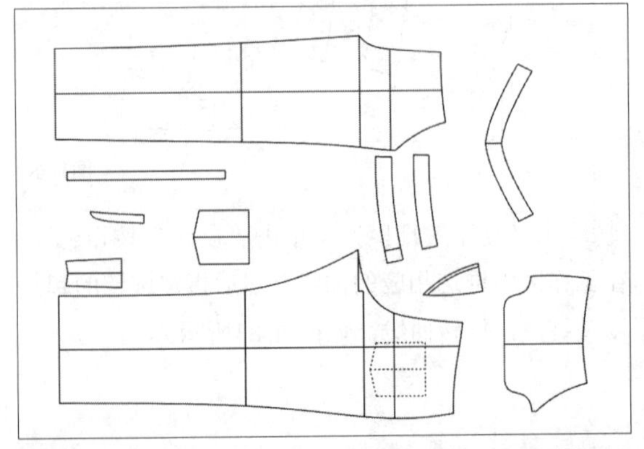

图11-85

11.1.5 休闲裤纸样的制作

本小节为读者讲解休闲裤的纸样的制作方法。

01 在设计工具栏中单击“剪刀”按钮，在工作区中依次框选相应的曲线，然后单击鼠标右键，拾取纸样；在设计工具栏中单击“布纹线”按钮，在后腰头样片中绘制一条水平线，调整布纹线，如图11-86所示。

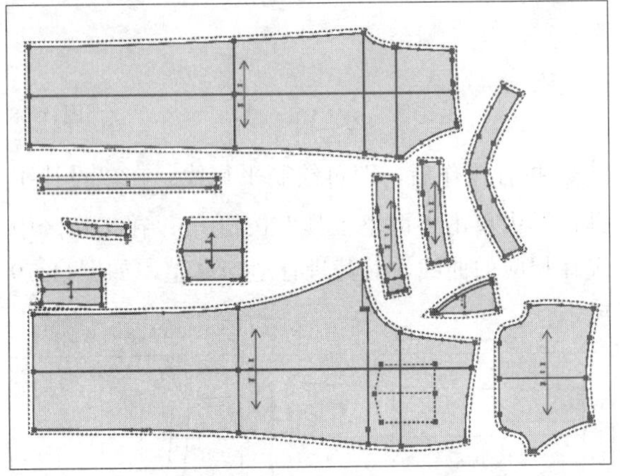

图11-86

02 在设计工具栏中单击“加缝份”按钮，在脚口线上单击鼠标左键，弹出“加缝份”对话框，设置“起点缝份量”为3，选中“终点缝份量”对话框，并在其后的数值框中输入3，单击“确定”按钮，执行操作后，即可添加缝份；继续使用“加缝份”命令，将后贴袋外口缝份改为3，如图11-87所示。

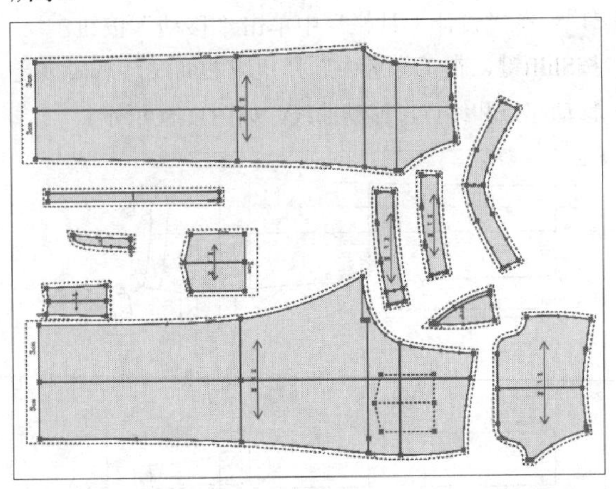

图11-87

11.2 男式衬衣制板

衬衣是男士着装内外兼修的关键单品，它不像套装需要更多注重外在的品质，因为需要贴身穿着，好的衬衣还要同时兼具内在品质。也就是说，衬衣的面料更需要舒适、透气，尺寸更需要合体。男式衬衣效果如图11-88所示。

课堂案例：男式衬衣制板
案例位置：效果>第11章>男式衬衣制板.dgs
视频位置：视频>第11章>课堂案例——男式衬衣前片制作.mp4、课堂案例——男式衬衣后片制作.mp4、课堂案例——男式衬衣部件制作.mp4、课堂案例——男式衬衣纸样制作.mp4
难易指数：★★★★★
学习目标：掌握男式衬衣制板的方法

本案例的最终效果如图11-88所示。

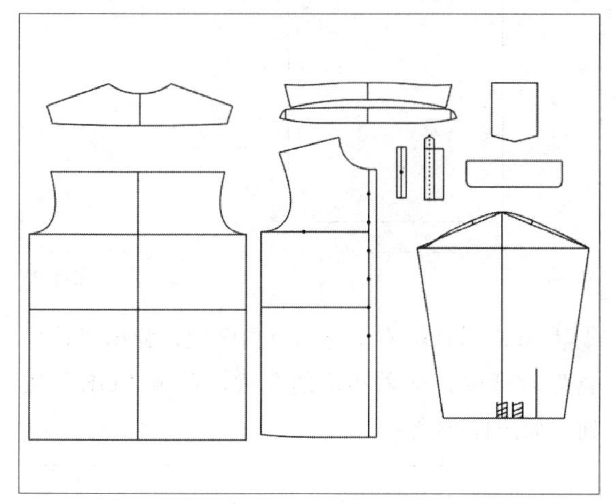

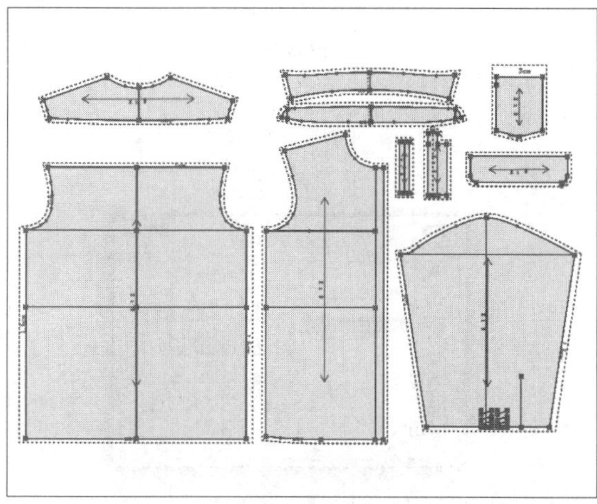

图11-88

11.2.1 男式衬衣尺寸表

本节介绍男士衬衣常规尺寸表，见表11-2。

表11-2 男式衬衣尺寸表（单位：cm）

号型	衣长	肩宽	胸围	腰围	领围	摆围	袖长	袖肥	袖口
165/86A	72	43.4	102	92	39	108	58.5	36.9	28
170/90A	74	44.6	106	96	40	1112	60	38.5	29
175/94A	76	45.8	110	100	41	116	61.5	40.1	30
180/98A	78	47	114	104	42	120	63	41.7	31

11.2.2 男式衬衣后片制作

本小节为读者讲解男式衬衣后片制作的操作方法。

01 单击“号型”|“号型编辑”命令，弹出“设置号型规格表”对话框，设置需要的参数，单击“确定”按钮，如图11-89所示。

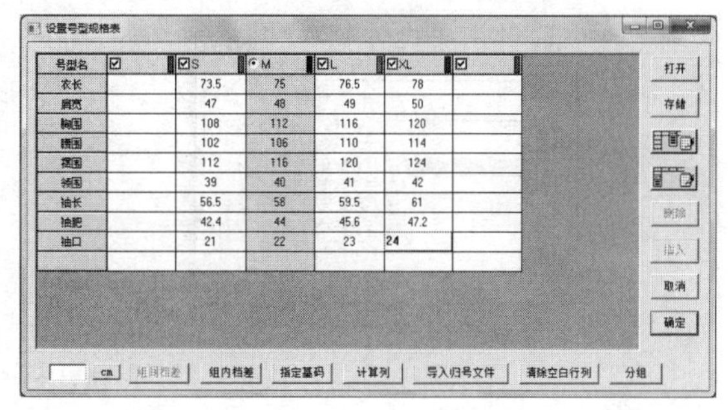

图11-89

02 执行操作后，即可编辑号型；单击“文档”|“另存为”命令，弹出“另存为”对话框，设置文件名和保存路径，单击“保存”按钮，执行操作后，即可另存文件；在“设计工具栏”中单击“矩形”按钮，在工作区中的合适位置单击鼠标左键，弹出“矩形”对话框，设置纵向长度为75，拖曳光标至上方的数值框中，然后双击对话框右上方的空白区域，弹出“计算器”对话框，输入相应的公式，单击“OK”按钮，如图11-90所示。

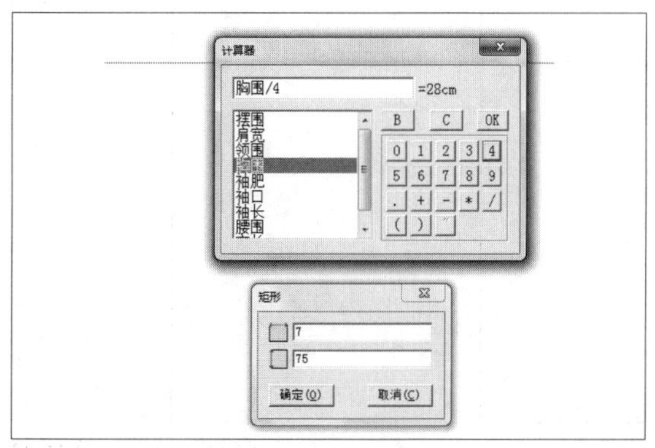

图11-90

03 执行操作后，返回到“矩形”对话框，单击“确定”按钮，即可绘制矩形；继续使用“矩形”命令，在工作区中的合适位置单击鼠标左键，弹出“矩形”对话框，设置纵向长度为2.5，拖曳光标至上方的数值框中，单击鼠标左键，然后双击对话框右上方的空白区域，弹出“计算器”对话框，输入相应的公式，单击“OK”按钮，如图11-91所示。

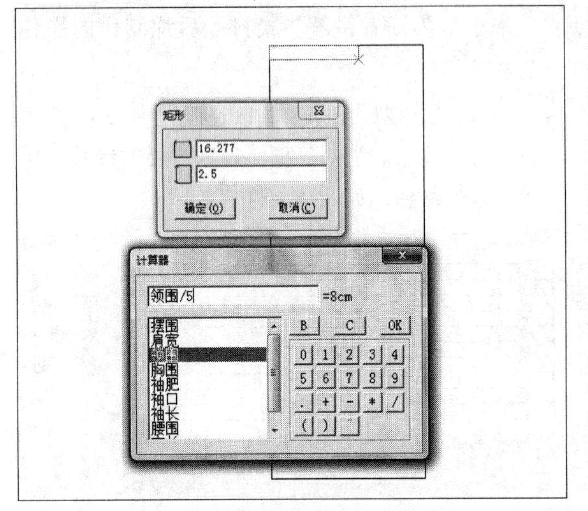

图11-91

04 执行操作后，返回到“矩形”对话框，单击“确定”按钮，即可绘制矩形；在“设计工具栏”中单击“智能笔”按钮，在后领肩点处单击鼠标左键，然后拖曳光标至右侧的直线上，输入4.5/15，单击鼠标左键，然后单击鼠标右键，绘制后肩线，如图11-92所示。

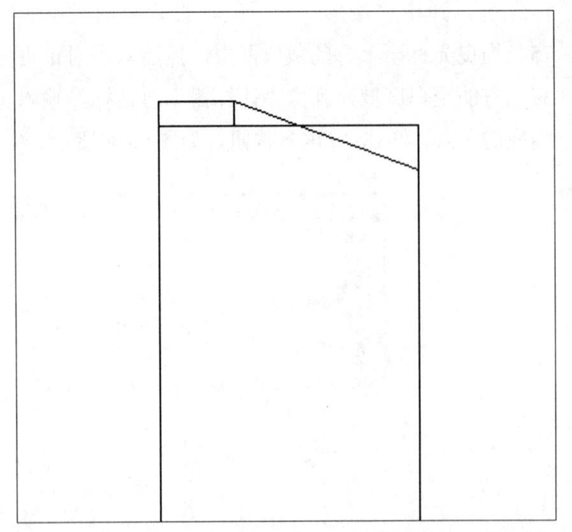

图11-92

05 继续使用“智能笔”命令，在工作区中相应的线上单击鼠标左键，弹出“点的位置”对话框，如图11-93所示。

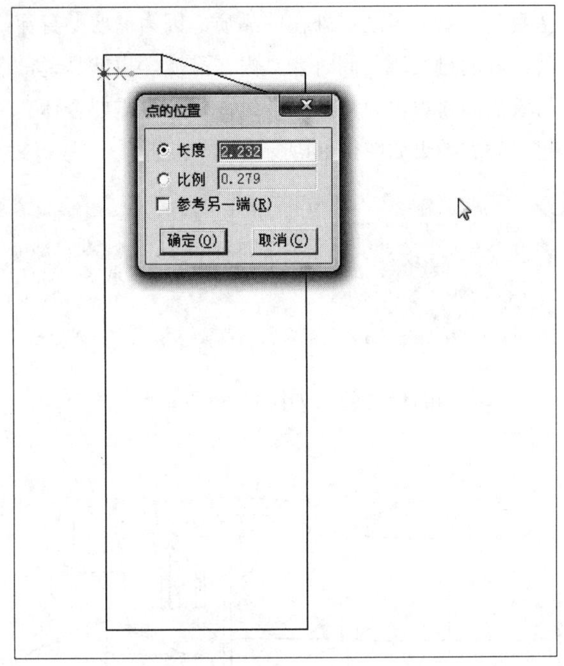

图11-93

06 双击对话框右上方的空白区域，弹出“计算器”对话框，输入相应的公式，单击“OK”按钮，如图11-94所示。

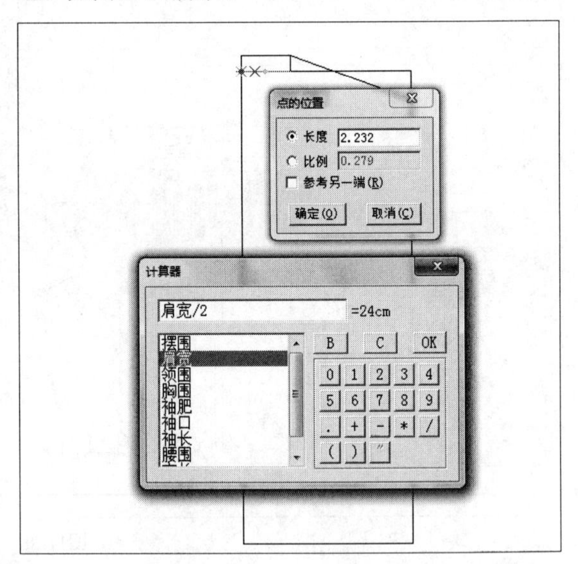

图11-94

07 执行操作后，返回到“点的位置”对话框，单击“确定”按钮，如图11-95所示。

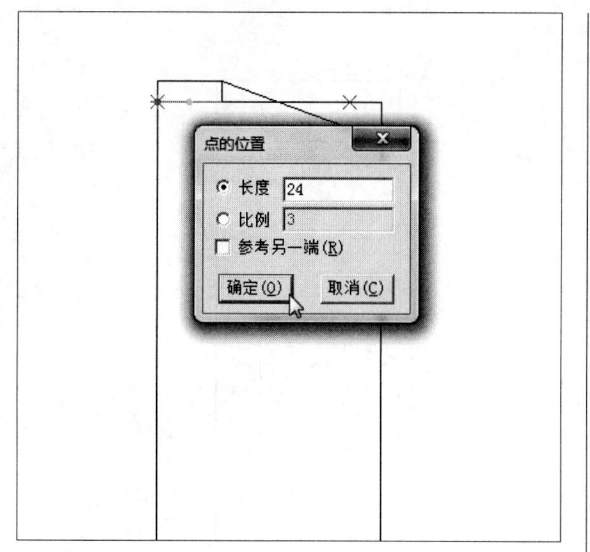

图11-95

08 向下拖曳光标，并单击鼠标右键，至后肩线上单击鼠标左键，即可绘制直线，如图11-96所示。

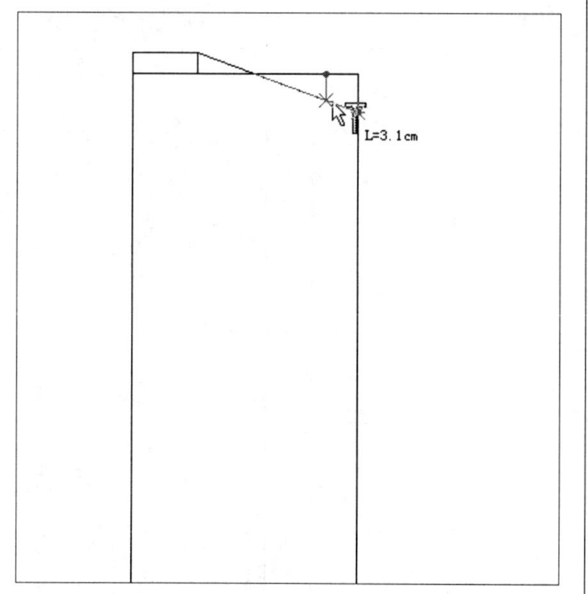

图11-96

09 继续使用“智能笔”命令，在工作区中相应的线上单击鼠标左键的同时，向下拖曳光标，至合适位置单击鼠标左键，弹出“平行线”对话框，双击对话框右上方的空白区域，弹出“计算器”对话框，输入相应的公式，单击“OK”按钮，如图11-97所示。

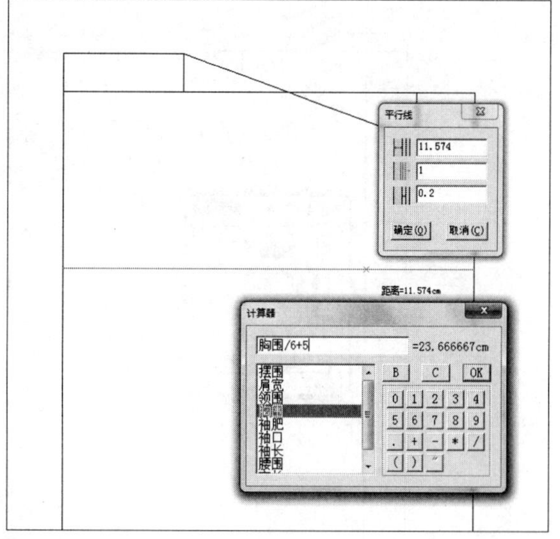

图11-97

10 返回到“平行线”对话框，单击“确定”按钮，即可绘制胸围线；继续使用“智能笔”命令，在工作区中相应的线上单击鼠标左键的同时，向下拖曳光标，至合适位置单击鼠标左键，弹出“平行线”对话框，设置相应的参数，单击“确定”按钮，如图11-98所示。

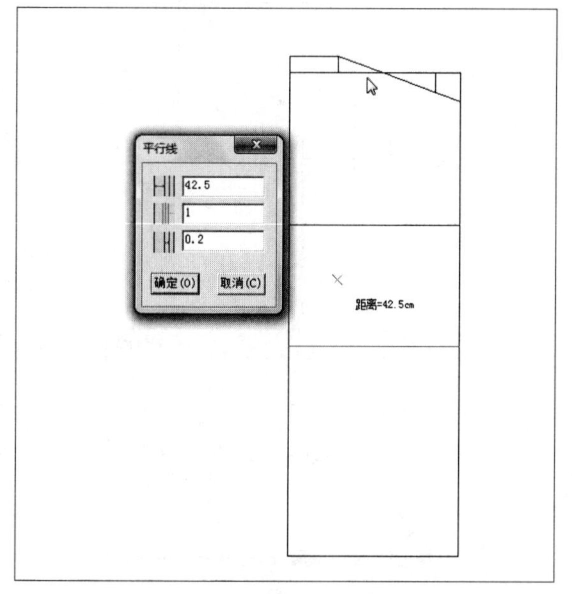

图11-98

11 执行操作后，即可绘制腰围线；继续使用“智能笔”命令，在工作区中相应的线上单击鼠标左键的同时，向右拖曳光标，至合适位置单击鼠标左键，弹出“平行线”对话框，如图11-99所示。

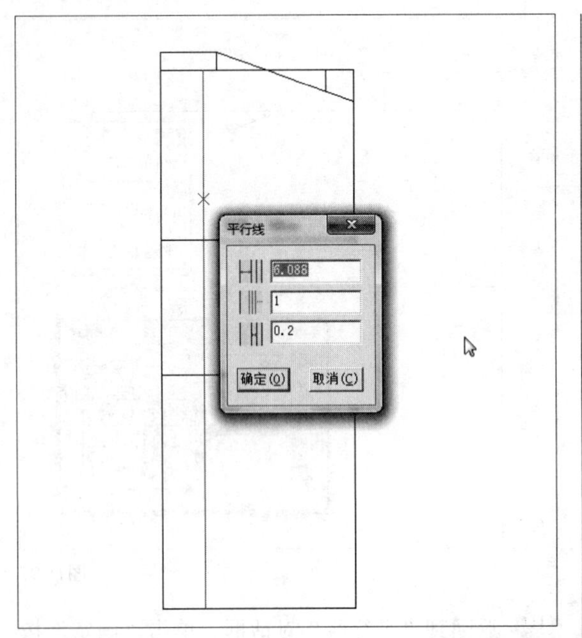

图11-99

⑫ 双击对话框右上方的空白区域，弹出“计算器”对话框，输入相应的公式，单击“OK”按钮，如图11-100所示。

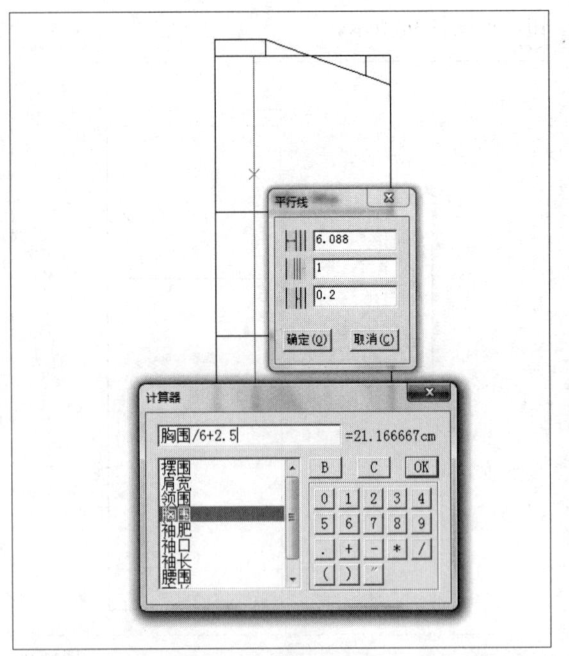

图11-100

⑬ 执行上述操作后，返回到“平行线”对话框，单击“确定”按钮，即可绘制平行线，如图11-101所示。

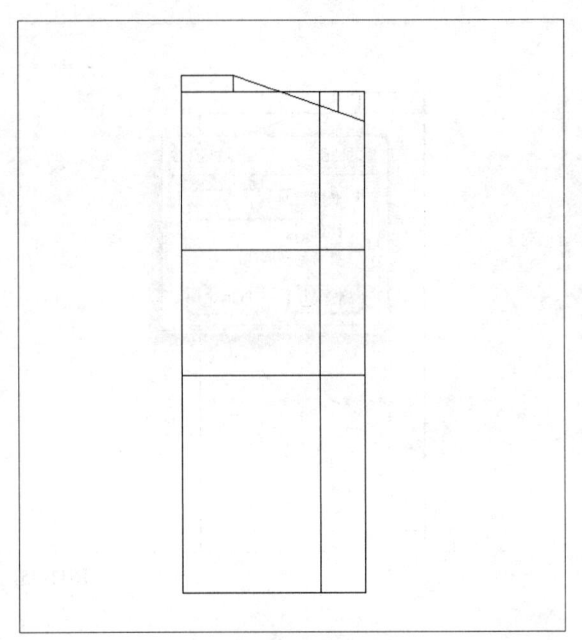

图11-101

⑭ 继续使用“智能笔”命令，在工作区中相应的点上单击鼠标左键，绘制直线，如图11-102所示。

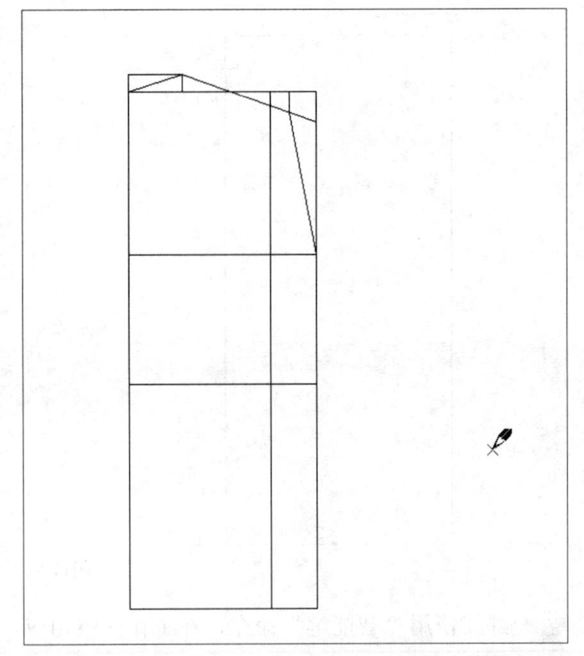

图11-102

⑮ 在“设计工具栏”中单击“调整工具”按钮，在工作区中选择刚绘制的曲线，对其进行适当调整，如图11-103所示。

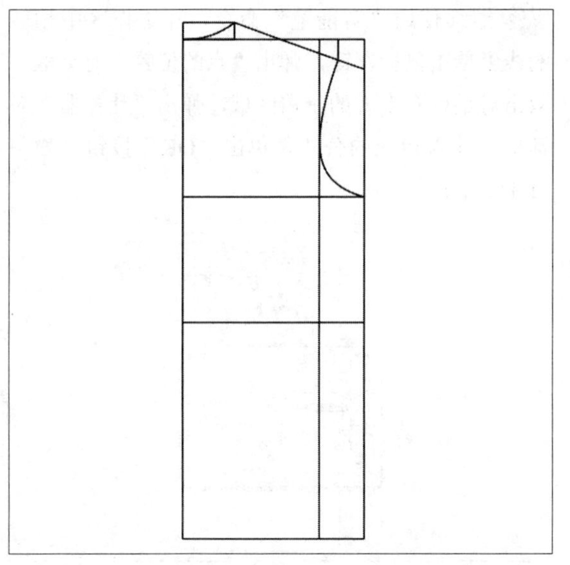

图11-103

16 在“设计工具栏”中单击“剪断线”按钮，在工作区中选择相应的直线，将其剪断，然后删除相应的直线，如图11-104所示。

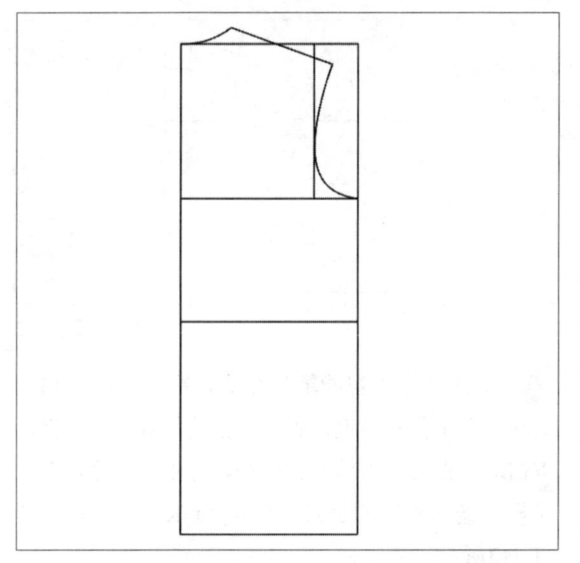

图11-104

11.2.3 男式衬衣前片制作

本小节为读者讲解男式衬衣前片制作的操作方法。

01 在“设计工具栏”中单击“对称”按钮，按Shift键，在工作区中合适的点上单击鼠标左键，指定对称轴，然后选择要对称的曲线，单击鼠标右键，即可对称曲线，如图11-105所示。

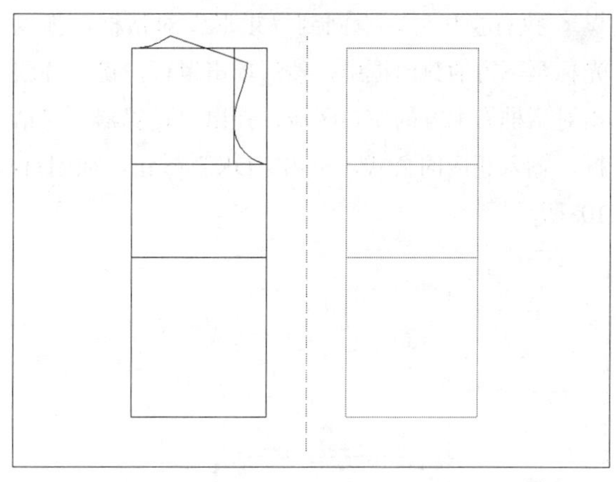

图11-105

02 在“设计工具栏”中单击“矩形”按钮，在工作区中的合适位置单击鼠标左键，弹出“矩形”对话框，如图11-106所示。

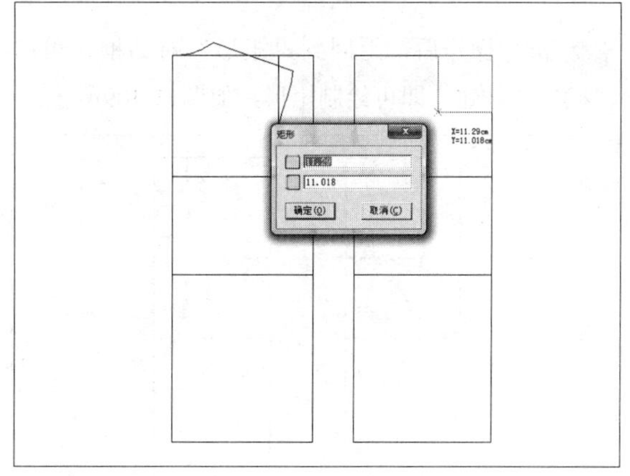

图11-106

03 拖曳光标至上方的数值框中，双击对话框右上方的空白区域，弹出“计算器”对话框，输入相应的公式，单击“OK”按钮，如图11-107所示。

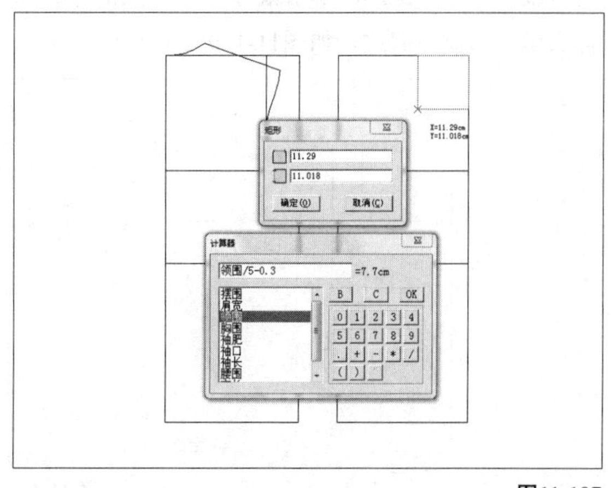

图11-107

04 执行操作后，返回到“矩形”对话框，拖曳光标至下方的数值框中，然后单击鼠标左键，并双击对话框右上方的空白区域，弹出“计算器”对话框，输入相应的公式，单击“OK”按钮，如图11-108所示。

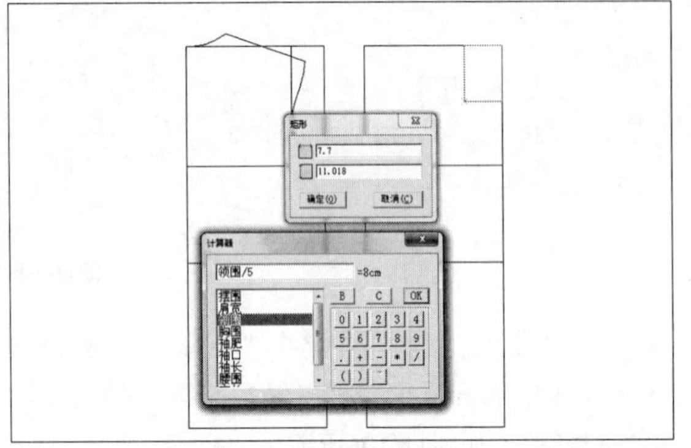

图11-108

05 执行操作后，返回到“矩形”对话框，单击“确定”按钮，即可绘制矩形，如图11-109所示。

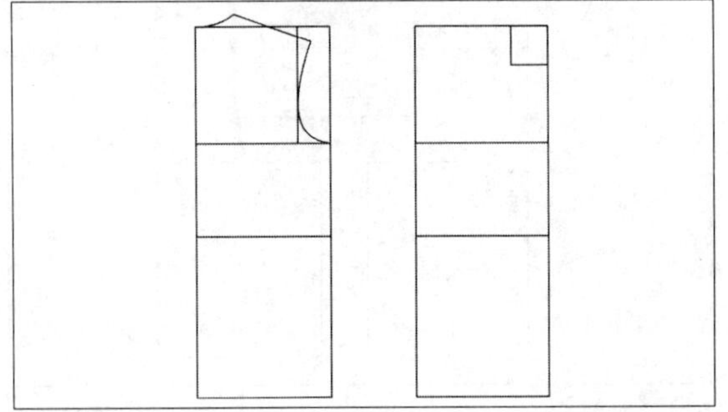

图11-109

06 在“设计工具栏”中单击“智能笔”按钮，在前领肩点处单击鼠标左键，然后拖曳光标至左侧的直线上，输入5/15，单击鼠标左键，然后单击鼠标右键，绘制前肩线，如图11-110所示。

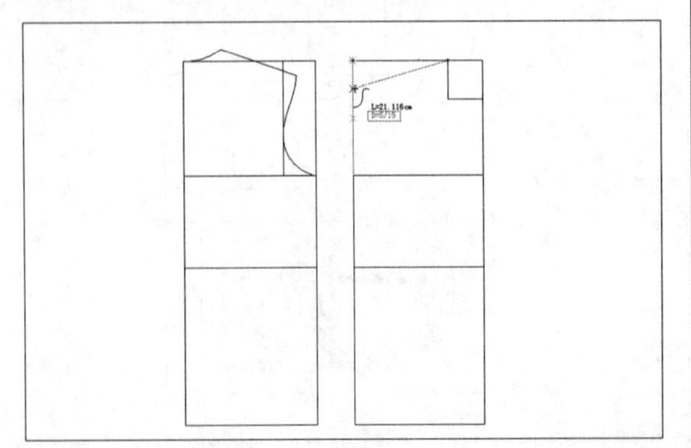

图11-110

07 继续使用“智能笔”命令，在工作区中相应的线上单击鼠标左键，弹出“点的位置”对话框，双击对话框右上方的空白区域，弹出“计算器”对话框，输入相应的公式，单击“OK”按钮，如图11-111所示。

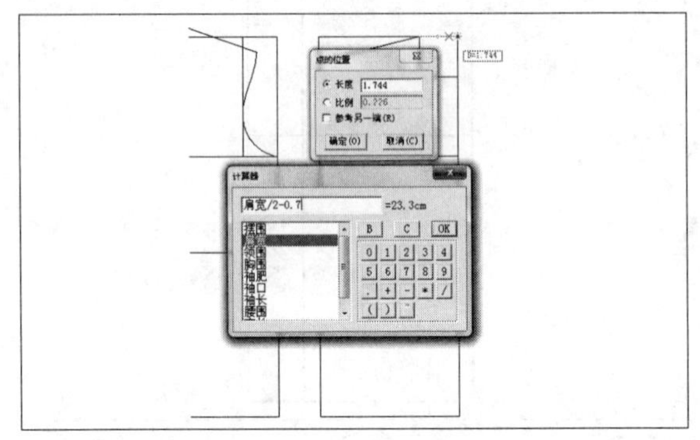

图11-111

08 返回到“点的位置”对话框，单击“确定”按钮，然后向下拖曳光标，至肩线上单击鼠标左键，绘制直线，如图11-112所示。

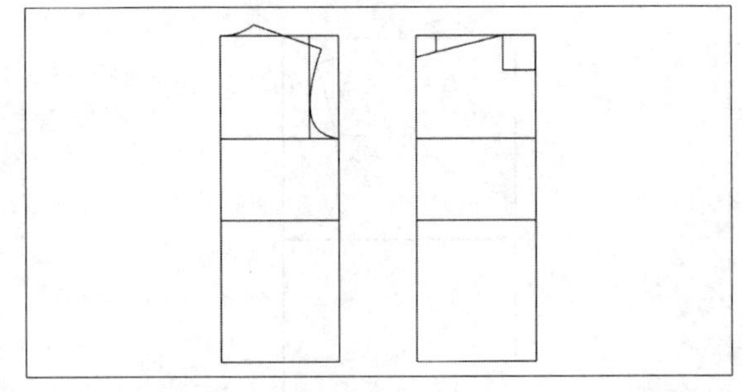

图11-112

09 继续使用“智能笔”命令，在工作区中相应的线上单击鼠标左键，弹出“点的位置”对话框，双击对话框右上方的空白区域，弹出“计算器”对话框，输入相应的公式，单击“OK”按钮，如图11-113所示。

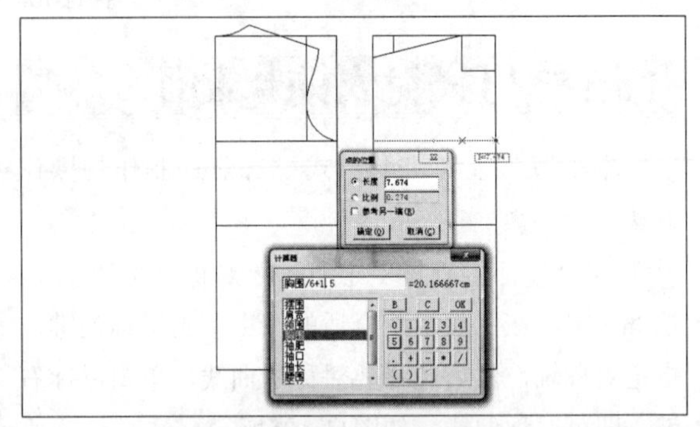

图11-113

⑩ 返回到“点的位置”对话框，单击“确定”按钮，然后向上拖曳光标，至肩线上单击鼠标左键，绘制直线，如图11-114所示。

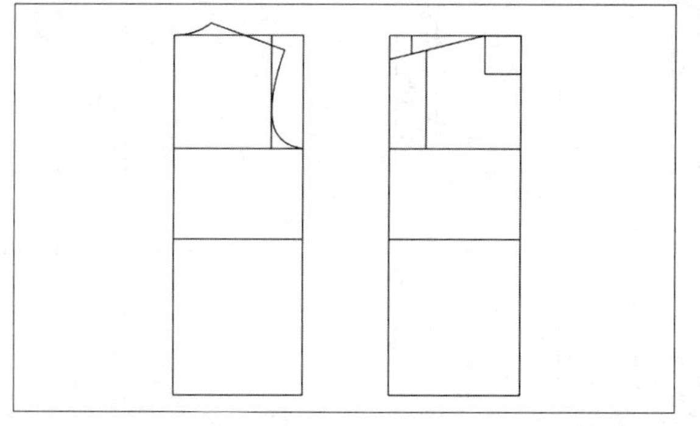

图11-114

⑪ 继续使用“智能笔”命令，在前领深点上单击鼠标左键，向右拖曳光标，至合适位置单击鼠标左键，弹出“长度”对话框，设置“长度”为2，单击“确定”按钮，如图11-115所示。

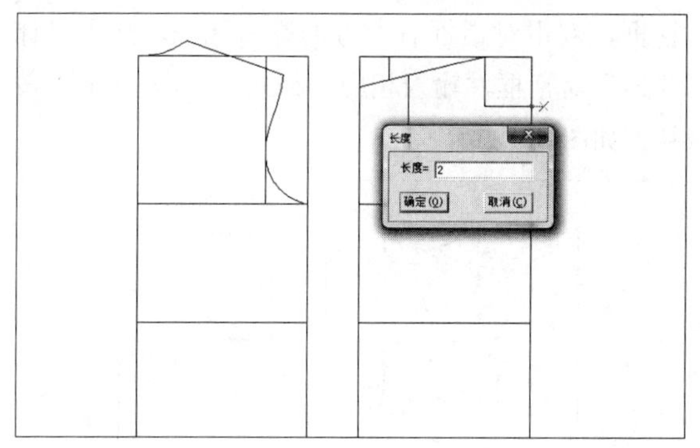

图11-115

⑫ 执行操作后，即可绘制直线；继续使用“智能笔”命令，在刚绘制直线的右端点上单击鼠标右键，然后向下拖曳光标，至合适的位置单击鼠标左键，绘制直线，如图11-116所示。

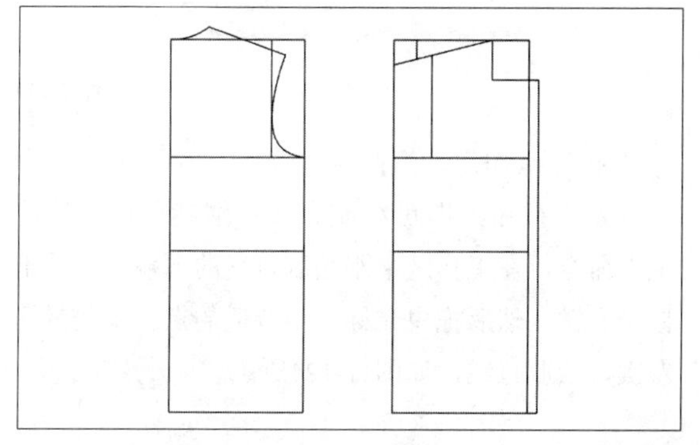

图11-116

⑬ 在“设计工具栏”中单击“点”按钮，在工作区中相应的线上单击鼠标左键，弹出“点的位置”对话框，双击对话框右上方的空白区域，弹出“计算器”对话框，输入相应的公式，单击“OK”按钮，如图11-117所示。

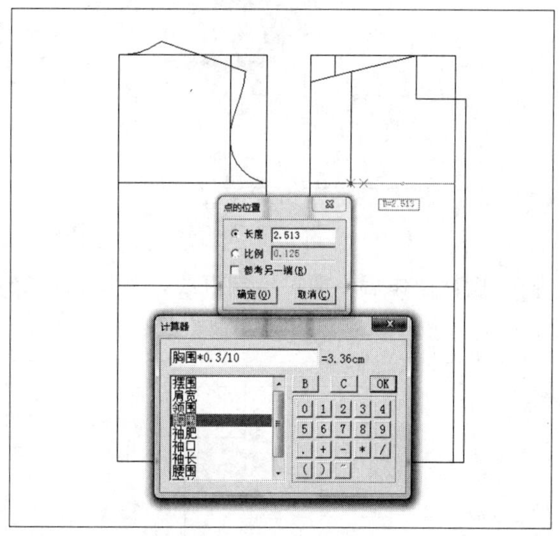

图11-117

⑭ 执行操作后，返回到“点的位置”对话框，单击“确定”按钮，即可绘制点，如图11-118所示。

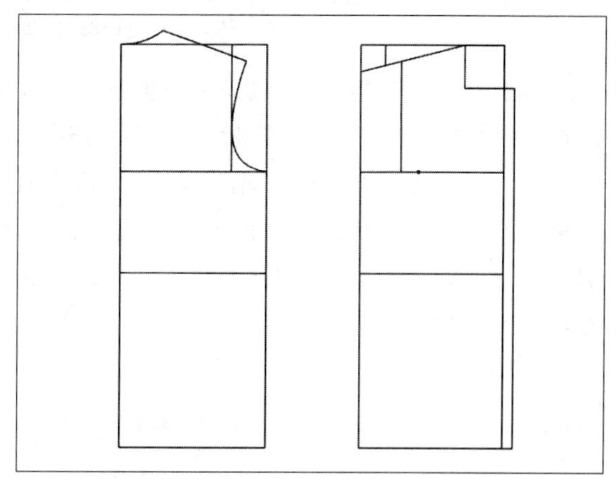

图11-118

⑮ 在“设计工具栏”中单击“智能笔”按钮，在工作区中的点上单击鼠标左键，向上拖曳光标，至合适位置单击鼠标左键，弹出“长度”对话框，设置“长度”为2，单击“确定”按钮，如图11-119所示。

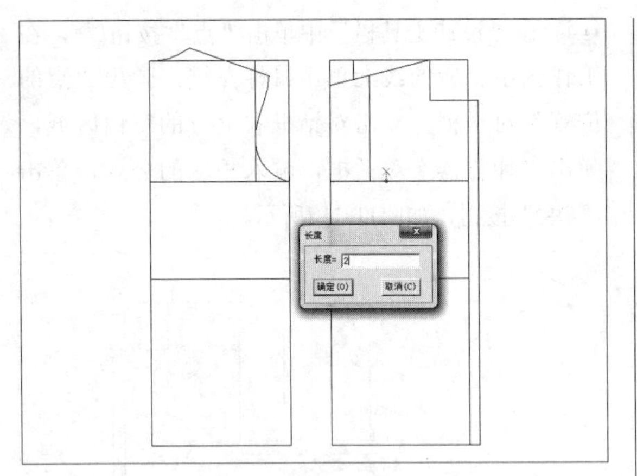

图11-119

16 执行操作后，即可绘制直线，如图11-120所示。

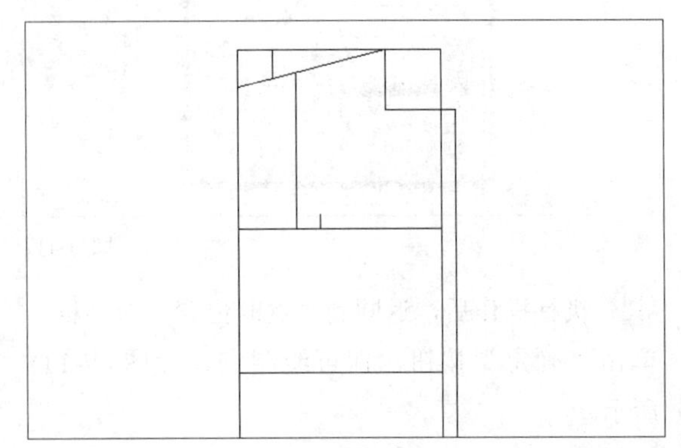

图11-120

17 继续使用“智能笔”命令，在工作区中刚绘制直线的上端点上单击鼠标左键，然后向右拖曳光标，至合适位置单击鼠标左键，弹出“长度”对话框，双击对话框右上方的空白区域，弹出“计算器”对话框，输入相应的公式，单击“OK”按钮，如图11-121所示。

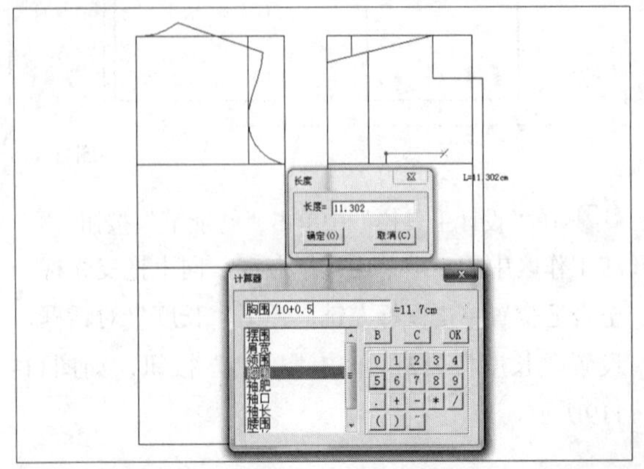

图11-121

18 执行操作后，返回到“长度”对话框，单击“确定”按钮，即可绘制直线，如图11-122所示。

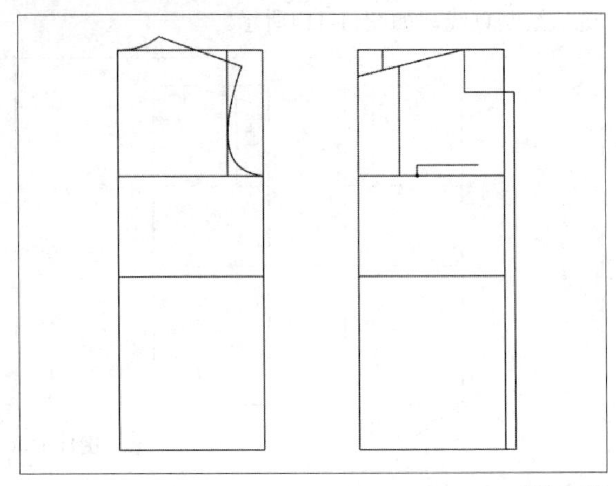

图11-122

19 继续使用“智能笔”命令，在工作区中刚绘制直线的右端点上单击鼠标左键，然后向下拖曳光标，至合适位置单击鼠标左键，弹出“长度”对话框，双击对话框右上方的空白区域，弹出“计算器”对话框，输入相应的公式，单击“OK”按钮，如图11-123所示。

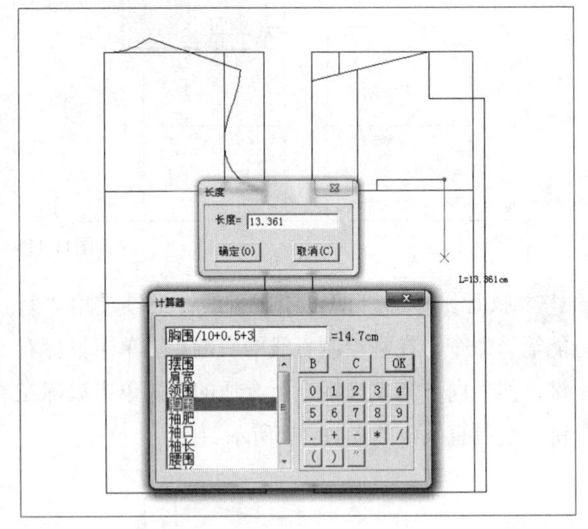

图11-123

20 执行操作后，返回到“长度”对话框，单击“确定”按钮，即可绘制直线；继续使用“智能笔”命令，在工作区中刚绘制直线的下端点上单击鼠标右键，然后拖曳光标，至合适的点上单击鼠标左键，绘制直线，如图11-124所示。

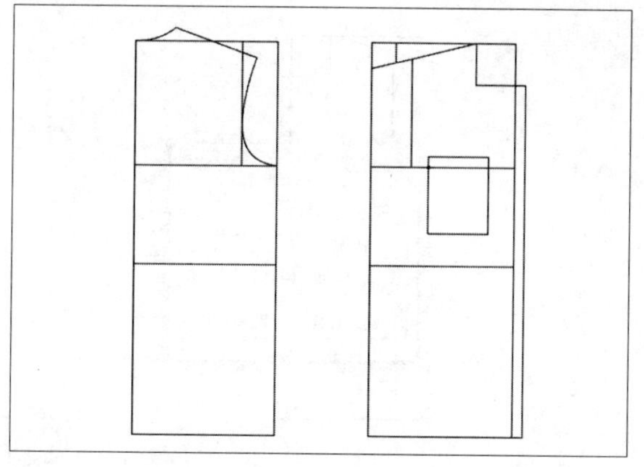

图11-124

㉑ 继续使用“智能笔”命令，在相应的线上单击鼠标左键的同时，向上拖曳光标，至合适位置单击鼠标左键，弹出“平行线”对话框，设置相应的参数，单击“确定”按钮，如图11-125所示。

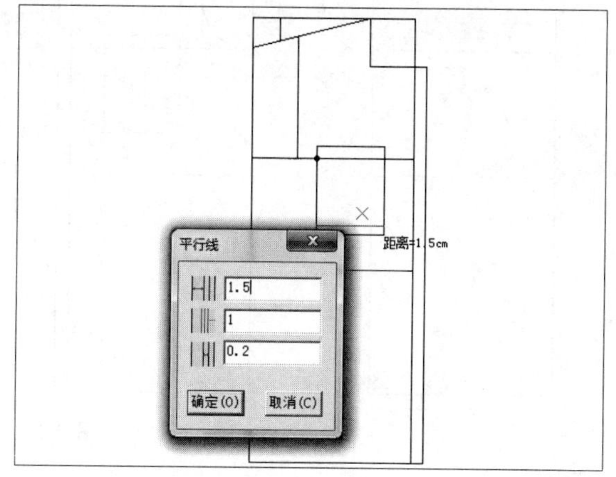

图11-125

㉒ 执行操作后，即可绘制平行线，如图11-126所示。

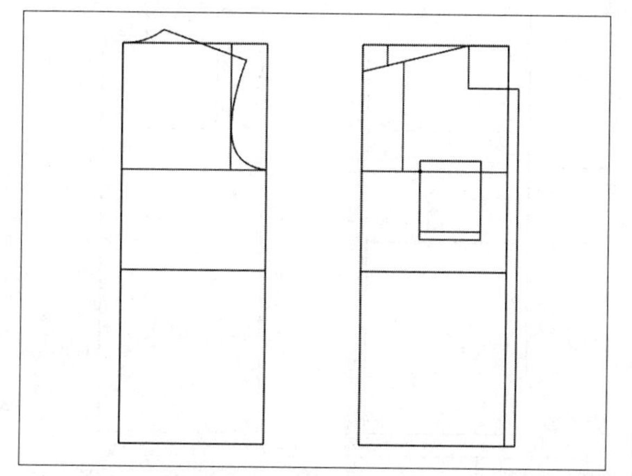

图11-126

㉓ 继续使用“智能笔”命令，在工作区中相应的点上单击鼠标左键，绘制直线，如图11-127所示。

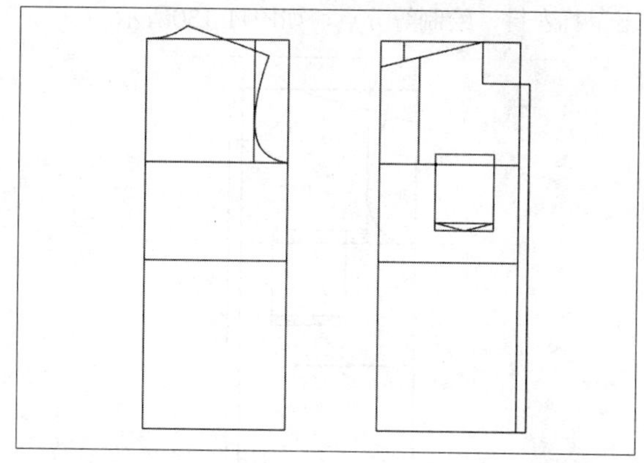

图11-127

㉔ 继续使用“智能笔”命令，在工作区中相应的点上单击鼠标左键，绘制直线，如图11-128所示。

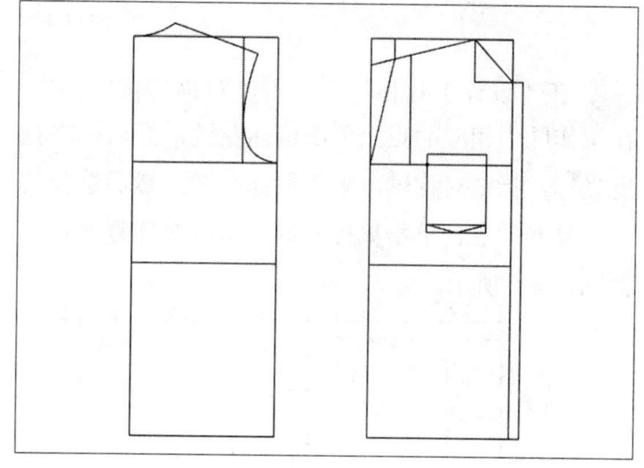

图11-128

㉕ 在“设计工具栏”中单击“调整工具”按钮，在工作区中选择刚绘制的直线，对其进行适当调整，如图11-129所示。

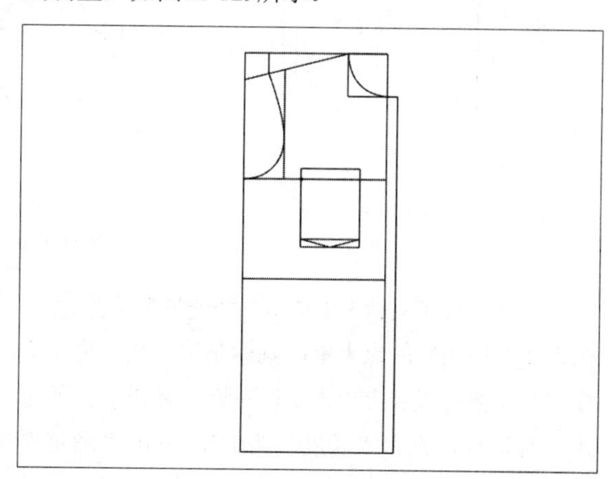

图11-129

26 在“设计工具栏”中单击“等份规”按钮，设置“等份数”为6，按Shift键，在相应的点上单击鼠标左键，绘制等分点，如图11-130所示。

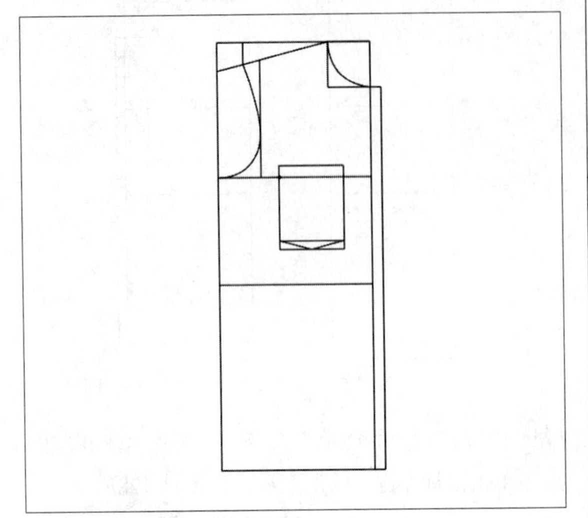

图11-130

27 在“设计工具栏”中单击“对称”按钮，在工作区中相应的点上单击鼠标左键，然后向右拖曳光标，指定对称轴，单击鼠标右键，然后选择要对称复制的点，单击鼠标右键，即可对称复制点，如图11-131所示。

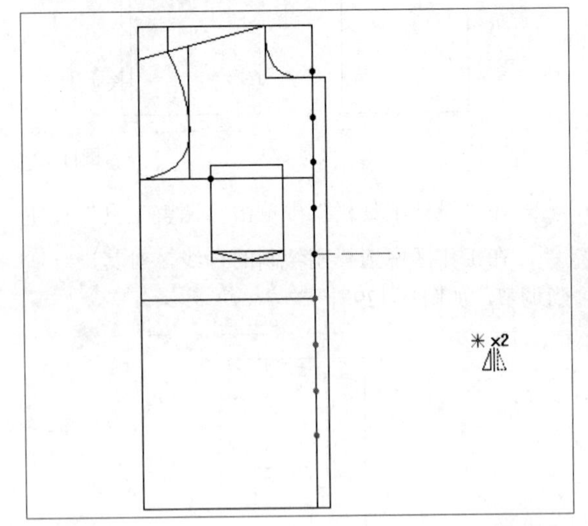

图11-131

28 在“设计工具栏”中单击“智能笔”按钮，在工作区中相应的点上单击鼠标左键，然后拖曳光标，至左侧的直线上单击鼠标左键，弹出“点的位置”对话框，设置“长度”为0.7，单击“确定”按钮，如图11-132所示。

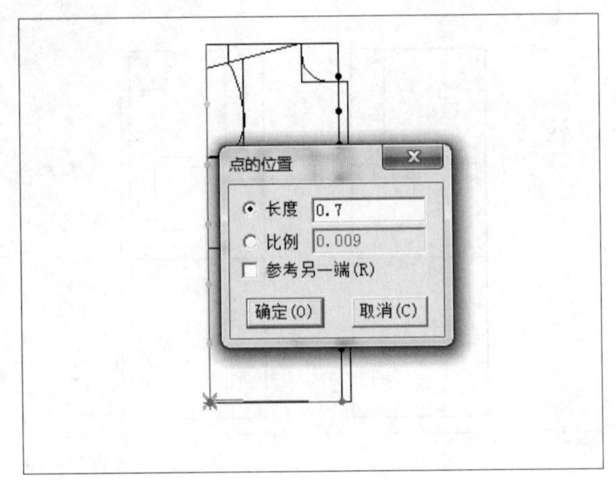

图11-132

29 执行操作后，即可绘制直线，然后对其进行适当调整，如图11-133所示。

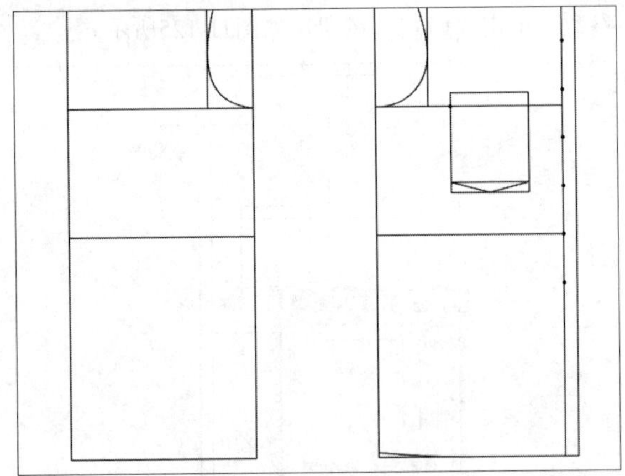

图11-133

30 在工作区中选择相应的曲线，将其剪断，然后删除相应的曲线，如图11-134所示。

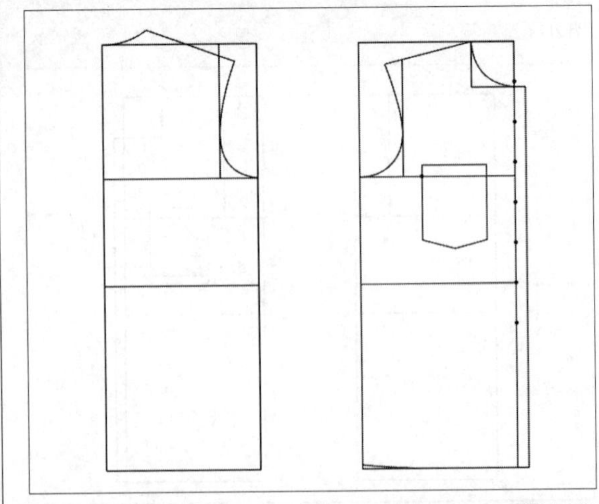

图11-134

11.2.4 男式衬衣部件制作

本小节为读者讲解男式衬衣部件制作的操作方法。

01 在“设计工具栏”中单击“比较长度”按钮，在工作区中选择相应的曲线，弹出“长度比较”对话框，单击“记录”按钮，然后关闭对话框，即可记录长度，如图11-135所示。

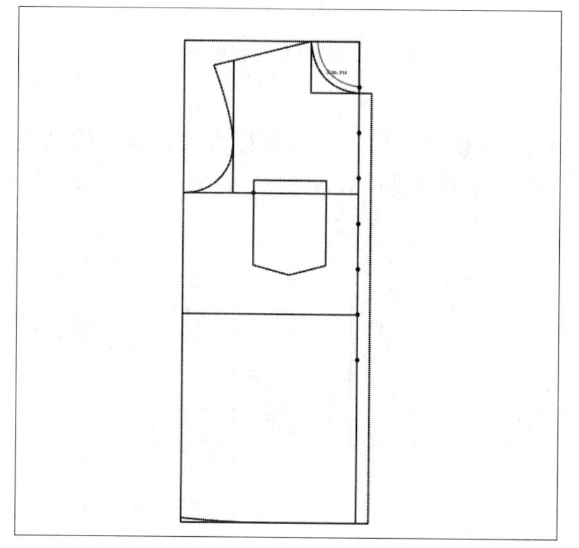

图11-135

02 在“设计工具栏”中单击“矩形”按钮，在工作区中的合适位置单击鼠标左键，弹出“矩形”对话框，设置纵向长度为3.8，如图11-136所示。

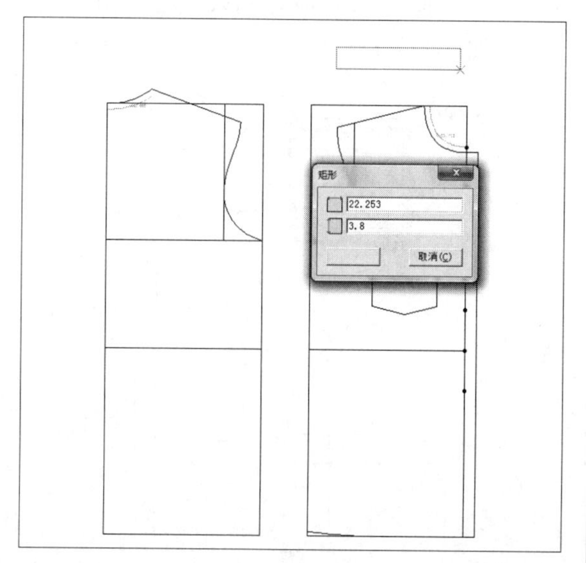

图11-136

03 拖曳光标至上方的数值框中，然后单击鼠标左键，并双击对话框右上方的空白区域，弹出“计算器”对话框，输入相应的公式，单击“OK”按钮，如图11-137所示。

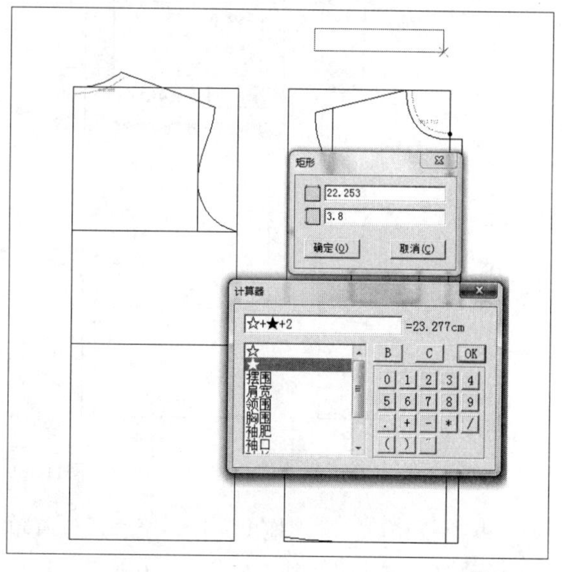

图11-137

04 执行操作后，返回到“矩形”对话框，单击“确定”按钮，即可绘制矩形，如图11-138所示。

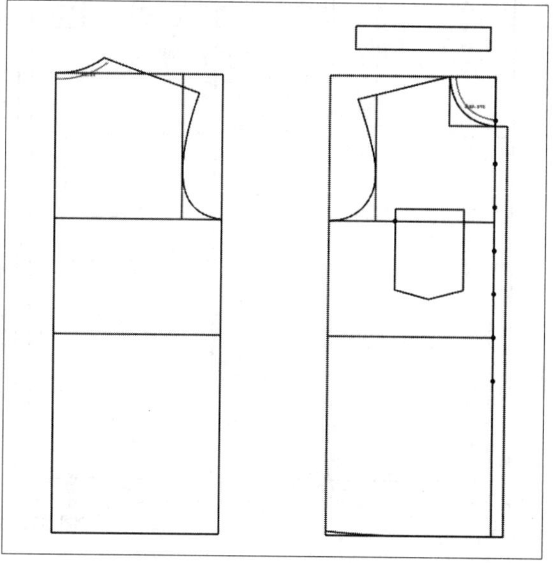

图11-138

05 在“设计工具栏”中单击“智能笔”按钮，在工作区中相应的线上单击鼠标左键，弹出“点的位置”对话框，设置“长度”为1.5，单击“确定”按钮，如图11-139所示。

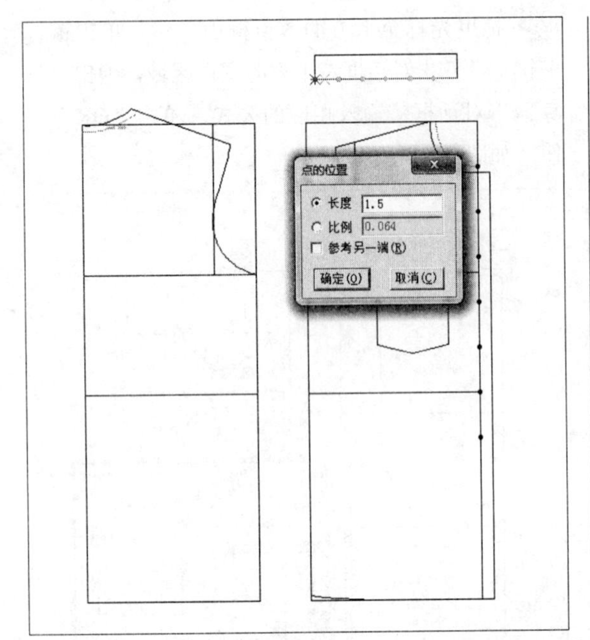

图11-139

06 执行操作后，向上拖曳光标，至合适位置单击鼠标左键，绘制前中线，如图11-140所示。

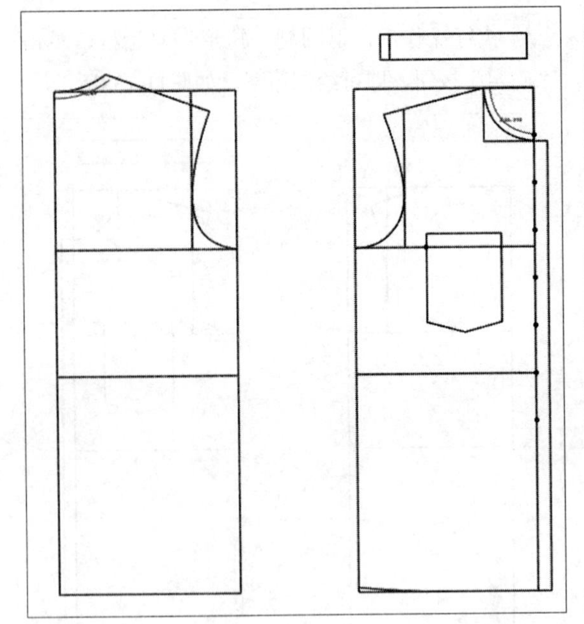

图11-140

07 继续使用“智能笔”命令，在工作区中相应的点上单击鼠标左键，然后拖曳光标，至相应的线上单击鼠标左键，弹出“点的位置”对话框，设置参数，如图11-141所示。

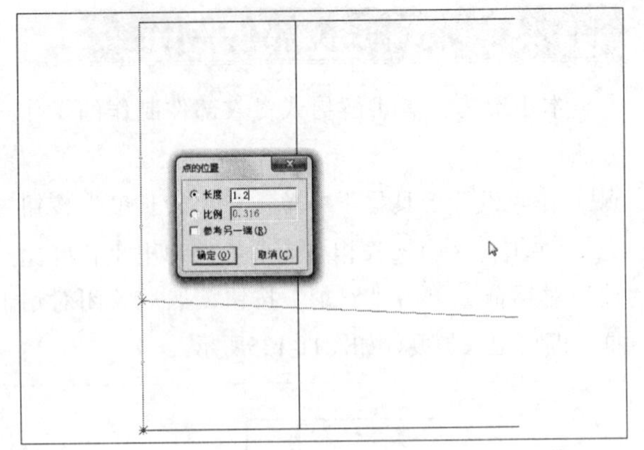

图11-141

08 执行操作后，单击鼠标右键，即可绘制直线，然后对其进行适当调整，如图11-142所示。

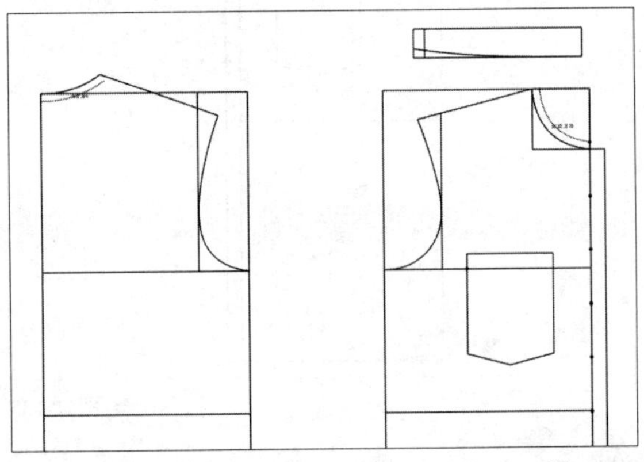

图11-142

09 继续使用“智能笔”命令，按住Shift键的同时，在相应的线上单击鼠标右键，弹出“调整曲线长度”对话框，设置相应的参数，单击“确定”按钮，如图11-143所示。

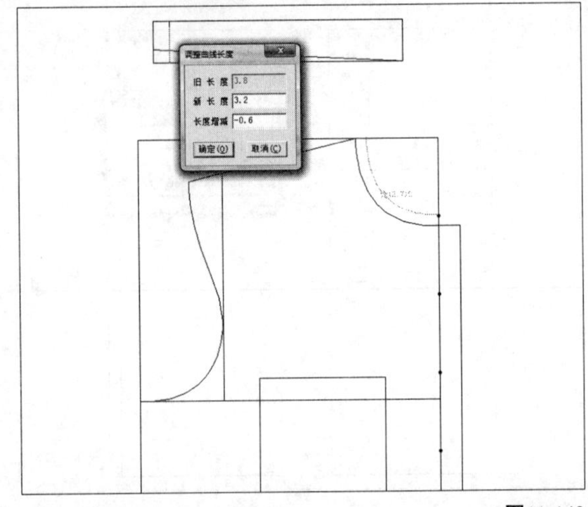

图11-143

(10) 执行操作后，即可调整曲线；继续使用“智能笔”命令，在工作区中相应的点上单击鼠标左键，绘制曲线，然后对其进行适当调整，如图11-144所示。

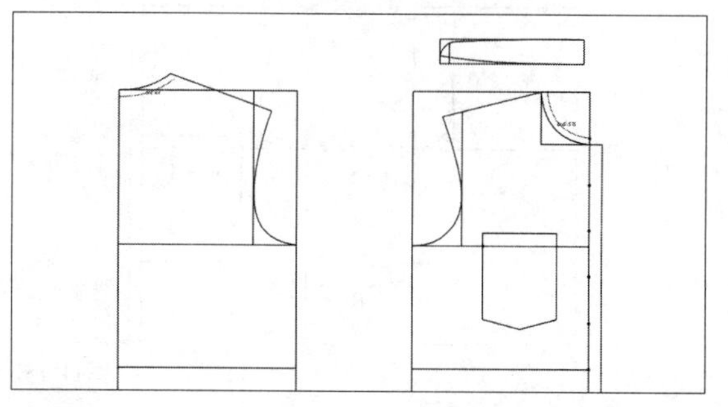

图11-144

(11) 使用“智能笔”命令，在工作区中相应的点上按Enter键，弹出“移动量”对话框，设置纵向移动为2，单击“确定”按钮，如图11-145所示。

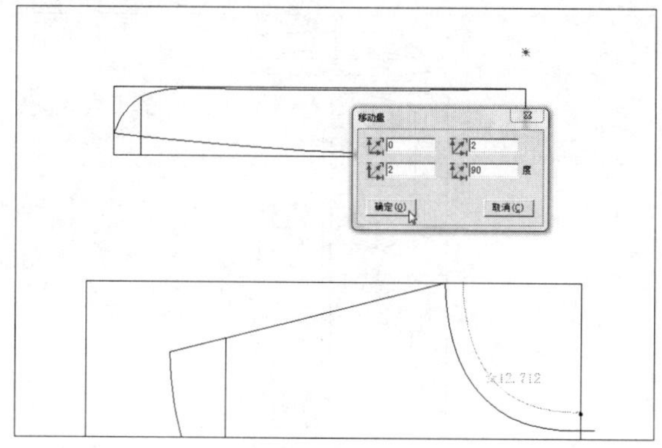

图11-145

(12) 执行操作后，向上拖曳光标，输入4，单击鼠标左键，即可绘制直线，如图11-146所示。

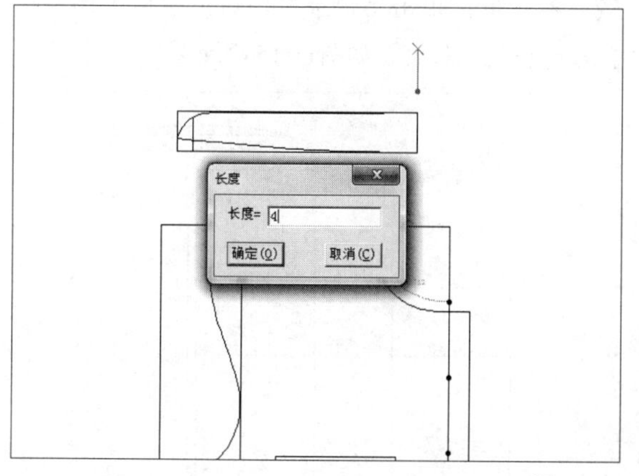

图11-146

(13) 继续使用“智能笔”命令，在工作区中相应的线上单击鼠标左键，弹出“点的位置”对话框，双击对话框右上方的空白区域，弹出“计算器”对话框，输入相应的公式，单击“OK”按钮，如图11-147所示。

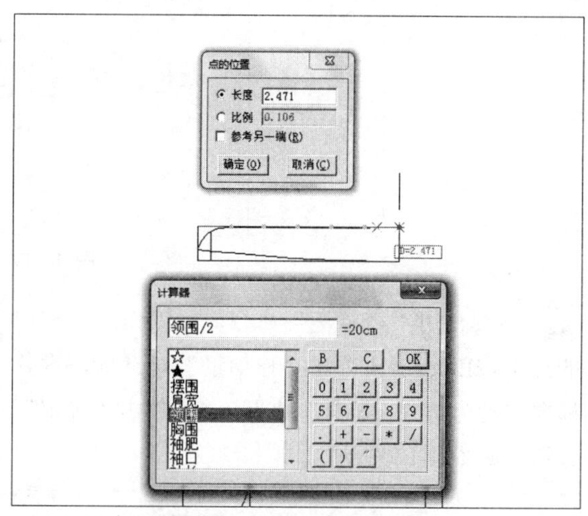

图11-147

(14) 执行操作后，返回到“点的位置”对话框，单击“确定”按钮，然后拖曳光标，至相应的点上单击鼠标左键，绘制直线，然后对其进行适当调整，如图11-148所示。

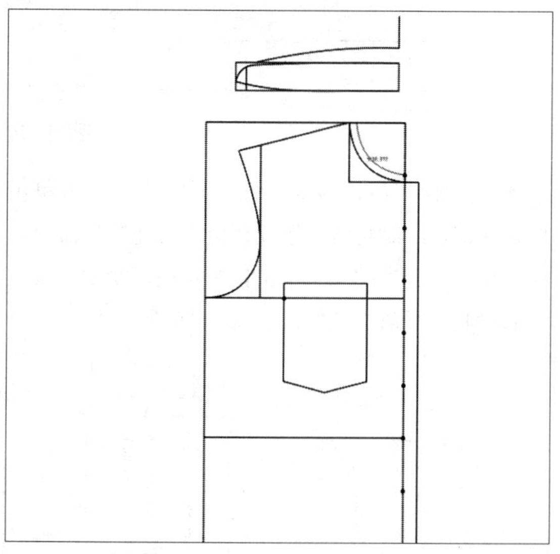

图11-148

(15) 继续使用“智能笔”命令，在工作区中相应的点上单击鼠标右键，然后拖曳光标，至相应的点上单击鼠标左键，绘制直线，如图11-149所示。

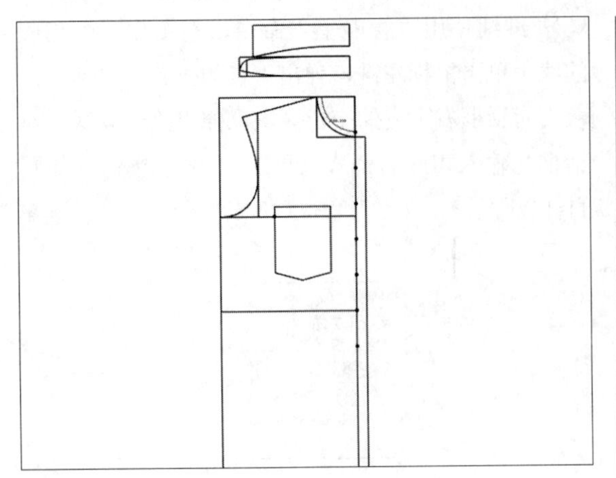

图11-149

⑯ 继续使用“智能笔”命令，在工作区中相应的点上按Enter键，弹出“移动量”对话框，设置横向移动为-1.5、纵向移动为-0.5，单击“确定”按钮，如图11-150所示。

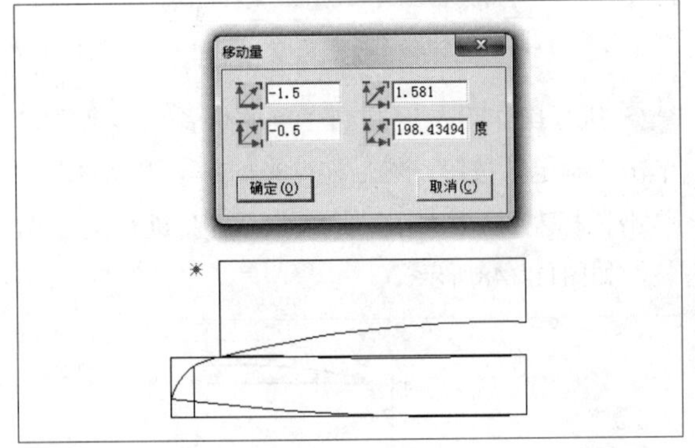

图11-150

⑰ 执行操作后，拖曳光标，至相应的点上单击鼠标左键，绘制直线；继续使用“智能笔”命令，在工作区中相应的点上单击鼠标左键，绘制直线，然后对其进行适当调整，如图11-151所示。

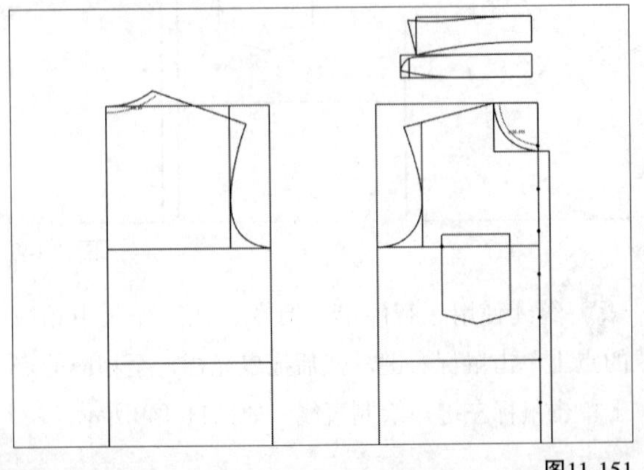

图11-151

⑱ 在工作区中选择相应的曲线，将其剪断，并删除相应的曲线，如图11-152所示。

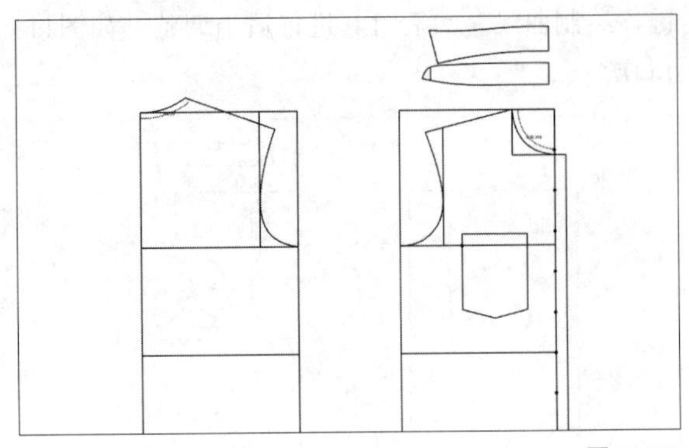

图11-152

⑲ 在“设计工具栏”中单击“对称”按钮，按Shift键，在工作区中合适的点上单击鼠标左键，指定对称轴，然后选择要对称的曲线，单击鼠标右键，即可对称曲线，如图11-153所示。

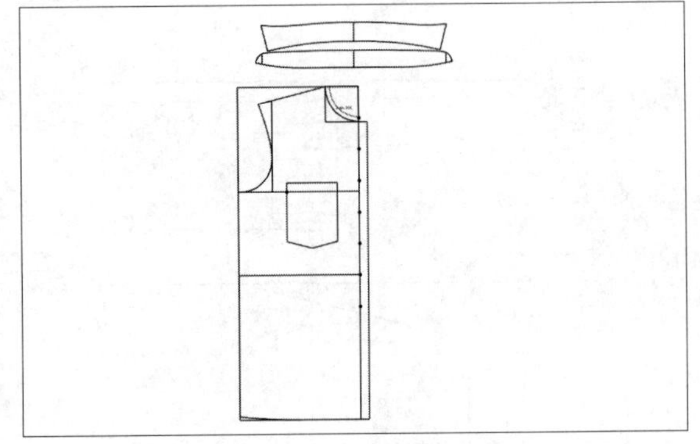

图11-153

⑳ 在“设计工具栏”中单击“比较长度”按钮，在工作区中选择相应的曲线，弹出“长度比较”对话框，单击“记录”按钮，然后关闭对话框，即可记录长度，如图11-154所示。

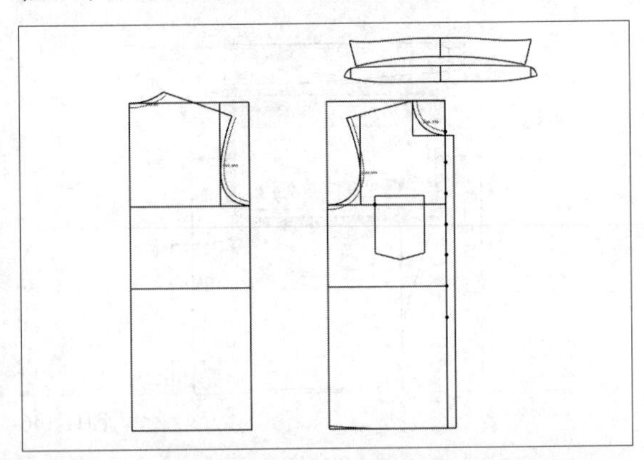

图11-154

21 继续使用“智能笔”命令，在工作区中的合适位置单击鼠标左键，然后向右拖曳光标，至合适位置单击鼠标左键，弹出“长度”对话框，设置相应的参数，单击“确定”按钮，如图11-155所示。

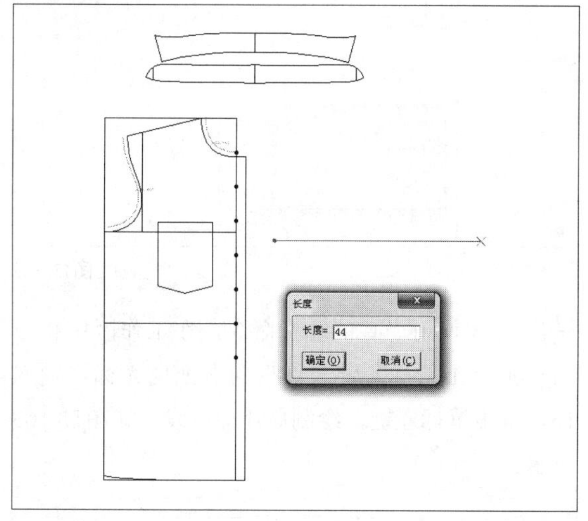

图11-155

22 执行操作后，即可绘制直线；在“设计工具栏”中单击“圆规”按钮，在工作区中直线的端点上，单击鼠标左键，然后向上拖曳光标，弹出“双圆规”对话框，如图11-156所示。

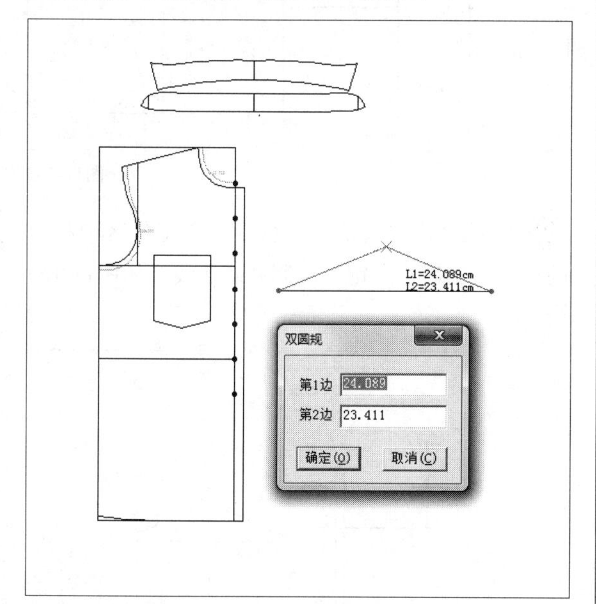

图11-156

23 双击对话框右上方的空白区域，弹出“计算器”对话框，输入相应的公式，单击“OK”按钮，如图11-157所示。

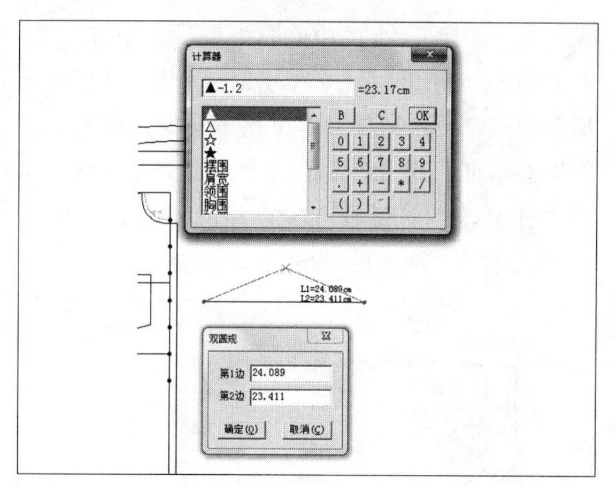

图11-157

24 执行操作后，返回到“双圆规”对话框，拖曳光标至下方的数值框中，单击鼠标左键，然后双击对话框右上方的空白区域，弹出“计算器”对话框，输入相应的公式，单击“OK”按钮，如图11-158所示。

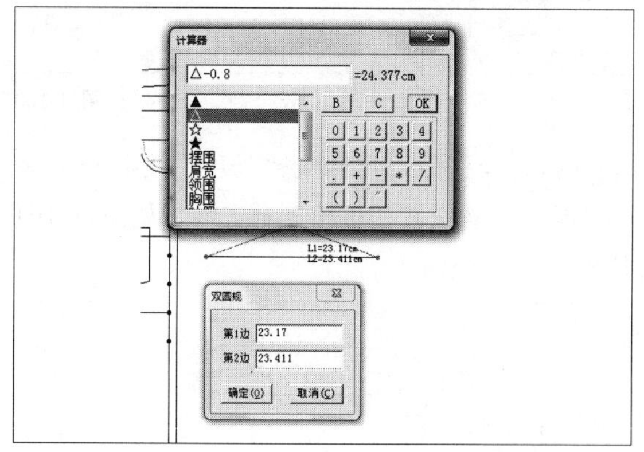

图11-158

25 执行操作后，返回到“双圆规”对话框，单击“确定”按钮，即可绘制直线，如图11-159所示。

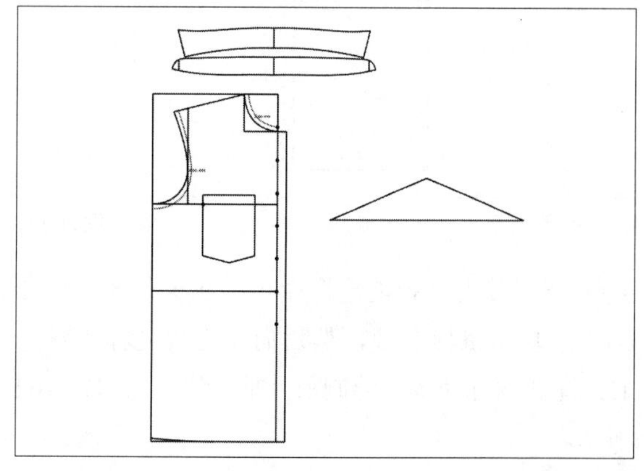

图11-159

㉖ 在“设计工具栏”中单击“智能笔”按钮，在工作区中相应的点上，单击鼠标左键，然后向下拖曳光标，至合适位置单击鼠标左键，弹出“长度”对话框，双击对话框右上方的空白区域，弹出“计算器”对话框，输入相应的公式，单击“OK”按钮，如图11-160所示。

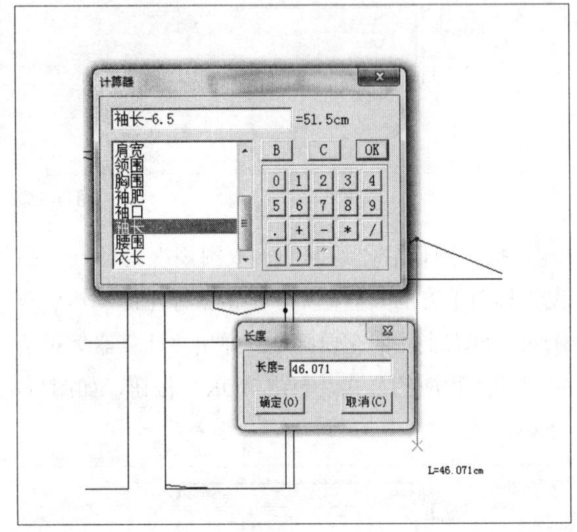

图11-160

㉗ 执行操作后，返回到“长度”对话框，单击“确定”按钮，即可绘制袖中线，如图11-161所示。

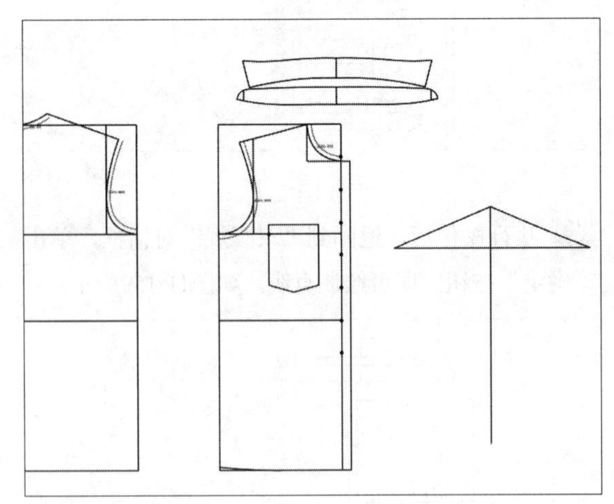

图11-161

㉘ 继续使用“智能笔”命令，在工作区中相应的点上单击鼠标左键，然后向左拖曳光标，输入15，单击鼠标左键，绘制前片袖口线，如图11-162所示。

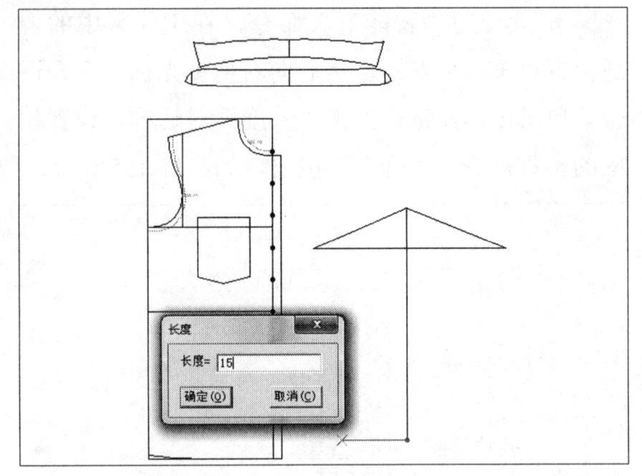

图11-162

㉙ 继续使用“智能笔”命令，在工作区中相应的点上单击鼠标左键，然后向右拖曳光标，输入16，单击鼠标左键，绘制后片袖口线，如图11-163所示。

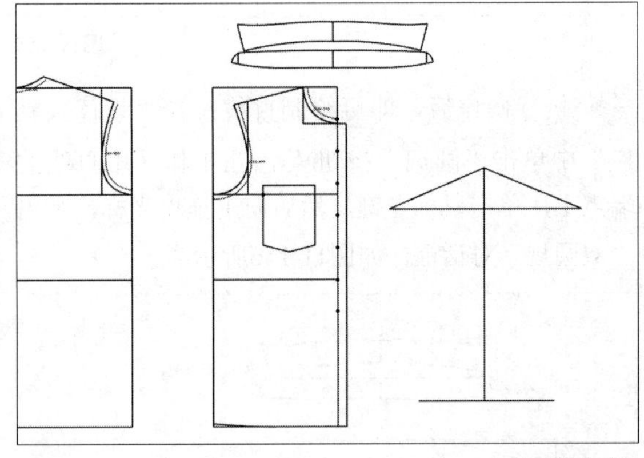

图11-163

㉚ 继续使用“智能笔”命令，在工作区中相应的点上单击鼠标左键，绘制袖侧缝线，如图11-164所示。

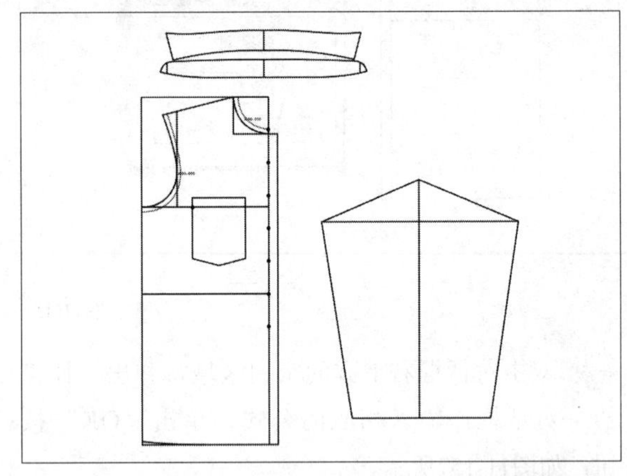

图11-164

31 在“设计工具栏”中单击“等份规”按钮，设置“等份数”为3，按Shift键，然后单击鼠标右键，在相应的点上单击鼠标左键，3等分曲线，如图11-165所示。

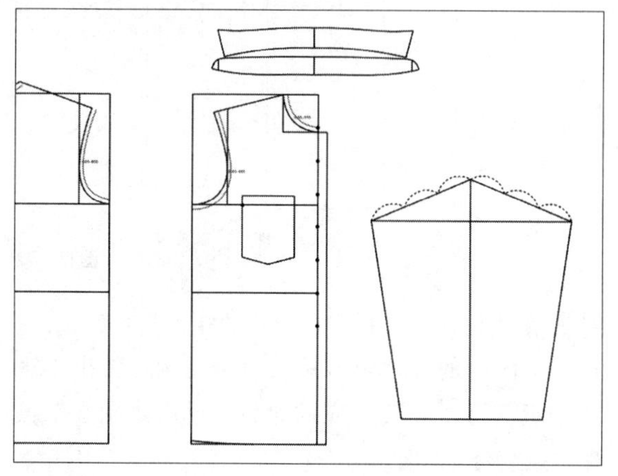

图11-165

32 继续使用“智能笔”命令，按住Shift键的同时，在工作区中相应的点上依次单击鼠标左键，然后拖曳光标，至合适位置，单击鼠标左键，执行上述操作，弹出“长度”对话框，设置“长度”为1，单击“确定”按钮，如图11-166所示。

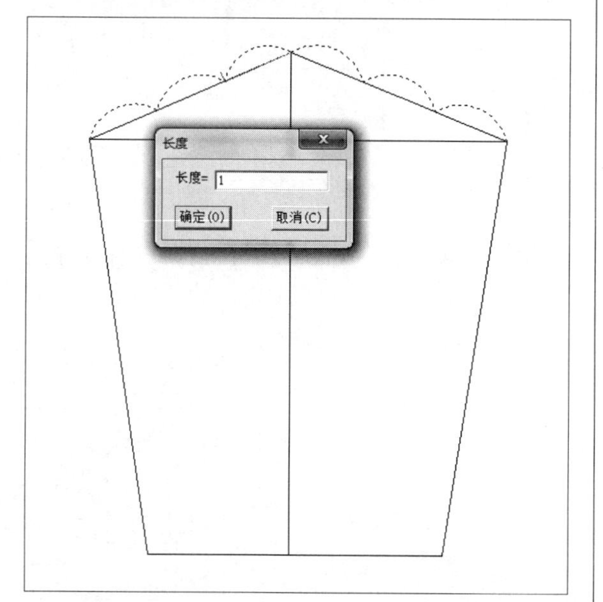

图11-166

33 绘制直线；继续使用“智能笔”命令，用与上同样的方法，绘制直线，如图11-167所示。

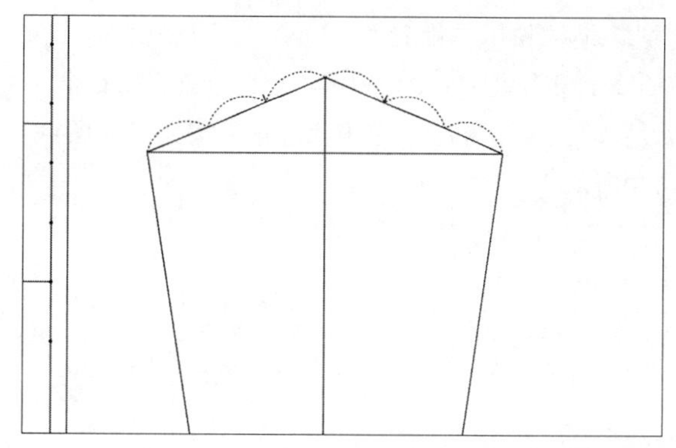

图11-167

34 继续使用“智能笔”命令，在工作区中相应的点上单击鼠标左键，然后拖曳光标，至合适的线上单击鼠标左键，弹出“点的位置”对话框，设置“长度”为5，单击“确定”按钮，如图11-168所示。

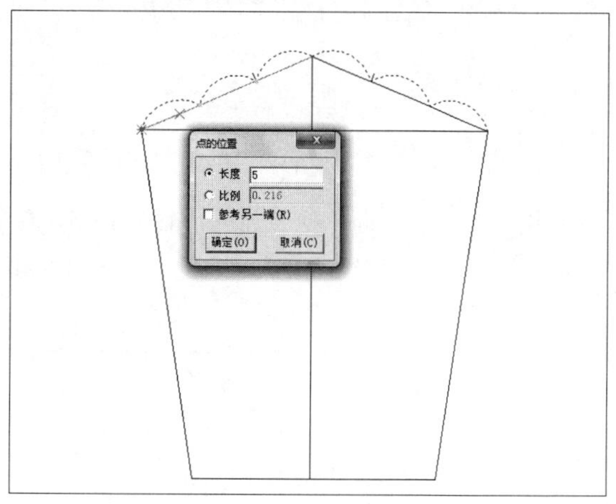

图11-168

35 执行操作后，在工作区中其他的点上依次单击鼠标左键，然后单击鼠标右键，绘制袖山弧线，如图11-169所示。

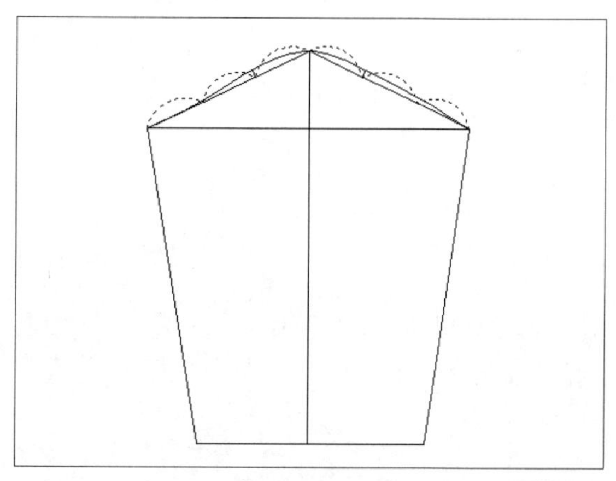

图11-169

36 继续使用“智能笔”命令，在工作区中相应的线上单击鼠标左键，弹出“点的位置”对话框，设置“长度”为7.2，单击“确定”按钮，如图11-170所示。

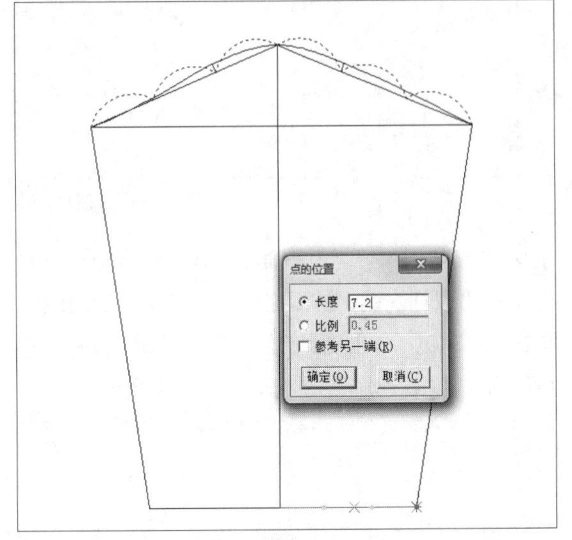

图11-170

37 执行操作后，向上拖曳光标，输入12.5，单击鼠标左键，绘制直线，以确定衩位，如图11-171所示。

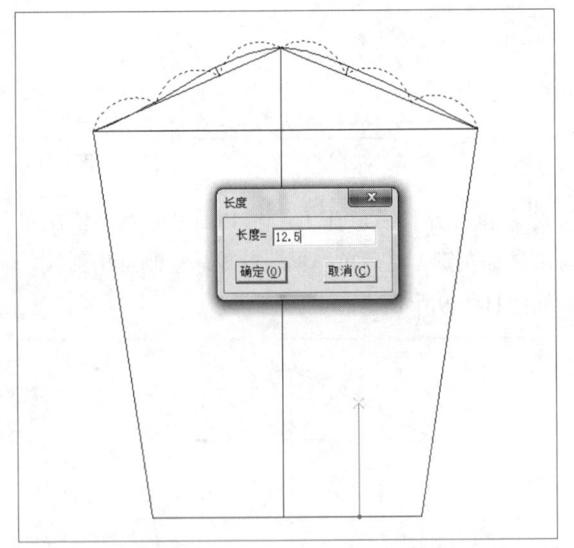

图11-171

38 继续使用“智能笔”命令，在工作区中绘制袖位，如图11-172所示。

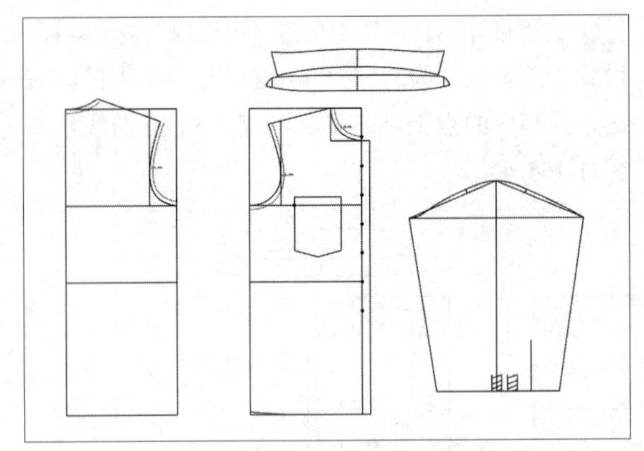

图11-172

39 在“设计工具栏”中单击“矩形”按钮，在工作区中的合适位置单击鼠标左键，弹出“矩形”对话框，设置相应的参数，单击“确定”按钮，如图11-173所示。

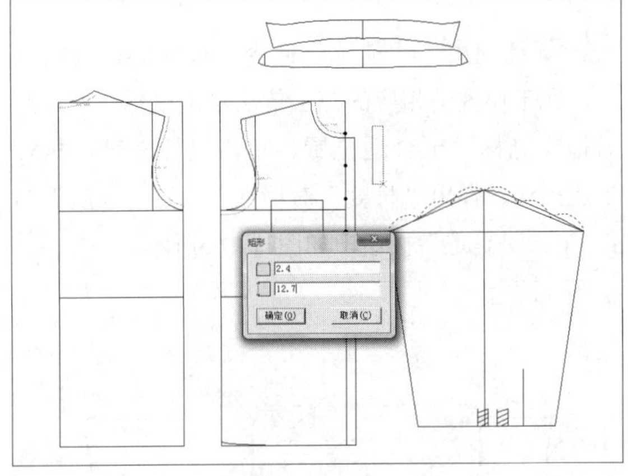

图11-173

40 执行操作后，即可绘制矩形，如图11-174所示。

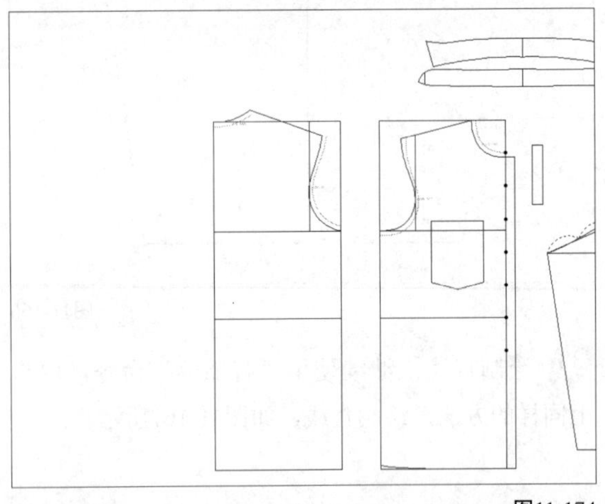

图11-174

41 使用“智能笔”命令，在工作区中相应的点上单击鼠标左键，绘制直线；在“设计工具栏”中单击“点”按钮，在工作区中相应的点上单击鼠标左键，绘制点，如图11-175所示。

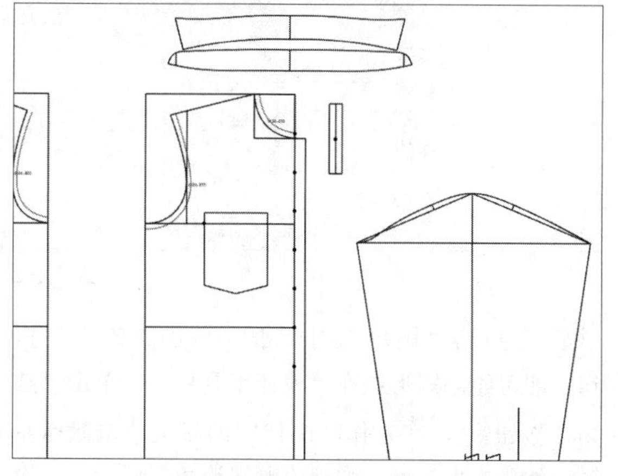

图11-175

42 在“设计工具栏”中单击“矩形”按钮，在工作区中的合适位置单击鼠标左键，弹出“矩形”对话框，设置相应的参数，单击“确定”按钮，如图11-176所示。

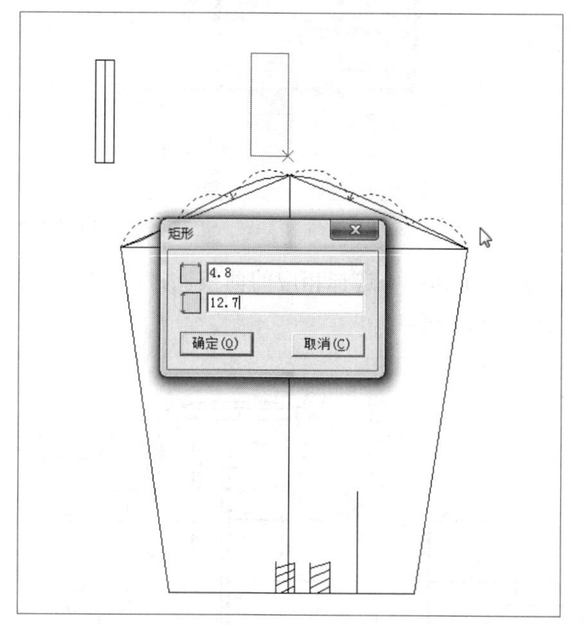

图11-176

43 执行操作后，即可绘制矩形；继续使用“智能笔”命令，在工作区中相应的点上单击鼠标左键，绘制直线，如图11-177所示。

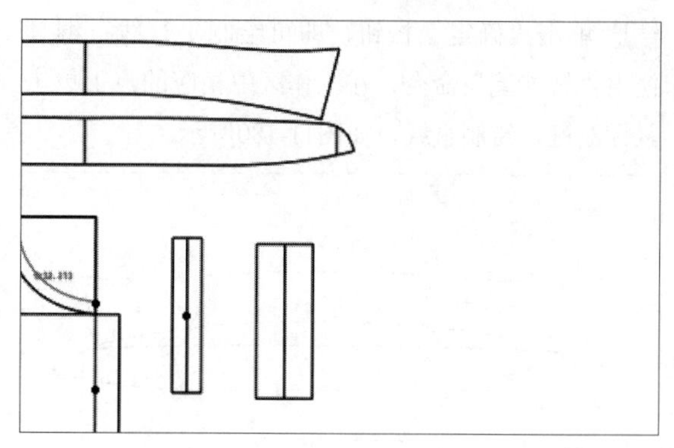

图11-177

44 继续使用“矩形”命令，在工作区中相应的点上单击鼠标左键，弹出“矩形”对话框，设置相应的参数，单击“确定”按钮，如图11-178所示。

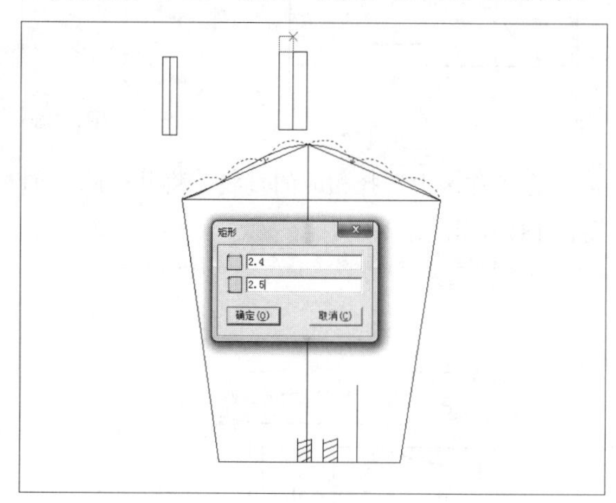

图11-178

45 执行操作后，即可绘制矩形；继续使用“智能笔”命令，在工作区中相应的直线上单击鼠标左键的同时，向上拖曳光标，至合适位置单击鼠标左键，弹出“平行线”对话框，设置相应的参数，如图11-179所示。

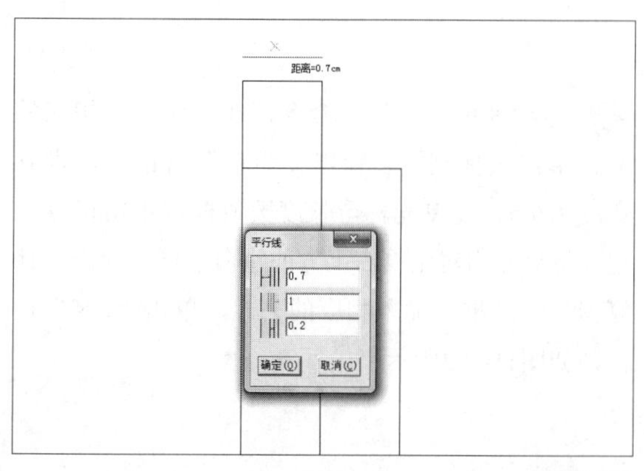

图11-179

46 单击“确定”按钮，即可绘制平行线；继续使用“智能笔”命令，在工作区中相应的点上单击鼠标左键，绘制直线，如图11-180所示。

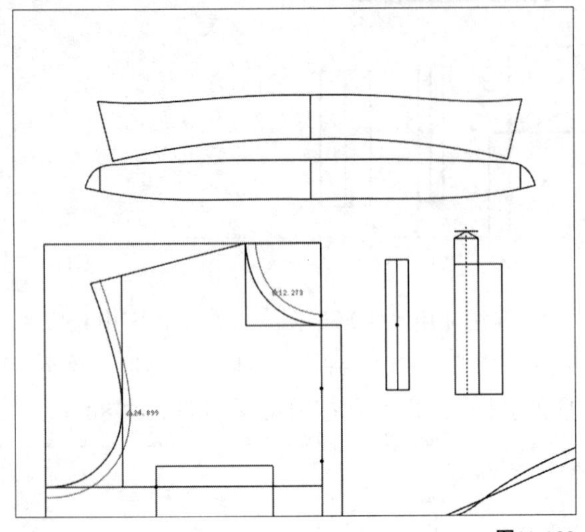

图11-180

47 在工作区中选择相应的直线，将其删除，如图11-181所示。

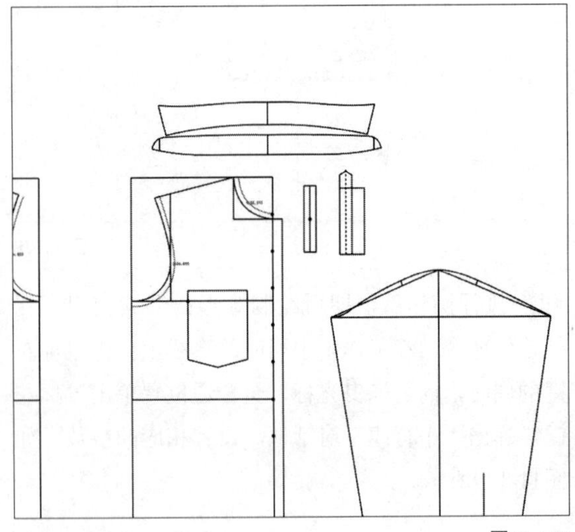

图11-181

48 继续使用“矩形”命令，在工作区中相应的位置单击鼠标左键，弹出“矩形”对话框，设置宽度为6.5，拖曳光标至长度数值框，单击鼠标左键，然后双击对话框右上方的空白区域，弹出“计算器”对话框，输入相应的公式，单击“OK”按钮，如图11-182所示。

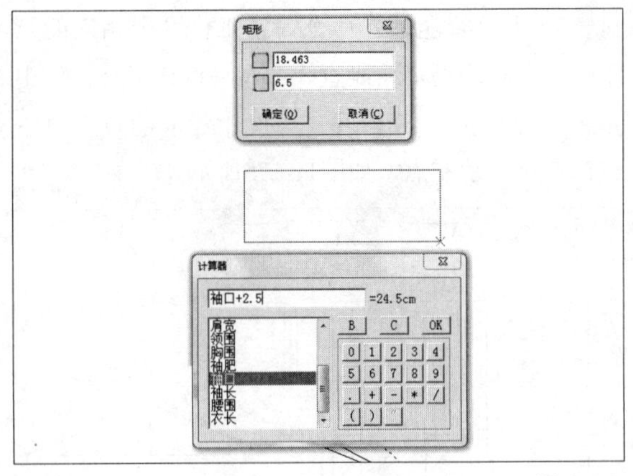

图11-182

49 返回到“矩形”对话框，单击“确定”按钮，即可绘制矩形；在“设计工具栏”中单击“圆角”按钮，在工作区中相应的线上单击鼠标左键，然后拖曳光标，弹出“顺滑连角”对话框，设置相应的参数，单击“确定”按钮，即可圆角矩形，如图11-183所示。

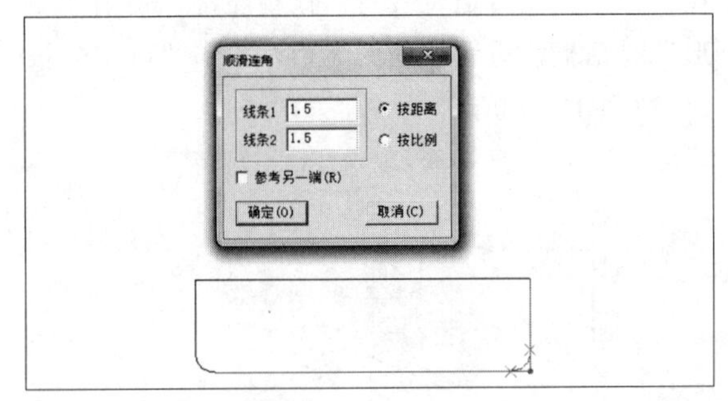

图11-183

50 在工作区中选择相应的曲线，将其删除，如图11-184所示。

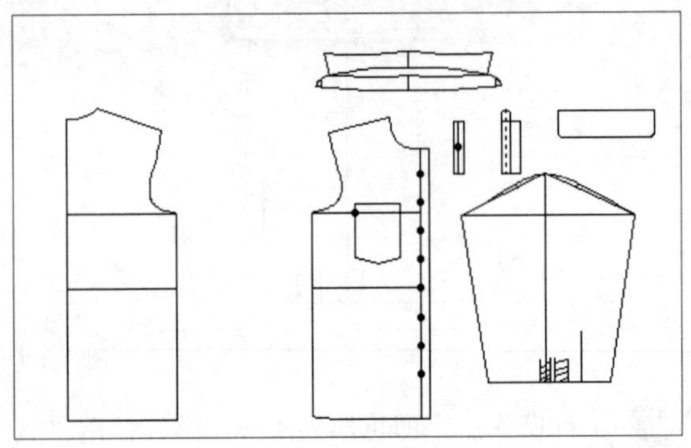

图11-184

51 使用“对称”和“移动”命令，对称和移动曲线，如图11-185所示。

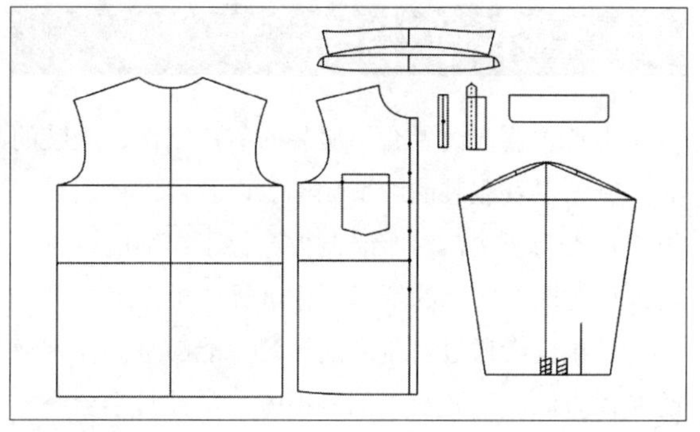

图11-185

52 在“设计工具栏”中单击“智能笔”按钮，在工作区中相应的线上单击鼠标左键，弹出“点的位置”对话框，设置“长度”为8，单击“确定”按钮，如图11-186所示。

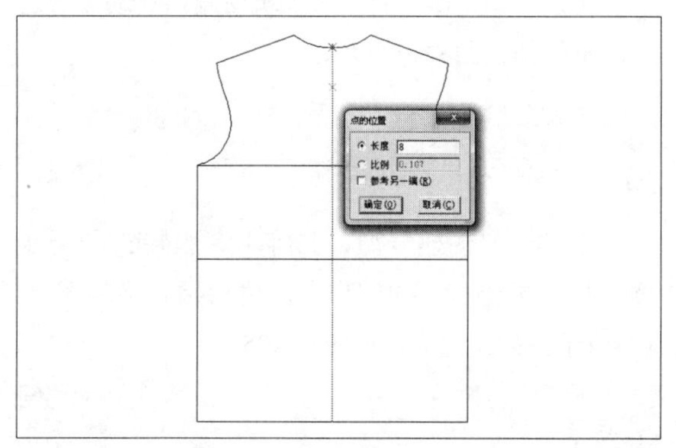

图11-186

53 执行操作后，向左拖曳光标，至相应的曲线上单击鼠标左键，绘制直线，如图11-187所示。

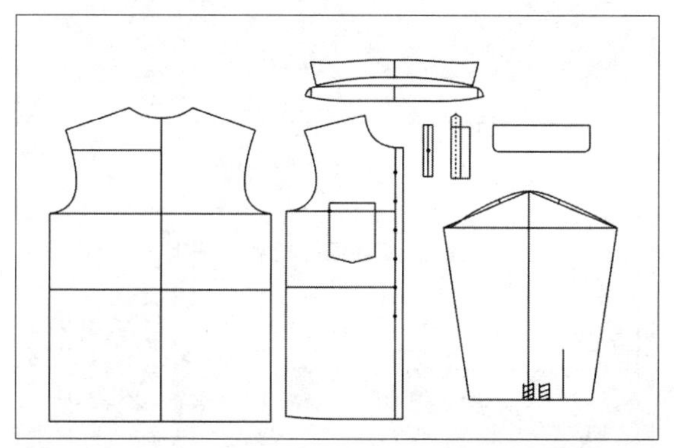

图11-187

54 在工作区中选择袖窿弧线，将其剪断；继续使用“智能笔”命令，在工作区中相应的线上单击鼠标左键，弹出“点的位置”对话框，设置“长度”为0.5，单击“确定”按钮，如图11-188所示。

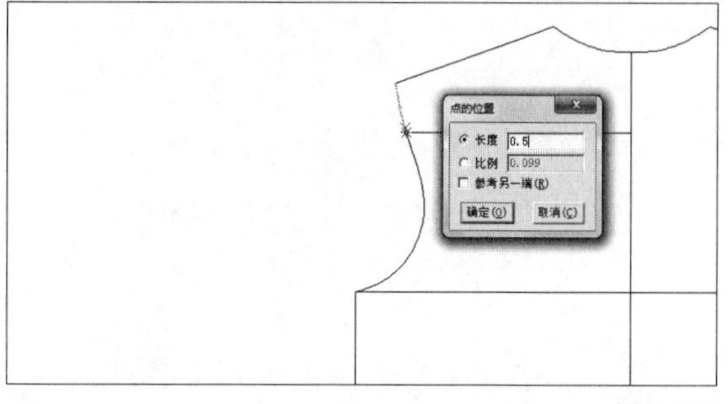

图11-188

55 执行操作后，拖曳光标，至合适位置单击鼠标左键，绘制直线，然后对其进行适当调整；使用“对称”命令，对称复制相应的直线，然后剪断相应的曲线，并删除多余的曲线，如图11-189所示。

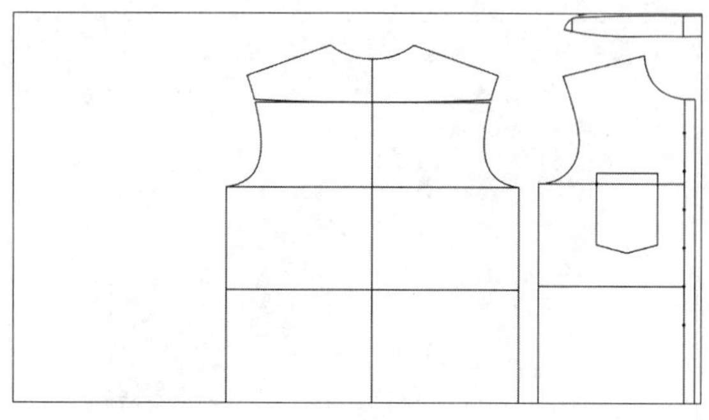

图11-189

56 工作区中选择相应曲线，将其移至合适位置，如图11-190所示。

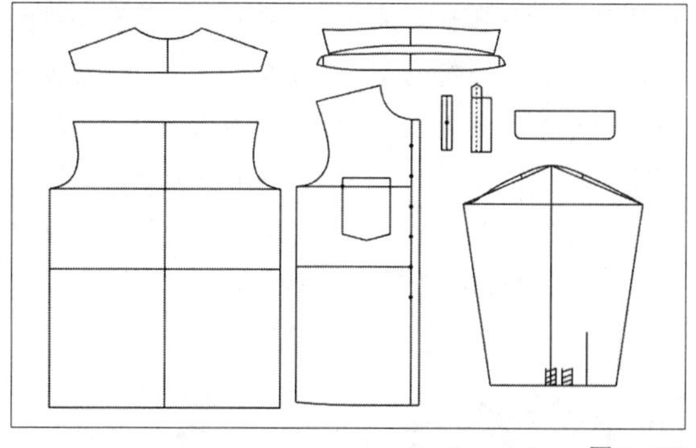

图11-190

11.2.5 男式衬衣纸样制作

本小节为读者讲解男式衬衣纸样制作的操作方法。

01 在设计工具栏中单击“剪刀”按钮，在工作区中依次框选相应的曲线，然后单击鼠标右键，拾取纸样，如图11-191所示。

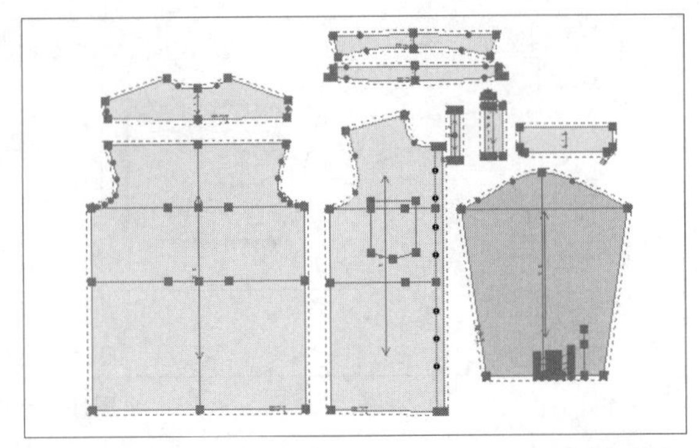

图11-191

02 在设计工具栏中单击“布纹线”按钮，在相应的纸样内绘制一条水平线，调整布纹线，如图11-192所示。

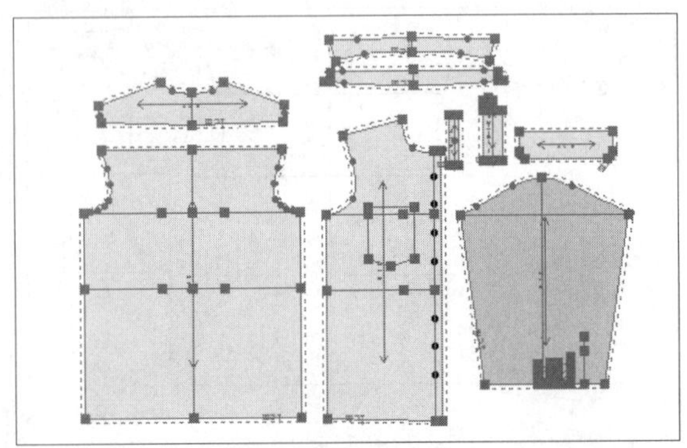

图11-192

03 在设计工具栏中单击“加缝份”按钮，在后片侧缝线上单击鼠标左键，弹出“加缝份”对话框，设置“起点缝份量”为1.6，选中“终点缝份量”对话框，并在其后的数值框中输入1.6，单击“确定”按钮，执行操作后，即可添加缝份；继续使用“加缝份”命令，将袖片袖山弧线和后袖侧缝线的缝份改为1.6，如图11-193所示。

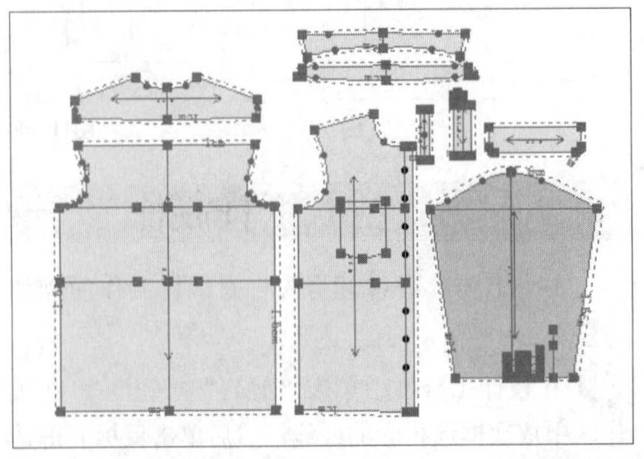

图11-193

11.3 本章小结

本章主要向读者介绍服装的前片制作、服装的后片制作以及服装的细节制作等内容。以休闲裤和男士衬衣为示例，对服装制板进行了详细的讲解，此外还对两个实例的纸样制作进行了操作练习。

希望读者通过对本章的学习，能够掌握休闲裤的制板方法和男式衬衣的制板方法，并且学会举一反三，灵活运用到自己的设计中去。

11.4 课后习题——创建号型

鉴于本章知识的重要性，为了帮助读者更好地掌握所学知识，本节将通过上机习题，帮助读者进行简单的知识回顾和补充。

案例位置：无
难易指数：★★★
学习目标：掌握创建型号的方法

通过学习创建号型，熟练本章服装CAD男士休闲裤与男士衬衣的制作，创建初始表格如图11-194所示；创建完成，如图11-195所示。

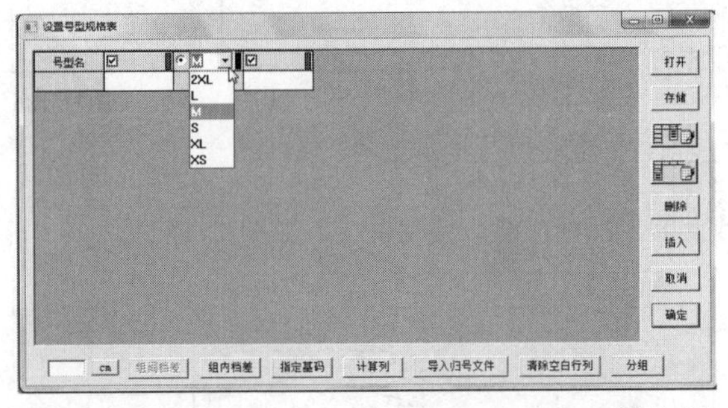

图11-194

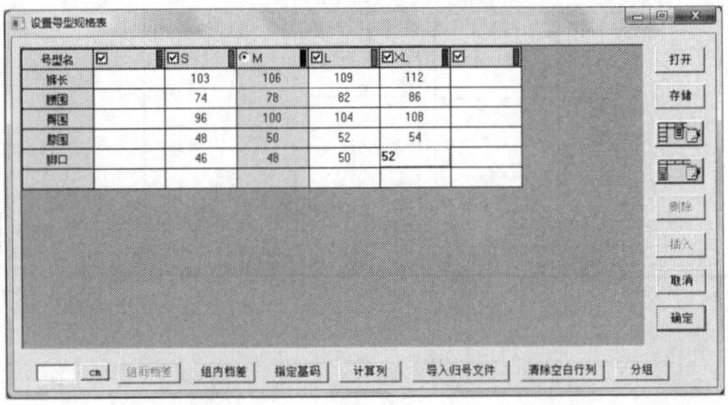

设置号型规格表

号型名	☑	☑S	⊙M	☑L	☑XL	☑
裤长		103	106	109	112	
腰围		74	78	82	86	
臀围		96	100	104	108	
膝围		48	50	52	54	
脚口		46	48	50	52	

打开 存储 删除 插入 取消 确定
cm 组间档差 组内档差 指定基码 计算列 导入归号文件 清除空白行列 分组

图11-195

第12章

女装制板商业案例实训

内容摘要

服饰的变迁是一部历史，是一个时代发展的缩影，它映衬着一种民族的精神，传承着当地的历史文化。女装使女人倍添姿彩，女装为产业增添亮点。本章主要向读者介绍女西裤、连衣裙的制板。

课堂学习目标

女士西裤制板

夏装连衣裙制板

12.1 女士西裤制板

女西裤主要指与女西装上衣配套穿着的裤子。很早以前，西装叫“洋装”或“洋服”，是欧洲人穿着的礼仪服装。后来随着国家与国家的交往逐渐传到了中国，中国也就慢慢有了西装。由于女西裤主要在办公室及社交场合穿着，所以在要求舒适自然的前提下，在造型上比较注意与形体的协调，裁剪时放松量适中，给人以平和稳重的感觉。女西裤效果如图12-1所示。

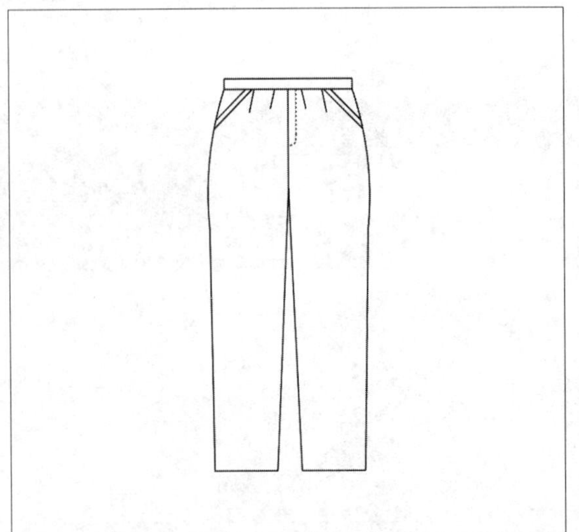

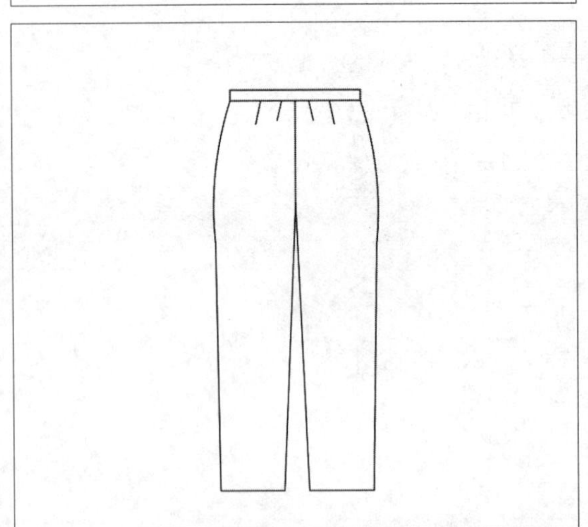

图12-1

课堂案例:	女士西裤制板
案例位置:	效果>第12章>女士西裤制板.dgs
视频位置:	视频>第12章>课堂案例——女西裤前片制作.mp4、课堂案例——女西裤后片制作.mp4、课堂案例——女西裤部件制作.mp4、课堂案例——女西裤纸样制作.mp4
难易指数:	★★★★★
学习目标:	掌握女士西裤制板的方法

本案例的最终效果如图12-2所示。

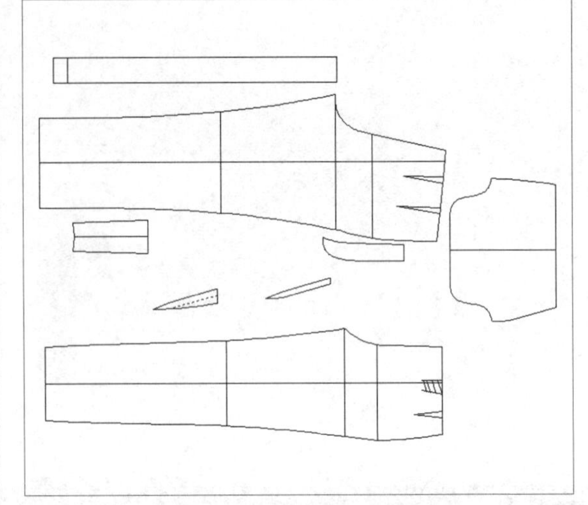

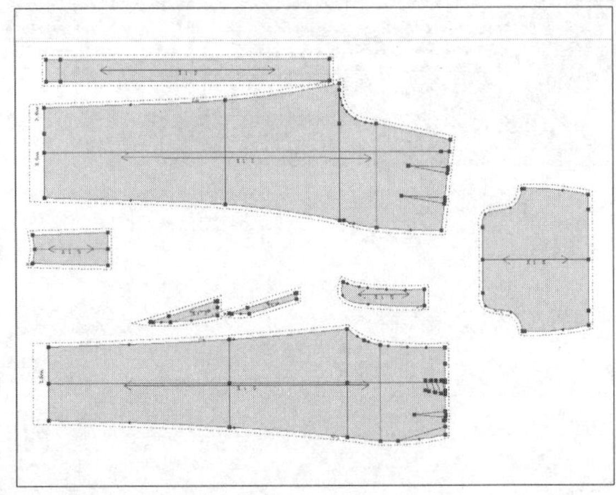

图12-2

12.1.1 女士西裤规格尺寸表

本节介绍女士西裤常规尺寸表，见表12-1。

表12-1 女士西裤尺寸表（单位：cm）

部位	裤长	腰围	臀围	脚口
尺寸	100	68	98	40

12.1.2 女西裤前片制作

本小节将为读者讲解女西裤前片的制作方法。

01 新建一个空白文件，单击“号型”｜“号型编辑”命令，弹出“设置号型规格表”对话框，设置相应的参数，单击“确定”按钮，如图12-3所示。

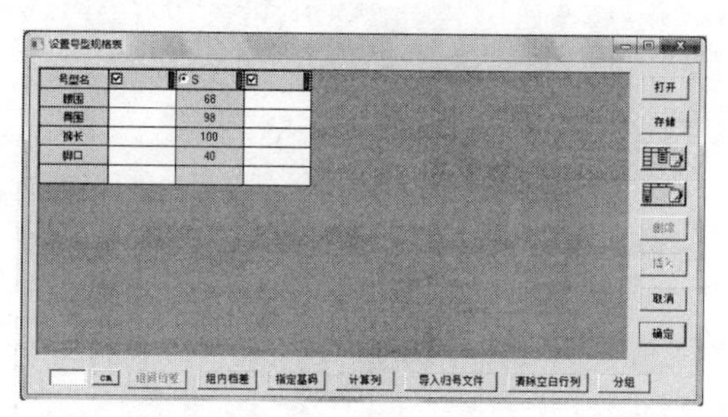

图12-3

02 执行操作后，即可编辑号型；单击“文档”|“另存为”命令，弹出“文档另存为”对话框，设置文件名和保存路径，单击“保存”按钮，如图12-4所示。

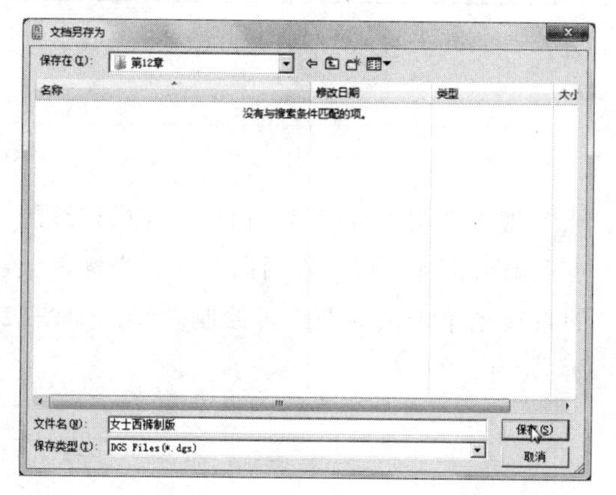

图12-4

03 执行操作后，即可另存文件；在“设计工具栏”中单击“智能笔”按钮，在工作区中的合适位置单击鼠标左键，然后单击鼠标右键，切换输入状态，向右拖曳光标，至合适位置单击鼠标左键，弹出“长度”对话框，设置“长度”为100，单击“确定”按钮，如图12-5所示。

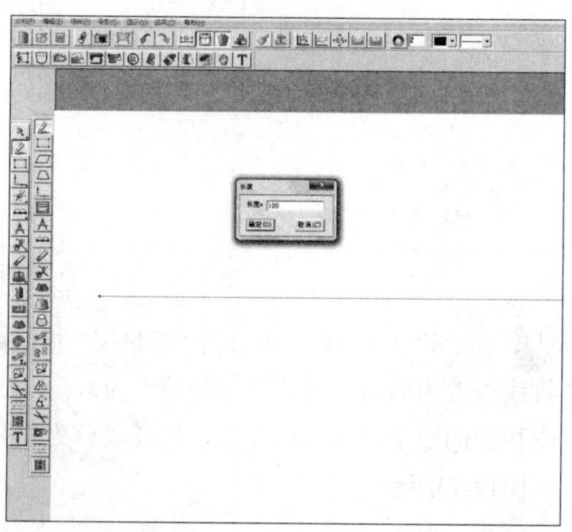

图12-5

04 执行操作后，即可绘制直线，如图12-6所示。

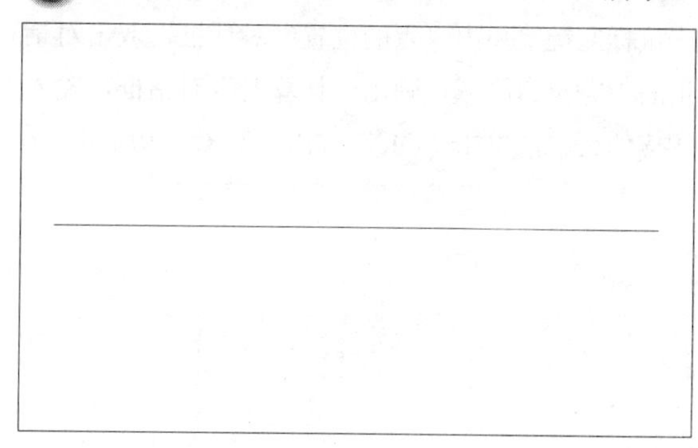

图12-6

05 继续使用“智能笔”命令，在刚绘制的直线的左端点单击鼠标左键，然后向上拖曳光标，至合适位置单击鼠标左键，弹出“长度”对话框，接受默认的参数，单击“确定”按钮，即可绘制直线，如图12-7所示。

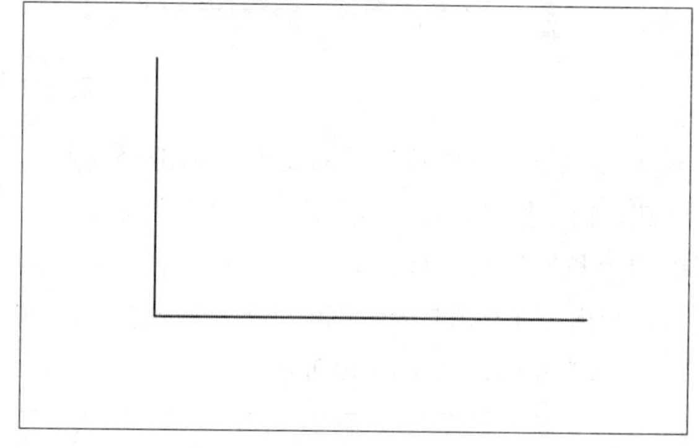

图12-7

06 继续使用“智能笔”命令，在相应直线的右端点单击鼠标左键，然后向上拖曳光标，至合适位置单击鼠标左键，弹出“长度”对话框，接受默认的参数，单击“确定”按钮，即可绘制直线，如图12-8所示。

图12-8

07 继续使用“智能笔”命令，在相应直线上单击鼠标左键，弹出“点的位置”对话框，双击对话框右上方空白区域，弹出“计算器”对话框，输入相应的公式，单击“OK”按钮，如图12-9所示。

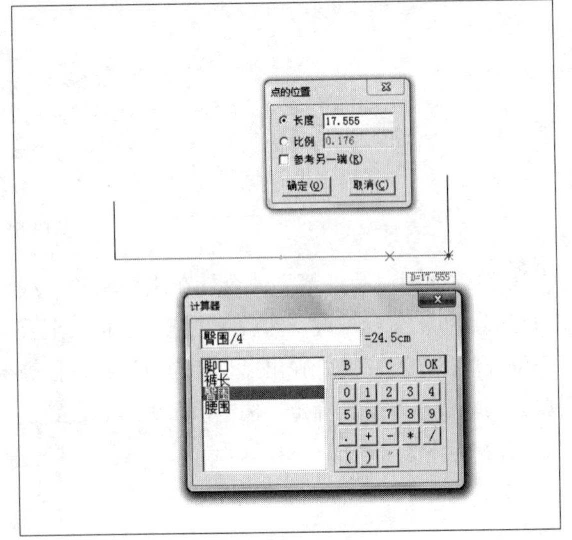

图12-9

08 返回到“点的位置”对话框，单击“确定”按钮，向上拖曳光标，至合适位置单击鼠标左键，弹出“长度”对话框，双击对话框右上方空白区域，弹出“计算器”对话框，输入相应的公式，单击“OK”按钮，如图12-10所示。

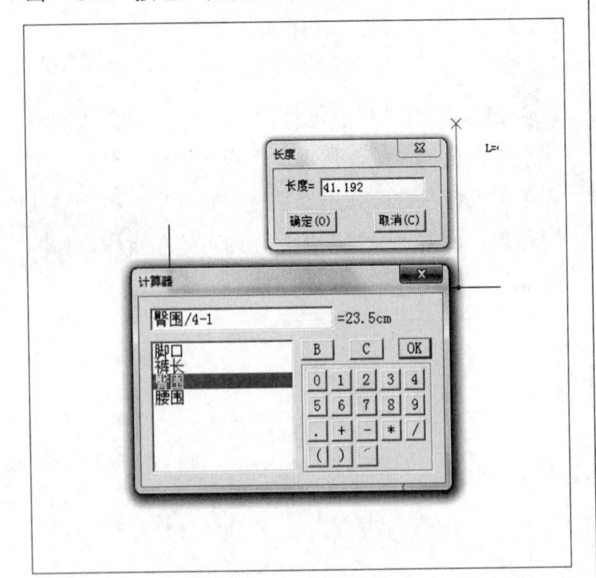

图12-10

09 返回到“长度”对话框，单击“确定”按钮，即可绘制横档线，如图12-11所示。

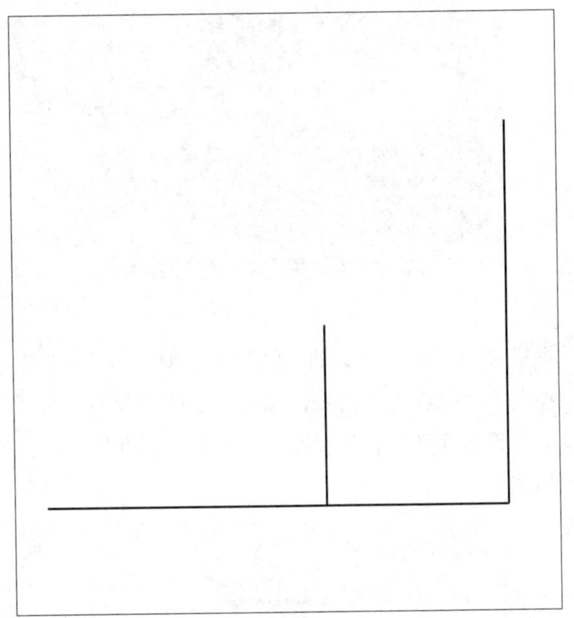

图12-11

10 继续使用“智能笔”命令，在横档线的上端点上单击鼠标左键，然后向右拖曳光标，至右侧的直线上单击鼠标左键，绘制直线，如图12-12所示。

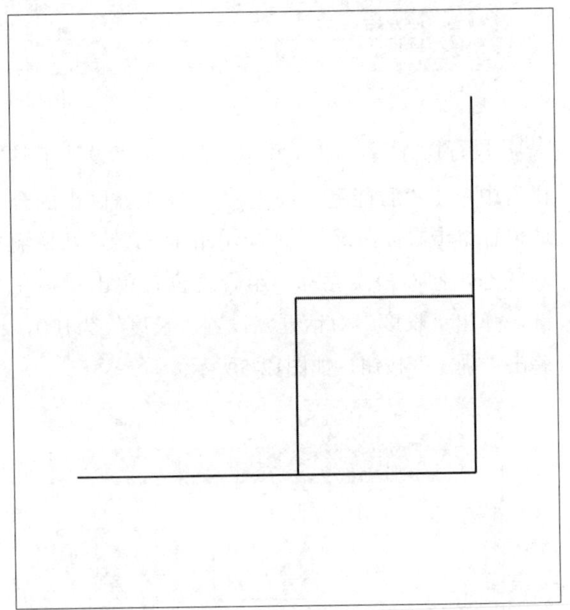

图12-12

11 在“设计工具栏”中单击“等份规”按钮，将线型改为虚线，设置“等份数”为3，在工作区中相应的点上单击鼠标左键，将线段分为3等份，如图12-13所示。

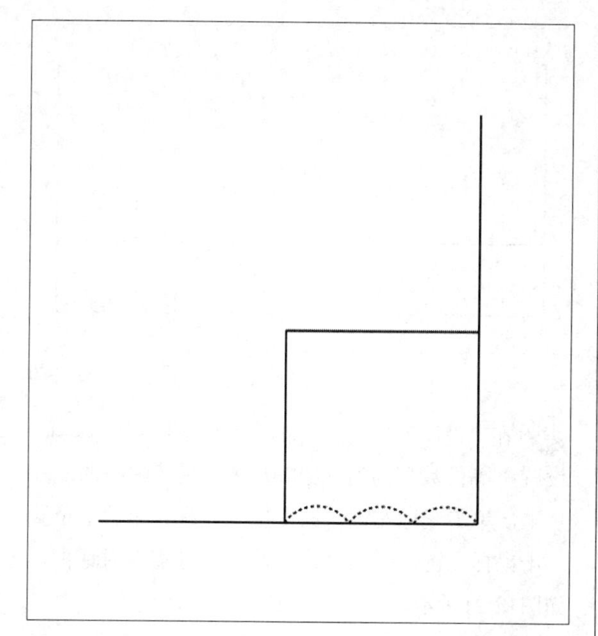

图12-13

12 将线型改为“实线”，继续使用“智能笔”命令，在相应的等分点上单击鼠标左键，然后向上拖曳光标，至上方的直线上单击鼠标左键，绘制臀高线，如图12-14所示。

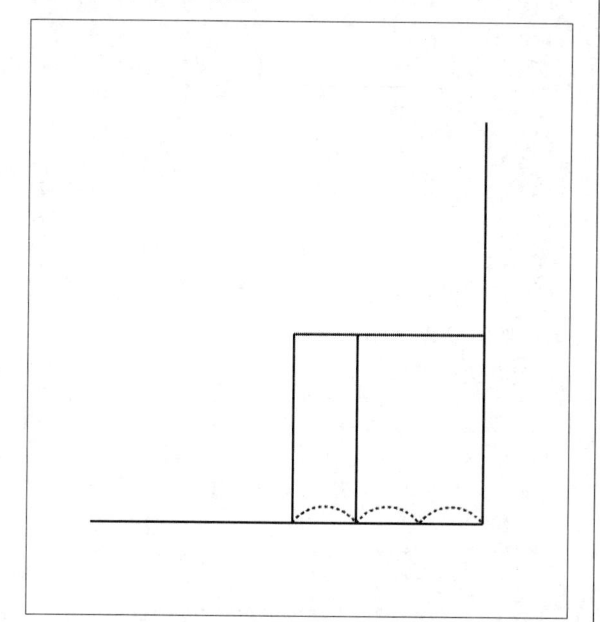

图12-14

13 继续使用“智能笔”命令，按住Shift键移动到横档线上，单击鼠标右键，弹出“调整曲线长度”对话框，如图12-15所示。

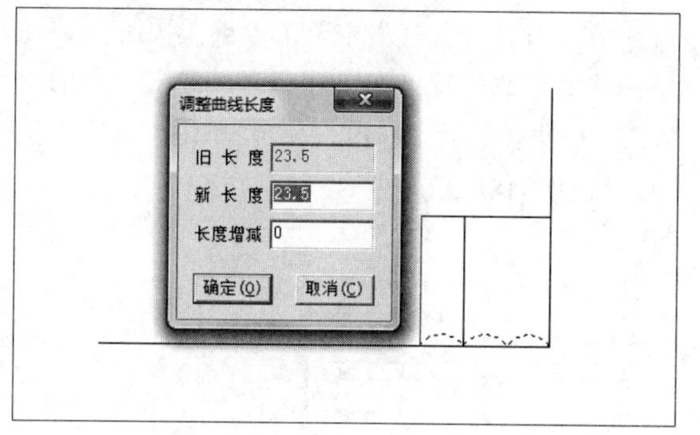

图12-15

14 在“长度增减”数值框中单击鼠标左键，双击对话框右上方空白区域，弹出“计算器”对话框，输入相应的公式，单击“OK”按钮，如图12-16所示。

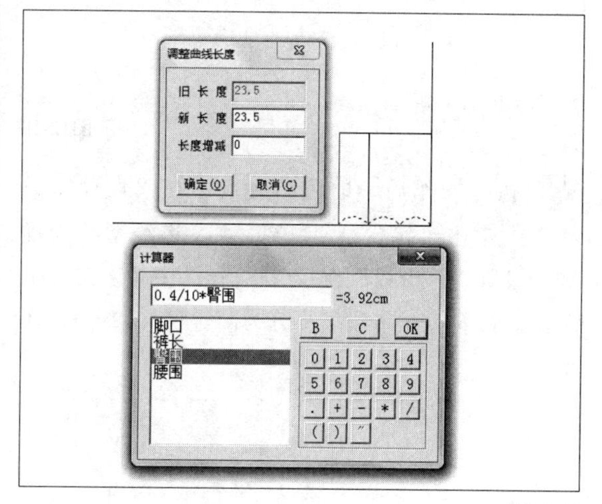

图12-16

15 返回到“调整曲线对话框”对话框，单击“确定”按钮，即可调整曲线的长度，如图12-17所示。

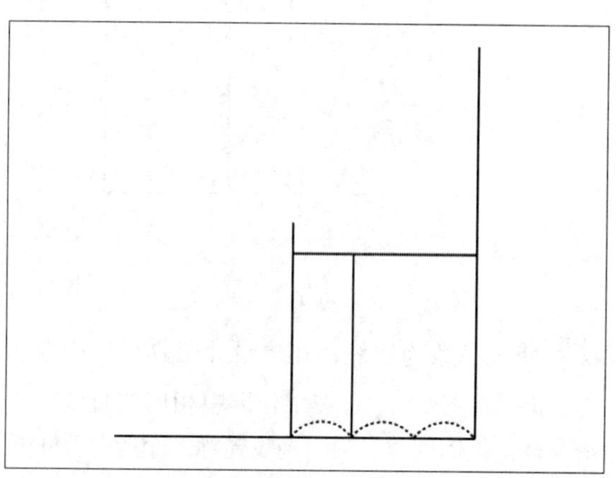

图12-17

16 在“设计工具栏”中单击“点”按钮，在横档线的合适位置单击鼠标左键，弹出“点的位置”对话框，设置“长度”为1，单击“确定”按钮，如图12-18所示。

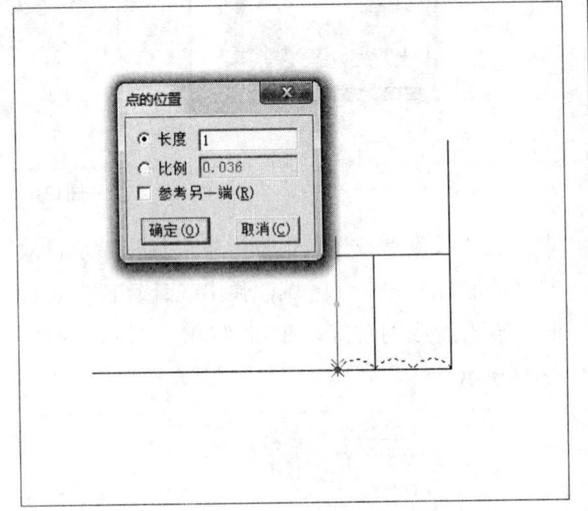

图12-18

17 执行操作后，即可绘制点；在“设计工具栏”中单击“等份规”按钮，将线型改为虚线，设置“等份数”为2，在工作区中相应的点上单击鼠标左键，将线段平分为两等份，如图12-19所示。

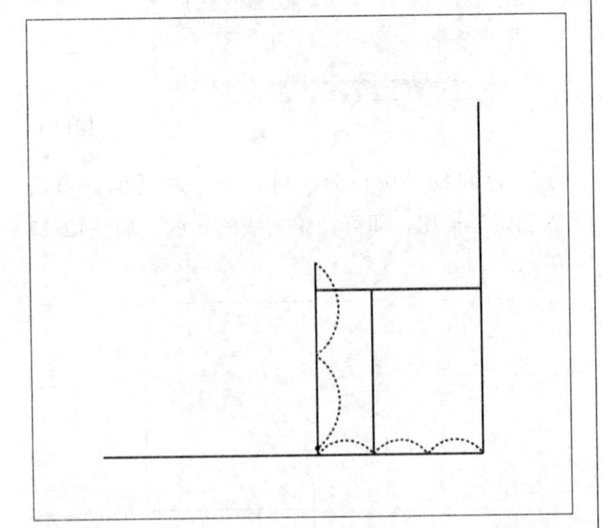

图12-19

18 将线型改为实线，在“设计工具栏”中单击“智能笔”按钮，在工作区中相应的直线上单击鼠标左键的同时，向上拖曳光标，至等分点上单击鼠标左键，绘制裤中线，如图12-20所示。

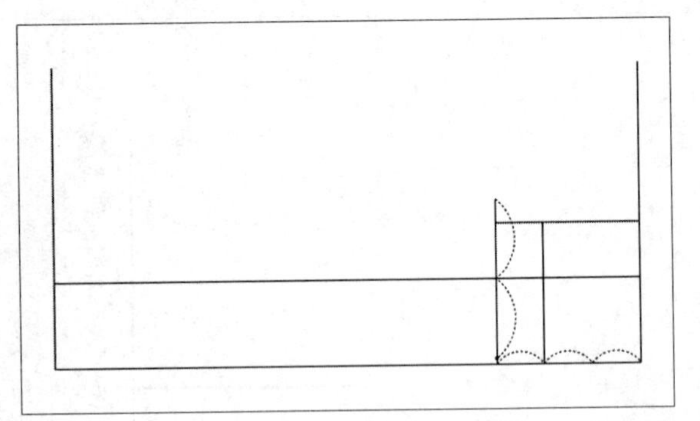

图12-20

19 在“设计工具栏”中单击“等份规”按钮，设置“等份数”为2，按Shift键，在裤中线的左端点上，单击鼠标左键，向上拖曳光标，至合适位置单击鼠标左键，弹出“线上反向等分点”对话框，如图12-21所示。

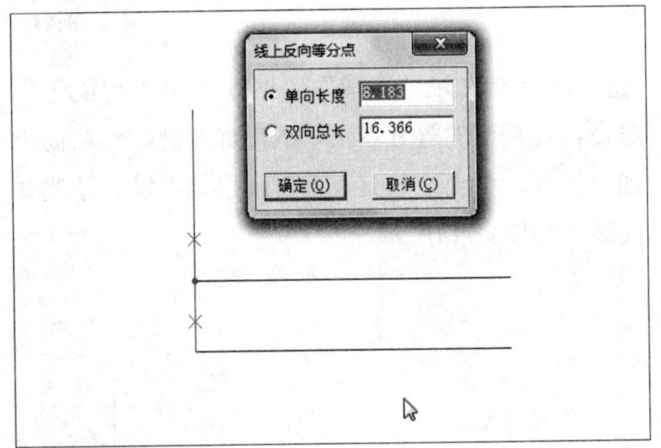

图12-21

20 双击对话框右上方空白区域，弹出“计算器”对话框，输入相应的公式，单击“OK”按钮，如图12-22所示。

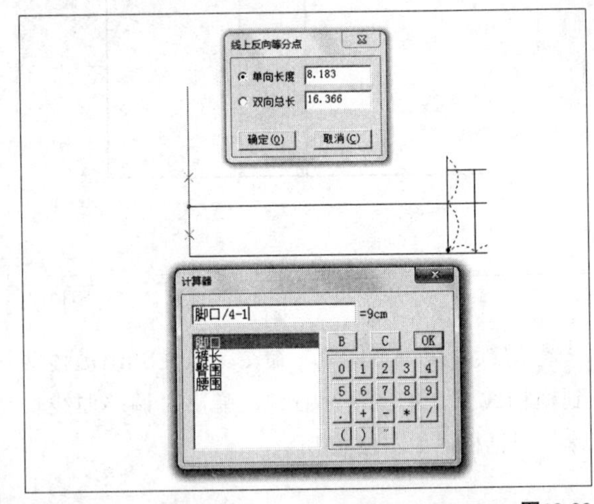

图12-22

21 返回到“线上反向等分点”对话框，单击“确定”按钮，执行操作后，即可绘制等分点，如图12-23所示。

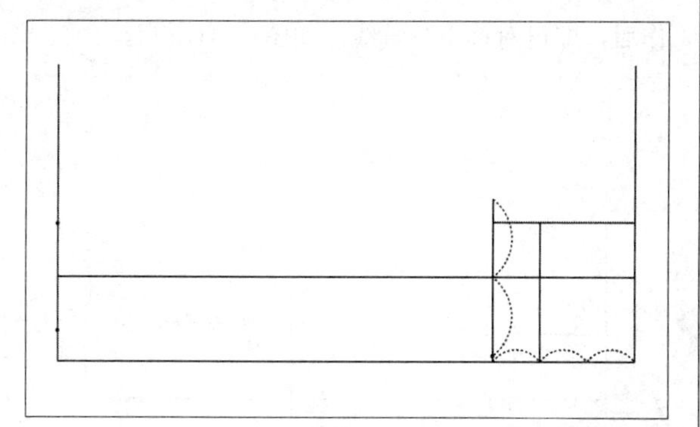

图12-23

22 在“设计工具栏”中单击“等份规”按钮，将线型改为虚线，设置“等份数”为2，在工作区中相应的点上单击鼠标左键，将线段平分为两等份，如图12-24所示。

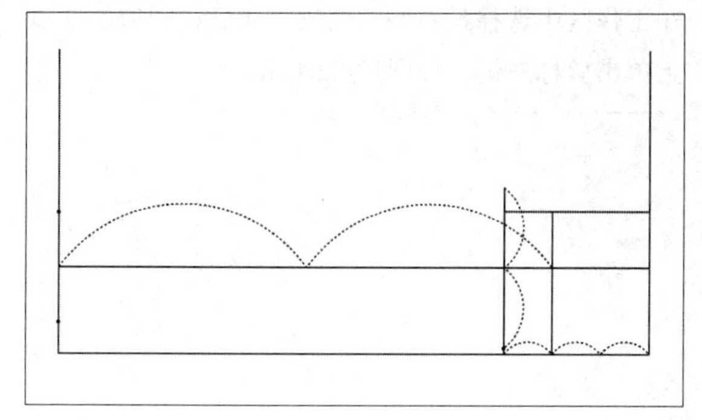

图12-24

23 将线型改为实线，在“设计工具栏”中单击“智能笔”按钮，在工作区中相应的直线上单击鼠标左键的同时，向右拖曳光标，至等分点上单击鼠标左键，绘制直线，如图12-25所示。

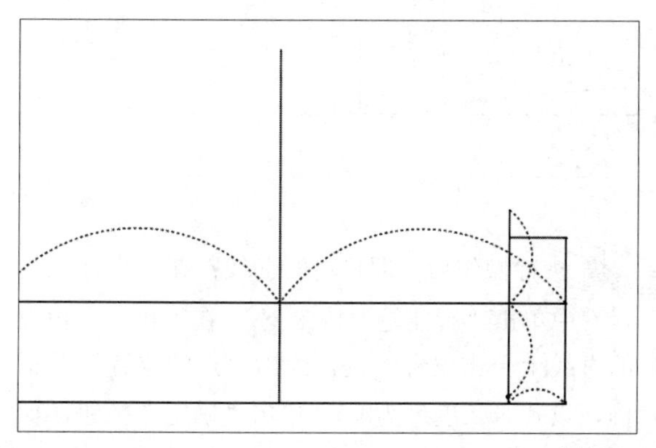

图12-25

24 继续使用“智能笔”命令，在工作区中相应的直线上单击鼠标左键的同时，向右拖曳光标，至合适位置单击鼠标左键，弹出“平行线”对话框，设置相应的参数，单击“确定”按钮，如图12-26所示。

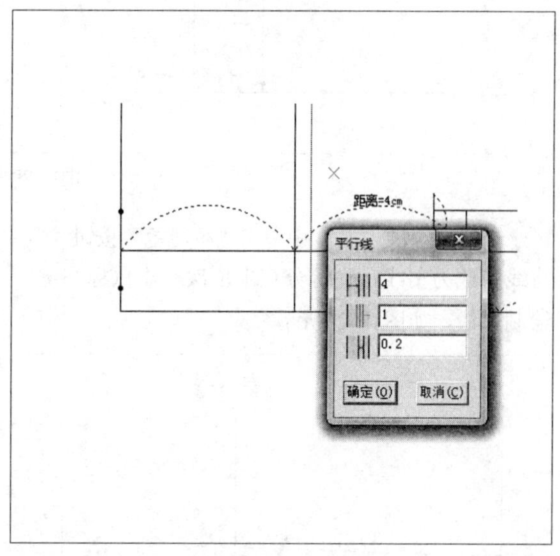

图12-26

25 利用橡皮擦工具，除去参考线，执行操作后，完成前膝围线，如图12-27所示。

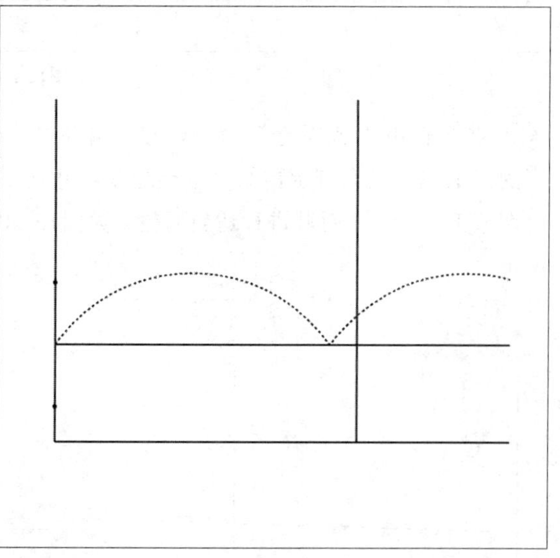

图12-27

26 在“设计工具栏”中单击“等份规”按钮，将线型改为虚线，设置“等份数”为2，在工作区中相应的点上单击鼠标左键，将线段平分为两等份，如图12-28所示。

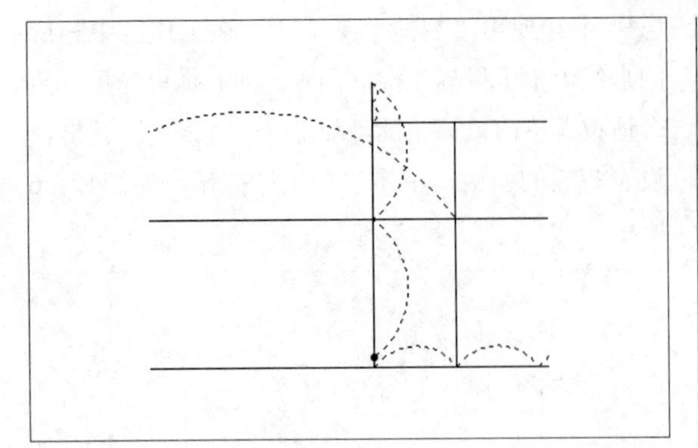

图12-28

27 在“设计工具栏”中单击“智能笔”按钮，将线型改为实线，在等分点上依次单击鼠标左键，绘制直线，如图12-29所示。

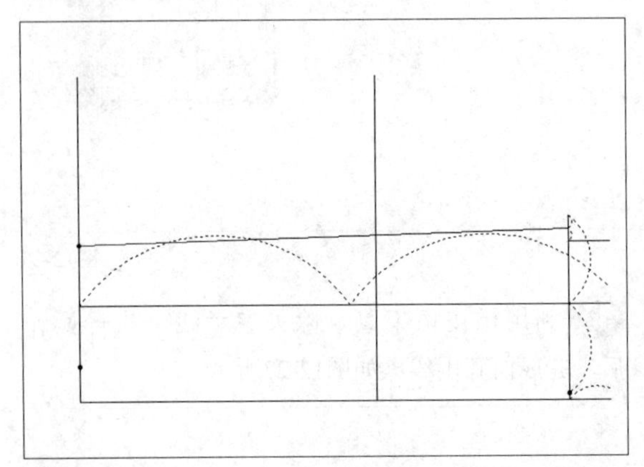

图12-29

28 继续使用“智能笔”命令，在工作区中相应的点上单击鼠标左键，绘制下裆缝线，并使用“调整工具”命令对其进行适当调整，如图12-30所示。

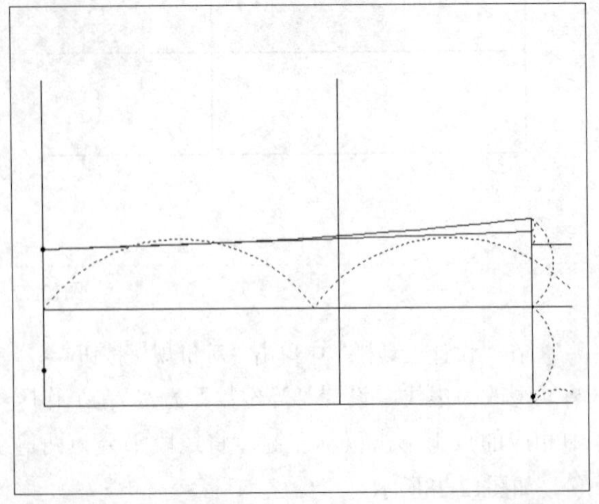

图12-30

29 在“设计工具栏”中单击“对称”按钮，在工作区中裤中线的端点上单击鼠标左键，指定对称轴，然后选择下裆缝线，单击鼠标右键，执行操作后，即可对称下裆缝线，如图12-31所示。

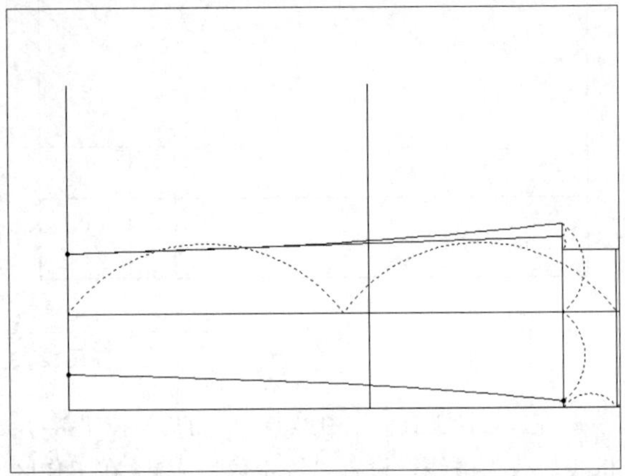

图12-31

30 在“设计工具栏”中单击“剪断线”按钮，在工作区中选择最右侧的曲线，然后在相应的交点上单击鼠标左键，如图12-32所示。

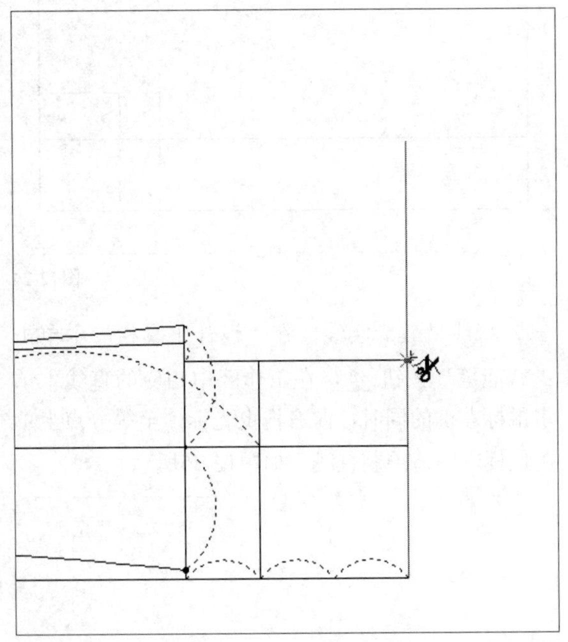

图12-32

31 执行操作后，即可剪断曲线；在“设计工具栏”中单击“智能笔”按钮，在工作区中相应的直线上单击鼠标左键，弹出“点的位置”对话框，设置“长度”为0.6，单击“确定”按钮，如图12-33所示。

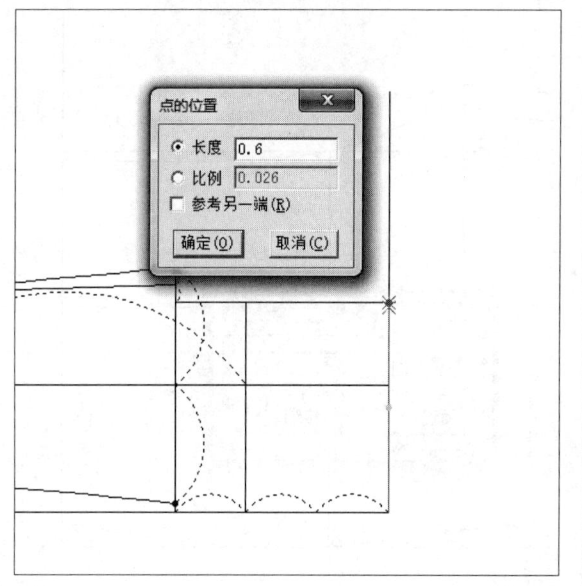

图12-33

32 在相应的点上依次单击鼠标左键，然后单击鼠标右键，绘制曲线，并对其进行适当调整，如图12-34所示。

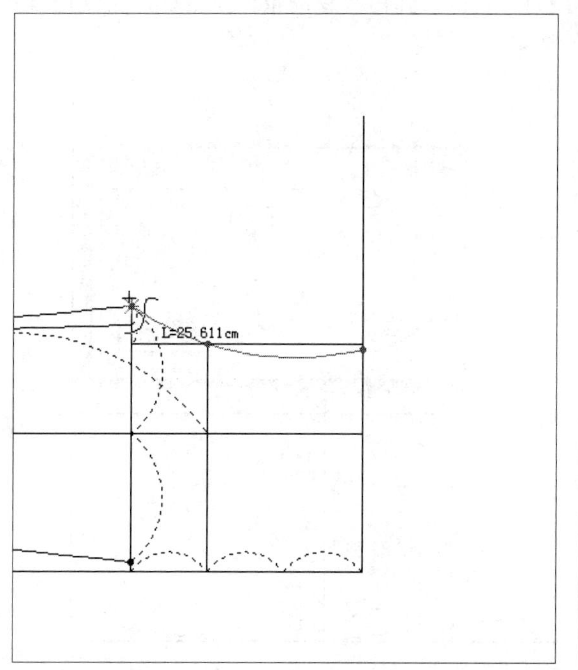

图12-34

33 继续使用“智能笔”命令，在工作区中相应的线上单击鼠标左键，弹出“点的位置”对话框，双击对话框右上方空白区域，弹出“计算器”对话框，输入相应的公式，单击“OK”按钮，如图12-35所示。

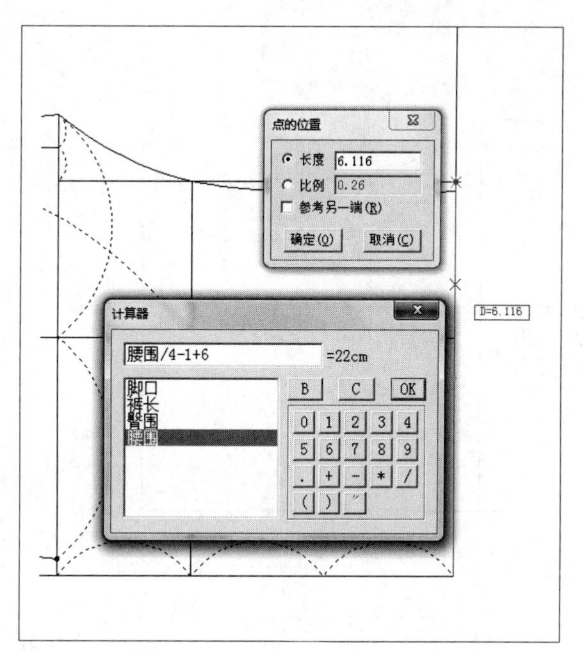

图12-35

34 返回到“点的位置”对话框，单击“确定”按钮，然后拖曳光标，在相应的点上依次单击鼠标左键，绘制曲线，如图12-36所示。

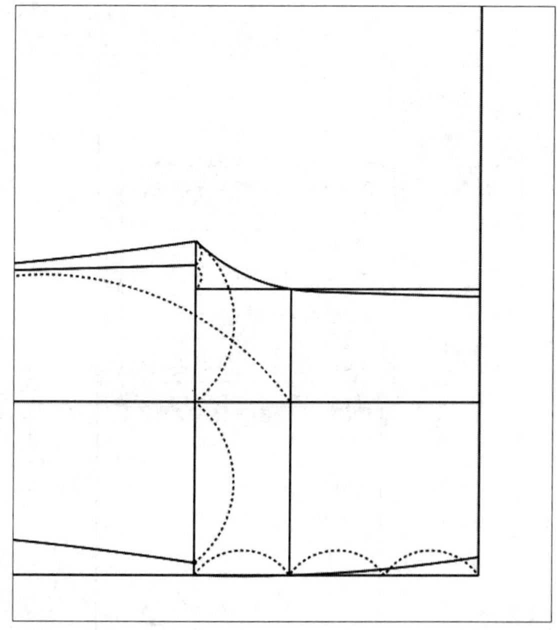

图12-36

35 继续使用“智能笔”命令，在工作区中相应的点上单击鼠标左键，绘制直线，如图12-37所示。

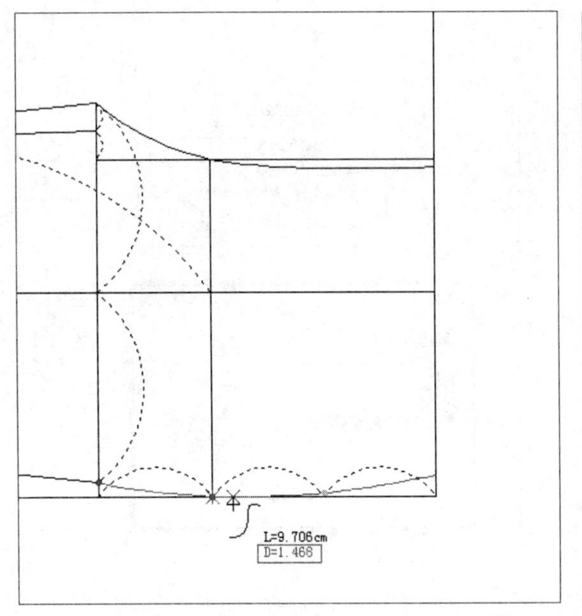

图12-37

36 继续使用“智能笔”命令，在工作区中相应的线上单击鼠标左键，弹出“点的位置”对话框，设置“长度”为0.6，单击“确定”按钮，如图12-38所示。

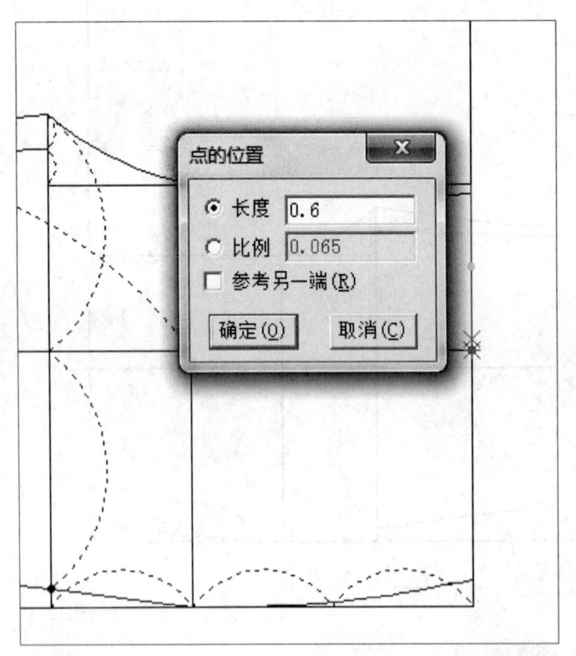

图12-38

37 执行操作后，向左拖曳光标，至合适位置单击鼠标左键，弹出“长度”对话框，设置“长度”为5，单击“确定”按钮，如图12-39所示。

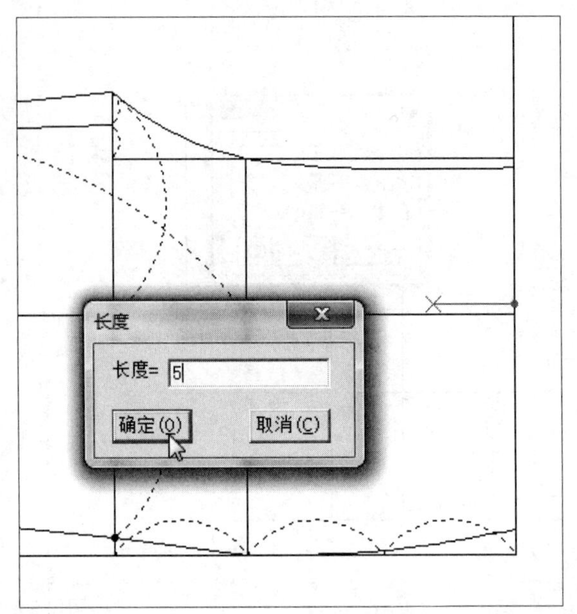

图12-39

38 执行操作后，即可绘制直线；继续使用“智能笔”命令，在工作区中拖曳光标至相应的点上，按Enter键，弹出“移动量”对话框，如图12-40所示。

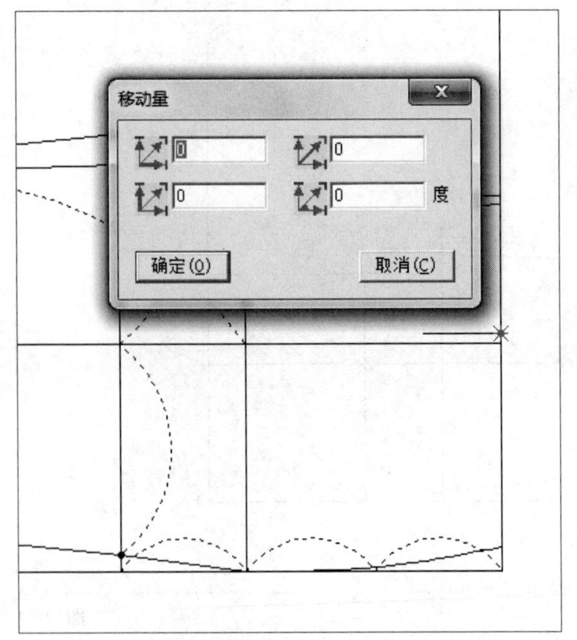

图12-40

39 设置纵向偏移为-3.5，单击“确定”按钮，如图12-41所示。

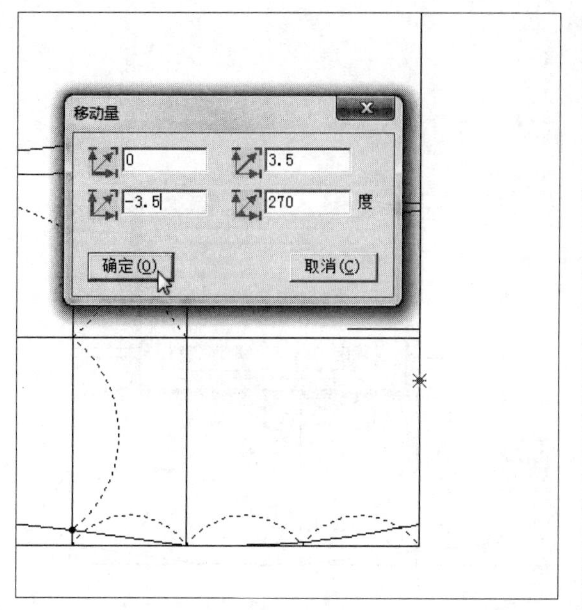

图12-41

40 执行操作后，向左侧拖曳光标，至相应的点上按Enter键，弹出“移动量”对话框，设置纵向偏移为-2.5，单击“确定”按钮，如图12-42所示。

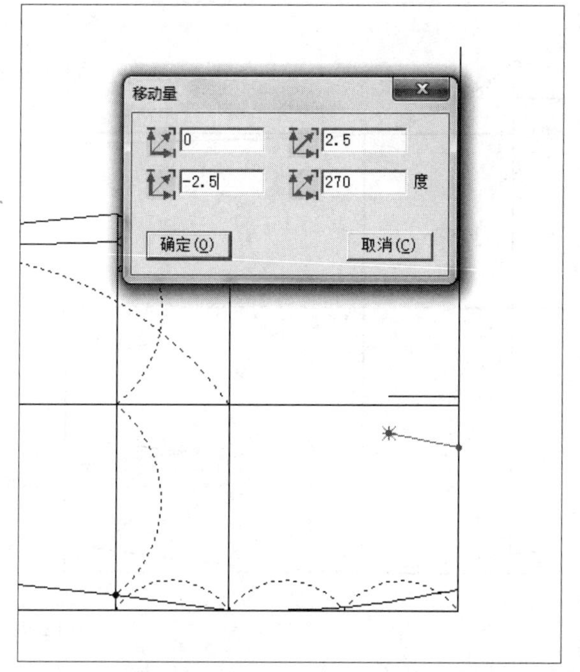

图12-42

41 执行操作后，即可绘制直线；继续使用“智能笔”命令，在工作区中绘制省褶，如图12-43所示。

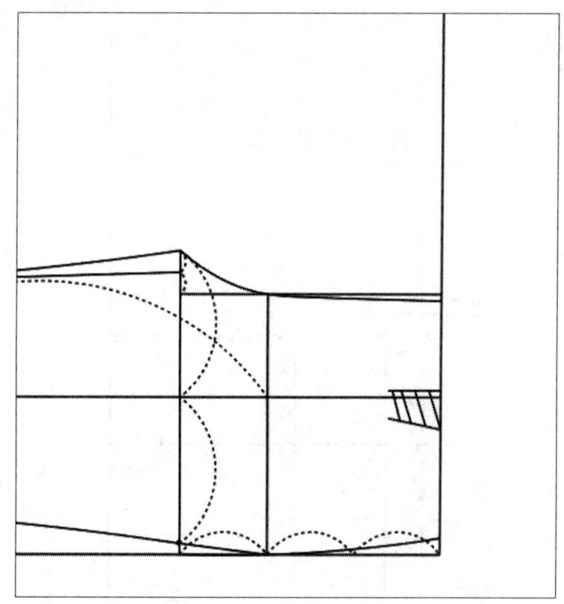

图12-43

42 在“设计工具栏”中单击“等份规”按钮，将线型改为虚线，设置“等份数”为2，在工作区中相应的点上单击鼠标左键，将线段平分为两等份，如图12-44所示。

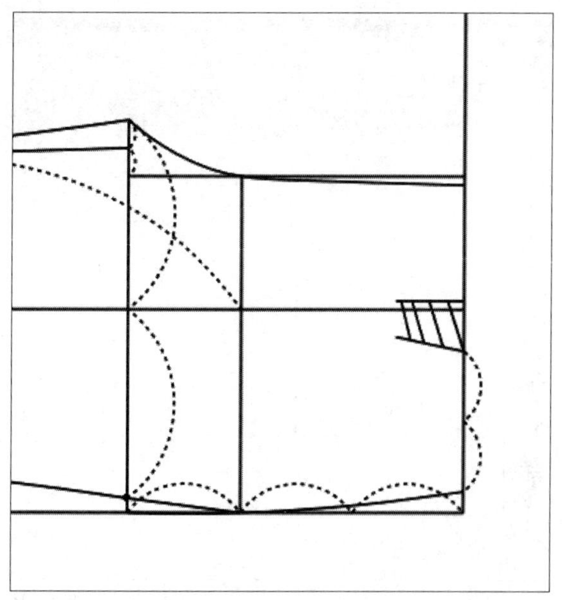

图12-44

43 将线型改为实线，继续使用“智能笔”命令，在工作区中相应的等分点上单击鼠标左键，并向左拖曳光标，至合适位置单击鼠标左键，弹出“长度”对话框，接受默认的参数，绘制直线，如图12-45所示。

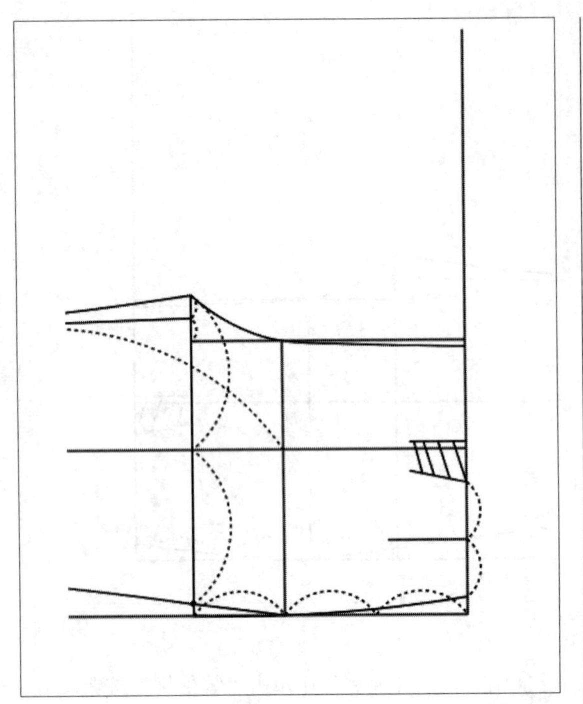

图12-45

44 在“设计工具栏”中单击“收省”按钮，如图12-46所示。

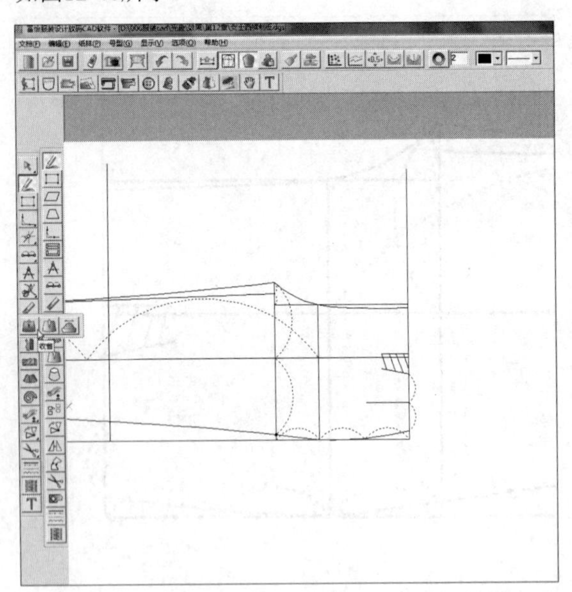

图12-46

45 在工作区中选择右侧的直线作为截取省宽的线，然后选择刚绘制的线作为省线，弹出“省宽”对话框，设置“省宽”为1.5，单击“确定”按钮，如图12-47所示。

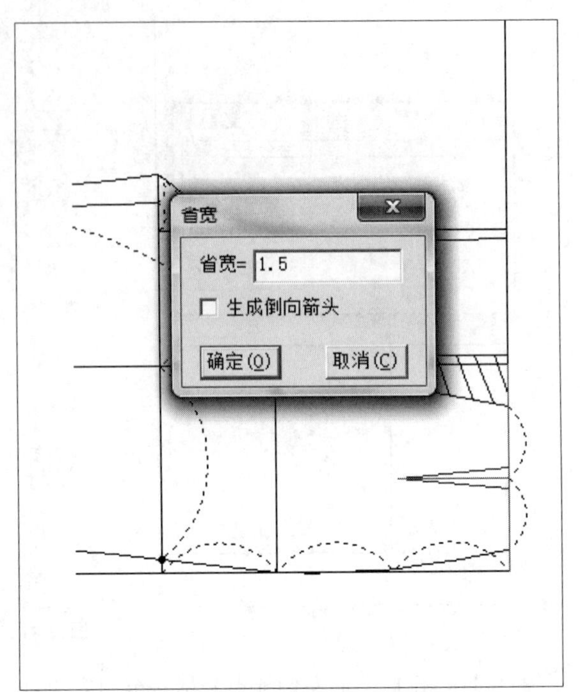

图12-47

46 执行操作后，即可收省，如图12-48所示。

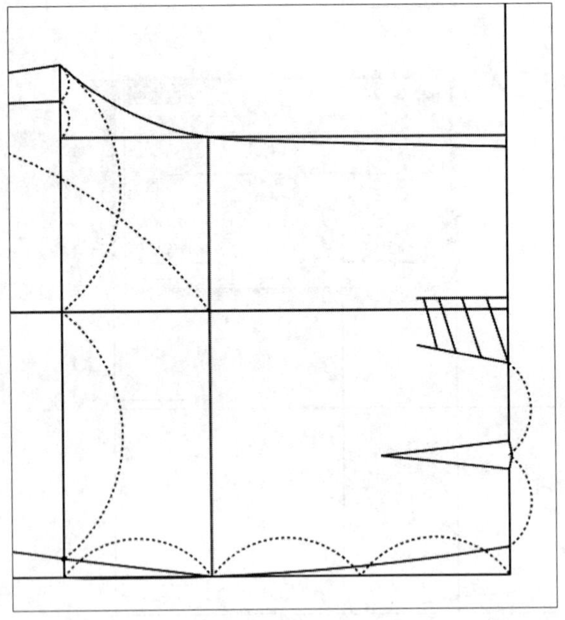

图12-48

47 在“设计工具栏”中单击“剪断线”按钮和“橡皮擦”按钮，在工作区中剪断并删除曲线，此时即可完成女西裤前片的绘制，如图12-49所示。

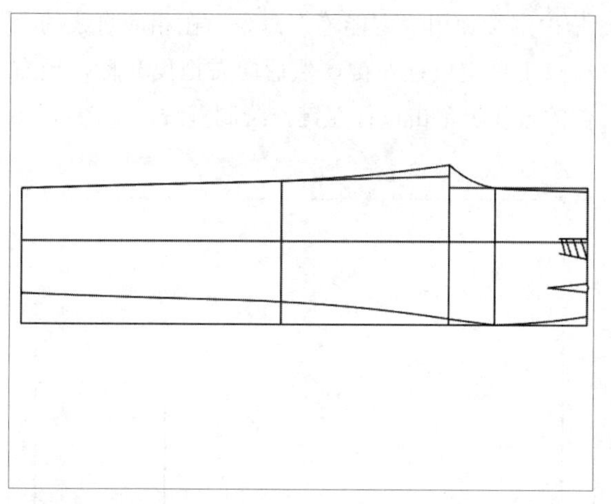

图12-49

12.1.3 女西裤后片制作

本小节将为读者讲解女西裤后片的制作方法。

01 在“设计工具栏”中单击“移动”按钮，按Shift键，在工作区中选择所有曲线，单击鼠标右键，然后指定移动起点和终点，移动曲线，如图12-50所示。

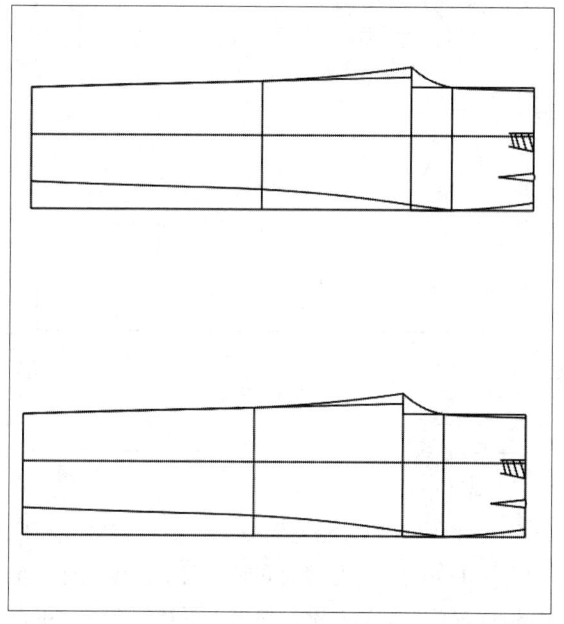

图12-50

02 在“设计工具栏”中单击“设置线的颜色类型”按钮，设置线型为虚线，然后在工作区中选择相应的曲线，执行操作后，即可调整曲线的线型，然后删除相应的曲线，如图12-51所示。

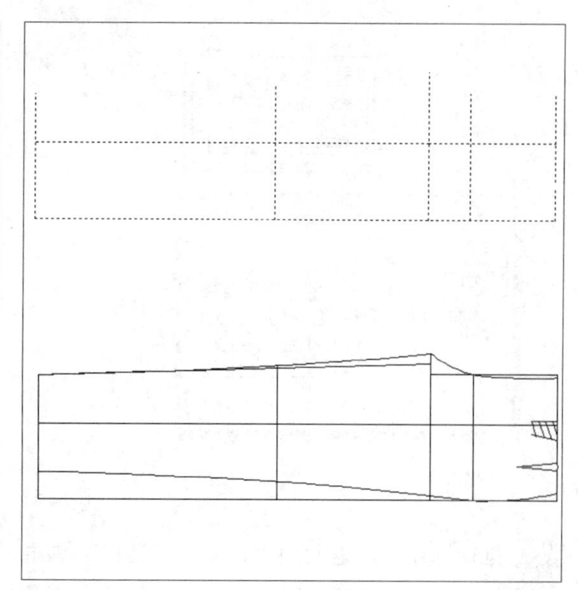

图12-51

03 设置线型为实线，在“设计工具栏”中单击“智能笔”按钮，在工作区中相应的点上单击鼠标左键，并向上拖曳光标，至合适位置单击鼠标左键，弹出“长度”对话框，如图12-52所示。

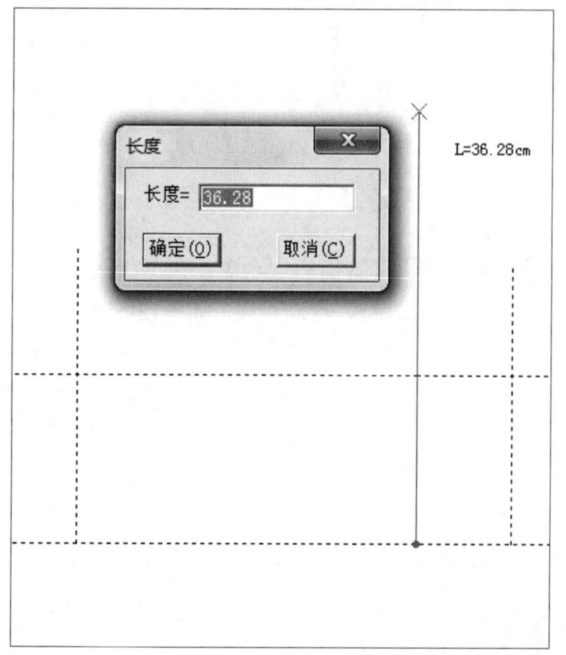

图12-52

04 双击对话框右上方空白区域，弹出“计算器”对话框，输入相应的公式，单击“OK”按钮，如图12-53所示。

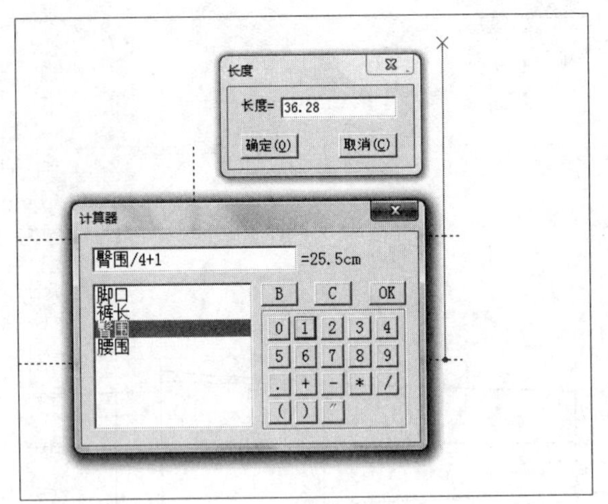

图12-53

05 执行操作后，返回到“长度”对话框，单击“确定”按钮，即可绘制直线，并删除相应的虚线，如图12-54所示。

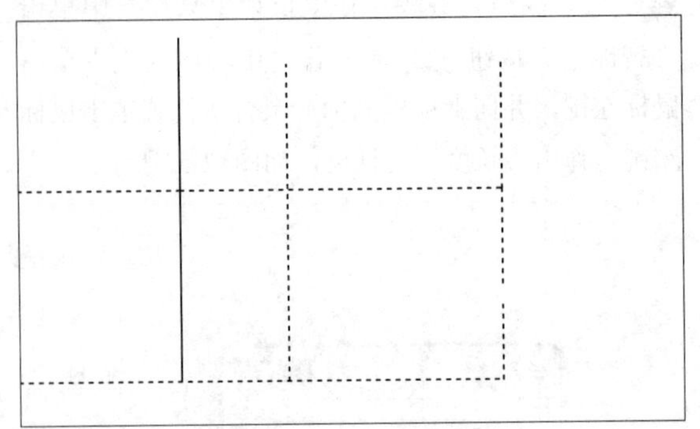

图12-54

06 继续使用“智能笔”命令，在工作区中相应位置单击鼠标左键，绘制直线，如图12-55所示。

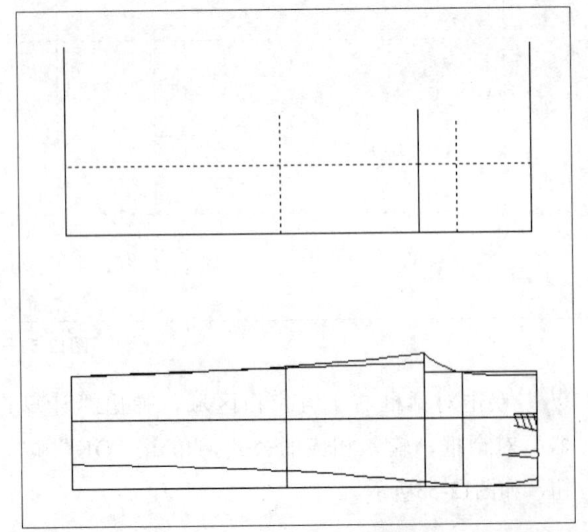

图12-55

07 继续使用“智能笔”命令，在相应直线的上端点上单击鼠标左键，然后向右拖曳光标，至右侧的直线上单击鼠标左键，绘制直线，如图12-56所示。

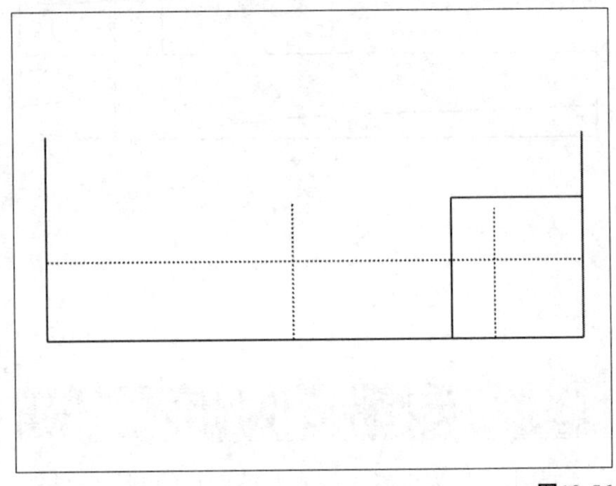

图12-56

08 继续使用“智能笔”命令，在工作区中的相应点上单击鼠标左键，并向上拖曳光标，至合适的直线上单击鼠标左键，绘制直线，然后删除相应的虚线，如图12-57所示。

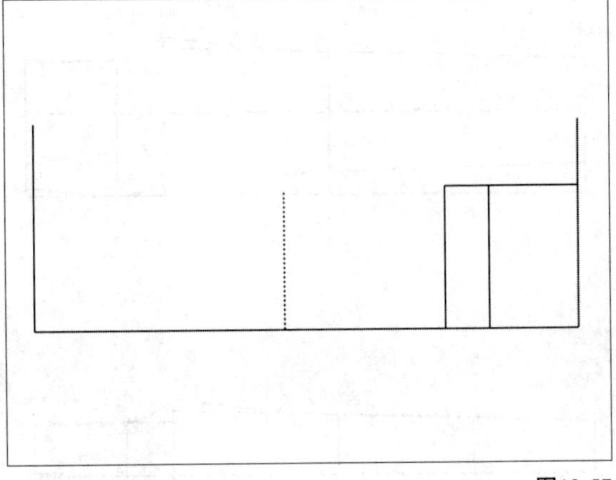

图12-57

09 继续使用“智能笔”命令，在工作区中相应的直线上单击鼠标左键的同时，向上拖曳光标，至合适位置单击鼠标左键，弹出“平行线”对话框，双击对话框右上方空白区域，弹出“计算器”对话框，输入相应的公式，单击“OK”按钮，如图12-58所示。

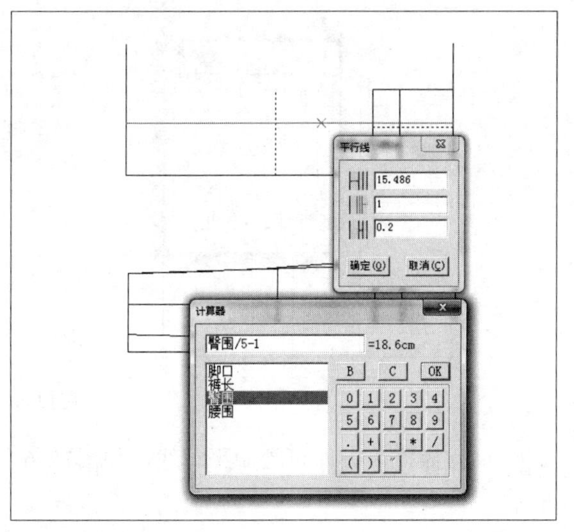

图12-58

10 执行操作后，返回到“平行线”对话框，单击“确定”按钮，即可裤中线，如图12-59所示。

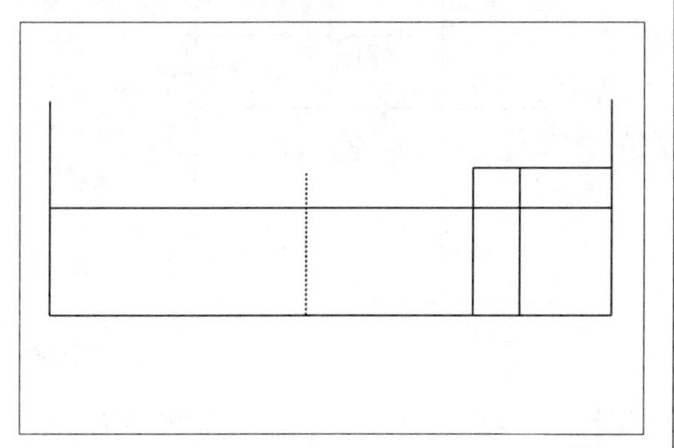

图12-59

11 在“设计工具栏”中单击“等份规”按钮，将线型改为虚线，设置“等份数”为2，在工作区中相应的点上单击鼠标左键，将线段平分为两等份，如图12-60所示。

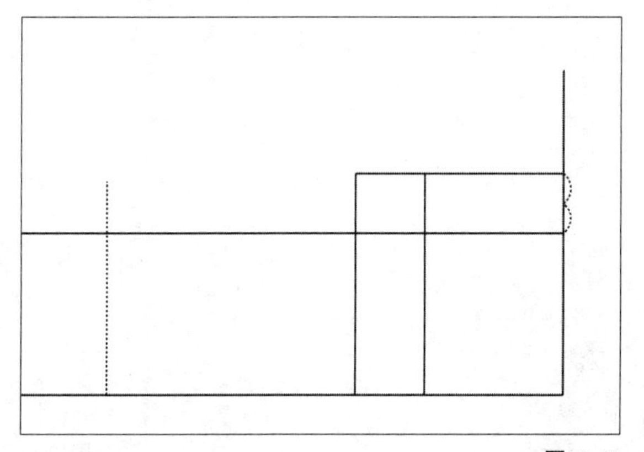

图12-60

12 将线型设为实线，在“设计工具栏”中单击“智能笔”按钮，在工作区中相应的点上单击鼠标左键，绘制直线，如图12-61所示。

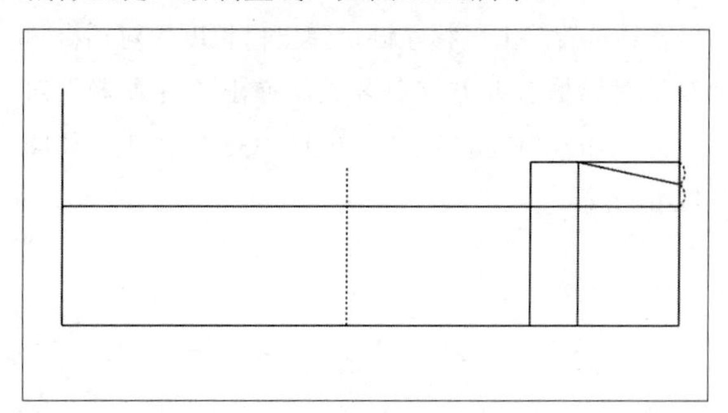

图12-61

13 继续使用“智能笔”命令，按住Shift键，在刚绘制的直线上单击鼠标右键，弹出“调整曲线长度”对话框，设置“长度增减”为2.5，单击“确定”按钮，如图12-62所示。

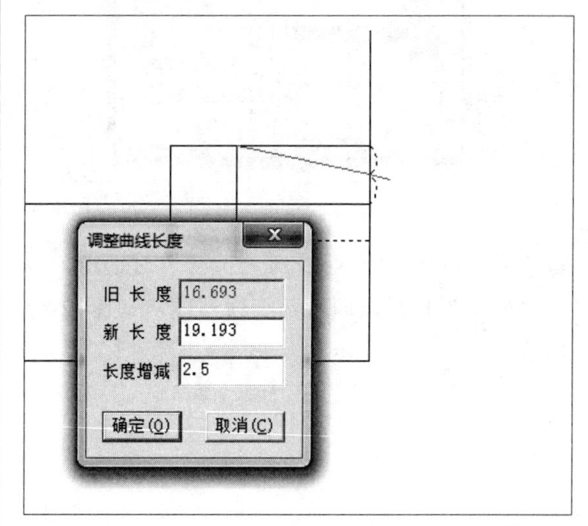

图12-62

14 执行操作后，即可调整曲线长度，如图12-63所示。

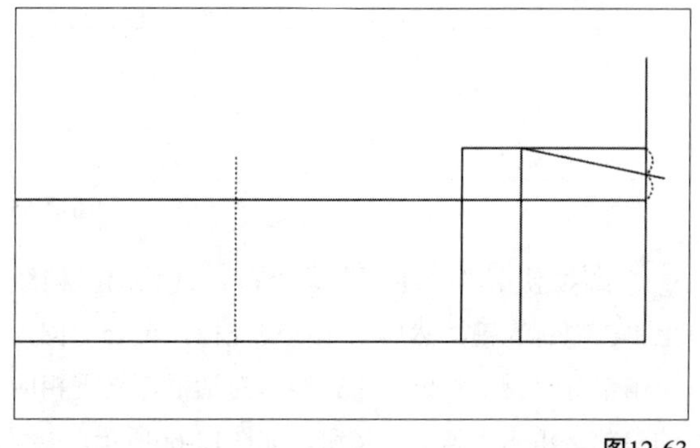

图12-63

⑮ 继续使用“智能笔”命令，按住Shift键，在工作区中横档线的端点上依次单击鼠标左键，然后在横裆线的上端点上单击鼠标左键，并拖曳光标，至合适位置单击鼠标左键，弹出“长度”对话框，双击对话框右上方空白区域，弹出“计算器”对话框，输入相应的公式，单击“OK”按钮，如图12-64所示。

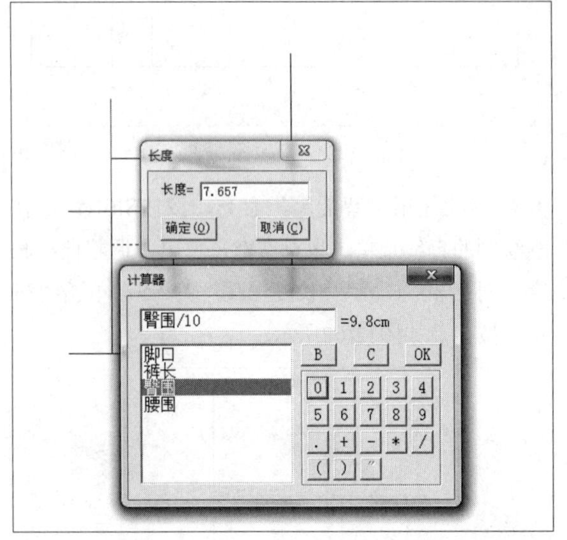

图12-64

⑯ 执行操作后，返回到“长度”对话框，单击“确定”按钮，即可延长横裆线，如图12-65所示。

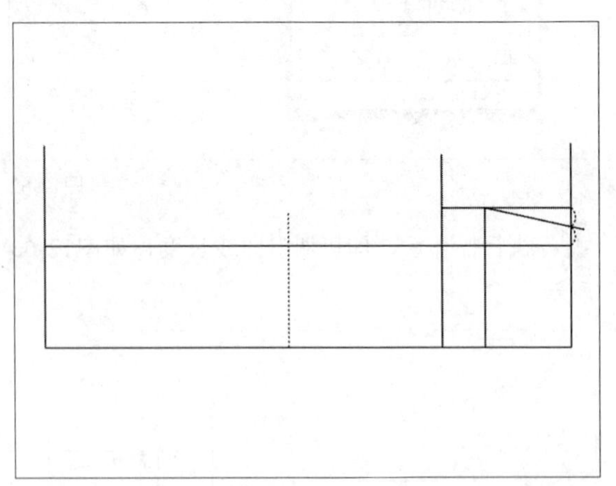

图12-65

⑰ 继续使用“智能笔”命令，在延长的横裆线上单击鼠标左键，然后向左拖曳光标，至合适位置单击鼠标左键，弹出“平行线”对话框，设置相应的参数，单击“确定”按钮，如图12-66所示。

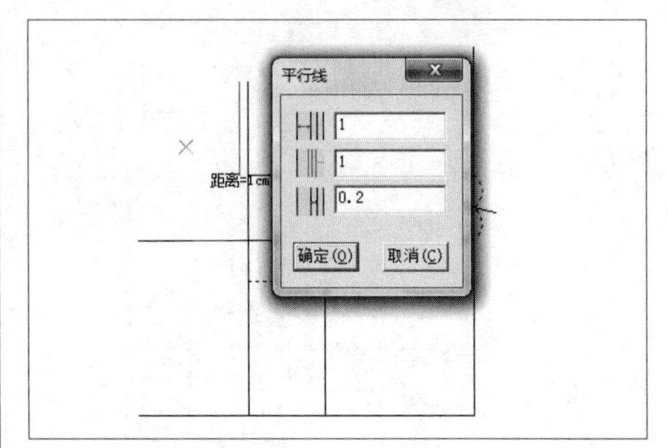

图12-66

⑱ 执行操作后，即可绘制平行线，如图12-67所示。

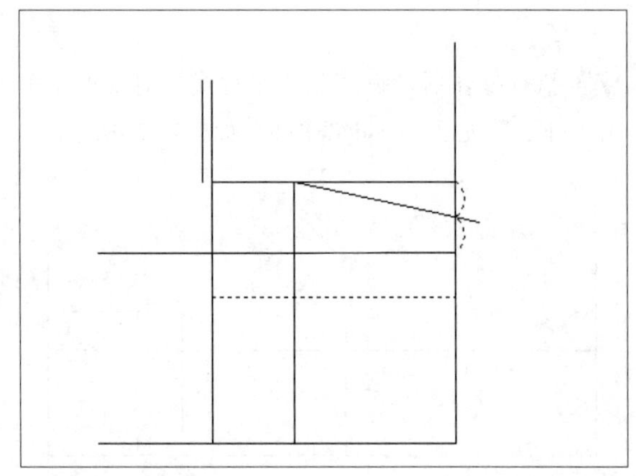

图12-67

⑲ 在“设计工具栏”中单击“等份规”按钮，设置“等份数”为2，如图12-68所示。

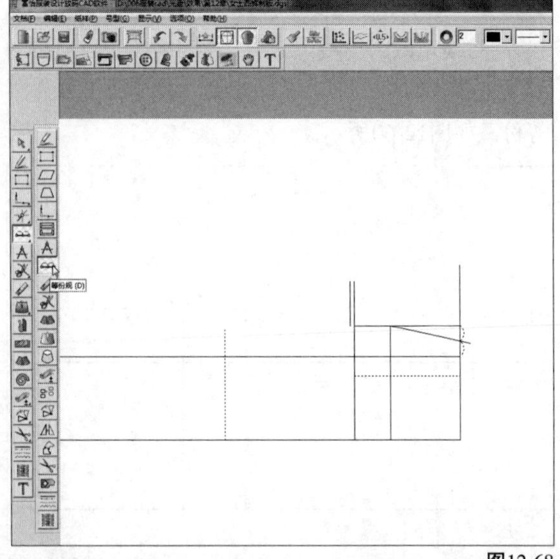

图12-68

20 按Shift键，在裤中线的左端点上单击鼠标左键，向上拖曳光标，至合适位置单击鼠标左键，弹出“线上反向等分点”对话框，双击对话框右上方空白区域，弹出“计算器”对话框，输入相应的公式，单击“OK”按钮，如图12-69所示。

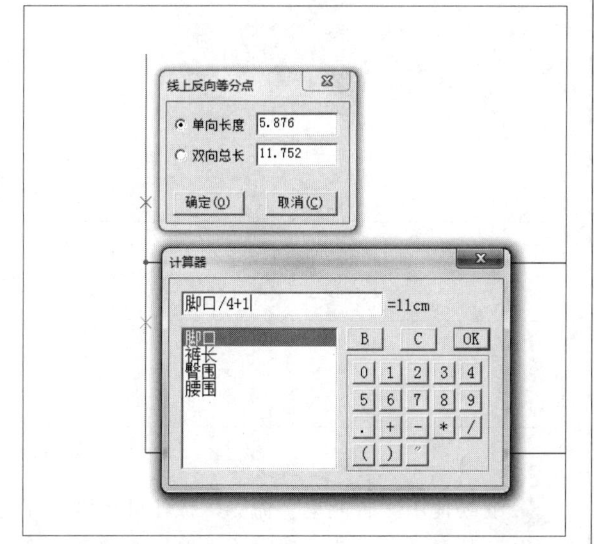

图12-69

21 执行操作后，返回到“线上反向等分点”对话框，单击“确定”按钮，即可绘制等分点，如图12-70所示。

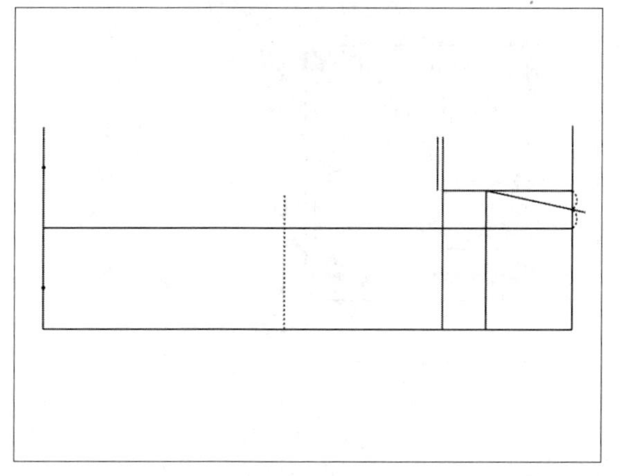

图12-70

22 在“设计工具栏”中单击“智能笔”按钮，在工作区中相应的点上单击鼠标左键，向上拖曳光标，至合适位置单击鼠标左键，弹出“长度”对话框，接受默认的参数，单击“确定”按钮，绘制直线，然后删除相应的虚线，如图12-71所示。

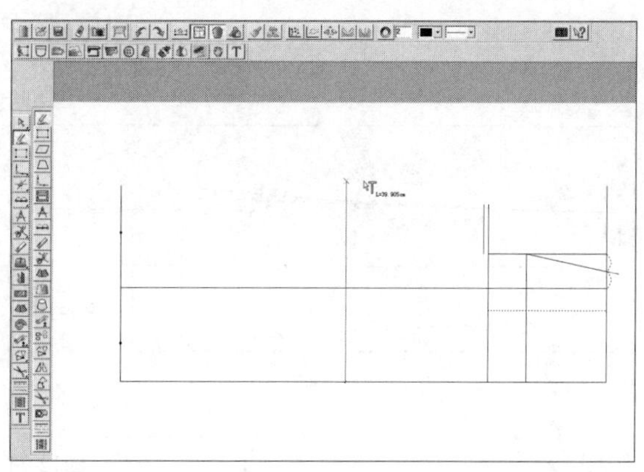

图12-71

23 在“设计工具栏”中单击“剪断线”按钮，在工作区中选择前片的膝围线，在合适位置依次单击鼠标左键，剪断前片的膝围线，如图12-72所示。

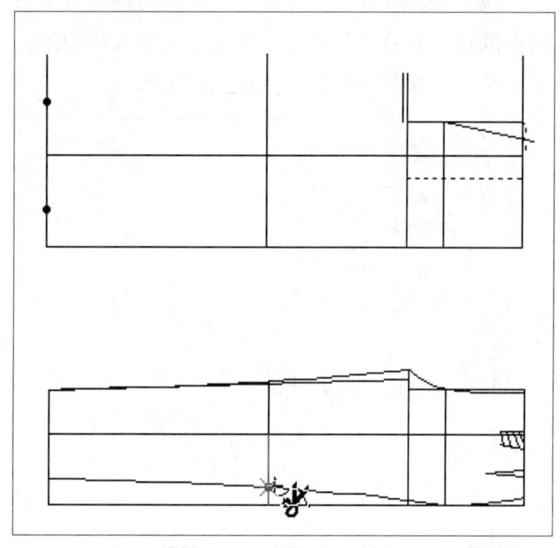

图12-72

24 在“设计工具栏”中单击“比较长度”按钮，在工作区中选择相应的曲线，弹出“长度比较”对话框，单击“记录”按钮，如图12-73所示。

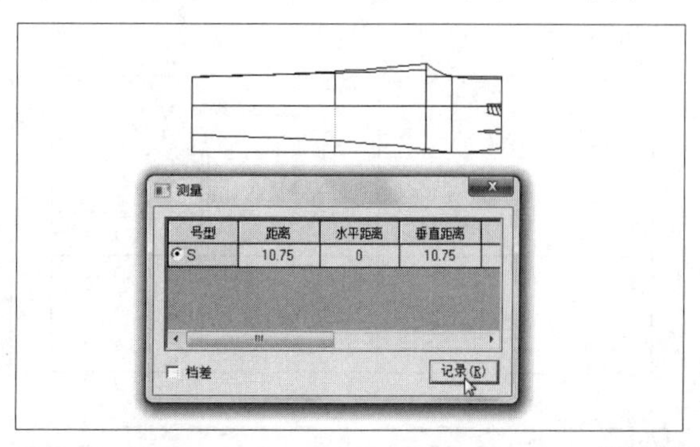

图12-73

㉕ 执行操作后，即可记录长度，如图12-74所示。

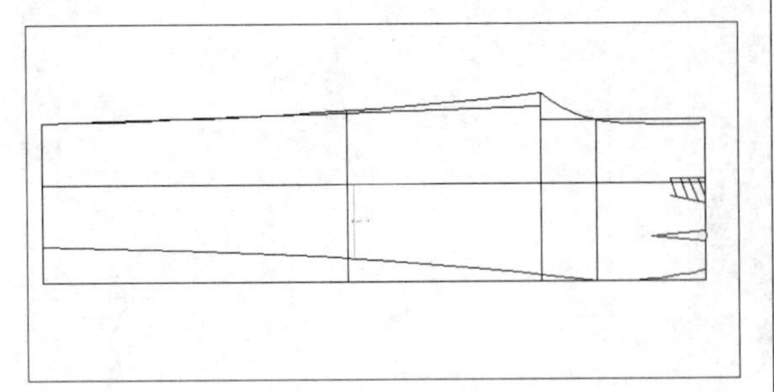

图12-74

㉖ 在“设计工具栏”中单击“等份规”按钮，设置“等份数”为2，在相应的点上单击鼠标左键，向上拖曳光标，至合适位置单击鼠标左键，弹出“线上反向等分点”对话框，双击对话框右上方空白区域，弹出“计算器”对话框，输入相应的公式，单击“OK”按钮，如图12-75所示。

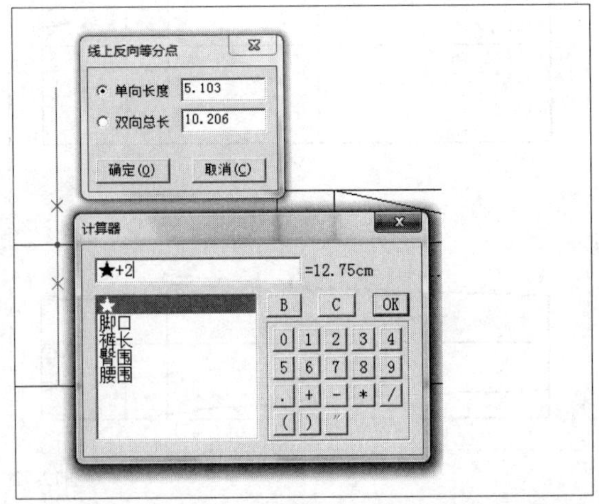

图12-75

㉗ 执行操作后，返回到“线上反向等分点”对话框，单击“确定”按钮，即可绘制等分点，如图12-76所示。

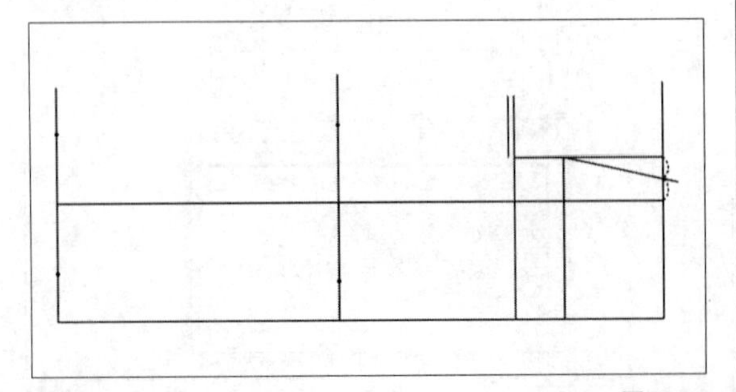

图12-76

㉘ 在“设计工具栏”中单击“智能笔”按钮，在工作区中相应的点上依次单击鼠标左键，绘制曲线，然后使用“调整工具”命令调整曲线，如图12-77所示。

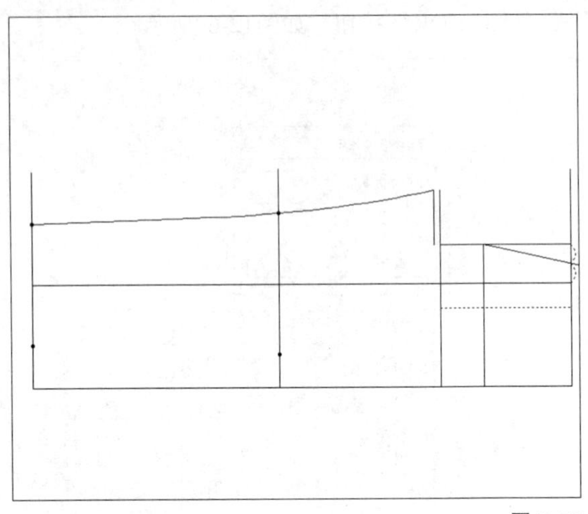

图12-77

㉙ 继续使用“智能笔”命令，按住Shift键，在工作区中腰围线的合适位置单击鼠标右键，弹出“调整曲线长度”对话框，设置“长度增减”为5，单击“确定”按钮，即可调整曲线的长度，如图12-78所示。

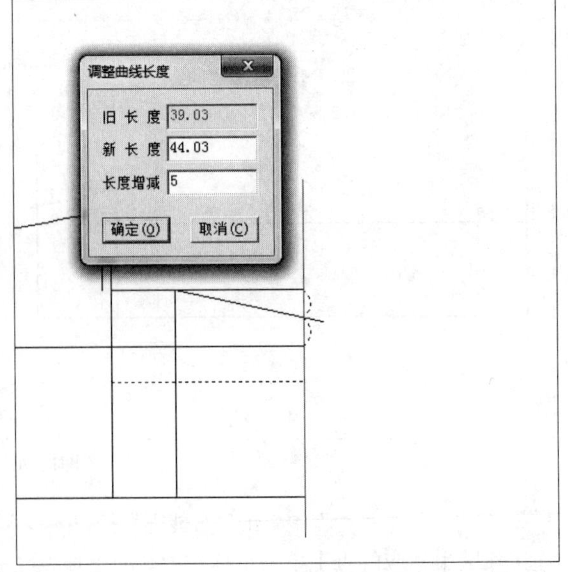

图12-78

㉚ 在“设计工具栏”中单击“圆规”按钮，在后翘点上单击鼠标左键，然后拖曳光标，如图12-79所示。

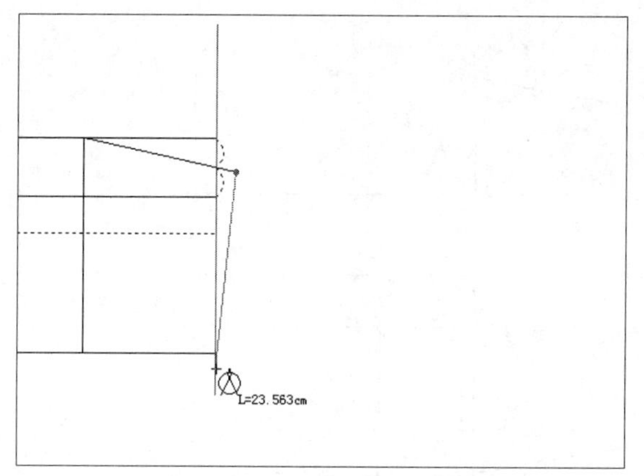

图12-79

㉛ 至腰围线上单击鼠标左键，弹出“单圆规”对话框，双击对话框右上方空白区域，弹出“计算器”对话框，输入相应的公式，单击“OK”按钮，如图12-80所示。

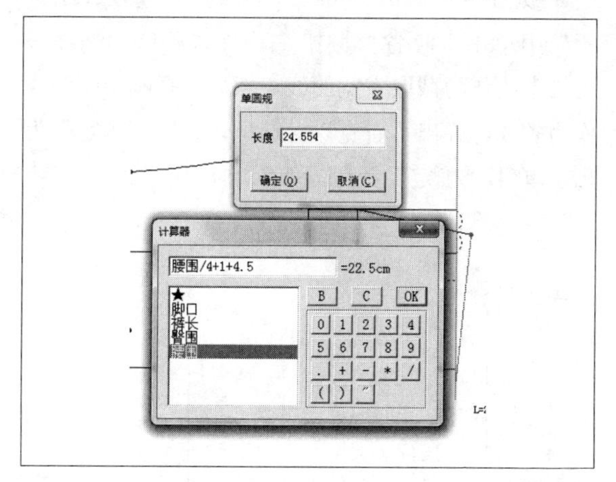

图12-80

㉜ 返回到“单圆规”对话框，单击“确定”按钮，即可绘制后腰线，然后使用智能笔命令，绘制曲线，如图12-81所示。

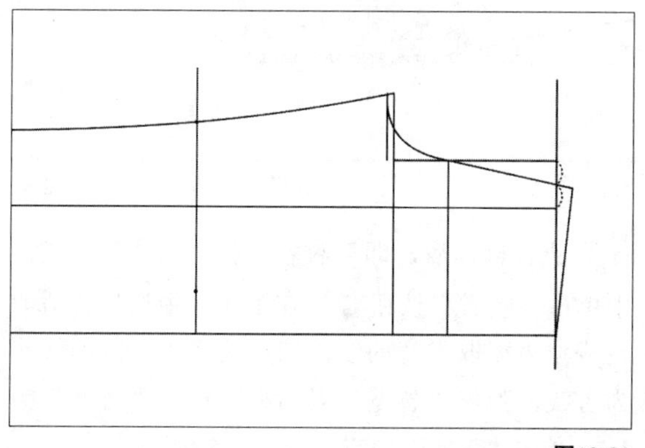

图12-81

㉝ 在“设计工具栏”中单击“对称”按钮，在工作区中裤中线的端点上单击鼠标左键，指定对称轴，然后选择后下裆缝线，单击鼠标右键，执行操作后，即可对称下裆缝线，如图12-82所示。

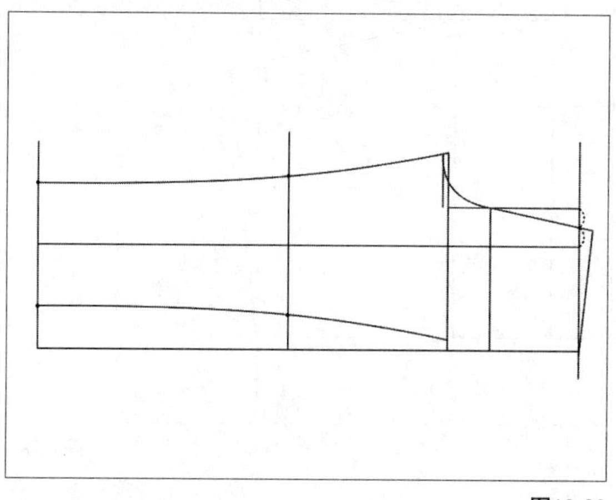

图12-82

㉞ 在“设计工具栏”中单击“智能笔”按钮，在工作区中相应的端点上依次单击鼠标左键，绘制曲线，然后使用“调整工具”对其进行调整，如图12-83所示。

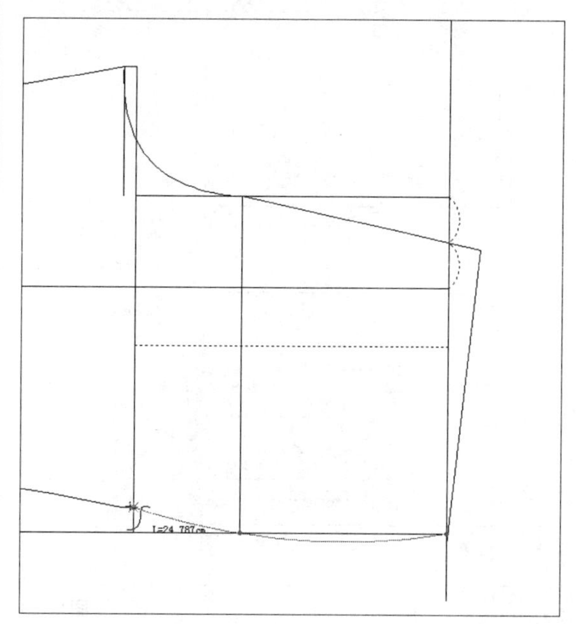

图12-83

㉟ 在“设计工具栏”中单击“等份规”按钮，将线型改为虚线，设置“等份数”为3，在工作区中相应的点上单击鼠标左键，将线段为分3等分，如图12-84所示。

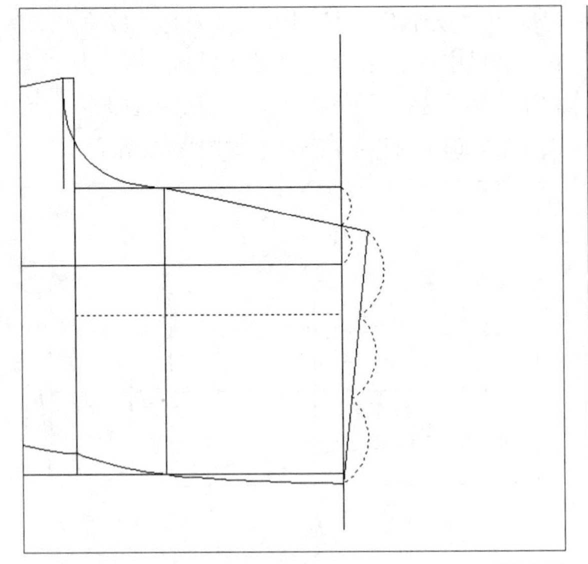

图12-84

36 将线型改为实线，在“设计工具栏”中单击“智能笔”按钮，按住Shift键，在相应点上依次单击鼠标左键，然后拖曳光标，至合适位置单击鼠标左键，弹出“长度”对话框，设置“长度”为10，单击“确定”按钮，如图12-85所示。

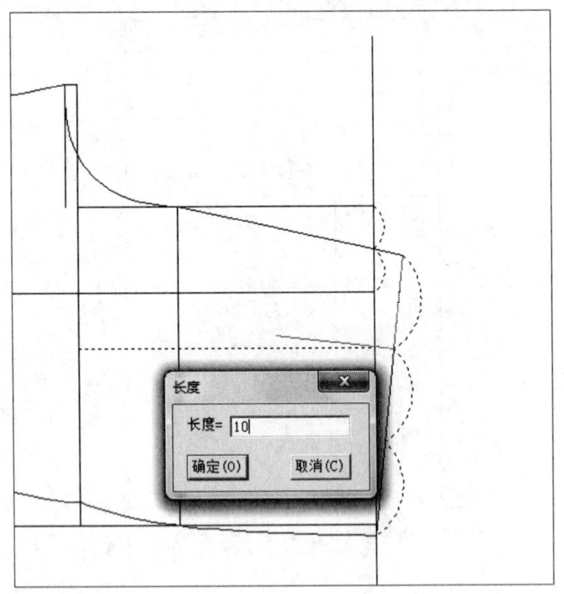

图12-85

37 执行操作后，即可绘制直线；继续使用“智能笔”命令，按住Shift键，在相应点上依次单击鼠标左键，然后拖曳光标，至合适位置单击鼠标左键，弹出“长度”对话框，设置“长度”为11，单击“确定”按钮，如图12-86所示。

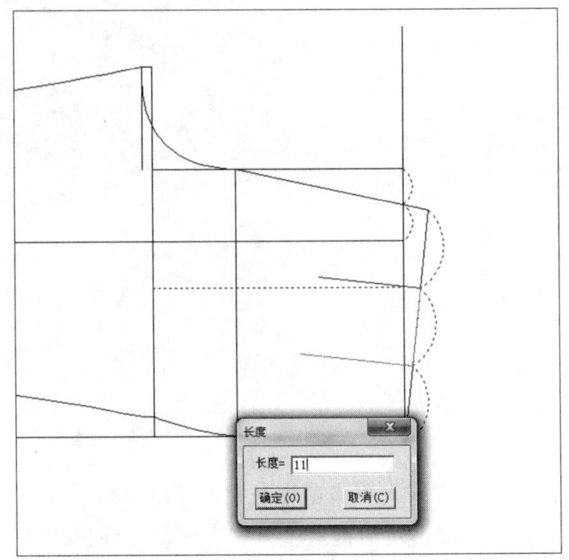

图12-86

38 执行操作后，即可绘制直线；在“设计工具栏”中单击“收省”按钮，在工作区中选择合适的直线作为截取省宽的线，然后选择刚绘制的线作为省线，弹出“省宽”对话框，设置“省宽”为1.5，单击“确定”按钮，如图12-87所示。

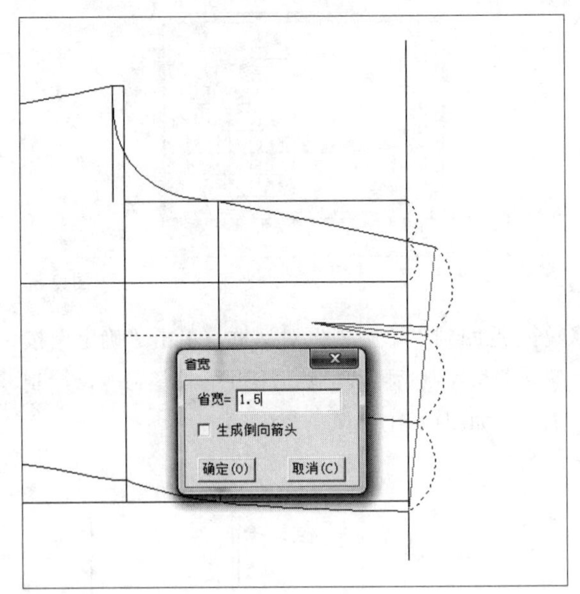

图12-87

39 执行操作后，即可收省；在“设计工具栏”中单击“收省”按钮，在工作区中选择合适的直线作为截取省宽的线，然后选择刚绘制的线作为省线，弹出“省宽”对话框，设置“省宽”为1.5，单击“确定”按钮，如图12-88所示。

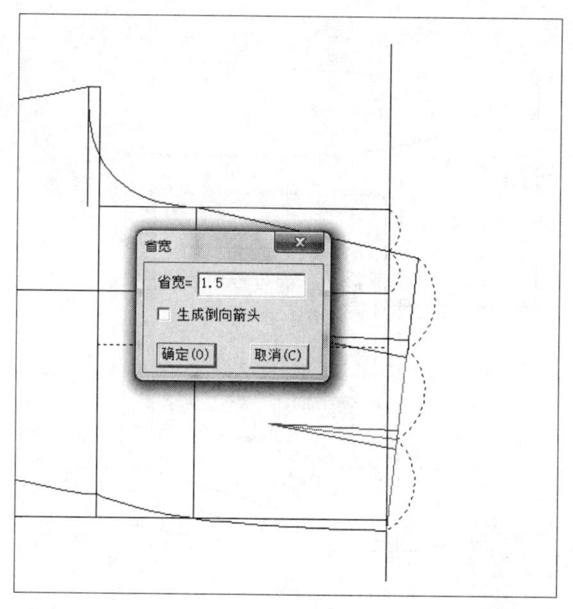

图12-88

40 执行操作后，即可收省，然后删除相应的曲线，即可完成女西裤后片的设计，效果如图12-89所示。

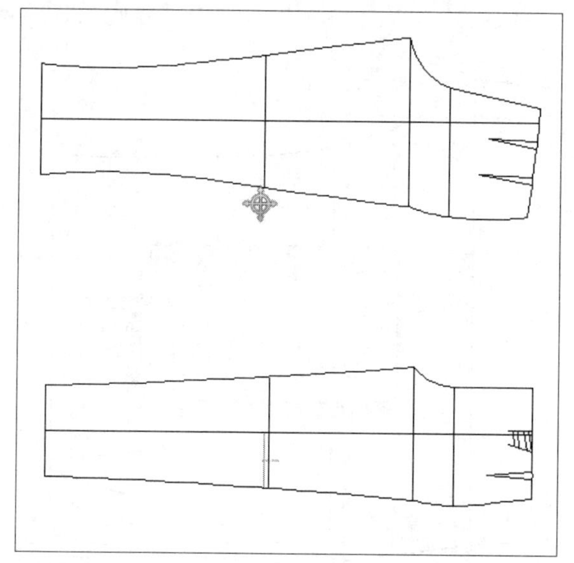

图12-89

12.1.4 女西裤部件制作

本小节将为读者讲解女西裤部件的制作方法。

01 在“设计工具栏”中单击“智能笔”按钮，在前腰线上单击鼠标左键，弹出“点的位置”对话框，设置“长度”为2，单击“确定”按钮，如图12-90所示。

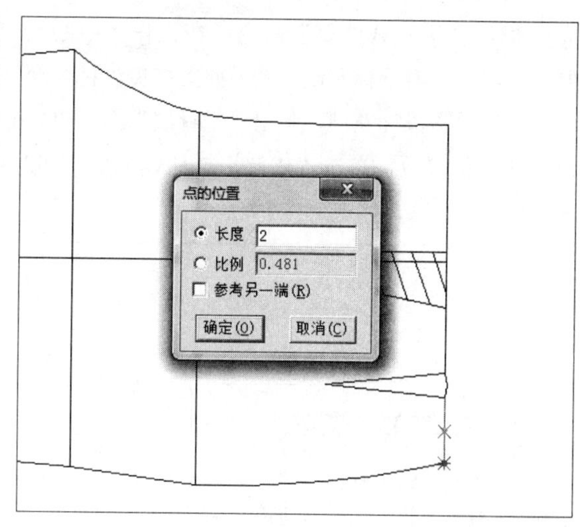

图12-90

02 执行操作后，向左拖曳光标，至侧缝线上单击鼠标左键，弹出“点的位置”对话框，设置“长度”为12，单击“确定”按钮，如图12-91所示。

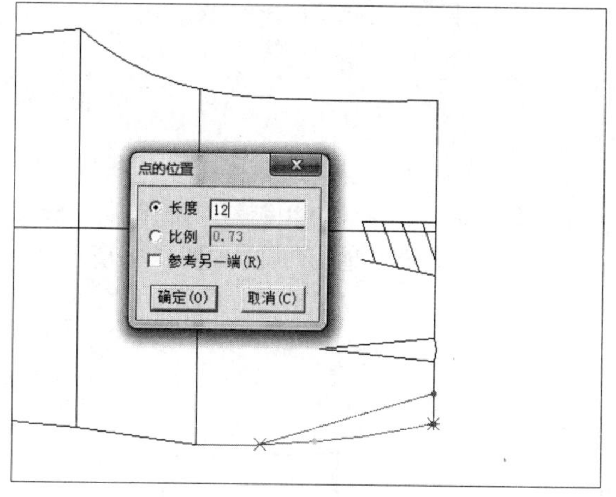

图12-91

03 执行操作后，单击鼠标右键，即可绘制直线，如图12-92所示。

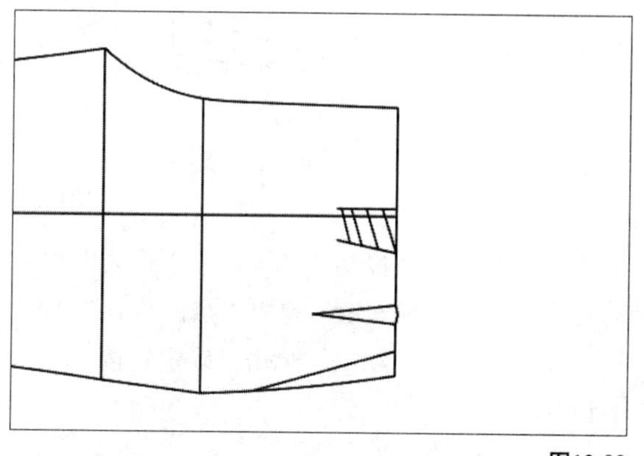

图12-92

04 继续使用“智能笔”命令，在工作区中刚绘制的直线上单击鼠标左键，然后向上拖曳光标，至合适位置单击鼠标左键，弹出“平行线”对话框，设置相应的参数，单击“确定”按钮，如图12-93所示。

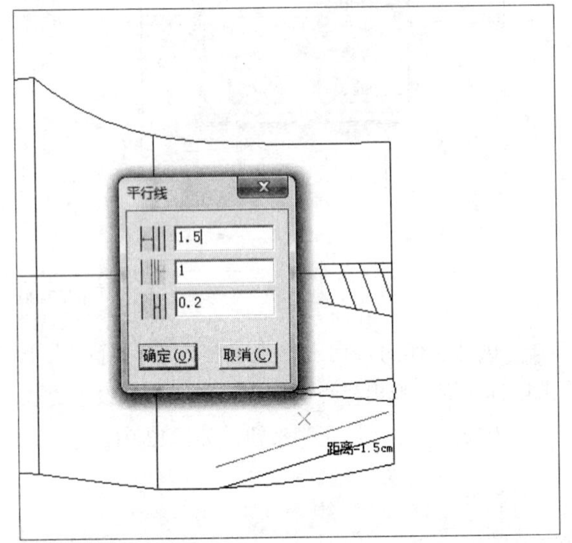

图12-93

05 执行操作后，即可绘制平行线；继续使用“智能笔”命令，按住Shift键，在相应的点上依次单击鼠标左键，即可延长直线，如图12-94所示。

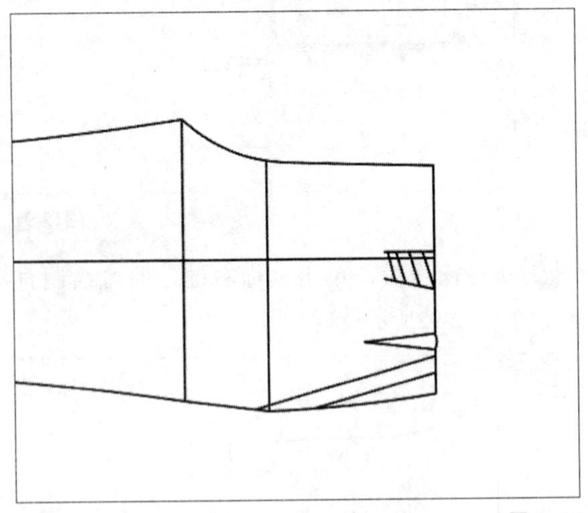

图12-94

06 继续使用“智能笔”命令，在工作区中相应的直线上单击鼠标左键，弹出“点的位置”对话框，设置“长度”为5.4，单击“确定”按钮，如图12-95所示。

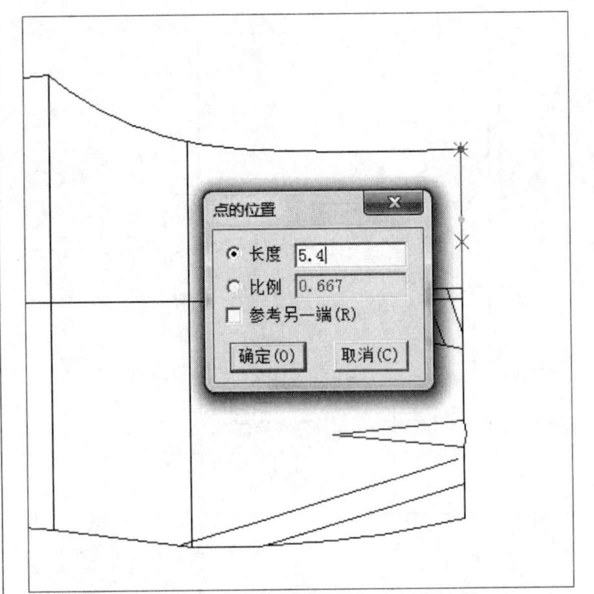

图12-95

07 执行操作后，向左拖曳光标，至合适位置单击鼠标左键，弹出“长度”对话框，设置“长度”为27，单击“确定”按钮，如图12-96所示。

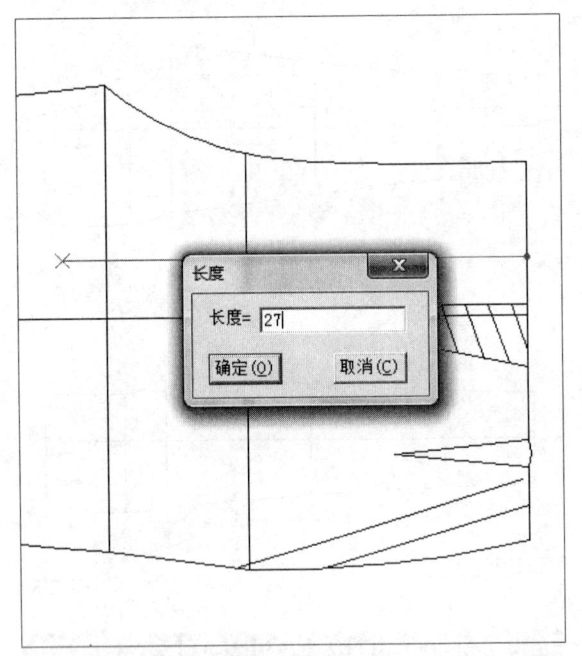

图12-96

08 执行操作后，即可绘制直线；继续使用“智能笔”命令，在相应的点上单击鼠标左键，向下拖曳光标，至合适位置单击鼠标左键，弹出“长度”对话框，设置“长度”为8，如图12-97所示。

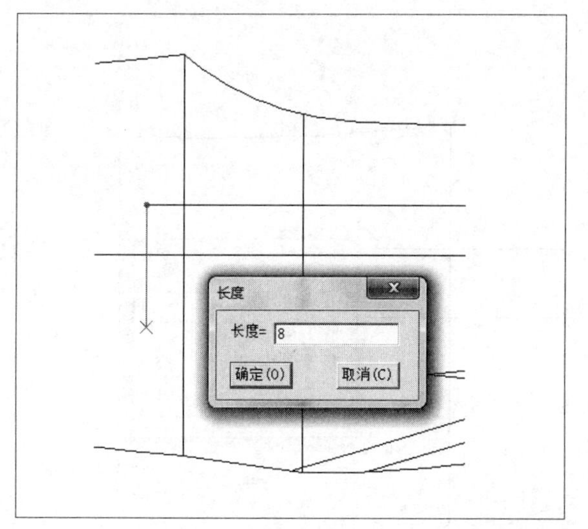

图12-97

09 单击“确定”按钮，绘制直线；继续使用“智能笔”命令，在相应的点上单击鼠标左键，绘制直线，如图12-98所示。

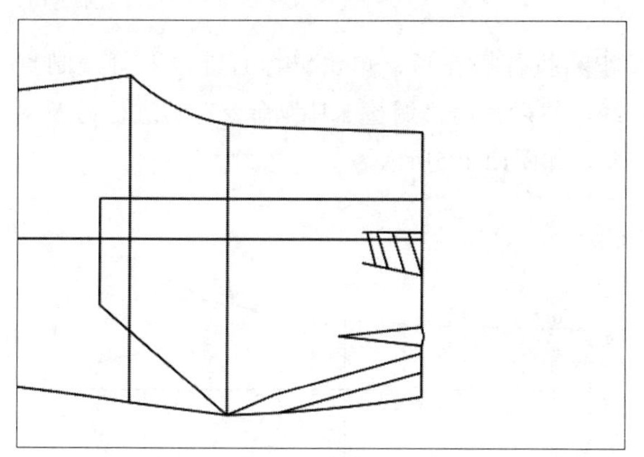

图12-98

10 在“设计工具栏”中单击“调整工具”按钮，在工作区中选择相应的直线，对其进行适当调整，如图12-99所示。

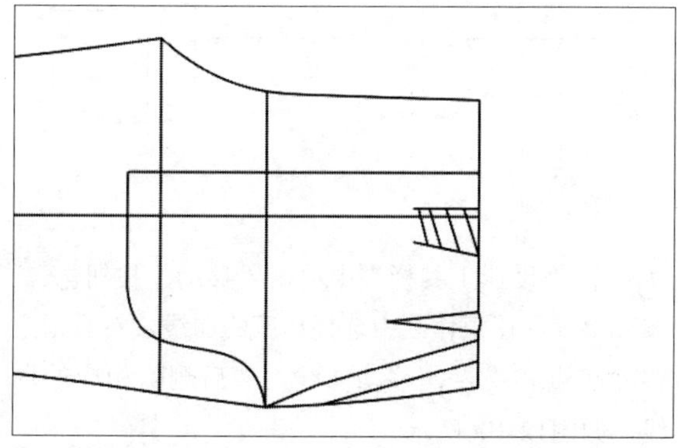

图12-99

11 在“设计工具栏”中单击“移动”按钮，按Shift键，在工作区中选择相应的曲线，然后指定移动起点和终点，移动曲线，然后对其进行适当的调整，如图12-100所示。

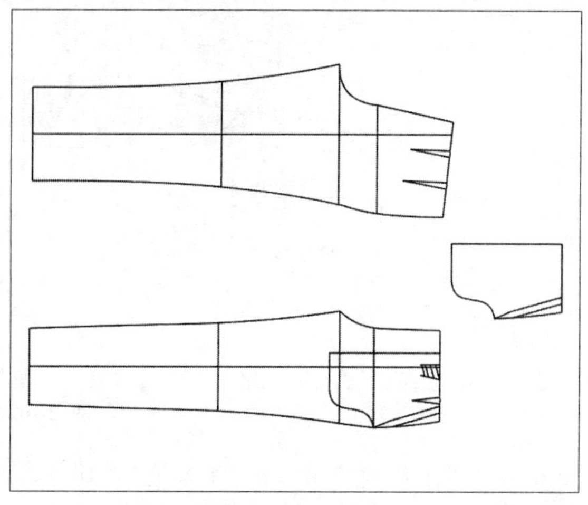

图12-100

12 继续使用“移动”命令，在工作区中选择相应的曲线，然后指定移动起点和终点，移动曲线，如图12-101所示。

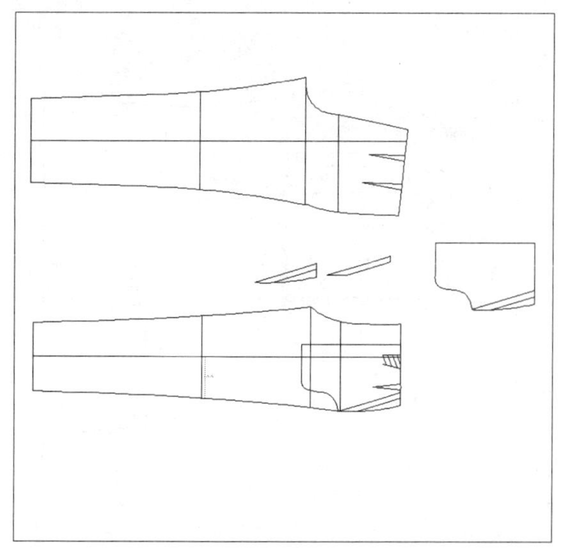

图12-101

13 在“设计工具栏”中单击“对称”按钮，按Shift键，在工作区中合适的点上单击鼠标左键，指定对称轴，然后选择要对称的曲线，单击鼠标右键，即可对称曲线；使用“橡皮擦”命令删除相应的曲线，如图12-102所示。

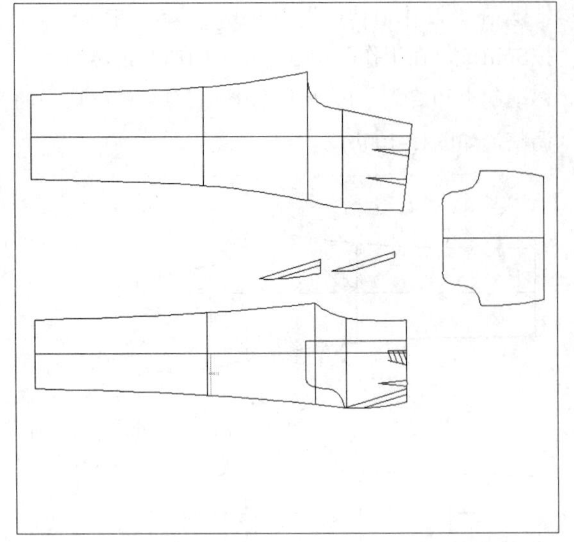

图12-102

⑭ 在“设计工具栏”中单击“智能笔”按钮，在相应的线上单击鼠标左键，弹出“点的位置”对话框，设置“长度”为5，单击“确定”按钮，如图12-103所示。

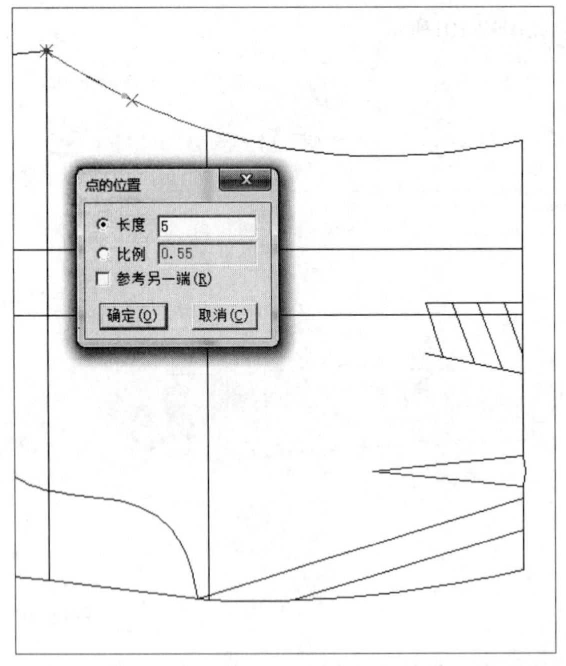

图12-103

⑮ 执行操作后，拖曳光标，至前腰线的合适位置单击鼠标左键，弹出“点的位置”对话框，设置“长度”为4，单击“确定”按钮，如图12-104所示。

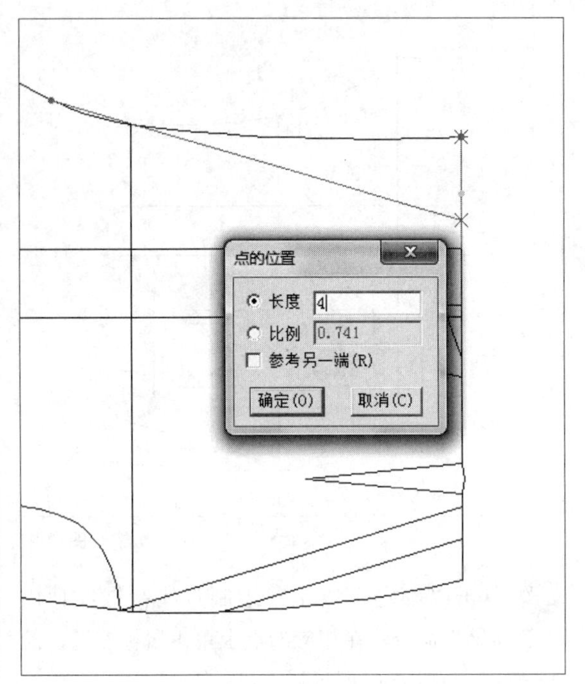

图12-104

⑯ 执行操作后，单击鼠标右键，即可绘制直线，然后使用“调整工具”命令对其进行适当调整，如图12-105所示。

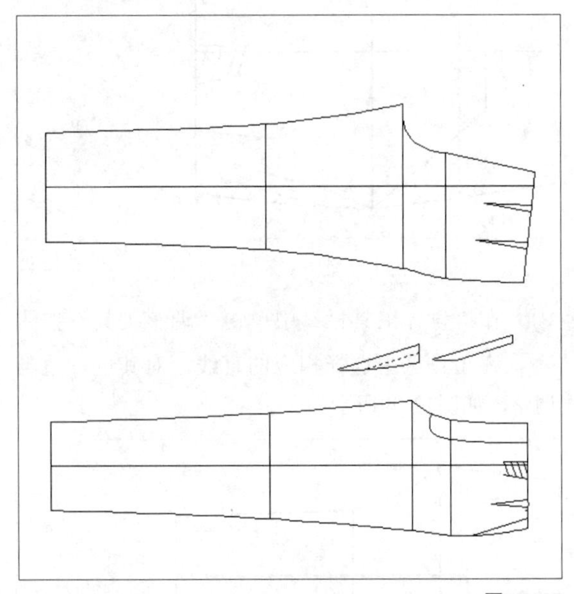

图12-105

⑰ 在“设计工具栏”中单击“移动”按钮，按Shift键，在工作区中选择相应的曲线，然后指定移动起点和终点，移动曲线，然后删除相应的曲线，如图12-106所示。

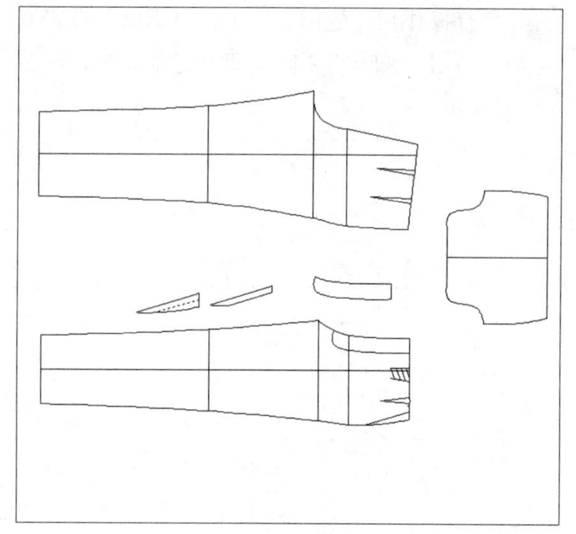

图12-106

⑱ 在“设计工具栏”中单击“矩形”按钮，在工作区中的合适位置单击鼠标左键，弹出“矩形”对话框，设置长度和宽度分别为19和3.5，单击“确定”按钮，执行操作后，即可绘制矩形，如图12-107所示。

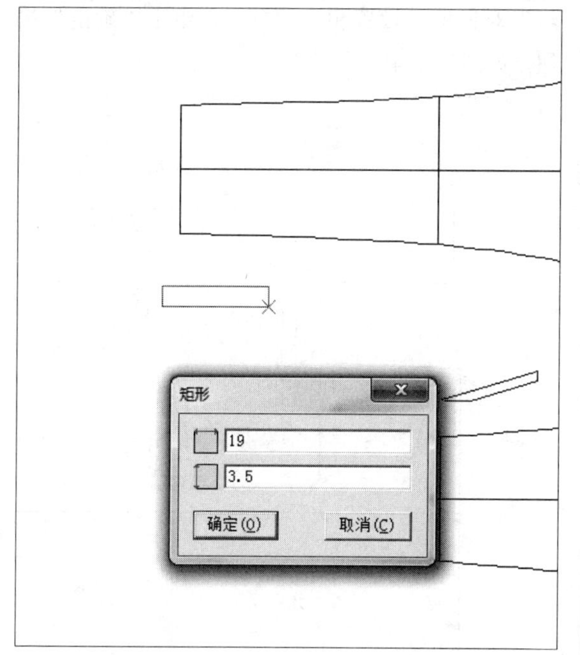

图12-107

⑲ 在“设计工具栏”中单击“调整工具”按钮，拖曳光标至矩形的右上点上，按Enter键确认，弹出“偏移”对话框，设置纵向偏移为0.5，单击“确定”按钮，如图12-108所示。

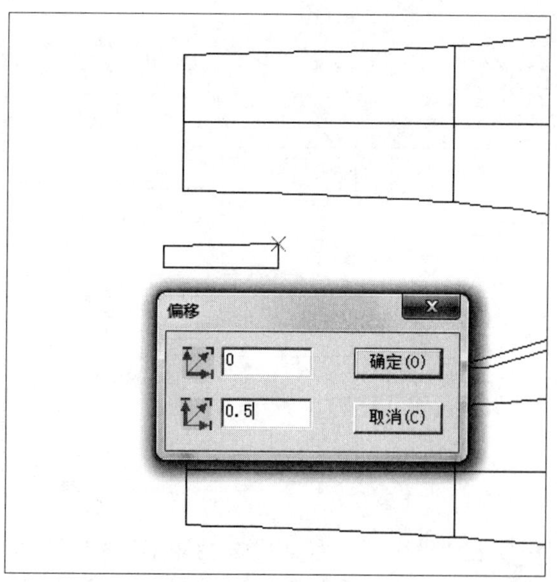

图12-108

⑳ 执行操作后，即可偏移点；继续使用“调整工具”命令，拖曳光标至矩形的左下点上，按Enter键确认，弹出“偏移”对话框，设置横向偏移为0.5，单击“确定”按钮，如图12-109所示。

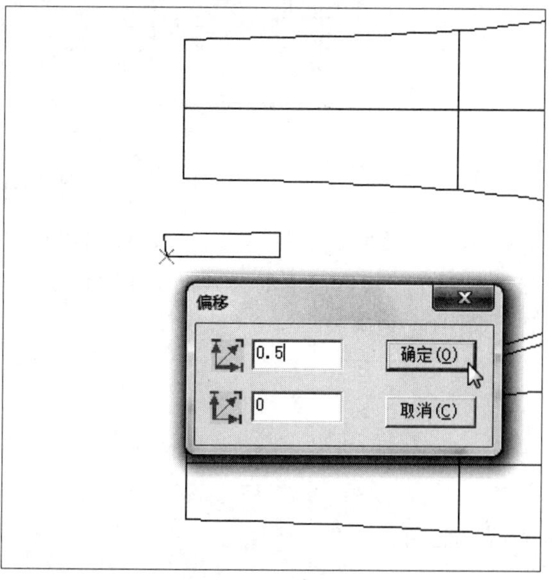

图12-109

㉑ 执行操作后，即可偏移点；在“设计工具栏”中单击“对称”按钮，按Shift键，在工作区中合适的点上单击鼠标左键，指定对称轴，然后选择要对称的曲线，单击鼠标右键，即可对称曲线，如图12-110所示。

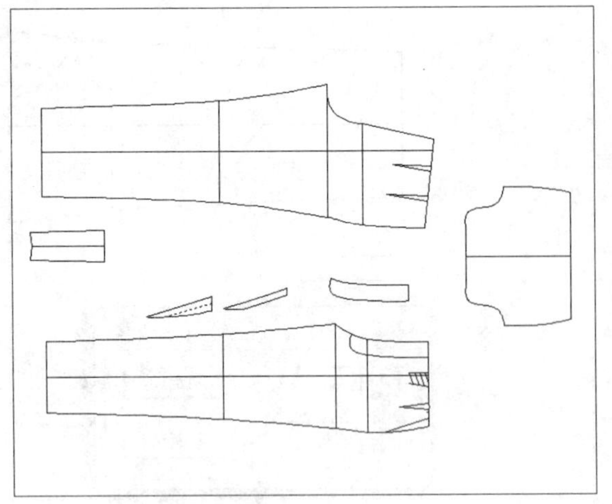

图12-110

22 在“设计工具栏”中单击“矩形”按钮，在工作区中的合适位置单击鼠标左键，弹出“矩形”对话框，如图12-111所示。

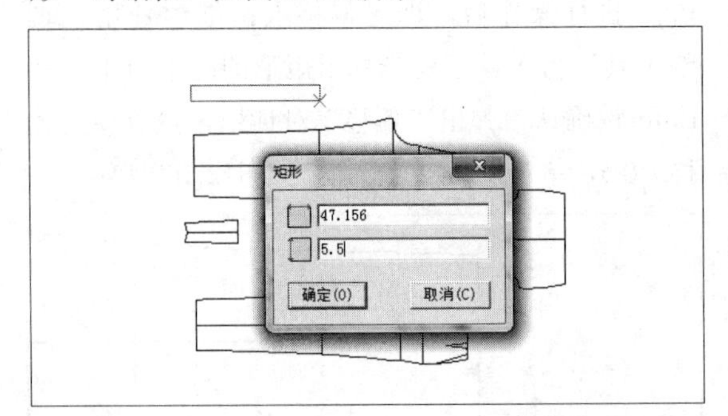

图12-111

23 双击对话框右上角空白区域，弹出“计算器”对话框，输入相应的公式，单击“OK”按钮，如图12-112所示。

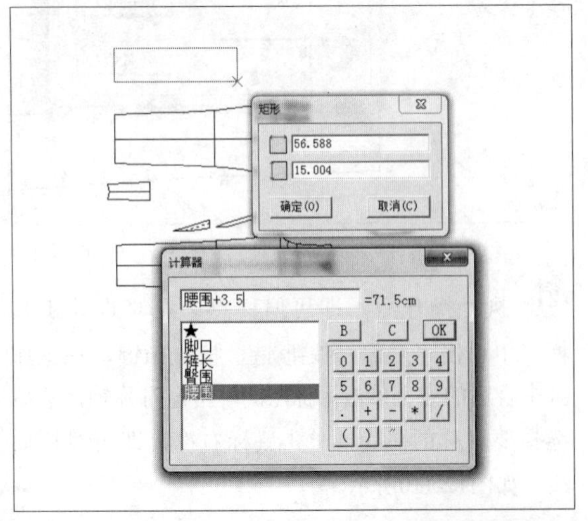

图12-112

24 执行操作后，返回“矩形”对话框，设置宽度为6，单击“确定”按钮，即可绘制矩形，如图12-113所示。

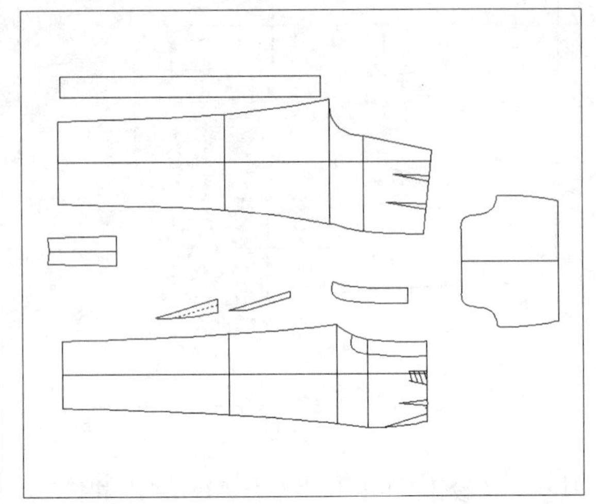

图12-113

25 在“设计工具栏”中单击“智能笔”按钮，在矩形左侧的直线上单击鼠标左键的同时，向右拖曳光标，至合适位置，单击鼠标左键，弹出“平行线”对话框，设置相应的参数，单击“确定”按钮，如图12-114所示。

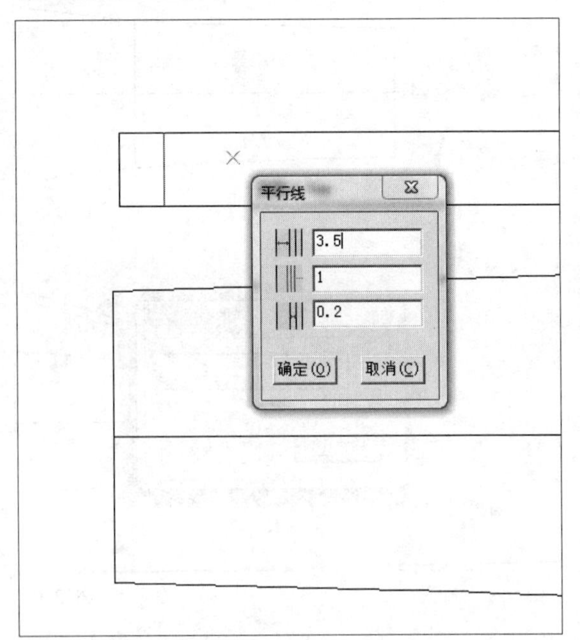

图12-114

26 执行操作后，即可绘制平行线，如图12-115所示。

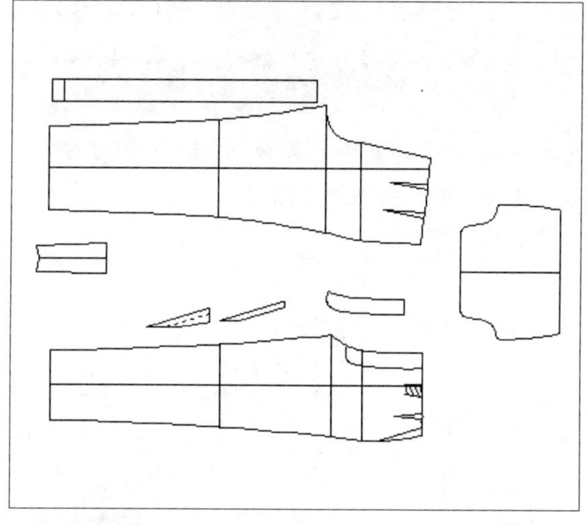

图12-115

12.1.5 女西裤纸样制作

本小节将为读者讲解女西裤纸样的制作方法。

01 在设计工具栏中单击“剪刀”按钮，在工作区中依次框选相应的曲线，然后单击鼠标右键，拾取纸样，如图12-116所示。

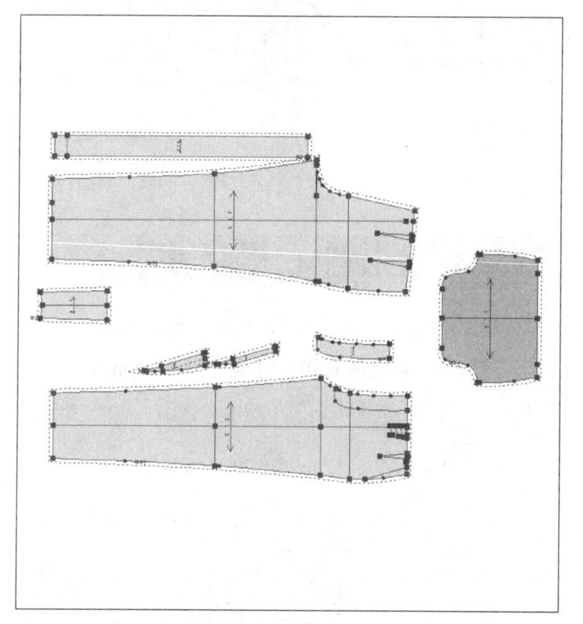

图12-116

02 在设计工具栏中单击“布纹线”按钮，在每一个纸样内绘制一条水平线，调整布纹线，如图12-117所示。

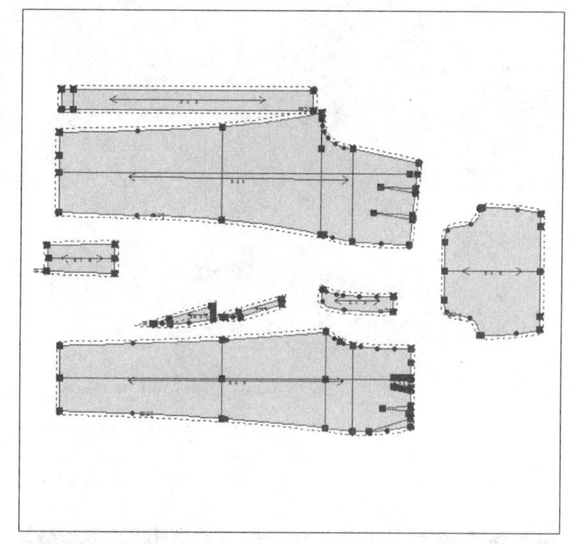

图12-117

03 在设计工具栏中单击“加缝份”按钮，在脚口线上单击鼠标左键，弹出“加缝份”对话框，设置“起点缝份量”为3.8，选中“终点缝份量”对话框，并在其后的数值框中输入3.8，单击“确定”按钮，如图12-118所示。

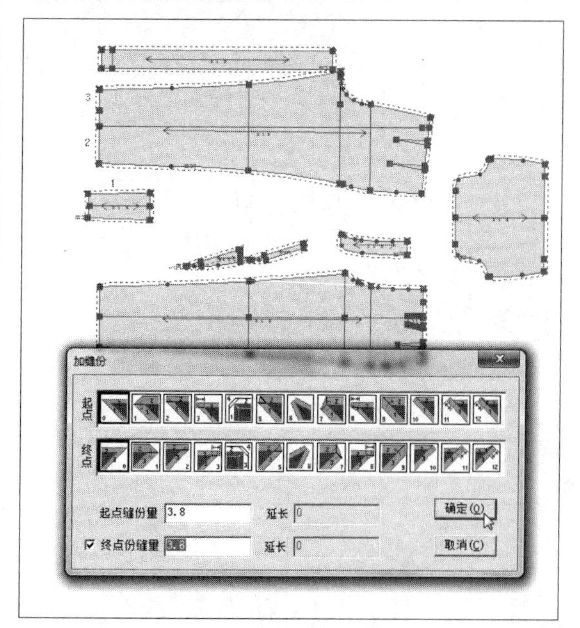

图12-118

04 执行操作后，即可加缝份；继续使用“加缝份”命令，为脚口添加缝份，如图12-119所示。

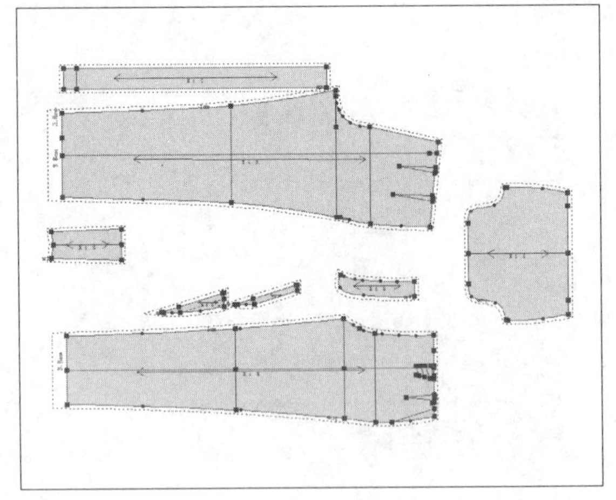

图12-119

12.2 夏装连衣裙制板

连衣裙是指由衬衫式上衣和各类裙子相连而成的连体式服装，又称连衫裙。连衣裙是女性最喜欢的夏装之一，有着“款式皇后”的美誉。连衣裙效果如图12-120所示。

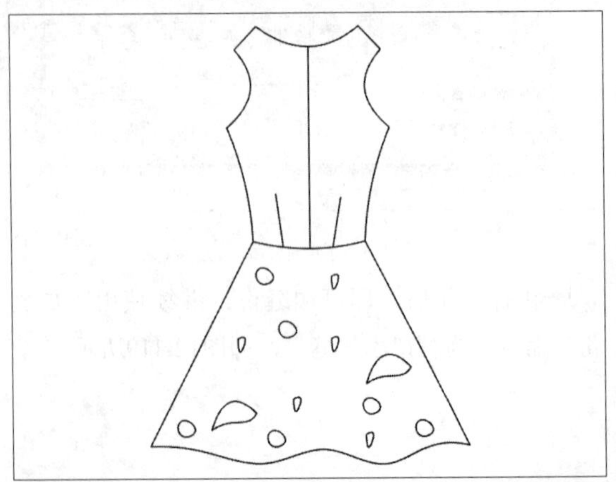

图12-120

课堂案例：夏装连衣裙制板
案例位置：效果>第12章>夏装连衣裙制板.dgs
视频位置：视频>第12章>课堂案例——夏装连衣裙前片制作.mp4、课堂案例——夏装连衣裙后片制作.mp4、夏装连衣裙部件制作.mp4、夏装连衣裙纸样制作.mp4
难易指数：★★★★★
学习目标：掌握夏装连衣裙制板的方法

本案例的最终效果如图12-121所示。

图12-121

12.2.1 夏装连衣裙尺寸表

本节介绍连衣裙常规尺寸表，见表12-2。

表12-2 夏装连衣裙尺寸表（单位：cm）

号型	衣长	肩宽	胸围	腰围	摆围	领围	拉链长
155/80A	89	34	86	70	134	68	32
160/84A	91	35	90	74	138	69	32
165/88A	93	36	94	78	142	70	32
170/92A	95	37	98	82	146	71	32

12.2.2 夏装连衣裙前片制作

本小节将为读者讲解夏装连衣裙前片制作方法。

01 按Ctrl＋O组合键，打开文化式女上装原型，如图12-122所示。

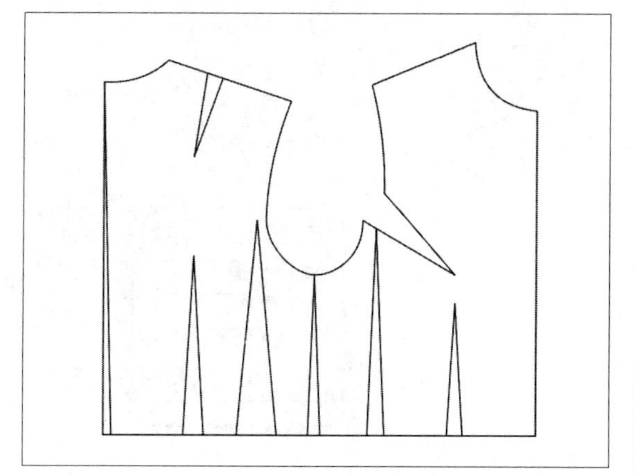

图12-122

02 单击“号型”|“号型编辑”命令，弹出“设置号型规格表”对话框，设置相应的参数，然后单击“确定”按钮，如图12-123所示。

设置号型规格表

号型名	☑	☑S	◉M	☑L	☑XL	☑
衣长		84	86	88	90	
肩宽		38	39	40	41	
胸围		92	96	100	104	
腰围		76	80	84	88	
摆围		132	136	140	144	
袖长		56.5	58	59.5	61	
袖肥		32	33.6	35.2	36.8	
袖围口		24	25	26	27	

打开　存储　删除　插入　取消　确定

cm　组间档差　组内档差　指定基码　计算列　导入归号文件　清除空白行列　分组

图12-123

03 执行操作后，即可编辑号型；单击“文档”|“另存为”命令，弹出“另存为”对话框，设置文件名和保存路径，单击“保存”按钮，如图12-124所示。

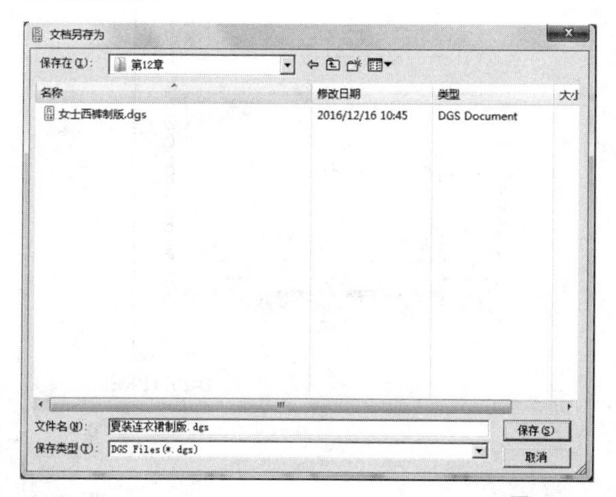

图12-124

04 执行操作后，即可保存文档；使用“剪断线”“移动”“删除”“智能笔”工具，对文化式女上装原型进行修改，如图12-125所示。

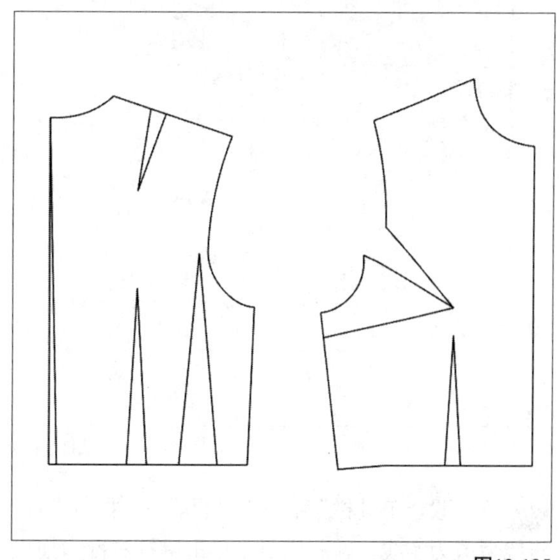

图12-125

05 在“设计工具栏”中单击“转省”按钮，根据状态栏提示，在工作区中框选转移线，单击鼠标右键，在工作区中选择新省线，单击鼠标右键，然后在工作区中选择袖窿省的省线作为合并省的起始边和终止边，执行操作后，即可转移省道，然后删除相应的曲线，如图12-126所示。

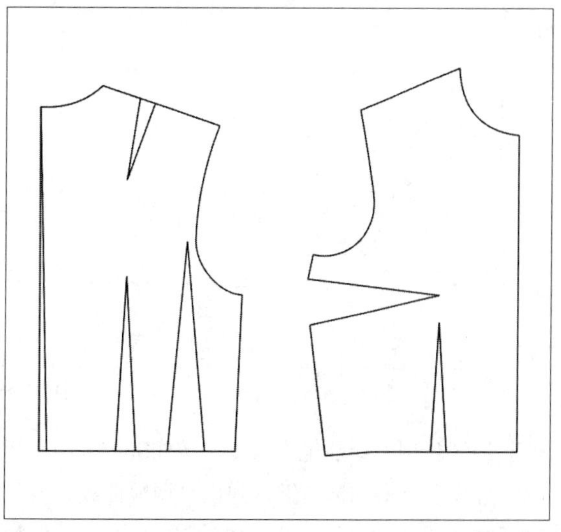

图12-126

06 在“设计工具栏”中单击“设置线的颜色类型”按钮，设置线型为虚线，然后框选所有的曲线，将其改为虚线，如图12-127所示。

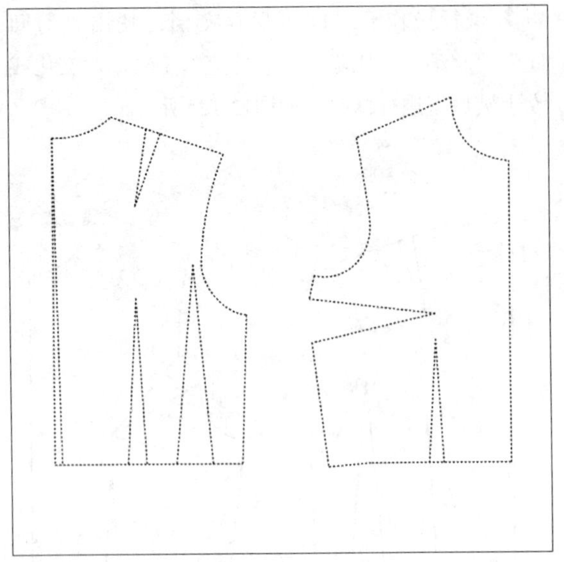

图12-127

07 在“设计工具栏”中单击“智能笔”按钮，将线型改为实线，在相应点上单击鼠标右键，拖曳光标，至合适位置单击鼠标左键，绘制直线，如图12-128所示。

图12-128

08 继续使用“智能笔”命令，按住Shift键，在相应的直线上单击鼠标右键，弹出“调整曲线长度”对话框，设置“新长度”为91，单击“确定”按钮，如图12-129所示。

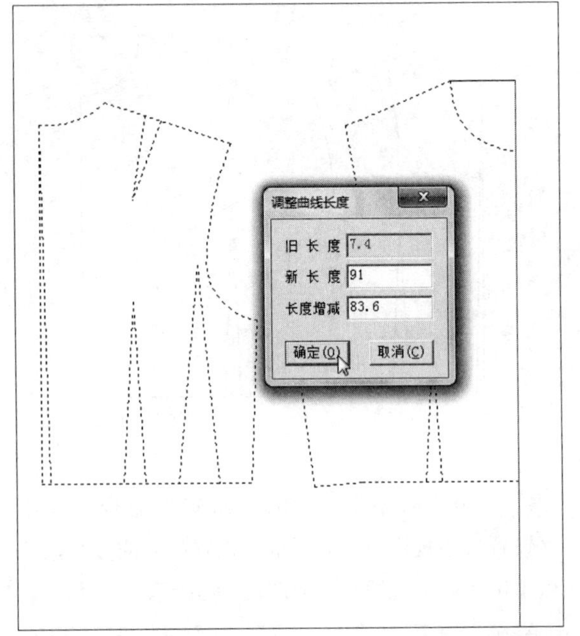

图12-129

09 执行操作后，即可调整曲线的长度；继续使用“智能笔”命令，在工作区中相应的点上单击鼠标左键，向左拖曳光标，至合适位置单击鼠标左键，弹出“长度”对话框，如图12-130所示。

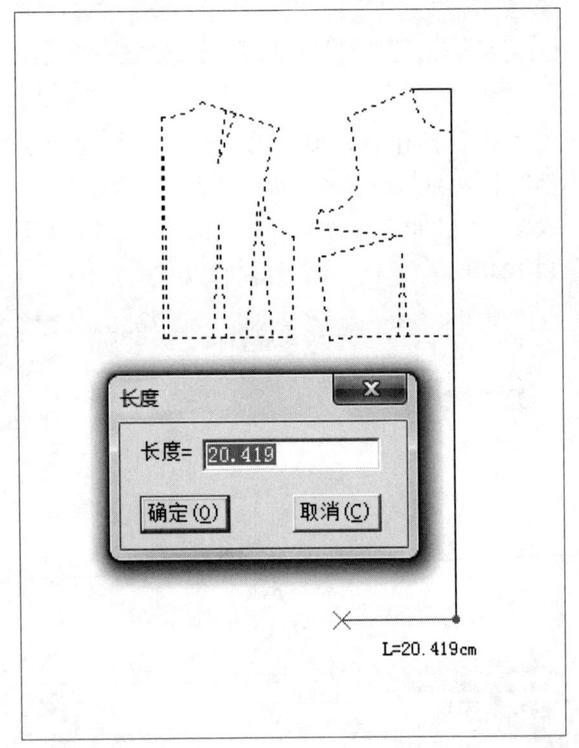

图12-130

⑩ 双击对话框右上方空白区域，弹出“计算器”对话框，输入相应的公式，单击“OK”按钮，如图12-131所示。

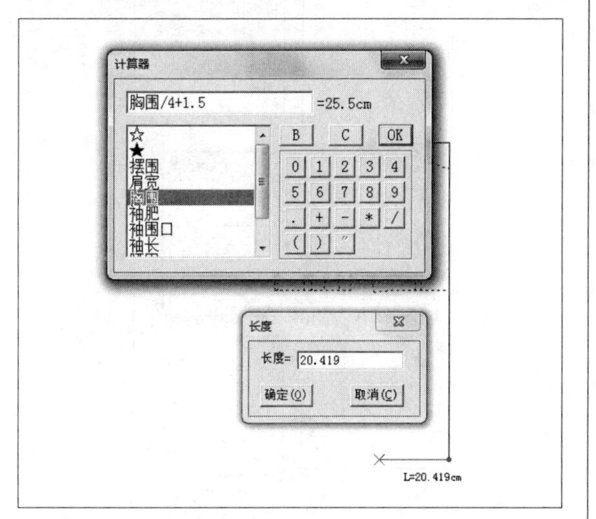

图12-131

⑪ 返回到“长度”对话框，单击“确定”按钮，即可绘制直线，如图12-132所示。

图12-132

⑫ 继续使用“智能笔”命令，在相应的点上单击鼠标右键，至合适位置单击鼠标左键，绘制直线，如图12-133所示。

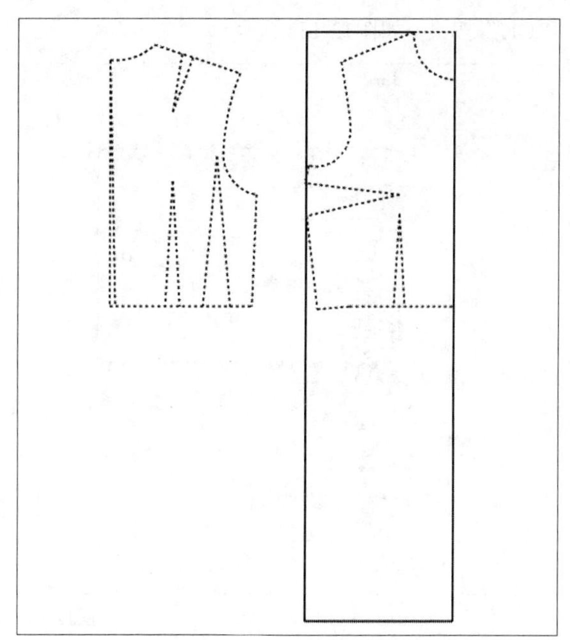

图12-133

⑬ 继续使用“智能笔”命令，在相应的点上单击鼠标右键，向右下方拖曳光标，至合适位置单击鼠标左键，弹出“点的位置”对话框，设置“长度”为1，单击“确定”按钮，如图12-134所示。

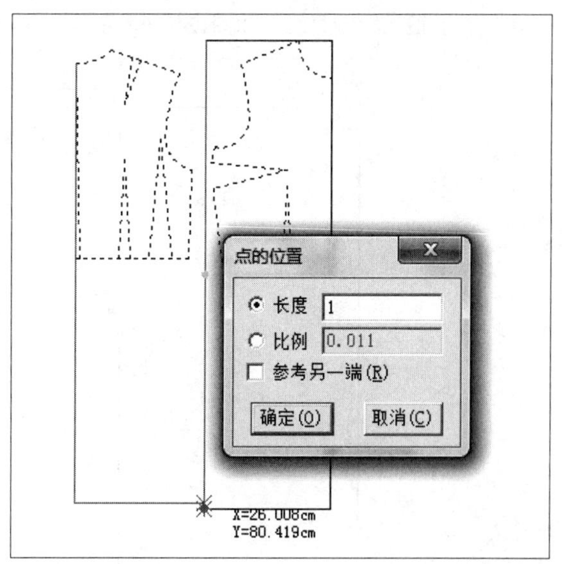

图12-134

⑭ 执行操作后，即可绘制直线；继续使用“智能笔”命令，在相应的点上单击鼠标右键，向右下方拖曳光标，至合适位置单击鼠标左键，弹出“点的位置”对话框，双击对话框右上方空白区域，弹出“计算器”对话框，输入相应的公式，单击

"OK"按钮，如图12-135所示。

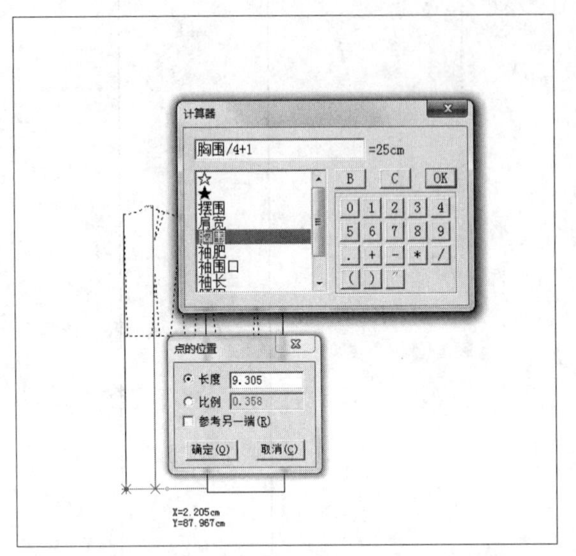

图12-135

⑮ 执行操作后，返回到"点的位置"对话框，单击"确定"按钮，即可绘制直线，如图12-136所示。

⑯ 继续使用"智能笔"命令，在后袖窿弧线的下端点单击鼠标左键，向右拖曳光标，至合适位置单击鼠标左键，绘制直线，如图12-136所示。

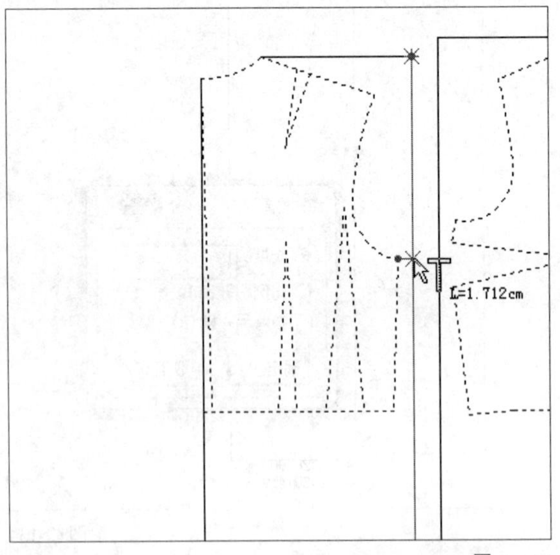

图12-136

⑰ 继续使用"智能笔"命令，在刚绘制直线的右端点上按Enter键，弹出"移动量"对话框，设置相应的参数，单击"确定"按钮，如图12-137所示。

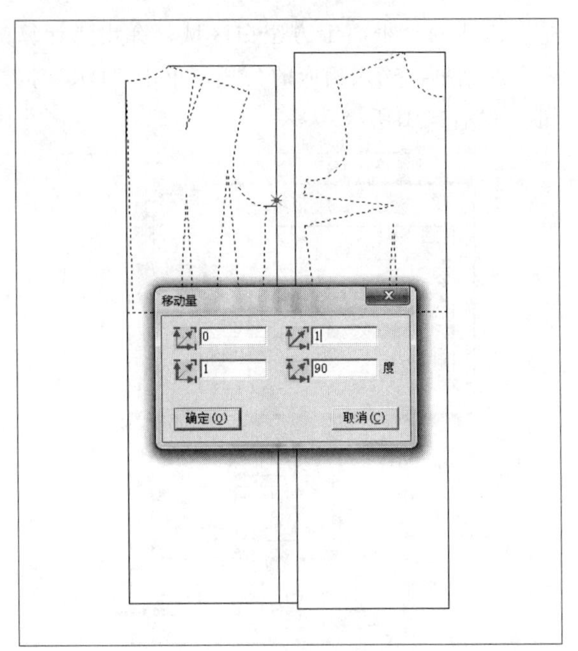

图12-137

⑱ 执行操作后，拖曳光标，至后袖窿弧线的上端点上单击鼠标左键，绘制曲线，然后对其进行适当调整，如图12-138所示。

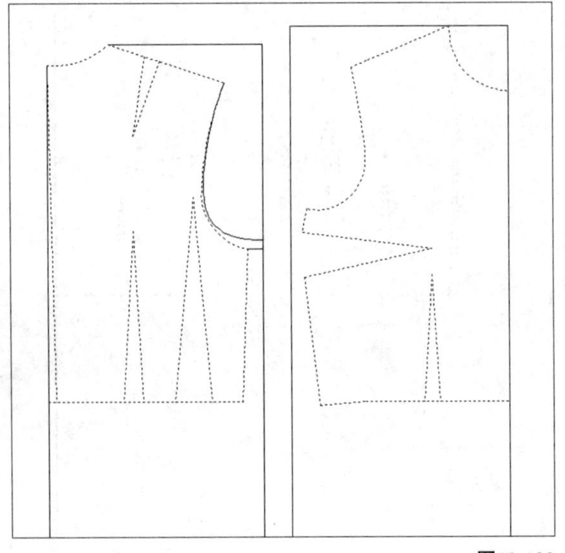

图12-138

⑲ 继续使用"智能笔"命令，在前袖窿弧线的下端点单击鼠标左键，向左拖曳光标，至合适位置单击鼠标左键，绘制直线；继续使用"智能笔"命令，在刚绘制直线的左端点上按Enter键，弹出"移动量"对话框，设置相应的参数，单击"确定"按钮，如图12-139所示。

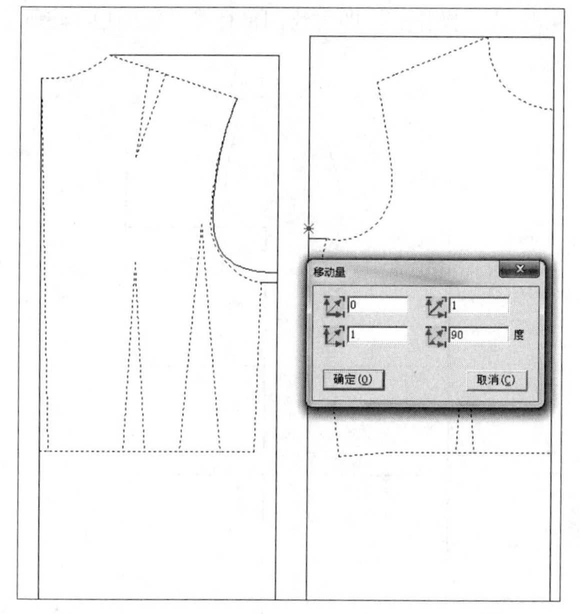

图12-139

20 执行操作后，拖曳光标，至前袖窿弧线的上端点上单击鼠标左键，绘制曲线，然后对其进行适当调整，如图12-140所示。

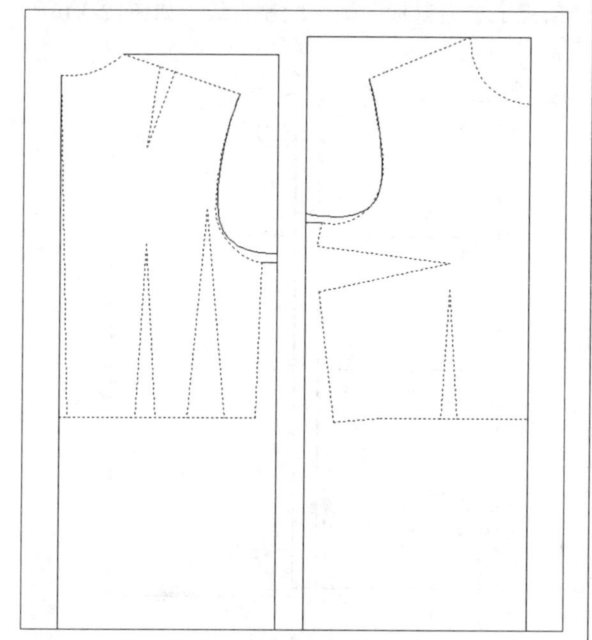

图12-140

21 继续使用“智能笔”命令，在工作区中的合适位置单击鼠标左键，绘制直线，如图12-141所示。

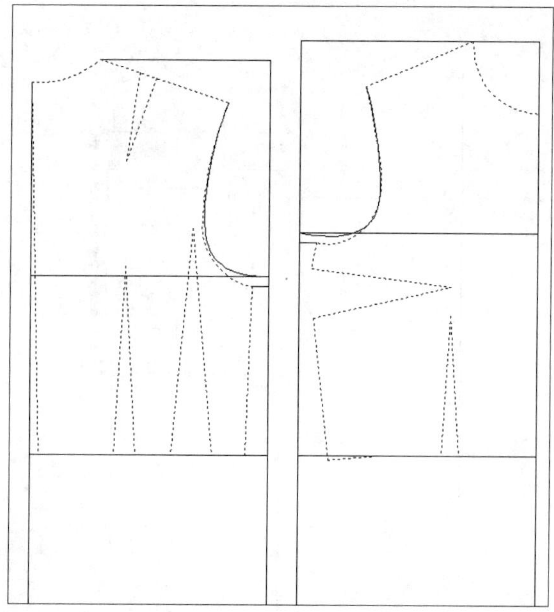

图12-141

22 继续使用“智能笔”命令，在工作区中的相应位置绘制曲线，然后删除相应的曲线，如图12-142所示。

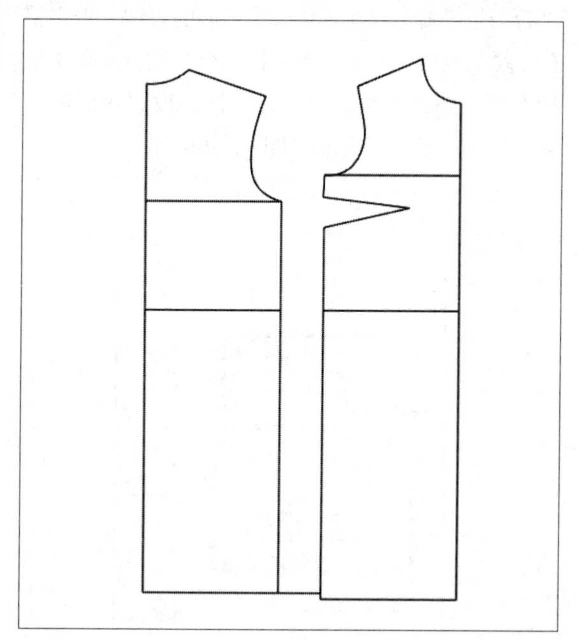

图12-142

23 继续使用“智能笔”命令，在相应的直线上单击鼠标左键的同时，向下拖曳光标，至合适位置单击鼠标左键，弹出“平行线”对话框，设置相应的参数，单击“确定”按钮，如图12-143所示。

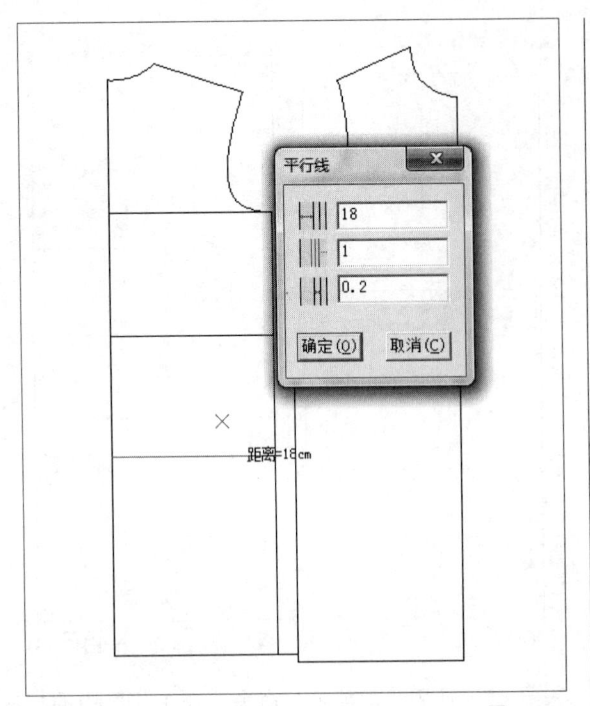

图12-143

24 执行操作后，即可绘制平行线；继续使用“智能笔”命令，在工作区中相应的直线上单击鼠标左键的同时，向下拖曳光标，至合适位置单击鼠标左键，弹出“平行线”对话框，设置相应的参数，单击“确定”按钮，如图12-144所示。

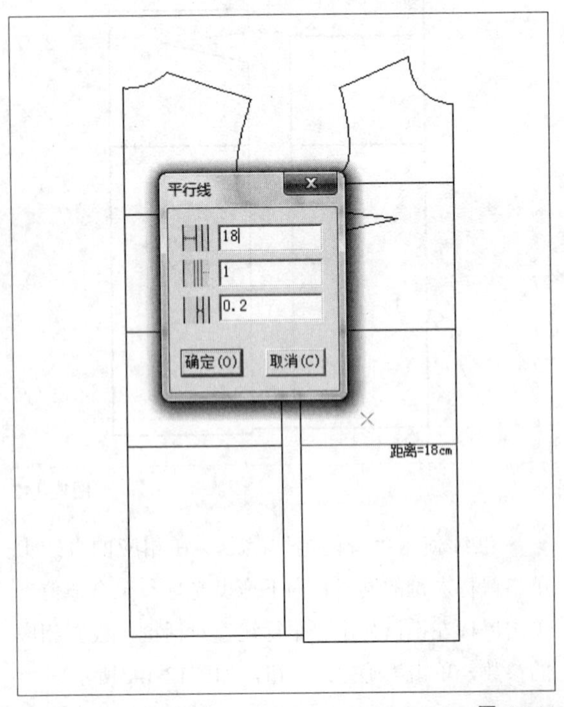

图12-144

25 执行操作后，即可绘制平行线，如图12-145所示。

图12-145

26 继续使用“智能笔”命令，在工作区中相应的点上单击鼠标左键，绘制直线，如图12-146所示。

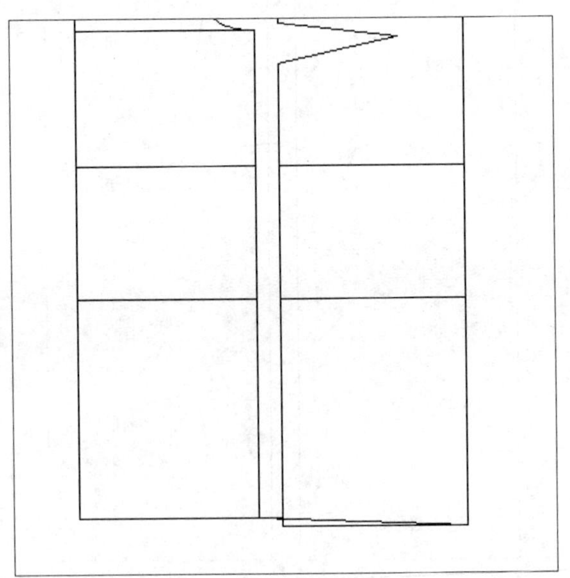

图12-146

27 继续使用“智能笔”命令，按住Shift键，在工作区中刚绘制的直线上单击鼠标右键，弹出“调整曲线长度”对话框，设置相应的参数，单击“确定”按钮，如图12-147所示。

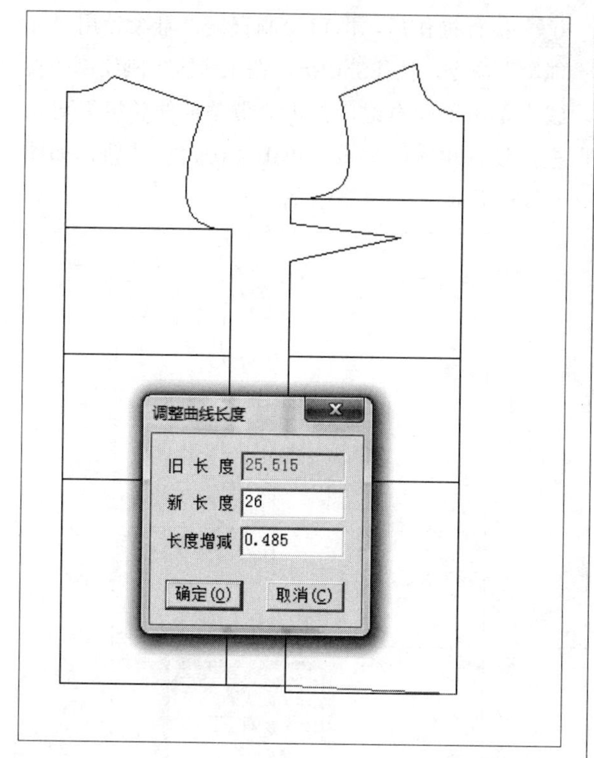

图12-147

㉘ 执行操作后，即可调整曲线的长度，然后删除相应的曲线，如图12-148所示。

图12-148

㉙ 继续使用“智能笔”命令，在工作中相应的点上单击鼠标左键，向下拖曳光标，至合适的直线上单击鼠标左键，弹出“点的位置”对话框，设置“长度”为1.6，单击“确定”按钮，如图12-149所示。

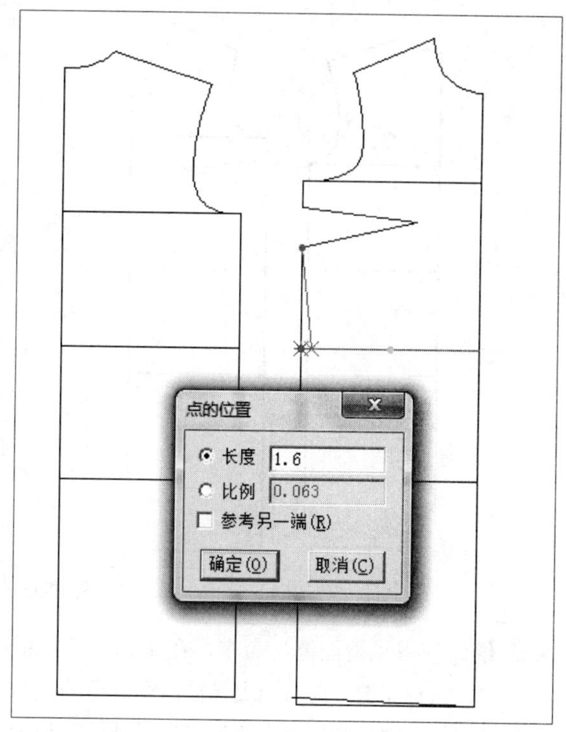

图12-149

㉚ 执行操作后，向下拖曳光标，至相应的点上单击鼠标左键，绘制曲线，如图12-150所示。

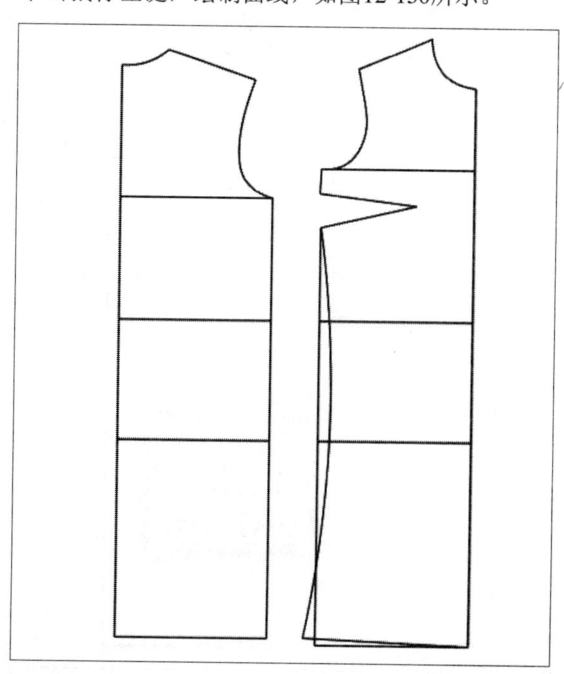

图12-150

31 在“设计工具栏”中单击“调整工具”按钮，在工作区中选择刚绘制的曲线，对其进行适当调整，如图12-151所示。

图12-151

32 继续使用“智能笔”命令，在工作中相应的点上单击鼠标左键，向右拖曳光标，至合适的直线上单击鼠标左键，弹出“点的位置”对话框，设置“长度”为0.5，单击“确定”按钮，如图12-152所示。

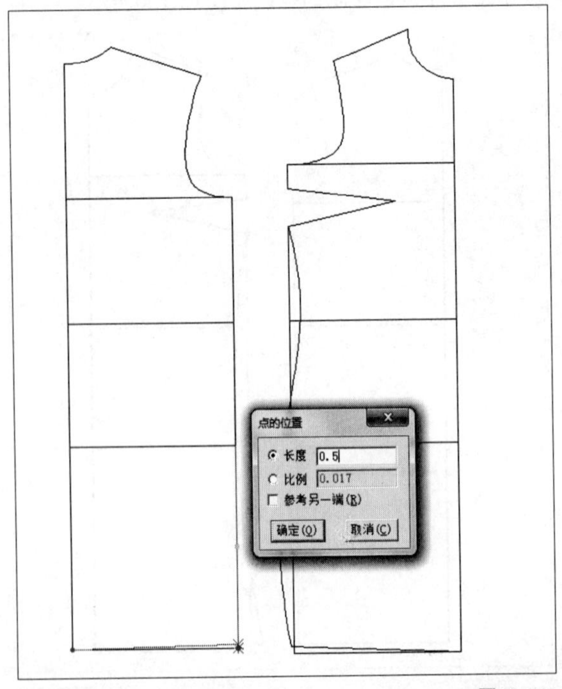

图12-152

33 执行操作后，即可绘制直线；继续使用“智能笔”命令，按住Shift键，在工作区中刚绘制的直线上单击鼠标右键，弹出“调整曲线长度”对话框，设置相应的参数，单击“确定”按钮，如图12-153所示。

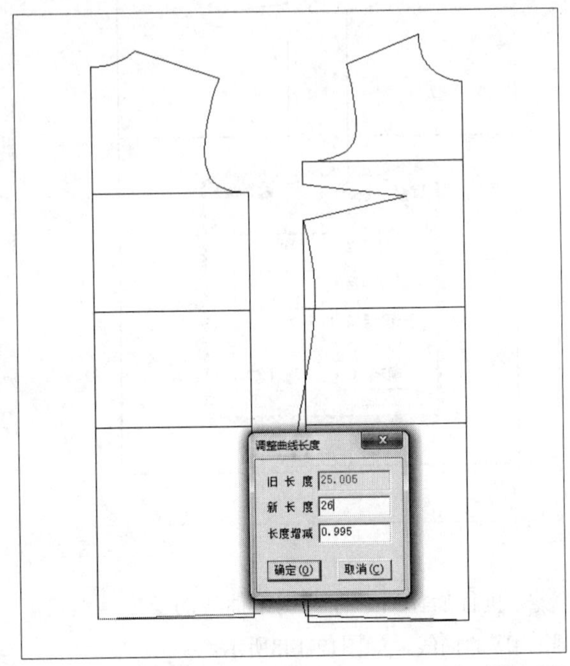

图12-153

34 执行操作后，即可调整曲线长度，如图12-154所示。

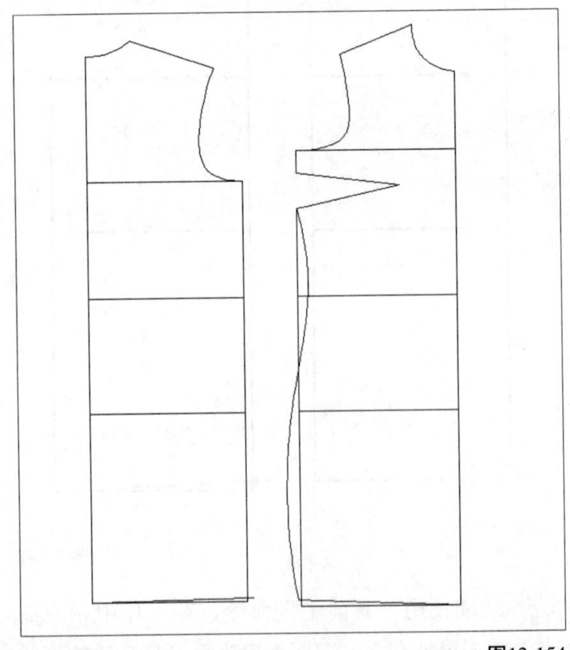

图12-154

35 继续使用“智能笔”命令，在工作中相应的点上单击鼠标左键，向下拖曳光标，至合适的直线上单击鼠标左键，弹出“点的位置”对话框，设置“长度”为1.6，单击“确定”按钮，如图12-155所示。

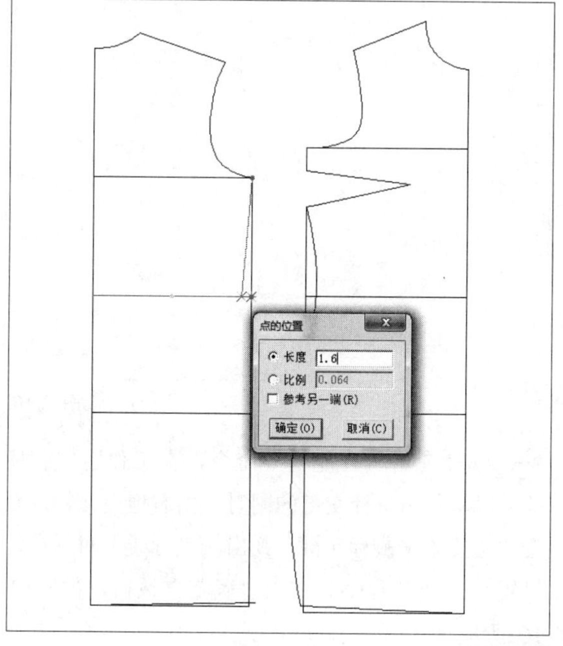

图12-155

36 执行操作后，向下拖曳光标，至相应的点上单击鼠标左键，绘制曲线，如图12-156所示。

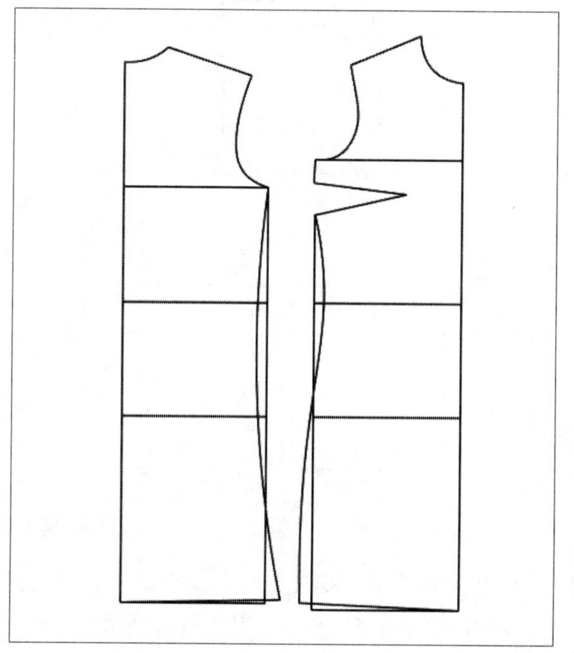

图12-156

37 在“设计工具栏”中单击“调整工具”按钮，在工作区中选择相应的曲线，对其进行适当调整，如图12-157所示。

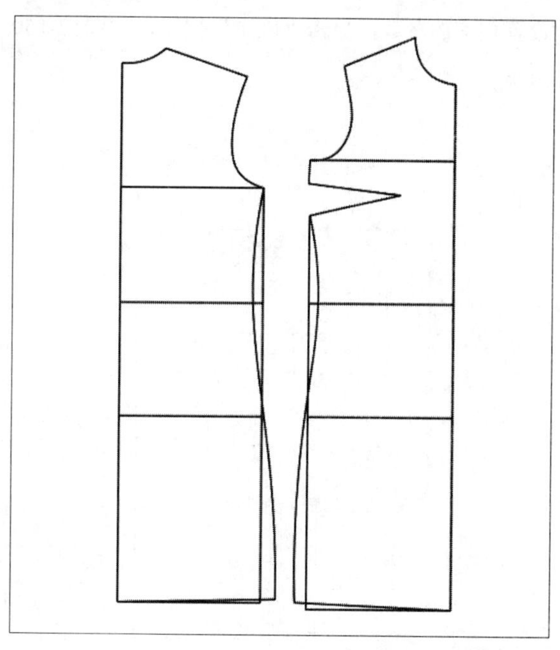

图12-157

38 在“设计工具栏”中单击“加省山”按钮，在工作区中相应的曲线上依次单击鼠标左键，执行操作后，即可添加省山，如图12-158所示。

图12-158

39 继续使用“智能笔”命令，在工作区中相应的曲线上单击鼠标左键的同时，向左拖曳光标，至合适位置单击鼠标左键，弹出“平行线”对话框，设置相应的参数，单击“确定”按钮，如图12-159所示。

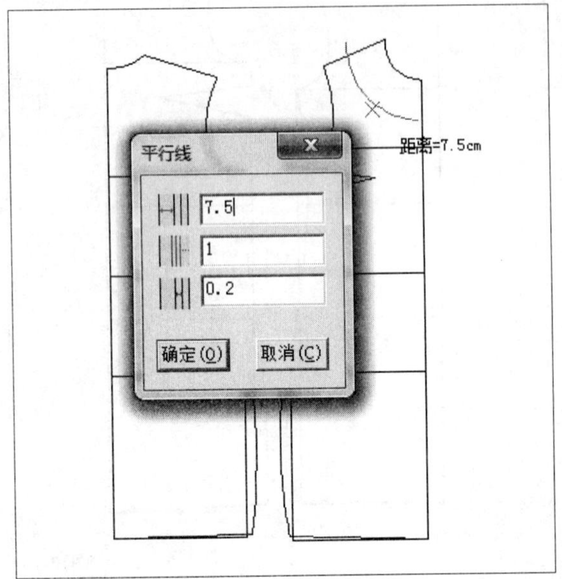

图12-159

40 执行操作后，即可绘制平行线，如图12-160所示。

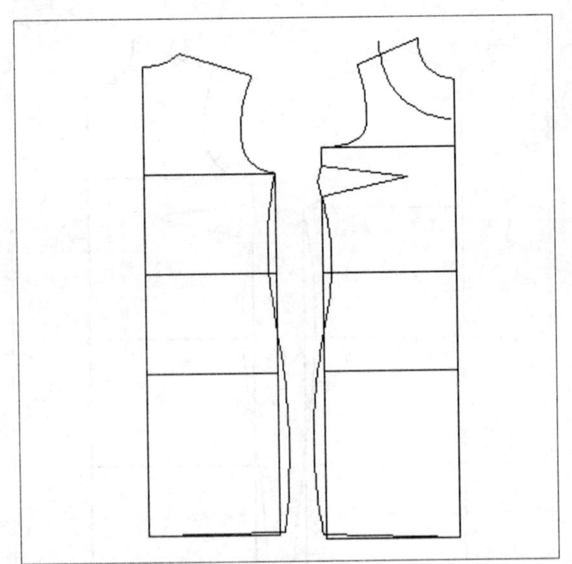

图12-160

41 在“设计工具栏”中单击“调整工具”按钮，在工作区中选择相应的曲线，对其进行适当调整，如图12-161所示。

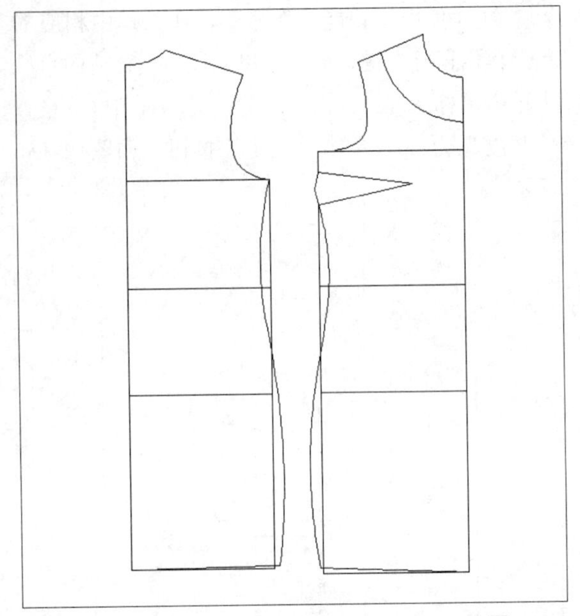

图12-161

42 继续使用“智能笔”命令，在工作区中相应的曲线上单击鼠标左键的同时，向右拖曳光标，至合适位置单击鼠标左键，弹出“平行线”对话框，设置“长度”为3.8，单击“确定”按钮，如图12-162所示。

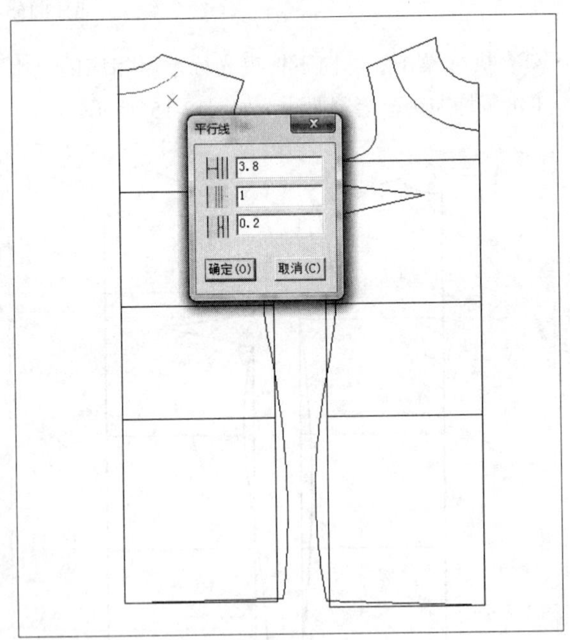

图12-162

43 执行操作后，拖曳光标，至合适位置单击鼠标左键，绘制曲线，然后对其进行适当调整，如图12-163所示。

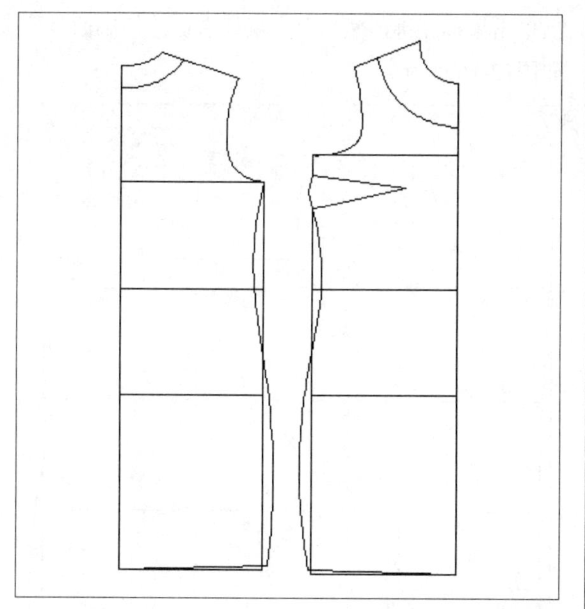

图12-163

12.2.3 夏装连衣裙后片制作

本小节将为读者讲解夏装连衣裙后片制作方法。

01 在“设计工具栏”中单击“对称”按钮，按Shift键，在工作区中合适的点上单击鼠标左键，指定对称轴，然后选择要对称的曲线，单击鼠标右键，即可对称曲线，如图12-164所示。

图12-164

02 在“设计工具栏”中单击“智能笔”按钮，在工作区中的合适位置单击鼠标左键，然后向下拖曳光标，至合适位置单击鼠标左键，弹出“点的位置”对话框，设置“长度”为1.5，单击“确定”按钮，如图12-165所示。

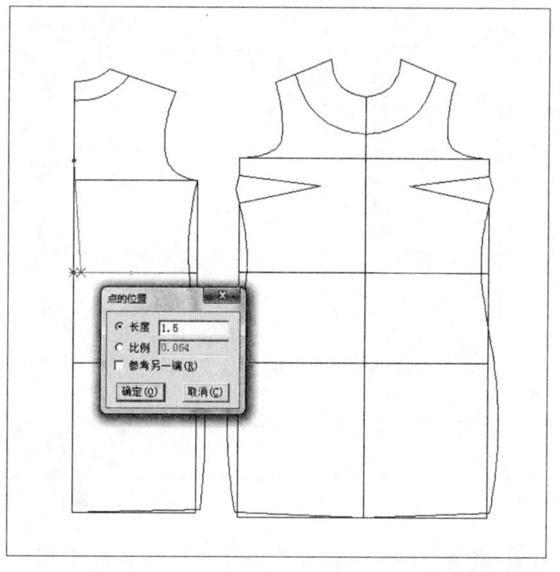

图12-165

03 执行操作后，向下拖曳光标，至相应的直线上单击鼠标左键，弹出“点的位置”对话框，设置“长度”为1，单击“确定”按钮，如图12-166所示。

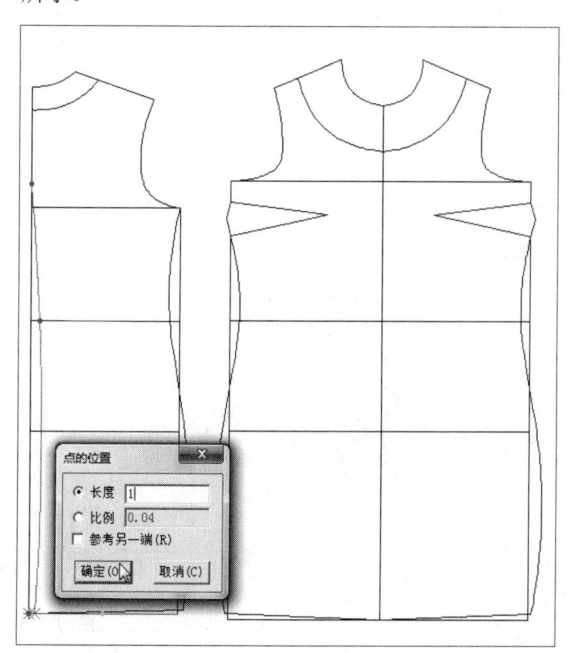

图12-166

04 执行操作后，单击鼠标右键，即可绘制曲线，如图12-167所示。

图12-167

05 继续使用“智能笔”命令，在工作区中相应位置单击鼠标左键，向右拖曳光标，至前中线上单击鼠标左键，弹出“点的位置”对话框，设置“长度”为1，单击“确定”按钮，如图12-168所示。

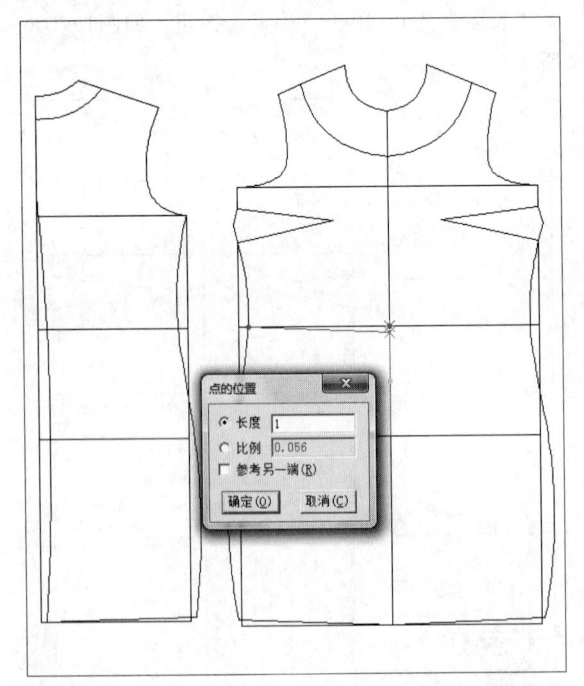

图12-168

06 执行操作后，向右拖曳光标，至相应的交点上单击鼠标左键，然后单击鼠标右键，绘制曲线，如图12-169所示。

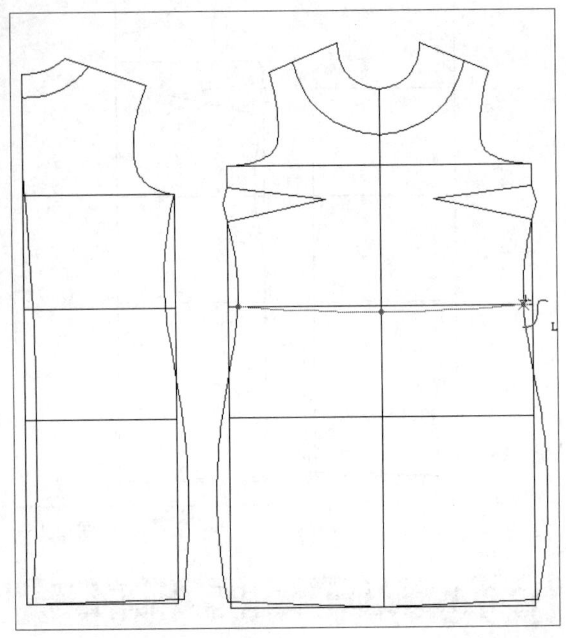

图12-169

07 继续使用“智能笔”命令，在工作区中拖曳光标，至腋下省的省尖点上按Enter键，弹出“移动量”对话框，设置纵向偏移为-3.5，单击“确定”按钮，如图12-170所示。

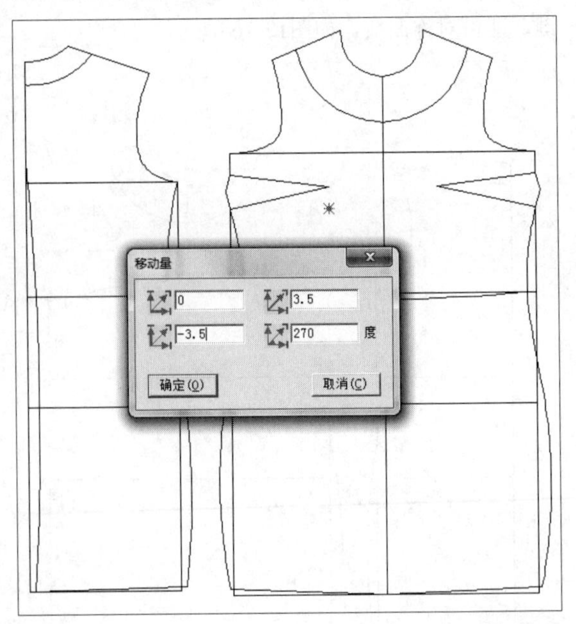

图12-170

08 执行操作后，向下拖曳光标，至相应的直线上单击鼠标左键，绘制曲线，如图12-171所示。

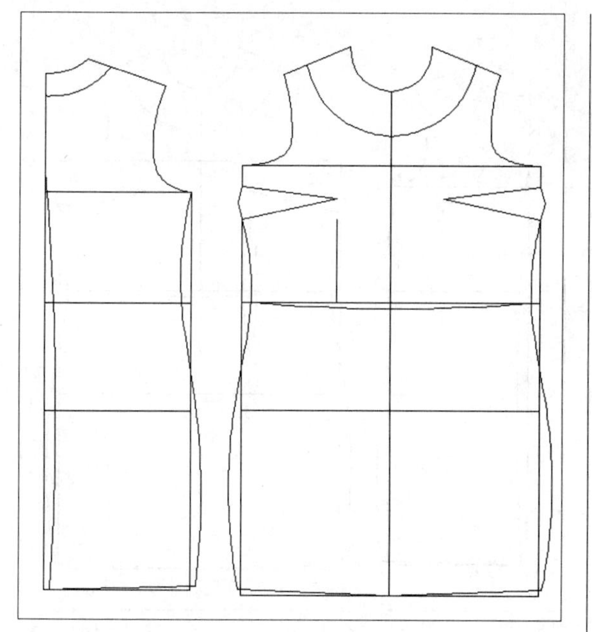

图12-171

09 继续使用“智能笔”命令，按住Shift键，在刚绘制的直线上的单击鼠标右键，弹出“调整曲线长度”对话框，设置“长度增减”为12，单击“确定”按钮，如图12-172所示。

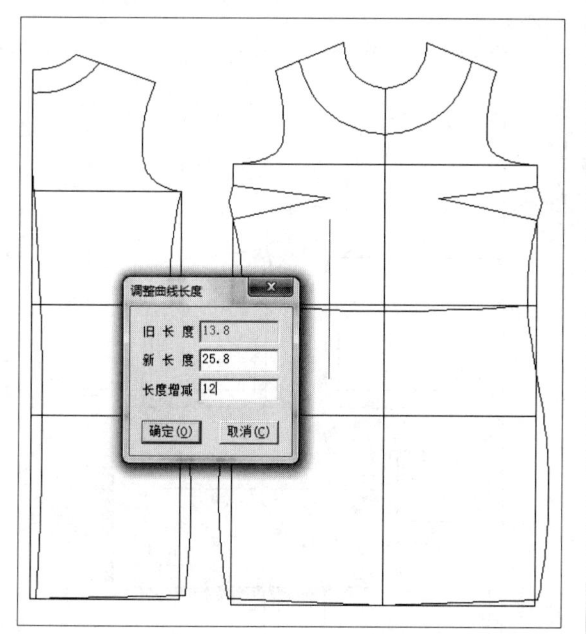

图12-172

10 执行操作后，即可调整曲线长度，如图12-173所示。

图12-173

11 在“设计工具栏”中单击“等份规”按钮，设置“等份数”为2，按Shift键，在相应的点上单击鼠标左键，向右拖曳光标，至合适位置单击鼠标左键，弹出“线上反向等分点”对话框，设置“单向长度”为1.25，单击“确定”按钮，如图12-174所示。

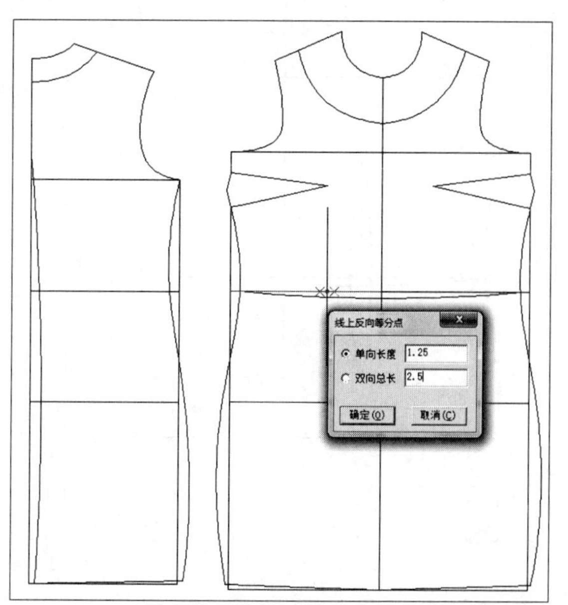

图12-174

12 执行操作后，即可绘制等分点，如图12-175所示。

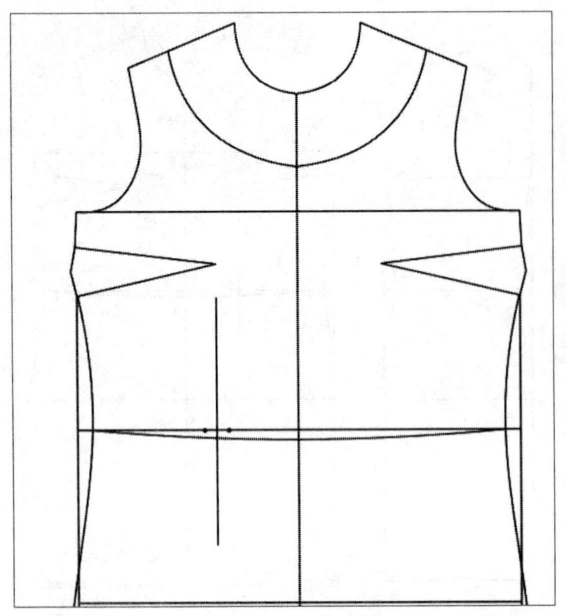
图12-175

⑬ 在“设计工具栏”中单击“智能笔”按钮，在工作区中相应的点上单击鼠标左键，然后单击鼠标右键，绘制省线，如图12-176所示。

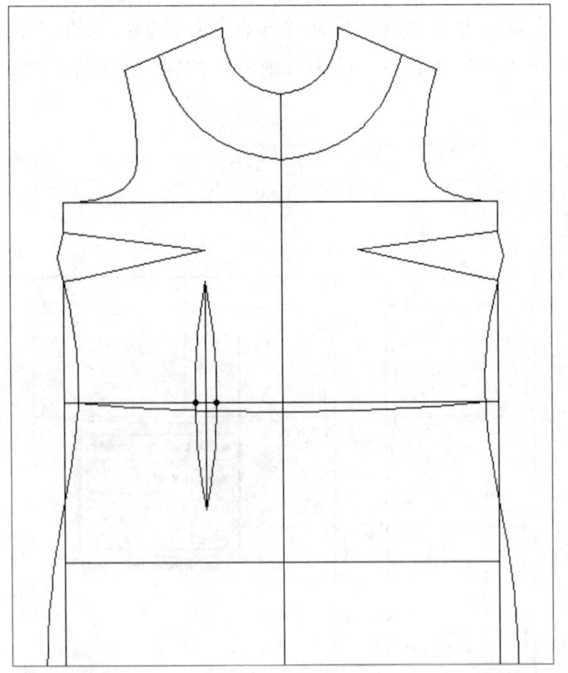
图12-176

⑭ 在“设计工具栏”中单击“等份规”按钮，按Shift键，将线型改为虚线，设置“等份数”为2，在工作区中相应点上单击鼠标左键，将线段平分为两等份，如图12-177所示。

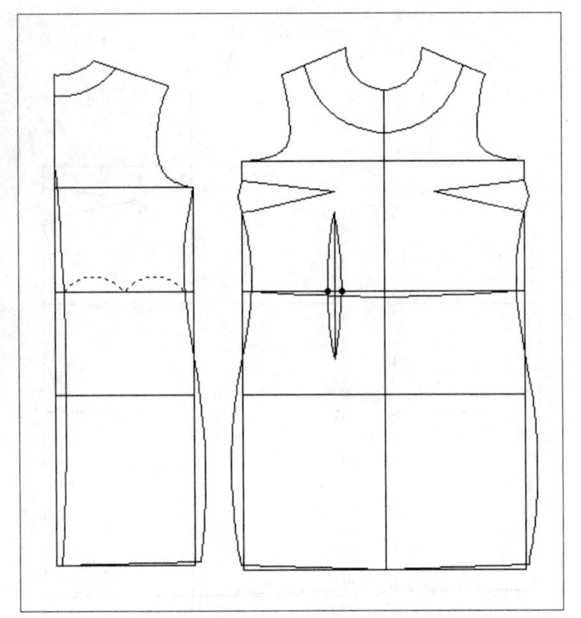
图12-177

⑮ 将线型改为实线，在“设计工具栏”中单击“智能笔”按钮，在工作区中拖曳光标，至等分点上按Enter键，弹出“移动量”对话框，设置纵向偏移为20，单击“确定”按钮，如图12-178所示。

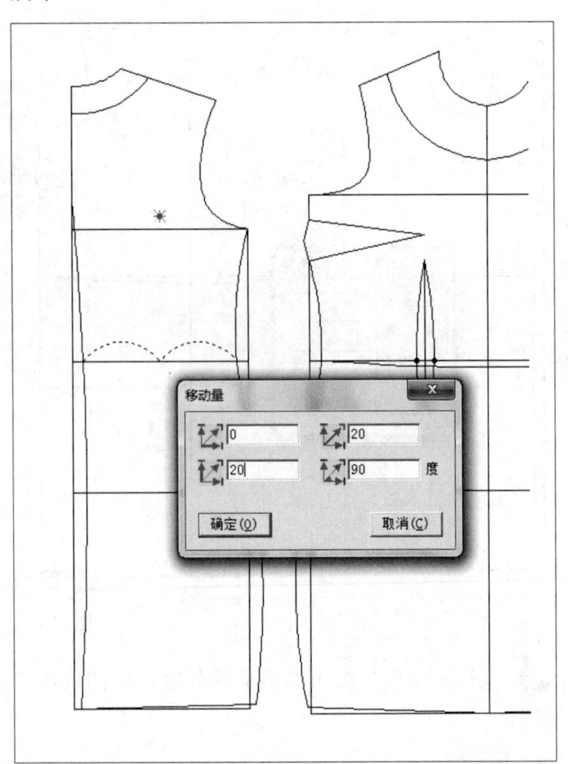

图12-178

16 执行操作后，向下拖曳光标，至相应的直线上单击鼠标左键，然后单击鼠标右键，绘制省中线，如图12-179所示。

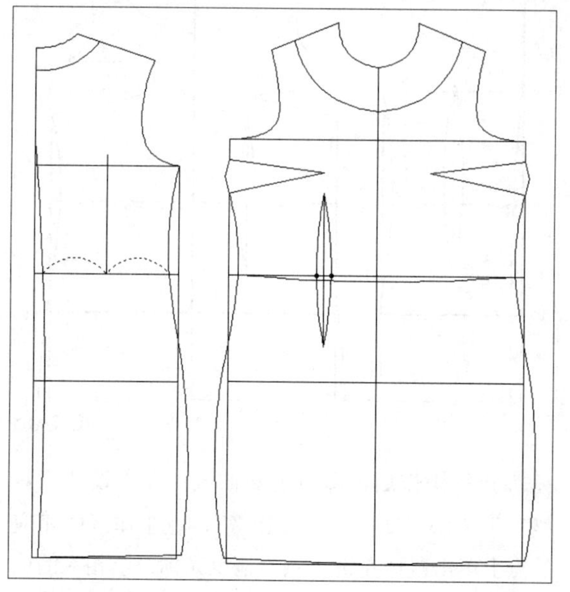

图12-179

17 继续使用“智能笔”命令，按住Shift键，在刚绘制的直线上单击鼠标右键，弹出“调整曲线长度”对话框，设置“长度增减”为12，单击“确定”按钮，如图12-180所示。

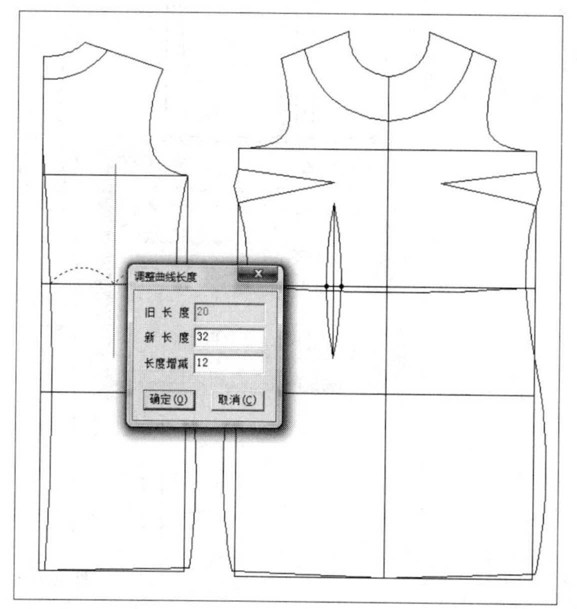

图12-180

18 执行操作后，即可调整曲线长度，如图12-181所示。

图12-181

19 在“设计工具栏”中单击“等份规”按钮，设置“等份数”为2，按Shift键，在相应的点上单击鼠标左键，向右拖曳光标，至合适位置单击鼠标左键，弹出“线上反向等分点”对话框，设置“单向长度”为1.5，单击“确定”按钮，如图12-182所示。

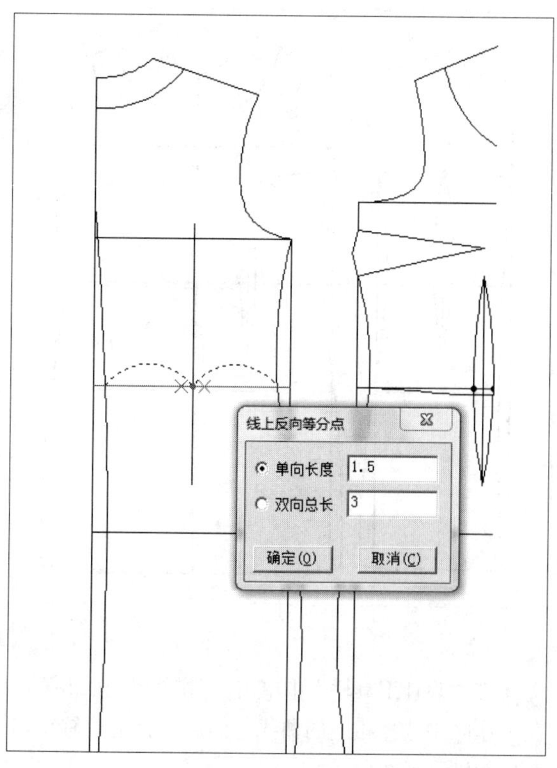

图12-182

⑳ 执行操作后，即可绘制等分点，如图12-183所示。

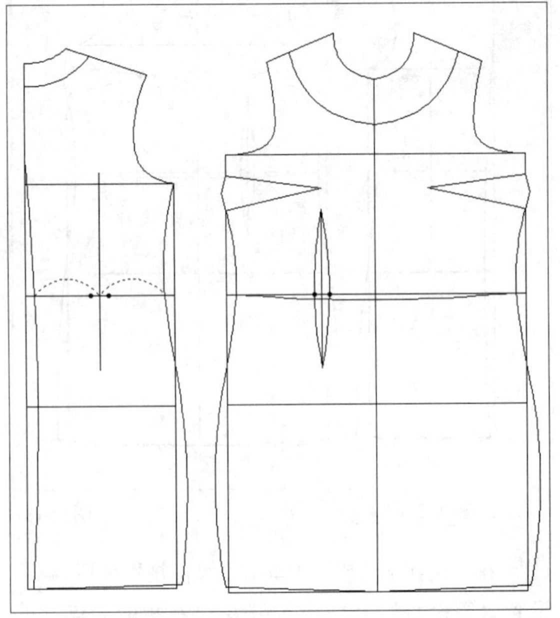

图12-183

㉑ 在“设计工具栏”中单击“智能笔”按钮，在工作区中相应的点上单击鼠标左键，然后单击鼠标右键，绘制省线，如图12-184所示。

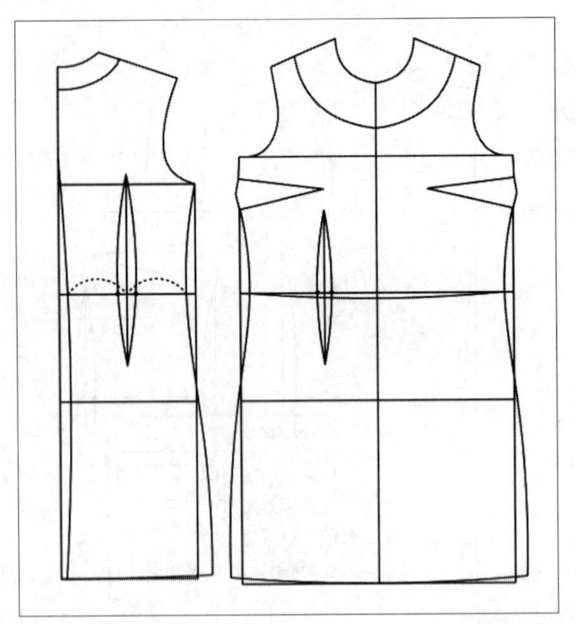

图12-184

㉒ 在“设计工具栏”中单击“剪断线”按钮，在工作区中选择相应的曲线，然后在合适位置单击鼠标左键，如图12-185所示。

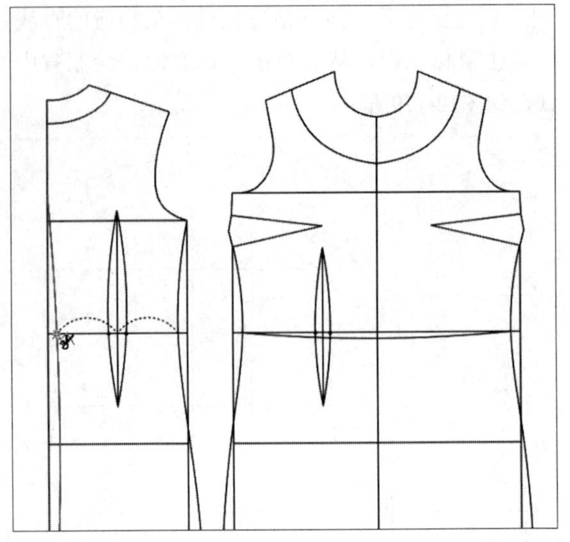

图12-185

㉓ 执行操作后，即可剪断曲线；在“设计工具栏”中单击“智能笔”按钮，在工作区中相应的点上单击鼠标左键，然后拖曳光标，至相应的曲线上单击鼠标左键，弹出“点的位置”对话框，设置“长度”为1，单击“确定”按钮，如图12-186所示。

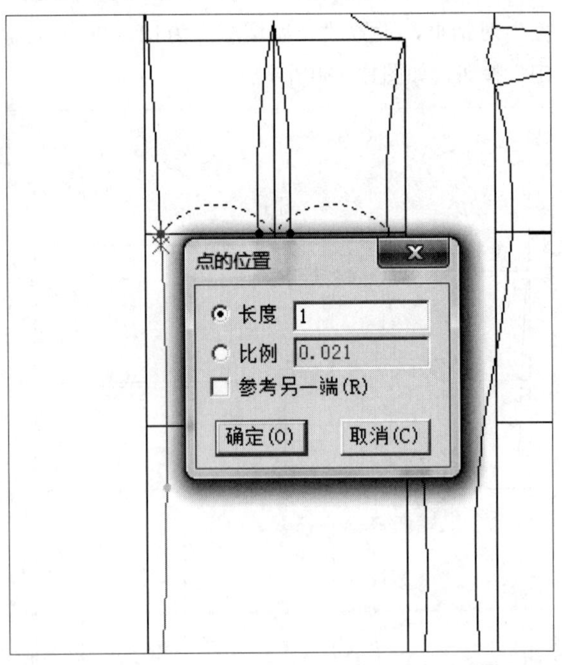

图12-186

㉔ 执行操作后，单击鼠标右键，即可绘制曲线，然后使用“调整工具”对其进行适当调整，如图12-187所示。

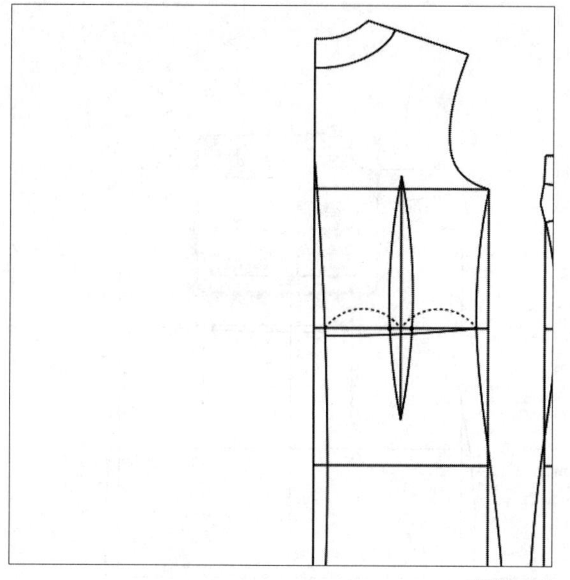

图12-187

25 继续使用“智能笔”命令，按住Shift键，在工作区中相应的点上单击鼠标右键，然后拖曳光标，至合适位置单击鼠标右键，然后单击鼠标左键，弹出“偏移”对话框，设置横向偏移为9.75、纵向偏移为12，单击“确定”按钮，如图12-188所示。

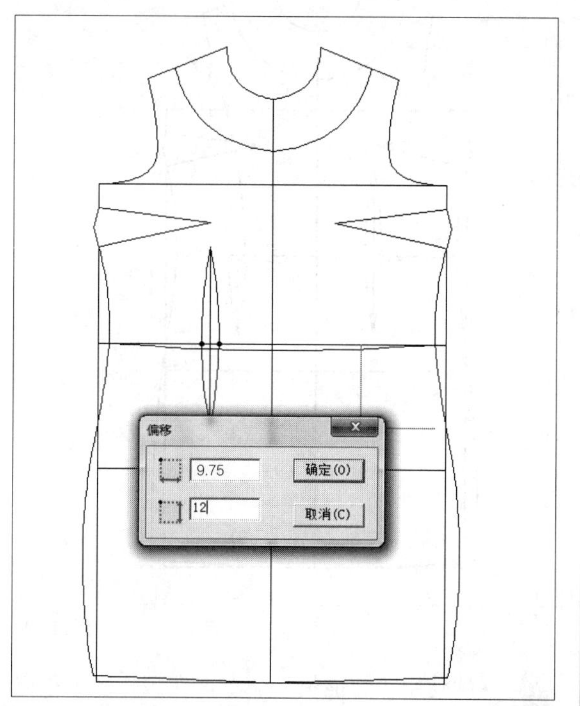

图12-188

26 执行操作后，即可偏移点，如图12-189所示。

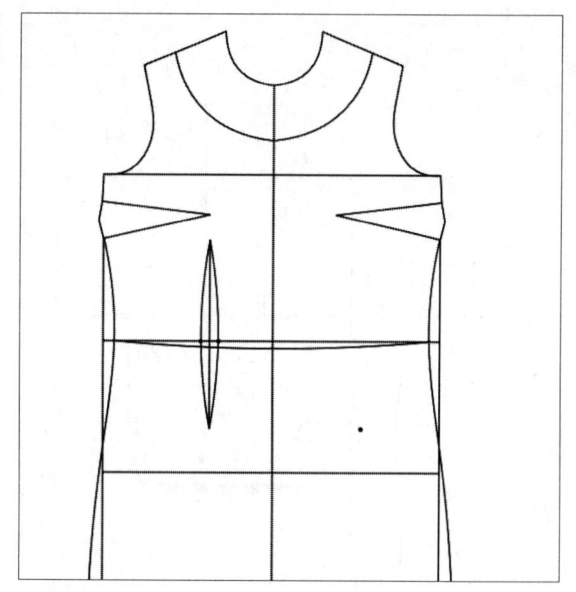

图12-189

27 继续使用“智能笔”命令，在刚偏移的点上单击鼠标左键，然后向上拖曳光标，至相应的直线上单击鼠标左键，绘制省中线，如图12-190所示。

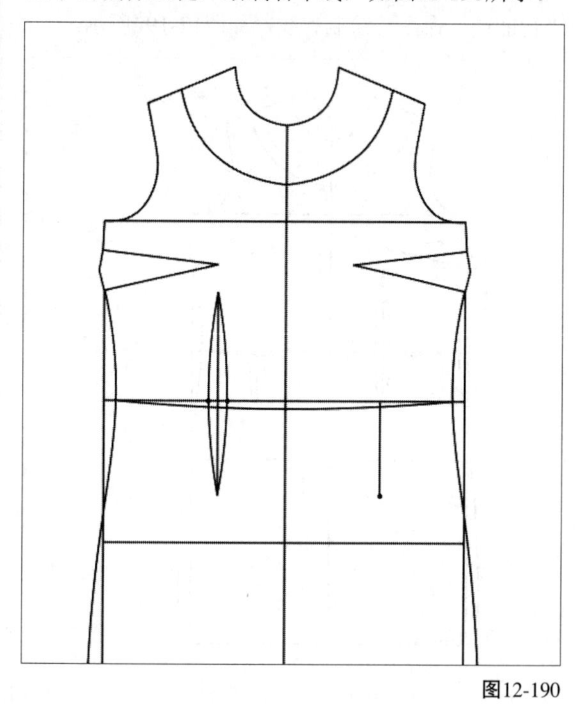

图12-190

28 在“设计工具栏”中单击“等份规”按钮，设置“等份数”为2，在相应的点上单击鼠标左键，向右拖曳光标，至合适位置单击鼠标左键，弹出“线上反向等分点”对话框，设置“单向长度”为1.25，单击“确定”按钮，如图12-191所示。

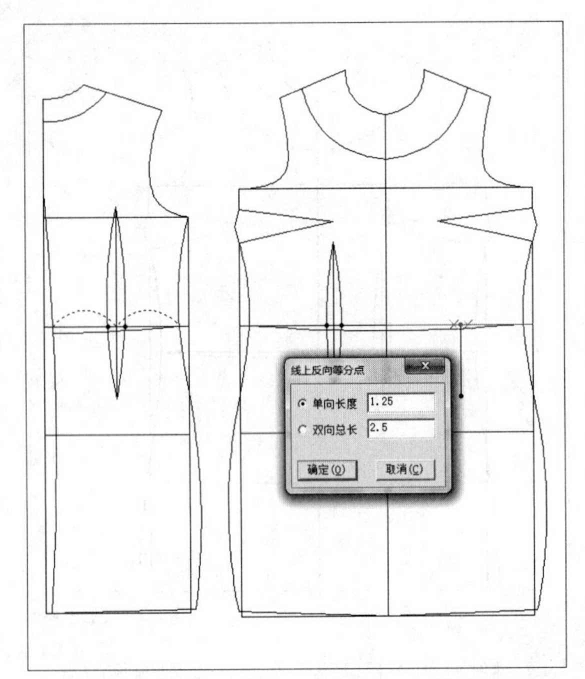

图12-191

29 执行操作后，即可绘制等分点，然后使用“智能笔”命令，绘制省线，如图12-192所示。

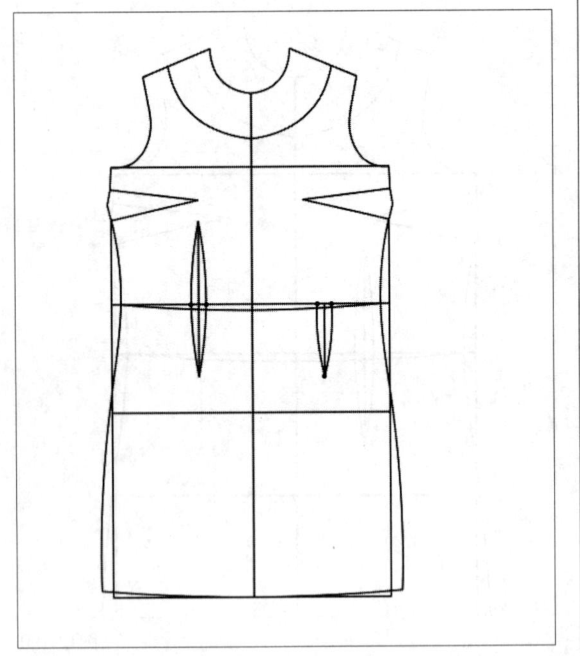

图12-192

30 继续使用“智能笔”命令，在工作区中相应的曲线上单击鼠标左键，弹出“点的位置”对话框，设置“长度”为7.8，单击“确定”按钮，如图12-193所示。

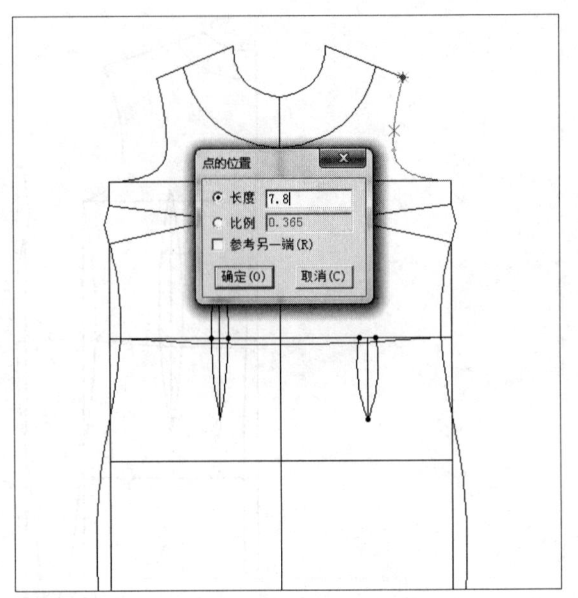

图12-193

31 执行操作后，在工作区中相应的位置单击鼠标左键，然后单击鼠标右键，绘制分割线，并对其进行适当调整，如图12-194所示。

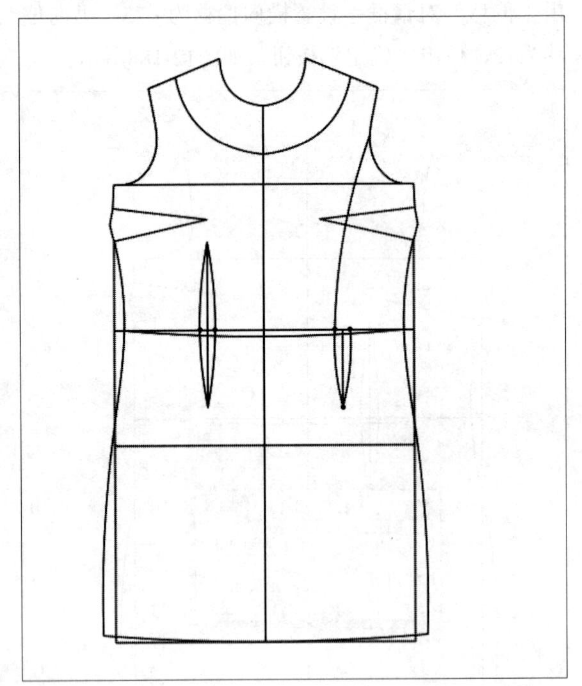

图12-194

32 继续使用“智能笔”命令，在工作区中相应的点上单击鼠标左键，绘制分割线，并对其进行适当调整，如图12-195所示。

图12-195

33 继续使用“智能笔”命令，在工作区中相应的点上单击鼠标左键，绘制省中线，如图12-196所示。

图12-196

34 在“设计工具栏”中单击“剪断线”按钮和“橡皮擦”按钮，在工作区中剪断并删除曲线，效果如图12-197所示。

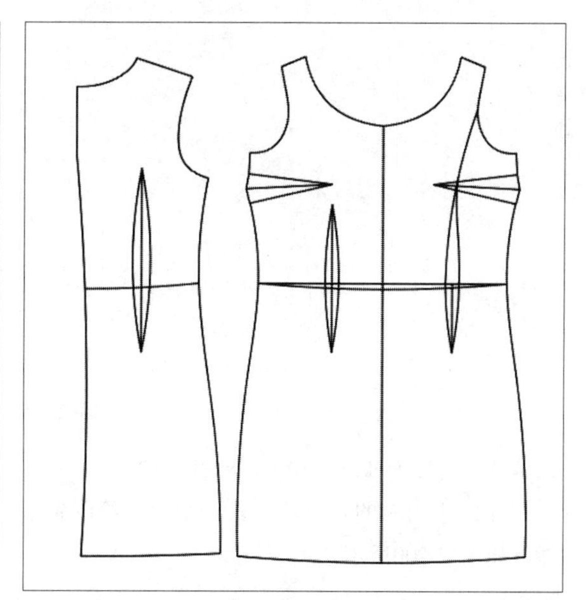
图12-197

12.2.4 夏装连衣裙部件制作

本小节将为读者讲解夏装连衣裙部件制作方法。

01 在“设计工具栏”中单击“移动”按钮，按Shift键，在工作区中选择相应的曲线，单击鼠标右键，然后指定移动的起点和终点，执行操作后，即可移动曲线，如图12-198所示。

图12-198

02 在“设计工具栏”中单击“加省山”按钮，在工作区中相应的曲线上依次单击鼠标左键，执行操作后，即可添加省山，如图12-199所示。

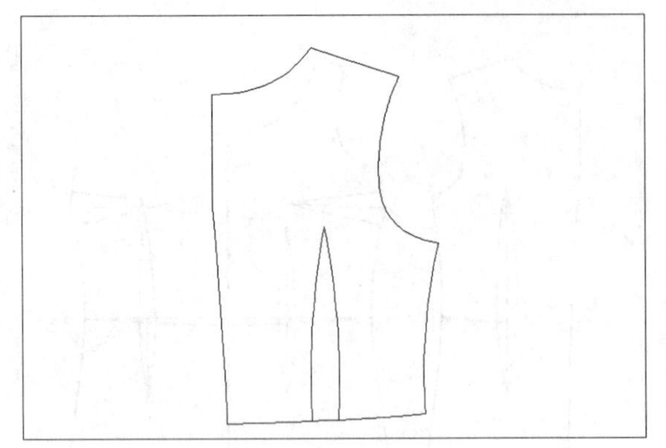
图12-199

03 在“设计工具栏”中单击“智能笔”按钮，在工作区中相应的点上单击鼠标左键，绘制省中线，如图12-200所示。

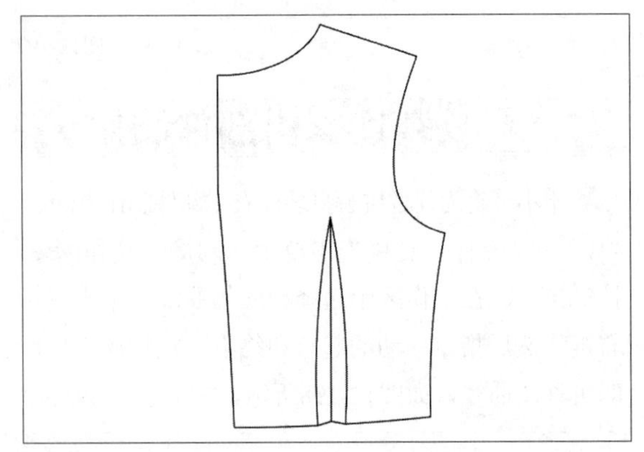
图12-200

04 在“设计工具栏”中单击“移动”按钮，在工作区中选择相应的曲线，单击鼠标右键，然后指定移动的起点和终点，执行操作后，即可移动曲线，如图12-201所示。

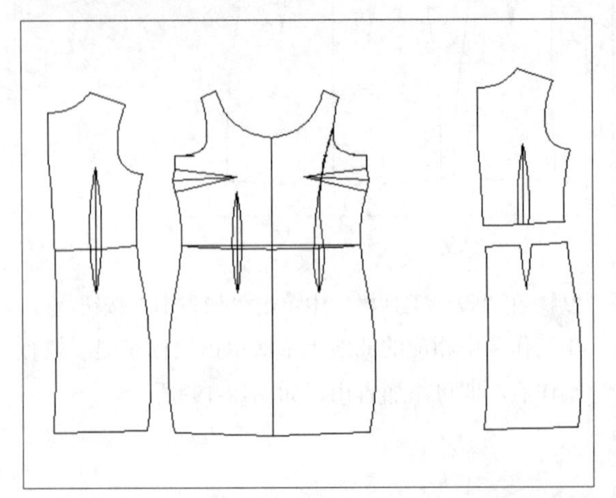
图12-201

05 在“设计工具栏”中单击“智能笔”按钮，在工作区中相应的点上单击鼠标左键，绘制直线，如图12-202所示。

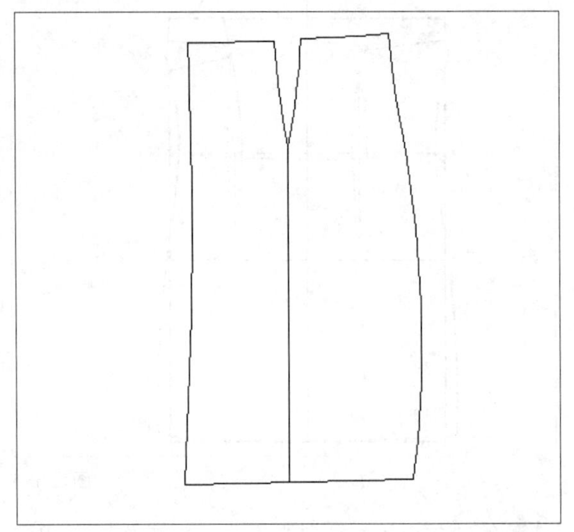
图12-202

06 在“设计工具栏”中单击“剪断线”按钮，在工作区中选择相应的曲线，然后在合适位置单击鼠标左键，如图12-203所示。

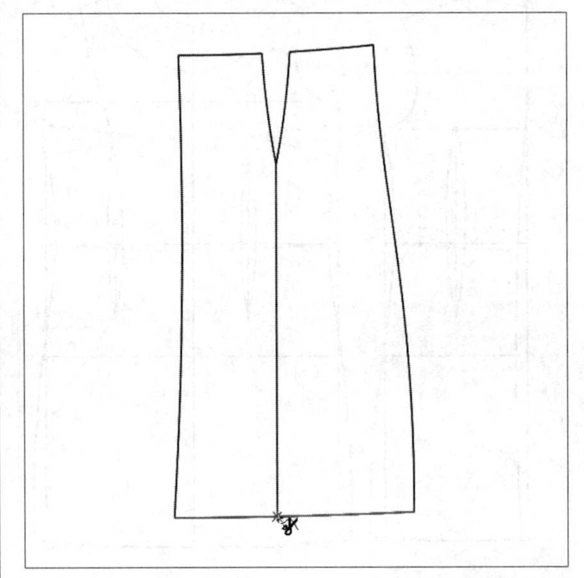
图12-203

07 执行操作后，即可剪断曲线；在“设计工具栏”中单击“转省”按钮，根据状态栏提示，在工作区中框选转移线，如图12-204所示。

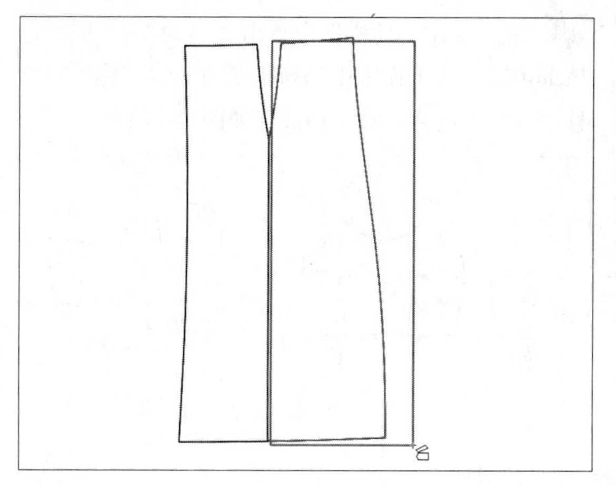

图12-204

08 执行操作后，单击鼠标右键，在工作区中选择新省线，单击鼠标右键，然后在工作区中选择省线作为合并省的起始边和终止边，如图12-205所示。

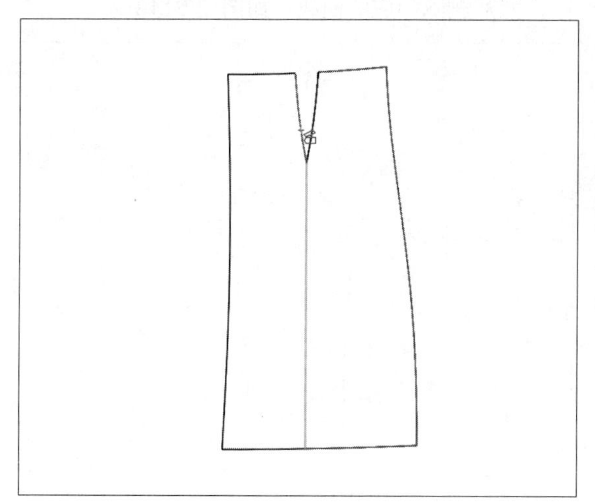

图12-205

09 执行操作后，即可转移省道，如图12-206所示。

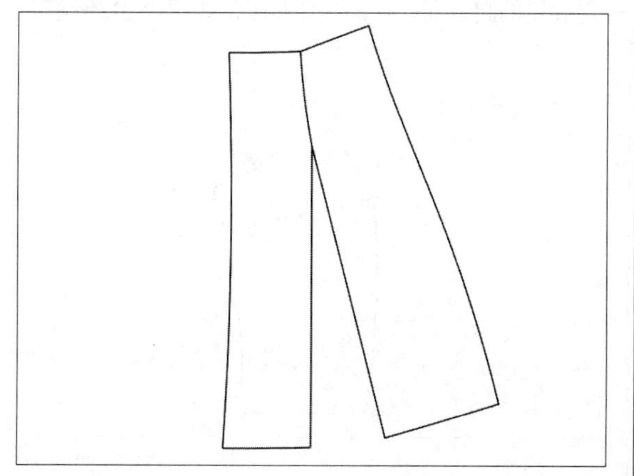

图12-206

10 在“设计工具栏”中单击“智能笔”按钮，在工作区中的合适位置单击鼠标左键，绘制曲线，如图12-207所示。

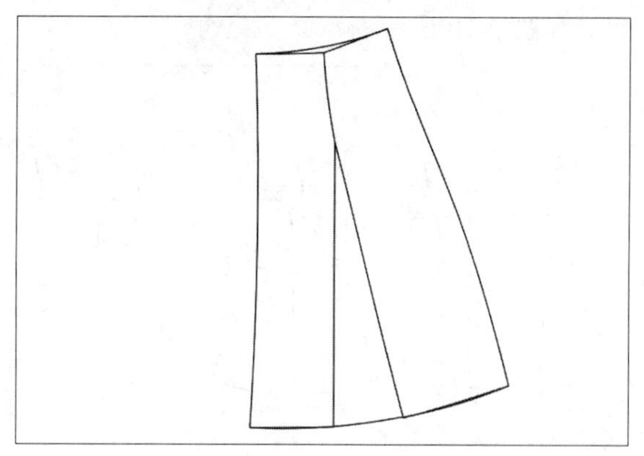

图12-207

11 在“设计工具栏”中单击“橡皮擦”按钮，在工作区中选择相应的曲线，将其删除，如图12-208所示。

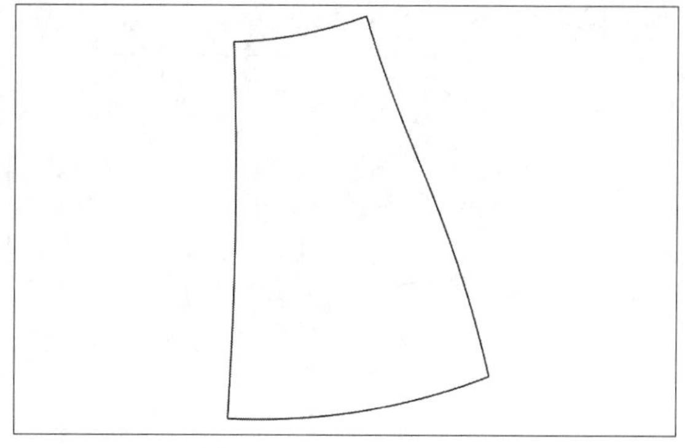

图12-208

12 在“设计工具栏”中单击“对称”按钮，按Shift键，在工作区中合适的点上单击鼠标左键，指定对称轴，然后选择要对称的曲线，单击鼠标右键，即可对称曲线，如图12-209所示。

图12-209

⑬ 在“设计工具栏”中单击“移动”按钮，在工作区中选择相应的曲线，单击鼠标右键，然后指定移动的起点和终点，执行操作后，即可移动曲线，如图12-210所示。

图12-210

⑭ 在“设计工具栏”中单击“旋转”按钮，在工作区中选择相应的曲线，然后指定旋转中心和起点，然后拖曳光标，指定旋转终点，旋转曲线，如图12-211所示。

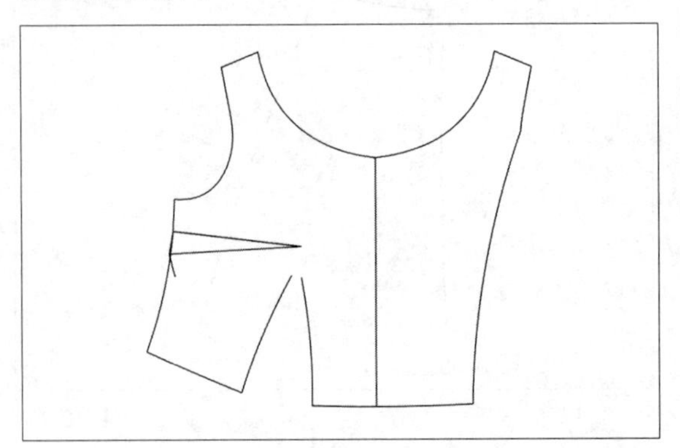
图12-211

⑮ 在工作区中选择相应的曲线，将其删除，然后选择相应的曲线，对其进行适当调整，如图12-212所示。

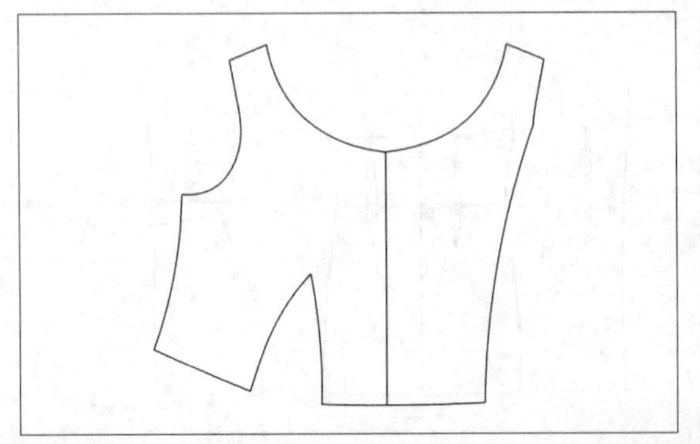
图12-212

⑯ 在“设计工具栏”中单击“移动”按钮，按Shift键，在工作区中选择相应的曲线，然后指定移动起点和终点，移动曲线，如图12-213所示。

图12-213

⑰ 在工作区中，选择相对应的曲线，将其剪断，然后删除相应的曲线，如图12-214所示。

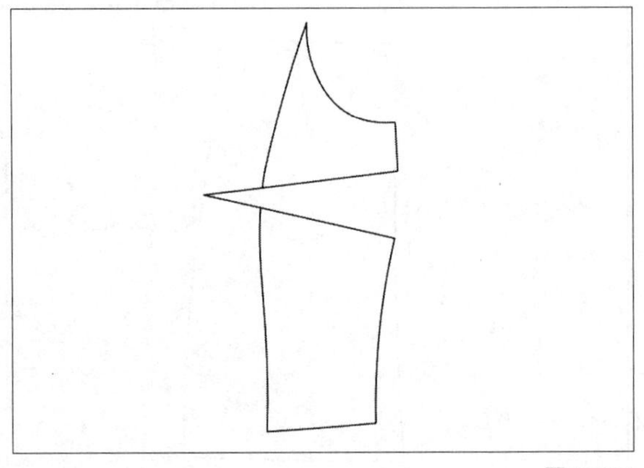
图12-214

⑱ 在“设计工具栏”中单击“旋转”按钮，在工作区中选择相应的曲线，单击鼠标右键，然后指定旋转的起点和终点，旋转曲线，如图12-215所示。

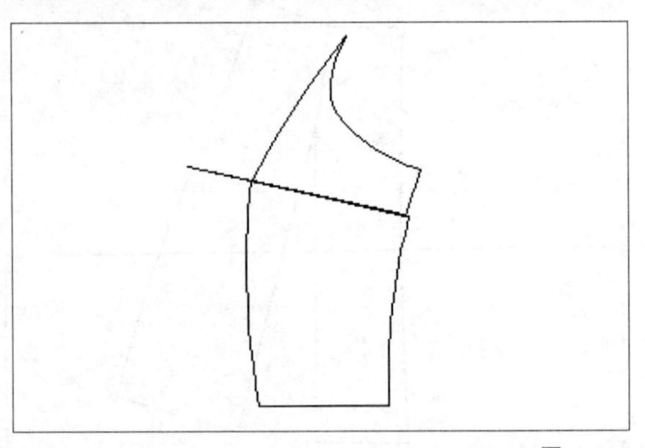
图12-215

⑲ 在工作区中选择相应的曲线，将其删除，然后选择相应的曲线，对其进行适当调整，如图12-216所示。

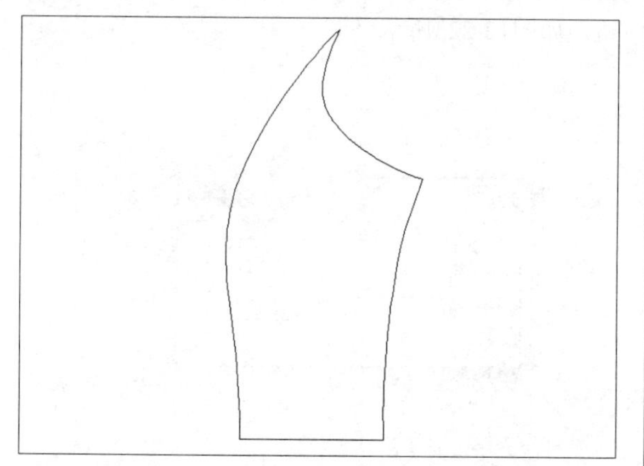

图12-216

⑳ 在“设计工具栏”中单击“移动”按钮，按Shift键，在工作区中选择相应的曲线，然后指定移动起点和终点，移动曲线，如图12-217所示。

图12-217

㉑ 在“设计工具栏”中单击“智能笔”按钮，在工作区中相应的点上单击鼠标左键，绘制直线，如图12-218所示。

图12-218

㉒ 在工作区中选择相应的曲线，将其剪断；在“设计工具栏”中单击“转省”按钮，根据状态栏提示，在工作区中框选转移线，单击鼠标右键，在工作区中选择新省线，单击鼠标右键，然后选择省线作为合并省的起始边和终止边，转移省道，如图12-219所示。

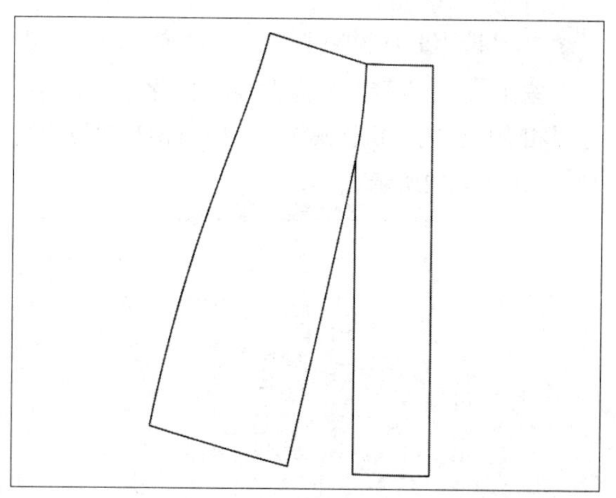

图12-219

㉓ 在“设计工具栏”中单击“智能笔”按钮，在工作区中相应的点上单击鼠标左键，绘制曲线；在工作区中选择相应的曲线，将其删除，如图12-220所示。

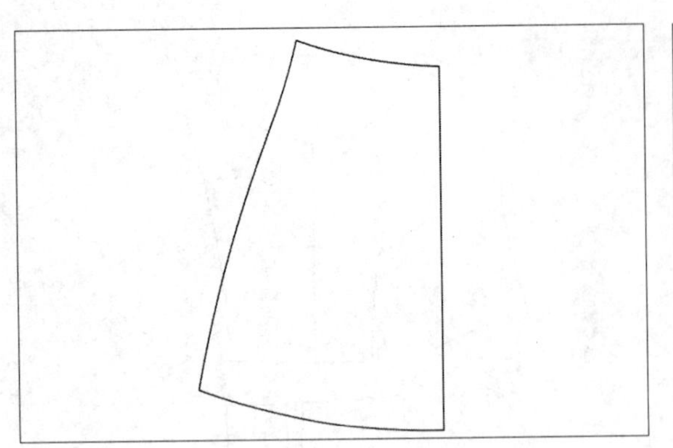

图12-220

24 在“设计工具栏”中单击“对称”按钮，按Shift键，在工作区中合适的点上单击鼠标左键，指定对称轴，然后选择要对称的曲线，单击鼠标右键，即可对称曲线，如图12-221所示。

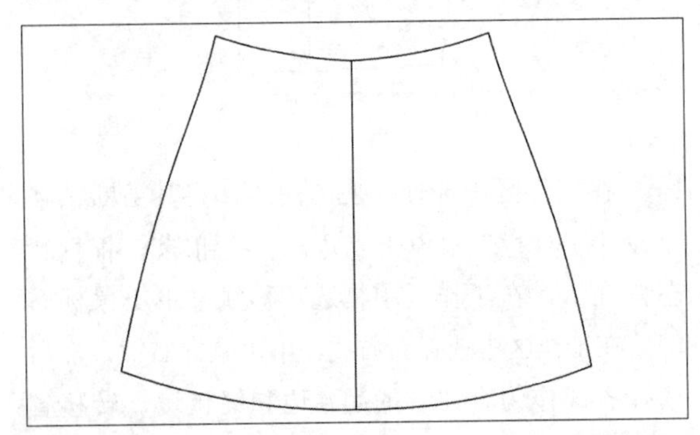

图12-221

25 在“设计工具栏”中单击“设置线的颜色类型”按钮，设置线型为虚线，然后在工作区中选择相应的曲线，执行操作后，即可调整曲线的线型，如图12-222所示。

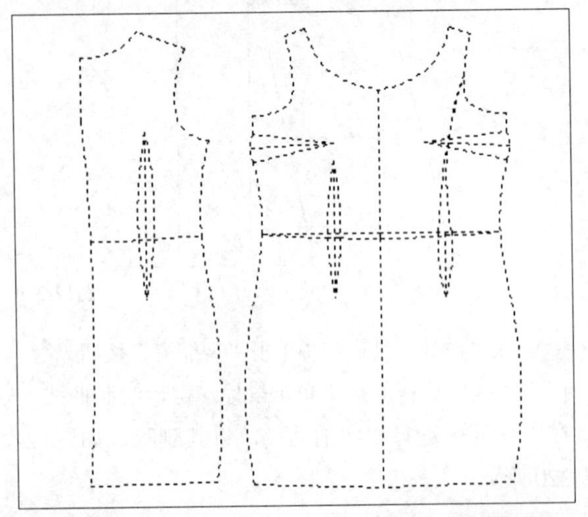

图12-222

26 在“设计工具栏”中单击“调整工具”按钮，在工作区中相应的点上按Enter键，弹出“偏移”对话框，设置相应的参数，单击“确定”按钮，如图12-223所示。

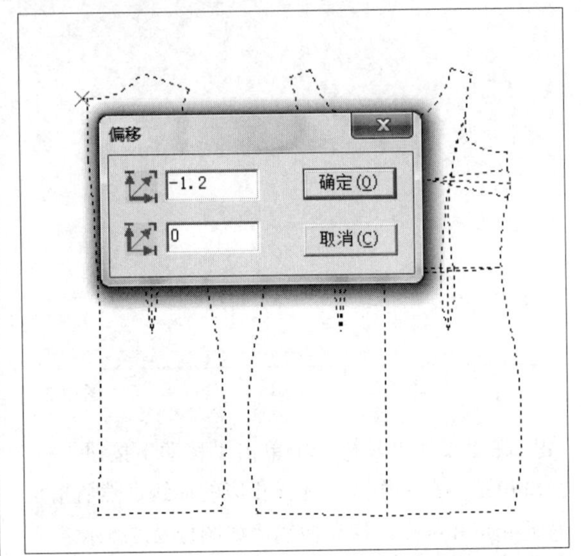

图12-223

27 执行操作后，即可偏移点，对图像进行适当的调整，如图12-224所示。

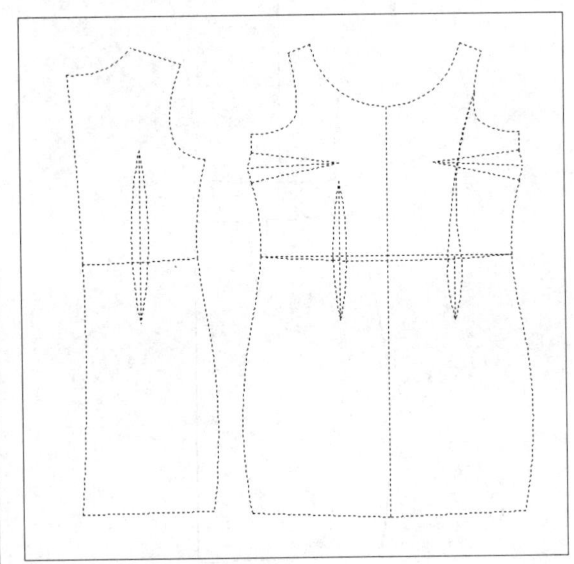

图12-224

28 继续使用“智能笔”命令，在工作区中相应的线上单击鼠标左键的同时，向上拖曳光标，至合适位置单击鼠标左键，弹出“平行线”对话框，设置相应的参数，单击“确定”按钮，如图12-225所示。

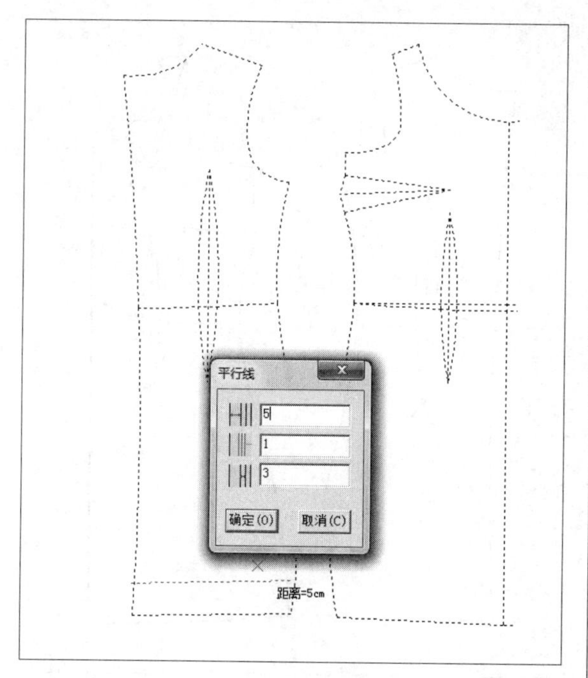

图12-225

29 执行操作后，即可绘制平行线；继续使用“智能笔”命令，用与上同样的方法，绘制平行线，如图12-226所示。

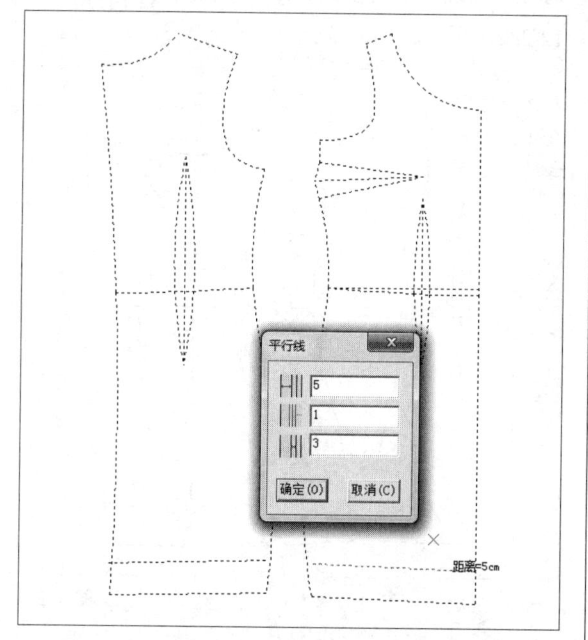

图12-226

30 继续使用“智能笔”命令，按住Shift键，在工作区中相应的线上单击鼠标右键，弹出“调整曲线长度”对话框，设置“长度增减”为3，单击“确定”按钮，如图12-227所示。

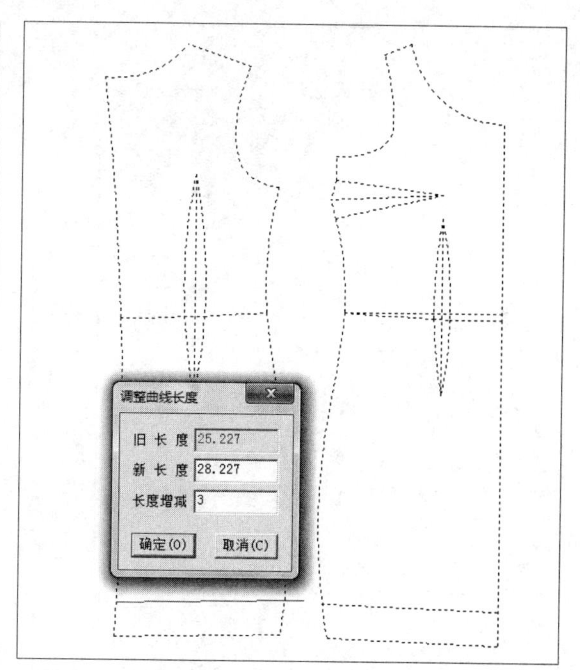

图12-227

31 执行操作后，即可调整曲线长度；继续使用“智能笔”命令，在工作区中相应的点上单击鼠标左键，绘制直线，然后对其进行适当调整，如图12-228所示。

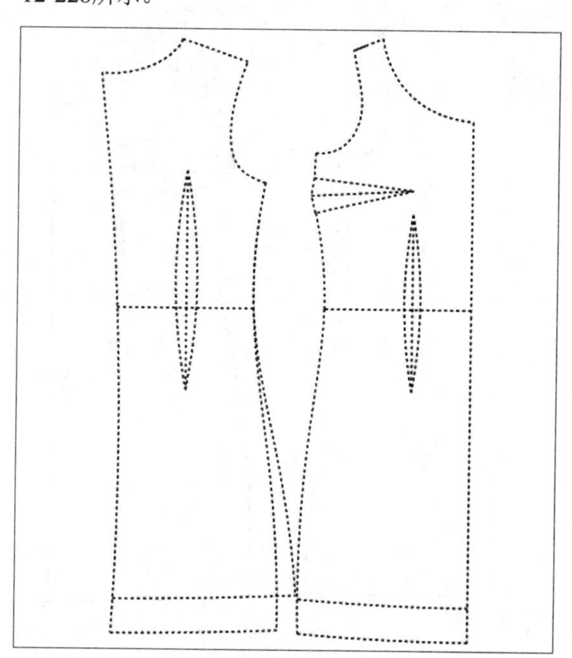

图12-228

32 继续使用“智能笔”命令，用与上同样的方法，调整平行线的长度，并绘制直线，然后对其进行适当调整，如图12-229所示。

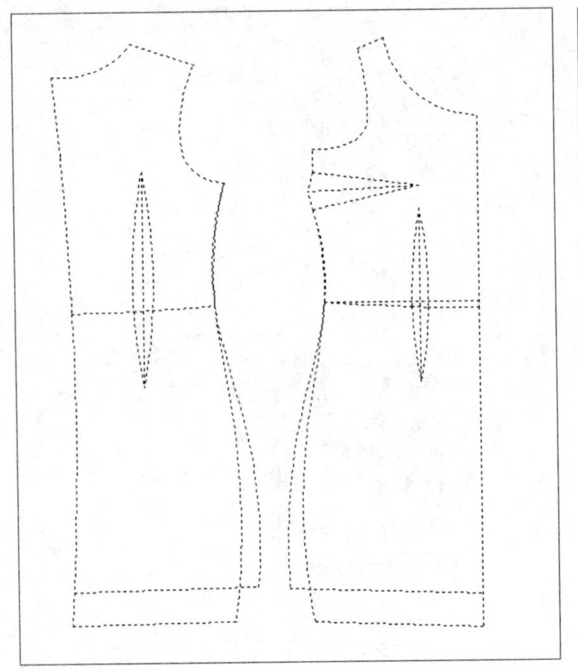

图12-229

33 在工作区中选择相应的曲线，将其删除，并修改线形，如图12-230所示。

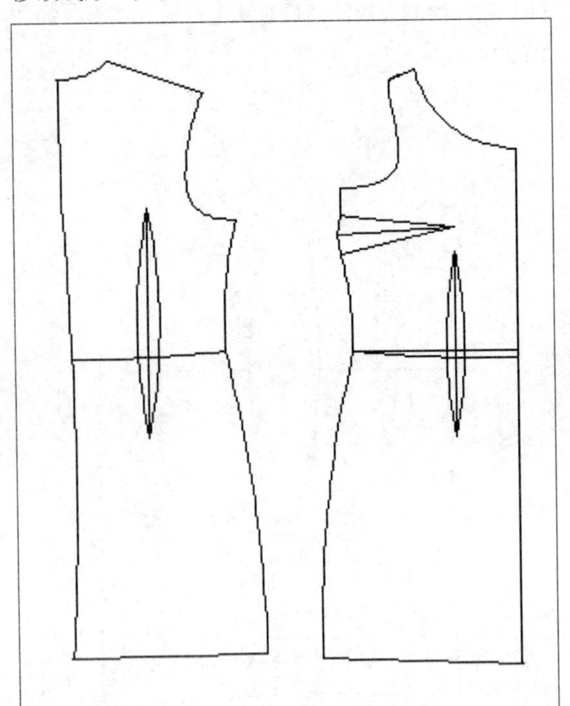

图12-230

34 使用“智能笔”“转省”“剪断线”和“橡皮擦”命令，将胸省进行转移，如图12-231所示。

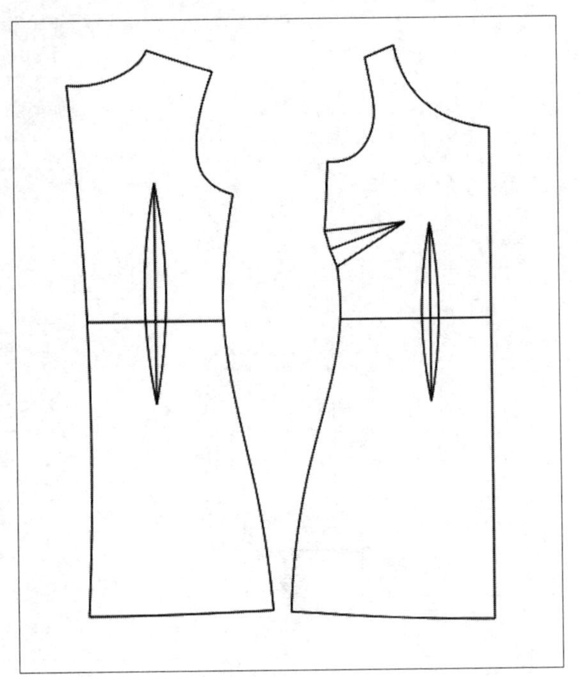

图12-231

35 使用“对称”命令，按Shift键，在工作区中合适的点上单击鼠标左键，指定对称轴，然后选择要对称的曲线，单击鼠标右键，即可对称曲线，如图12-232所示。

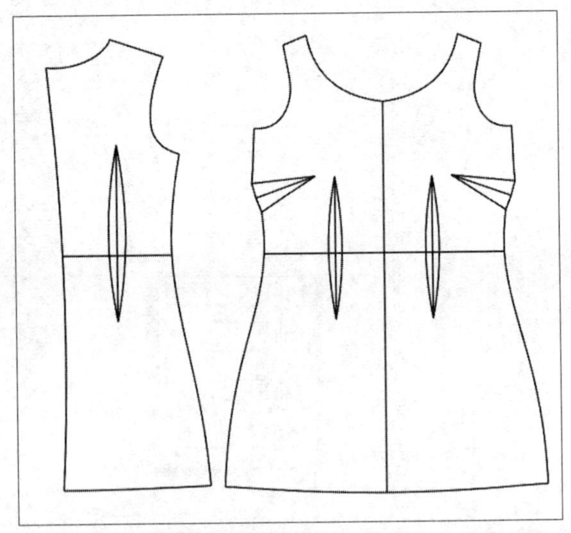

图12-232

12.2.5 夏装连衣裙纸样制作

本小节将为读者讲解夏装连衣裙部件制作方法。

01 在设计工具栏中单击“剪刀”按钮，在工作区中依次框选相应的曲线，然后单击鼠标右键，拾取纸样，如图12-233所示。

图12-233

02 在设计工具栏中单击“加缝份”按钮，在相应的线上单击鼠标左键，弹出“加缝份”对话框，设置“起点缝份量”为3，选中“终点缝份量”对话框，并在其后的数值框中输入3，单击“确定”按钮，即可添加缝份，如图12-234所示。

图12-234

12.3 本章小结

本章主要向读者介绍女西裤、连衣裙的制板。通过对本章的学习，读者能够对女西裤、连衣裙的设计方法有一个深入的认识和了解。

12.4 课后习题——移动工具

鉴于本章知识的重要性，为了帮助读者更好地掌握所学知识，本节将通过上机习题，帮助读者进行简单的知识回顾和补充。

案例位置：无
难易指数：★★★
学习目标：掌握使用移动工具的方法

通过掌握移动工具的使用，熟练掌握本章女西裤、连衣裙的制板操作流程，初始素材界面如图12-235所示；完成效果，如图12-236所示。

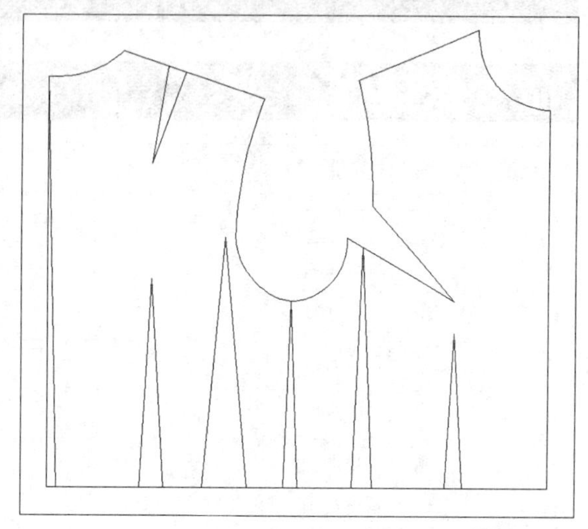

图图12-235

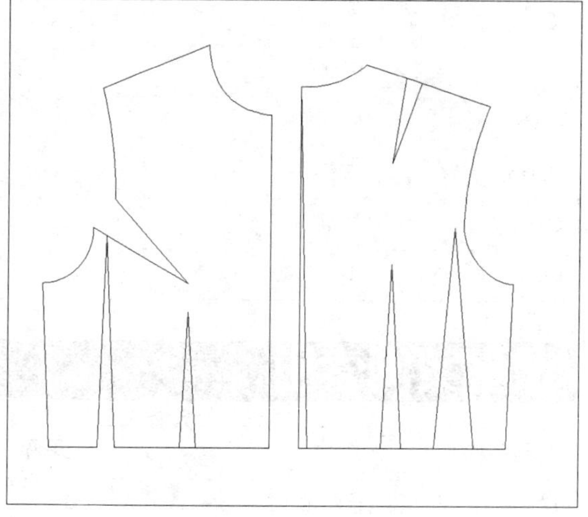

图12-236

附录

命令快捷键

快捷键	功能	快捷键	功能
A	调整工具	F2	显示/隐藏其他码布纹线
F	智能笔	F4	显示/隐藏其他码外轮廓线
L	角度线	Ctrl+B	点放码—XY不等放码
W	剪刀	Ctrl+C	复制选中纸样到剪贴板
E	橡皮擦	Ctrl+D	纸样—删除当前纸样
S	矩形	Ctrl+E	点放码—号型编辑
D	等份规	Ctrl+F	显示放码点
Z	比较长度	Ctrl+G	纸样—清除选中纸样放码量
X	对称	Ctrl+I	纸样—纸样资料
C	圆轨	Ctrl+K	显示控制点
ESC	取消	Ctrl+L	纸样—款式资料
Ctrl+Y	恢复	Ctrl+Q	点放码—XY相等放码
Ctrl+P	打印	Ctrl+S	文件管理—存储档案
Ctrl	不抓取点	F5	可在净样编辑和毛样编辑之间切换

课堂案例索引

（续表）

习题测试索引

课后习题答案

第3章：打开软件

01 单击开始按钮，弹出开始菜单，如图3-1所示。

02 找到相应的程序，并单击相应的图标，如图3-2所示。

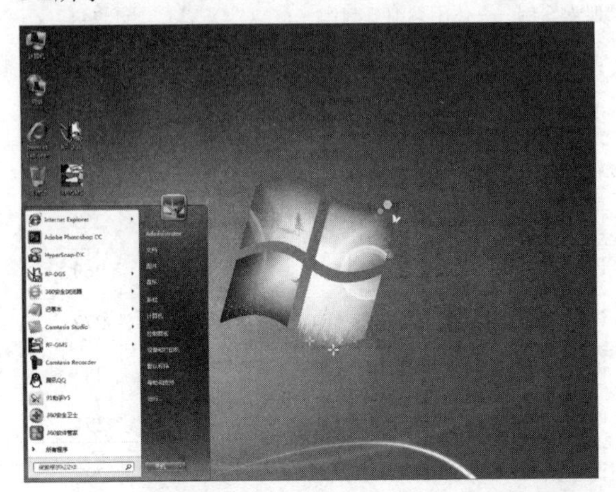

图3-1

图3-2

03 执行上述操作后，出现欢迎界面，如图3-3所示。

04 欢迎界面消失后，系统进入服装设计放码CAD软件环境，此时即可启动富怡服装CAD放码软件，如图3-17所示。

图3-3

图3-4

第4章：对称工具

01 按Ctrl＋O组合键，打开一幅素材文件，如图4-1所示。

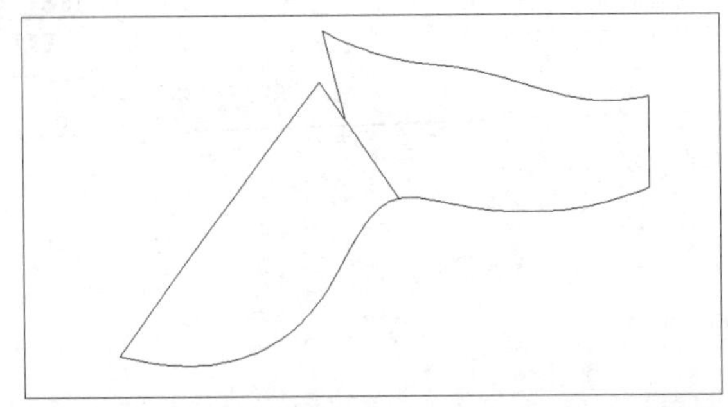

图4-1

02 在设计工具栏中单击“对称调整”按钮，如图4-2所示。

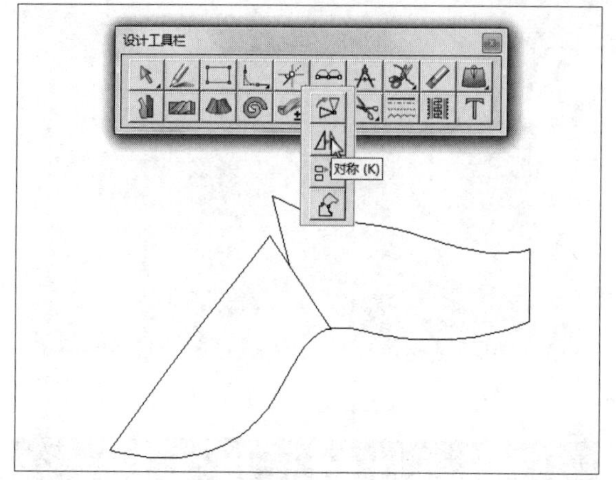

图4-2

03 根据状态栏提示，在工作区中画出竖直直线作为对称轴，如图4-3所示。

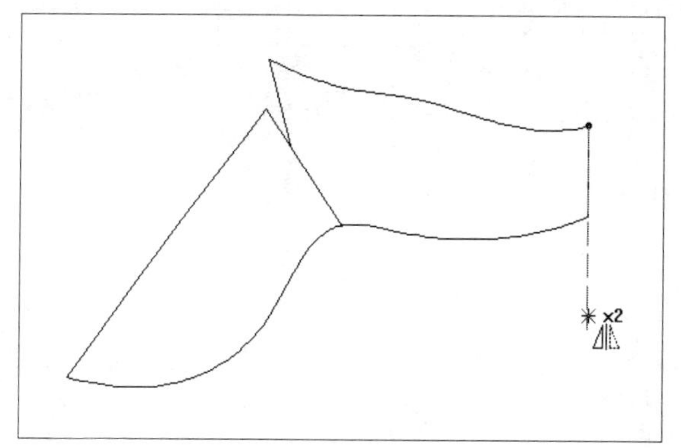

图4-3

04 然后按Shift键，并在工作区中框选左侧的曲线作为要对称调整的曲线，如图4-4所示。

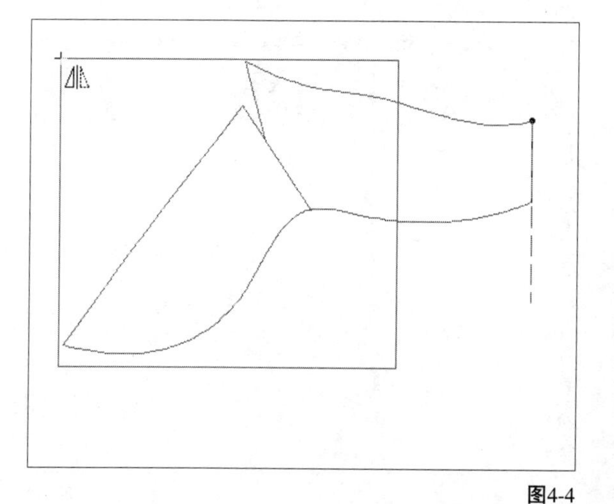

图4-4

05 执行操作后，在工作区的空白位置连续两次单击鼠标右键，此时即可对称调整曲线，如图4-5所示。

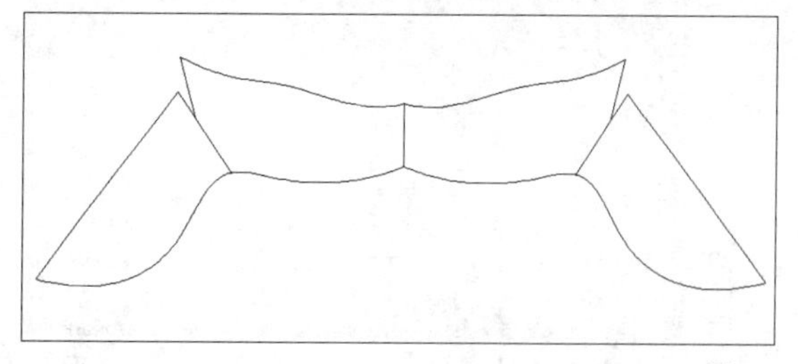

图4-5

第5章：导入文件

01 单击“文档”|“新建”命令，如图5-1所示。

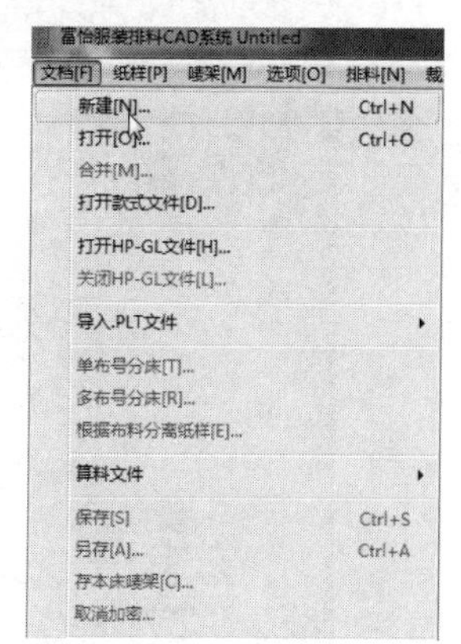

图5-1

02 执行上述操作后，弹出“唛架设定”对话框，如图5-2所示。

唛架设定

宽度	长度	说明
70	1500	
70	1500	
70	1500	
70	1500	

说明 选取唛架
宽度：70 英寸 长度：1500 厘米
缩放
缩水 0 % 缩水 0 %
放缩 0 % 放缩 0 %
宽度 70 英寸 长度 1500 厘米
层数 1 纸样面积总 0平方厘米
料面模式 ◉单向 ○相对
折转方式 □上折转 □下折转 □左折转
唛架边界(英寸) 左边界 0 上边界 0 右边界 0 下边界 0
其他 纸样重叠 0 毫米
确定(O) 取消(C)

图5-2

03 保持默认设置，单击确定按钮，执行上述操作后，弹出“选取款式”对话框，如图5-3所示。

图5-3

04 单击“载入”按钮，弹出“选取款式文档”对话框，选取素材，单击“打开”按钮，如图5-4所示。

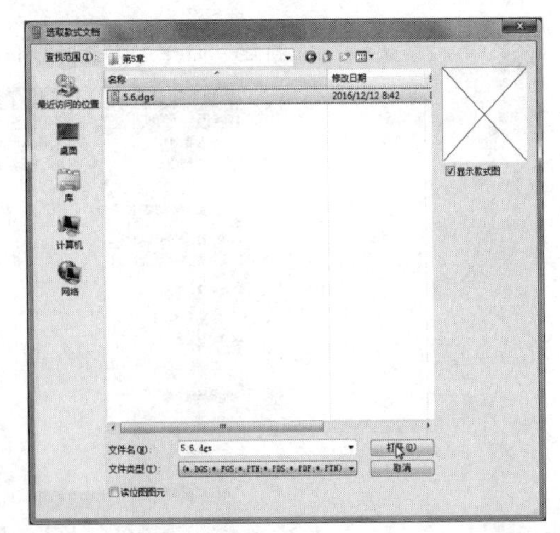

图5-4

05 执行上述操作后，弹出“纸样制单”对话框，设置款式名称、纸样名称以及号型套数，单击“确定”按钮，如图5-5所示。

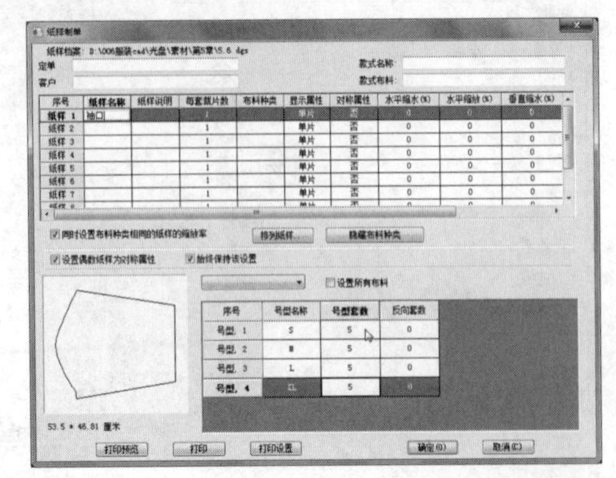

图5-5

06 返回选取款式对话框，单击确定，完成新建文件操作，界面如图5-6所示。

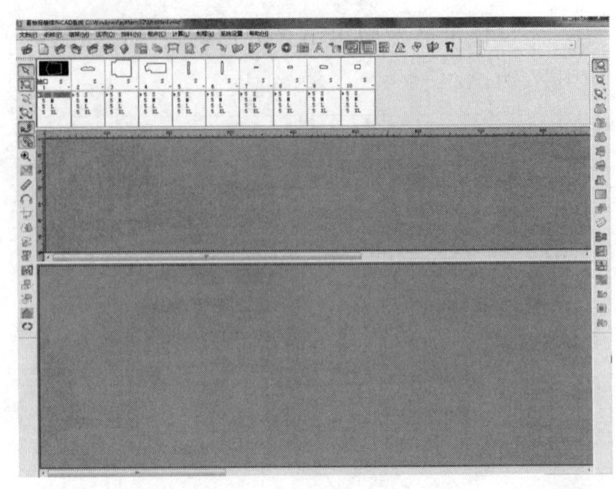

图5-6

第7章：比较长度工具

01 按Ctrl＋O组合键，打开一幅素材文件，如图7-1所示。

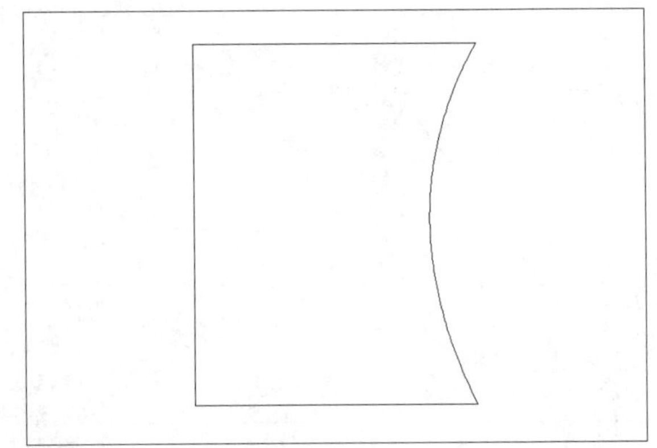

图7-1

02 在设计工具栏中单击“比较长度”按钮，如图7-2所示。

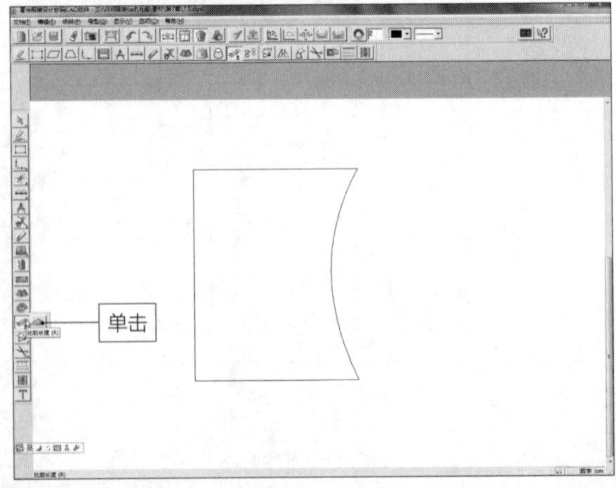

图7-2

03 按Shift键切换模式，在工作区中合适端点处，分别单击鼠标左键，如图7-3所示。

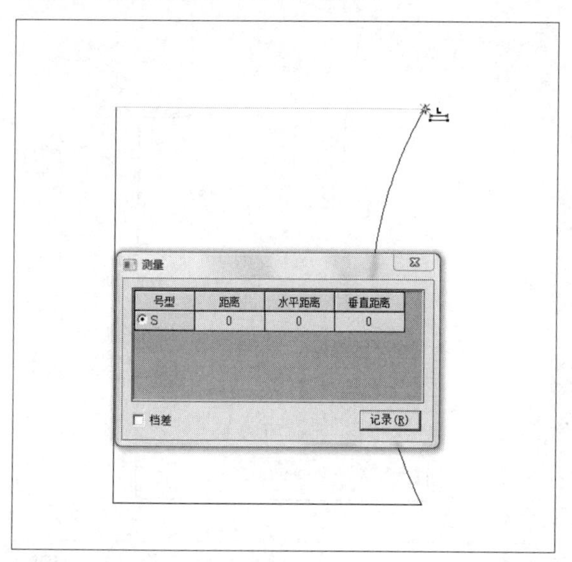

图7-3

04 执行操作后，单击“记录”按钮，即可记录纸样，如图7-4所示。

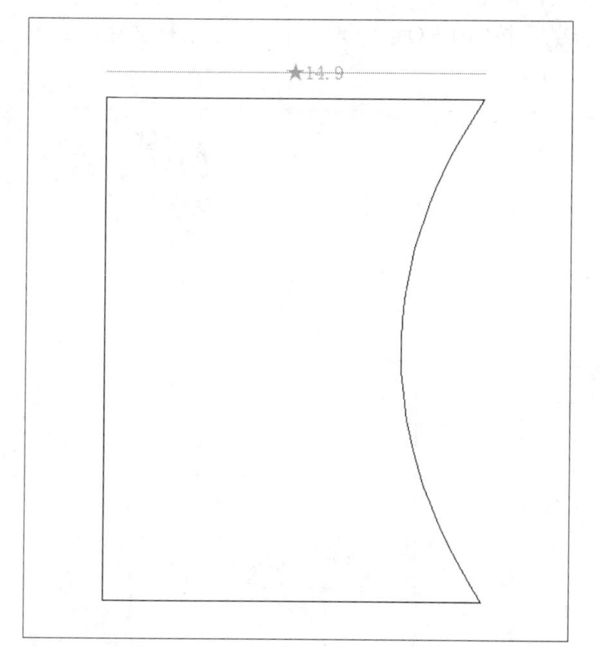

图7-4

第8章：转省工具

01 按Ctrl＋O组合键，打开一幅素材文件，如图8-1所示。

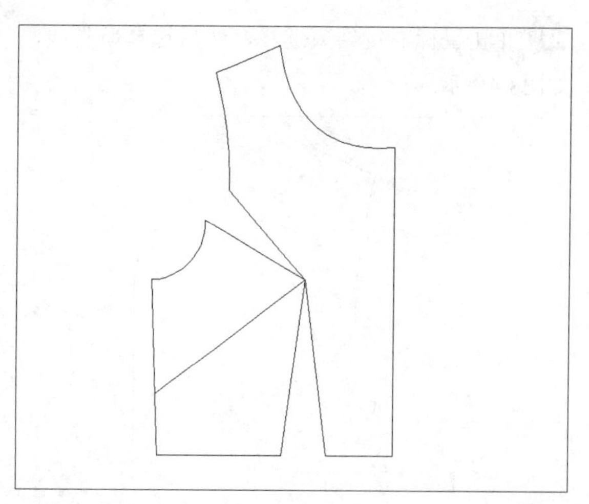

图8-1

02 在设计工具栏中单击“转省”按钮，如图8-2所示。

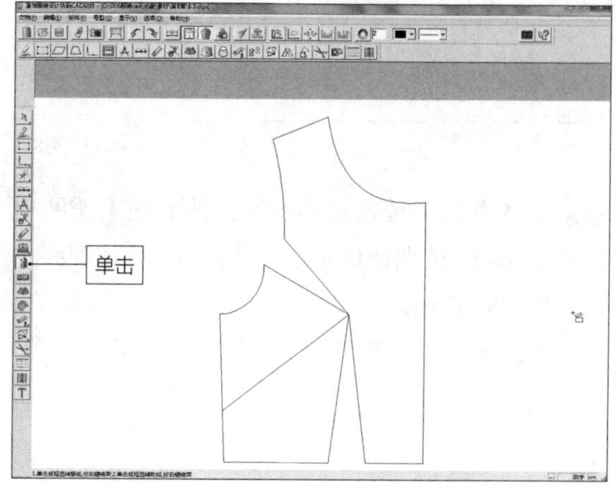

图8-2

03 根据状态栏提示，在工作区中框选转移线，如图8-3所示。

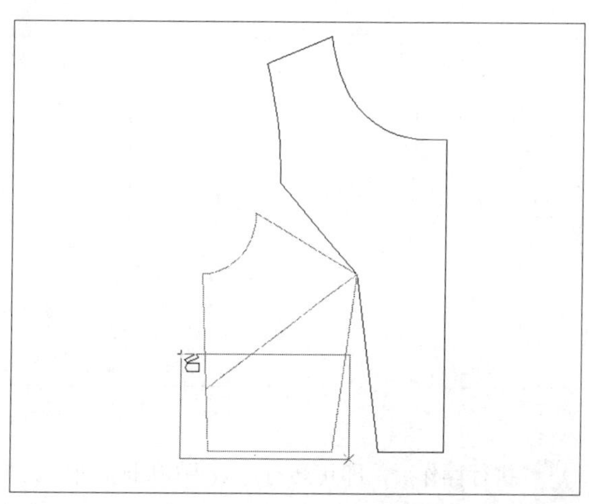

图8-3

04 单击鼠标右键结束选择，然后选择新省线，如图8-4所示。

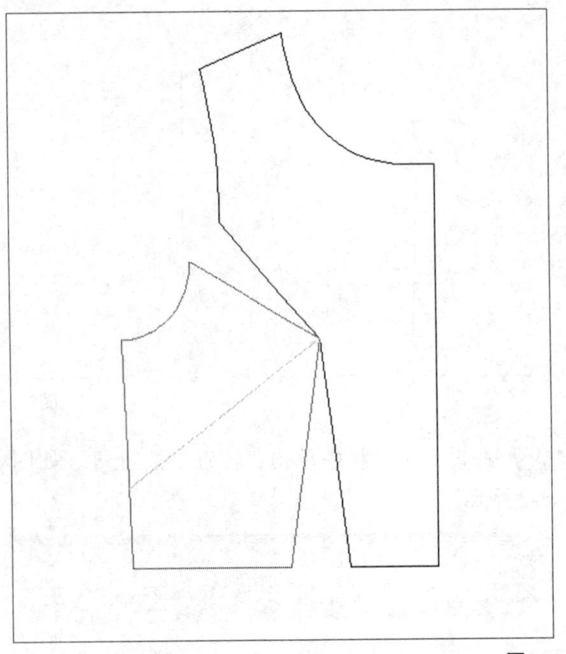

图8-4

05 在工作区中单击鼠标右键，然后在工作区中依次选择相应的曲线以确定合并省的起始边和终止边，如图8-5所示。

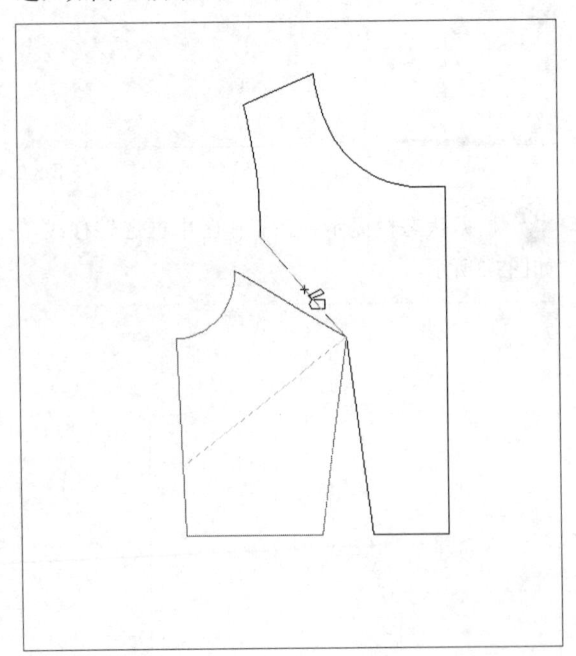

图8-5

06 执行操作后，即可转省，效果如图8-6所示。

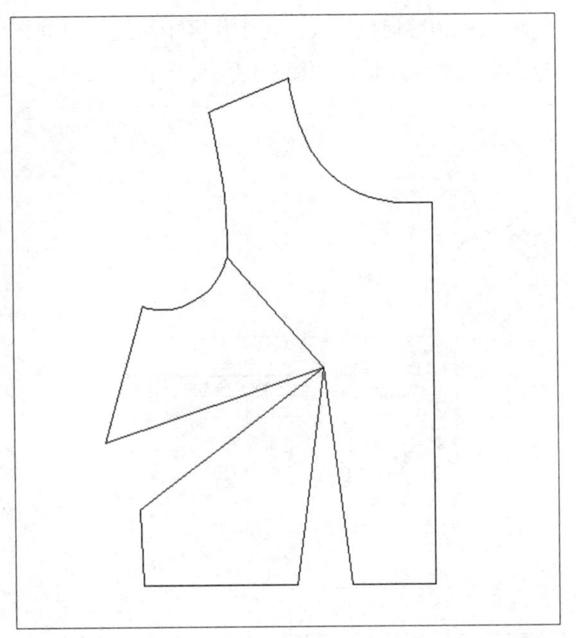

图8-6

第9章：旋转工具

01 按Ctrl＋O组合键，打开一幅素材文件，如图9-1所示。

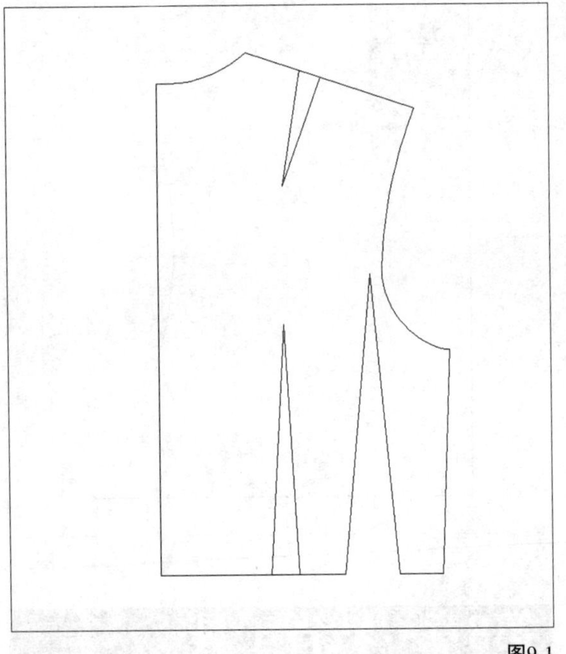

图9-1

02 在“设计工具栏”中单击“智能笔”按钮，绘制直线，如图9-2所示。

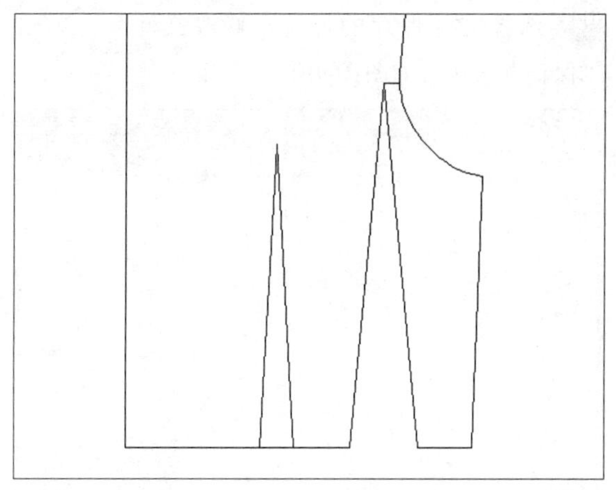

图9-2

03 在“设计工具栏”中单击“剪断线”按钮，然后在合适位置单击左键，如图9-3所示。

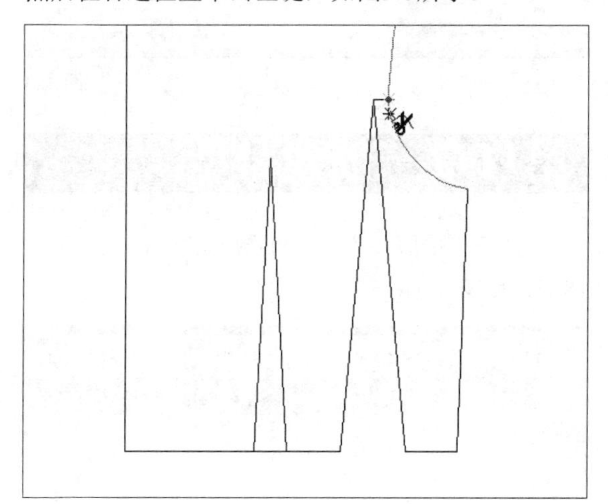

图9-3

04 在“设计工具栏”中单击“旋转”按钮，在工作区中选择相应的曲线，如图9-4所示。

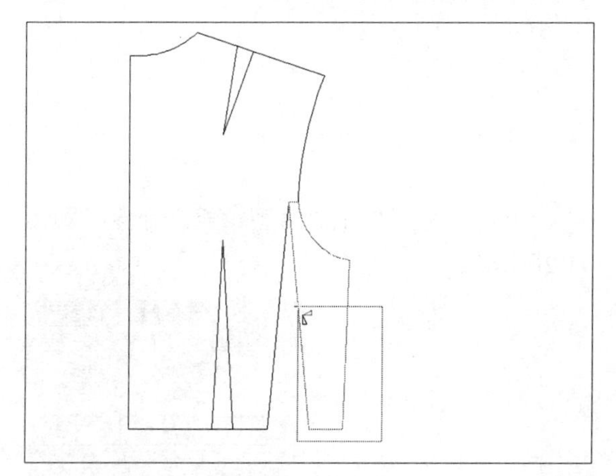

图9-4

05 指定旋转的中心和起点，然后拖曳光标，如图9-5所示。

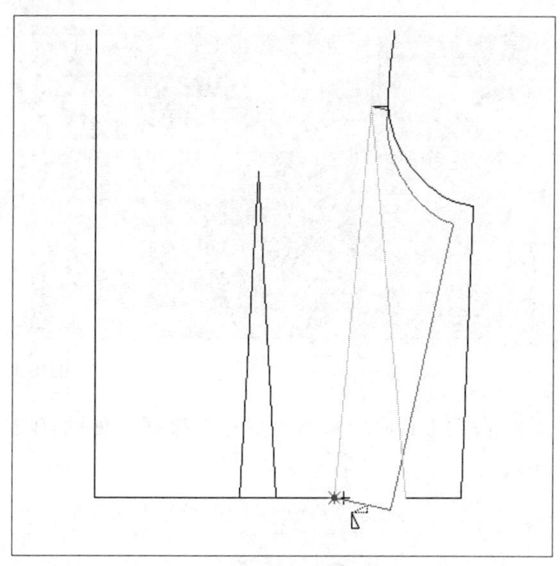

图9-5

06 执行上述操作后，对画面进行适当调整，完成效果，如图9-6所示。

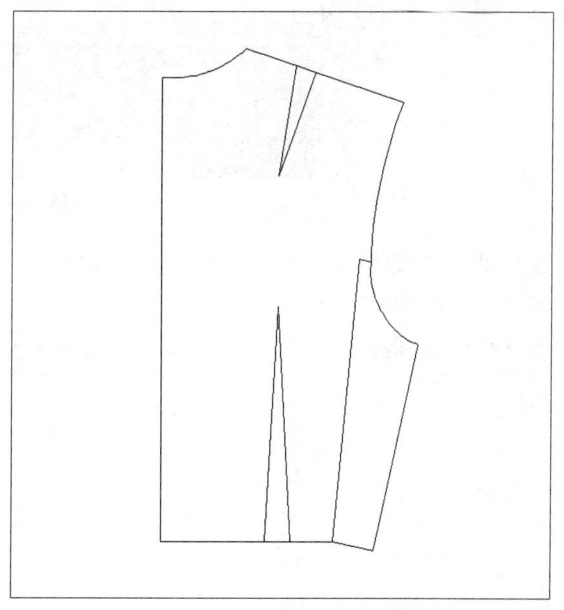

图9-6

第10章：另存唛架文件

01 在完成自动排料后，工作界面如图10-1所示。

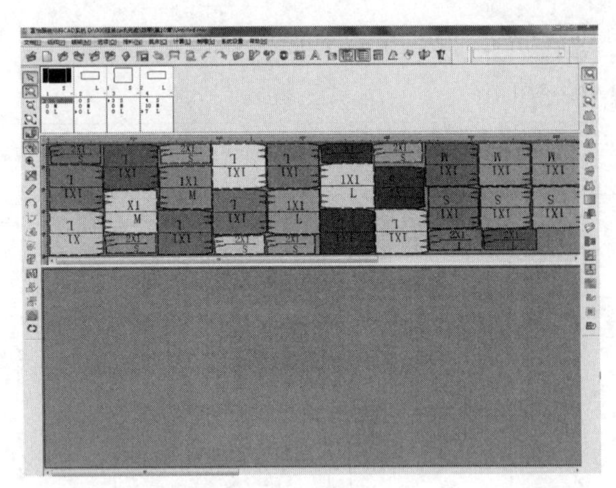

图10-1

02 在主工具匣中单击“保存”按钮，如图10-2所示。

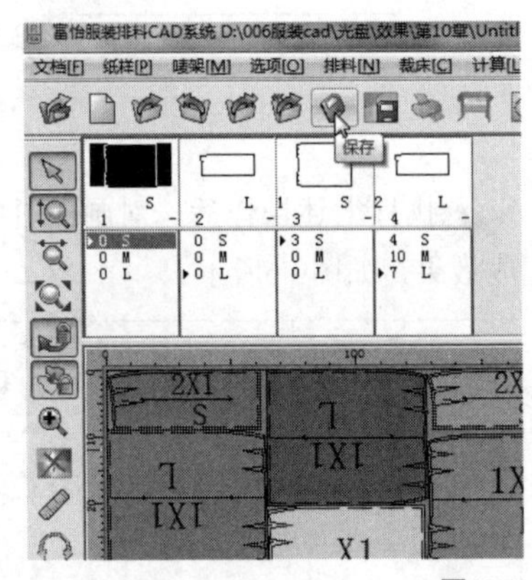

图10-2

03 执行上述操作后，弹出“另存唛架文档为”对话框，如图10-3所示。

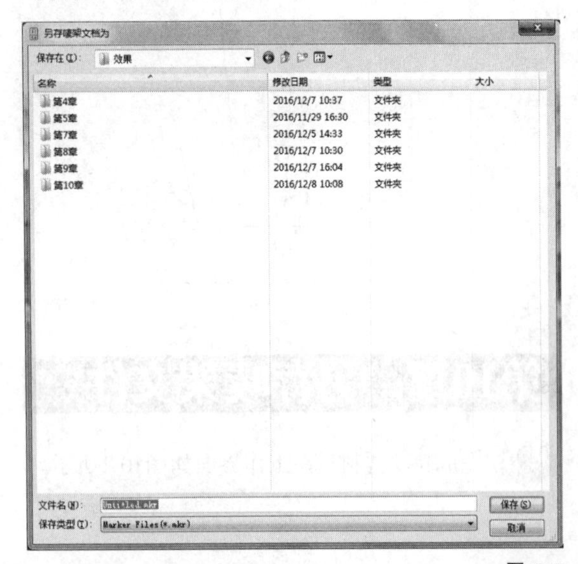

图10-3

04 选择文件保存的位置，修改文件名，单击“保存”按钮，如图10-4所示。

图10-4

第11章：创建号型

01 打开富怡服装设计CAD放码软件，进入工作界面，如图11-1所示。

图11-1

02 单击“号型”|“号型编辑”命令，如图11-2所示。

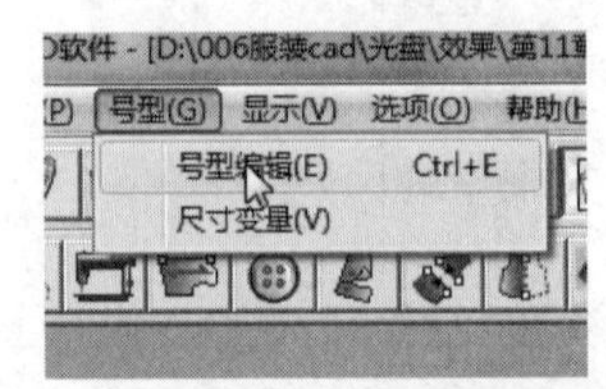

图11-2

03 弹出“设置号型规格表”对话框，在表中设置需要的尺码型号名，如图11-3所示。

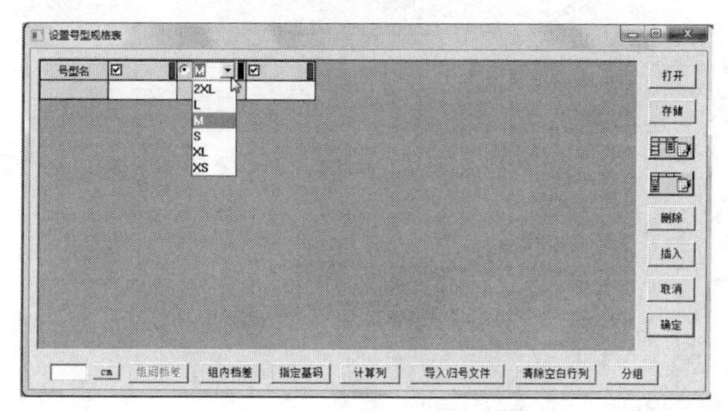

图11-3

04 在第一列纵列表处，设置需要的人体尺寸型号名，如图11-4所示。

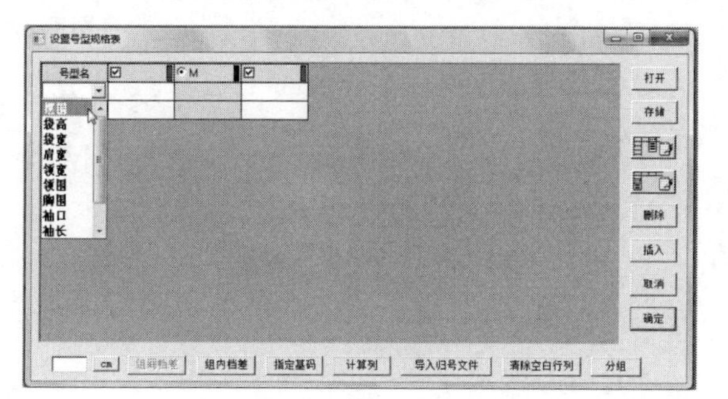

图11-4

05 创建成功后，单击“确定”按钮，如图11-5所示。

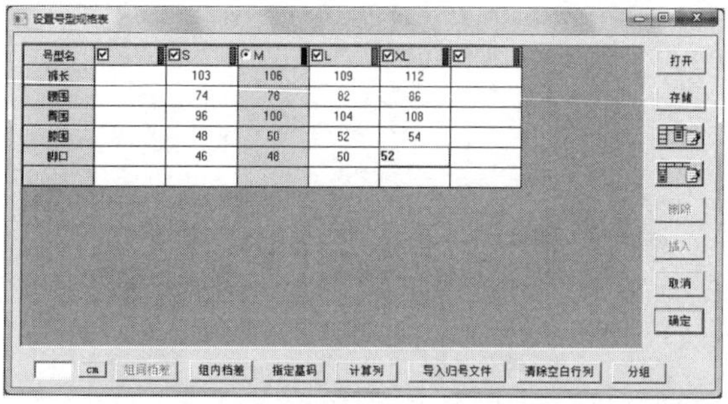

号型名	☑	☑S	M	☑L	☑XL	☑
裤长		103	106	109	112	
腰围		74	78	82	86	
臀围		96	100	104	108	
膝围		48	50	52	54	
脚口		46	48	50	52	

图11-5

第12章：移动工具

01 按Ctrl＋O组合键，打开文化式女上装原型，如图12-1所示。

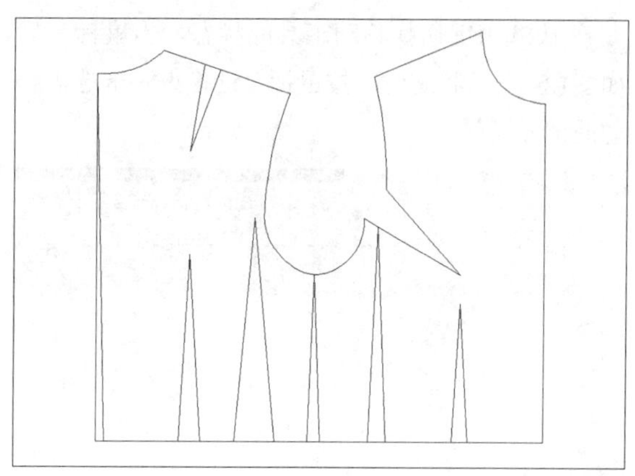

图12-1

02 使用“剪断线”以及“橡皮擦”工具，对文化式女上装原型进行修改，如图12-2所示。

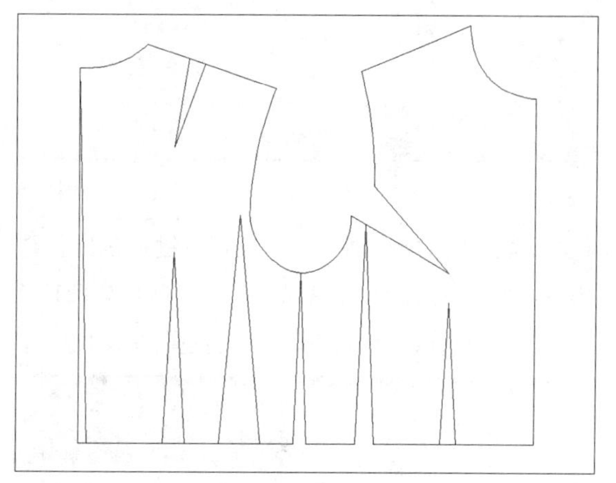

图12-2

03 执行上述操作，在“设计工具栏”中单击“移动工具”，如图12-3所示。

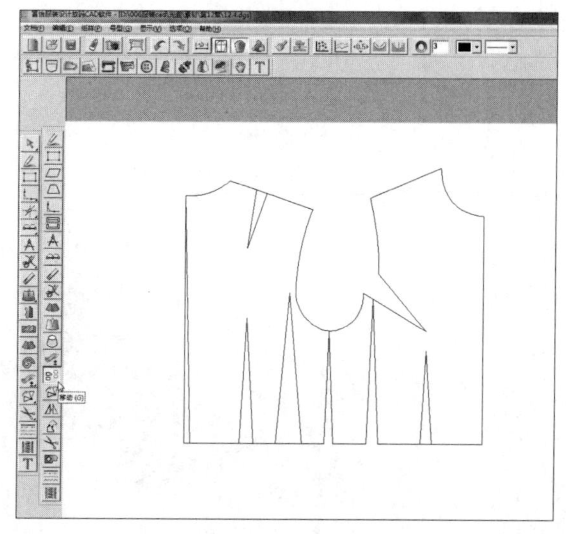

图12-3

04 按Shift键切换移动工具的状态，当鼠标呈现如图12-4所示状态时，按鼠标左键拖曳，框选需移动的部分素材。

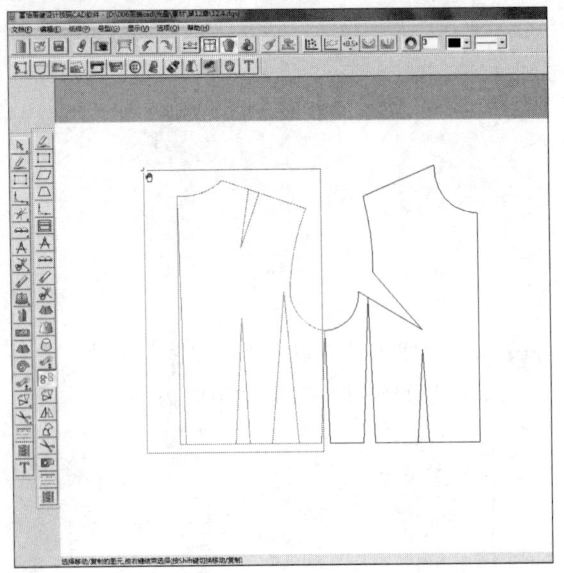

图12-4

05 执行上述操作后，单击鼠标右键，确定框选内容，此时鼠标指针呈现带星号的形状，如图12-5所示，可以选取一个定点，对素材进行拖动。

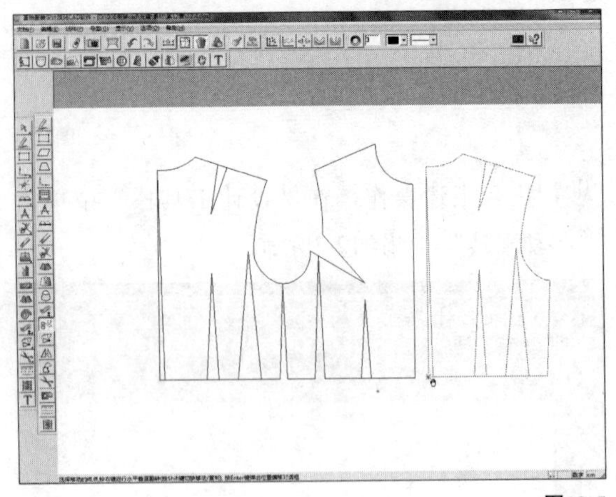

图12-5

06 至合适位置，单击鼠标左键，确认操作，完成效果如图12-6所示。

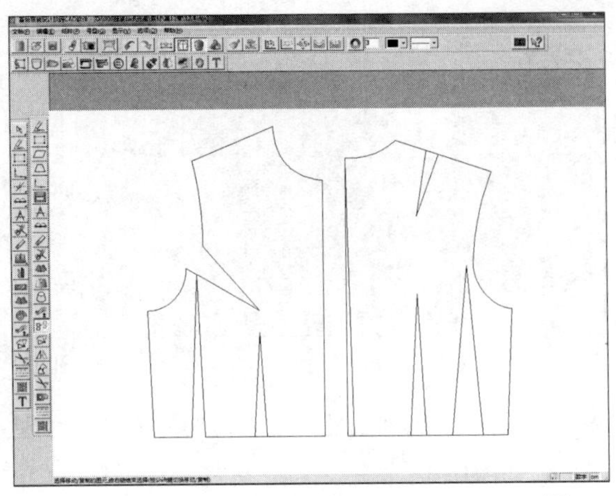

图12-6